山东省普通高校专升本考试专用教材

高等数学 I

（理工类专业适用）

主　编　王　岳　张天德

副主编　王伟伟　吕　娜　张　欣　胡锡娥

山东人民出版社·济南

国家一级出版社 全国百佳图书出版单位

图书在版编目(CIP)数据

高等数学. Ⅰ / 王岳,张天德主编. --济南:山东人民出版社,2021.6(2024.7重印)

山东省普通高校专升本考试专用教材

ISBN 978-7-209-13289-3

Ⅰ. ①高… Ⅱ. ①王… ②张… Ⅲ. ①高等数学-成人高等教育-升学参考资料 Ⅳ. ①O13

中国版本图书馆 CIP 数据核字(2021)第 095675 号

责任编辑:魏德鹏
封面设计:张 晋

高等数学 Ⅰ

GAODENGSHUXUE(YI)

王 岳 张天德 主编

主管单位 山东出版传媒股份有限公司
出版发行 山东人民出版社
出 版 人 胡长青
社 址 济南市市中区舜耕路 517 号
邮 编 250003
电 话 总编室(0531)82098914
       市场部(0531)82098027
网 址 http://www.sd-book.com.cn
印 装 肥城新华印刷有限公司
经 销 新华书店

规 格 16 开(210mm×285mm)
印 张 22(含答案)
字 数 710 千字
版 次 2021 年 6 月第 1 版
印 次 2024 年 7 月第 3 次
印 数 8001-10000
ISBN 978-7-209-13289-3
定 价 69.00 元
如有印装质量问题,请与出版社总编室联系调换。

编写说明

从 2020 年开始,山东专升本考试全面实行新政策,考试设四门公共基础课考试科目,包括英语(小语种的考政治)、计算机、大学语文、高等数学,其中高等数学包括高等数学Ⅰ、高等数学Ⅱ、高等数学Ⅲ.所有 12 个门类的专业中,理、工大类考高等数学Ⅰ,农、医、财、管大类考高等数学Ⅱ,所有文科大类考高等数学Ⅲ,考试范围依次缩小,难度依次递减.

"高等数学"是高职高专院校理工、经管、农业、医学等专业学生必修的一门公共基础课,是后续专业课程的基础,也是历年专升本考试的重点科目.

为帮助广大考生更好地学习高等数学,备考专升本考试,山东大学张天德教授带领其专升本教研团队的王岳、王伟伟、张欣、吕娜、胡锡娥老师在精心研究考试大纲及近几年命题规律的基础上,对专升本高等数学的知识点、题型、题量及出题范围进行深入分析、总结规律,潜心为考生打造了 2025 版《山东省专升本考试专用教材·高等数学》系列图书.参编老师均有丰富的高等数学课程授课经验,并一直奋战在专升本考试的辅导一线,对专升本高等数学的命题规律和变化有深入研究.

本书是各位老师多年研究专升本考试后提炼的精华,具有以下特点.

依大纲,知识梳理清晰准确

本书系统分析了最新考试大纲,对新大纲的变化和专升本高等数学的考试规律和趋势进行了重点分析,细致讲解了高等数学的所有重要知识点、结题基本思想和方法以及常见常考题型,在对知识点进行系统梳理的基础上又加以整合,以便于考生掌握综合性题目的解答.

模块化,学习重点一目了然

本书内容安排模块化,循序渐进、层次分明、前后呼应,重难点突出,可使考生更快、更好地掌握高等数学课程的基本内容.每章所设七个模块如下:

知识结构导图: 使学生能清晰直观地把握本章知识体系,对本章知识脉络有宏观认识.

考纲内容解读: 以"掌握""理解""了解"等不同词语说明对知识点的掌握要求,并对大纲进行细致解读,列明本单元知识点的重难点、常考内容和考试形式.

考点知识梳理: 给出本单元所涉及的全部知识点及学习过程中需注意的问题,将重点和难点一一归纳、详细讲解,以帮助考生对所学知识进行有效地查漏补缺、巩固提高.

考点例题分析: 以每章重点知识与题型为主线,结合历年专升本考试特点,对常考题型进行分类总结,归纳出多种常见且有效的解题方法和技巧,方便考生更好地学习掌握,达到举一反三的效果.

考点真题解析:精选近十年的真题进行分析详解,让考生了解真题难度,熟悉真题特点,把握真题求解方法和技巧.通过对真题的研究学习,考生可以巩固和强化基本知识,熟悉各知识点的题目难度与出题方式.

考点方法综述:每个单元的最后,总结出本单元出现的常用常考的解题方法,让考生回顾总结所学知识,以期达到在考试中能够迅速选择最佳解决问题方法的目的.

本章测试训练:"本章检测训练"在每章内容最后,分为A,B两套自测题,A套题为基础题目,可以检测考生对基础知识和基本解题方法的掌握程度;B套题难度略有提高,可以检测学生学习的灵活性,是否具备举一反三的能力.

重练习,解析精准模拟实战

对数学知识和解题方法的巩固,离不开一定数量的刷题.书中配有大量的练习题、测试题、真题及模拟题,这些都是编者精心编选、贴近考试实战的题目.对于这些题目,书中全部给出了答案和详细的分析与求解过程,选择题与填空题,也都给出了具体的解题过程.因此,考生可以学到正确、快捷、有效的解题方法,为其学习和备考提供最大的支持和保障.

视频化,学习过程生动立体

视频化的讲授,有如名师护航,必定事半功倍.书中对每个题型的经典例题和真题均制作了微课视频,以二维码的形式附在题目旁边,考生可以扫码观看.学习过程更加直观高效,学习方式更加多样化、立体化.

突出高等数学中解题思路与方法的引导,力求将多年的教学经验与体会渗透到本书内容中,使考生在掌握高等数学基本知识和常用方法的基础上全面提高数学思维水平,是本书的编写初衷.

本书既可以作为专升本考试高等数学科目的复习用书,也可以作为在读大学生同步学习的辅导用书,还可以作为广大教师的教学参考书,同时也可为众多成人学员自学提供富有成效的帮助.读者使用本书时,宜先独立求解,然后再与书中的分析求解过程作比较,这样一定会获益匪浅,掌握更多的有用知识.

限于编者水平,书中不当之处,欢迎广大专家、同行和读者批评指正.

编 者
2024 年 5 月

高等数学Ⅰ各章高频考点

第一章 函数极限与连续 高频考点：

①求定义域　②函数的性质　③求不定式的极限　④无穷小

⑤函数连续性的判断　⑥求间断点　⑦零点定理的应用与证明

> 知识点重要性排序：③①④⑤⑥⑦②

第二、三章 一元函数微分学 高频考点：

①导数(定义式、导数计算和切线方程)　②微分(定义与计算)

③隐函数求导、参数方程确定的函数求导,对数求导法、高阶导数

④微分中值定理的相关证明(罗尔定理和拉格朗日定理)　⑤洛必达法则

⑥曲线的单调性、极值、凹凸性、拐点和渐近线　⑦函数的最值

> 知识点重要性排序：⑥①⑤⑦②③④

第四、五章 一元函数积分学 高频考点：

①不定积分计算　②定积分性质与计算　③积分上限函数求导

④无穷区间的广义积分　⑤求平面图形的面积　⑥求旋转体的体积

> 知识点重要性排序：②③①⑤⑥④

第六章 常微分方程 高频考点：

①微分方程的基本概念　②可分离变量的微分方程

③一阶线性非齐次微分方程(公式法)　④二阶常系数线性齐次微分方程

> 知识点重要性排序：②③④①

第七章 空间向量和解析几何 高频考点：

①空间直角坐标系　②向量的数量积、向量积,向量垂直与平行,向量的夹角

③平面方程　④直线方程　⑤两条直线、两个平面、直线和平面的位置关系

⑥点到平面的距离

> 知识点重要性排序：⑤③④②⑥①

第八章 多元函数微积分 高频考点：

①偏导数　②全微分　③二元隐函数求一阶偏导　④二元函数求无条件极值

⑤直角坐标下的二重积分计算　⑥极坐标下的二重积分计算

> 知识点重要性排序：①②③⑤⑥④

第九章 级数 高频考点：

①判断正项级数、交错级数、任意项级数的敛散性　②绝对收敛、条件收敛

③求幂级数收敛半径、收敛区间、收敛域

④求幂级数的和函数　⑤函数展成幂级数

> 知识点重要性排序：①②③④⑤

常用数学公式

※微积分

一、导数公式

常函数的导数	1. $C'=0$	
幂函数的导数	2. $(x^{\mu})'=\mu x^{\mu-1}$ 常用的$(\frac{1}{x})'=-\frac{1}{x^2}$;	$(\sqrt{x})'=\frac{1}{2\sqrt{x}}$
指数函数的导数	3. $(a^x)'=a^x\ln a$ $(a>0$ 且 $a\neq1)$	4. $(e^x)'=e^x$
对数函数的导数	5. $(\log_a x)'=\frac{1}{x\ln a}$ $(a>0$ 且 $a\neq1)$	6. $(\ln x)'=\frac{1}{x}$
三角函数的导数	7. $(\sin x)'=\cos x$ 9. $(\tan x)'=\sec^2 x$ 11. $(\sec x)'=\sec x\tan x$	8. $(\cos x)'=-\sin x$ 10. $(\cot x)'=-\csc^2 x$ 12. $(\csc x)'=-\csc x\cot x$
反三角函数的导数	13. $(\arcsin x)'=\frac{1}{\sqrt{1-x^2}}$ 15. $(\arctan x)'=\frac{1}{1+x^2}$	14. $(\arccos x)'=-\frac{1}{\sqrt{1-x^2}}$ 16. $(\text{arccot}\,x)'=-\frac{1}{1+x^2}$

二、基本积分公式

1. $\int k\,dx = kx + C$ (k 为常数)	9. $\int \csc^2 x\,dx = -\cot x + C$
2. $\int x^{\mu}\,dx = \frac{1}{\mu+1}x^{\mu+1} + C\ (\mu\neq-1)$	10. $\int \sec x\tan x\,dx = \sec x + C$
3. $\int \frac{1}{x}\,dx = \ln|x| + C$	11. $\int \csc x\cot x\,dx = -\csc x + C$
4. $\int a^x\,dx = \frac{a^x}{\ln a} + C\ (a>0$ 且 $a\neq1)$	12. $\int \frac{1}{1+x^2}\,dx = \arctan x + C = -\text{arccot}\,x + C$
5. $\int e^x\,dx = e^x + C$	13. $\int \frac{1}{\sqrt{1-x^2}}\,dx = \arcsin x + C = -\arccos x + C$
6. $\int \cos x\,dx = \sin x + C$	14. $\int \tan x\,dx = -\ln|\cos x| + C$
7. $\int \sin x\,dx = -\cos x + C$	15. $\int \cot x\,dx = \ln|\sin x| + C$
8. $\int \sec^2 x\,dx = \tan x + C$	16. $\int \sec x\,dx = \ln|\sec x + \tan x| + C$

※代数

一、两数和与差的平方、立方及因式分解公式

1. $(a\pm b)^2 = a^2 \pm 2ab + b^2$

2. $(a\pm b)^3 = a^3 \pm 3a^2 b + 3ab^2 \pm b^3$

3. $a^2 - b^2 = (a+b)(a-b)$

4. $a^3 \pm b^3 = (a\pm b)(a^2 \mp ab + b^2)$

5. $a^n - b^n = (a-b)(a^{n-1} + a^{n-2}b + a^{n-3}b^2 + \cdots + ab^{n-2} + b^{n-1})$ (n 为正整数)

二、指数公式

1. $a^n = \underbrace{aa\cdots a}_{n}$　　　　2. $a^{-n} = \dfrac{1}{a^n}(a \neq 0)$

3. $a^0 = 1(a \neq 0)$　　　　4. $a^m \cdot a^n = a^{m+n}$

5. $\dfrac{a^m}{a^n} = a^{m-n}$　　　　6. $a^{\frac{m}{n}} = \sqrt[n]{a^m} = (\sqrt[n]{a})^m$

其中 a,b 是正实数,m,n 为任意实数.

三、对数公式 $(a > 0,\ a \neq 1)$

1. $a^b = N \Leftrightarrow \log_a N = b$

2. $a^{\log_a N} = N$；$e^{\ln N} = N$

3. $\log_a 1 = 0$；$\log_a a = 1$

4. $\log_a(MN) = \log_a M + \log_a N$

5. $\log_a \dfrac{M}{N} = \log_a M - \log_a N$

6. $\log_a N^x = x \log_a N$

7. 换底公式：$\log_a N = \dfrac{\log_b N}{\log_b a}$

四、数列公式

1. 等差数列：通项公式 $a_n = a_1 + (n-1)d$

　　　　　　前 n 项和公式 $s_n = \dfrac{n(a_1 + a_n)}{2} = na_1 + \dfrac{n(n-1)}{2}d$

2. 等比数列：通项公式 $a_n = a_1 q^{n-1}$

　　　　　　前 n 项和公式 $s_n = \dfrac{a_1 - a_n q}{1 - q} = \dfrac{a_1(1 - q^n)}{1 - q}$

五、阶乘公式

1. $n! = n(n-1)(n-2)\cdots 3 \times 2 \times 1$（规定：$0! = 1$）.

2. $(2n)!! = 2n(2n-2)(2n-4)\cdots 4 \times 2$.

3. $(2n-1)!! = (2n-1)(2n-3)(2n-5)\cdots 3 \times 1$.

六、分式裂项公式

1. $\dfrac{1}{x(x+1)} = \dfrac{1}{x} - \dfrac{1}{x+1}$；

2. $\dfrac{1}{(x+a)(x+b)} = \dfrac{1}{b-a}\left(\dfrac{1}{x+a} - \dfrac{1}{x+b}\right)$.

※三　角

一、同角三角函数关系式

1. $\tan x = \dfrac{\sin x}{\cos x}$；　　$\cot x = \dfrac{\cos x}{\sin x}$.

2. 三个倒数关系：$\sec x = \dfrac{1}{\cos x}$；　　$\csc x = \dfrac{1}{\sin x}$；　　$\cot x = \dfrac{1}{\tan x}$.

3. 三个平方关系：$\sin^2 x + \cos^2 x = 1$；　　$1 + \tan^2 x = \sec^2 x$；　　$1 + \cot^2 x = \csc^2 x$.

二、倍角公式

1. $\sin 2\alpha = 2\sin\alpha\cos\alpha$.

2. $\cos 2\alpha = \cos^2\alpha - \sin^2\alpha = 2\cos^2\alpha - 1 = 1 - 2\sin^2\alpha$.

3. $\tan 2\alpha = \dfrac{2\tan\alpha}{1 - \tan^2\alpha}$.

三、万能公式

1. $\sin^2\alpha = \dfrac{1-\cos2\alpha}{2}$.

2. $\cos^2\alpha = \dfrac{1+\cos2\alpha}{2}$.

※ 几 何

一、几何公式

1.圆

(1)周长 $C = 2\pi r$, r 为半径；(2)面积 $S = \pi r^2$, r 为半径.

2.扇形

面积 $S = \dfrac{1}{2}r^2\alpha$, α 为扇形的圆心角，以弧度为单位， r 为半径.

3.平行四边形

面积 $S = bh$, b 为底长， h 为高.

4.梯形

面积 $S = \dfrac{1}{2}(a+b)h$, a , b 分别为上底与下底的长， h 为高.

5.圆柱体

(1)体积 $V = \pi r^2 h$ $\quad r$ 为底面半径， h 为高；

(2)侧面积 $L = 2\pi rh$ $\quad r$ 为底面半径， h 为高.

6.圆锥体

(1)体积 $V = \dfrac{1}{3}\pi r^2 h$ $\quad r$ 为底面半径， h 为高；

(2)侧面积 $L = \pi rl$ $\quad r$ 为底面半径， h 为高， l 为斜高.

7.球体

(1)体积 $V = \dfrac{4}{3}\pi r^3$ $\quad r$ 为球的半径；

(2)表面积 $L = 4\pi r^2$ $\quad r$ 为球的半径.

8.三角形的面积

(1) $S = \dfrac{1}{2}bc\sin A$; $\quad S = \dfrac{1}{2}ca\sin B$; $\quad S = \dfrac{1}{2}ab\sin C$;

(2) $S = \sqrt{p(p-a)(p-b)(p-c)}$ ，其中 $p = \dfrac{1}{2}(a+b+c)$.

二、平面解析几何公式

1.距离与斜率

(1)两点 $P_1(x_1,y_1)$ 与 $P_2(x_2,y_2)$ 之间的距离： $d = \sqrt{(x_2-x_1)^2+(y_2-y_1)^2}$ ；

(2)线段 P_1P_2 的斜率 $k = \dfrac{y_2-y_1}{x_2-x_1}$.

2.直线的方程

(1)点斜式 $\quad y-y_1 = k(x-x_1)$ ；

(2)斜截式 $\quad y = kx + b$ ；

(3)两点式 $\quad \dfrac{y-y_1}{y_2-y_1} = \dfrac{x-x_1}{x_2-x_1}$ ；

(4)截距式 $\quad \dfrac{x}{a} + \dfrac{y}{b} = 1$.

3.圆

方程 $(x-a)^2+(y-b)^2=r^2$,圆心为(a,b),半径为r.

4.抛物线

(1)方程 $y^2=2px$,焦点$\left(\dfrac{p}{2},0\right)$,准线$x=-\dfrac{p}{2}$;

(2)方程 $x^2=2py$,焦点$\left(0,\dfrac{p}{2}\right)$,准线$y=-\dfrac{p}{2}$;

(3)方程 $y=ax^2+bx+c$,顶点$\left(-\dfrac{b}{2a},\dfrac{4ac-b^2}{4a}\right)$,对称轴方程$x=-\dfrac{b}{2a}$.

5.椭圆

方程 $\dfrac{x^2}{a^2}+\dfrac{y^2}{b^2}=1(a>b)$焦点在$x$轴上.

6.双曲线

(1)方程 $\dfrac{x^2}{a^2}-\dfrac{y^2}{b^2}=1$焦点在$x$轴上;

(2)等轴双曲线 方程 $xy=k$.

三、向量代数与空间解析几何公式

1.数量积

$\boldsymbol{a}\cdot\boldsymbol{b}=|\boldsymbol{a}||\boldsymbol{b}|\cos\theta=a_xb_x+a_yb_y+a_zb_z$;

$\cos\theta=\dfrac{\boldsymbol{a}\cdot\boldsymbol{b}}{|\boldsymbol{a}||\boldsymbol{b}|}=\dfrac{a_xb_x+a_yb_y+a_zb_z}{\sqrt{a_x^2+a_y^2+a_z^2}\sqrt{b_x^2+b_y^2+b_z^2}}$.

2.向量积

$$\boldsymbol{a}\times\boldsymbol{b}=\begin{vmatrix} \boldsymbol{i} & \boldsymbol{j} & \boldsymbol{k} \\ a_x & a_y & a_z \\ b_x & b_y & b_z \end{vmatrix}=\boldsymbol{i}\begin{vmatrix} a_y & a_z \\ b_y & b_z \end{vmatrix}-\boldsymbol{j}\begin{vmatrix} a_x & a_z \\ b_x & b_z \end{vmatrix}+\boldsymbol{k}\begin{vmatrix} a_x & a_y \\ b_x & b_y \end{vmatrix}$$

$$=(a_yb_z-a_zb_y)\boldsymbol{i}-(a_xb_z-a_zb_x)\boldsymbol{j}+(a_xb_y-a_yb_x)\boldsymbol{k}$$

3.平面

平面的一般方程:$Ax+By+Cz+D=0$(向量$\boldsymbol{n}=\{A,B,C\}$为平面法向量).

平面点法式方程:$A(x-x_0)+B(y-y_0)+C(z-z_0)=0$.

平面的截距式方程:$\dfrac{x}{a}+\dfrac{y}{b}+\dfrac{z}{c}=1$($a,b,c$为平面在三个坐标轴上的截距).

两个平面的夹角:π_1平面:$A_1x+B_1y+C_1z+D=0$,π_2平面:$A_2x+B_2y+C_2z+D=0$,则两平面的夹角φ的余弦为:

$$\cos\varphi=\dfrac{|A_1A_2+B_1B_2+C_1C_2|}{\sqrt{A_1^2+B_1^2+C_1^2}\cdot\sqrt{A_2^2+B_2^2+C_2^2}}.$$

两平面平行的条件:$\dfrac{A_1}{A_2}=\dfrac{B_1}{B_2}=\dfrac{C_1}{C_2}\neq\dfrac{D_1}{D_2}$.

两平面垂直的条件:$A_1A_2+B_1B_2+C_1C_2=0$.

点到平面的距离:平面$Ax+By+Cz+D=0$,平面外一点$M(x_1,y_1,z_1)$,则点M到平面的距离:

$$d=\dfrac{|Ax_1+By_1+Cz_1+D|}{\sqrt{A^2+B^2+C^2}}.$$

4.空间直线

一般式方程:$\begin{cases} A_1x+B_1y+C_1z+D=0, \\ A_2x+B_2y+C_2z+D=0; \end{cases}$

点向式方程:直线上的一点 $M_0(x_0,y_0,z_0)$,直线的一个向量 $\boldsymbol{s}=\{m,n,p\}$,则直线方程为:$\dfrac{x-x_0}{m}=\dfrac{y-y_0}{n}=\dfrac{z-z_0}{p}$;

参数方程为:$\begin{cases} x=x_0+mt, \\ y=y_0+nt, \\ z=z_0+pt. \end{cases}$

两直线 L_1:$\dfrac{x-x_1}{m_1}=\dfrac{y-y_1}{n_1}=\dfrac{z-z_1}{p_1}$ 与 L_2:$\dfrac{x-x_2}{m_2}=\dfrac{y-y_2}{n_2}=\dfrac{z-z_2}{p_2}$ 的夹角余弦为:

$$\cos\varphi=\frac{|m_1m_2+n_1n_2+p_1p_2|}{\sqrt{m_1^2+n_1^2+p_1^2}\sqrt{m_2^2+n_2^2+p_2^2}}.$$

两直线平行:$\dfrac{m_1}{m_2}=\dfrac{n_1}{n_2}=\dfrac{p_1}{p_2}$,

两直线垂直:$m_1m_2+n_1n_2+p_1p_2=0$,

5. 直线与平面的夹角

平面 π:$Ax+By+Cz+D=0$,直线 L:$\dfrac{x-x_0}{m}=\dfrac{y-y_0}{n}=\dfrac{z-z_0}{p}$

①若直线与平面相交,夹角为 φ,则有:$\sin\varphi=\dfrac{|Am+Bn+Cp|}{\sqrt{A^2+B^2+C^2}\sqrt{m^2+n^2+p^2}}$;

②若直线与平面平行,则有:$Am+Bn+Cp=0$;

③若直线与平面垂直,则有:$\dfrac{A}{m}=\dfrac{B}{n}=\dfrac{C}{p}$.

目　录

编写说明 ……………………………………………………………………………… 1

高等数学Ⅰ各章高频考点 ………………………………………………………… 3

常用数学公式 ……………………………………………………………………… 4

第一章　函数、极限和连续 ………………………………………………… 1

第一单元　函数 ………………………………………………………………… 2

第二单元　极限 ………………………………………………………………… 15

第三单元　连续 ………………………………………………………………… 40

第一章检测训练A ……………………………………………………………… 49

第一章检测训练B ……………………………………………………………… 51

第二章　导数与微分 ………………………………………………………… 53

第一单元　导数的概念 ………………………………………………………… 53

第二单元　函数的求导法则 …………………………………………………… 62

第二章检测训练A ……………………………………………………………… 74

第二章检测训练B ……………………………………………………………… 76

第三章　微分中值定理与导数的应用 ……………………………………… 78

第一单元　微分中值定理 ……………………………………………………… 78

第二单元　导数的应用 ………………………………………………………… 88

第三章检测训练A ……………………………………………………………… 102

第三章检测训练B ……………………………………………………………… 103

第四章　不定积分 …………………………………………………………… 106

第一单元　不定积分的概念与性质 …………………………………………… 106

第二单元　不定积分的计算 …………………………………………………… 115

第四章检测训练A ……………………………………………………………… 132

第四章检测训练B ……………………………………………………………… 133

第五章　定积分及其应用 …………………………………………………… 136

第一单元　定积分的概念和性质与变上限积分 ……………………………… 136

第二单元　定积分的计算 ……………………………………………………… 148

第三单元　定积分的应用 ……………………………………………………… 163

第五章检测训练A ……………………………………………………………… 172

第五章检测训练B ……………………………………………………………… 174

第六章　常微分方程 ·· 177

第一单元　一阶微分方程 ·· 177

第二单元　二阶线性微分方程 ·· 187

第六章检测训练 A ·· 192

第六章检测训练 B ·· 193

第七章　向量代数与空间解析几何 ·· 195

第一单元　向量代数 ·· 195

第二单元　空间的平面和直线 ·· 203

第七章检测训练 A ·· 212

第七章检测训练 B ·· 213

第八章　多元函数微积分 ·· 215

第一单元　多元函数微分学 ·· 215

第二单元　二重积分 ·· 231

第八章检测训练 A ·· 241

第八章检测训练 B ·· 243

第九章　无穷级数 ·· 246

第一单元　数项级数 ·· 246

第二单元　幂级数 ·· 262

第九章检测训练 A ·· 271

第九章检测训练 B ·· 273

附　录 ·· 276

附录一　山东省 2024 年普通高等教育专科升本科招生高等数学Ⅰ考试要求 ······· 276

附录二　高等数学Ⅰ各章历年真题分数统计表 ·································· 279

附录三　山东省 2024 年普通高等教育专科升本科招生考试高等数学Ⅰ试题 ······· 280

附录四　检测训练题、真题答案及详解

第一章 函数、极限和连续

第一章

函数
- 函数的定义及定义域
- 函数的主要类型（基本初等函数、初等函数）
- 函数的性质：单调性、奇偶性、周期性、有界性

极限
- 极限的概念
  - 数列极限的定义
  - 函数极限
    - 当 $x \to \infty$ 时函数极限的定义
    - 当 $x \to x_0$ 时函数极限的定义
- 极限的性质：唯一性、局部有界性、局部保号性
- 极限公式定理
  - 四则运算法则
  - 两个重要极限
  - 极限存在准则
    - 夹逼准则
    - 单调有界准则
- 无穷小
  - 无穷小的定义与性质
  - 无穷小的比较，等价无穷小代换
  - 无穷小与无穷大的关系
- 极限计算方法：四则运算法则、复合函数求极限法则、无穷小的性质、等价无穷小代换、两个重要极限、洛必达法则、夹逼准则等

连续
- 连续性
  - 函数在一点连续的定义，左连续、右连续
  - 性质：四则运算、复合函数
  - 初等函数的连续性
- 间断点
  - 第一类间断点（左、右极限都存在）
    - 可去间断点（左、右极限相等）
    - 跳跃间断点（左、右极限不相等）
  - 第二类间断点（左、右极限中至少一个不存在）
- 闭区间上连续函数的性质：有界定理、最值定理、介值定理、零点定理

第一单元　函　数

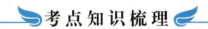

◇ 考纲内容解读

新大纲基本要求	新大纲名师解读
1.理解函数的概念,会求函数的定义域、表达式及函数值,会建立应用问题的函数关系. 2.掌握函数的有界性、单调性、周期性和奇偶性. 3.理解分段函数、反函数和复合函数的概念. 4.掌握函数的四则运算与复合运算. 5.掌握基本初等函数的性质及其图形,理解初等函数的概念.	根据最新考纲的要求和对真题的统计,这一单元考查的重点是求解函数的定义域、通过代换求解初等函数的表达式以及函数的相关性质的判别.在计算和应用题中,还经常用到各类初等函数的图像,帮助分析求解题目.

考点知识梳理

一、函数的概念

设 x 和 y 是两个变量,D 是 **R** 的非空子集,对于任意 $x \in D$,变量 y 按照某个对应法则 f 有唯一确定的实数与之对应,则称 y 是 x 的函数,记为 $y = f(x)$.

函数的两要素　**定义域和对应法则**.

【名师解析】

关于函数的概念,考试中经常考查给出的两个函数是否为同一个函数.两个函数是否相同的判断主要看函数的两要素是否一致,即两个函数相同需要遵循二者的定义域相同和对应法则 f 也相同的原则.

二、函数的特性

1.单调性

如果函数 $f(x)$ 在区间 I 内随 x 的增大而增大,即对于 I 内的任意两点 x_1, x_2,当 $x_1 < x_2$ 时,有 $f(x_1) < f(x_2)$,则称函数 $f(x)$ 在区间 I 上是**单调增加**的.

反之,如果函数 $f(x)$ 在区间 I 内随 x 的增大而减小,即对于 I 内的任意两点 x_1, x_2,当 $x_1 < x_2$ 时,有 $f(x_1) > f(x_2)$,则称函数 $f(x)$ 在区间 I 上是**单调减少**的.

【名师解析】

(1)函数的单调性一定要针对某个区间而言,同一函数在不同区间上的单调性有可能是不同的,比如 $f(x) = x^2 + 1$ 在区间 $[0, +\infty)$ 是单调增加的,在区间 $(-\infty, 0]$ 是单调减少的.

(2)在函数单调性的定义中,若将 $f(x_1) < f(x_2)$ 变为 $f(x_1) \leqslant f(x_2)$(或者将 $f(x_1) > f(x_2)$ 变为 $f(x_1) \geqslant f(x_2)$),仍可称函数在区间 I 上是单调增加(或单调减少)的.

(3)函数的单调性的判断除了应用上述定义判断以外,更多是结合第三章导数应用的知识,在给定区间上可以利用函数一阶导数符号来判断该函数的单调性,这个方法我们将在第三章具体介绍.

2.奇偶性

如果函数 $f(x)$ 的定义域 D 关于原点对称,对于任意 $x \in D$ 都有 $f(-x) = f(x)$,则称函数 $f(x)$ 为**偶函数**;对于任意 $x \in D$ 都有 $f(-x) = -f(x)$,则称函数 $f(x)$ 为**奇函数**.

【名师解析】

函数的奇偶性多是直接利用定义研究 $f(-x)$ 和 $f(x)$ 的关系,很多情况下 $f(-x)$ 需要恒等变形以后才能观察出与 $f(x)$ 是相等还是互为相反数,从而确定奇偶性.

关于函数的奇偶性,有以下结论:

(1)偶函数的图像关于 y 轴对称,奇函数的图像关于原点对称.

(2)判断一个函数是奇函数还是偶函数,首先要看它的定义域是否关于原点对称,然后再来判断它的奇偶性.

(3)奇(偶)函数的性质:

有限个奇函数的代数和仍是奇函数,有限个偶函数的代数和仍是偶函数.

奇数个奇函数的乘积是奇函数,偶数个奇函数的乘积是偶函数.

偶函数与偶函数的乘积仍是偶函数,奇函数与偶函数的乘积是奇函数.

奇函数和奇函数的复合是奇函数,奇函数与偶函数的复合是偶函数,偶函数与偶函数的复合是偶函数.

可导的奇函数的导数是偶函数,可导的偶函数的导数是奇函数.

3. 有界性

设函数 $f(x)$ 的定义域为 D,若存在正常数 M,在区间 $I \subset D$ 内,对任意 $x \in I$,均有 $|f(x)| \leqslant M$(可以没有等号),则称 **$f(x)$ 在区间 I 内有界**;如果不存在这样的正常数 M,则称函数 **$f(x)$ 在区间 I 内无界**.在定义域 D 上有界的函数称为**有界函数**.

【名师解析】

函数有界性的判断,是在给定区间上,看函数的绝对值能否小于等于某一个正数,有这样的正数存在,函数在该区间上就有界;反之,如果找不到任何一个正数使得不等式成立,函数在该区间内就是无界的.

常见的有界函数有:$y = \sin x$,$y = \cos x$,$y = \sin \dfrac{1}{x}$,$y = \cos \dfrac{1}{x}$,$y = \arcsin x$,$y = \arccos x$,$y = \arctan x$,$y = \operatorname{arccot} x$.

4. 周期性

对于函数 $f(x)$,如果存在一个常数 $T \neq 0$,对任意 $x \in D$,有 $x + T \in D$,且 $f(x+T) = f(x)$,则称函数 $f(x)$ 为**周期函数**,T 为函数的**周期**.

【名师解析】

函数周期性的判断,主要利用定义.我们一般所说的周期都是指的函数的最小正周期.若求几个周期函数的和或差形成函数的周期,需先分别求出每个函数的周期,再取它们的最小公倍数,就得到了和函数的周期.

考试中三角函数的周期性考查的较多,$y = \sin x$ 和 $y = \cos x$ 的周期为 2π,而 $y = \tan x$ 和 $y = \cot x$ 的周期为 π.

关于函数的周期性,我们还有以下结论:

(1)若函数的周期为 T,则在每个长度为 T 的相邻区间上函数图像有相同形状;

(2)若函数的周期为 T,则 $nT(n \in \mathbf{Z})$ 也是函数的周期.

(3)若 $f(x)$ 的周期为 T,则函数 $f(ax+b)$ 的周期为 $\dfrac{T}{|a|}$,$(a, b \in \mathbf{R}$,且 $a \neq 0)$.例如 $y = \sin(\omega x + \varphi)$ 或 $y = \cos(\omega x + \varphi)$ 的周期为 $T = \dfrac{2\pi}{|\omega|}$.

三、基本初等函数

基本初等函数　包括幂函数、指数函数、对数函数、三角函数、反三角函数.

1. 幂函数

$y = x^a (a \in \mathbf{R}, a \neq 0)$,幂函数图像如图 1.1 所示.

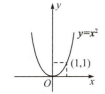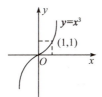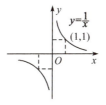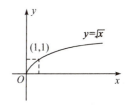

图 1.1　常用幂函数的图像

【名师解析】

幂函数的图像是在所有基本初等函数中变化最多样的,同学们可以主要记住上面几个典型图像,另外要注意幂函数的指数 $a>0$ 和 $a<0$ 两种情况下图像的不同特点. $a>0$ 时幂函数图像过 $(0,0)$ 点和 $(1,1)$ 点,在 $(0,+\infty)$ 内单调递增;而 $a<0$ 时,幂函数图像过 $(1,1)$ 点,不过 $(0,0)$ 点,在 $(0,+\infty)$ 内单调递减.

2. 指数函数

$y=a^x(a>0,a\neq1)$,指数函数图像如图 1.2 所示.

定义域为 $(-\infty,+\infty)$,值域为 $(0,+\infty)$,通过定点 $(0,1)$.

图像在一、二象限(x 轴上方),当 $a>1$ 时是单调递增函数,当 $0<a<1$ 时是单调递减函数.

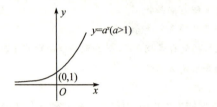

图 1.2 指数函数的图像

【名师解析】

指数函数的图像只需要根据 a 的值划分为两种情形,对于同样是底数 $a>1$ 的函数,a 越大,函数增加速度越快,第一象限的图像越靠近 y 轴;同样是底数 $a<1$ 的函数,a 越小,函数减小速度越快,第一象限的图像越靠近 x 轴.指数函数恒大于零,图像只出现在一、二象限.

3. 对数函数

$y=\log_a x(a>0,a\neq1)$,对数函数图像如图 1.3 所示.

定义域为 $(0,+\infty)$,值域为 $(-\infty,+\infty)$,过定点 $(1,0)$.

图像在一、四象限(y 轴的右方),当 $a>1$ 时是单调递增函数,当 $0<a<1$ 时是单调递减函数.

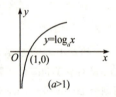 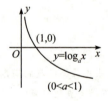

图 1.3 对数函数的图像

【名师解析】

(1) 同底的对数函数与指数函数互为反函数.

(2) 对数函数的图像和指数函数图像的划分方法类似,也要根据 a 的值划分为两种情形.对数函数的真数部分必须大于零,因此图像只出现在一、四象限.

4. 三角函数

正弦函数 $y=\sin x$,$-\infty<x<+\infty$;奇函数,以 2π 为周期,有界函数(见图 1.4);

余弦函数 $y=\cos x$,$-\infty<x<+\infty$;偶函数,以 2π 为周期,有界函数(见图 1.5);

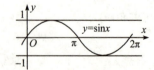 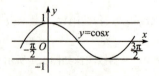

图 1.4 正弦函数的图像　　图 1.5 余弦函数的图像

正切函数 $y=\tan x$,$x\neq(2k+1)\dfrac{\pi}{2}(k\in\mathbf{Z})$;奇函数,以 π 为周期(见图 1.6).

余切函数 $y=\cot x=\dfrac{1}{\tan x}$,$x\neq k\pi(k\in\mathbf{Z})$;奇函数,以 π 为周期(见图 1.7).

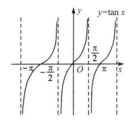
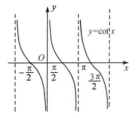

图 1.6　正切函数的图像　　　　　图 1.7　余切函数的图像

正割函数 $y = \sec x = \dfrac{1}{\cos x}, x \neq (2k+1)\dfrac{\pi}{2}(k \in \mathbf{Z})$；偶函数，以 2π 为周期；

余割函数 $y = \csc x = \dfrac{1}{\sin x}, x \neq k\pi (k \in \mathbf{Z})$；奇函数，以 2π 为周期.

三角函数的常用公式

(1) 平方公式　　$\sin^2 x + \cos^2 x = 1$；$1 + \tan^2 x = \sec^2 x$；$1 + \cot^2 x = \csc^2 x$.

(2) 倍角公式　　$\sin 2\alpha = 2\sin\alpha\cos\alpha$；

　　　　　　　　$\cos 2\alpha = \cos^2\alpha - \sin^2\alpha = 2\cos^2\alpha - 1 = 1 - 2\sin^2\alpha$.

(3) 万能(降幂) 公式　　$\sin^2\dfrac{\alpha}{2} = \dfrac{1-\cos\alpha}{2}$；　$\cos^2\dfrac{\alpha}{2} = \dfrac{1+\cos\alpha}{2}$.

【名师解析】

　　三角函数在专升本考试中出现的频率非常高,不管是后面章节中函数求极限,还是函数求导、求积分、求微分方程等都能用到三角函数及其公式,大家要熟练掌握三角函数中的三个平方公式和三个倒数公式以及倍角公式和万能公式.其中,应用万能公式时,需注意三角函数的"幂"和"角"同时发生变化,从左向右变形是正余弦函数的降幂过程,降幂的同时升角;而由右向左变形是升幂过程,升幂的时候降角.

　　对于三角函数的图像,可以重点记住我们上面给出的正弦、余弦、正切、余切这四类函数,三角函数的各类性质从图像中都可以观察出来.

5. 反三角函数

反正弦函数　$y = \arcsin x, x \in [-1, 1], y \in \left[-\dfrac{\pi}{2}, \dfrac{\pi}{2}\right]$；

反余弦函数　$y = \arccos x, x \in [-1, 1], y \in [0, \pi]$；

反正切函数　$y = \arctan x, x \in (-\infty, +\infty), y \in \left(-\dfrac{\pi}{2}, \dfrac{\pi}{2}\right)$；

反余切函数　$y = \text{arccot} x, x \in (-\infty, +\infty), y \in (0, \pi)$.

【名师解析】

　　反三角函数是高等数学中给出的,大家在中学数学的学习中并没有接触过,相对比较陌生.需要注意三角函数有六个,而反三角函数只有四个,而且四个三角函数在整个定义域内都不是单调的,所以不能在这个定义域上求反函数,只能在规定的某个单调区间上才能去求反函数.

　　由于反三角函数和给定区间上的三角函数互为反函数,所以反三角函数的定义域是对应三角函数的值域,而反三角函数的值域是对应三角函数中规定的单调区间,并非三角函数的定义域.

　　就反三角函数的图像而言,大家可以重点记住反正切函数和反余切函数的图像(见图 1.8 和图 1.9).

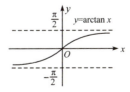
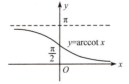

图 1.8　反正切函数图像　　　　　图 1.9　反余切函数图像

四、复合函数

　　设有两个函数 $y = f(u), u = \varphi(x)$,且 $\varphi(x)$ 的值域与 $f(u)$ 的定义域交集非空,那么 y 通过 u 的作用成为 x 的函

数,我们称 $y=f[\varphi(x)]$ 是由函数 $y=f(u)$ 及函数 $u=\varphi(x)$ 复合而成的**复合函数**,u 称为中间变量.

【名师解析】

需要注意的是:

(1)并不是任意两个函数都可以复合成一个复合函数.如 $y=\sqrt{u-2}$,$u=\sin x$ 在实数范围内就不能进行复合.这是因为 $u=\sin x$ 在其定义域 $(-\infty,+\infty)$ 中任何 x 的值对应的 u 值都小于 2,它们都不能使 $y=\sqrt{u-2}$ 有意义.因此,两函数 $y=f(u)$,$u=\varphi(x)$ 能复合的充要条件是:内函数 $u=\varphi(x)$ 的值域与外函数 $y=f(u)$ 的定义域交集非空.

(2)复合函数的复合过程是由内到外,函数"套"函数而成的;分解复合函数时,是采取由外到内、层层分解的办法,将复合函数拆分成若干基本初等函数或由基本初等函数的四则运算构成的函数(称为简单初等函数).学习中,我们既要掌握函数如何进行复合,又要学会对复合函数进行正确的分解,后面第二章在对复合函数进行求导时,就要用到复合函数的分解过程.

五、反函数

设 $y=f(x)$ 是 x 的函数,其值域为 Z,如果对于 Z 中的每一个 y 值,都有一个确定的且满足 $y=f(x)$ 的 x 值与之对应,则得到一个定义在 Z 上的以 y 为自变量,x 为因变量的新函数,我们称之为直接函数 $y=f(x)$ 的**反函数**,记作 $x=f^{-1}(y)$.

习惯上,我们总是用 x 表示自变量,用 y 表示因变量,所以通常把 $x=f^{-1}(y)$ 中 x 与 y 互换,改写成以 x 为自变量,以 y 为因变量的函数关系 $y=f^{-1}(x)$,此时我们称 $y=f^{-1}(x)$ 是 $y=f(x)$ 的反函数.

【名师解析】

就图像而言,在同一直角坐标系下,直接函数 $y=f(x)$ 与其反函数 $y=f^{-1}(x)$ 的图像关于直线 $y=x$ 对称.就求反函数过程来说,一般是先根据直接函数 $y=f(x)$ 进行恒等变形,将 x 用 y 的表达式表示出来,再将 x 与 y 互换,得到反函数的表达式,同时需注明反函数的定义域.

六、初等函数

由常数和基本初等函数经过有限次的四则运算和复合构成的且能用一个式子表示的函数,称为**初等函数**.

例如 $y=2x^2-1$,$y=\sin\dfrac{1}{x}$,$y=\ln(x+\sqrt{x^2+1})$ 以及前面我们见过的很多函数都是初等函数.高等数学中讨论的函数绝大多数都是初等函数.

【名师解析】

分段函数一般不是初等函数.分段函数是指自变量在不同变化范围中,用不同表达式表示的一个函数,而初等函数要求必须用一个式子表示.

函数 $f(x)=1+x+\dfrac{x^2}{2!}+\dfrac{x^3}{3!}\cdots+\dfrac{x^n}{n!}+\cdots$ 也不是初等函数,此函数是无穷多项之和,不是通过有限次的四则运算得到的函数,同样不符合初等函数的定义.

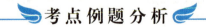

考点例题分析

考点一 求函数定义域

【考点分析】

对函数这个单元而言,考试中出现频率特别高的一类题目是求函数的定义域.求定义域时常出现的有含根式的函数、对数函数、分式函数、反正弦函数、反余弦函数等,也经常出现复合函数、抽象函数.求解时,要注意各类函数求定义域时的限制条件.函数由解析式给出时,其定义域是使解析式子有意义的一切自变量的值构成的集合.为此,求函数的定义域时应遵守以下原则:

1.在分式中分母不能为零;

2.在偶次根式内被开方数非负;

3.在对数中真数大于零;

4.反三角函数 $\arcsin\varphi(x)$,$\arccos\varphi(x)$,要满足 $|\varphi(x)|\leqslant 1$;

5. 两函数和(差)的定义域,应是两函数定义域的交集;

6. 分段函数的定义域是各段定义域的并集;

7. 求复合函数的定义域时,一般是由外层向里层逐步求.

例 1 函数 $y = \sqrt{4-x^2} + \arcsin\dfrac{x+1}{2}$ 的定义域是_____.

视频讲解
(扫码 关注)

解 由 $\begin{cases} 4-x^2 \geqslant 0, \\ -1 \leqslant \dfrac{x+1}{2} \leqslant 1 \end{cases}$ 解得 $-2 \leqslant x \leqslant 1$,所以该函数的定义域为 $[-2,1]$.

故应填 $[-2,1]$.

【名师点评】

求函数定义域时,反正弦函数和反余弦函数是最常考的,如果这两个函数为外函数,如 $\arcsin\varphi(x)$,要注意它的限制条件是内层函数 $|\varphi(x)| \leqslant 1$,即 $-1 \leqslant \varphi(x) \leqslant 1$,再利用此不等式进一步求解 x 的范围. 此题最后一步是求两个不等式的交集,特别要注意的是每个不等式中是否包含等号,最后求得的定义域是否包含端点.

例 2 设函数 $f(x)$ 的定义域为 $[1,2]$,则函数 $f(x^2)$ 的定义域是 _____.

A. $[1,2]$ 　　　　　B. $[1,\sqrt{2}]$ 　　　　　C. $[-\sqrt{2},\sqrt{2}]$ 　　　　　D. $[-\sqrt{2},-1] \bigcup [1,\sqrt{2}]$

解 由题意得 $1 \leqslant x^2 \leqslant 2$,则 $x \leqslant -1$ 或 $x \geqslant 1$,且 $-\sqrt{2} \leqslant x \leqslant \sqrt{2}$,解得定义域为 $[-\sqrt{2},-1] \bigcup [1,\sqrt{2}]$.

故应选 D.

【名师点评】

像此题这类对抽象复合函数求定义域是专升本考试中常考的一类题型,即已知函数 $f(x)$ 的自变量 x 的范围为 $[m,n]$,求函数 $f[g(x)]$ 中自变量 x 的范围. 该题型的解法是把函数 $f[g(x)]$ 中的 $g(x)$ 看成 $f(x)$ 中的 x,即求不等式 $m \leqslant g(x) \leqslant n$ 的解集,从而解出 x 的取值范围,得到函数 $f[g(x)]$ 的定义域.

例 3 函数 $y = \dfrac{1}{1-\ln x}$ 的定义域是 _____.

解 由 $\begin{cases} x > 0, \\ 1-\ln x \neq 0 \end{cases}$ 知该函数的定义域为 $(0,\mathrm{e}) \bigcup (\mathrm{e},+\infty)$.

故应填 $(0,\mathrm{e}) \bigcup (\mathrm{e},+\infty)$.

【名师点评】

求函数的定义域,最终的表达形式可以表示成集合也可以表示成区间.

考点 二　判断两函数是否相同或求反函数

【考点分析】

判断两个函数是否相同,主要看函数的两要素定义域和对应法则是否都相同,若任何一个不相同,二者就不是同一函数. 函数的两要素里虽然没有值域,但值域是定义域和对应法则确定的,因此如果两函数的值域明显不同,它们也不是同一函数.

例 4 下列各组中,两个函数为同一函数的是 _____.

A. $f(x) = \dfrac{x^2-1}{x-1}$, $g(x) = x+1$ 　　　　　B. $f(x) = x$, $g(x) = \sqrt{x^2}$

C. $f(x) = 2$, $g(x) = |x| + |x-2|$ 　　　　　D. $f(x) = x^2 + 2x - 1$, $g(t) = t^2 + 2t - 1$

解 选项 A,两个函数的定义域不同;选项 B,两函数的对应法则不同,也可以通过值域不同来排除;选项 C,两函数的对应法则不同;选项 D,两函数的定义域和对应法则都相同,是否为同一函数与自变量用哪个字母表示无关.

故应选 D.

例 5 下列各组中,两个函数为同一函数的是 _____.

A. $f(x) = \sqrt{x^2}$, $\varphi(x) = (\sqrt{x})^2$ 　　　　　B. $f(x) = 1$, $\varphi(x) = \sin^2 x + \cos^2 x$

C. $f(x) = 2\lg x$, $\varphi(x) = \lg x^2$ 　　　　　D. $f(x) = \sqrt{x(x-1)}$, $\varphi(x) = \sqrt{x} \cdot \sqrt{x-1}$

解 选项 A,C,D 都是两函数的定义域不同;选项 B,两函数定义域和对应法则都相同.

故应选 B.

【名师点评】

判断两函数是否相同的这类题目常以选择题的形式给出,相对比较简单,主要就是观察两个函数的定义域和对应法则两要素是否都相同.如果函数值比较直观,那么两函数值域不同,同样可以排除该选项.

例6 求函数 $y = 1 - \ln(2x+1)$ 的反函数.

解 由函数表达式解得 $\ln(2x+1) = 1-y$,则 $2x+1 = e^{1-y}$,解得 $x = \frac{1}{2}(e^{1-y}-1)$,将

视频讲解
(扫码 关注)

x 和 y 互换,得函数 $y = 1 - \ln(2x+1)$ 的反函数为 $y = \frac{1}{2}(e^{1-x}-1), x \in \mathbf{R}$.

【名师点评】

指数函数和对数函数互为反函数,因此在求反函数的题目中经常出现这两类函数.求出反函数之后,要注意注明反函数的定义域.

考点 三 求函数表达式及函数值

【考点分析】

若求复合函数的表达式,需要充分理解复合的含义,"复合"运算是函数的一种基本运算,采取的方法一般应按照由自变量开始,先内层后外层的顺序逐次求解;若已知一个复合函数 $f[\varphi(x)]$ 的表达式,求 $f(x)$ 的表达式,则经常用到换元的思路进行变形求解.

例7 设 $f\left(\frac{1}{x}\right) = \frac{x}{x+1}$,则 $f(x) = $ _____.

解法一 先恒等变形,再换元.

$f\left(\frac{1}{x}\right) = \frac{x}{x+1} = \frac{1}{1+\frac{1}{x}}$,用 x 代换 $\frac{1}{x}$ 后得 $f(x) = \frac{1}{1+x}$.

解法二 先换元,再改写自变量.

令 $\frac{1}{x} = t$,则 $x = \frac{1}{t}$,$f\left(\frac{1}{x}\right) = \frac{x}{x+1}$,所以 $f(t) = \frac{\frac{1}{t}}{\frac{1}{t}+1} = \frac{1}{1+t}$,即 $f(x) = \frac{1}{1+x}$.

故应填 $\frac{1}{1+x}$.

【名师点评】

此类题目,已知的复合函数等号右边的表达式如果能改写成关于内层函数的函数表达式,可以直接进行改写变形,再用 x 替换等式两边的内层函数即可,例如解法一.

如果已知函数的表达式不容易凑成关于内层函数的表达式,我们一般是将内层函数进行整体换元,把 x 用新变量 t 表示出来,从而将原表达式两端的 x 都换成含 t 的函数,化简得到 $f(t)$ 的表达式,最后再将自变量 t 的符号改写为 x,从而得到 $f(x)$ 的表达式,例如解法二.

例8 设 $f(x) = \begin{cases} 1, & |x| < 1, \\ 0, & |x| = 1, \\ -1, & |x| > 1, \end{cases} g(x) = e^x$,则 $g[f(\ln 2)] = $ _____.

解 因为 $\ln 2 < \ln e = 1$,所以 $f(\ln 2) = 1$,因此 $g[f(\ln 2)] = g(1) = e$.

故应填 e.

【名师点评】

求复合函数在某一点的函数值,一般是由内向外层层进行代点求值.

例9 设函数 $f(x) = \begin{cases} -1, |x| > 1, \\ 1, & |x| \leqslant 1, \end{cases}$ 求 $f[f(x)]$ _____.

解 当 $|x| > 1$ 时,$f(x) = -1$,$f[f(x)] = f(-1) = 1$;当 $|x| \leqslant 1$ 时,$f(x) = 1$,
$f[f(x)] = f(1) = 1$; 所以 $f[f(x)] = 1$.

【名师点评】

此题由于 $f(x)$ 是分段函数,求其复合函数的时候一般要进行分段讨论,层层进行.

例10 设函数 $f(x) = \sin x, f[\varphi(x)] = 1 - x^2$,求 $\varphi(x)$.

解 由题意,$f[\varphi(x)] = \sin\varphi(x) = 1 - x^2$,

则 $\varphi(x) = \arcsin(1 - x^2) + 2k\pi$ 或 $\varphi(x) = \pi - \arcsin(1 - x^2) + 2k\pi, (k \in \mathbf{Z})$

综上,$\varphi(x) = (-1)^n \arcsin(1 - x^2) + n\pi. (n \in \mathbf{Z})$

视频讲解
(扫码 关注)

【名师点评】

此题难度较大,因为 $\sin\varphi(x) = 1 - x^2$,可以得出 $\varphi(x)$ 的值域应该是 $(-\infty, +\infty)$,而反正弦函数的值域并非 $(-\infty, +\infty)$,而是 $\left[-\dfrac{\pi}{2}, \dfrac{\pi}{2}\right]$,所以我们不能直接用反正弦函数来表示 $\varphi(x)$,而且互补的两个角的正弦值是相等的,即 $\sin(\pi - \alpha) = \sin\alpha$. 所以 $\arcsin(1 - x^2)$ 与 $\pi - \arcsin(1 - x^2)$ 都满足 $\varphi(x)$ 的条件,但要表示全所有满足条件的函数,根据周期性,必须在这两个函数后再加上 $2k\pi$.

考点 四 函数性质的判定

【考点分析】

函数的性质是专升本考试中经常考查的知识点. 考生需要对函数的单调性、奇偶性、周期性和有界性的概念熟练掌握并学会应用. 有的性质也可以结合函数图像去观察判断.

例11 下列函数在区间 $(-\infty, +\infty)$ 上单调减少的是 _____.

A. $\sin x$ B. e^x C. $1 - x$ D. x^3

解 此类在给定区间上,判断函数的单调性,结合函数图像即可.

故应选 C.

【名师点评】

在专升本考试中,关于函数单调性的判别方法主要有:

1. 利用单调性的定义来判别.

2. 借助函数图像判别单调性,此方法主要适用于客观题.

3. 借助导数作为判别工具,利用一阶导数的符号判别,此类题目见第三章导数的应用.

本题是客观题,给出的函数形式都非常简单,只需要借助函数图像来判别即可.

例12 判断函数 $f(x) = \ln(x + \sqrt{1 + x^2})$ 的奇偶性.

解
$$f(-x) = \ln[-x + \sqrt{1 + (-x)^2}] = \ln(\sqrt{1 + x^2} - x)$$
$$= \ln\frac{(\sqrt{1 + x^2} - x)(\sqrt{1 + x^2} + x)}{(\sqrt{1 + x^2} + x)} = \ln\frac{1}{(\sqrt{1 + x^2} + x)}$$
$$= \ln(\sqrt{1 + x^2} + x)^{-1} = -\ln(\sqrt{1 + x^2} + x) = -f(x).$$

视频讲解
(扫码 关注)

所以 $f(x) = \ln(x + \sqrt{1 + x^2})$ 为奇函数.

【名师点评】

此题直接利用定义改写出来的 $f(-x)$,表面上看和 $f(x)$ 既不相等,也不互为相反数,所以我们必须对 $f(-x)$ 进行进一步的恒等变形,由于内层函数 $\sqrt{1 + x^2} - x = \dfrac{\sqrt{1 + x^2} - x}{1}$ 改写成分母为1的分式后,才方便进行分子有理化的恒等变形,这也是含根式的函数常用的恒等变形方法.

例13 假设函数 $f(x) = \sin\dfrac{x}{2} + \cos\dfrac{x}{3}$,则 $f(x)$ 的周期为 _____.

解 对三角函数 $y = \sin(\omega x + \varphi)$ 或 $y = \cos(\omega x + \varphi)$,周期 $T = \dfrac{2\pi}{|\omega|}$,因此 $\sin\dfrac{x}{2}$ 的周期为 4π,$\cos\dfrac{x}{3}$ 的周期是 6π,函数 $f(x) = \sin\dfrac{x}{2} + \cos\dfrac{x}{3}$ 的周期,取两个函数周期的最小公倍数,因此 $f(x)$ 的周期为 12π.

故应填 12π.

【名师点评】

"三角函数的周期性"是函数周期性这一知识点考查的重点,可以直接用该题解法中的公式求其周期,对于代数和形式的函数一定是求几个函数周期的最小公倍数.另外,还要知道,如果对周期函数求导,导函数的周期不变,比如$(\sin x)' = \cos x$,正余弦函数周期相同.

例 14 函数 $y = \ln(x+2)$ 在区间 $(-2, +\infty)$ 上是 _____.

A.单调递减   B.单调递增   C.非单调函数   D.有界函数

解 因为函数 $y = \ln(x+2)$ 是函数 $y = \ln x$ 向左平移两个单位得到的,由对数函数的图像可得该函数在 $(-2, +\infty)$ 上单调递增,并且 $x = -2$ 是 $y = \ln(x+2)$ 的一条垂直渐近线,所以 $y = \ln(x+2)$ 在区间 $(-2, +\infty)$ 上是无界的.

故应选 B.

【名师点评】

对于比较简单的函数,可以直接利用函数图像观察出函数的各种性质.

例 15 函数 $y = x\tan x$ 是 _____.

A.有界函数   B.单调函数   C.偶函数   D.周期函数

解 奇函数 $y = x$ 与奇函数 $y = \tan x$ 的乘积为偶函数.

故应选 C.

【名师点评】

如果所研究函数的图像不容易画出的话,那么在函数的所有特性中奇偶性判断起来相对简单,所以只要有奇偶性的选项,先从判断奇偶性入手.此类题目往往选择函数最容易判断的特性,先进行判断.

此题判断函数的有界区间相对比较复杂,因为该函数不容易画出函数图像,无法结合图像观察定义域内的有界性.可以通过极限的局部有界性去判断,找出函数的间断点,求间断点处的极限,通过极限情况来判断函数在间断点附近是否有界.极限的局部有界性这一性质可查阅第二单元的"考点知识梳理"中的具体内容.

考点真题解析

考点一 求函数定义域或值域

真题 1 (2023.高数 Ⅰ)函数 $y = \ln(3x-1)$ 的定义域是 _____.

A.$\left(\dfrac{1}{3}, +\infty\right)$ B.$\left(-\infty, \dfrac{1}{3}\right)$ C.$\left[\dfrac{1}{3}, +\infty\right)$ D.$\left(-\infty, \dfrac{1}{3}\right]$

解 由已知得 $3x-1 > 0$,即 $x > \dfrac{1}{3}$,所以该函数的定义域是 $\left(\dfrac{1}{3}, +\infty\right)$.

【名师点评】

注意对数函数的真数部分要大于零,而不是大于等于零.

真题 2 (2019.公共)函数 $f(x) = \sqrt{4-x^2} + \dfrac{1}{\ln\cos x}$ 的定义域为 _____.

解 由函数可得 $\begin{cases} 4-x^2 \geq 0, \\ \cos x > 0, \\ \cos x \neq 1, \end{cases}$ 解得 $\begin{cases} -2 \leq x \leq 2, \\ 2k\pi - \dfrac{\pi}{2} < x < 2k\pi + \dfrac{\pi}{2}(k \in \mathbf{Z}), \\ x \neq 2k\pi, \end{cases}$ 求各不等式的交集,

所以定义域为 $\left(-\dfrac{\pi}{2}, 0\right) \bigcup \left(0, \dfrac{\pi}{2}\right)$.

故应填 $\left(-\dfrac{\pi}{2}, 0\right) \bigcup \left(0, \dfrac{\pi}{2}\right)$.

【名师点评】

此题的对数函数出现在分母上,既要让真数部分大于零,还要让真数不等于 1 才能使分式有意义.另外,由于 $\cos x$ 是周期为 2π 的周期函数,所以解不等式 $\cos x > 0$ 时,注意不要漏掉 $2k\pi$.最终求各不等式解集的交集才是该函数定义域,由于此题交集求出来是两部分区间,所以定义域是以两部分区间并集的形式表达的.

真题3 (2018.公共) 函数 $y = \arcsin(1-x) + \dfrac{1}{2}\lg\dfrac{1+x}{1-x}$ 的定义域是 _____.

A. $(0,1)$　　　　　B. $[0,1)$　　　　　C. $(0,1]$　　　　　D. $[0,1]$

解　由函数可得 $\begin{cases} \dfrac{1+x}{1-x} > 0, \\ -1 \leqslant 1-x \leqslant 1, \end{cases}$ 即 $\begin{cases} (x-1)(x+1) < 0, \\ -1 \leqslant x-1 \leqslant 1, \end{cases}$ 解得定义域为 $[0,1)$.

故应选 B.

【名师点评】

此题除了按一般思路列出每个函数的限制条件,解不等式组以外,对于给出选项的选择题有求解的技巧.很明显可以看出四个选项唯一区别就是端点是否包含在定义域里,那么我们分别把两个端点 $x=0$ 和 $x=1$ 代入到函数中,观察函数在这两点处是否有定义,从而确定定义域是否包含端点,这样可以直接选出答案.

真题4 (2017.2016.经管) 如果函数 $f(x)$ 的定义域是 $[-\dfrac{1}{3},3]$,则 $f(\dfrac{1}{x})$ 的定义域是 _____.

A. $[-3,\dfrac{1}{3}]$

B. $[-3,0) \bigcup (0,\dfrac{1}{3}]$

C. $(-\infty,-3] \bigcup [\dfrac{1}{3},+\infty)$

D. $(-\infty,-3] \bigcup (0,\dfrac{1}{3}]$

视频讲解
(扫码 关注)

解　由题意得 $-\dfrac{1}{3} \leqslant \dfrac{1}{x} \leqslant 3$,当 $x > 0$ 时,由 $0 < \dfrac{1}{x} \leqslant 3$ 解得 $x \in [\dfrac{1}{3},+\infty)$;

当 $x < 0$ 时,由 $-\dfrac{1}{3} \leqslant \dfrac{1}{x} < 0$ 解得 $x \in (-\infty,-3]$,取两部分的并集,得出 $f(\dfrac{1}{x})$ 的定义域是 $(-\infty,-3] \bigcup [\dfrac{1}{3},+\infty)$.

故应选 C.

【名师点评】

此题的求解思路很明确,但解不等式是个难点,必须对 x 的符号进行分类讨论,才方便求解不等式,x 的符号未知的情况下,解不等式时不等号的方向无法确定.

真题5 (2015.公共) 函数 $y = \ln|\sin x|$ 的定义域是 _____,其中 k 为整数.

A. $x \neq \dfrac{k\pi}{2}$

B. $x \in (-\infty,+\infty)$, $x \neq k\pi$

C. $x = k\pi$

D. $x \in (-\infty,+\infty)$

解　因为 $y = \ln|\sin x|$,根据对数函数对真数的限制条件,结合 $\sin x$ 的值域,得 $0 < |\sin x| \leqslant 1$,由 $\sin x \neq 0$ 得出 $x \neq k\pi$,结合正弦函数定义域得该函数定义域为 $x \in (-\infty,+\infty)$, $x \neq k\pi$, k 为整数.

故应选 B.

真题6 (2014.经管、理工) 函数 $y = \ln[\ln(\ln x)]$ 的定义域为 _____.

解　$y = \ln[\ln(\ln x)]$ 应满足 $\begin{cases} x > 0, \\ \ln x > 0, \\ \ln(\ln x) > 0, \end{cases}$ 解得 $\begin{cases} x > 0, \\ x > 1, \\ x > e. \end{cases}$

因此该函数的定义域为 $(e,+\infty)$.

故应填 $(e,+\infty)$.

【名师点评】

此题为复合函数求定义域,可以由内向外找出每一层函数需满足的条件,列出不等式组,求交集.

真题7 (2014.公共) 函数 $y = [x] = n, n \leqslant x < n+1, n = 0, \pm 1, \pm 2, \cdots$ 的值域为 _____.

解　$y = [x]$ 表示对 x 取整数部分,y 可取正值也可取负值和0,所以该函数的值域为整数集 **Z**.

故应填整数集 **Z**.

【名师点评】

专升本考试中以考查函数定义域为主,偶尔也考过值域,一般难度不大,只要找全函数 y 的取值范围即可.取整函数 $y = [x]$ 实际上也是分段函数,可以通过图像或者取整后的值的情况观察出函数的值域.

考点二 判断两函数是否相同或求反函数

真题8 (2017.经管、2014.公共)下列各组中,两个函数为同一函数的组是 _____.

A. $f(x)=\lg x+\lg(x+1)$, $g(x)=\lg[x(x+1)]$ 　B. $y=f(x)$, $g(x)=f(\sqrt{x^2})$

C. $f(x)=|1-x|+1$, $g(x)=\begin{cases}x, & x\geqslant 1,\\ 2-x, & x<1\end{cases}$ 　D. $y=\dfrac{\sqrt{9-x^2}}{|x-5|-5}$, $g(x)=\dfrac{\sqrt{9-x^2}}{x}$

解 函数的两要素是定义域和对应法则,两要素都相同的函数为同一函数.A中两函数定义域不同.B、D中两函数对应法则不同.C中两函数的定义域都是$(-\infty,+\infty)$,去绝对值后对应法则也是相同的.

故应选C.

【名师点评】

定义域和对应法则两要素都相同的函数为同一函数,二者缺一不可.

真题9 (2018.理工)写出 $y=\dfrac{2^x}{2^x+1}$ 的反函数 _____.

解 由 $y=\dfrac{2^x}{2^x+1}$ 解得 $2^x=\dfrac{y}{1-y}$,所以 $x=\log_2\dfrac{y}{1-y}$.交换x,y可得函数的反函数为 $y=\log_2\dfrac{x}{1-x}$,又由 $\dfrac{x}{1-x}>0$ 得,该反函数的定义域为$(0,1)$.

故应填 $y=\log_2\dfrac{x}{1-x}$, $x\in(0,1)$.

【名师点评】

求函数的反函数,就是用变量y来表示出变量x,再按照函数自变量和因变量的表示习惯,将x和y互换,得到反函数.需要注意的是,求出反函数之后,一般要在反函数后面注明其定义域.

考点三 求函数值或函数解析式

真题10 (2021.高数Ⅰ)已知 $f(x)=\begin{cases}\dfrac{1}{x}, & |x|>1,\\ 0, & |x|\leqslant 1,\end{cases}$ 则 $f[f(2021)]=$ _____.

解 $f(2021)=\dfrac{1}{2021}<1$, $f[f(2021)]=0$.

真题11 (2020.高数Ⅲ)已知函数 $f(x)=\dfrac{x+1}{x-1}$, $x\in(1,+\infty)$,求复合函数 $f[f(x)]$.

解 由 $f(x)=\dfrac{x+1}{x-1}$, $x\in(1,+\infty)$,通过变量代换得

$$f[f(x)]=\frac{f(x)+1}{f(x)-1}=\frac{\frac{x+1}{x-1}+1}{\frac{x+1}{x-1}-1}=x.$$

【名师点评】

求复合函数 $f[f(x)]$ 时,可以将 $f[f(x)]$ 转化为 $\dfrac{f(x)+1}{f(x)-1}$ 再化简,也可以将 $f[f(x)]$ 转化为 $f(\dfrac{x+1}{x-1})$ 再化简求解.

真题12 (2019.理工)若函数 $f(x)=\dfrac{1+\sqrt{1+x^2}}{x}$,则 $f(\dfrac{1}{x})=$ _____.

解 由 $f(x)=\dfrac{1+\sqrt{1+x^2}}{x}$ 得 $f(\dfrac{1}{x})=\dfrac{1+\sqrt{1+(\frac{1}{x})^2}}{\frac{1}{x}}=x+x\sqrt{1+\dfrac{1}{x^2}}$

$$=\begin{cases}x+\sqrt{x^2+1}, & x>0,\\ x-\sqrt{x^2+1}, & x<0.\end{cases}$$

视频讲解
(扫码关注)

故应填 $f\left(\dfrac{1}{x}\right)=\begin{cases}x+\sqrt{x^2+1},x>0,\\x-\sqrt{x^2+1},x<0.\end{cases}$

【名师点评】

此题是非常易错的题目,整理 $f\left(\dfrac{1}{x}\right)$ 表达式时,分子分母同乘以 x 后,再将 x 放入根号里面时,一定要注意讨论 x 的符号.因为根号肯定是非负的,而 x 不一定是非负的,如果不讨论直接拿到根号里面来,有可能就不再是恒等变形.

真题 13 (2019.财经)设 $f(x)=\sin x$,$g(x)=\begin{cases}x-\pi,x\leqslant 0,\\x+\pi,x>0,\end{cases}$ 则 $f[g(x)]=$ _____.

A. $\sin x$ 　　　　　　　B. $\cos x$ 　　　　　　　C. $-\sin x$ 　　　　　　　D. $-\cos x$

解 $x\leqslant 0$ 时,$g(x)=x-\pi$,　$f[g(x)]=\sin(x-\pi)=-\sin x$;

$x>0$ 时,$g(x)=x+\pi$,　$f[g(x)]=\sin(\pi+x)=-\sin x$.所以 $f[g(x)]=-\sin x$.

故应选 C.

【名师点评】

函数复合过程中出现分段函数时,也需要分段进行讨论,如果各段复合后的结果相同,则可以合并成初等函数.

真题 14 (2014.理工)已知 $f\left(x+\dfrac{1}{x}\right)=x^2+\dfrac{1}{x^2}$,则 $f(x)=$ _____.

解 因为 $f\left(x+\dfrac{1}{x}\right)=x^2+\dfrac{1}{x^2}=\left(x+\dfrac{1}{x}\right)^2-2$,所以 $f(x)=x^2-2$.

故应填 x^2-2.

【名师点评】

此类题目要么是通过 $f(x)$ 去求复合函数 $f[\varphi(x)]$,要么是通过复合函数 $f[\varphi(x)]$ 来求 $f(x)$,常用变量换元或是整体代换的思想进行恒等变形求解.

考点四　函数性质的判定

真题 15 (2024.高数 Ⅰ)以下函数是偶函数的是 _____.

A. $\tan x$ 　　　　　　　B. $\cos x$ 　　　　　　　C. x^3 　　　　　　　D. 3^x

解 利用函数奇偶性的定义或者结合函数图像可知,$\tan x$ 和 x^3 是奇函数,3^x 是非奇非偶函数,只有 $\cos x$ 是偶函数.故选 B.

真题 16 (2023.高数 Ⅲ)以下函数在其定义域内有界的是 _____.

A. e^x 　　　　　　　B. x^2 　　　　　　　C. $\ln x$ 　　　　　　　D. $\cos x$

解 因为在定义域内恒有 $|\cos x|\leqslant 1$,所以 $\cos x$ 在定义域内有界.

故选 D.

【名师点评】

此题考查函数的有界性,A、B、C 选项中的函数,都不满足在定义域内 $|f(x)|\leqslant M$,也就是找不到某一个正数 M,使得不等式成立,因此它们在定义域内都是无界的.此类题目也可以结合函数图像观察其有界性.

另外,考查函数的有界性时,还要看清楚研究范围是整个定义域还是定义域内的某个子区间,要在给定区间内考查有界性,有的函数在定义域内是无界的,但在某个区间内有可能是有界的,例如:$y=x^2$ 在定义域内是无界的,但在 $[1,2]$ 上是有界的.

真题 17 (2018.公共)函数 $f(x)=x\,\dfrac{a^x-1}{a^x+1}$ 的图像关于 _____ 对称.

解 因为 $f(-x)=-x\,\dfrac{a^{-x}-1}{a^{-x}+1}=-x\,\dfrac{1-a^x}{1+a^x}=x\,\dfrac{a^x-1}{a^x+1}=f(x)$,所以 $f(x)$ 是偶函数,因此函数图像关于 y 轴对称.

故应填 y 轴或 $x=0$.

【名师点评】

图像的对称性是通过函数的奇偶性来确定的,对于比较复杂的函数,不可能直接观察图像,一般是通过奇偶性的定义来判断,若 $f(-x)=f(x)$,则为偶函数;若 $f(-x)=-f(x)$,则为奇函数;若 $f(-x)$ 与 $f(x)$ 既不相等,也不互为相反数,则为非奇非偶函数. $f(-x)$ 的表达式往往需要适当变形才容易观察出与 $f(x)$ 的关系.

真题 18　(2014.经管)设 $f(x)$ 是定义在 $(-\infty,+\infty)$ 内的函数,且 $f(x)\neq C$,则下列必是奇函数的是 _____.

A. $f(x^3)$ B. $[f(x)]^3$ C. $f(x)\cdot f(-x)$ D. $f(x)-f(-x)$

解　由于 $f(x)$ 的奇偶性未知,所以 A、B 选项中函数的奇偶性无法确定. C 选项中,将函数的自变量换为 $-x$, $f(x)\cdot f(-x)=f(-x)\cdot f(x)$,函数不变,所以为偶函数. D 选项中,设 $g(x)=f(x)-f(-x)$,则

$g(-x)=f(-x)-f(x)=-[f(x)-f(-x)]=-g(x)$,

所以 $g(x)$ 是奇函数.

故应选 D.

真题 19　(2015.理工) $f(x)=\ln(x-1)$ 在区间 $(1,+\infty)$ 上是 _____.

A. 单调递减函数 B. 单调递增函数 C. 非单调函数 D. 有界函数

解　因为函数 $y=\ln(x-1)$ 是函数 $y=\ln x$ 向右平移一个单位得到的,由对数函数的图像可得该函数在 $(1,+\infty)$ 是单调递增函数且是无界的.

故应选 B.

【名师点评】

给出的函数如果图像能直接画出来,可以根据函数图像来判断函数的性质,对于不容易画出图像的函数,从选项中找最易判断的性质入手研究.

真题 20　(2014.工商) $f(x)=\lg(1+x)$ 在 _____ 内有界.

A. $(1,+\infty)$ B. $(2,+\infty)$

C. $(1,2)$ D. $(-1,1)$

解　如图 1.10 所示, $f(x)=\lg(1+x)$ 是 $f(x)=\lg x$ 的图像向左平移了一个单位,该函数有渐近线 $x=-1$. 通过图像可直观地看出,上述选项中该函数只在 $(1,2)$ 上是有界的.

故应选 C.

【名师点评】

由于对数函数有一条垂直渐近线,由图像可以看出,在垂直渐近线附近的区间内是无界的.

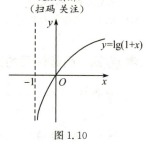

视频讲解
（扫码 关注）

图 1.10

◆ 考点方法综述

序号	本单元考点与方法总结
1	函数概念的考查,主要考查两个函数是否为同一个函数. 函数相同需要遵循定义域相同和对应法则 f 相同两个原则.
2	求函数的定义域和值域,特别是求函数的定义域是考试的重点,要熟练掌握基本初等函数的定义域,清楚地知道分式的分母不能为零,偶次根号下被开方数须大于等于零,对数函数的真数要大于零,$\arcsin\varphi(x)$ 和 $\arccos\varphi(x)$ 中 $|\varphi(x)|\leqslant 1$ 等,并且要熟练求解不等式. 对于复合函数的情形要学会分解后再分别使用基本初等函数的定义域;难点在于抽象形式函数的定义域的求解.
3	求函数的表达式需要充分理解函数的概念,"复合"运算是函数的一种基本运算,此类问题中要特别注意分段函数的复合,采取的方法一般应按照由自变量开始,先内层后外层的顺序逐次求解.
4	函数的几种特性中考生需要掌握单调性、奇偶性、周期性和有界性,需要对特性的概念熟练掌握并会应用. 一般可以通过函数图像或者是函数性质的定义来判断相关的性质.

第二单元　极　限

◈ 考纲内容解读

新大纲基本要求	新大纲名师解读
1. 理解数列极限和函数极限(包括左极限和右极限)的概念. 理解函数极限存在与左极限、右极限存在之间的关系. 2. 理解数列极限和函数极限的性质. 了解数列极限和函数极限存在的两个收敛准则(夹逼准则与单调有界准则). 熟练掌握数列极限和函数极限的运算法则. 3. 熟练掌握两个重要极限 $\lim\limits_{x\to 0}\dfrac{\sin x}{x}=1$, $\lim\limits_{x\to\infty}\left(1+\dfrac{1}{x}\right)^{x}=e$, 并会用它们求极限. 4. 理解无穷小量、无穷大量的概念, 掌握无穷小量的性质、无穷小量与无穷大量的关系. 会比较无穷小量的阶(高阶、低阶、同阶和等价). 会用等价无穷小量求极限. 5. 熟练掌握洛必达法则, 会用洛必达法则求 "$\dfrac{0}{0}$""$\dfrac{\infty}{\infty}$""$0\cdot\infty$" "$\infty-\infty$""1^{∞}""0^{0}"和"∞^{0}"型未定式的极限.	本单元中我们既要正确理解极限的概念和极限的性质, 又要会求解各类极限. 从考纲和历年考试的真题中可以看出, 极限的计算是本章的重点. 求极限的方法很多, 要能够对不同类型的题目选择相应的方法, 并达到灵活应用. 另外, 对洛必达法则的要求考纲原文出现在第三章导数的应用部分, 由于洛必达法则是求极限的重要方法之一, 因在大家学习过导数的基础上, 此作为知识的复习, 我们把它提到第一章, 和极限的其他求法放在一起, 便于比较求极限的各类方法及对各类方法进行综合应用.

✎ 考点知识梳理 ✎

一、数列极限

1. 数列极限的概念

对于数列 $\{x_n\}$, 若当项数 n 无限增大时, 数列的通项 x_n 无限趋近于一个确定的常数 A, 则称 A 为**数列** $\{x_n\}$ **的极限**. 记作 $\lim\limits_{n\to\infty}x_n=A$.

上述是数列极限的描述性定义, 下面我们也给出其纯数学定义, 大家了解即可.

纯数学定义: $\lim\limits_{n\to\infty}x_n=A\Leftrightarrow \forall\varepsilon>0$, $\exists N>0$, 当 $n>N$ 时, $|x_n-A|<\varepsilon$ 恒成立.

2. 数列的收敛与发散

若数列 $\{x_n\}$ 有极限, 则称数列 $\{x_n\}$ 是**收敛**的; 若数列 $\{x_n\}$ 没有极限, 则称数列 $\{x_n\}$ 是**发散**的.

二、函数极限的概念

1. $x\to\infty$ 时 $f(x)$ 的极限

(1) $\lim\limits_{x\to\infty}f(x)$

描述性定义: 设有常数 $M>0$, 当 $|x|>M$ 时, 函数 $f(x)$ 有定义, 当 $|x|$ 无限增大时, 相应的函数值 $f(x)$ 无限趋近于一个确定的常数 A, 则称 A 为当 $x\to\infty$ 时 $f(x)$ 的**极限**, 记作 $\lim\limits_{x\to\infty}f(x)=A$.

纯数学定义: $\lim\limits_{x\to\infty}f(x)=A\Leftrightarrow\forall\varepsilon>0$, $\exists M>0$, 当 $|x|>M$ 时, $|f(x)-A|<\varepsilon$ 恒成立.

(2) $\lim\limits_{x\to+\infty}f(x)$

描述性定义: 设有常数 $M>0$, 当 $x>M$ 时, 函数 $f(x)$ 有定义, 当 x 无限增大时, 相应的函数值 $f(x)$ 无限趋近于一个确定的常数 A, 则称 A 为当 $x\to+\infty$ 时 $f(x)$ 的**极限**, 记作 $\lim\limits_{x\to+\infty}f(x)=A$.

纯数学定义：$\lim\limits_{x\to+\infty}f(x)=A\Leftrightarrow\forall\varepsilon>0,\exists M>0,$当$x>M$时,$|f(x)-A|<\varepsilon$恒成立.

(3) $\lim\limits_{x\to-\infty}f(x)$

描述性定义：设有常数$M>0$,当$-x>M$(即$x<-M$)时,函数$f(x)$有定义,当$-x$无限增大时,相应的函数值$f(x)$无限趋近于一个确定的常数A,则称A为当$x\to-\infty$时$f(x)$的极限,记作$\lim\limits_{x\to-\infty}f(x)=A$.

纯数学定义：$\lim\limits_{x\to-\infty}f(x)=A\Leftrightarrow\forall\varepsilon>0,\exists M>0,$当$-x>M$时,$|f(x)-A|<\varepsilon$恒成立.

由上述三个定义可得 $\lim\limits_{x\to\infty}f(x)=A\Leftrightarrow\lim\limits_{x\to+\infty}f(x)=\lim\limits_{x\to-\infty}f(x)=A.$

2. $x\to x_0$ 时 $f(x)$ 的极限

(1) $\lim\limits_{x\to x_0}f(x)$

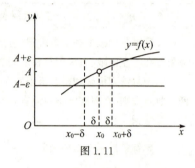

图1.11

描述性定义：如图1.11所示,设函数$f(x)$在x_0的某一去心邻域$\mathring{U}(x_0,\delta)$内有定义,当自变量x在$\mathring{U}(x_0,\delta)$内与x_0无限接近时,相应的函数的值$f(x)$无限趋近于某个常数A,则称A为当$x\to x_0$时函数$f(x)$的极限,记作$\lim\limits_{x\to x_0}f(x)=A$.

纯数学定义：$\lim\limits_{x\to x_0}f(x)=A\Leftrightarrow\forall\varepsilon>0,\exists\delta>0,$当$0<|x-x_0|<\delta$时,$|f(x)-A|<\varepsilon$恒成立.

(2) 左极限 $\lim\limits_{x\to x_0^-}f(x)$

描述性定义：设函数$f(x)$在x_0的某个左半邻域$(x_0-\delta,x_0)$内有定义,当自变量x在此半邻域内与x_0无限接近时,相应的函数值$f(x)$无限趋近于一个确定的常数A,则称A为函数$f(x)$在当x_0**处的左极限**,记作$\lim\limits_{x\to x_0^-}f(x)=A$.

纯数学定义：$\lim\limits_{x\to x_0^-}f(x)=A\Leftrightarrow\forall\varepsilon>0,\exists\delta>0,$当$x_0-\delta<x<x_0$时,$|f(x)-A|<\varepsilon$恒成立.

(3) 右极限 $\lim\limits_{x\to x_0^+}f(x)$

描述性定义：设函数$f(x)$在x_0的某个右半邻域$(x_0,x_0+\delta)$内有定义,当自变量x在此半邻域内与x_0无限接近时,相应的函数值$f(x)$无限趋近于一个确定的常数A,则称A为函数$f(x)$在**点x_0处的右极限**,记作$\lim\limits_{x\to x_0^+}f(x)=A$.

纯数学定义：$\lim\limits_{x\to x_0^+}f(x)=A\Leftrightarrow\forall\varepsilon>0,\exists\delta>0,$当$x_0<x<x_0+\delta$时,$|f(x)-A|<\varepsilon$恒成立.

由上述三个定义可得 $\lim\limits_{x\to x_0}f(x)=A\Leftrightarrow\lim\limits_{x\to x_0^+}f(x)=\lim\limits_{x\to x_0^-}f(x)=A.$

【名师解析】

1. 对于数列而言,我们只研究$n\to\infty$时数列$\{x_n\}$的变化趋势,即$\lim x_n$是否存在;而对于函数而言,自变量的变化过程比较多样化,可分为$x\to\infty$和$x\to x_0$两种情形,并且要进一步理清$\lim\limits_{x\to\infty}f(x)$,$\lim\limits_{x\to+\infty}f(x)$,$\lim\limits_{x\to-\infty}f(x)$三者的关系,以及$\lim\limits_{x\to x_0}f(x)$,$\lim\limits_{x\to x_0^+}f(x)$,$\lim\limits_{x\to x_0^-}f(x)$三者的关系.

2. 理解各极限的描述性定义,对于各极限的纯数学定义,了解即可.

3. $\lim\limits_{x\to x_0}f(x)$是否存在,与函数$f(x)$在点$x_0$处有没有定义及有定义时其值是什么都毫无关系.如图$1.12$,图a中,$y=f(x)$在$x=c$点没有定义;图b中,$y=f(x)$在$x=c$点虽然有定义,值不为$A$.但两个图中,当$x\to c$时,函数$f(x)$的极限都为$A$.在图c中,在$x=c$点左、右两侧函数$f(x)$变化趋势不一致,因此当$x\to c$时,函数$f(x)$的极限不存在.

图a

图b

图c

图1.12

三、极限的性质

因为函数极限按自变量的变化过程不同有各种形式,下面仅以"$\lim\limits_{x\to x_0}f(x)$"这种形式为代表给出极限的相关性质.

1.(**极限的唯一性**) 如果函数存在极限,则其极限是唯一的.

2.(**极限的有界性**) 若极限$\lim\limits_{x\to x_0}f(x)$存在,则函数$f(x)$在点$x_0$的某个空心邻域内有界.

【名师解析】

这个定理的条件是充分的,但不是必要的,即若函数 $f(x)$ 在 x_0 的某一空心邻域内有界,但是 $\lim\limits_{x \to x_0} f(x)$ 未必存在.

3.(**极限的局部保号性**)如果 $\lim\limits_{x \to x_0} f(x) = A$,并且 $A > 0$(或 $A < 0$),则 x 在 x_0 的某一空心邻域内,有 $f(x) > 0$(或 $f(x) < 0$).

推论 若在点 x_0 的某一空心邻域内有 $f(x) \geqslant 0$(或 $f(x) \leqslant 0$),且 $\lim\limits_{x \to x_0} f(x) = A$,则 $A \geqslant 0$(或 $A \leqslant 0$).

【名师解析】

以上函数极限的三个性质,对于自变量的其他变化过程的函数极限,均有类似结论成立. 对于数列的极限,也有唯一性和有界性的性质.

四、极限的四则运算法则

我们以"$\lim\limits_{x \to x_0} f(x)$"这类极限形式为代表给出极限的四则运算法则.

设 $\lim\limits_{x \to x_0} f(x) = A$,$\lim\limits_{x \to x_0} g(x) = B$,则有:

(1) $\lim\limits_{x \to x_0} [f(x) \pm g(x)] = \lim\limits_{x \to x_0} f(x) \pm \lim\limits_{x \to x_0} g(x) = A \pm B$;

(2) $\lim\limits_{x \to x_0} [f(x) \cdot g(x)] = \lim\limits_{x \to x_0} f(x) \cdot \lim\limits_{x \to x_0} g(x) = A \cdot B$;

特别地,$\lim\limits_{x \to x_0} C f(x) = C \lim\limits_{x \to x_0} f(x)$.

(3) $\lim\limits_{x \to x_0} \dfrac{f(x)}{g(x)} = \dfrac{\lim\limits_{x \to x_0} f(x)}{\lim\limits_{x \to x_0} g(x)} = \dfrac{A}{B}$(其中 $B \neq 0$).

【名师解析】

1. 四则运算法则的应用前提是在自变量的同一变化过程中每个函数的极限都存在.

2. 四则运算法则对自变量的任何一种变化过程均成立.

3. 极限的加、减、乘法的法则可以推广到有限个函数.

五、无穷小与无穷大

1. 无穷小

极限为零的变量为无穷小.

若 $\lim\limits_{x \to x_0} f(x) = 0$,则称 $f(x)$ 为 $x \to x_0$ 时的**无穷小**.

2. 无穷大

绝对值无限增大的变量为无穷大.

若 $\lim\limits_{x \to x_0} f(x) = \infty$,则称 $f(x)$ 为 $x \to x_0$ 时的**无穷大**.

【名师解析】

(1) 称一个变量是无穷小或是无穷大时,一定要说明自变量的变化过程. 例如,x^2 在 $x \to 0$ 时是无穷小,在 $x \to 1$ 时就不是无穷小,而在 $x \to \infty$ 时是无穷大.

(2) 若函数为无穷大,则它必无界,但无界函数不一定是无穷大.

例如函数 $f(x) = x \sin x$, $x \in (-\infty, +\infty)$,$\lim\limits_{x \to \infty} x \sin x$ 不存在,且 $\lim\limits_{x \to \infty} x \sin x \neq \infty$,不满足无穷大定义,所以该函数无界,但不是无穷大. 无穷大应该是在自变量的某个变化过程中,相应函数的绝对值一直增大.

3. 无穷小的性质

(1) 有限个无穷小的和、差、积仍是无穷小.

(2) 有界函数与无穷小的积是无穷小.

4. 无穷小与无穷大的关系

如果函数 $f(x)$ 在自变量 x 的某一变化过程中是无穷大量,则在同一变化过程中 $\dfrac{1}{f(x)}$ 为无穷小量;反之,在自变量 x 的某一变化过程中,如果 $f(x)$ $(f(x) \neq 0)$ 为无穷小量,则在同一变化过程中,$\dfrac{1}{f(x)}$ 为无穷大量.

5. 无穷小的比较(阶)

设 α, β 是同一极限过程中的无穷小,则有

$$\lim \frac{\beta}{\alpha} = \begin{cases} 0, & \beta \text{ 是比 } \alpha \text{ 高阶的无穷小,记作 } \beta = o(\alpha); \\ \infty, & \beta \text{ 是比 } \alpha \text{ 低阶的无穷小;} \\ C(\neq 0) & \beta \text{ 与 } \alpha \text{ 是同阶的无穷小;} \\ & \text{其中 } C = 1 \text{ 时,} \beta \text{ 与 } \alpha \text{ 是等价无穷小,记作 } \alpha \sim \beta. \end{cases}$$

其中,如果 $\lim \dfrac{\beta}{\alpha^k} = C\,(\neq 0)$,则 β 是关于 α 的 k 阶无穷小.

【名师解析】

两个无穷小进行比较,实际上是比较二者趋于零的速度的快慢,习惯上我们直接应用上面给出的公式,让二者作比求极限,通过极限结果说明二者阶的关系.

六、极限存在准则

准则 1 (夹逼准则) 设数列 $\{x_n\}, \{y_n\}, \{z_n\}$ 满足

(1) 从某项起,$\exists N$,当 $n > N$ 时有 $y_n \leqslant x_n \leqslant z_n (n \in \mathbf{N})$;

(2) $\lim\limits_{n \to \infty} y_n = \lim\limits_{n \to \infty} z_n = A$,则数列 $\{x_n\}$ 极限存在,且 $\lim\limits_{n \to \infty} x_n = A$.

上述关于数列极限的夹逼准则可推广到函数的极限,从而得到准则 1°.

准则 1° (夹逼准则) 设函数 $f(x), g(x), h(x)$ 在 x_0 的某个邻域 $U(x_0)$ 内满足

(1) $g(x) \leqslant f(x) \leqslant h(x)$; (2) $\lim\limits_{x \to x_0} g(x) = \lim\limits_{x \to x_0} h(x) = A$,则有 $\lim\limits_{x \to x_0} f(x) = A$.

【名师解析】

准则 1 和准则 1° 分别研究了数列极限和函数极限的情况. 从直观上看,该准则是明显的,对于三个大小关系已知的数列而言,当 $n \to \infty$ 时,若 y_n, z_n 的值无限趋近常数 A,则夹在 y_n, z_n 之间的 x_n 的值也被"逼迫"无限趋近常数 A,即得到 $\lim\limits_{n \to \infty} x_n = A$. 对于函数而言,同理可得.

准则 2 (单调有界准则) 单调有界数列必有极限.

【名师解析】

有界数列不一定有极限,例如数列 $x_n = (-1)^{n-1}$,虽有界但却是发散的,没有极限. 但准则 2 指出,单调并且有界的数列必有极限.

七、求极限的常用方法

1. 利用极限的四则运算法则 (最基本运算方法)

若 $\lim f(x) = A, \lim g(x) = B$,则

$$\left. \begin{aligned} &\lim [f(x) \pm g(x)] = A \pm B \\ &\lim [f(x)g(x)] = A \cdot B \end{aligned} \right\} \text{ 可以推广到有限项,}$$

$$\lim \frac{f(x)}{g(x)} = \frac{A}{B} (B \neq 0).$$

以上法则对自变量的几种变化过程均成立.

2. 利用复合函数连续性求极限

$$\text{公式 } \lim_{x \to x_0} f[g(x)] = f[\lim_{x \to x_0} g(x)].$$

【名师解析】

求复合函数 $f[g(x)]$ 的极限时,外层函数符号 f 与极限符号 $\lim\limits_{x \to x_0}$ 可以交换次序,即先求内层函数的极限,再将极限值代入外层函数中去求函数值.

3. 利用两个重要极限 (掌握类型特点和推广形式)

(1) 第一重要极限 $\lim\limits_{x \to 0} \dfrac{\sin x}{x} = 1$.

特点 ① 极限是"$\dfrac{0}{0}$"型. ② 含三角函数.

推广　$\lim\limits_{\varphi(x)\to 0}\dfrac{\sin\varphi(x)}{\varphi(x)}=1$ 或 $\lim\limits_{\varphi(x)\to 0}\dfrac{\varphi(x)}{\sin\varphi(x)}=1$.

(2) 第二重要极限　$\lim\limits_{x\to\infty}\left(1+\dfrac{1}{x}\right)^{x}=\mathrm{e}$ 或 $\lim\limits_{x\to 0}(1+x)^{\frac{1}{x}}=\mathrm{e}$.

特点　①"1^{∞}"型的幂指函数. ②底数是(1＋无穷小). ③指数是无穷大,且与底数中的无穷小互为倒数.

推广　$\lim\limits_{\varphi(x)\to\infty}\left[1+\dfrac{1}{\varphi(x)}\right]^{\varphi(x)}=\mathrm{e}$　或　$\lim\limits_{\varphi(x)\to 0}[1+\varphi(x)]^{\frac{1}{\varphi(x)}}=\mathrm{e}$.

当 $\lim\limits_{\varphi(x)\to 0}u(x)=a$ 时, $\lim\limits_{\varphi(x)\to 0}\{[1+\varphi(x)]^{\frac{1}{\varphi(x)}}\}^{u(x)}=\{\lim\limits_{\varphi(x)\to 0}[1+\varphi(x)]^{\frac{1}{\varphi(x)}}\}^{\lim\limits_{\varphi(x)\to 0}u(x)}=\mathrm{e}^{a}$.

4. 利用无穷小性质

无穷小的性质:有界函数与无穷小的乘积仍是无穷小.

例　$\lim\limits_{x\to 0}x\sin\dfrac{1}{x}=0,\lim\limits_{x\to\infty}\dfrac{1}{x}\sin x=0$.

5. 利用等价无穷小代换定理

定理　设 $\alpha\sim\alpha',\beta\sim\beta'$,

若 $\lim\dfrac{\beta'}{\alpha'}$ 存在,则 $\lim\dfrac{\beta}{\alpha}=\lim\dfrac{\beta'}{\alpha'}$;若 $\lim\alpha'\cdot\beta'$ 存在,则 $\lim\alpha\cdot\beta=\lim\alpha'\cdot\beta'$.

【名师解析】

在求两个无穷小之比的极限时,分子分母中的无穷小都可用其等价无穷小来代换;在求两个无穷小的乘积的极限时,各乘积因式中的无穷小也可以用其等价无穷小代换.在计算过程中只能对整个分子分母或者乘积因子进行等价无穷小代换,不能对加减因子进行等价代换.

$x\to 0$ 时,常用的等价无穷小关系有

$\sin x\sim x$, $\arcsin x\sim x$, $\tan x\sim x$, $\arctan x\sim x$, $\mathrm{e}^{x}-1\sim x$, $\ln(1+x)\sim x$,

$1-\cos x\sim\dfrac{1}{2}x^{2}$, $\sqrt{1+x}-1\sim\dfrac{1}{2}x$, $(1+x)^{\alpha}-1\sim\alpha x$

推广　若 $\varphi(x)\to 0$,等价符号左右两端都可以用 $\varphi(x)$ 代换 x.例如,当 $x\to -1$ 时,$(1+x)\to 0$,则 $\sin(1+x)\sim(1+x)$;当 $x\to\infty$ 时,$\dfrac{1}{x}\to 0$,则 $\ln\left(1+\dfrac{1}{x}\right)\sim\dfrac{1}{x}$.

6. 利用洛必达法则

洛必达法则　设 ① 当 $x\to a$ 时,$\lim\limits_{x\to a}\dfrac{f(x)}{g(x)}$ 为"$\dfrac{0}{0}$"型 或"$\dfrac{\infty}{\infty}$"型未定式极限;

②在点 a 的某去心邻域内 $f'(x),g'(x)$ 都存在且 $g'(x)\neq 0$;

③$\lim\limits_{x\to a}\dfrac{f'(x)}{g'(x)}=A$(或 ∞).

则 $\lim\limits_{x\to a}\dfrac{f(x)}{g(x)}=\lim\limits_{x\to a}\dfrac{f'(x)}{g'(x)}=A$(或 ∞).

【名师解析】

该法则用于求"$\dfrac{0}{0}$"和"$\dfrac{\infty}{\infty}$"型未定式极限以及可化为这两类未定式的极限.洛必达法则是"第三章 导数的应用"里的知识点,由于其是求极限的常用方法,我们把这个内容提上来,放到函数极限这里.在专升本考试大纲中,洛必达法则是考试的重点,要求熟练掌握.

7. 利用已知结论求"$\dfrac{\infty}{\infty}$"型的有理分式极限

结论　$\lim\limits_{x\to\infty}\dfrac{a_{0}x^{n}+a_{1}x^{n-1}+\cdots+a_{n}}{b_{0}x^{m}+b_{1}x^{m-1}+\cdots+b_{m}}=\begin{cases}\dfrac{a_{0}}{b_{0}}, & m=n,\\ 0, & m>n,\\ \infty, & m<n.\end{cases}$

【名师解析】

求"$\dfrac{\infty}{\infty}$"型有理分式的极限,一般让分子分母同除以 x 的最高次幂,恒等变形后再求极限值,由此可推导出上述结

论.此方法和结论对数列极限也成立.对于填空题或者是选择题,我们可以利用结论直接观察写出极限值.

8.利用数列求和求极限

对于无穷多项数列和的极限,不能用极限的四则运算法则,如果给出的是等比数列或者是等差数列的和,一般先通过数列的求和公式把和求出来,合并成一个整体再求极限;而对于通项能够进行裂项的数列,常用"裂项相消求和法",通过裂项变形,把无穷多项之和转化成有限项的代数和后,再求极限.对于有限项的数列和,可以分别求每一项的极限,然后再相加.

9.利用夹逼准则求极限

对于非等差等比,并且也无法裂项的数列,还可利用夹逼准则来求数列和的极限,将数列的和进行适当的放缩(放大或放小)简化,放缩后不等式两端的数列如果极限相同,则所求数列和的极限存在且极限值与放缩后两端的数列极限相等.

【名师解析】

夹逼准则既可以应用于数列和的极限,也可以应用于函数求极限.专升本考试中,夹逼准则多用于考查数列和的极限.

考点例题分析

考点一 极限的概念与性质

【考点分析】

就极限的概念而言,数列极限的概念考查不多,函数极限概念比较复杂,虽然直接考查定义并不常见,但可以通过具体研究极限的题目来考查对函数极限的理解,对于极限的唯一性、有界性和保号性这三个性质我们也要了解.

例16 函数 $f(x)$ 在点 x_0 有定义是 $f(x)$ 在点 x_0 有极限的 _____ 条件.

A. 充分 B. 必要 C. 充分必要 D. 无关

解 $f(x)$ 在点 x_0 是否有极限,主要是考查 $f(x)$ 在点 x_0 左右邻近的变化趋势,与 $f(x)$ 在点 x_0 是否有定义无关.故应选 D.

【名师点评】

此题主要考查对"点 x_0 处函数极限"定义的理解,单纯研究点 x_0 处的函数极限,与函数在此点的定义无关;只有在研究函数在点 x_0 处的连续性时,才需要考查点 x_0 处的极限值和函数值是否相等.

例17 如果 $f(x) = \dfrac{|x|}{x(x-1)(x-2)^2}$,那么以下区间是 $f(x)$ 的有界区间的是 _____.

A. $(-1,0)$ B. $(0,1)$ C. $(1,2)$ D. $(2,3)$

解 $f(x) = \dfrac{|x|}{x(x-1)(x-2)^2}$ 在点 $x=0$, $x=1$, $x=2$ 处没有定义.

$$\lim_{x \to 0^+} \frac{|x|}{x(x-1)(x-2)^2} = \lim_{x \to 0^+} \frac{x}{x(x-1)(x-2)^2} = \lim_{x \to 0^+} \frac{1}{(x-1)(x-2)^2} = -\frac{1}{4},$$

$$\lim_{x \to 0^-} \frac{|x|}{x(x-1)(x-2)^2} = \lim_{x \to 0^-} \frac{-x}{x(x-1)(x-2)^2} = \lim_{x \to 0^-} \frac{-1}{(x-1)(x-2)^2} = \frac{1}{4},$$

$$\lim_{x \to 1} \frac{|x|}{x(x-1)(x-2)^2} = \lim_{x \to 1} \frac{x}{x(x-1)(x-2)^2} = \lim_{x \to 1} \frac{1}{(x-1)(x-2)^2} = \infty,$$

$$\lim_{x \to 2} \frac{|x|}{x(x-1)(x-2)^2} = \lim_{x \to 2} \frac{x}{x(x-1)(x-2)^2} = \lim_{x \to 2} \frac{1}{(x-1)(x-2)^2} = \infty.$$

由极限的局部有界性可得,若函数在一点处有极限,则必定在该点附近有界,所以,该函数在点 $x=0$ 附近有界,在点 $x=1$, $x=2$ 附近无界,而选项 B,C,D 中的区间都是这两点附近的区间.

故选 A.

【名师点评】

此题考查的是极限性质中的局部有界性.简单说,若函数在一点处左、右极限存在,则函数在这一点的某个邻域内(这一点附近)是有界的,所以称之为局部有界性,此时并不能保证函数在整个定义域上都有界.

函数有界性的判断,在专升本考试中是难点.除了对于比较简单的函数,利用函数图像观察出函数的有界性以外,也可以利用下一单元要学习的函数连续性的性质来判别,比如闭区间上连续函数必定是有界的;还可以利用有界性的定义,通过在给定区间上考查函数的绝对值来研究其有界性;同时极限的局部有界性定理,也可以帮助我们判断函数的有界性.

此题判断函数的有界区间相对比较复杂,因为该函数不容易画出函数图像,无法结合图像观察区间内的有界性,所以通过极限的局部有界性去判断,先找出使函数分母为零的点,即函数的间断点,然后求间断点处的极限,通过极限情况来判断函数在间断点附近是否有界.

例 18　设 $f(x)$ 在 x_0 的某个邻域内有定义并且在这个邻域内有 $f(x) \geqslant 0$,若 $\lim\limits_{x \to x_0} f(x)$ 存在且等于常数 A,则有 A _____.

解　根据函数极限局部保号的性质,可得 $A \geqslant 0$.

故应填 $\geqslant 0$.

【名师点评】

此题考查极限性质中的局部保号性及其推论,要注意等号是否成立.

(极限的局部保号性)　如果 $\lim\limits_{x \to x_0} f(x) = A$,并且 $A > 0$(或 $A < 0$),则 x 在 x_0 的某一空心邻域内,有 $f(x) > 0$(或 $f(x) < 0$).

推论　若在 x_0 的某一空心邻域内有 $f(x) \geqslant 0$(或 $f(x) \leqslant 0$),且 $\lim\limits_{x \to x_0} f(x) = A$,则 $A \geqslant 0$(或 $A \leqslant 0$).

例 19　考查极限 $\lim\limits_{x \to 0} e^{\frac{1}{x}}$.

解　当 $x \to 0^-$ 时,$\frac{1}{x} \to -\infty$,则 $e^{\frac{1}{x}} \to 0$;当 $x \to 0^+$ 时,$\frac{1}{x} \to +\infty$,则 $e^{\frac{1}{x}} \to +\infty$;所以由极限的概念可得 $\lim\limits_{x \to 0} e^{\frac{1}{x}}$ 不存在.

【名师点评】

函数 $y = e^{\frac{1}{x}}$ 是复合函数,此题研究极限时可以分别画出内层函数 $u = \frac{1}{x}$ 和外层函数 $y = e^u$ 的函数图像,借助两个函数图像,由内函数向外函数层层研究函数的变化.由于在 $x = 0$ 点左右两侧的函数变化趋势不一致,所以该点处极限不存在.此题也可以理解为分别考查左、右极限,左极限 $\lim\limits_{x \to 0^-} e^{\frac{1}{x}} = 0$,右极限 $\lim\limits_{x \to 0^+} e^{\frac{1}{x}} = +\infty$,右极限不存在,所以 $\lim\limits_{x \to 0} e^{\frac{1}{x}}$ 不存在.

对于函数 $y = e^{f(x)}$ 与 $y = \arctan f(x)$,求 $f(x) \to \infty$ 时的极限,一般要分单侧 $f(x) \to -\infty$ 和 $f(x) \to +\infty$ 两种情况考虑,因为两种情况下外函数变化是不一致的.

例 20　若 $\lim\limits_{x \to 1} f(x)$ 存在,且 $f(x) = x^3 + \dfrac{2x^2+1}{x+1} + 2\lim\limits_{x \to 1} f(x)$,则 $f(x) = $ _____.

视频讲解
(扫码关注)

解　由极限的概念可知,若极限存在,则极限值一定为常数.

不妨设 $\lim\limits_{x \to 1} f(x) = I$,则对等式 $f(x) = x^3 + \dfrac{2x^2+1}{x+1} + 2I$ 两边同取 $x \to 1$ 时的极限,

可得 $\lim\limits_{x \to 1} f(x) = \lim\limits_{x \to 1}(x^3 + \dfrac{2x^2+1}{x+1} + 2I)$,即 $I = 1 + \dfrac{3}{2} + 2I$,所以 $I = -\dfrac{5}{2}$.所以 $f(x) = x^3 + \dfrac{2x^2+1}{x+1} - 5$.

故应填 $x^3 + \dfrac{2x^2+1}{x+1} - 5$.

【名师点评】

此题的关键是要明确当函数极限存在时,其值是一个确定的常数.此题的解法比较灵活,大家要学会这种方法.方程两边同取极限时,一定要保持自变量的变化过程与原来的极限一致.而且常数的极限等于其本身,即对 I 再取极限仍是其本身.这种解法同时也适用于等式中将极限形式换成定积分或二重积分的形式,因为定积分或二重积分如果存在,也是一个常数.

考点二　求初等函数的极限

【考点分析】

专升本考试中,求初等函数的极限是历年考试的重点,尤其是求 "$\dfrac{0}{0}$""$\dfrac{\infty}{\infty}$""$0 \cdot \infty$""$\infty - \infty$""1^∞""0^0""∞^0" 这几类未

定式的极限.求函数极限方法较多,大家要学会准确判断极限类型,选择适合的方法求解,各类方法灵活应用,争取做到举一反三.

1.利用分解因式或分子(分母)有理化求极限

例21 求下列极限:

$(1)\lim\limits_{x\to 1}\dfrac{x^2+2x-3}{x^2-3x+2}$;　　　$(2)\lim\limits_{x\to 3}\dfrac{\sqrt{1+x}-2}{x-3}$;　　　$(3)\lim\limits_{x\to 4}\dfrac{x^2-16}{\sqrt{x}-2}$.

解　$(1)\lim\limits_{x\to 1}\dfrac{x^2+2x-3}{x^2-3x+2}=\lim\limits_{x\to 1}\dfrac{(x-1)(x+3)}{(x-1)(x-2)}=\lim\limits_{x\to 1}\dfrac{x+3}{x-2}=\dfrac{4}{-1}=-4$;

$(2)\lim\limits_{x\to 3}\dfrac{\sqrt{1+x}-2}{x-3}=\lim\limits_{x\to 3}\dfrac{(\sqrt{1+x}-2)(\sqrt{1+x}+2)}{(x-3)(\sqrt{1+x}+2)}=\lim\limits_{x\to 3}\dfrac{1}{\sqrt{1+x}+2}=\dfrac{1}{4}$;

$(3)\lim\limits_{x\to 4}\dfrac{x^2-16}{\sqrt{x}-2}=\lim\limits_{x\to 4}\dfrac{(\sqrt{x}-2)(\sqrt{x}+2)(x+4)}{\sqrt{x}-2}=\lim\limits_{x\to 4}(\sqrt{x}+2)(x+4)=32$.

【名师分析】

第(3)题也可以先进行分母有理化,然后约去零因子再计算.此例主要应用分解因式或有理化的方法对"$\dfrac{0}{0}$"型极限进行恒等变形,约去零因子后再进行计算.

2.利用"$\dfrac{\infty}{\infty}$"型有理分式结论求极限

例22 求下列极限:

$(1)\lim\limits_{x\to\infty}\dfrac{x^3-4x^2+2}{2x^4+6x^2+1}$;　$(2)\lim\limits_{x\to\infty}\dfrac{x^4+3x+2}{3x^2+6x+1}$;　$(3)\lim\limits_{x\to\infty}\dfrac{2x^5-5x^3+2}{x^5+6x+1}$;　$(4)\lim\limits_{x\to\infty}\dfrac{(x+1)(x-2)(x+3)}{(1-3x)^3}$.

【名师分析】

此类"$\dfrac{\infty}{\infty}$"型的有理分式求极限,可以让分子分母同时除以 x 的最高次幂,变形以后再求极限,也可以直接应用下面给出的结论观察写出极限结果.

结论　$\lim\limits_{x\to\infty}\dfrac{a_0x^n+a_1x^{n-1}+\cdots+a_n}{b_0x^m+b_1x^{m-1}+\cdots+b_m}=\begin{cases}\dfrac{a_0}{b_0}, & m=n,\\[2mm] 0, & m>n,\\[1mm] \infty, & m<n.\end{cases}$

解　$(1)\lim\limits_{x\to\infty}\dfrac{x^3-4x^2+2}{2x^4+6x^2+1}=\lim\limits_{x\to\infty}\dfrac{\dfrac{1}{x}-\dfrac{4}{x^2}+\dfrac{2}{x^4}}{2+\dfrac{6}{x^2}+\dfrac{1}{x^4}}=0$(分子的最高次幂低于分母时,极限为 0);

$(2)\lim\limits_{x\to\infty}\dfrac{x^4+3x+2}{3x^2+6x+1}=\lim\limits_{x\to\infty}\dfrac{1+\dfrac{3}{x^3}+\dfrac{2}{x^4}}{\dfrac{3}{x^2}+\dfrac{6}{x^3}+\dfrac{1}{x^4}}=\infty$(分子的最高次幂高于分母时,极限为 ∞,即极限不存在);

$(3)\lim\limits_{x\to\infty}\dfrac{2x^5-5x^3+2}{x^5+6x+1}=2$(分子分母的最高次幂相同时,极限值等于最高次幂的系数比);

$(4)\lim\limits_{x\to\infty}\dfrac{(x+1)(x-2)(x+3)}{(1-3x)^3}=-\dfrac{1}{27}$(分子分母展开后最高次幂相同时,极限值仍然等于展开最高次幂的系数比).

【名师点评】

遇到"$\dfrac{\infty}{\infty}$"型的有理分式求极限,对于选择题或者填空题可以直接利用结论写出结果,计算题最好写出分子分母同除以最高次幂的变形过程.

3.利用两个重要极限求极限(重点)

例23 求下列极限:

$(1)\lim\limits_{x\to 0}\dfrac{\tan x}{x}$;　$(2)\lim\limits_{x\to 0}\dfrac{\sin 3x}{x}$.

解　$(1)\lim\limits_{x\to 0}\dfrac{\tan x}{x}=\lim\limits_{x\to 0}\left(\dfrac{\sin x}{x}\cdot\dfrac{1}{\cos x}\right)=\lim\limits_{x\to 0}\dfrac{\sin x}{x}\cdot\lim\limits_{x\to 0}\dfrac{1}{\cos x}=1\times 1=1;$

$(2)\lim\limits_{x\to 0}\dfrac{\sin 3x}{x}=\lim\limits_{x\to 0}\left(3\cdot\dfrac{\sin 3x}{3x}\right)=3\lim\limits_{x\to 0}\dfrac{\sin 3x}{3x}=3.$

【名师点评】

该例中的两题都是"$\dfrac{0}{0}$"型未定式,且出现了三角函数,可以考虑利用第一重要极限求解,我们需要将函数恒等变形为第一重要极限的形式,变形中注意系数的配平过程.

例24　求极限 $\lim\limits_{x\to 0}\dfrac{5x-\sin x}{x+\sin x}$.

视频讲解
（扫码 关注）

解　$\lim\limits_{x\to 0}\dfrac{5x-\sin x}{x+\sin x}=\lim\limits_{x\to 0}\dfrac{5-\dfrac{\sin x}{x}}{1+\dfrac{\sin x}{x}}=\dfrac{5-\lim\limits_{x\to 0}\dfrac{\sin x}{x}}{1+\lim\limits_{x\to 0}\dfrac{\sin x}{x}}=2.$

【名师点评】

此题仍是"$\dfrac{0}{0}$"型未定式,而且也出现了三角函数,可以考虑借助第一重要极限求解,但该函数与第一重要极限在形式上有一定差别,所以此题关键是第一步恒等变形的过程,通过分子分母同除以 x,凑出第一重要极限的形式,从而得以进一步求解.另外,该题也可以利用洛必达法则求解:

$$\lim\limits_{x\to 0}\dfrac{5x-\sin x}{x+\sin x}=\lim\limits_{x\to 0}\dfrac{5-\cos x}{1+\cos x}=\dfrac{5-\lim\limits_{x\to 0}\cos x}{1+\lim\limits_{x\to 0}\cos x}=2.$$

例25　求下列极限:

$(1)\lim\limits_{x\to 0}(1+5x)^{\frac{1}{x}}$;　　　　$(2)\lim\limits_{x\to\infty}\left(1-\dfrac{3}{x}\right)^{x}$;　　　　$(3)\lim\limits_{x\to 0}(1+3x)^{\frac{2}{\sin x}}$.

解　$(1)\lim\limits_{x\to 0}(1+5x)^{\frac{1}{x}}=\lim\limits_{x\to 0}(1+5x)^{\frac{1}{5x}\cdot 5}=\lim\limits_{x\to 0}\left[(1+5x)^{\frac{1}{5x}}\right]^{5}=\left[\lim\limits_{x\to 0}(1+5x)^{\frac{1}{5x}}\right]^{5}=\mathrm{e}^{5};$

$(2)\lim\limits_{x\to\infty}\left(1-\dfrac{3}{x}\right)^{x}=\lim\limits_{x\to\infty}\left(1+\dfrac{-3}{x}\right)^{\frac{x}{-3}\cdot(-3)}=\lim\limits_{x\to\infty}\left[\left(1+\dfrac{-3}{x}\right)^{\frac{x}{-3}}\right]^{-3}=\mathrm{e}^{-3};$

$(3)\lim\limits_{x\to 0}(1+3x)^{\frac{2}{\sin x}}=\lim\limits_{x\to 0}(1+3x)^{\frac{1}{3x}\cdot\frac{6x}{\sin x}}=\lim\limits_{x\to 0}\left[(1+3x)^{\frac{1}{3x}}\right]^{\frac{6x}{\sin x}}=\left[\lim\limits_{x\to 0}(1+3x)^{\frac{1}{3x}}\right]^{\lim\limits_{x\to 0}\frac{6x}{\sin x}}=\mathrm{e}^{6}.$

【名师点评】

此例中都属于"1^{∞}"型幂指函数的未定式,要利用第二重要极限求解,经过恒等变化化成第二重要极限的推广形式,注意指数函数的运算公式

$$x^{a\cdot b}=(x^{a})^{b};\quad x^{a+b}=x^{a}\cdot x^{b};\quad x^{a-b}=x^{a}/x^{b}.$$

例26　求下列极限:$(1)\lim\limits_{x\to\infty}\left(\dfrac{x-1}{x}\right)^{2x}$;　　　$(2)\lim\limits_{x\to\infty}\left(\dfrac{x}{x-1}\right)^{2x}$.

解　$(1)\lim\limits_{x\to\infty}\left(\dfrac{x-1}{x}\right)^{2x}=\lim\limits_{x\to\infty}\left(1+\dfrac{1}{-x}\right)^{(-x)\cdot(-2)}=\lim\limits_{x\to\infty}\left[\left(1+\dfrac{1}{-x}\right)^{(-x)}\right]^{-2}=\dfrac{1}{\mathrm{e}^{2}};$

$(2)\lim\limits_{x\to\infty}\left(\dfrac{x}{x-1}\right)^{2x}=\dfrac{1}{\lim\limits_{x\to\infty}\left(\dfrac{x-1}{x}\right)^{2x}}=\dfrac{1}{\lim\limits_{x\to\infty}\left(1+\dfrac{1}{-x}\right)^{(-x)\cdot(-2)}}=\dfrac{1}{\mathrm{e}^{-2}}=\mathrm{e}^{2}.$

例27　求下列极限:$(1)\lim\limits_{x\to\infty}\left(\dfrac{2x+3}{2x+1}\right)^{x+1}$;　　　$(2)\lim\limits_{x\to\infty}\left(\dfrac{x+c}{x-c}\right)^{x}$.

解　$(1)\lim\limits_{x\to\infty}\left(\dfrac{2x+3}{2x+1}\right)^{x+1}=\lim\limits_{x\to\infty}\left(1+\dfrac{2}{2x+1}\right)^{\frac{2x+1}{2}+\frac{1}{2}}=\lim\limits_{x\to\infty}\left(1+\dfrac{2}{2x+1}\right)^{\frac{2x+1}{2}}\cdot\left(1+\dfrac{2}{2x+1}\right)^{\frac{1}{2}}$

$=\lim\limits_{x\to\infty}\left(1+\dfrac{2}{2x+1}\right)^{\frac{2x+1}{2}}\cdot\lim\limits_{x\to\infty}\left(1+\dfrac{2}{2x+1}\right)^{\frac{1}{2}}=\mathrm{e}\times 1=\mathrm{e};$

$(2)\lim\limits_{x\to\infty}\left(\dfrac{x+c}{x-c}\right)^{x}=\lim\limits_{x\to\infty}\left(1+\dfrac{2c}{x-c}\right)^{\frac{x-c}{2c}\cdot 2c+c}=\lim\limits_{x\to\infty}\left[\left(1+\dfrac{2c}{x-c}\right)^{\frac{x-c}{2c}}\right]^{2c}\cdot\left(1+\dfrac{2c}{x-c}\right)^{c}=\mathrm{e}^{2c}.$

【名师点评】

第(2)题还可以让分式的分子分母同除以 x,变形后再利用第二重要极限求解,例如

$$\lim_{x\to\infty}\left(\frac{x+c}{x-c}\right)^x=\lim_{x\to\infty}\left(\frac{1+\frac{c}{x}}{1-\frac{c}{x}}\right)^x=\frac{\lim_{x\to\infty}(1+\frac{c}{x})^{\frac{x}{c}\cdot c}}{\lim_{x\to\infty}(1-\frac{c}{x})^{\frac{-x}{c}\cdot(-c)}}=\frac{\mathrm{e}^c}{\mathrm{e}^{-c}}=\mathrm{e}^{2c}.$$

例 28 已知曲线 $y=f(x)=x^n$ 在 $(1,1)$ 处的切线交 x 轴于 $(\xi_n,0)$,求 $\lim\limits_{n\to\infty}f(\xi_n)$.

解 $y'=nx^{n-1}$,$y'(1)=n$,所以切线方程为 $y-1=n(x-1)$,即 $y-nx+n-1=0$.令 $y=0$,则切线与 x 轴的交点横坐标为 $x=\dfrac{n-1}{n}$,即 $\xi_n=\dfrac{n-1}{n}$.

$$\lim_{n\to\infty}f(\xi_n)=\lim_{n\to\infty}\left(\frac{n-1}{n}\right)^n=\lim_{n\to\infty}\left(1-\frac{1}{n}\right)^{-n\cdot(-1)}=\mathrm{e}^{-1}.$$

【名师点评】

此题综合性较强,需先利用导数的几何意义求切线方程,然后找出切线与 x 轴交点的横坐标,再确定函数,最后再利用第二重要极限求得极限.

4. 利用等价无穷小代换求极限(重点)

例 29 求下列极限:

$(1)\lim\limits_{x\to0}\dfrac{x(\mathrm{e}^x-1)}{\cos x-1}$; $(2)\lim\limits_{x\to0}\dfrac{\sqrt{1+\sin x}-1}{x}$;

$(3)\lim\limits_{x\to0}\dfrac{\tan x-\sin x}{x\sin^2 x}$; $(4)\lim\limits_{x\to0}\dfrac{\sin(4x)}{\sqrt{x+2}-\sqrt{2}}$.

视频讲解
(扫码 关注)

解 (1) 当 $x\to0$ 时,$\mathrm{e}^x-1\sim x$,$\cos x-1\sim-\dfrac{x^2}{2}$,利用等价无穷小代换法可得

$$\lim_{x\to0}\frac{x(\mathrm{e}^x-1)}{\cos x-1}=\lim_{x\to0}\frac{x\cdot x}{-\dfrac{x^2}{2}}=-2;$$

(2) 当 $x\to0$ 时,$\sqrt{1+x}-1\sim\dfrac{1}{2}x$,因此 $x\to0$ 时,$\sin x\to0$,$\sqrt{1+\sin x}-1\sim\dfrac{1}{2}\sin x$,利用等价无穷小代

换法可得 $\lim\limits_{x\to0}\dfrac{\sqrt{1+\sin x}-1}{x}=\lim\limits_{x\to0}\dfrac{\dfrac{\sin x}{2}}{x}=\lim\limits_{x\to0}\dfrac{\sin x}{2x}=\dfrac{1}{2}$;

$(3)\ \lim\limits_{x\to0}\dfrac{\tan x-\sin x}{x\sin^2 x}=\lim\limits_{x\to0}\dfrac{\tan x(1-\cos x)}{x^3}=\lim\limits_{x\to0}\dfrac{x\cdot\dfrac{x^2}{2}}{x^3}=\dfrac{1}{2}$;

$(4)\ \lim\limits_{x\to0}\dfrac{\sin(4x)}{\sqrt{x+2}-\sqrt{2}}=\lim\limits_{x\to0}\dfrac{4x\cdot(\sqrt{x+2}+\sqrt{2})}{(\sqrt{x+2})^2-(\sqrt{2})^2}=\lim\limits_{x\to0}\dfrac{4x}{x}(\sqrt{x+2}+\sqrt{2})=8\sqrt{2}.$

【名师点评】

此例中的四个题目主要利用了等价无穷小代换的方法求极限,但第(3)题分子部分的两个相减因子不能直接用无穷小的等价代换方法,可以通过提取公因式将分子变形成乘积形式后,再对乘积因子中的无穷小进行代换.

5. 利用洛必达法则求极限(重点)

例 30 求下列极限:

$(1)\lim\limits_{x\to0}\dfrac{\mathrm{e}^x+\mathrm{e}^{-x}-2}{x^2}$; $(2)\lim\limits_{x\to0}\dfrac{\tan x-x}{x-\sin x}$; $(3)\lim\limits_{x\to0^+}\dfrac{\ln(\tan 7x)}{\ln(\tan 2x)}$.

视频讲解
(扫码 关注)

解 $(1)\ \lim\limits_{x\to0}\dfrac{\mathrm{e}^x+\mathrm{e}^{-x}-2}{x^2}=\lim\limits_{x\to0}\dfrac{\mathrm{e}^x-\mathrm{e}^{-x}}{2x}=\lim\limits_{x\to0}\dfrac{\mathrm{e}^x+\mathrm{e}^{-x}}{2}=1$;

$(2)\ \lim\limits_{x\to0}\dfrac{\tan x-x}{x-\sin x}=\lim\limits_{x\to0}\dfrac{\sec^2 x-1}{1-\cos x}=\lim\limits_{x\to0}\dfrac{\tan^2 x}{1-\cos x}=\lim\limits_{x\to0}\dfrac{x^2}{\dfrac{x^2}{2}}=2$;

(3) $\lim\limits_{x \to 0^+} \dfrac{\ln(\tan 7x)}{\ln(\tan 2x)} = \lim\limits_{x \to 0^+} \dfrac{\dfrac{1}{\tan 7x} \cdot \sec^2 7x \cdot 7}{\dfrac{1}{\tan 2x} \cdot \sec^2 2x \cdot 2} = \dfrac{7}{2} \lim\limits_{x \to 0^+} \dfrac{\sec^2 7x}{\sec^2 2x} \cdot \lim \dfrac{\tan 2x}{\tan 7x} = \dfrac{7}{2} \cdot \dfrac{2}{7} = 1.$

【名师点评】

此例中的三个题目,(1)(2)两题是"$\dfrac{0}{0}$"型未定式,而(3)题是"$\dfrac{\infty}{\infty}$"型未定式,都是应用洛必达法则求极限.很多题目中,洛必达法则也可以和等价无穷小代换的方法结合使用,如(2)题和(3)题的第三步.

6. 利用无穷小的性质(无穷小与有界量的乘积仍是无穷小)求极限

例 31 求下列各组函数的极限:

(1) $\lim\limits_{x \to 0} x \sin \dfrac{2}{x}$ 和 $\lim\limits_{x \to \infty} x \sin \dfrac{2}{x}$;

(2) $\lim\limits_{x \to \infty} \dfrac{\sin 2x}{x}$ 和 $\lim\limits_{x \to 0} \dfrac{\sin 2x}{x}$;

(3) $\lim\limits_{x \to \infty} \dfrac{\arctan x}{x}$ 和 $\lim\limits_{x \to 0} \dfrac{\arctan x}{x}$.

【名师分析】

此例中,每小题中两个求极限的函数相同,但是自变量的变化趋势却不同.因此极限的类型不同,所选用的求解方法也不同.

解 (1) $x \to 0$ 时,x 是无穷小;$\left| \sin \dfrac{2}{x} \right| \leqslant 1$,$\sin \dfrac{2}{x}$ 是有界量,利用有界函数与无穷小之积是无穷小,可得 $\lim\limits_{x \to 0} x \sin \dfrac{2}{x} = 0$;

$\lim\limits_{x \to \infty} x \sin \dfrac{2}{x} = 2 \lim\limits_{x \to \infty} \dfrac{\sin \dfrac{2}{x}}{\dfrac{2}{x}} = 2;$ （利用第一重要极限）

或 $\lim\limits_{x \to \infty} x \sin \dfrac{2}{x} = \lim\limits_{x \to \infty} x \cdot \dfrac{2}{x} = 2;$ （利用等价无穷小代换法）

(2) $\lim\limits_{x \to \infty} \dfrac{\sin 2x}{x} = \lim\limits_{x \to \infty} \dfrac{1}{x} \cdot \sin 2x = 0$ （利用有界函数与无穷小之积仍是无穷小）

$\lim\limits_{x \to 0} \dfrac{\sin 2x}{x} = \lim\limits_{x \to 0} \dfrac{\sin 2x}{2x} \cdot 2 = 2;$ （利用第一重要极限）

或 $\lim\limits_{x \to 0} \dfrac{\sin 2x}{x} = \lim\limits_{x \to 0} \dfrac{2x}{x} = 2;$ （利用等价无穷小代换法）

(3) $\lim\limits_{x \to \infty} \dfrac{\arctan x}{x} = \lim\limits_{x \to \infty} \dfrac{1}{x} \cdot \arctan x = 0;$ （利用有界函数与无穷小之积仍是无穷小）

$\lim\limits_{x \to 0} \dfrac{\arctan x}{x} = \lim\limits_{x \to 0} \dfrac{x}{x} = 1.$ （利用等价无穷小代换法）

【名师点评】

遇到类似以上含正弦、正切、反正弦、反正切类型的乘积式子或分式,一定要看清自变量 x 的变化过程,从而确定极限类型,选择相应解题方法,不要盲目用等价无穷小代换或第一重要极限的方法.

例 32 求极限 $\lim\limits_{x \to \infty} \dfrac{5x - \sin x}{x + \sin x}$.

解 $\lim\limits_{x \to \infty} \dfrac{5x - \sin x}{x + \sin x} = \lim\limits_{x \to \infty} \dfrac{5 - \dfrac{1}{x} \sin x}{1 + \dfrac{1}{x} \sin x} = \dfrac{5 - \lim\limits_{x \to \infty} \dfrac{1}{x} \sin x}{1 + \lim\limits_{x \to \infty} \dfrac{1}{x} \sin x} = 5.$

【名师点评】

此题与前面出现的例题 $\lim\limits_{x \to 0} \dfrac{5x - \sin x}{x + \sin x}$ 形式十分类似,但前例是"$\dfrac{0}{0}$"型未定式,而此例是"$\dfrac{\infty}{\infty}$"型未定式,虽然函数一样,但求极限时自变量的变化过程不同,完全不是一种类型,所用方法也不同.前例 $\lim\limits_{x \to 0} \dfrac{5x - \sin x}{x + \sin x}$ 可以用第一重要极

限求解,也可以用洛必达法则求解,而本题是"$\frac{\infty}{\infty}$"型,就类型而言也可以考虑洛必达法则,但应用洛必达法则以后,我们发现分子分母求导以后的新极限 $\lim\limits_{x\to\infty}\dfrac{5-\cos x}{1+\cos x}$,其极限值不存在,因为 $x\to\infty$ 时 $\lim\limits_{x\to\infty}\cos x$ 极限不存在,所以该题无法用洛必达法则求解,只能通过分子分母同除以 x 后,恒等变形凑出 $\lim\limits_{x\to\infty}\dfrac{1}{x}\sin x$,用无穷小与有界量的乘积仍然为无穷小来求极限.

7. 其他未定式转化成"$\frac{0}{0}$"型或"$\frac{\infty}{\infty}$"型再求极限

例33 求下列极限:

(1) $\lim\limits_{x\to+\infty}x\left(\sqrt{x^2+1}-x\right)$; (2) $\lim\limits_{x\to0}x\cot2x$; (3) $\lim\limits_{x\to0^+}x\ln x$.

解 (1) $\lim\limits_{x\to+\infty}x\left(\sqrt{x^2+1}-x\right)=\lim\limits_{x\to+\infty}\dfrac{x\left(\sqrt{x^2+1}-x\right)\left(\sqrt{x^2+1}+x\right)}{\sqrt{x^2+1}+x}$

$$=\lim_{x\to+\infty}\frac{x\cdot1}{\sqrt{x^2+1}+x}=\lim_{x\to+\infty}\frac{1}{\sqrt{1+\frac{1}{x^2}}+1}=\frac{1}{2}\quad(\text{“}\infty\cdot0\text{”型});$$

$$(2)\lim_{x\to0}x\cot2x=\lim_{x\to0}\frac{x}{\tan2x}=\lim_{x\to0}\frac{x}{2x}=\frac{1}{2}\quad(\text{“}0\cdot\infty\text{”型});$$

$$(3)\lim_{x\to0^+}x\ln x=\lim_{x\to0^+}\frac{\ln x}{\frac{1}{x}}=\lim_{x\to0^+}\frac{\frac{1}{x}}{-\frac{1}{x^2}}=-\lim_{x\to0^+}x=0\quad(\text{“}0\cdot\infty\text{”型}).$$

【名师点评】

此例中的"$0\cdot\infty$"型也是专升本考试中一种常考的未定式,可通过恒等变形变成"$\frac{0}{0}$"型或"$\frac{\infty}{\infty}$"型,再用洛必达法则或其他方法求解.

例34 求下列极限:

(1)$\lim\limits_{x\to1}\left(\dfrac{x}{x-1}-\dfrac{2}{x^2-1}\right)$; (2)$\lim\limits_{x\to1}\left(\dfrac{1}{\ln x}-\dfrac{1}{x-1}\right)$; (3)$\lim\limits_{x\to1}\left(\dfrac{1}{1-x}-\dfrac{3}{1-x^3}\right)$;

(4)$\lim\limits_{x\to0}\left(\dfrac{1}{x}-\dfrac{1}{e^x-1}\right)$; (5)$\lim\limits_{x\to+\infty}\left(\sqrt{x+1}-\sqrt{x}\right)$.

解 (1)$\lim\limits_{x\to1}\left(\dfrac{x}{x-1}-\dfrac{2}{x^2-1}\right)=\lim\limits_{x\to1}\dfrac{x(x+1)-2}{x^2-1}=\lim\limits_{x\to1}\dfrac{2x+1}{2x}=\dfrac{3}{2}$;

(2)$\lim\limits_{x\to1}\left(\dfrac{1}{\ln x}-\dfrac{1}{x-1}\right)=\lim\limits_{x\to1}\dfrac{x-1-\ln x}{(x-1)\ln x}=\lim\limits_{x\to1}\dfrac{1-\dfrac{1}{x}}{\ln x+\dfrac{x-1}{x}}=\lim\limits_{x\to1}\dfrac{\dfrac{1}{x^2}}{\dfrac{1}{x}+\dfrac{1}{x^2}}=\dfrac{1}{2}$;

(3)$\lim\limits_{x\to1}\left(\dfrac{1}{1-x}-\dfrac{3}{1-x^3}\right)=\lim\limits_{x\to1}\dfrac{1+x+x^2-3}{1-x^3}=\lim\limits_{x\to1}\dfrac{1+2x}{-3x^2}=-1$;

(4)$\lim\limits_{x\to0}\left(\dfrac{1}{x}-\dfrac{1}{e^x-1}\right)=\lim\limits_{x\to0}\dfrac{e^x-1-x}{x(e^x-1)}=\lim\limits_{x\to0}\dfrac{e^x-1-x}{x^2}=\lim\limits_{x\to0}\dfrac{e^x-1}{2x}=\dfrac{1}{2}$;

(5)$\lim\limits_{x\to+\infty}\left(\sqrt{x+1}-\sqrt{x}\right)=\lim\limits_{x\to+\infty}\dfrac{\sqrt{x+1}-\sqrt{x}}{1}=\lim\limits_{x\to+\infty}\dfrac{1}{\sqrt{x+1}+\sqrt{x}}=0$.

【名师点评】

像此例这类"$\infty-\infty$"型的未定式求极限,如果是两个分式之差,一般都是先进行通分,变形成"$\frac{0}{0}$"或者"$\frac{\infty}{\infty}$"型未定式以后,再求极限;如果是两个根式之差,一般可以看成分母为 1 的分式,然后通过分子有理化变形成"$\frac{0}{0}$"或者"$\frac{\infty}{\infty}$"型未定式后再求极限.

例 35 求下列极限:

$(1) \lim\limits_{x \to 0^+} x^{\sin x}$; $(2) \lim\limits_{x \to \infty} (1+x^2)^{\frac{1}{x}}$.

解 (1) $x^{\sin x} = e^{\ln x^{\sin x}} = e^{\sin x \ln x}$,

$$\lim\limits_{x \to 0^+} x^{\sin x} = \lim\limits_{x \to 0^+} e^{\sin x \ln x} = e^{\lim\limits_{x \to 0^+} \sin x \ln x} = e^{\lim\limits_{x \to 0^+} x \cdot \ln x} = e^{\lim\limits_{x \to 0^+} \frac{\ln x}{\frac{1}{x}}} = e^{\lim\limits_{x \to 0^+} \frac{\frac{1}{x}}{-\frac{1}{x^2}}} = e^0 = 1;$$

$$(2) \lim\limits_{x \to \infty} (1+x^2)^{\frac{1}{x}} = \lim\limits_{x \to \infty} e^{\ln(1+x^2)^{\frac{1}{x}}} = e^{\lim\limits_{x \to \infty} \frac{\ln(1+x^2)}{x}} = e^{\lim\limits_{x \to \infty} \frac{\frac{2x}{1+x^2}}{1}} = e^0 = 1.$$

【名师点评】

对于"0^0"型或"∞^0"型的幂指函数求极限,不能利用第二重要极限,一般先通过恒等变形转化成复合函数,$f(x)^{g(x)}$ $= e^{\ln f(x)^{g(x)}} = e^{g(x) \ln f(x)}$,再利用复合函数求极限法则求解.

例 36 极限 $\lim\limits_{x \to 0^+} (1+\frac{1}{x})^x = $ _____.

解 $\lim\limits_{x \to 0^+} (1+\frac{1}{x})^x = \lim\limits_{x \to 0^+} e^{\ln(1+\frac{1}{x})^x} = \lim\limits_{x \to 0^+} e^{x \ln(1+\frac{1}{x})} = e^{\lim\limits_{x \to 0^+} \frac{\ln(1+\frac{1}{x})}{\frac{1}{x}}}$ (此处指数的极限是"$\frac{\infty}{\infty}$"型)

$$= e^{\lim\limits_{x \to 0^+} \frac{[\ln(1+\frac{1}{x})]'}{(\frac{1}{x})'}} = e^{\lim\limits_{x \to 0^+} \frac{1}{1+\frac{1}{x}}} = e^0 = 1.$$

故应填 1.

【名师点评】

此题的函数初看特别具有迷惑性,要注意 $x \to 0$ 时,此幂指函数并不是"1^{∞}"型,而是"∞^0"型,所以不能用第二重要极限来求.仍然是利用公式将幂指函数变成复合函数再求极限,变性后指数的极限是"$\frac{\infty}{\infty}$"型,不能对分子进行等价代换,所以只能用洛必达法则求指数位置的函数极限.

考点 三 求数列或数列和的极限

【考点分析】

数列及数列和的极限也是经常在考试中出现的,其中数列极限和函数极限的思路基本一致.对于数列和的极限,要特别注意观察数列求和的项数是有限项还是无穷多项,如果是有限项,可以用极限的四则运算法则求解;如果是无穷多项,可以利用数列求和公式,求出和后再求极限,对于不好用公式直接求和的无穷多项数列之和,可以考虑利用夹逼准则求极限.

1. 利用极限的四则运算法则求极限

例 37 求极限 $\lim\limits_{n \to \infty} (\sqrt[n]{1} + \sqrt[n]{2} + \cdots + \sqrt[n]{2012})$.

解 $\lim\limits_{n \to \infty} (\sqrt[n]{1} + \sqrt[n]{2} + \cdots + \sqrt[n]{2012}) = \lim\limits_{n \to \infty} 1^{\frac{1}{n}} + \lim\limits_{n \to \infty} 2^{\frac{1}{n}} + \cdots + \lim\limits_{n \to \infty} 2012^{\frac{1}{n}} = 1 + \cdots + 1 = 2012.$

【名师点评】

此题为数列有限项和的极限(2012 项),可以用极限的四则运算法则来求.但如果是无穷多项数列之和的极限,则不能运用极限的四则运算法则.

例 38 求极限 $\lim\limits_{n \to \infty} [\sqrt{1+2+\cdots+n} - \sqrt{1+2+\cdots+(n-2)}]$.

解 $\lim\limits_{n \to \infty} [\sqrt{1+2+\cdots+n} - \sqrt{1+2+\cdots+(n-2)}] = \lim\limits_{n \to \infty} \frac{n-1+n}{\sqrt{1+2+\cdots+n} + \sqrt{1+2+\cdots+(n-2)}}$

$$= \lim\limits_{n \to \infty} \frac{(2n-1)}{\sqrt{\frac{(1+n)n}{2}} + \sqrt{\frac{(n-1)(n-2)}{2}}} = \frac{2}{\sqrt{\frac{1}{2}} + \sqrt{\frac{1}{2}}} = \sqrt{2}.$$

【名师点评】

此题属于"$\infty - \infty$"型未定式的极限,虽是数列极限,但与求函数极限的思路一致,"$\infty - \infty$"型根式之差的极限,先将其看作分母为1的分式,进行分子有理化,转换成"$\frac{\infty}{\infty}$"的分式后,再分子分母同除以 n 的最高次幂来求极限.

2.利用数列求和求极限

例39 求下列极限:

(1) $\lim\limits_{n\to\infty}\left(\dfrac{1}{n^2}+\dfrac{3}{n^2}+\dfrac{5}{n^2}+\cdots+\dfrac{2n-1}{n^2}\right)$;

(2) $\lim\limits_{n\to\infty}\left(1+\dfrac{1}{3}+\dfrac{1}{3^2}+\cdots+\dfrac{1}{3^n}\right)$;

(3) $\lim\limits_{n\to\infty}\left(\dfrac{1}{1\times 2}+\dfrac{1}{2\times 3}+\dfrac{1}{3\times 4}+\cdots+\dfrac{1}{n\cdot(n+1)}\right)$.

解 (1) $\lim\limits_{n\to\infty}\left(\dfrac{1}{n^2}+\dfrac{3}{n^2}+\dfrac{5}{n^2}+\cdots+\dfrac{2n-1}{n^2}\right)$ (等差数列求和)

$$=\lim\limits_{n\to\infty}\dfrac{1+3+5+\cdots+(2n-1)}{n^2}=\lim\limits_{n\to\infty}\dfrac{\dfrac{n[1+(2n-1)]}{2}}{n^2}=\lim\limits_{n\to\infty}\dfrac{n\cdot 2n}{2n^2}=1;$$

(2) $\lim\limits_{n\to\infty}\left(1+\dfrac{1}{3}+\dfrac{1}{3^2}+\cdots+\dfrac{1}{3^n}\right)=\lim\limits_{n\to\infty}\dfrac{1-\left(\dfrac{1}{3}\right)^{n+1}}{1-\dfrac{1}{3}}=\dfrac{3}{2};$ (等比数列求和)

(3) $\lim\limits_{n\to\infty}\left(\dfrac{1}{1\times 2}+\dfrac{1}{2\times 3}+\dfrac{1}{3\times 4}+\cdots+\dfrac{1}{n\cdot(n+1)}\right)$ (裂项相消求和)

$$=\lim\limits_{n\to\infty}\left(1-\dfrac{1}{2}+\dfrac{1}{2}-\dfrac{1}{3}+\cdots+\dfrac{1}{n}-\dfrac{1}{n+1}\right)=\lim\limits_{n\to\infty}\left(1-\dfrac{1}{n+1}\right)=1.$$

【名师点评】

此例题中都是求数列的无穷多项和的极限,不能用极限的四则运算法则,一般是先通过等差或等比数列求和公式或者是裂项求和的方法把数列的和求出来,然后再求极限.

3.利用夹逼准则求极限

例40 求极限 $\lim\limits_{n\to\infty}\left(\dfrac{1}{n^2+1}+\dfrac{1}{n^2+2}+\cdots+\dfrac{1}{n^2+n}\right)$.

视频讲解
(扫码 关注)

解 由于 $\dfrac{n}{n^2+n}\leqslant\dfrac{1}{n^2+1}+\dfrac{1}{n^2+2}+\cdots+\dfrac{1}{n^2+n}\leqslant\dfrac{n}{n^2+1}$,

而 $\lim\limits_{n\to\infty}\dfrac{n}{n^2+n}=0$,$\lim\limits_{n\to\infty}\dfrac{n}{n^2+1}=0$,由夹逼准则得 $\lim\limits_{n\to\infty}\left(\dfrac{1}{n^2+1}+\dfrac{1}{n^2+2}+\cdots+\dfrac{1}{n^2+n}\right)=0$.

【名师点评】

该数列不是等差数列,不是等比数列,同样也不能通过裂项相消求和,因此该数列的和不易利用公式求出,这种情形可以考虑利用夹逼准则求极限.对数列之和进行合理的放缩是解决本题的关键,只有放缩后不等式两端的数列极限相等,才能求得所求数列和的极限.一般对此类数列的和进行放缩时,多是根据各项分母的特点来进行变形,新分母都取原分母中最小的,和变大;新分母都取原分母中最大的,和变小.

例41 求极限 $\lim\limits_{n\to\infty}\displaystyle\int_0^1\dfrac{x^n\sin^3 x}{1+\sin^3 x}\mathrm{d}x$.

解 在 $[0,1]$ 内,因为 $0\leqslant\dfrac{x^n\sin^3 x}{1+\sin^3 x}\leqslant x^n$,所以 $0\leqslant\displaystyle\int_0^1\dfrac{x^n\sin^3 x}{1+\sin^3 x}\mathrm{d}x\leqslant\displaystyle\int_0^1 x^n\mathrm{d}x$.

又因为 $\lim\limits_{n\to\infty}\displaystyle\int_0^1 x^n\mathrm{d}x=\lim\limits_{n\to\infty}\dfrac{1}{n+1}=0$,所以,由夹逼准则得 $\lim\limits_{n\to\infty}\displaystyle\int_0^1\dfrac{x^n\sin^3 x}{1+\sin^3 x}\mathrm{d}x=0$.

【名师点评】

此题虽然不是数列和的形式,但直接求极限很难进行,所以也利用了夹逼准则求解,将积分中的被积函数先进行适当放缩,利用定积分的性质得出积分放缩后的不等式,放缩后再对不等式两端求极限,从而得出结论.

考点 四 求分段函数的极限

【考点分析】

分段函数求分段点处的极限时要特别注意函数分段的方式,有时可以直接求分段点处的极限,有时需要分别求分段点的左、右极限,再进一步判断分段点处的极限是否存在.

例 42 设函数 $f(x) = \begin{cases} 2x+1, & x \neq 0, \\ 0, & x = 0, \end{cases}$ 求 $\lim\limits_{x \to 0} f(x)$.

解 $\lim\limits_{x \to 0} f(x) = \lim\limits_{x \to 0}(2x+1) = 1$.

【名师点评】

$x \to 0$ 表示 x 和零无限趋近,但是始终不相等,因此求 $x \to 0$ 时的函数极限只需代入 $x \neq 0$ 时的函数表达式即可. 在点 $x = 0$ 两侧函数表达式相同,没有必要分别求 $x = 0$ 处的左、右极限.

例 43 若 $f(x) = \begin{cases} e^{\frac{1}{x}}, & x < 0, \\ 0, & x = 0, \\ \dfrac{\ln(1+x)}{x}, & x > 0, \end{cases}$ 讨论 $\lim\limits_{x \to 0} f(x)$.

解 $\lim\limits_{x \to 0^-} f(x) = \lim\limits_{x \to 0^-} e^{\frac{1}{x}} = 0$, $\lim\limits_{x \to 0^+} f(x) = \lim\limits_{x \to 0^+} \dfrac{\ln(1+x)}{x} = \lim\limits_{x \to 0^+} \dfrac{x}{x} = 1$, 所以 $\lim\limits_{x \to 0} f(x)$ 不存在.

【名师点评】

由以上两题可以看出,分段函数求极限要注意分段方式,若在分段点 $x = x_0$ 左右两侧函数表达式相同,则一般不需要求左、右极限,可以直接求分段点处的极限;若在分段点 $x = x_0$ 左右两侧函数表达式不同,则需要分别求函数的左、右极限.

考点 五 求极限中的参数

【考点分析】

求极限中的参数这类问题其实是求极限的一类变形,这类题目一般也需要带着参数求出极限值,然后再根据已知极限结果得到关于参数的等量关系,通过解方程或者是解方程组来求出其中的参数值.

例 44 已知 $\lim\limits_{x \to \infty}\left(\dfrac{x^2+1}{x+1} - x + b\right) = 1$,则 $b = $ _____.

解 $\lim\limits_{x \to \infty}\left(\dfrac{x^2+1}{x+1} - x + b\right) = \lim\limits_{x \to \infty} \dfrac{x^2+1-x(x+1)+b(x+1)}{x+1} = \lim\limits_{x \to \infty} \dfrac{x(b-1)+b+1}{x+1} = b-1 = 1$,

解得 $b = 2$.

故应填 2.

【名师点评】

此题属于"$\infty - \infty$"型未定式,虽然已知极限值,但要想解参数的值,也需要先求极限. "$\infty - \infty$"型未定式中,如有分式一般是先通分,通分成一个整体分式后,再判断分式类型求极限,进一步得到含参数 b 的方程,解出 b 的值.

例 45 已知 $\lim\limits_{x \to 1} \dfrac{x^2+ax+b}{\sin(1-x)} = 5$,求 a 和 b 的值.

【名师分析】

此分式极限存在,分母又趋于 0,所以只有是"$\dfrac{0}{0}$"型未定式才满足条件. 可用等价无穷小代换先将分母简化,再用因式分解法或洛必达法则求解.

解法一 $\lim\limits_{x \to 1} \dfrac{x^2+ax+b}{\sin(1-x)} = \lim\limits_{x \to 1} \dfrac{x^2+ax+b}{1-x} = \lim\limits_{x \to 1} \dfrac{(1-x)(k-x)}{1-x} = \lim\limits_{x \to 1}(k-x) = k-1 = 5$,

所以 $k = 6$,即 $x^2+ax+b = (1-x)(6-x) = x^2-7x+6$,所以 $a = -7$,$b = 6$.

解法二 由题意得该分式为"$\dfrac{0}{0}$"型,因此 $\lim\limits_{x \to 1}(x^2+ax+b) = 0$,即 $1+a+b = 0$. 利用等价无穷小代换后再运用洛必达法则得

视频讲解
(扫码 关注)

$$\lim_{x \to 1} \frac{x^2 + ax + b}{\sin(1-x)} = \lim_{x \to 1} \frac{x^2 + ax + b}{1-x} = \lim_{x \to 1} \frac{2x + a}{-1} = -2 - a = 5.$$

即 $a = -7$，代入 $1 + a + b = 0$，得 $b = 6$.

【名师点评】

这类题目，我们常用到这个重要结论：若 $\lim_{x \to x_0} \frac{f(x)}{g(x)} = A$，且 $\lim_{x \to x_0} g(x) = 0$，则 $\lim_{x \to x_0} f(x) = 0$. 一般来说，求极限中的参数，都需要先判断极限类型，选择合适的方法去求极限，从而解出含参数的极限值，利用它和已知极限值相等的等量关系，解出参数. 如果像本题有两个参数需要求出，则需要找到两个等量关系，从而求出两个参数值.

考点 六 比较无穷小的阶

【考点分析】

专升本考试中，比较无穷小的阶这类题目，一般以选择题的形式进行考查，主要是利用两个无穷小比值的极限来进行判断，方法固定，难度不大.

例 46 设 $x \to 0$ 时，$x - \sin x$ 与 x^3 比较是 _____.

A. 同阶非等价无穷小   B. 等价无穷小

C. 较高阶的无穷小   D. 较低阶的无穷小

解 $\lim_{x \to 0} \frac{x - \sin x}{x^3} = \lim_{x \to 0} \frac{1 - \cos x}{3x^2} = \lim_{x \to 0} \frac{\sin x}{6x} = \frac{1}{6}.$

故应选 A.

【名师点评】

对两个无穷小进行比较，一般习惯上将二者作比求极限，把前面的函数放到分子上，后面的函数放到分母上，根据极限结果来判断二者阶的关系.

结论：$\lim \dfrac{\beta}{\alpha} = \begin{cases} 0, & \beta \text{ 是比 } \alpha \text{ 高阶的无穷小，记作 } \beta = o(\alpha); \\ \infty, & \beta \text{ 是比 } \alpha \text{ 低阶的无穷小}; \\ C(\neq 0), & \beta \text{ 与 } \alpha \text{ 是同阶的无穷小}; \end{cases}$ 其中 $C = 1$ 时，β 与 α 是等价无穷小，记作 $\alpha \sim \beta$.

例 47 试确定当 $x \to 0$ 时，下列 _____ 是关于 x 的三阶无穷小.

视频讲解
（扫码 关注）

A. $\sqrt[3]{x^2} - \sqrt{x}$；   B. $\sqrt{1 + x^3} - 1$；

C. $x^3 + 0.0001x^2$；   D. $\sqrt[3]{\tan x^3}$.

解 因 $\lim_{x \to 0} \frac{\sqrt{1 + x^3} - 1}{x^3} = \lim_{x \to 0} \frac{x^3}{x^3(\sqrt{1 + x^3} + 1)} = \lim_{x \to 0} \frac{1}{\sqrt{1 + x^3} + 1} = \frac{1}{2}$，根据无穷小比较的定义，可知 $\sqrt{1 + x^3} - 1$ 是关于 x 的三阶无穷小.

故应选 B.

【名师点评】

一个无穷小，如果它与 x^k 是同阶无穷小，则它就是关于 x 的 k 阶无穷小. 例如，如果 $\lim_{x \to 0} \frac{f(x)}{x^k} = C(\neq 0)$，则 $f(x)$ 是关于 x 的 k 阶无穷小.

例 48 当 $x \to 0$ 时，$\arctan 3x$ 与 $\dfrac{ax}{\cos x}$ 是等价无穷小，则 $a =$ _____.

解 $\lim_{x \to 0} \frac{\arctan 3x}{\frac{ax}{\cos x}} = \lim_{x \to 0} \frac{\arctan 3x}{ax} \cdot \cos x = \lim_{x \to 0} \frac{\arctan 3x}{ax} \cdot \lim_{x \to 0} \cos x = \lim_{x \to 0} \frac{3x}{ax} = \frac{3}{a} = 1$，所以 $a = 3$.

故应填 3.

【名师点评】

在求极限过程中，若函数中存在极限为非零常数的因子，则可以利用极限的乘法运算法则把它分离出去，然后再对未定式求极限，这样可使计算变得简单.

考点真题解析

考点 一　极限的概念与性质

真题 21 **(2019.公共)** 函数 $f(x) = x\sin x$ _____.

A. 当 $x \to \infty$ 时为无穷大　　　　　　　B. 在$(-\infty, +\infty)$ 内为周期函数

C. 在$(-\infty, +\infty)$ 内无界　　　　　　　D. 当 $x \to \infty$ 时有有限极限

解　当 $x \to \infty$ 时, $f(x) = x\sin x$ 在$(-\infty, +\infty)$ 内是无界量,但不是无穷大, $x \to \infty$ 时函数的绝对值一直在增大才是无穷大,而该函数图像是振荡的. 因此 $\lim\limits_{x\to\infty} x\sin x$ 也不存在,即当 $x \to \infty$ 时没有有限极限(其中,所谓"有限极限"指极限为常数). 在$(-\infty, +\infty)$ 内, $y = \sin x$ 是周期为 2π 的周期函数,但 $f(x) = x\sin x$ 不是周期函数.

故应选 C.

【名师点评】

此题考查比较全面,既有函数极限的概念和性质,又有无穷大的概念. 对于函数,一定要区分开无界和无穷大两个概念,无界量不一定是无穷大. "有限极限"指极限为常数;"无限极限"是指极限为无穷,是极限不存在的一种形式.

真题 22 **(2015.经管)** 若 $\lim\limits_{x\to x_0} f(x)$ 存在,则 $f(x)$ 在点 x_0 处 _____.

A. 一定有定义　　　　　　　　　　　　B. 一定没有定义

C. 可以有定义,也可以没有定义　　　　D. 以上都不对

解　$\lim\limits_{x\to x_0} f(x)$ 是研究自变量从点 x_0 左右两侧无限趋近于点 x_0 时,函数的变化趋势. $\lim\limits_{x\to x_0} f(x)$ 存在与否与点 x_0 处的函数值 $f(x_0)$ 无关.

故应选 C.

【名师点评】

单纯研究函数在一点的极限值时,与该点处的函数值无关. 只有在研究函数在一点处的连续性时,极限值才和这一点的函数值有关. 二者相等时函数在该点处才连续.

真题 23 **(2014.交通)** 当 $x \to 0$ 时,极限存在的函数为 $f(x) = $ _____.

A. $\begin{cases} \dfrac{|x|}{x}, & x \neq 0, \\ 0, & x = 0; \end{cases}$　　B. $\begin{cases} \dfrac{\sin x}{|x|}, & x \neq 0, \\ 0, & x = 0; \end{cases}$　　C. $\begin{cases} x^2 + 2, & x < 0, \\ 2^x, & x > 0; \end{cases}$　　D. $\begin{cases} \dfrac{1}{2+x}, & x < 0, \\ x + \dfrac{1}{2}, & x > 0. \end{cases}$

解　A,B 选项的分段函数要去掉绝对值后再对函数分别求左、右极限,很显然两选项中在点 $x = 0$ 处的左、右极限值符号不同,都不相等. C 选项中,函数在点 $x = 0$ 处的左、右极限也不相等,因此 A,B,C 选项中的函数在 $x \to 0$ 时函数的极限都不存在. 而选项 D 中,

$$\lim_{x\to 0^-} f(x) = \lim_{x\to 0^-} \frac{1}{2+x} = \frac{1}{2}, \quad \lim_{x\to 0^+} f(x) = \lim_{x\to 0^-}\left(x + \frac{1}{2}\right) = \frac{1}{2}, \text{所以} \lim_{x\to 0} f(x) = \frac{1}{2}.$$

故应选 D.

【名师点评】

对于分段函数,研究分段点处的极限是否存在,需要求分段点处的极限值或者是分别求分段点处的左、右极限,看二者是否相等. 是否需要分别求左、右极限,不仅仅要根据函数的分段方式来判断,还要结合函数表达式,一般表达式中含绝对值的,要先去掉绝对值再求极限.

考点 二　求初等函数的极限

1.利用无穷小与有界量的乘积仍为无穷小的性质

真题 24 **(2018.理工)** $\lim\limits_{x\to\infty} \dfrac{\sin x}{x}$.

解 $\lim_{x\to\infty}\dfrac{\sin x}{x}=\lim_{x\to\infty}\dfrac{1}{x}\sin x$，由于 $\sin x$ 有界，而 $\lim_{x\to\infty}\dfrac{1}{x}=0$，根据有界量与无穷小的乘积仍为无穷小，得 $\lim_{x\to\infty}\dfrac{\sin x}{x}=0$.

【名师点评】

特别注意，本题不能用第一重要极限来求解。当 $x\to\infty$ 时，该极限不是"$\dfrac{0}{0}$"型，不符合第一重要极限的形式。对于函数，分式形式和乘积形式是可以根据需要互相转换的，该分式函数转换成乘积后，就可以利用无穷小与有界的乘积为无穷小直接求极限。

真题 25 (2018.财经) $\lim_{x\to 0}\dfrac{x^2\sin\dfrac{1}{x}}{\tan x}=$ _____ .

视频讲解
（扫码 关注）

解 $\lim_{x\to 0}\dfrac{x^2\sin\dfrac{1}{x}}{\tan x}=\lim_{x\to 0}\dfrac{x}{\tan x}\cdot\lim_{x\to 0}x\sin\dfrac{1}{x}=1\cdot 0=0$.

故应填 0.

【名师点评】

此题也可以先将分母等价代换成 x，然后约分后再求极限，两种方法最终都要求 $\lim_{x\to 0}x\sin\dfrac{1}{x}$，可利用"无穷小与有界量的乘积仍然是无穷小"得出极限为零。

真题 26 (2017.工商) 求极限 $\lim_{x\to\infty}\dfrac{2x-\sin x}{x+\sin x}$.

解 $\lim_{x\to\infty}\dfrac{2x-\sin x}{x+\sin x}=\lim_{x\to\infty}\dfrac{2-\dfrac{1}{x}\sin x}{1+\dfrac{1}{x}\sin x}=\dfrac{2-0}{1+0}=2$.

【名师点评】

此题是求"$\dfrac{\infty}{\infty}$"型的未定式极限，但不能用洛必达法则求解，因为求导之后 $\lim_{x\to\infty}\cos x$ 的极限不存在，所以只能通过分子分母同除以 x 后，利用无穷小与有界量的乘积仍是无穷小来求解。特别注意，变形后得到的 $\lim_{x\to\infty}\dfrac{\sin x}{x}$ 不能用第一重要极限求解。

2.利用等价无穷小代换或洛必达法则

真题 27 (2024.高数 Ⅰ) 求极限 $\lim_{x\to 1}\dfrac{e^{x-1}+x-2}{1-x-\ln x}$.

解 $\lim_{x\to 1}\dfrac{e^{x-1}+x-2}{1-x-\ln x}=\lim_{x\to 1}\dfrac{e^{x-1}+1}{-1-\dfrac{1}{x}}=-1$.

真题 28 (2023.高数 Ⅰ) 求极限 $\lim_{x\to 0}\dfrac{e^{1-\cos x}-\cos x}{x^2}$.

解 $\lim_{x\to 0}\dfrac{e^{1-\cos x}-\cos x}{x^2}=\lim_{x\to 0}\dfrac{e^{1-\cos x}\cdot\sin x+\sin x}{2x}=\lim_{x\to 0}(e^{1-\cos x}+1)\cdot\lim_{x\to 0}\dfrac{\sin x}{2x}=\lim_{x\to 0}\dfrac{\sin x}{x}=1$.

【名师点评】

以上两真题均是对"$\dfrac{0}{0}$ 型"未定式求极限，可以利用洛必达法则求极限求解。

第一题用一次洛必达法则即可代数求值；第二题运用洛必达法则之后，仍是"$\dfrac{0}{0}$ 型"的未定式，对求导后的分子部分提取公因式变成乘积形式，其中的非零因子部分（$e^{1-\cos x}+1$）直接求出极限，将剩余部分再利用第一个重要极限求解即可。注意，在第一次利用洛必达法则后，若仍是"$\dfrac{0}{0}$ 型"的未定式，不要急于继续使用洛必达法则，先可以把其中的非零因子提取出来单独求极限，同时对剩余的较为简单的因子再求极限。

真题 29 (2022.高数 Ⅰ) 求极限 $\lim_{x\to 0}\dfrac{1-\cos 3x}{3x^2}$.

解法一 $\lim\limits_{x\to 0}\dfrac{1-\cos 3x}{3x^2}=\lim\limits_{x\to 0}\dfrac{\frac{1}{2}(3x)^2}{3x^2}=\dfrac{3}{2}.$

解法二 $\lim\limits_{x\to 0}\dfrac{1-\cos 3x}{3x^2}=\lim\limits_{x\to 0}\dfrac{3\sin 3x}{6x}=\dfrac{3}{2}\lim\limits_{x\to 0}\dfrac{\sin 3x}{3x}=\dfrac{3}{2}.$

【名师点评】

此题是求"$\dfrac{0}{0}$型"的未定式极限,可以用等价无穷小代换法求解,对分子部分进行等价代换再化简求极限;也可以用洛必达法则求极限.

真题30 (2021.高数Ⅰ)求极限 $\lim\limits_{x\to 0}\dfrac{\int_0^x(e^{t^2}-1)\mathrm{d}t}{\sin x^3}.$

解 $\lim\limits_{x\to 0}\dfrac{\int_0^x(e^{t^2}-1)\mathrm{d}t}{\sin x^3}=\lim\limits_{x\to 0}\dfrac{\int_0^x(e^{t^2}-1)\mathrm{d}t}{x^3}=\lim\limits_{x\to 0}\dfrac{e^{x^2}-1}{3x^2}=\lim\limits_{x\to 0}\dfrac{x^2}{3x^2}=\dfrac{1}{3}.$

【名师点评】

分式的分子或分母含变上限积分的"$\dfrac{0}{0}$型"未定式,求极限时一般首先应用洛必达法则,通过求导,去掉积分号,根据变形后的分式特点,利用等价无穷小代换法或者继续使用洛必达法则求解.

真题31 (2019.财经)求极限 $\lim\limits_{x\to 0}\dfrac{x-\sin x}{\tan^3 x}.$

解 $\lim\limits_{x\to 0}\dfrac{x-\sin x}{\tan^3 x}=\lim\limits_{x\to 0}\dfrac{x-\sin x}{x^3}=\lim\limits_{x\to 0}\dfrac{1-\cos x}{3x^2}=\lim\limits_{x\to 0}\dfrac{\frac{1}{2}\cdot x^2}{3x^2}=\dfrac{1}{6}.$

【名师点评】

本题先对分母部分进行了等价无穷小代换,然后又利用了洛必达法则,洛必达法则后可以再利用等价无穷小代换或者洛必达法则用两次,都可以求出极限值.

真题32 (2019.公共)求极限 $\lim\limits_{x\to \frac{\pi}{2}}\dfrac{\ln\sin x}{(\pi-2x)^2}.$

解 两次利用洛必达法则,得

$$\lim\limits_{x\to \frac{\pi}{2}}\dfrac{\ln\sin x}{(\pi-2x)^2}=\lim\limits_{x\to \frac{\pi}{2}}\dfrac{\frac{1}{\sin x}\cos x}{2(\pi-2x)(-2)}=-\dfrac{1}{4}\cdot\lim\limits_{x\to \frac{\pi}{2}}\dfrac{1}{\sin x}\cdot\lim\limits_{x\to \frac{\pi}{2}}\dfrac{\cos x}{\pi-2x}=\lim\limits_{x\to \frac{\pi}{2}}\dfrac{-\sin x}{8}=-\dfrac{1}{8}.$$

【名师点评】

本题虽是"$\dfrac{0}{0}$"型,但分子分母中的无穷小都不能进行等价代换,所以选用洛必达法则,用了第一次洛必达法则后,先利用极限的四则运算法则,把非零因子 $\dfrac{1}{\sin x}$ 分离出来,再对剩下的比较简洁的"$\dfrac{0}{0}$"型分式继续应用洛必达法则求极限.这样处理,比不分离非零因子,连续用两次洛必达法则简单得多.

真题33 (2017.机械)$\lim\limits_{n\to\infty}3^n\ln\left(1+\dfrac{x}{3^n}\right)=\underline{\qquad}.$

解 因为 $n\to\infty$ 时,$\dfrac{x}{3^n}\to 0$,$\ln\left(1+\dfrac{x}{3^n}\right)\sim\dfrac{x}{3^n}$,所以 $\lim\limits_{n\to\infty}3^n\ln\left(1+\dfrac{x}{3^n}\right)=\lim\limits_{n\to\infty}3^n\cdot\dfrac{x}{3^n}=x.$

故应填 x.

【名师点评】

此题含两个字母 x 和 n,但从极限符号中我们发现,只有字母 n 是变量,字母 x 应视为常数,即该极限为项数 $n\to\infty$ 时数列的极限.

真题34 (2016.电子)$\lim\limits_{x\to 1}\dfrac{\arcsin(x^2-1)}{\ln x}=\underline{\qquad}.$

解 利用等价无穷小代换和洛必达法则,

$$\lim_{x \to 1} \frac{\arcsin(x^2 - 1)}{\ln x} = \lim_{x \to 1} \frac{x^2 - 1}{\ln x} = \lim_{x \to 1} \frac{2x}{\frac{1}{x}} = 2.$$

故应填 2.

【名师点评】

本题求极限时,先用了等价无穷小代换,又用了洛必达法则.在专升本考试中,等价无穷小代换和洛必达法则经常结合起来使用,这两种方法也是求未定式极限中用的最多的两种方法.

真题 35 (2014.公共) 求极限 $\lim_{x \to \infty} \frac{5x^2 - 3}{2x + 1} \sin \frac{2}{x}$.

解 因为 $x \to \infty$ 时,$\sin \frac{2}{x}$ 是无穷小,且 $\sin \frac{2}{x} \sim \frac{2}{x}$,利用等价无穷小代换的方法可得:

$$\lim_{x \to \infty} \frac{5x^2 - 3}{2x + 1} \sin \frac{2}{x} = \lim_{x \to \infty} \frac{5x^2 - 3}{2x + 1} \cdot \frac{2}{x} = 2 \lim_{x \to \infty} \frac{5x^2 - 3}{2x^2 + x} = 5.$$

【名师点评】

此题属于"$\infty \cdot 0$"型的未定式,恒等变形的方法是将乘积因子中的无穷小进行等价代换,代换后把分式的乘积合并成一个分式,转变成"$\frac{\infty}{\infty}$"型的未定式,再求极限就比较简单了.

3. 利用分子或分母有理化求极限

真题 36 (2022.高数 Ⅰ) $\lim_{x \to 2} \frac{x - 2}{\sqrt{2x - 3} - 1}$

解 $\lim_{x \to 2} \frac{x - 2}{\sqrt{2x - 3} - 1} = \lim_{x \to 2} \frac{(x - 2)(\sqrt{2x - 3} + 1)}{2(x - 2)} = \lim_{x \to 2} \frac{\sqrt{2x - 3} + 1}{2} = 1.$

【名师点评】

此题属于"$\frac{0}{0}$型"的未定式,分母中含有根式,可以考虑利用分母有理化后,约掉零因子,再求极限.

4. 利用"$\frac{\infty}{\infty}$"型有理分式结论或四则运算法则求极限

真题 37 (2015.经管) $\lim_{x \to \infty} \frac{(2x - 1)^2}{(3x + 2)^2} = $ _____.

A. $\frac{2}{3}$ 　　　　B. 0 　　　　C. $\frac{4}{9}$ 　　　　D. ∞

解 "$\frac{\infty}{\infty}$"型有理分式求极限,分子分母最高次幂相同的,极限值等于最高次幂的系数比.

故应选 C.

【名师点评】

对于"$\frac{\infty}{\infty}$"型有理分式求极限,可以直接利用结论直接写出结果.

真题 38 (2014.土木) $\lim_{n \to \infty} \frac{3^n}{5^n} = $ _____.

A. $\frac{3}{5}$ 　　　　B. $\frac{5}{3}$ 　　　　C. 1 　　　　D. 0

解 该数列极限为"$\frac{\infty}{\infty}$"型的未定式,$\lim_{n \to \infty} \frac{3^n}{5^n} = \lim_{n \to \infty} \left(\frac{3}{5}\right)^n = 0.$

故应选 D.

5. 利用两个重要极限

真题 39 (2024.高数 Ⅰ) 极限 $\lim_{x \to 0} \left(1 + \sin \frac{x}{2}\right)^{\frac{1}{x}} = $ _____.

解 方法一:$\lim_{x \to 0}\left(1 + \sin \frac{x}{2}\right)^{\frac{1}{x}} = \lim_{x \to 0}\left(1 + \sin \frac{x}{2}\right)^{\frac{1}{\sin \frac{x}{2}} \cdot \frac{\sin \frac{x}{2}}{x/2} \cdot \frac{1}{2}} = \left[\lim_{x \to 0}\left(1 + \sin \frac{x}{2}\right)^{\frac{1}{\sin \frac{x}{2}}}\right]^{\frac{1}{2} \lim_{x \to 0} \frac{\sin \frac{x}{2}}{x/2}} = e^{\frac{1}{2}};$

方法二：$\lim\limits_{x\to 0}\left(1+\sin\dfrac{x}{2}\right)^{\frac{1}{x}}=\lim\limits_{x\to 0}e^{\ln\left(1+\sin\frac{x}{2}\right)^{\frac{1}{x}}}=e^{\lim\limits_{x\to 0}\frac{\ln\left(1+\sin\frac{x}{2}\right)}{x}}=e^{\lim\limits_{x\to 0}\frac{\sin\frac{x}{2}}{x}}=e^{\lim\limits_{x\to 0}\frac{\frac{x}{2}}{x}}=e^{\frac{1}{2}}.$

【名师点评】

此题属于求 1^{∞} 型未定式极限,方法一是先根据第二个重要极限进行恒等变形,而变形后的幂指函数,不再属于 1^{∞} 型未定式,而是底数和指数的极限都为常数,此时可以让底数部分和指数部分分别求极限. 即：若 $\lim\limits_{x\to x_0}f(x)=A,$ $\lim\limits_{x\to x_0}g(x)=B,$ 则

$$\lim_{x\to x_0}f(x)^{g(x)}=\lim_{x\to x_0}f(x)^{\lim\limits_{x\to x_0}g(x)}=A^B.$$

方法二是先利用了幂指函数的变形公式,即 $f(x)^{g(x)}=e^{\ln f(x)^{g(x)}}=e^{g(x)\ln f(x)},$ 变形成一般的复合函数后,在按照复合函数求极限的方法求解,即 $\lim\limits_{x\to x_0}f[g(x)]=f\left[\lim\limits_{x\to x_0}g(x)\right].$

真题 40 (2023.高数Ⅰ) 极限 $\lim\limits_{x\to 0}(1+x)^{\frac{5}{x}}=$ _____.

解 $\lim\limits_{x\to 0}(1+x)^{\frac{5}{x}}=\lim\limits_{x\to 0}(1+x)^{\frac{1}{x}\cdot 5}=\left[\lim\limits_{x\to 0}(1+x)^{\frac{1}{x}}\right]^5=e^5.$

【名师点评】

此题利用第二个重要极限 $\lim\limits_{\varphi(x)\to 0}[1+\varphi(x)]^{\frac{1}{\varphi(x)}}=e$ 求解.

真题 41 (2022.高数Ⅰ) 设极限 $\lim\limits_{x\to\infty}\left(1+\dfrac{1}{3x}\right)^{kx}=e^2,$ 则 $k=$ _____.

解 $\lim\limits_{x\to\infty}\left(1+\dfrac{1}{3x}\right)^{kx}=\lim\limits_{x\to\infty}\left(1+\dfrac{1}{3x}\right)^{3x\cdot\frac{k}{3}}=\left[\lim\limits_{x\to\infty}\left(1+\dfrac{1}{3x}\right)^{3x}\right]^{\frac{k}{3}}=e^{\frac{k}{3}}=e^2,$ 所以 $\dfrac{k}{3}=2,$ 即 $k=6.$

【名师点评】

此题利用第二个重要极限 $\lim\limits_{\varphi(x)\to\infty}\left(1+\dfrac{1}{\varphi(x)}\right)^{\varphi(x)}=e$ 求解.

真题 42 (2021.高数Ⅰ) 求极限 $\lim\limits_{x\to\infty}\left(\dfrac{x+3}{x+1}\right)^x.$

解法一 $\lim\limits_{x\to\infty}\left(\dfrac{x+3}{x+1}\right)^x=\lim\limits_{x\to\infty}\left(1+\dfrac{2}{x+1}\right)^x$

$=\lim\limits_{x\to\infty}\left(1+\dfrac{2}{x+1}\right)^{\frac{x+1}{2}\cdot\frac{2x}{x+1}}=\left[\lim\limits_{x\to\infty}\left(1+\dfrac{2}{x+1}\right)^{\frac{x+1}{2}}\right]^{\lim\limits_{x\to\infty}\frac{2x}{x+1}}=e^2.$

解法二 $\lim\limits_{x\to\infty}\left(\dfrac{x+3}{x+1}\right)^x=\lim\limits_{x\to\infty}\left(\dfrac{1+\dfrac{3}{x}}{1+\dfrac{1}{x}}\right)^x=\lim\limits_{x\to\infty}\dfrac{\left(1+\dfrac{3}{x}\right)^{\frac{x}{3}\cdot 3}}{\left(1+\dfrac{1}{x}\right)^x}=\dfrac{\left[\lim\limits_{x\to\infty}\left(1+\dfrac{3}{x}\right)^{\frac{x}{3}}\right]^3}{\lim\limits_{x\to\infty}\left(1+\dfrac{1}{x}\right)^x}=e^2.$

【名师点评】

此类底数是有理分式的幂指函数是专升本考试考查的重点,由于是"1^{∞}型"的未定式,需要通过恒等变形后用第二个重要极限求解,恒等变形的方法不是唯一的,但方法二相对比较简单.

真题 43 (2017.会计) 极限 $\lim\limits_{x\to 0}\dfrac{\sin(\pi+x)-\sin(\pi-x)}{x}=$ _____.

解 $\lim\limits_{x\to 0}\dfrac{\sin(\pi+x)-\sin(\pi-x)}{x}=\lim\limits_{x\to 0}\dfrac{-\sin x-\sin x}{x}=-2\lim\limits_{x\to 0}\dfrac{\sin x}{x}=-2.$

故应填 $-2.$

【名师点评】

此题利用三角函数的诱导公式变形后,应用第一重要极限求解,比对分子的三角函数进行和差化积的变形再求极限要简单.

真题 44 (2019.财经) 极限 $\lim\limits_{x\to\infty}\left(\dfrac{x-1}{x}\right)^{3x}=$ _____.

解 $\lim\limits_{x\to\infty}\left(\dfrac{x-1}{x}\right)^{3x}=\lim\limits_{x\to\infty}\left(1+\dfrac{1}{-x}\right)^{(-x)(-3)}=\left[\lim\limits_{x\to\infty}\left(1+\dfrac{1}{-x}\right)^{(-x)}\right]^{(-3)}=e^{-3}.$

6.其他未定式转换成"$\dfrac{0}{0}$"型或"$\dfrac{\infty}{\infty}$"型再求极限

真题 45 (2023.高数 Ⅰ)$\lim\limits_{x\to 3}\left(\dfrac{x}{x-3}-\dfrac{9}{x^2-3x}\right)$

解 $\lim\limits_{x\to 3}\left(\dfrac{x}{x-3}-\dfrac{9}{x^2-3x}\right)=\lim\limits_{x\to 3}\dfrac{x^2-9}{x^2-3x}=\lim\limits_{x\to 3}\dfrac{(x+3)(x-3)}{x(x-3)}=\lim\limits_{x\to 3}\dfrac{x+3}{x}=2.$

真题 46 (2023.高数 Ⅰ)求极限 $\lim\limits_{x\to +\infty}\left(\sqrt{x^2+3x}-x\right)$.

解 $\lim\limits_{x\to +\infty}\left(\sqrt{x^2+3x}-x\right)=\lim\limits_{x\to +\infty}\dfrac{\left(\sqrt{x^2+3x}-x\right)\left(\sqrt{x^2+3x}+x\right)}{\sqrt{x^2+3x}+x}$

$$=\lim\limits_{x\to +\infty}\dfrac{3x}{\sqrt{x^2+3x}+x}=\lim\limits_{x\to +\infty}\dfrac{3}{\sqrt{1+\dfrac{3}{x}}+1}=\dfrac{3}{2}.$$

【名师点评】

以上两真题均为"$\infty-\infty$"型未定式,第一个可以直接通分后化成"$\dfrac{0}{0}$型"再求极限;第二个可将函数 $\sqrt{x^2+3x}-x$ 看成分母为1的分式 $\dfrac{\sqrt{x^2+3x}-x}{1}$ 进行分子有理化,转化成"$\dfrac{\infty}{\infty}$"型未定式,再让分子分母同除以分式中 x 的最高次幂后求极限,也可以对转化的"$\dfrac{\infty}{\infty}$"型未定式利用洛必达法则求极限.

真题 47 (2020.高数 Ⅰ)求极限 $\lim\limits_{x\to \infty}\left(\dfrac{x^3+3x^2}{x^2+x+2}-x\right)$.

解 $\lim\limits_{x\to \infty}\left(\dfrac{x^3+3x^2}{x^2+x+2}-x\right)=\lim\limits_{x\to \infty}\dfrac{x^3+3x^2-x^3-x^2-2x}{x^2+x+2}$

$$=\lim\limits_{x\to \infty}\dfrac{2x^2-2x}{x^2+x+2}=\lim\limits_{x\to \infty}\dfrac{2-\dfrac{2}{x}}{1+\dfrac{1}{x}+\dfrac{2}{x^2}}=2.$$

【名师点评】

此题为"$\infty-\infty$"型未定式,先通分,化成 $\dfrac{\infty}{\infty}$ 型后,再求解.

真题 48 (2019.理工)求极限 $\lim\limits_{x\to \infty}x^{\frac{1}{x}}$.

解 $\lim\limits_{x\to \infty}x^{\frac{1}{x}}=\lim\limits_{x\to \infty}e^{\ln x^{\frac{1}{x}}}=\lim\limits_{x\to \infty}e^{\frac{\ln x}{x}}=e^{\lim\limits_{x\to \infty}\frac{\ln x}{x}}=e^{\lim\limits_{x\to \infty}\frac{1}{x}}=e^0=1.$

【名师点评】

对"∞^0"和"0^0"这类幂指函数求极限,我们可以先利用公式 $f(x)^{g(x)}=e^{g(x)\ln f(x)}$ 变形,再利用复合函数的极限法则,将外函数符号和极限符号交换位置,先求内函数的极限,再将极限值代入外函数中,从而确定最终极限结果.

真题 49 (2018.财经)求极限 $\lim\limits_{x\to 0}\left(\dfrac{1}{\sin^2 x}-\dfrac{1}{x^2}\right)$.

解 $\lim\limits_{x\to 0}\left(\dfrac{1}{\sin^2 x}-\dfrac{1}{x^2}\right)=\lim\limits_{x\to 0}\dfrac{x^2-\sin^2 x}{x^2\sin^2 x}=\lim\limits_{x\to 0}\dfrac{x^2-\sin^2 x}{x^4}=\lim\limits_{x\to 0}\dfrac{2x-\sin 2x}{4x^3}$

$$=\lim\limits_{x\to 0}\dfrac{1-\cos 2x}{6x^2}=\lim\limits_{x\to 0}\dfrac{\dfrac{1}{2}\cdot(2x)^2}{6x^2}=\dfrac{1}{3}.$$

视频讲解
(扫码 关注)

【名师点评】

此题为"分式之差"的"$\infty-\infty$"型未定式,先通分,转换成 $\dfrac{0}{0}$ 型,再利用等价代换和洛必达法则求极限.

真题 50 (2016.公共、2014.机械)$\lim\limits_{x\to \infty}x\left[\ln(x-2)-\ln(x+1)\right]$.

视频讲解
（扫码 关注）

解法一 $\lim\limits_{x \to +\infty} x[\ln(x-2) - \ln(x+1)] = \lim\limits_{x \to +\infty} \dfrac{\ln(x-2) - \ln(x+1)}{\dfrac{1}{x}}$

$$= \lim\limits_{x \to +\infty} \dfrac{\dfrac{1}{x-2} - \dfrac{1}{x+1}}{\dfrac{-1}{x^2}} = -3.$$

解法二 $\lim\limits_{x \to +\infty} x[\ln(x-2) - \ln(x+1)] = \lim\limits_{x \to +\infty} \ln\left(\dfrac{x-2}{x+1}\right)^x = \ln\dfrac{\lim\limits_{x \to +\infty}\left(1 - \dfrac{2}{x}\right)^{\frac{-x}{2}\cdot(-2)}}{\lim\limits_{x \to +\infty}\left(1 + \dfrac{1}{x}\right)^x} = \ln\dfrac{e^{-2}}{e} = -3.$

【名师点评】

此题属于求"$\infty \cdot 0$"型未定式的极限,两种解法都能实现求解.解法一是此类未定式的常用解法,先将乘积中的一个因子取倒数放到分母上,从而转换成分式,再利用洛必达法则等求极限;解法二主要利用了对数的运算特点进行变形,后面求解用到了第二重要极限.

真题 51 （2015,公共）求 $\lim\limits_{x \to \infty} x^2(e^{\frac{1}{x^2}} - 1)$.

解法一 $\lim\limits_{x \to \infty} x^2(e^{\frac{1}{x^2}} - 1) = \lim\limits_{x \to \infty} \dfrac{e^{\frac{1}{x^2}} - 1}{\dfrac{1}{x^2}} = \lim\limits_{x \to \infty} \dfrac{\dfrac{1}{x^2}}{\dfrac{1}{x^2}} = 1.$

解法二 $\lim\limits_{x \to \infty} x^2(e^{\frac{1}{x^2}} - 1) = \lim\limits_{x \to \infty} x^2 \cdot \dfrac{1}{x^2} = 1.$

【名师点评】

此题仍是"$\infty \cdot 0$"型的未定式.本题的"解法一"与上题的"解法一"方法类似,先将乘积转化成"$\dfrac{0}{0}$"型分式,再选择合适的方法求解,具体用到了等价代换的方法.本题的"解法二"更为简单,直接对乘积中的第二个无穷小因子进行了等价无穷小代换,这种方法同样适用于此类未定式.

7. 其他方法求极限

真题 52 （2014,经管）已知 $\lim\limits_{x \to 0} \dfrac{x}{f(3x)} = 2$,则 $\lim\limits_{x \to 0} \dfrac{f(2x)}{x} = $ _____.

A. 2   B. $\dfrac{3}{2}$ C. $\dfrac{2}{3}$ D. $\dfrac{1}{3}$

解 由 $\lim\limits_{x \to 0} \dfrac{x}{f(3x)} = 2$ 得,$\lim\limits_{x \to 0} \dfrac{3x}{f(3x)} = 6$,

令 $u = 3x$,则 $\lim\limits_{u \to 0} \dfrac{u}{f(u)} = 6$,$\lim\limits_{u \to 0} \dfrac{f(u)}{u} = \dfrac{1}{6}$,所以 $\lim\limits_{x \to 0} \dfrac{f(2x)}{x} = 2\lim\limits_{x \to 0} \dfrac{f(2x)}{2x} = 2\lim\limits_{u \to 0} \dfrac{f(u)}{u} = \dfrac{1}{3}$.

故应选 D.

【名师点评】

此极限的求解主要用到了换元的思想方法.通过观察已知极限和所求极限的联系进行变形,换元后简化极限形式再求极限.

考点三 求数列或数列和的极限

真题 53 （2018,财经）求极限 $\lim\limits_{n \to \infty} \dfrac{n + (-1)^n}{2n}$.

解 $\lim\limits_{n \to \infty} \dfrac{n + (-1)^n}{2n} = \lim\limits_{n \to \infty} \dfrac{1 + (-1)^n \dfrac{1}{n}}{2} = \dfrac{1}{2}.$

【名师点评】

这是一个"$\dfrac{\infty}{\infty}$"型的未定式极限,可以直接用分子分母同除以 n 的最高次幂来求解.当 $n \to \infty$ 时,$\dfrac{1}{n} \to 0$ 为无穷小量,

$|(-1)^n|=1$ 是有界量，因此当 $n \to \infty$ 时，$(-1)^n \frac{1}{n}$ 是无穷小，所以变形后可以直接求极限.

真题 54 (2017. 会计) 求极限 $\lim\limits_{n\to\infty}(\sqrt{n^2+n}-n)$.

解 $\lim\limits_{n\to\infty}(\sqrt{n^2+n}-n)=\lim\limits_{n\to\infty}\dfrac{(\sqrt{n^2+n}-n)(\sqrt{n^2+n}+n)}{\sqrt{n^2+n}+n}=\lim\limits_{n\to\infty}\dfrac{n}{\sqrt{n^2+n}+n}=\lim\limits_{n\to\infty}\dfrac{1}{\sqrt{1+\frac{1}{n}}+1}=\dfrac{1}{2}.$

【名师点评】

对这类"根式之差"的"$\infty-\infty$"型未定式极限，主要利用分子有理化的方法，将原式看成分母为 1 的分式，通过分子有理化，转换成"$\frac{\infty}{\infty}$"型的分式形式，再求极限.

真题 55 (2016. 经管) 求极限 $\lim\limits_{n\to\infty}(\dfrac{1+2+3+\cdots+n}{n}-\dfrac{n}{2})=$ _____.

A. 1   B. $\dfrac{1}{2}$ C. $\dfrac{1}{3}$ D. ∞

解 $\lim\limits_{n\to\infty}(\dfrac{1+2+3+\cdots+n}{n}-\dfrac{n}{2})=\lim\limits_{n\to\infty}\dfrac{2(1+2+3+\cdots+n)-n^2}{2n}=\lim\limits_{n\to\infty}\dfrac{(1+n)n-n^2}{2n}=\dfrac{1}{2}.$

故应选 B.

【名师点评】

对此类"分式之差"的"$\infty-\infty$"型未定式极限，一般先通分，转换成一个分式后再求极限. 一般数列求极限的方法和函数求极限的方法是一致的.

真题 56 (2018. 公共) $\lim\limits_{n\to\infty}[\sqrt{1+2+\cdots+n}-\sqrt{1+2+\cdots+(n-1)}]=$ _____.

视频讲解
(扫码 关注)

解 $\lim\limits_{n\to\infty}[\sqrt{1+2+\cdots+n}-\sqrt{1+2+\cdots+(n-1)}]$

$=\lim\limits_{n\to\infty}\left[\sqrt{\dfrac{(1+n)n}{2}}-\sqrt{\dfrac{n(n-1)}{2}}\right]$

$=\dfrac{1}{\sqrt{2}}\lim\limits_{n\to\infty}\dfrac{[\sqrt{n(1+n)}-\sqrt{n(n-1)}][\sqrt{n(1+n)}+\sqrt{n(n-1)}]}{\sqrt{n(1+n)}+\sqrt{n(n-1)}}$

$=\dfrac{\sqrt{2}}{2}\lim\limits_{n\to\infty}\dfrac{2n}{\sqrt{n^2+n}+\sqrt{n^2-n}}=\dfrac{\sqrt{2}}{2}\lim\limits_{n\to\infty}\dfrac{2}{\sqrt{1+\frac{1}{n}}+\sqrt{1-\frac{1}{n}}}=\dfrac{\sqrt{2}}{2}.$

故应填 $\dfrac{\sqrt{2}}{2}$.

【名师点评】

本题仍为"$\infty-\infty$"型的未定式极限，与上一个真题类型相同，解法类似，只是运算量较大，而且需要先将两个根号下面的和求出来再进行分子有理化.

真题 57 (2014. 公共) 求 $\lim\limits_{n\to\infty}\left(\dfrac{1}{n^2+n-1}+\dfrac{2}{n^2+n-2}+\cdots+\dfrac{n}{n^2+n-n}\right)$.

解 因为 $\dfrac{1+2+\cdots+n}{n^2+n-1}\leqslant\dfrac{1}{n^2+n-1}+\dfrac{2}{n^2+n-2}+\cdots+\dfrac{n}{n^2+n-n}\leqslant\dfrac{1+2+\cdots+n}{n^2+n-n}$

而 $\lim\limits_{n\to\infty}\dfrac{1+2+\cdots+n}{n^2+n-n}=\lim\limits_{n\to\infty}\dfrac{\frac{(1+n)n}{2}}{n^2+n-n}=\dfrac{1}{2},\quad \lim\limits_{n\to\infty}\dfrac{1+2+\cdots+n}{n^2+n-1}=\lim\limits_{n\to\infty}\dfrac{\frac{(1+n)n}{2}}{n^2+n-1}=\dfrac{1}{2}.$

所以由夹逼准则得 $\lim\limits_{n\to\infty}\left(\dfrac{1}{n^2+n-1}+\dfrac{2}{n^2+n-2}+\cdots+\dfrac{n}{n^2+n-n}\right)=\dfrac{1}{2}.$

【名师点评】

该题是无穷多项之和求极限，不能用极限的四则运算法则，而且还不容易利用数列求和的公式来求出，因此这类题应考虑用夹逼准则来求解.

考点四 无穷小的比较

真题 58 (2023. 高数Ⅰ) 当 $x \to 0$ 时,以下函数不是无穷小量的是 _____.

A. $\tan x$ B. $\sin 2x$ C. $\ln(1+x)$ D. $e^x + 1$

解 当 $x \to 0$ 时,$\tan x \to 0$,$\sin 2x \to 0$,$\ln(1+x) \to 0$,$e^x + 1 \to 1$,因此只有 $e^x + 1$ 不是无穷小量.

真题 59 (2020. 高数Ⅰ) 当 $x \to 0$ 时,以下函数是无穷小量的是 _____.

A. e^x B. $\ln(x+2)$

C. $\sin x$ D. $\cos x$

解 可通过求 $x \to 0$ 时的函数极限判断函数是否是无穷小. A 选项:$\lim\limits_{x \to 0} e^x = 1$;B 选项:$\lim\limits_{x \to 0} (x+2) = 2$;C 选项: $\lim\limits_{x \to 0} \sin x = 0$;D 选项:$\lim\limits_{x \to 0} \cos x = 1$. 故当 $x \to 0$ 时,是无穷小的量只有 C 选项.

【名师点评】

以上两题主要考察无穷小量的定义,极限为零的变量为无穷小量. 所以通过求极限即可以判断.

真题 60 (2018. 公共) 当 $x \to 1$ 时,$f(x) = \dfrac{1-x}{1+x}$ 与 $g(x) = 1 - \sqrt[3]{x}$ 比较,会得出什么结论?

解 因为 $\lim\limits_{x \to 1} \dfrac{f(x)}{g(x)} = \lim\limits_{x \to 1} \dfrac{\dfrac{1-x}{1+x}}{1 - \sqrt[3]{x}} = \lim\limits_{x \to 1} \dfrac{(1 - \sqrt[3]{x})(1 + \sqrt[3]{x} + \sqrt[3]{x^2})}{(1 - \sqrt[3]{x})(1+x)} = \dfrac{3}{2}$,

所以 $f(x) = \dfrac{1-x}{1+x}$ 与 $g(x) = 1 - \sqrt[3]{x}$ 是同阶但非等价无穷小.

【名师点评】

因为当 $x \to 1$ 时,$f(x)$ 和 $g(x)$ 都是无穷小,对两个无穷小进行比较,就是让二者作比求极限,根据极限结果得出相应的结论.

真题 61 (2017. 公共) 已知 $x \to 0$ 时,$(\sqrt{1+ax^2}-1)$ 与 $\sin^2 x$ 是等价无穷小,求 a 的值.

解 因为 $x \to 0$ 时,$(\sqrt{1+ax^2}-1) \sim \sin^2 x$,所以 $\lim\limits_{x \to 0} \dfrac{\sqrt{1+ax^2}-1}{\sin^2 x} = \lim\limits_{x \to 0} \dfrac{\frac{1}{2}ax^2}{x^2} = \dfrac{a}{2} = 1$,解得 $a = 2$.

真题 62 (2016. 理工) 下列函数在 $x \to 0$ 时与 x^2 为同阶无穷小的是 _____.

A. 2^x B. $2^x - 1$ C. $1 - \cos x$ D. $x - \sin x$

解 A 选项中 $\lim\limits_{x \to 0} 2^x = 1 \neq 0$,所以 $x \to 0$ 时,2^x 根本不是一个无穷小.

B 选项中 $\lim\limits_{x \to 0} (2^x - 1) = 0$,$\lim\limits_{x \to 0} \dfrac{2^x - 1}{x^2} = \lim\limits_{x \to 0} \dfrac{2^x \ln 2}{2x} = \infty$,所以二者不是同阶无穷小.

C 选项中 $\lim\limits_{x \to 0} (1 - \cos x) = 0$,$\lim\limits_{x \to 0} \dfrac{1 - \cos x}{x^2} = \lim\limits_{x \to 0} \dfrac{\frac{1}{2}x^2}{x^2} = \dfrac{1}{2}$,所以二者是同阶无穷小.

D 选项中 $\lim\limits_{x \to 0} (x - \sin x) = 0$,$\lim\limits_{x \to 0} \dfrac{x - \sin x}{x^2} = \lim\limits_{x \to 0} \dfrac{1 - \cos x}{2x} = 0$,所以二者不是同阶无穷小.

故应选 C.

【名师点评】

以上三题主要考查了无穷小的比较,只要利用两函数比值的极限判断即可. 此类题目,方法固定,比较简单.

考点五 求极限中的参数

真题 63 (2017. 公共) 设 $f(x) = \begin{cases} \dfrac{\tan ax}{x}, & x < 0, \\ x + 2, & x \geqslant 0, \end{cases}$ $\lim\limits_{x \to 0} f(x)$ 存在,求 a 的值.

解 $\lim\limits_{x \to 0^+} f(x) = \lim\limits_{x \to 0^+} (x+2) = 2$,$\lim\limits_{x \to 0^-} f(x) = \lim\limits_{x \to 0^-} \dfrac{\tan ax}{x} = a$,因为 $\lim\limits_{x \to 0} f(x)$ 存在,所以 $\lim\limits_{x \to 0^+} f(x) = \lim\limits_{x \to 0^-} f(x)$,解得 $a = 2$.

【名师点评】

对于已知分段函数在分段点处的极限存在求函数中参数的题目,可以利用函数在分段点处的左、右极限相等,找到等量关系,解方程求得参数值.

真题64 (2017. 会计) 已知 $\lim\limits_{x \to +\infty} \left(\dfrac{x^2}{x+1} - x - a \right) = 2$,则常数 $a = $ _____.

解 由已知 $\lim\limits_{x \to +\infty} \left(\dfrac{x^2}{x+1} - x - a \right) = \lim\limits_{x \to +\infty} \dfrac{(-1-a)x - a}{x+1} = 2$,所以 $-1-a = 2$,解得 $a = -3$.

【名师点评】

解极限中的参数,一般需要先判断极限类型,选择适合的方法求出极限,再从等量关系中解出参数值.

◈ 考点方法综述

序号	本单元考点与方法总结
1	利用极限的四则运算法则求极限;
2	利用无穷小的性质"无穷小与有界量的乘积仍然为无穷小"求极限;
3	利用分解因式或分子(分母)有理化后消去零因子求极限;
4	利用等价无穷小代换求极限(重点);
5	利用洛必达法则求极限(重点);
6	利用"$\dfrac{\infty}{\infty}$"型有理分式的结论求极限;
7	利用两个重要极限求极限(重点);
8	将其他未定式转换成"$\dfrac{0}{0}$"型或"$\dfrac{\infty}{\infty}$"型求极限;
9	利用数列求和求极限;
10	利用夹逼准则求极限.

第三单元 连 续

◈ 考纲内容解读

新大纲基本要求	新大纲名师解读
1.理解函数连续性(包括左连续和右连续)的概念,掌握函数连续与左连续、右连续之间的关系.会求函数的间断点并判断其类型. 2.掌握连续函数的四则运算和复合运算.理解初等函数在其定义区间内的连续性. 3.会利用连续性求极限. 4.掌握闭区间上连续函数的性质(有界性定理、最大值和最小值定理、介值定理、零点定理),并会应用这些性质解决相关问题.	连续的概念在专升本考试中经常出现,虽然不如极限考查的频繁,但它也是常考内容,特别要掌握分段函数在分段点处连续性的判断.对于函数的间断点,首先要会找到间断点,然后还得能判断出间断点的类型,判断其类型一般通过求该点处函数的极限或者是左、右极限来进行.本章中,利用零点定理证明方程根的存在性问题是证明题中常考的类型.

一、函数在一点连续

描述性定义:设函数 $y = f(x)$ 在 x_0 的某一邻域内有定义,如果 $\lim_{x \to x_0} f(x) = f(x_0)$,则称函数 $f(x)$ 在点 x_0 连续.

纯数学定义:$f(x)$ 在点 x_0 连续 $\Leftrightarrow \forall \varepsilon > 0$,$\exists \delta > 0$,当 $|x - x_0| < \delta$ 时,有 $|f(x) - f(x_0)| < \varepsilon$.

函数 $y = f(x)$ 在点 x_0 连续需同时满足三个条件:

(1) $f(x_0)$ 存在; (2) $\lim_{x \to x_0} f(x)$ 存在; (3) $\lim_{x \to x_0} f(x) = f(x_0)$.

只要其中一个条件不成立,则函数在该点不连续.

左连续 如果 $\lim_{x \to x_0^-} f(x) = f(x_0)$,则称函数 $f(x)$ 在点 x_0 **左连续**;

右连续 如果 $\lim_{x \to x_0^+} f(x) = f(x_0)$,则称函数 $f(x)$ 在点 x_0 **右连续**;

函数 $f(x)$ 在点 x_0 连续 $\Leftrightarrow$ 函数 $f(x)$ 在点 x_0 既左连续又右连续.

【名师解析】

对于分段函数,常通过判断分段点左右连续性来判断该点的连续性.

二、间断点及其分类

(1) 间断点的定义 若函数 $y = f(x)$ 在点 x_0 处不连续,则称 x_0 为**间断点**.

(2) 间断点的分类

$$
\begin{cases}
\begin{array}{l}
\text{第一类间断点} \\
\text{(左、右极限都存在)}
\end{array}
\begin{cases}
\text{可去间断点}\left(\lim_{x \to x_0^-} f(x) = \lim_{x \to x_0^+} f(x),\text{即} \lim_{x \to x_0} f(x) \text{存在}\right) \\
\text{跳跃间断点}\left(\lim_{x \to x_0^-} f(x) \neq \lim_{x \to x_0^+} f(x)\right)
\end{cases} \\
\text{第二类间断点} \quad (\text{左、右极限至少有一个不存在})
\end{cases}
$$

【名师解析】

初等函数找间断点,一般是找出使函数没有定义的点.进一步判断间断点的类型时,需要求函数在间断点的极限,看左、右极限是否存在.初等函数一般不需要分别求间断点的左、右极限.

分段函数找间断点,一般只需要验证分段点,如果分段点左右两侧函数表达式不同,则需要分别求分段点的左、右极限,根据左、右极限是否存在来判断分段点是否为间断点,同时可以说明间断点类型.

三、初等函数的连续性

一切初等函数在其定义区间内都是连续的,其定义区间即为它的连续区间.

【名师解析】

所谓定义区间,就是包含在定义域内的区间.

四、闭区间上连续函数的性质

(1) **最值定理** 若函数 $f(x)$ 在闭区间 $[a,b]$ 上连续,则 $f(x)$ 在 $[a,b]$ 上一定取得最大值 M 和最小值 m.

(2) **有界定理** 若函数 $f(x)$ 在闭区间 $[a,b]$ 上连续,则 $f(x)$ 在 $[a,b]$ 上一定有界.

(3) **介值定理** 若函数 $f(x)$ 在闭区间 $[a,b]$ 上连续,则 $f(x)$ 在 $[a,b]$ 上一定取得介于最大值 M 和最小值 m 之间的所有值.

(4) **零点定理** 若函数 $f(x)$ 在闭区间 $[a,b]$ 上连续,且 $f(a) \cdot f(b) < 0$,则在 (a,b) 内至少存在一点 ξ,使得 $f(\xi) = 0$.

【名师解析】

零点定理又叫**根的存在性定理**,经常用来证明方程根的存在性.即若函数 $f(x)$ 在闭区间 $[a,b]$ 上连续,且 $f(a) \cdot f(b) < 0$,则方程 $f(x) = 0$ 在 (a,b) 内至少存在一个根.

考点例题分析

考点 一 讨论函数的连续性

【考点分析】

在函数连续性的考查中,分段函数在分段点的连续性是考试中出现频率最高的考点,要注意函数在一点连续的定义需满足该点处的极限值和函数值相等,所以在验证过程中,我们既要求分段点的极限,同时又要求分段点处的函数值.

求极限时还要注意分段函数的分段方式,分段点两侧表达式不同的,需要分别求左、右极限,验证左、右连续性,从而确定该点的连续性;分段点两侧表达式相同的可以直接求分段点的极限.

分段函数各段上的初等函数在定义区间上都是连续的,所以分段函数只要在分段点处连续,在整个定义域上就一定是连续的.因此研究分段函数的连续性,只需要讨论分段点的情况.

例 49 若 $f(x) = \begin{cases} -2x+1, & x \leqslant 1, \\ x-2, & x > 1, \end{cases}$ 讨论 $f(x)$ 在 $x = 1$ 的连续性.

解 因为 $f(1) = -1$, $\lim\limits_{x \to 1^-} f(x) = \lim\limits_{x \to 1^-}(-2x+1) = -1$, $\lim\limits_{x \to 1^+} f(x) = \lim\limits_{x \to 1^+}(x-2) = -1$.

即 $\lim\limits_{x \to 1^-} f(x) = \lim\limits_{x \to 1^+} f(x) = f(1)$,所以 $f(x)$ 在 $x = 1$ 连续.

【名师点评】

此函数在分段点两侧的表达式不同,需分别求函数在该点的左、右极限及函数值,三者均相等,才能说明函数在分段点处是连续的.

例 50 讨论 $f(x) = \begin{cases} \dfrac{x}{1+e^{\frac{1}{x}}}, & x \neq 0, \\ 0, & x = 0 \end{cases}$ 的连续性.

解 当 $x \neq 0$ 时,$f(x) = \dfrac{x}{1+e^{\frac{1}{x}}}$ 是初等函数,显然连续.只需考查 $x = 0$ 处的连续性,因为 $\lim\limits_{x \to 0} f(x) = \lim\limits_{x \to 0} \dfrac{x}{1+e^{\frac{1}{x}}} = 0$,而 $f(0) = 0$,所以 $\lim\limits_{x \to 0} f(x) = f(0)$,即 $f(x)$ 在 $x = 0$ 点连续.因此,$f(x)$ 在 $(-\infty, +\infty)$ 内连续.

【名师点评】

分段函数研究整个定义域上的连续性,只需要验证分段点的连续性.此函数在分段点左右两侧表达式相同,一般可以直接求极限.

例 51 设 $f(x) = \begin{cases} x\sin^2 \dfrac{1}{x}, & x > 0, \\ a+x^2, & x \leqslant 0, \end{cases}$ a 取多少时,才能使函数 $f(x)$ 在 $(-\infty, +\infty)$ 内连续.

视频讲解
(扫码关注)

解 $f(x)$ 在 $(-\infty, +\infty)$ 内连续,只需保证 $f(x)$ 在 $x = 0$ 处连续即可.

因为 $\lim\limits_{x \to 0^-} f(x) = \lim\limits_{x \to 0^-}(a+x^2) = a = f(0)$,$\lim\limits_{x \to 0^+} f(x) = \lim\limits_{x \to 0^+} x\sin^2 \dfrac{1}{x} = 0$,若 $f(x)$ 在 $x = 0$ 处连续,则 $a = 0$.所以当 $a = 0$ 时 $f(x)$ 在 $(-\infty, +\infty)$ 内连续.

例 52 设函数 $f(x) = \begin{cases} \dfrac{x^2\sin \frac{1}{x}}{e^x - 1}, & x < 0, \\ b, & x = 0, \\ \dfrac{\ln(1+2x)}{x} + a, & x > 0, \end{cases}$ 当 $a = $ _____,$b = $ _____ 时,$f(x)$ 在 $(-\infty, +\infty)$ 内连续.

解 $f(x)$ 在 $(-\infty, +\infty)$ 内连续,则 $f(x)$ 在点 $x = 0$ 处连续.

$\lim\limits_{x \to 0^-} f(x) = \lim\limits_{x \to 0^-} \dfrac{x^2\sin \frac{1}{x}}{e^x - 1} = \lim\limits_{x \to 0^-} \dfrac{x^2\sin \frac{1}{x}}{x} = \lim\limits_{x \to 0^-} x\sin \dfrac{1}{x} = 0,$

$$\lim_{x \to 0^+} f(x) = \lim_{x \to 0^+} \left[\frac{\ln(1+2x)}{x} + a \right] = \lim_{x \to 0^+} \left(\frac{2x}{x} + a \right) = 2 + a, \text{又} f(0) = b,$$

因此 $2 + a = 0 = b$，所以 $a = -2$，$b = 0$ 时，$f(x)$ 在 $(-\infty, +\infty)$ 内连续.

故应填 -2，0.

【名师点评】

已知分段函数在分段点的连续性求参数，这是专升本考试中出现频率很高的一类题目. 只要利用左、右极限相等，或者利用极限值和函数值相等，建立含参数的等量关系，就可以求出参数值.

考点二 求函数间断点，判断间断点类型

【考点分析】

新大纲要求能找出函数的间断点并会判别间断点的类型. 初等函数找间断点一般就是找函数没有定义的点，而分段函数则主要验证分段点是否是间断点.

间断点类型的判断都需要求间断点处的函数极限，对于初等函数，一般可以直接求极限，其中极限存在是第一类间断点，极限不存在是第二类间断点. 对于有些分段函数和个别初等函数，则需求左、右极限. 左、右极限都存在的是第一类间断点，其中左、右极限相等的，是可去间断点，不相等的是跳跃间断点；而左、右极限中至少一个不存在的，则是第二类间断点.

在专升本考试中，间断点这个考点主要以填空题的形式考查居多.

例 53 函数 $y = x\cos\frac{1}{x}$ 的间断点是 _____，它是第 _____ 类间断点.

解 $x = 0$ 为 $y = x\cos\frac{1}{x}$ 的间断点，因为 $\lim_{x \to 0} x\cos\frac{1}{x} = 0$（有界函数与无穷小乘积是无穷小），所以 $x = 0$ 为第一类可去间断点.

故应填 $x = 0$，一.

【名师点评】

使分式的分母为 0 的点没有定义，因此 $x = 0$ 是函数的间断点. 具体判断间断点类型，必须通过求极限，看左、右极限是否存在，如果是初等函数，一般可以直接求极限.

例 54 求函数 $y = \sin\frac{1}{x}$ 的间断点，并判断类型.

解 初等函数的间断点就是函数没有定义的点，因此 $x = 0$ 为 $y = \sin\frac{1}{x}$ 的间断点；

因为 $\lim_{x \to 0} \sin\frac{1}{x}$ 不存在，所以 $x = 0$ 是函数的第二类间断点.

例 55 $x = \frac{\pi}{2}$ 是函数 $y = \frac{x}{\tan x}$ 的 _____.

A. 连续点   B. 可去间断点

C. 跳跃间断点   D. 第二类间断点

解 因为 $\lim\limits_{x \to \frac{\pi}{2}} \frac{x}{\tan x} = 0$，函数在 $x = \frac{\pi}{2}$ 处极限存在，且左、右极限相等，所以 $x = \frac{\pi}{2}$ 是函数的第一类可去间断点.

故应选 B.

【名师点评】

如果初等函数在间断点处极限存在，则左、右极限一定存在且相等，此间断点为第一类可去间断点. 如果初等函数在间断点处的极限不存在，则该点为第二类间断点.

例 56 求函数 $y = \dfrac{1}{e^{\frac{x}{x-2}} - 1}$ 的间断点，并判断类型.

解 使函数的分母为 0 的点均为间断点，即 $x = 0$ 和 $x = 2$ 为间断点.

因为 $\lim\limits_{x \to 0} \dfrac{1}{e^{\frac{x}{x-2}} - 1} = \infty$，所以 $x = 0$ 是第二类间断点.

视频讲解
（扫码 关注）

因为 $\lim\limits_{x\to 2^-}\dfrac{1}{e^{\frac{x}{x-2}}-1}=-1$，$\lim\limits_{x\to 2^+}\dfrac{1}{e^{\frac{x}{x-2}}-1}=0$，所以 $x=2$ 是第一类跳跃间断点.

【名师点评】

此函数中包含两个分式，因此有两个分母，所以应找到两个间断点，不要漏点. 另外，为判断间断点的类型，求间断点处的极限时，由于当 $x\to 0$ 时，$e^{\frac{x}{x-2}}\to 1$，所以 $x=0$ 处可以直接求该函数极限；而当 $x\to 2^-$ 时，$e^{\frac{x}{x-2}}\to 0$，当 $x\to 2^+$ 时，$e^{\frac{x}{x-2}}\to+\infty$，所以在 $x=2$ 处需要分别求函数的左、右极限，且该函数在此点处的左、右极限虽然存在，但是不相等，所以 $x=2$ 是第一类跳跃间断点. 由此可见，个别初等函数也可能存在跳跃间断点.

例 57 求函数 $f(x)=\dfrac{x^2+2x-3}{x^2+x-6}$ 的连续区间，并指出间断点的类型.

解 由 $x^2+x-6=(x+3)(x-2)=0$ 可知 $x_1=-3$，$x_2=2$ 为间断点，因此函数的连续区间为 $(-\infty,-3)\bigcup(-3,2)\bigcup(2,+\infty)$.

$$\lim_{x\to-3}f(x)=\lim_{x\to-3}\dfrac{x^2+2x-3}{x^2+x-6}=\lim_{x\to-3}\dfrac{2x+2}{2x+1}=\dfrac{4}{5};\quad \lim_{x\to 2}f(x)=\lim_{x\to 2}\dfrac{(x+3)(x-1)}{(x+3)(x-2)}=\infty,$$

所以 $x_1=-3$ 为可去间断点，$x_2=2$ 为无穷间断点.

【名师点评】

一般来说，初等函数的连续区间即为函数的定义域.

考点 三 闭区间上连续函数性质的应用

【考点分析】

闭区间上连续函数的性质中最常考的是零点定理，其往往用来证明方程根的存在性. 这类题目通过给出的方程构造函数是至关重要的一步. 函数确定后，才能验证它是否满足零点定理的两个条件，从而得出方程在给定区间内至少有一个根.

另外，零点定理只能证明在给定区间内方程至少有一个根，并不能确定根的个数，所以有时候需要结合函数的单调性或者根据方程的最高次数来说明方程最多几个根，至少和至多相结合，才能最终确定根的个数.

例 58 证明方程 $x^3=3x^2-1$ 在 $(0,1)$ 内至少有一个根.

证 设 $f(x)=x^3-3x^2+1$，则 $f(x)$ 在 $[0,1]$ 上连续. 且 $f(0)=1$，$f(1)=-1$，$f(0)\cdot f(1)<0$，由零点定理知，在 $(0,1)$ 内至少有一点 ξ，使得 $f(\xi)=0$，即 $\xi^3=3\xi^2-1$. 即方程 $x^3=3x^2-1$ 在 $(0,1)$ 内至少有一个根.

【名师点评】

应用零点定理证明，首先要构造辅助函数，一般将已知方程进行恒等变形，将方程右端的表达式移到左端去，化成 $f(x)=0$ 的形式，此时方程左边的函数就是我们要构造的函数. 函数确定下来以后，再逐一验证零点定理的两个条件.

例 59 设 $f(x)$ 在 $[0,1]$ 上连续，且 $0\leqslant f(x)\leqslant 1$，证明在 $[0,1]$ 上至少存在一点 ξ，使 $f(\xi)=\xi$.

视频讲解
（扫码 关注）

证 令 $g(x)=f(x)-x$，则 $g(x)$ 在 $[0,1]$ 上连续，且 $g(0)=f(0)\geqslant 0$，$g(1)=f(1)-1\leqslant 0$. 若等号成立，即 $f(0)=0$ 或 $f(1)=1$，则端点 0 或 1 即可作为 ξ；若等号不成立，即 $g(0)\cdot g(1)<0$，由零点定理知，$\exists\xi\in(0,1)$，使 $g(\xi)=0$，即 $f(\xi)-\xi=0$.

综上所述，至少存在一点 $\xi\in[0,1]$，使 $f(\xi)=\xi$.

【名师点评】

此类证明题一般从结论入手，证明在给定区间上存在 ξ 满足方程，即证方程存在根，所以考虑零点定理. 习惯上先将方程还原成以 x 为变量的初始形式 $f(x)=x$，再通过移项构造辅助函数 $g(x)=f(x)-x$. 另外，零点定理的结论是方程在开区间内存在根，而此题证明的是闭区间内根的存在性，这就需要对区间端点进行讨论，千万不要漏掉.

例 60 设 $f(x)$ 在 $[0,2a]$ 上连续，且 $f(0)=f(2a)$，证明：在 $[0,a]$ 上至少存在一点 ξ，使 $f(\xi)=f(\xi+a)$.

证 令 $F(x)=f(x)-f(x+a)$，则 $F(x)$ 在 $[0,a]$ 上连续.

$F(0)=f(0)-f(a)$，$F(a)=f(a)-f(2a)=f(a)-f(0)=-F(0)$，

若 $F(0)=F(a)=0$，则端点 0 和 a 均可作为 ξ；若 $F(0)\neq 0$，则 $F(0)\cdot F(a)<0$，

由零点定理知，$\exists\xi\in(0,a)$ 使得 $F(\xi)=0$，即 $f(\xi)-f(\xi+a)=0$.

综上所述，至少存在一点 $\xi\in[0,a]$，使 $f(\xi)=f(\xi+a)$.

【名师点评】

此题的证明思路与上题相同,从结论入手,构造辅助函数.另外,证明中同样需要对区间端点进行讨论.

例 61　利用零点定理证明方程 $x^3 - 3x^2 - x + 3 = 0$ 在区间 $(-2,0)$,$(0,2)$,$(2,4)$ 内各有一个实根.

证　设 $f(x) = x^3 - 3x^2 - x + 3$,则 $f(x)$ 在 $[-2,0]$,$[0,2]$,$[2,4]$ 上均连续,且 $f(-2) < 0$,$f(0) > 0$,$f(2) < 0$,$f(4) > 0$.
于是根据零点定理可知,至少存在 $\xi_1 \in (-2,0)$,$\xi_2 \in (0,2)$,$\xi_3 \in (2,4)$,使 $f(\xi_1) = 0$,$f(\xi_2) = 0$,$f(\xi_3) = 0$.
因此方程 $x^3 - 3x^2 - x + 3 = 0$ 在区间 $(-2,0)$,$(0,2)$,$(2,4)$ 内各至少有一个实根;
又三次方程最多有三个实根,所以方程 $x^3 - 3x^2 - x + 3 = 0$ 在区间 $(-2,0)$,$(0,2)$,$(2,4)$ 内各只有一个实根.

【名师点评】

此题需要分别在三个区间上应用零点定理,说明每个区间上至少有一个实根,一共至少三个实根;再根据方程的次数说明方程最多有三个实根,两者结合才能确定方程在每个区间内就只有一个实根.

零点定理解决了根的存在性问题,要说明根的唯一性一般可以结合方程的次数,也可以结合函数的单调性.

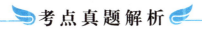

考点真题解析

考点一　讨论函数的连续性

真题 65　(2022. 高数 Ⅰ) 已知函数 $f(x) = \begin{cases} x^2 + a, & x < 0, \\ 1, & x = 0, \\ b - \cos x, & x > 0 \end{cases}$ 在 $x = 0$ 处连续,则实数 a 和 b 的值是 _____.

A. $a = 1$,$b = 2$　　　　B. $a = 1$,$b = -2$　　　　C. $a = -1$,$b = 2$　　　　D. $a = -1$,$b = -2$

解　$\lim\limits_{x \to 0^-} f(x) = a$,$\lim\limits_{x \to 0^+} f(x) = b - 1$,$f(0) = 1$,由 $f(x)$ 在 $x = 0$ 处连续得 $\lim\limits_{x \to 0^-} f(x) = \lim\limits_{x \to 0^+} f(x) = f(0)$,
即 $a = 1$,$b = 2$.

真题 66　(2018. 理工) 设函数 $f(x) = \begin{cases} (1-x)^{\frac{1}{x}}, & x < 0, \\ 2^x + k, & x \geqslant 0 \end{cases}$ 在点 $x = 0$ 处连续,则 $k = $ _____.

解　因为函数 $f(x)$ 在点 $x = 0$ 处连续,所以 $f(x)$ 在点 $x = 0$ 处左、右极限存在且相等.

$\lim\limits_{x \to 0^-} f(x) = \lim\limits_{x \to 0^-} (1-x)^{\frac{1}{x}} = \lim\limits_{x \to 0^-} [1 + (-x)]^{\frac{1}{-x} \cdot (-1)} = \frac{1}{e}$,

$\lim\limits_{x \to 0^+} f(x) = \lim\limits_{x \to 0^+} (2^x + k) = 1 + k$,因此 $\frac{1}{e} = 1 + k$,即 $k = \frac{1}{e} - 1$.

故应填 $\frac{1}{e} - 1$.

【名师点评】

以上两题的分段函数的分段方式均为点 $x = 0$ 处两侧函数表达式不同,因此求极限时要分别求左、右极限,由已知函数在分段点处连续可得,函数在点 $x = 0$ 处的左、右极限一定相等并且等于 $f(0)$.

真题 67　(2016. 公共) 设函数 $f(x) = \begin{cases} e^{ax} - a, & x \leqslant 0, \\ x + a\cos 2x, & x > 0 \end{cases}$ 为 $(-\infty, +\infty)$ 上的连续函数,则 $a = $ _____.

解　$f(0) = 1 - a$,$\lim\limits_{x \to 0^-} f(x) = \lim\limits_{x \to 0^-} (e^{ax} - a) = 1 - a$,

$\lim\limits_{x \to 0^+} f(x) = \lim\limits_{x \to 0^+} (x + a\cos 2x) = a$,由于 $f(x)$ 为 $(-\infty, +\infty)$ 上的连续函数,所以 $f(x)$ 在 $x = 0$ 处连续,

所以 $\lim\limits_{x \to 0^-} f(x) = \lim\limits_{x \to 0^+} f(x) = f(0)$,所以 $1 - a = a$,即 $a = \frac{1}{2}$.

故应填 $\frac{1}{2}$.

【名师点评】

此类已知分段函数在 $(-\infty, +\infty)$ 上连续或者在分段点处连续求参数的题目,几乎每年的真题里都有出现,多以填空或者选择的形式给出,题目相对比较简单,只要利用函数在分段点处的左、右极限相等,或者是利用极限值和函数值相

等,建立等量关系解参数即可.

考点 二 求函数的间断点,判断间断点类型

真题 68 **(2024. 高数 Ⅰ)** 点 $x=1$ 是函数 $f(x)=\begin{cases}4x+5, & x<1,\\ 2-x^2, & x\geqslant 1,\end{cases}$ 的 _____.

A. 连续点   B. 可去间断点   C. 跳跃间断点   D. 无穷间断点

解 因为 $\lim\limits_{x\to 1^-}f(x)=\lim\limits_{x\to 1^-}(4x+5)=9,\lim\limits_{x\to 1^+}f(x)=\lim\limits_{x\to 1^+}(2-x^2)=1,$

所以 $\lim\limits_{x\to 1^-}f(x)\neq\lim\limits_{x\to 1^+}f(x)$,故点 $x=1$ 是函数 $f(x)$ 的跳跃间断点,故选 C.

真题 69 **(2023. 高数 Ⅱ)** 已知函数 $f(x)=\dfrac{x+4}{x^2+4x}$,则 $x=-4$ 是 $f(x)$ 的 _____.

A. 连续点   B. 可去间断点   C. 跳跃间断点   D. 无穷间断点

解 因为 $\lim\limits_{x\to -4}f(x)=\lim\limits_{x\to -4}\dfrac{x+4}{x^2+4x}=\lim\limits_{x\to -4}\dfrac{1}{x}=-\dfrac{1}{4}$,所以 $x=-4$ 是 $f(x)$ 的可去间断点,故选 B.

【名师点评】

以上两真题都是判断某个点是函数的连续点还是间断点,如果是间断点,还要进一步分清类别. 此类题目一般通过求函数在该点处的极限,或者左、右极限,再结合间断点的分类标准来判断. 第一间断点根据该点处左、右极限是否相等,又可细分为可去间断点和跳跃间断点,第二间断点里包含无穷间断点.

真题 70 **(2021. 高数 Ⅰ)** 已知函数 $f(x)=\dfrac{x^2-4}{x-2}$,则 $x=2$ 是函数 $f(x)$ 的 _____.

A. 可去间断点   B. 跳跃间断点   C. 无穷间断点   D. 连续点

解 因为 $\lim\limits_{x\to 2}\dfrac{x^2-4}{x-2}=\lim\limits_{x\to 2}(x+2)=4$,故 $x=2$ 是函数 $f(x)$ 的第一类可去间断点. 故选 A.

真题 71 **(2019. 公共)** $x=0$ 是函数 $f(x)=\dfrac{\tan x}{x}$ 的第 _____ 类间断点.

解 因为 $\lim\limits_{x\to 0}\dfrac{\tan x}{x}=1$,所以 $x=0$ 是函数 $f(x)=\dfrac{\tan x}{x}$ 的第一类间断点. 故填一.

【名师点评】

一般来说,像上述两题中初等函数判断间断点的类型,可以直接求该点处的函数极限,极限存在的是第一类(可去)间断点,极限不存在的是第二类间断点.

真题 72 **(2018. 2017. 公共)** $f(x)=\dfrac{\dfrac{1}{x}-\dfrac{1}{x+1}}{\dfrac{1}{x-1}-\dfrac{1}{x}}$ 的第一类间断点为 _____,第二类间断

视频讲解
(扫码 关注)

点为 _____.

解 $f(x)=\dfrac{\dfrac{1}{x}-\dfrac{1}{x+1}}{\dfrac{1}{x-1}-\dfrac{1}{x}}$ 的间断点为 $x=0$,$x=1$,$x=-1$,分别求这三个点处的函数极限,

$$\lim\limits_{x\to 0}f(x)=\lim\limits_{x\to 0}\dfrac{\dfrac{1}{x}-\dfrac{1}{x+1}}{\dfrac{1}{x-1}-\dfrac{1}{x}}=\lim\limits_{x\to 0}\dfrac{x-1}{x+1}=-1;$$

$$\lim\limits_{x\to 1}f(x)=\lim\limits_{x\to 1}\dfrac{\dfrac{1}{x}-\dfrac{1}{x+1}}{\dfrac{1}{x-1}-\dfrac{1}{x}}=\lim\limits_{x\to 1}\dfrac{x-1}{x+1}=0;$$

$$\lim\limits_{x\to -1}f(x)=\lim\limits_{x\to -1}\dfrac{\dfrac{1}{x}-\dfrac{1}{x+1}}{\dfrac{1}{x-1}-\dfrac{1}{x}}=\lim\limits_{x\to -1}\dfrac{x-1}{x+1}=\infty.$$

因此，$x=0$ 和 $x=1$ 为第一类间断点，$x=-1$ 为第二类间断点.

故应填 $x=0$ 和 $x=1$；$x=-1$.

【名师点评】

此类比较复杂的函数，一般先按函数原始形式找出所有间断点，然后将函数化简以后再求各间断点的极限，从而判断间断点的类型. 注意千万不要先化简再找间断点，容易漏点.

真题73 (2018. 财经)$x=-1$ 是函数 $f(x)=\mathrm{e}^{\frac{1}{x+1}}$ 的第 _____ 类间断点.

解 因为 $\lim\limits_{x\to-1^{+}}\mathrm{e}^{\frac{1}{x+1}}=\infty$，所以 $x=-1$ 是函数 $f(x)=\mathrm{e}^{\frac{1}{x+1}}$ 的第二类间断点.

【名师点评】

$\lim\limits_{x\to-1^{+}}\mathrm{e}^{\frac{1}{x+1}}$ 的求解，可以借助复合函数的内层函数 $u=\dfrac{1}{x+1}$ 和外层函数 $y=\mathrm{e}^{u}$ 的两个图像，由内向外一层层研究函数的变化趋势.

真题74 (2015. 公共) 设函数 $f(x)=\begin{cases}\sin\dfrac{1}{x}, & x>0,\\ x-1, & x\leqslant 0,\end{cases}$ 函数 $f(x)$ 的间断点是 _____，间断点的类型是 _____.

解 因为 $\lim\limits_{x\to 0^{+}}f(x)=\lim\limits_{x\to 0^{+}}\sin\dfrac{1}{x}$ 不存在，所以 $x=0$ 为函数 $f(x)$ 的间断点，类型是第二类间断点.

故应填 $x=0$；第二类间断点.

【名师点评】

分段函数的间断点只需要验证分段点，根据间断点的左、右极限情况来判断间断点的类型.

真题75 (2014. 公共) 函数 $y=\dfrac{x}{\tan x}$ 的间断点为 _____.

解 使 $y=\dfrac{x}{\tan x}$ 没有定义的点即为其间断点，函数在 $x=0$ 和 $x=\dfrac{k\pi}{2}(k\in\mathbf{Z})$ 处设有定义，因为 k 可以取零，所以间断点可以统一表示为 $x=\dfrac{k\pi}{2}(k\in\mathbf{Z})$.

故应填 $x=\dfrac{k\pi}{2}(k\in\mathbf{Z})$.

考点三　闭区间上连续函数的性质的应用

真题76 (2023. 高数 Ⅰ) 设函数 $f(x)$ 在 $[0,1]$ 上连续，且 $\int_{0}^{1}f(x)\mathrm{d}x=1$.

证明 对任意正整数 $n\geqslant 2$，存在 $x_{0}\in(0,1)$，使得 $\int_{0}^{x_{0}}f(x)\mathrm{d}x=\dfrac{1}{n}$；

证 （方法1）：令 $F(x)=\int_{0}^{x}f(t)\mathrm{d}t-\dfrac{1}{n}$，则 $F(x)$ 在 $[0,1]$ 上连续，在 $(0,1)$ 内可导，且 $F'(x)=f(x)$. 对任意的 $n\geqslant 2$，因为 $0<\dfrac{1}{n}<1$，所以 $F(0)=-\dfrac{1}{n}<0$，$F(1)=1-\dfrac{1}{n}>0$.

由零点定理得，存在 $x_{0}\in(0,1)$，使得 $F(x_{0})=0$，即 $\int_{0}^{x_{0}}f(x)\mathrm{d}x=\dfrac{1}{n}$.

（方法2）令 $F(x)=\int_{0}^{x}f(t)\mathrm{d}t$，则 $F(x)$ 在 $[0,1]$ 上连续，在 $(0,1)$ 内可导，且 $F'(x)=f(x)$，$F(0)=0$，$F(1)=1$. 对任意的 $n\geqslant 2$，因为 $0<\dfrac{1}{n}<1$，由介值定理，存在 $x_{0}\in(0,1)$，使得 $F(x_{0})=\dfrac{1}{n}$，即 $\int_{0}^{x_{0}}f(x)\mathrm{d}x=\dfrac{1}{n}$.

【名师点评】

此题为 2023 年高数 Ⅰ 考试中证明题的第一问，该题的证明可以利用零点定理，也可以用介值定理，实质是一样的. 另外，此题的第二问的证明用到了拉格朗日中值定理，我们将在第三章中微分中值定理的证明那部分重点讲解.

真题77 (2021. 高数 Ⅰ) 设函数 $f(x)$ 在 $[0,1]$ 上连续，且 $f(0)\neq 0$，$0<f(x)<1$，证明：存在 $x_{0}\in(0,1)$，使得

$f^2(x_0) = x_0$.

证 令 $F(x) = f^2(x) - x$，则 $F(x)$ 在 $[0,1]$ 上连续，

因为 $F(0) = f^2(0) > 0, F(1) = f^2(1) - 1 < 0$，所以 $F(0) \cdot F(1) < 0$.

由零点定理得，至少存在一点 $x_0 \in (0,1)$，使得 $F(x_0) = 0$，即 $f^2(x_0) = x_0$.

真题 78 (2020.高数Ⅰ)设函数 $f(x)$ 在 $[0,1]$ 上连续，且 $f(1) = 1$，证明：对于任意 $\lambda \in (0,1)$，存在 $\xi \in (0,1)$，使得 $f(\xi) = \dfrac{\lambda}{\xi^2}$.

证 对任意的实数 $\lambda \in (0,1)$ 令 $F(x) = x^2 f(x) - \lambda, x \in [0,1]$. 则 $F(x)$ 在 $[0,1]$ 上连续. 且 $F(0) = -\lambda < 0$，$F(1) = f(1) - \lambda = 1 - \lambda > 0$.

由零点定理得，存在 $\xi \in (0,1)$，使得 $F(\xi) = 0$，即 $\xi^2 f(\xi) - \lambda = 0$，从而 $f(\xi) = \dfrac{\lambda}{\xi^2}$.

【名师点评】

该题证明的结论等价于证明：方程 $x^2 f(x) - \lambda = 0$ 在 $(0,1)$ 内至少有一个实根. 因此，仍然是根的存在性问题，可以应用零点定理证明. 此类证明题，一般由结论入手，先把结论方程中的 ξ 改写成一般自变量 x，还原成 $F(x) = 0$ 的标准方程形式，构造出函数 $F(x)$，再利用零点定理证明.

真题 79 (2018.财经)方程 $x^3 + 2x - 5 = 0$ 在下列哪个区间上至少有一个实根 _____.

视频讲解
（扫码 关注）

A. $\left(0, \dfrac{1}{2}\right)$ B. $\left(\dfrac{1}{2}, 1\right)$

C. $(1,2)$ D. $(0,1)$

解 此题研究方程根的存在性，可以利用零点定理的条件去筛选，设 $f(x) = x^3 + 2x - 5$，则 $f(x)$ 在 $(-\infty, +\infty)$ 上连续，只需要验证 $f(x)$ 在哪个区间上端点的函数值异号即可. $f(0) < 0, f\left(\dfrac{1}{2}\right) < 0, f(1) < 0, f(2) > 0$，由此可见 $f(x)$ 只有在 $(1,2)$ 上满足零点定理的条件.

故应选 C.

【名师点评】

此题最快捷有效的方法就是验证函数在各区间端点的函数值是否异号.

真题 80 (2018.公共)证明方程 $x^5 - 2x^2 + x + 1 = 0$ 在区间 $(-1,1)$ 内至少有一个实根.

证 设 $f(x) = x^5 - 2x^2 + x + 1$，则 $f(x)$ 在区间 $[-1,1]$ 上连续，又 $f(-1) = -3 < 0, f(1) = 1 > 0$，由零点定理得，至少存在一点 $\xi \in (-1,1)$，使 $f(\xi) = 0$，即

$$\xi^5 - 2\xi^2 + \xi + 1 = 0 \quad (-1 < \xi < 1).$$

因此，方程 $x^5 - 2x^2 + x + 1 = 0$ 在区间 $(-1,1)$ 内至少有一个实根.

【名师点评】

该题是典型的零点定理的应用，直接构造辅助函数，验证零点定理两个条件，即可得出结论.

真题 81 (2017.公共)证明方程 $x = a\sin x + b \, (a > 0, b > 0)$ 至少有一个不超过 $a + b$ 的正根.

证 设 $f(x) = x - a\sin x - b$，则 $f(x)$ 在 $[0, a+b]$ 上连续. 且 $f(0) < 0, f(a+b) = a - a\sin(a+b) \geq 0$.

若 $f(a+b) = 0$，则 $x = a + b$ 即为一个正根；

若 $f(a+b) > 0$，则由零点定理得，$f(x) = 0$ 在 $(0, a+b)$ 内至少有一个正根.

综上所述，方程 $x = a\sin x + b \, (a > 0, b > 0)$ 至少有一个不超过 $a + b$ 的正根.

【名师点评】

此题叙述中"不超过"的含义即是"$\leqslant$"，因此我们要证明 $(0, a+b]$ 上至少有一个根，证明中要注意对右端点的讨论.

真题 82 (2015.公共)证明方程 $x^5 + x - 1 = 0$ 只有一个正根.

证 令 $f(x) = x^5 + x - 1$，则 $f(x)$ 为连续函数. 又 $f(0) = -1 < 0, f(1) = 1 > 0$，故 $f(x) = 0$ 在 $(0,1)$ 至少有一个正根. 又 $f'(x) = 5x^4 + 1 > 0$，所以 $f(x)$ 在 $(0, +\infty)$ 内单调递增，因此 $f(x) = 0$ 至多有一个正根.

综上，$x^5 + x - 1 = 0$ 只有唯一的正根.

【名师点评】

此题是根的存在性问题,但是没有明确给出研究区间,"正根"说明根大于零,区间左端点可以取 0,右端点可以在右侧取值试求从而找到能使函数端点异号的区间,以方便在该区间内应用零点定理证明至少一个正根,再结合单调性最终确定根的个数.

◇ 考点方法综述

序号	本单元考点与方法总结
1	一切初等函数在定义区间上都是连续的,分段函数只有在分段点处才有可能是不连续的,具体需要考查函数在分段点处的极限值和函数值是否相等.
2	求函数间断点并判断其类型的基本步骤 (1)找点:找出函数的所有间断点,初等函数的间断点就是使函数没有定义的点,分段函数需验证分段点是否是间断点. (2)求极限:对初等函数的间断点直接求该点的极限,对两侧表达式不同的分段函数的分段点求该点的左、右极限. (3)根据极限判断间断点类型: 对于初等函数的间断点,一般来说,若该点处极限存在,是第一类可去间断点;若极限不存在,是第二类间断点.有的含指数函数或者是反正切函数的初等函数,判断间断点类型,需要分别求左、右极限,根据左、右极限的情况说明间断点的类型. 对于分段函数的间断点,若该点处左、右极限都存在且相等,是第一类可去间断点;若该点处左、右极限都存在但不相等,是第一类跳跃间断点;若该点处左、右极限中至少一个不存在时,是第二类间断点.
3	闭区间上连续函数的性质中零点定理是重点,闭区间的前提不能忽略,零点定理的结论虽是开区间上根的存在性,但验证连续性条件时,一定考查函数在相应闭区间上是否连续.

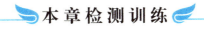

本章检测训练

第一章检测训练 A

一、单选题

1. 函数 $f(x) = \dfrac{1 - x^2}{\sqrt{|x| - 1}} + \arccos(x - 1)$ 的定义域为 _____.

    A. $(0,2]$ B. $[0,2]$ C. $(1,2]$ D. $[1,2]$

2. 函数 $y = |x \cos x|$ 是 _____.

    A. 有界函数   B. 偶函数   C. 单调函数   D. 周期函数

3. 已知 $f\left(x + \dfrac{1}{x}\right) = x^2 + \dfrac{1}{x^2}$,则 $f(x) =$ _____.

    A. $f(x) = x^2$ B. $f(x) = x^2 + 2$ C. $f(x) = x^2 - 1$ D. $f(x) = x^2 - 2$

4. 若 $\lim\limits_{x \to x_0} f(x)$ 存在,则 _____.

    A. $f(x)$ 有界   B. $f(x)$ 无界

    C. $f(x)$ 在 x_0 点有定义   D. $f(x)$ 在 x_0 的某空心邻域内有界

5. 当 $x \to 0$ 时,$x - \sin x$ 是比 x^2 _____.

    A. 较低阶的无穷小   B. 较高阶的无穷小

    C. 等价的无穷小   D. 同阶但非等价无穷小

6. 设 $y = \dfrac{\sqrt[3]{x}-1}{x-1}$,则 $x=1$ 是函数 y 的_____.

    A. 连续点   B. 可去间断点   C. 跳跃间断点   D. 无穷间断点

7. $\lim\limits_{x\to 0}\left(x\sin\dfrac{1}{x} - \dfrac{1}{x}\sin x\right) = $ _____.

    A. 1   B. 0   C. -1 D. 不存在

8. 极限 $\lim\limits_{x\to 1}e^{\frac{1}{x-1}}$ _____.

    A. 1   B. e   C. 0   D. 不存在

9. 若 $\lim\limits_{x\to 2}\dfrac{x^2-ax+b}{x^2-x-2} = 2$,则 $a = $ _____,$b = $ _____.

    A. $a=2,b=-8$ B. $a=-2,b=-8$

    C. $a=2,b=8$ D. $a=-2,b=8$

10. 极限 $\lim\limits_{n\to\infty}\dfrac{3^{n+1}+(-2)^{n+1}}{2^n+3^n} = $ _____.

    A. 3   B. 2   C. $\dfrac{3}{2}$ D. ∞

二、填空题

1. 函数 $y = \arcsin(1-x) + \dfrac{1}{2}\lg\dfrac{1+x}{1-x}$ 的定义域为 _____.

2. 设 $f(e^x) = x\,(x>0)$,则 $f(x) = $ _____.

3. 设函数 $f(x) = \begin{cases} 1, & |x| \leqslant 1, \\ 0, & |x| > 1, \end{cases}$ 则 $f(\sin x) = $ _____.

4. 极限 $\lim\limits_{x\to\infty}\left(\dfrac{x+1}{x}\right)^{-x} = $ _____.

5. 极限 $\lim\limits_{x\to 2}\dfrac{\sin(x-2)}{x^2-4} = $ _____.

6. 极限 $\lim\limits_{x\to 0}(1+3x)^{\frac{2}{\sin x}} = $ _____.

7. 极限 $\lim\limits_{x\to 1}\left(\dfrac{x}{x-1} - \dfrac{2}{x^2-1}\right) = $ _____.

8. 设函数 $f(x) = \begin{cases} e^x, & x \leqslant 0, \\ ax^2+b, & x > 0 \end{cases}$ 在 $x=0$ 处连续,则 $b = $ _____.

9. 函数 $f(x) = \dfrac{1}{\ln x^2}$ 的第一类间断点为 _____.

10. 设 $f(x) = \dfrac{\arcsin(x-1)}{x^2-1}$,则点 $x=1$ 是 $f(x)$ 的 _____ 间断点.

三、计算题

1. 求极限 $\lim\limits_{x\to 1}\dfrac{x^3-3x+2}{x^3-x^2-x+1}$.

2. 求极限 $\lim\limits_{x\to 0}\dfrac{\ln(1+2x)}{\sqrt{1-3x}-1}$.

3. 求极限 $\lim\limits_{x\to +\infty}\dfrac{\dfrac{\pi}{2}-\arctan x}{\dfrac{1}{x}}$.

4. 求极限 $\lim\limits_{x\to 0}(1-\sin x)^{2\csc x}$.

5. 求极限 $\lim\limits_{x\to 0}\dfrac{x-\tan x}{x^2(e^x-1)}$.

6. 求极限 $\lim\limits_{x\to 0}\dfrac{e^x-e^{\sin x}}{x^3}$.

7. 求极限 $\lim\limits_{x\to -1}\left(\dfrac{3}{x^3+1} - \dfrac{1}{x+1}\right)$.

8. 求极限 $\lim\limits_{x\to\infty}\dfrac{x+\sin x}{1+x}$.

9. 求极限 $\lim\limits_{n\to\infty}\left(\dfrac{1}{n^2+1} + \dfrac{2}{n^2+1} + \cdots + \dfrac{n}{n^2+1}\right)$.

10. 设 $f(x) = e^x$,求极限 $\lim\limits_{n\to\infty}\dfrac{1}{n^2}\ln[f(1)f(2)\cdots f(n)]$.

四、证明题

1.证明方程 $x^3 - 2x = 1$ 至少有一个根介于 1 和 2 之间.

2.证明方程 $x \cdot 2^x = 1$ 至少有一个小于 1 的正根.

第一章检测训练 B

一、选择题

1.函数 $y = \dfrac{\sqrt{x+1}+1}{|x|+x-1}$ 的定义域为 _____ .

　A. $[-1, +\infty)$ 　　　　　　　　　　B. $[-1, \frac{1}{2})$

　C. $(\frac{1}{2}, +\infty)$ 　　　　　　　　　D. $[-1, \frac{1}{2}) \cup (\frac{1}{2}, +\infty)$

2. $y = x^2 + \ln \dfrac{1-x}{1+x}$ 是 _____ .

　A. 偶函数 　　　　　　　　　　　　B. 奇函数

　C. 在 $-1 < x < 0$ 是奇函数,$0 < x < 1$ 为偶函数 　　D. 非奇非偶函数

3.函数 $y = 1 - \arctan x$ 是 _____ .

　A. 单调增加且有界函数 　　　　　　B. 单调减少且有界函数

　C. 奇函数 　　　　　　　　　　　　D. 偶函数

4.若函数 $f(x)$ 在某点 x_0 极限存在,则 _____ .

　A. $f(x)$ 在 x_0 的函数值必存在且等于极限值

　B. $f(x)$ 在 x_0 的函数值必存在,但不一定等于极限值

　C. $f(x)$ 在 x_0 的函数值可以不存在

　D. 如果 $f(x_0)$ 存在的话必等于极限值

5.数列有界是数列具有极限的 _____ .

　A. 必要条件 　　　　　　　　　　　B. 充分条件

　C. 充分必要条件 　　　　　　　　　D. 既非充分也非必要条件

6.下列等式成立的是 _____ .

　A. $\lim\limits_{x \to 0} \dfrac{\sin x^2}{x} = 1$ 　　B. $\lim\limits_{x \to 0} \dfrac{\sin x}{x^2} = 1$ 　　C. $\lim\limits_{x \to 0} \dfrac{\sin x^2}{x^2} = 1$ 　　D. $\lim\limits_{x \to \infty} \dfrac{\sin x}{x} = 1$

7.当 $x \to 0$ 时,$a = \sqrt{1+x} - \sqrt{1-x}$ 是无穷小量,则 _____ .

　A. a 是比 $2x$ 高阶的无穷小 　　　　B. a 是比 $2x$ 低阶的无穷小

　C. a 与 $2x$ 是同阶但不等价的无穷小 　　D. a 与 $2x$ 是等价的无穷小

8.已知当 $x \to 0$ 时,$(1 + ax^2)^{\frac{1}{3}} - 1$ 与 $\cos x - 1$ 是等价无穷小,则 a 的值为 _____ .

　A. $-\dfrac{3}{2}$ 　　　　　B. $\dfrac{3}{2}$ 　　　　　C. 1 　　　　　D. $\dfrac{1}{4}$

9.点 $x = 0$ 是函数 $y = e^{\frac{1}{x}}$ 的 _____ .

　A. 连续点 　　　　B. 可去间断点 　　　　C. 跳跃间断点 　　　　D. 第二类间断点

10.函数 $y = \dfrac{e^x - e^{-x}}{e^x + e^{-x}}$ 的反函数是 _____ .

　A. $y = \ln(x + \sqrt{1+x^2})$, $x \in \mathbf{R}$ 　　　　B. $y = \dfrac{1}{2} \ln \dfrac{1+x}{1-x}$, $x \in \mathbf{R}$

　C. $y = \dfrac{1}{2}\ln(1+x) - \dfrac{1}{2}\ln(1-x)$, $x \in (-1, 1)$ 　　D. $y = \dfrac{e^x + e^{-x}}{e^x - e^{-x}}$, $x \in \mathbf{R}$

二、填空题

1.设 $f(x)$ 的定义域是 $[0, 1]$,则 $f(x^2 + 1)$ 的定义域是 _____ .

2. 已知 $f(x) = \begin{cases} x, & -4 \leqslant x \leqslant 0, \\ 2+x, & 0 < x \leqslant 2, \\ 4-x, & 2 < x \leqslant 4, \end{cases}$ 则 $f[f(3.5)] = $ _____.

3. $f(x+1) = x^2 + 3x + 5$,则 $f(x-1) = $ _____.

4. 极限 $\lim\limits_{x \to 0}(1 + \sin x)^{\frac{2}{x}} = $ _____.

5. 极限 $\lim\limits_{x \to 1}\dfrac{\sqrt[3]{x}-1}{\sqrt{x}-1} = $ _____.

6. 极限 $\lim\limits_{x \to 0}\dfrac{x - \sin x}{x^2(\mathrm{e}^x - 1)} = $ _____.

7. 极限 $\lim\limits_{x \to \infty}\dfrac{3x^2 + 5}{5x + 6}\sin\dfrac{2}{x} = $ _____.

8. 已知 $\lim\limits_{x \to \infty}\dfrac{(1+a)x^4 + bx^3 + 2}{x^3 + x + 1} = -2$,则 $a = $ _____,$b = $ _____.

9. 设 $f(x) = \begin{cases} \dfrac{1}{x}\sin\dfrac{x}{3}, & x \neq 0, \\ a, & x = 0, \end{cases}$ 若 $f(x)$ 在 $(-\infty, +\infty)$ 上是连续函数,则 $a = $ _____.

10. 函数 $f(x) = \dfrac{1}{1 - \ln x^2}$ 的第二类间断点为 _____.

三、计算题

1. 求极限 $\lim\limits_{x \to \infty}\left(\dfrac{\sin x}{x} + x\sin\dfrac{1}{x}\right)$.

2. 求极限 $\lim\limits_{x \to \infty}\dfrac{2x^2 - x + 1}{4x^2 - 2}$.

3. 求极限 $\lim\limits_{x \to 0}\dfrac{x - \arctan x}{\ln(1 + x^3)}$.

4. 求极限 $\lim\limits_{x \to 4}\dfrac{\sqrt{1 + 2x} - 3}{\sqrt{x} - 2}$.

5. 求极限 $\lim\limits_{x \to 0}\dfrac{x - \sin x}{x(\mathrm{e}^{x^2} - 1)}$.

6. 求极限 $\lim\limits_{x \to \infty}\left(\dfrac{x-1}{x+1}\right)^{x+1}$.

7. 求极限 $\lim\limits_{x \to 0}\left[\dfrac{\mathrm{e}^{7x} - \mathrm{e}^{-x}}{8\sin 3x} - (\mathrm{e}^x - 1)\cos\dfrac{1}{x}\right]$.

8. 求极限 $\lim\limits_{x \to 0}\left(\dfrac{1}{\sin x} - \dfrac{1}{\mathrm{e}^x - 1}\right)$.

9. 求极限 $\lim\limits_{n \to \infty}\left(\sqrt{n + \sqrt{n}} - \sqrt{n - \sqrt{n}}\right)$.

10. 求极限 $\lim\limits_{n \to \infty}\left(\dfrac{1}{\sqrt{n^2 + 1}} + \dfrac{1}{\sqrt{n^2 + 2}} + \cdots + \dfrac{1}{\sqrt{n^2 + n}}\right)$.

四、解答题

讨论 $f(x) = \lim\limits_{n \to \infty}\dfrac{1 - x^{2n}}{1 + x^{2n}}x$ 的连续性,若有间断点,判断其类型.

五、证明题

设函数 $f(x)$ 在 $[0,1]$ 上连续,且 $f(x) < 1$,证明方程 $2x - \int_0^x f(t)\mathrm{d}t = 1$ 在区间 $(0,1)$ 内有且仅有一个实根.

第二章　导数与微分

❖ 知识结构导图

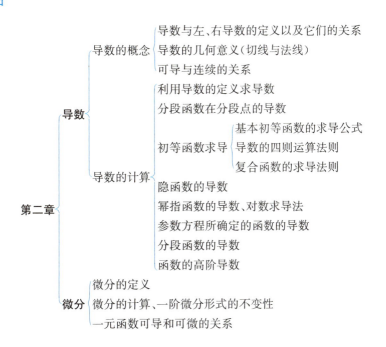

第二章
├─ 导数
│   ├─ 导数的概念
│   │   ├─ 导数与左、右导数的定义以及它们的关系
│   │   ├─ 导数的几何意义（切线与法线）
│   │   └─ 可导与连续的关系
│   └─ 导数的计算
│   ├─ 利用导数的定义求导数
│   ├─ 分段函数在分段点的导数
│   ├─ 初等函数求导
│   │   ├─ 基本初等函数的求导公式
│   │   ├─ 导数的四则运算法则
│   │   └─ 复合函数的求导法则
│   ├─ 隐函数的导数
│   ├─ 幂指函数的导数、对数求导法
│   ├─ 参数方程所确定的函数的导数
│   ├─ 分段函数的导数
│   └─ 函数的高阶导数
└─ 微分
    ├─ 微分的定义
    ├─ 微分的计算、一阶微分形式的不变性
    └─ 一元函数可导和可微的关系

第一单元　导数的概念

❖ 考纲内容解读

新大纲基本要求	新大纲名师解读
1. 理解导数的概念,会用定义求函数在一点处的导数(包括左导数和右导数). 2. 理解函数的可导性与连续性之间的关系.	关于导数的概念,要理解其本质,掌握导数定义式的两种表达形式,定义式中自变量的增量 Δx 用其他字符表达时,要能准确识别,并学会用换元的思想变形导数的定义式. 可导性和连续性关系的考查,分段函数是重点,特别要注意判断分段点的可导性时要用导数的定义式,不要用导数公式求导后再代入分段点.另外,要看清函数的分段方式,是否需要分别求左、右极限和左、右导数.

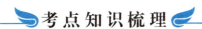

考点知识梳理

一、导数的概念

1. 函数在一点的导数

设函数 $y = f(x)$ 在点 x_0 的某个邻域内有定义,当自变量 x 在点 x_0 处有增量 Δx 时,相应函数的增量为

$\Delta y = f(x_0 + \Delta x) - f(x_0)$. 如果当 $\Delta x \to 0$ 时,极限 $\lim\limits_{\Delta x \to 0} \dfrac{\Delta y}{\Delta x}$ 存在,则称函数 $y = f(x)$ 在点 x_0 处可导,并称此极限值为函数 $y = f(x)$ 在点 x_0 处的**导数**,记作

$$f'(x_0), \quad y'\big|_{x=x_0}, \quad \dfrac{\mathrm{d}f}{\mathrm{d}x}\Big|_{x=x_0}, \quad \dfrac{\mathrm{d}y}{\mathrm{d}x}\Big|_{x=x_0},$$

即 $f'(x_0) = \lim\limits_{\Delta x \to 0} \dfrac{\Delta y}{\Delta x} = \lim\limits_{\Delta x \to 0} \dfrac{f(x_0 + \Delta x) - f(x_0)}{\Delta x}$ (形式1);

若 $x = x_0 + \Delta x$,则 $f'(x_0) = \lim\limits_{x \to x_0} \dfrac{f(x) - f(x_0)}{x - x_0}$ (形式2).

【名师解析】

(1) 自变量的增量 Δx 也可以换用其他字符表示,如 $h, -h, -\Delta x$ 等. 例如,$f'(x_0) = \lim\limits_{h \to 0} \dfrac{f(x_0 + h) - f(x_0)}{h}$.

(2) 要特别关注 $x = 0$ 处导数的特殊形式:$f'(0) = \lim\limits_{x \to 0} \dfrac{f(x) - f(0)}{x}$.

更特别地,若 $f(0) = 0$,$f'(0) = \lim\limits_{x \to 0} \dfrac{f(x) - f(0)}{x} = \lim\limits_{x \to 0} \dfrac{f(x)}{x}$.

(3) 若导数定义式的极限不存在,就称函数 $y = f(x)$ 在点 x_0 处不可导.

(4) 函数 $y = f(x)$ 在 x_0 处的导数是函数在 x_0 处的瞬时变化率,它描述了在点 x_0 处因变量相对于自变量变化的快慢程度.

2. 函数在点 x_0 处的左、右导数

左导数: $f'_-(x_0) = \lim\limits_{\Delta x \to 0^-} \dfrac{f(x_0 + \Delta x) - f(x_0)}{\Delta x} = \lim\limits_{x \to x_0^-} \dfrac{f(x) - f(x_0)}{x - x_0}$;

右导数: $f'_+(x_0) = \lim\limits_{\Delta x \to 0^+} \dfrac{f(x_0 + \Delta x) - f(x_0)}{\Delta x} = \lim\limits_{x \to x_0^+} \dfrac{f(x) - f(x_0)}{x - x_0}$.

$f'(x_0)$ 存在的充分必要条件是 $f'_-(x_0) = f'_+(x_0)$.

【名师解析】

求分段函数在分段点的导数必须用导数的定义式求,如果在分段点左右两侧表达式不同,要分别用定义式求该点的左、右导数,根据左、右导数的情况再判断分段点处是否可导.

3. 导函数

如函数 $y = f(x)$ 在 (a, b) 内每一点都可导,即在 (a, b) 内每一点的导数都存在,则称 $y = f(x)$ 在 (a, b) 内可导. 此时对区间内的任一点 x,都对应着 $f(x)$ 的一个确定的导数值,于是就构成了一个新的函数,这个函数称为函数 $f(x)$ 的**导函数**(简称为导数),记为 $f'(x)$, $y'(x)$, $\dfrac{\mathrm{d}f}{\mathrm{d}x}$ 或 $\dfrac{\mathrm{d}y}{\mathrm{d}x}$,

即 $f'(x) = \lim\limits_{\Delta x \to 0} \dfrac{f(x + \Delta x) - f(x)}{\Delta x}$.

【名师解析】

$f'(x_0)$ 是导函数 $f'(x)$ 在点 x_0 的函数值,即 $f'(x_0) = f'(x)\big|_{x=x_0}$.

二、可导与连续的关系

一元函数在一点处可导一定在该点连续,但函数在一点连续未必在该点可导,如果函数在一点处不连续,则一定在该点不可导.

【名师解析】

在判断函数的可导性和连续性时,一般可以先从较为简单的连续性入手,如果函数在一点处连续,需要继续判断可导性,如果在一点处不连续,可以直接说明在该点处也不可导. 当然,如果先判断可导性也可以,如果在一点可导,可直接说明在该点也连续,如果在一点不可导,需要继续判断函数的连续性.

此类题目大多是研究分段函数在分段点的连续性和可导性,有的题目是根据可导性来求参数.

考点例题分析

考点一　导数定义式的应用

【考点分析】

在近几年专升本考试的真题中,考查导数定义时,经常出现如下两种题型:

题型一　已知函数 $f(x)$ 在 $x=x_0$ 处可导,并且 $f'(x_0)=A$, 求 $\lim\limits_{h\to 0}\dfrac{f(x_0+ah)-f(x_0+bh)}{h}$ (其中 a,b,A 为常数).

题型二　已知函数 $f(x)$ 在 $x=x_0$ 处可导,且 $\lim\limits_{h\to 0}\dfrac{f(x_0+ah)-f(x_0+bh)}{h}=A$(其中 a,b,A 为常数),求解 $f'(x_0)$.

两种题型,归根结底都是对导数定义式的变形应用.

例 1　设函数 $f(x)$ 在点 x_0 处可导,且 $f'(x_0)=2$,则 $\lim\limits_{h\to 0}\dfrac{f(x_0-h)-f(x_0)}{h}=$ _____.

解　根据导数定义

$$\lim_{h\to 0}\frac{f(x_0-h)-f(x_0)}{h}=\lim_{h\to 0}\frac{f(x_0-h)-f(x_0)}{-3h}(-3)=-3f'(x_0)=-6.$$

故应填 -6.

【名师点评】

对给出的极限恒等变形以后,$-3h$ 相当于导数定义式中的 Δx,因此分母中也应凑出 $-3h$,这样变形后的极限就符合导数的定义形式,注意不要忽略恒等变形过程中系数的配平.

例 2　设函数 $f(x)$ 在点 x_0 处可导,则 $\lim\limits_{h\to 0}\dfrac{f(x_0+3h)-f(x_0-h)}{h}=$ _____.

A. $4f'(x_0)$　　　　　B. $3f'(x_0)$　　　　　C. $2f'(x_0)$　　　　　D. $f'(x_0)$

解　根据导数定义

$$\begin{aligned}\lim_{h\to 0}\frac{f(x_0+3h)-f(x_0-h)}{h}&=\lim_{h\to 0}\frac{f(x_0+3h)-f(x_0)-[f(x_0-h)-f(x_0)]}{h}\\&=\lim_{h\to 0}\left[3\cdot\frac{f(x_0+3h)-f(x_0)}{3h}+\frac{f(x_0-h)-f(x_0)}{-h}\right]\\&=4f'(x_0).\end{aligned}$$

故应选 A.

【名师点评】

对于题型一,一般地,若 $f'(x_0)$ 存在,则

$$\lim_{\Delta x\to 0}\frac{f(x_0+a\Delta x)-f(x_0+b\Delta x)}{\Delta x}=(a-b)f'(x_0).$$

以后做类似的选择题和填空题,可以直接利用这个结论写出极限结果.其中,参数 a,b 可以为正数,也可为负数.

例 3　设 $f(0)=0,f'(0)$ 存在,则 $\lim\limits_{x\to 0}\dfrac{f(2x)}{x}=$ _____.

A. 0　　　　　　　　　　　　　　　B. 1

C. $2f'(0)$　　　　　　　　　　　　D. $f(0)$

视频讲解
（扫码 关注）

解　因为 $f(0)=0$,所以 $\lim\limits_{x\to 0}\dfrac{f(2x)}{x}=2\lim\limits_{x\to 0}\dfrac{f(0+2x)-f(0)}{2x}=2f'(0).$

故应选 C.

【名师点评】

极限变形以后的形式中,$2x$ 相当于导数定义式中的自变量增量 Δx,将给出的极限与导数定义式建立联系后,就可以借助导数符号 $f'(0)$ 来表示极限.

例 4 已知 $f(x)$ 可导,且 $\lim\limits_{x\to 0}\dfrac{f(1+2x)-f(1-x)}{x}=1$,则 $f'(1)=$ _____.

A. 3   B. 1   C. $\dfrac{1}{3}$ D. $\dfrac{1}{2}$

解 根据导数定义 $\lim\limits_{x\to 0}\dfrac{f(1+2x)-f(1-x)}{x}=[2-(-1)]f'(1)=3f'(1)=1$,所以 $f'(1)=\dfrac{1}{3}$.

故应选 C.

【名师点评】

此题属于常考的第二种题型,仍然要对给出的极限进行恒等变形,和导数定义式建立联系,这样才方便根据极限值求导数值.题型二和题型一实质是一样的.

考点二 讨论分段函数在分段点的导数

【考点分析】

分段函数求分段点的导数经常以填空题或者选择题的形式考查,注意分段点处的导数必须用导数的定义式求解,不能利用求导公式分别对各段函数求导再代入分段点.

例 5 设 $f(x)=\begin{cases}\dfrac{2}{3}x^3, & x\leqslant 1,\\ x^2, & x>1,\end{cases}$ 则 $f(x)$ 在点 $x=1$ 处的 _____.

视频讲解
(扫码 关注)

A. 左、右导数都存在

B. 左导数存在,但右导数不存在

C. 左导数不存在,但右导数存在

D. 左、右导数都不存在

解 因为 $f'_-(1)=\lim\limits_{x\to 1^-}\dfrac{f(x)-f(1)}{x-1}=\lim\limits_{x\to 1^-}\dfrac{\dfrac{2}{3}x^3-\dfrac{2}{3}}{x-1}=2$,

$$f'_+(1)=\lim\limits_{x\to 1^+}\dfrac{f(x)-f(1)}{x-1}=\lim\limits_{x\to 1^+}\dfrac{x^2-\dfrac{2}{3}}{x-1}=\infty,$$

所以 $f(x)$ 在点 $x=1$ 处的左导数存在,但右导数不存在.

故应选 B.

【名师点评】

此题最容易犯的错误是,很多考生求右导数时,错把 $f(1)$ 的值当成了 1 来求极限,此题中 $f(1)$ 的值恒为 $\dfrac{2}{3}$,所以右极限为 ∞,即极限不存在.

例 6 讨论 $f(x)=\begin{cases}x\arctan\dfrac{1}{x}, & x\neq 0,\\ 0, & x=0\end{cases}$ 在点 $x=0$ 处的可导性.

解 因为 $f'_-(0)=\lim\limits_{x\to 0^-}\dfrac{f(x)-f(0)}{x-0}=\lim\limits_{x\to 0^-}\dfrac{x\arctan\dfrac{1}{x}-0}{x-0}=\lim\limits_{x\to 0^-}\arctan\dfrac{1}{x}=-\dfrac{\pi}{2}$,

$$f'_+(0)=\lim\limits_{x\to 0^+}\dfrac{f(x)-f(0)}{x-0}=\lim\limits_{x\to 0^+}\dfrac{x\arctan\dfrac{1}{x}-0}{x-0}=\lim\limits_{x\to 0^+}\arctan\dfrac{1}{x}=\dfrac{\pi}{2},$$

由 $f'_-(0)\neq f'_+(0)$ 可得,$f(x)$ 在点 $x=0$ 处不可导.

【名师点评】

由于在 $x\to 0^+$ 和 $x\to 0^-$ 时,$\arctan\dfrac{1}{x}$ 变化不一致,所以可以利用导数定义式分别求左、右导数来说明该点处不可导.也可以直接用导数定义式求 $x=0$ 处的导数,根据 $\lim\limits_{x\to 0}\arctan\dfrac{1}{x}$ 不存在,说明函数在点 $x=0$ 处不可导.

考点 三　函数连续性与可导性的关系

【考点分析】

对这个考点的考查,有时通过选择题或者填空题的形式直接考查可导与连续的关系,有时会在解答题里给出一个分段函数,让考生判断分段函数在分段点的连续性和可导性.

例 7　设函数 $f(x)$ 在点 x_0 处不连续,则 _____.

A. $f'(x_0)$ 存在　　　　　　　　　　　B. $f'(x_0)$ 不存在

C. $\lim\limits_{x \to x_0} f(x)$ 存在　　　　　　　　D. $f(x)$ 在 x_0 处可微

解　由连续定义知,函数 $f(x)$ 在点 x_0 处不连续时,$\lim\limits_{x \to x_0} f(x)$ 可能存在,也可能不存在,所以 C 选项错误;由可导与连续的关系知,不连续一定不可导,而一元函数可导与可微是等价的,所以不连续一定不可微,选项 B 正确,A,D 错误.

故应选 B.

例 8　函数 $f(x)$ 在 x_0 处可导是函数 $f(x)$ 在 x_0 处连续的 _____.

A. 充分不必要条件　　　　　　　　　　B. 必要不充分条件

C. 充要条件　　　　　　　　　　　　　D. 无关条件

解　由可导与连续的关系知,可导是连续的充分条件,连续是可导的必要条件.

故应选 A.

【名师点评】

上述两题都是考查的一元函数在一点处可导与连续的关系,大家牢记三句话:"可导一定连续,连续未必可导,不连续一定不可导."

例 9　函数 $f(x) = \begin{cases} x^2 \sin \dfrac{1}{x}, & x \neq 0, \\ 0, & x = 0 \end{cases}$ 在点 $x = 0$ 处 _____.

A. 可导但不连续　　　　　　　　　　　B. 连续不可导

C. 连续可导　　　　　　　　　　　　　D. 间断

解　因为 $\lim\limits_{x \to 0} \dfrac{f(x) - f(0)}{x - 0} = \lim\limits_{x \to 0} \dfrac{x^2 \sin \dfrac{1}{x} - 0}{x - 0} = \lim\limits_{x \to 0} x \sin \dfrac{1}{x} = 0$ 存在,所以函数 $f(x)$ 在点 $x = 0$ 处可导,从而 $f(x)$ 在点 $x = 0$ 处也连续.

故应选 C.

变形　若函数 $f(x) = \begin{cases} x \sin \dfrac{1}{x}, & x \neq 0, \\ 0, & x = 0, \end{cases}$ 则 $f(x)$ 在点 $x = 0$ 处连续但不可导.

【名师点评】

此题的分段方式无须分别求左、右导数,可以直接用定义求 $x = 0$ 处的导数,变形的函数利用导数定义式求导后,得到极限 $\lim\limits_{x \to 0} \sin \dfrac{1}{x}$,该极限不存在,所以变形后的函数在点 $x = 0$ 处不可导.

例 10　设 $f(x) = \begin{cases} 2e^x + a, & x < 0, \\ x^2 + bx + 1, & x \geqslant 0, \end{cases}$ 问 a, b 为何值时,$f(x)$ 在 $x = 0$ 处连续且可导?

视频讲解
(扫码 关注)

解　由 $f(x)$ 在点 $x = 0$ 处连续,得 $\lim\limits_{x \to 0^-} f(x) = \lim\limits_{x \to 0^-} (2e^x + a) = 2 + a = f(0) = 1$,解得 $a = -1$.

$$f'_-(0) = \lim\limits_{x \to 0^-} \frac{f(x) - f(0)}{x - 0} = \lim\limits_{x \to 0^-} \frac{2e^x + a - 1}{x} = \lim\limits_{x \to 0^-} \frac{2e^x - 1 - 1}{x} = 2,$$

$$f'_+(0) = \lim\limits_{x \to 0^+} \frac{f(x) - f(0)}{x - 0} = \lim\limits_{x \to 0^+} \frac{x^2 + bx + 1 - 1}{x} = b,$$

由 $f(x)$ 在点 $x = 0$ 处可导,得 $f'_-(0) = f'_+(0)$,所以 $b = 2$.

综上,当 $a = -1, b = 2$ 时,$f(x)$ 在 $x = 0$ 处连续且可导.

【名师点评】

根据函数在分段点处连续和可导这两个已知条件,可以建立两个方程,解出未知参数 a, b. 根据此题的分段方式,求解时应求单侧极限,左、右导数.

考点真题解析

考点一 导数的定义

真题 1 (2023.高数 I) 已知函数 $f(x)$ 在 $x = 3$ 处可导,且 $\lim\limits_{\Delta x \to 0} \dfrac{f(3 - 2\Delta x) - f(3)}{\Delta x} = 4$,则 $f'(3) = $ _____.

A. 2   B. -2 C. 4   D. -4

解 因为 $\lim\limits_{\Delta x \to 0} \dfrac{f(3 - 2\Delta x) - f(3)}{\Delta x} = -2 \lim\limits_{\Delta x \to 0} \dfrac{f[3 + (-2\Delta x)] - f(3)}{-2\Delta x} = -2f'(3) = 4$,所以 $f'(3) = -2$.

【名师点评】

给出的极限中的 $-2\Delta x$ 相当于导数定义式中自变量的增量,因此分母中也应该凑出 $-2\Delta x$,然后进行系数配平后即可将极限转换为 $f'(x_0)$.

真题 2 (2019.财经) 若函数 $f(x)$ 在 x_0 处可导,则极限 $\lim\limits_{\Delta x \to 0} \dfrac{f(x_0 + 3\Delta x) - f(x_0)}{\Delta x}$ 可表示为 _____.

A. $-f'(x_0)$ B. $3f'(x_0)$ C. $\dfrac{1}{3} f'(x_0)$ D. $-3f'(x_0)$

解 由 $\lim\limits_{\Delta x \to 0} \dfrac{f(x_0 + 3\Delta x) - f(x_0)}{\Delta x} = 3 \lim\limits_{\Delta x \to 0} \dfrac{f(x_0 + 3\Delta x) - f(x_0)}{3\Delta x} = 3f'(x_0)$.

故应选 B.

【名师点评】

极限式子中,分子分母上自变量的增量表示的符号要凑成一致的,才能符合函数在一点处导数的定义式,此极限中自变量的增量是 $3\Delta x$.

真题 3 (2017.国贸) 设 $f(x)$ 在 $x = x_0$ 处可导,则 _____ $= f'(x_0)$.

A. $\lim\limits_{h \to 0} \dfrac{f(x_0 - h) - f(x_0)}{h}$ B. $\lim\limits_{h \to 0} \dfrac{f(x_0 + 2h) - f(x_0 - h)}{h}$

C. $\lim\limits_{h \to 0} \dfrac{f(x_0 + 2h) - f(x_0 + h)}{h}$ D. $\lim\limits_{h \to 0} \dfrac{f(x_0 - 2h) - f(x_0 - h)}{h}$

解 作为选择题,此题可利用前面给出的结论直接判断,若 $f'(x_0)$ 存在,则

$$\lim\limits_{\Delta x \to 0} \dfrac{f(x_0 + a\Delta x) - f(x_0 + b\Delta x)}{\Delta x} = (a - b)f'(x_0).$$

此题相当于 $a - b = 1$,即只要极限的分子部分函数自变量的改变量与分母上的自变量改变量都是 h,保持一致,该极限即符合 $f'(x_0)$ 的定义式. 根据对四个选项中极限分子中自变量改变量的观察,满足条件的只有 C.

故应选 C.

【名师点评】

借助极限定义式的变形结论,此题可以直接观察出结果,此结论应熟练掌握.

真题 4 (2014.工商) 设函数 $f(x)$ 在点 $x = 0$ 处可导,且 $f'(0) = 2$,则 $\lim\limits_{h \to 0} \dfrac{f(6h) - f(h)}{h} = $ _____.

解 根据导数定义

$$\lim\limits_{h \to 0} \dfrac{f(6h) - f(h)}{h} = 5 \lim\limits_{h \to 0} \dfrac{f(0 + 6h) - f(0 + h)}{5h} = 5f'(0) = 10.$$

故应填 10.

此题根据对给出极限的观察,自变量的初值点为 $x_0 = 0$,分子部分自变量的增量为 $5h$,将极限变形成导数定义式的标准形式,再进行系数配平即可与 $f'(0)$ 建立联系.

真题 5 *(2015.公共)* 函数 $f(x)$ 在点 x_0 处的左、右导数存在且 _____ 是函数在点 x_0 可导的 _____ 条件.

解 函数 $f(x)$ 在点 x_0 处的左、右导数存在且相等是函数在点 x_0 可导的充要条件.

故应填相等、充要.

此题直接考查了函数在一点可导的充分必要条件,即函数在一点的左、右导数与该点的导数的关系.

真题 6 *(2014.公共)* 设 $f(x) = x(x+1)(x+2)\cdots(x+2012)$,求 $f'(0)$.

视频讲解
(扫码 关注)

解法一 根据导数的定义可知,

$$f'(0) = \lim_{x \to 0} \frac{f(x) - f(0)}{x - 0} = \lim_{x \to 0} \frac{x(x+1)(x+2)\cdots(x+2012)}{x}$$

$$= \lim_{x \to 0}(x+1)(x+2)\cdots(x+2012) = 2012!.$$

解法二

$$f'(x) = x'[(x+1)(x+2)\cdots(x+2012)] + x[(x+1)(x+2)\cdots(x+2012)]'$$

$$= (x+1)(x+2)\cdots(x+2012) + x[(x+1)(x+2)\cdots(x+2012)]',$$

$$f'(0) = (0+1)(0+2)\cdots(0+2012) + 0[(x+1)(x+2)\cdots(x+2012)]' = 2012!$$

此题用导数的定义式或导数的四则运算法则都可以求导,相比而言,定义式求解更为简单一些.

考点二 分段函数在分段点的可导性

真题 7 *(2023.高数 Ⅱ)* 已知函数 $f(x) = \begin{cases} a + \ln(1+x), & x \geqslant 0, \\ bx, & x < 0 \end{cases}$ 在 $x = 0$ 处可导,求实数 a 与 b 的值.

解 因为函数 $f(x)$ 在 $x = 0$ 处可导,所以 $f(x)$ 在 $x = 0$ 处连续,则

$f(0^-) = f(0^+) = f(0)$,由 $f(0^-) = 0$,$f(0^+) = f(0) = a$,得 $a = 0$.

因为函数 $f(x)$ 在 $x = 0$ 处可导,所以 $f'_+(0) = f'_-(0)$,而

$$f'_+(0) = \lim_{x \to 0^+} \frac{f(x) - f(0)}{x} = \lim_{x \to 0^+} \frac{\ln(1+x)}{x} = 1,$$

$$f'_-(0) = \lim_{x \to 0^-} \frac{f(x) - f(0)}{x} = \lim_{x \to 0^+} \frac{bx}{x} = b,则 b = 1.$$

真题 8 *(2021.高数 Ⅰ)* 已知函数 $f(x) = \begin{cases} \dfrac{1}{2}x^2, & x \leqslant 0, \\ \sin x, & x > 0. \end{cases}$ 则 $f(x)$ 在 $x = 0$ 处的 _____.

A. 左、右导数都存在且相等   B. 左导数存在,右导数不存在
C. 左导数不存在,右导数存在   D. 左、右导数都存在但不相等

解 因为 $f'_-(0) = \lim_{x \to 0^-} \frac{f(x) - f(0)}{x - 0} = \lim_{x \to 0^-} \frac{\frac{1}{2}x^2}{x} = 0$,

$f'_+(0) = \lim_{x \to 0^+} \frac{f(x) - f(0)}{x - 0} = \lim_{x \to 0^+} \frac{\sin x}{x} = 1$,所以 $f'_-(0) \neq f'_+(0)$,

因此函数在 $x = 0$ 处左、右导数都存在,但是不相等,所以函数在 $x = 0$ 处不可导.故应选 D.

对于分段点左右两端表达式不同的分段函数,判断分段点处的导数时,一般需要分别求该点处的左、右导数.只有左、右导数都存在且相等时,函数在该点处才可导.

真题 9 *(2019.财经)* 函数 $f(x) = |x - 1|$ 在点 $x = 1$ 处 _____.

A. 不连续   B. 有水平切线   C. 连续但不可导   D. 可微

解 1 $f(x)=|x-1|$ 可以写成分段函数 $f(x)=\begin{cases}1-x, & x<1, \\ x-1, & x\geqslant 1\end{cases}$ 的形式，根据函数连续的定义有 $\lim\limits_{x\to 1^{+}}(x-1)=$

$\lim\limits_{x\to 1^{-}}(1-x)=f(1)=0$，故 $f(x)$ 在点 $x=1$ 处连续；根据导数的定义有 $f'_{+}(1)=\lim\limits_{x\to 1^{+}}\dfrac{x-1}{x-1}=1, f'_{-}(1)=\lim\limits_{x\to 1^{-}}\dfrac{1-x}{x-1}=-1$，

由于 $f'_{+}(1)\neq f'_{-}(1)$，故 $f(x)$ 在点 $x=1$ 处不可导，没有水平切线. 函数在该点处不可导则也一定不可微.

故应选 C.

解 2 $f(x)=|x-1|$ 的图像是由 $f(x)=|x|$ 向右平移一个单位得到. 由图像可直接观察出，图像在 $x=1$ 处没有断开，但出现尖点，因此函数在该点虽然连续，但是不可导，也就不可微.

【名师点评】

就此题的求解过程而言，方法 2 比方法 1 更为简单，对图像比较容易画出的函数来说，可以通过图像观察函数在一点的连续性和可导性. 就连续性而言，函数在一点连续，则图像在该点处不断开；就可导性而言，图像在一点处如果出现尖点，或者该点处的切线垂直于 x 轴，则函数在此点处是不可导的.

真题 10 （2017. 电子、交通）设 $f(x)=\begin{cases}x\cos\dfrac{2}{x}, & x>0, \\ 2x^{2}, & x\leqslant 0,\end{cases}$ 则 $f(x)$ 在点 $x=0$ 处 _____.

A. 极限不存在   B. 极限存在但不连续

C. 连续但不可导   D. 可导

解 因为 $\lim\limits_{x\to 0^{-}}2x^{2}=0, \lim\limits_{x\to 0^{+}}x\cos\dfrac{2}{x}=0$，且 $f(0)=0$，所以函数在 $x=0$ 连续. 又因为 $\lim\limits_{x\to 0^{-}}\dfrac{2x^{2}-0}{x}=\lim\limits_{x\to 0^{-}}2x=0$，

$\lim\limits_{x\to 0^{+}}\dfrac{x\cos\dfrac{2}{x}-0}{x}=\lim\limits_{x\to 0^{+}}\cos\dfrac{2}{x}$ 不存在. 所以函数在 $x=0$ 点连续但不可导.

故应选 C.

【名师点评】

考查分段函数在分段点处的连续性和可导性的题目以选择题或者解答题为主. 解题时一般先从较为简单的连续性入手.

真题 11 （2017. 电气）设 $f(x)=\begin{cases}xe^{\frac{1}{x}}, & x\neq 0, \\ 0, & x=0,\end{cases}$ 则 $f(x)$ 在 $x=0$ 处 _____.

A. 极限不存在   B. 极限存在但不连续

C. 连续但不可导   D. 可导

视频讲解
（扫码 关注）

解 因为 $\lim\limits_{x\to 0^{+}}xe^{\frac{1}{x}}=\lim\limits_{x\to 0^{+}}\dfrac{e^{\frac{1}{x}}}{\dfrac{1}{x}}=\lim\limits_{t\to +\infty}\dfrac{e^{t}}{t}=\lim\limits_{t\to +\infty}e^{t}=+\infty$，所以 $\lim\limits_{x\to 0^{+}}xe^{\frac{1}{x}}$ 不存在，因此 $f(x)$ 在 $x=0$ 处不连续也不可导.

故应选 A.

【名师点评】

本题判断连续性求分段点极限时遇到的是"$0\cdot\infty$"的极限，可先利用换元的思想转变成"$\dfrac{\infty}{\infty}$"型，再利用洛必达法则求解.

真题 12 （2015. 会计、国贸、电商）设函数 $f(x)=\begin{cases}x^{2}, & x\leqslant 1, \\ ax+b, & x>1\end{cases}$ 在点 $x=1$ 处可导，求 a, b 的值.

解 因为 $f(x)$ 在点 $x=1$ 处可导，所以 $f(x)$ 在点 $x=1$ 处必连续，所以 $\lim\limits_{x\to 1^{-}}f(x)=\lim\limits_{x\to 1^{+}}f(x)=f(1)=1$，即 $a+b=1$，

$f'_{-}(1)=\lim\limits_{x\to 1^{-}}\dfrac{f(x)-f(1)}{x-1}=\lim\limits_{x\to 1^{-}}\dfrac{x^{2}-1}{x-1}=\lim\limits_{x\to 1^{-}}(x+1)=2$，

$f'_{+}(1)=\lim\limits_{x\to 1^{+}}\dfrac{f(x)-f(1)}{x-1}=\lim\limits_{x\to 1^{+}}\dfrac{ax+b-1}{x-1}=\lim\limits_{x\to 1^{+}}\dfrac{a}{1}=a$，

由 $f(x)$ 在 $x=1$ 处可导知 $f'_{+}(1)=f'_{-}(1)$，所以 $a=2$，从而解得 $b=-1$.

【名师点评】

此题是典型的已知分段函数在分段点的可导性求参数问题，在一点可导必定在该点也连续，利用连续和可导两个条

件,建立两个等量关系求出 a,b.

考点 三　函数连续性与可导性的关系

真题 13　(2019.理工)函数 $f(x)$ 在点 x_0 可导是 $f(x)$ 在点 x_0 连续的 _____ 条件(充分、必要、充要).

解　一元函数可导与连续的关系是:可导必连续,连续不一定可导,不连续一定不可导.所以可导是连续的充分不必要条件.

故应填充分.

真题 14　(2018.理工)下列命题中正确的是 _____.

① 如果函数 $y=f(x)$ 在 x 点处可导,则函数在该点必连续.

② 连续函数一定有原函数.

③ 有界的数列一定收敛.

④ 如果函数 $y=f(x)$ 在 x 点处连续,则函数在该点必可导.

A.①②④　　　　　B.①②　　　　　C.②③　　　　　D.①③④

解　根据一点处可导与连续的关系可得,可导一定连续,连续未必可导,不连续一定不可导.所以 ① 对,④ 错;连续函数一定有原函数,② 对;有界数列不一定收敛,例如数列 $\{(-1)^n\}$ 是有界的,但是不收敛,所以 ③ 错.

故应选 B.

【名师点评】

此题主要考查了连续与可导的关系、有界数列的性质,以及第四章中原函数存在的定理.

✧ 考点方法综述

序号	本单元考点与方法总结
1	导数的定义式的实质形式为 $\lim\limits_{\square\to 0}\dfrac{f(x_0+\square)-f(x_0)}{\square}$,但要保证"$\square$"既可以取大于0的值,也可以取小于0的值. 在此基础上总结以下结论: 若 $f(x)$ 在 $x=x_0$ 可导,则 $\lim\limits_{h\to 0}\dfrac{f(x_0+ah)-f(x_0+bh)}{h}=(a-b)f'(x_0)$. 类似地,可得到 $\lim\limits_{h\to 0}\dfrac{h}{f(x_0+ah)-f(x_0+bh)}=\dfrac{1}{(a-b)f'(x_0)}$.
2	讨论分段函数在分段点处的可导性,必须用导数定义. 情形一　设 $f(x)=\begin{cases} h(x), & x<x_0, \\ g(x), & x\geqslant x_0, \end{cases}$ 讨论 $x=x_0$ 点的可导性. 由于分段点 $x=x_0$ 处左右两侧的函数表达式不同,按导数的定义,需分别求左、右导数. 左导数:$f'_{-}(x_0)=\lim\limits_{x\to x_0^-}\dfrac{h(x)-f(x_0)}{x-x_0}$;右导数:$f'_{+}(x_0)=\lim\limits_{x\to x_0^+}\dfrac{g(x)-f(x_0)}{x-x_0}$. 当 $f'_{-}(x_0)$ 与 $f'_{+}(x_0)$ 都存在且相等时,$f(x)$ 在 $x=x_0$ 处可导,且 $f'(x_0)=f'_{-}(x_0)=f'_{+}(x_0)$. 当 $f'_{-}(x_0)$ 与 $f'_{+}(x_0)$ 至少一个不存在或虽存在但不相等时,$f(x)$ 在 $x=x_0$ 处不可导. 情形二　设 $f(x)=\begin{cases} h(x), & x\neq x_0, \\ A, & x=x_0, \end{cases}$ 讨论 $x=x_0$ 点的可导性. 由于分段点 $x=x_0$ 处左右两侧的函数表达式相同,按导数定义 $f'(x_0)=\lim\limits_{\Delta x\to 0}\dfrac{h(x_0+\Delta x)-A}{\Delta x}$,一般不需分别求左、右导数.

第二单元　函数的求导法则

❖ 考纲内容解读

新大纲基本要求	新大纲名师解读
1. 理解导数的几何意义,会求平面曲线的切线方程和法线方程. 　　2. 熟练掌握导数的四则运算法则和复合函数的求导法则,熟练掌握基本初等函数的求导公式. 　　3. 掌握隐函数求导法、对数求导法以及由参数方程所确定的函数的求导法,会求分段函数的导数. 　　4. 理解高阶导数的概念,会求函数的高阶导数. 　　5. 理解微分的概念,理解导数与微分的关系. 掌握微分运算法则,会求函数的一阶微分.	导数的几何意义要结合图形理解掌握,并会利用几何意义去求曲线的切线和法线方程. 在专升本考试中经常把求切线方程与求曲线围成平面图形面积以及函数求最值几个考点结合在一个综合题中. 　　本单元中,导数的计算是专升本考试中的重点考点,导数的四则运算法则和各类函数的求导是每年必考考点,特别是复合函数求导、隐函数求导以及对数求导法是考试中的常见题型. 另外,一元隐函数求导除了本单元介绍的解题方法外还可以用多元函数微积分中要讲到的偏导数方法求解.

考点知识梳理

一、导数的几何意义

$f'(x_0)$ 在几何上表示曲线 $y = f(x)$ 在点 $(x_0, f(x_0))$ 处的切线斜率.

曲线 $y = f(x)$ 在点 $(x_0, f(x_0))$ 处的**切线方程**为

$$y - y_0 = f'(x_0)(x - x_0);$$

曲线 $y = f(x)$ 在点 $(x_0, f(x_0))$ 处的**法线方程**为

$$y - y_0 = -\frac{1}{f'(x_0)}(x - x_0)\ (f'(x_0) \neq 0).$$

【名师解析】

通过导数求出切线斜率,再利用点斜式写出的切线或法线方程,最终一般都要化成 $y = kx + b$ 或者是 $Ax + By + C = 0$ 的形式.

二、基本初等函数的求导公式

常数函数的导数	1. $C' = 0$	
幂函数的导数	2. $(x^\mu)' = \mu x^{\mu-1}$ 常用的 $\left(\dfrac{1}{x}\right)' = -\dfrac{1}{x^2};$	$(\sqrt{x})' = \dfrac{1}{2\sqrt{x}}$
指数函数的导数	3. $(a^x)' = a^x \ln a\ (a > 0, a \neq 1)$	4. $(e^x)' = e^x$
对数函数的导数	5. $(\log_a x)' = \dfrac{1}{x \ln a}\ (a > 0, a \neq 1)$	6. $(\ln x)' = \dfrac{1}{x}$

（续表）

三角函数的导数	7. $(\sin x)' = \cos x$　8. $(\cos x)' = -\sin x$　9. $(\tan x)' = \sec^2 x$　10. $(\cot x)' = -\csc^2 x$　11. $(\sec x)' = \sec x \tan x$　12. $(\csc x)' = -\csc x \cot x$
反三角函数的导数	13. $(\arcsin x)' = \dfrac{1}{\sqrt{1-x^2}}$　14. $(\arccos x)' = -\dfrac{1}{\sqrt{1-x^2}}$　15. $(\arctan x)' = \dfrac{1}{1+x^2}$　16. $(\operatorname{arccot} x)' = -\dfrac{1}{1+x^2}$

三、导数的四则运算法则

(1) $[u \pm v]' = u' \pm v'$.

推广　$[f_1(x) \pm f_2(x) \pm \cdots \pm f_n(x)] = f_1'(x) \pm f_2'(x) \pm \cdots \pm f_n'(x)$（$n$ 为有限数）.

(2) $[u \cdot v]' = u' \cdot v + u \cdot v'$;

推广　$[f_1(x) \cdot f_2(x) \cdot \cdots \cdot f_n(x)] = f_1'(x) \cdot f_2(x) \cdot \cdots \cdot f_n(x) +$

$\qquad f_1(x) \cdot f_2'(x) \cdot \cdots \cdot f_n(x) + \cdots + f_1(x) \cdot f_2(x) \cdot \cdots \cdot f_n'(x)$（$n$ 为有限数）.

特例　$[Cu]' = Cu'$（C 为常数）.

(3) $\left[\dfrac{u}{v}\right]' = \dfrac{u' \cdot v - u \cdot v'}{v^2}$.

特例　$\left[\dfrac{C}{v}\right]' = -\dfrac{Cv'}{v^2}$（$C$ 为常数）.

四、各类函数求导

1. 复合函数求导法则

由函数 $y = f(u)$ 和 $u = \varphi(x)$ 构成复合函数 $y = f[\varphi(x)]$，求导数 $\dfrac{\mathrm{d}y}{\mathrm{d}x}$ 的法则为

$$\frac{\mathrm{d}y}{\mathrm{d}x} = \frac{\mathrm{d}y}{\mathrm{d}u} \cdot \frac{\mathrm{d}u}{\mathrm{d}x} = f'(u) \cdot \varphi'(x) = f'[\varphi(x)] \cdot \varphi'(x).$$

【名师解析】

分清楚复合函数的层次关系是复合函数求导的关键，求导做到层次先外再内、先后有序，不增不漏.

2. 隐函数求导法则

方程 $F(x, y) = 0$，确定函数 $y = y(x)$，求导数 $\dfrac{\mathrm{d}y}{\mathrm{d}x}$ 的法则为方程两边同时对 x 求导，视 y 为 x 的函数，由复合函数求导法则得到关于 y' 的方程，从方程中解出 y' 的表达式即可.

【名师解析】

一元隐函数求导多用上述方法，求导时一定要注意变量 y 是 x 的函数，x 是自变量，所以对含 y 的表达式 $\varphi(y)$ 求导时，一定要用复合函数求导法则，因此求导后得到的是 $\varphi'(y) \cdot y'$，而对含 x 的表达式 $\varphi(x)$ 可以直接求导，得到 $\varphi'(x)$.

3. 对数求导法

此方法常用于幂指函数求导或多个因子乘幂或者是复杂根式求导，方法是：

方程两边同时取以 e 为底的对数，然后方程两边再同时按隐函数求导法则对 x 求导.

4. 参数方程确定的函数求导

若参数方程 $\begin{cases} x = \varphi(t) \\ y = \psi(t) \end{cases}$ 确定函数 $y = y(x)$，则 $\dfrac{\mathrm{d}y}{\mathrm{d}x} = \dfrac{\dfrac{\mathrm{d}y}{\mathrm{d}t}}{\dfrac{\mathrm{d}x}{\mathrm{d}t}} = \dfrac{\psi'(t)}{\varphi'(t)}$.

若求 $\dfrac{\mathrm{d}^2 y}{\mathrm{d}x^2}$，则再联立方程组 $\begin{cases} x = \varphi(t), \\ y' = \dfrac{\psi'(t)}{\varphi'(t)} = g(t), \end{cases}$ 则 $\dfrac{\mathrm{d}^2 y}{\mathrm{d}x^2} = \dfrac{\mathrm{d}y'}{\mathrm{d}x} = \dfrac{\dfrac{\mathrm{d}y'}{\mathrm{d}t}}{\dfrac{\mathrm{d}x}{\mathrm{d}t}} = \dfrac{g'(t)}{\varphi'(t)}$.

5.分段函数求导

上一单元我们研究了在分段点处求分段函数的导数必须利用导数的定义式,而各段上函数的导数,由于每段都是初等函数,在对应的定义区间上都可以分别直接求导.这样可以综合得出整个分段函数的导数.

五、高阶导数

函数 $f(x)$ 一阶导数的导数,称为 $f(x)$ 的**二阶导数**;以此类推,$f(x)$ 的 $n-1$ 阶导数的导数,称为 $f(x)$ 的 n **阶导数**.二阶及二阶以上的各阶导数统称为**高阶导数**.

二阶导数表示符号 $y'' = f''(x) = \dfrac{\mathrm{d}^2 y}{\mathrm{d} x^2}$;   三阶导数表示符号 $y''' = f'''(x) = \dfrac{\mathrm{d}^3 y}{\mathrm{d} x^3}$;

n 阶导数表示符号 $y^{(n)} = f^{(n)}(x) = \dfrac{\mathrm{d}^n y}{\mathrm{d} x^n}(n > 3)$.

【名师解析】

对于高阶导数的表示符号要特别注意,高阶导数的前两种表示形式中前三阶导数符号类似,从第四阶开始表示形式就有所不同了;第三种表示形式,各阶导数形式始终一致.

六、微分

1.微分的定义

若函数 $f(x)$ 在点 x 的增量 $\Delta y = f(x + \Delta x) - f(x)$ 可表示为 $\Delta y = A\Delta x + o(\Delta x)$,其中 A 是与 Δx 无关的量;当 $\Delta x \to 0$ 时,$o(\Delta x)$ 是比 Δx 高阶的无穷小,则称 $y = f(x)$ 在点 x **可微**,而线性主部 $A\Delta x$ 称为 $y = f(x)$ 在点 x 的**微分**,记为 $\mathrm{d}y$,即 $\mathrm{d}y = A \cdot \Delta x$.

(1) 当函数可微时,$A = f'(x)$,记 $\mathrm{d}x = \Delta x$,则 $\mathrm{d}y = f'(x)\mathrm{d}x$;

(2) 一元函数可微的充要条件是可导,即可导与可微是等价的;

(3) 一阶微分形式的不变性   设 $y = f(u)$,则 $\mathrm{d}y = f'(u)\mathrm{d}u$(不管 u 是自变量还是中间变量,微分形式始终不变).

2.微分的运算法则

$\mathrm{d}[f(x) \pm g(x)] = \mathrm{d}f(x) \pm \mathrm{d}g(x)$,

$\mathrm{d}[f(x) \cdot g(x)] = f(x) \cdot \mathrm{d}g(x) + g(x) \cdot \mathrm{d}f(x)$,

$\mathrm{d}[C \cdot f(x)] = C[\mathrm{d}f(x)]$(其中 C 为常数),

$\mathrm{d}\left[\dfrac{f(x)}{g(x)}\right] = \dfrac{g(x) \cdot \mathrm{d}f(x) - f(x) \cdot \mathrm{d}g(x)}{g^2(x)}$(其中 $g(x) \neq 0$).

【名师解析】

微分的四则运算法则与导数的四则运算法则非常相似,但导数的计算对大家来说更熟悉一些,因此计算函数的微分时,我们并不常用微分的运算法则,而是更多地先求函数的导数,再利用导数和微分的关系式 $\mathrm{d}y = f'(x)\mathrm{d}x$ 写出函数的微分.

考点例题分析

考点一 求各类函数的导数或微分

【考点分析】

导数的计算在专升本考试的客观题和主观题中都经常出现,也是必考题型之一.复合函数求导、隐函数求导、对数求导法是考查的重点.这一部分难度不大,主要是对导数公式的熟练应用.分段函数求导,需要注意除了对各段函数用公式求导以外,对分段点的导数要用导数定义式单独讨论.

例 11 求下列函数的导数

(1) $y = \sqrt[3]{1 - 2x^2}$;   (2) $y = \sin 3x - \sin^3 x$;

(3) $y = e^{2x}(\sin x + \cos x)$;   (4) $y = \sin^2 \dfrac{2x}{1 + x^2}$.

解　(1) $y' = (\sqrt[3]{1-2x^2})' = \dfrac{1}{3}(1-2x^2)^{-\frac{2}{3}} \cdot (1-2x^2)' = \dfrac{-4x}{3\sqrt[3]{(1-2x^2)^2}}$;

(2) $y' = (\sin 3x)' - (\sin^3 x)' = 3\cos 3x - 3\sin^2 x\cos x$;

(3) $y' = (e^{2x})'(\sin x + \cos x) + e^{2x}(\sin x + \cos x)'$

$= 2e^{2x}(\sin x + \cos x) + e^{2x}(\cos x - \sin x) = e^{2x}(\sin x + 3\cos x)$;

(4) $y' = 2\sin\dfrac{2x}{1+x^2} \cdot \cos\dfrac{2x}{1+x^2} \cdot \dfrac{2(1+x^2)-(2x)2}{(1+x^2)^2} = \dfrac{2(1-x^2)}{(1+x^2)^2}\sin\dfrac{4x}{1+x^2}$.

【名师点评】

复合函数求导,首先要对复合函数分解彻底,然后层层求导再相乘.四则运算和复合结合的函数,要将求导法则结合使用,注意最终的求导结果一定要化到最简.

例 12　求下列函数的微分:

(1) $y = e^{x^3}$;　　　　　　　　　　　　　(2) $y = \ln^2(2x+1)$;

(3) $y = x\arcsin\dfrac{x}{2} + \sqrt{4-x^2}$;　　(4) $y = \dfrac{x}{\sqrt{1-x^2}}$.

解　(1) $y' = e^{x^3} \cdot (x^3)' = 3x^2 e^{x^3}$,　$dy = 3x^2 e^{x^3} dx$;

(2) $y' = 2\ln(2x+1) \cdot \dfrac{1}{2x+1} \cdot 2 = \dfrac{4\ln(2x+1)}{2x+1}$,　$dy = \dfrac{4\ln(2x+1)}{2x+1}dx$;

(3) $y' = (x\arcsin\dfrac{x}{2})' + (\sqrt{4-x^2})' = \arcsin\dfrac{x}{2} + x \cdot \dfrac{1}{\sqrt{1-\frac{x^2}{4}}} \cdot \dfrac{1}{2} - \dfrac{x}{\sqrt{4-x^2}} = \arcsin\dfrac{x}{2}$,

$dy = \arcsin\dfrac{x}{2}dx$;

(4) $y' = \dfrac{(x)'\sqrt{1-x^2} - x(\sqrt{1-x^2})'}{1-x^2} = \dfrac{\sqrt{1-x^2} + \dfrac{x^2}{\sqrt{1-x^2}}}{1-x^2} = (1-x^2)^{-\frac{3}{2}}$,

$dy = (1-x^2)^{-\frac{3}{2}}dx$.

【名师点评】

求函数微分的题目,一般可以分为两步:第一步先求函数的导数;第二步利用公式 $dy = y'dx$,在导数结果上乘以 dx 写出函数的微分.注意导数和微分符号不同,是两步运算,因此不要由导数结果直接连等写微分结果.

例 13　设函数 $f(x)$ 可微,则 $y = f(1-e^{-x})$ 的微分是 _____.

A. $f'(1-e^{-x})dx$　　　　　　　　　　　　B. $-e^{-x}f'(1-e^{-x})dx$

C. $e^{-x}f'(1-e^{-x})dx$　　　　　　　　　　D. $e^{-x}f'(1-e^{-x})$

解　先求函数的导数, $y' = [f(1-e^{-x})]' = f'(1-e^{-x}) \cdot (1-e^{-x})' = e^{-x}f'(1-e^{-x})$,

所以 $dy = y'dx = e^{-x}f'(1-e^{-x})dx$.

故应选 C.

【名师点评】

此题求微分仍可以先求导,再将导数结果乘以 dx 得微分,该复合函数的外层函数是抽象函数,因此外函数的导数可以表示成 $f'(1-e^{-x})$.

例 14　设函数 $f(u)$ 可导,且 $y = f(2^x)$,则 $dy = $ _____.

A. $f'(2^x)dx$　　　　　　　　　　　　　B. $[f(2^x)]'d2^x$

C. $f'(2^x)d2^x$　　　　　　　　　　　　D. $f'(2^x)2^x dx$

解法一　由微分定义得 $dy = [f(2^x)]'dx = f'(2^x)(2^x)'dx = f'(2^x)d2^x$.

解法二　令 $2^x = u$, $dy = f'(u)du = f'(2^x)d2^x$.

故应选 C.

视频讲解
(扫码 关注)

【名师点评】

此题如果按照我们的常规解法去求微分,结果应该是 $dy = f'(2^x)2^x\ln 2\, dx$,而选项中没有一致的选项,排除同样含 dx 的形式相近的选项 A 和 D,观察选项 B 和 C,都是凑了微分以后的形式,所以解法一中,在求解微分时要将 $(2^x)'dx$ 凑

微分成 $\mathrm{d}2^x$,凑微分的过程其实就是求微分公式 $\mathrm{d}f(x) = f'(x)\mathrm{d}x$ 的逆应用;此题也可以按照解法二,利用一阶微分形式的不变性求微分.

例 15 函数 $y = (1 + t^2)\arctan t$ 在 $t = 1$ 处的微分是 _____.

解 由微分定义得

$$\mathrm{d}y\big|_{t=1} = \left[(1 + t^2)\arctan t\right]'\big|_{t=1}\mathrm{d}t = \left[2t\arctan t + (1 + t^2) \cdot \frac{1}{1 + t^2}\right]\bigg|_{t=1}\mathrm{d}t = \left(1 + \frac{\pi}{2}\right)\mathrm{d}t.$$

故应填 $\left(1 + \dfrac{\pi}{2}\right)\mathrm{d}t$.

【名师点评】

求函数在某点处的微分,只需要求该点处的导数,用此值乘以 $\mathrm{d}x$ 即是该点处的微分.

例 16 设 $f(-x) = -f(x)$,且 $f'(-x_0) = -k \neq 0$,则 $f'(x_0) =$ _____.

A. k B. $-k$ C. $\dfrac{1}{k}$ D. $-\dfrac{1}{k}$

解 由 $f(-x) = -f(x)$ 两边同时求导,得 $-f'(-x) = -f'(x)$,即 $f'(-x) = f'(x)$,所以 $f'(x_0) = f'(-x_0) = -k$.

故应选 B.

【名师点评】

"可导的奇函数的导数是偶函数,可导的偶函数的导数是奇函数"可以当作一个重要结论应用于填空或者选择题的求解判断中.

例 17 如果 $f(x)$ 为可导的奇函数,且 $f'(1) = 2$ 存在,则 $f'(-1) =$ _____.

解 因为"可导的奇函数的导数是偶函数",所以 $f'(-1) = f'(1) = 2$.

【名师点评】

作为填空题,此题可以直接利用上题给出的结论求解,可导函数求导以后奇偶性发生改变.

例 18 设方程 $\mathrm{e}^{xy} + y^2 = x$ 确定函数 $y = y(x)$,求 $\dfrac{\mathrm{d}y}{\mathrm{d}x}$.

解 方程两边同时对 x 求导数,得 $\mathrm{e}^{xy}(y + xy') + 2yy' = 1$,

整理,得 $(2y + x\mathrm{e}^{xy})y' = 1 - y\mathrm{e}^{xy}$,所以 $\dfrac{\mathrm{d}y}{\mathrm{d}x} = \dfrac{1 - y\mathrm{e}^{xy}}{2y + x\mathrm{e}^{xy}}$.

【名师点评】

此题属于一元隐函数求导,无须对方程作任何变形,直接方程两边同时对自变量 x 求导,最终整理出 y' 的表达式,这是这类题最常用的解法.因为 y 是 x 的函数,所以求导过程中,一定要把含 y 的项看作关于 x 的复合函数求导,例如对 y^2 求导后是 $2y \cdot y'$,而如果对 x^2 求导,是 $2x$.

例 19 $y = y(x)$ 是由 $xy + x + y - 2 = 0$ 确定的隐函数,则 $y'(0) =$ _____.

A. $-\dfrac{2}{(x+1)^2}$ B. -3 C. 3 D. $-\dfrac{y+1}{x+1}$

解 方程两边同时对 x 求导,得 $y + xy' + 1 + y' = 0$,所以 $y' = -\dfrac{y+1}{x+1}$.由所给方程知 $y(0) = 2$,将 $x = 0$, $y = 2$ 代入上式,得 $y'(0) = -3$.

故应选 B.

【名师点评】

此题是求一元隐函数在某一点的导数,由于隐函数求导后的表达式里一般既含 x 又含 y,所以仅知道 $x = 0$ 是不够的,首先要把 $x = 0$ 代入到原方程中求出对应的变量 y 的值,然后整理出导函数 y' 之后,再代入 x, y 的值,求出该点的导数值.

例 20 求由方程 $\arctan \dfrac{y}{x} = \ln \sqrt{x^2 + y^2}$ 所确定的隐函数 $y = y(x)$ 的导数.

解 原方程可变形为 $\arctan \dfrac{y}{x} = \dfrac{1}{2}\ln(x^2 + y^2)$,

视频讲解
(扫码关注)

方程两边同时对 x 求导,得 $\dfrac{1}{1+(\frac{y}{x})^2}\cdot\dfrac{y'x-y}{x^2}=\dfrac{2x+2yy'}{2(x^2+y^2)}$,解得 $y'=\dfrac{x+y}{x-y}$.

【名师点评】

此题应用隐函数的求导方法之前,可以先将方程右端的形式进行简化变形,将 $\ln\sqrt{x^2+y^2}$ 变形为 $\dfrac{1}{2}\ln(x^2+y^2)$,这样右端的三层复合的函数就变成了两层复合的复合函数,这样再进行求导运算要简单得多,像此类最外层是对数函数的复合函数求导时,都可以利用对数的性质进行简化变形.

例 21　设 $y=x^{\sin x}\ (x>0)$,求 y'.

解法一　方程两边同时取对数,得 $\ln y=\sin x\ln x$,方程两边同时对 x 求导数,得 $\dfrac{1}{y}y'=\cos x\ln x+\sin x\cdot\dfrac{1}{x}$,

所以 $y'=x^{\sin x}\left(\cos x\ln x+\dfrac{1}{x}\sin x\right)$.

解法二　$y'=(\mathrm{e}^{\sin x\ln x})'=\mathrm{e}^{\sin x\ln x}(\sin x\ln x)'=x^{\sin x}\left(\cos x\ln x+\dfrac{1}{x}\sin x\right)$.

【名师点评】

对于幂指函数 $y=u(x)^{v(x)}\ [u(x)>0]$ 求导,有下列两种方法:

(1) 对数求导法:两边同时取对数得 $\ln y=v(x)\ln u(x)$,再按隐函数求导法求导;

(2) 变复合函数法:利用对数公式把函数变形为 $y=\mathrm{e}^{v(x)\ln u(x)}$,再按复合函数求导法则求导数.

例 22　设 $y=\dfrac{\sqrt{x-2}}{(x+1)^3(4-x)^2}$,$(2<x<4)$,求 y'.

解　函数可以变形为 $y=(x-2)^{\frac{1}{2}}(x+1)^{-3}(4-x)^{-2}$,

两边同时取对数,得 $\ln y=\dfrac{1}{2}\ln(x-2)-3\ln(x+1)-2\ln(4-x)$,

两边同时对 x 求导数,得 $\dfrac{1}{y}y'=\dfrac{1}{2(x-2)}(x-2)'-\dfrac{3}{x+1}(x+1)'-\dfrac{2}{4-x}(4-x)'$,

即 $\dfrac{1}{y}y'=\dfrac{1}{2(x-2)}-\dfrac{3}{x+1}+\dfrac{2}{4-x}$,

所以 $y'=\dfrac{\sqrt{x-2}}{(x+1)^3(4-x)^2}\left[\dfrac{1}{2(x-2)}-\dfrac{3}{x+1}+\dfrac{2}{4-x}\right]$.

【名师点评】

对数求导法,不仅适用于幂指函数,而且适用于这类比较复杂的根式,或者是多个函数的连乘的形式.通过对数求导法,可以把复杂的分式或者乘积转换成简单的和差形式,再求导就能大大简化运算.

例 23　函数 $f(x)$ 由参数方程 $\begin{cases}x=1-2t+t^2\\y=4t^2\end{cases}$ 所确定,则 $\dfrac{\mathrm{d}y}{\mathrm{d}x}\bigg|_{t=2}=$ _____.

A. 8　　　　　　　　B. 4　　　　　　　　C. $\dfrac{1}{4}$　　　　　　　　D. $\dfrac{1}{8}$

解　由参数式函数求导法则,得 $\dfrac{\mathrm{d}y}{\mathrm{d}x}\bigg|_{t=2}=\dfrac{\frac{\mathrm{d}y}{\mathrm{d}t}}{\frac{\mathrm{d}x}{\mathrm{d}t}}\bigg|_{t=2}=\dfrac{8t}{-2+2t}\bigg|_{t=2}=8$.

故应选 A.

【名师点评】

参数方程求导,利用公式 $\dfrac{\mathrm{d}y}{\mathrm{d}x}=\dfrac{\mathrm{d}y/\mathrm{d}t}{\mathrm{d}x/\mathrm{d}t}$ 求导即可.求导的结果一般是含参数 t 的,所以直接代入 $t=2$ 的值,即可求该点的导数.

例 24　设 $\begin{cases}x=\ln\sqrt{1+t^2}\\y=\arctan t\end{cases}$,求 $\dfrac{\mathrm{d}y}{\mathrm{d}x}$,$\dfrac{\mathrm{d}^2y}{\mathrm{d}x^2}$.

解 $\dfrac{\mathrm{d}y}{\mathrm{d}x} = \dfrac{\frac{\mathrm{d}y}{\mathrm{d}t}}{\frac{\mathrm{d}x}{\mathrm{d}t}} = \dfrac{\frac{1}{1+t^2}}{\frac{2t}{2(1+t^2)}} = \dfrac{1}{t}$,

求 $\dfrac{\mathrm{d}^2y}{\mathrm{d}x^2}$，即求 $\dfrac{\mathrm{d}y'}{\mathrm{d}x}$，联立新参数式方程 $\begin{cases} x = \ln\sqrt{1+t^2}, \\ y' = \dfrac{1}{t}, \end{cases}$

则 $\dfrac{\mathrm{d}^2y}{\mathrm{d}x^2} = \dfrac{\mathrm{d}y'}{\mathrm{d}x} = \dfrac{\mathrm{d}y'/\mathrm{d}t}{\mathrm{d}x/\mathrm{d}t} = \dfrac{-\frac{1}{t^2}}{\frac{2t}{2(1+t^2)}} = -\dfrac{1+t^2}{t^3}$.

【名师点评】

参数方程所确定的函数，求二阶导数是非常容易出错的，千万不要对一阶导数的结果直接求导，因为这样的话，第二次求导是对变量 t 进行的，是 $\dfrac{\mathrm{d}y'}{\mathrm{d}t}$，而我们求的二阶导数，两次都要对 x 求导，$\dfrac{\mathrm{d}^2y}{\mathrm{d}x^2} = \dfrac{\mathrm{d}y'}{\mathrm{d}x} \neq \dfrac{\mathrm{d}y'}{\mathrm{d}t}$.

例 25 设 $f(x) = \begin{cases} x\mathrm{e}^{-\frac{1}{x}}, & x > 0, \\ \ln(1+x), & -1 < x \leqslant 0, \end{cases}$ 求 $f'(x)$.

视频讲解
（扫码 关注）

解 当 $x > 0$ 时，$f'(x) = \left(x\mathrm{e}^{-\frac{1}{x}}\right)' = \left(1+\dfrac{1}{x}\right)\mathrm{e}^{-\frac{1}{x}}$,

当 $-1 < x < 0$ 时，$f'(x) = [\ln(1+x)]' = \dfrac{1}{1+x}$,

$f'_-(0) = \lim\limits_{x \to 0^-} \dfrac{f(x)-f(0)}{x-0} = \lim\limits_{x \to 0^-} \dfrac{\ln(1+x)-0}{x} = 1$,

$f'_+(0) = \lim\limits_{x \to 0^+} \dfrac{f(x)-f(0)}{x-0} = \lim\limits_{x \to 0^+} \dfrac{x\mathrm{e}^{-\frac{1}{x}}-0}{x} = 0$.

因为 $f'_-(0) \neq f'_+(0)$，所以 $f'(0)$ 不存在.

综上，$f'(x) = \begin{cases} \left(1+\dfrac{1}{x}\right)\mathrm{e}^{-\frac{1}{x}}, & x > 0, \\ \text{不存在}, & x = 0, \\ \dfrac{1}{1+x}, & -1 < x < 0. \end{cases}$

【名师点评】

求分段函数在分段点处的导数必须用定义，求不含分段点的每段内的导数，可用导数公式及运算法则.

考点 二 导数的几何意义

【考点分析】

导数的几何意义是曲线在一点处的切线斜率，所以这个考点一般通过求切线斜率，或者是求切线或法线方程来考查，以填空选择为主. 有时切线也会出现在综合性较强的应用题中，特别是在求平面图形面积时，围成图形的各边中经常出现切线.

例 26 求曲线 $y = \mathrm{e}^x - 3\sin x + 1$ 在点 $(0,2)$ 处的切线方程和法线方程.

解 $y' = \mathrm{e}^x - 3\cos x$，则所求切线的斜率 $k = y'|_{x=0} = -2$，点 $(0,2)$ 处的切线方程为 $y - 2 = -2x$，即 $y = -2x + 2$；

法线方程为 $y - 2 = \dfrac{1}{2}x$，即 $y = \dfrac{1}{2}x + 2$.

【名师点评】

切线或者法线方程一般通过点斜式来写出，知道切点，求出切点处的导数即是切线的斜率，注意法线的斜率与切线的斜率互为负倒数.

例 27 设 $\begin{cases} x = 2(1-\cos\theta), \\ y = 4\sin\theta, \end{cases}$ 求曲线在 $\theta = \dfrac{\pi}{4}$ 处的切线方程.

解　$\theta = \dfrac{\pi}{4}$ 对应切点为 $(2-\sqrt{2},2\sqrt{2})$，

$$\dfrac{\mathrm{d}y}{\mathrm{d}x} = \dfrac{\dfrac{\mathrm{d}y}{\mathrm{d}\theta}}{\dfrac{\mathrm{d}x}{\mathrm{d}\theta}} = \dfrac{4\cos\theta}{2\sin\theta} = 2\cot\theta, \text{故所求切线的斜率 } k = \dfrac{\mathrm{d}y}{\mathrm{d}x}\bigg|_{\theta=\frac{\pi}{4}} = 2\cot\dfrac{\pi}{4} = 2.$$

所求切线方程为 $y-2\sqrt{2} = 2(x-2+\sqrt{2})$，即 $y = 2x-4+4\sqrt{2}$.

【名师点评】

此题给出的是参数方程所确定的函数,确定切点需要先找出 $\theta = \dfrac{\pi}{4}$ 时所对应的 x，y 的值,然后再利用前面给出的

这类函数的求导公式求出 $\theta = \dfrac{\pi}{4}$ 时的导数,即切线斜率.

例 28　在曲线 $y = x^3 + x - 2$ 上求一点,使得过该点的切线与直线 $y = 4x - 1$ 平行.

解　设该切点为 (x_0, y_0)，由题意知切线的斜率为 4，

$$y' = 3x^2 + 1, \text{令 } y'(x_0) = 3x_0^2 + 1 = 4, \text{得 } x_0 = \pm 1,$$

$$x_0 = 1 \text{ 时}, y_0 = 0; \quad x_0 = -1 \text{ 时}, y_0 = -4.$$

即所求切点为 $(1,0)$ 和 $(-1,-4)$.

【名师点评】

此题与前两题已知切点求切线斜率不同,本题是间接给出切线斜率,求切点.此类题型,一般需要先把切点设出来,然后再利用切点处的导数等于已知切线斜率建立方程,求出切点横坐标,从而求出切点坐标.还需要注意满足条件的切点不一定是唯一的,不要漏解.

例 29　若曲线 $y = x^2 + ax + b$ 与 $2y = -1 + xy^3$ 在点 $(1,-1)$ 相切,求常数 a, b.

解　先求两曲线在切点 $(1,-1)$ 处的切线斜率.

对于函数 $y = x^2 + ax + b$，$y' = 2x + a$，$y'(1) = 2 + a$，

对于函数 $2y = -1 + xy^3$，$2y' = y^3 + 3xy^2 y'$，$y'(1) = 1$.

由于两曲线在点 $(1,-1)$ 相切,由导数几何意义,得 $2 + a = 1$，解得 $a = -1$，

又因为点 $(1,-1)$ 在曲线 $y = x^2 - x + b$ 上,所以 $-1 = 1^2 - 1 + b$，解得 $b = -1$，

综上, $a = -1$，$b = -1$.

视频讲解
（扫码 关注）

【名师点评】

曲线与曲线也是可以相切于一点的,此时二者有共同的切线.因此利用两个函数分别求出来的切点处的切线斜率相等,找到一个等量关系.另外切点坐标分别满足两条曲线的方程,这样又可以列出一个方程.通过两个方程便可以解出两个未知系数 a，b.

考点 三　求高阶导数

【考点分析】

高阶导数的考查以二阶导数为主,主要考查考生的计算能力.注意每一阶导数化简以后再继续求导才能简化运算.

例 30　设 $y = \sin^2\dfrac{x}{2}$，则 $y''(0) = $ _____.

解　先求一阶导数,得 $y' = 2\sin\dfrac{x}{2} \cdot \cos\dfrac{x}{2} \cdot \dfrac{1}{2} = \dfrac{1}{2}\sin x$，

再求二阶导数,得 $y'' = \dfrac{1}{2}\cos x$，从而 $y''(0) = \dfrac{1}{2}$.

故应填 $\dfrac{1}{2}$.

例 31　设 $y = \mathrm{e}^{-x}\cos x$，则 $y''\left(\dfrac{\pi}{2}\right) = $ _____.

解　先求一阶导数,得 $y' = -\mathrm{e}^{-x}\cos x - \mathrm{e}^{-x}\sin x = -\mathrm{e}^{-x}(\sin x + \cos x)$，

再求二阶导数,得 $y'' = \mathrm{e}^{-x}(\sin x + \cos x) - \mathrm{e}^{-x}(\cos x - \sin x) = 2\mathrm{e}^{-x}\sin x$，

从而 $y''\left(\dfrac{\pi}{2}\right) = 2e^{-\frac{\pi}{2}}$.

故应填 $2e^{-\frac{\pi}{2}}$.

【名师点评】

以上两题都是比较简单的求二阶导数在某一点的导数值，此类题需要注意一定要把一阶导数的结果化成最简形式，再去求二阶导数.

例32 求函数 $y = \ln(x + \sqrt{1+x^2})$ 的二阶导数.

解 $y' = \dfrac{1}{x + \sqrt{1+x^2}}(x + \sqrt{1+x^2})' = \dfrac{1}{x + \sqrt{1+x^2}} \cdot \left(1 + \dfrac{2x}{2\sqrt{1+x^2}}\right)$

$\qquad = \dfrac{1}{x + \sqrt{1+x^2}} \cdot \dfrac{\sqrt{1+x^2} + x}{\sqrt{1+x^2}} = \dfrac{1}{\sqrt{1+x^2}} = (1+x^2)^{-\frac{1}{2}},$

$\qquad y'' = -\dfrac{1}{2}(1+x^2)^{-\frac{3}{2}} \cdot (1+x^2)' = -x(1+x^2)^{-\frac{3}{2}}.$

【名师点评】

这个复合函数相对比较复杂，函数中有复合有四则运算，所以求导的时候可以先看成两层复合，对内层函数求导时再利用四则运算法则. 此题的一阶导数化简以后再求二阶导数能大大简化运算.

例33 设 $y = f(e^x)$（f 为二阶可导），则 $y'' = $ _____.

解 $y' = f'(e^x)e^x$，$y'' = f''(e^x)(e^x)^2 + f'(e^x)e^x$，

故应填 $y'' = f''(e^x)(e^x)^2 + f'(e^x)e^x$.

视频讲解
（扫码 关注）

【名师点评】

此题中的复合函数，外层函数是抽象函数，注意抽象函数一阶、二阶导数的表示方法.

例34 设 $y^2 - 2xy + 9 = 0$，求 $\dfrac{d^2y}{dx^2}$.

解 方程两边同时对 x 求导，得 $2yy' - 2y - 2xy' = 0$，所以 $y' = \dfrac{y}{y-x}$，

$\dfrac{d^2y}{dx^2} = \dfrac{d}{dx}\left(\dfrac{dy}{dx}\right) = \left(\dfrac{y}{y-x}\right)' = \dfrac{y'(y-x) - y(y'-1)}{(y-x)^2} = \dfrac{y - y'x}{(y-x)^2} = \dfrac{y}{(y-x)^2} - \dfrac{xy}{(y-x)^3}.$

【名师点评】

此题是隐函数求二阶导数，求二阶导数时，表达式中出现 y'，需要把一阶导数的结果代入化简. 新大纲中对隐函数的二阶导数未作要求，此处了解即可.

考点真题解析

考点一 求函数的导数或微分

真题15 *(2023.高数 Ⅰ)* 已知函数 $y = y(x)$ 由参数方程 $\begin{cases} x = t^3 + 2t \\ y = \arcsin t \end{cases}$ 确定，则 $\dfrac{dy}{dx}\Big|_{t=0} = $ _____.

解 $\dfrac{dy}{dx} = \dfrac{\frac{dy}{dt}}{\frac{dx}{dt}} = \dfrac{\frac{1}{\sqrt{1-t^2}}}{3t^2 + 2} = \dfrac{1}{(3t^2 + 2)\sqrt{1-t^2}}$，所以 $\dfrac{dy}{dx}\Big|_{t=0} = \dfrac{1}{2}$.

【名师点评】

此题主要考察参数方程确定的函数的导数，利用此类函数求导法则求导即可.

真题16 *(2019.理工)* 求函数 $y = e^{2x}\sin 3x$ 的一阶及二阶导数.

解　$\dfrac{dy}{dx} = (e^{2x})'\sin 3x + e^{2x}(\sin 3x)' = e^{2x}(2\sin 3x + 3\cos 3x)$,

$\dfrac{d^2 y}{dx^2} = \dfrac{d}{dx}\left(\dfrac{dy}{dx}\right) = [e^{2x}(2\sin 3x + 3\cos 3x)]' = e^{2x}(-5\sin 3x + 12\cos 3x)$.

【名师点评】

此题主要考查导数的四则运算法则及复合函数求导,注意求导以后的结果要进行化简,只有将一阶导数化到最简形式,再求二阶导数才相对比较简单.

真题 17　(2016.经管) 已知函数 $y = x^2\sin\dfrac{1}{x} + \dfrac{2x}{1-x^2}$, 求 y'.

解　由导数的四则运算法则和复合函数求导法则,得

$y' = \left(x^2\sin\dfrac{1}{x}\right)' + \left(\dfrac{2x}{1-x^2}\right)'$

$= 2x\sin\dfrac{1}{x} + x^2\cos\dfrac{1}{x}\left(-\dfrac{1}{x^2}\right) + \dfrac{2(1-x^2)-2x(-2x)}{(1-x^2)^2}$

$= 2x\sin\dfrac{1}{x} - \cos\dfrac{1}{x} + \dfrac{2(1+x^2)}{(1-x^2)^2}$.

【名师点评】

此题同样考查了导数的四则运算法则和复合函数求导,熟练应用公式即可.

真题 18　(2016.公共) 若 $y = x^{x^2} + e^{\sin x} + \ln(1 + a^{x^2})$, 求 y'.

解　$y' = (x^{x^2})' + (e^{\sin x})' + [\ln(1 + a^{x^2})]' = (e^{x^2\ln x})' + e^{\sin x}\cos x + \dfrac{1}{1 + a^{x^2}}(1 + a^{x^2})'$

$= e^{x^2\ln x}(2x\ln x + x) + e^{\sin x}\cos x + \dfrac{2xa^{x^2}\ln a}{1 + a^{x^2}}$

$= x^{x^2+1}(2\ln x + 1) + e^{\sin x}\cos x + \dfrac{2xa^{x^2}\ln a}{1 + a^{x^2}}$.

视频讲解
(扫码 关注)

【名师点评】

此题是求几个函数和的导数,其中第一个函数为幂指函数,后两个函数为复合函数,如果用对数求导法对幂指函数求导,需要把幂指函数单独求导,不能在原函数两边直接取对数,对数求导法只作用于幂指函数,也可以像上述解法,利用公式变形法,将幂指函数变形成复合函数以后,三个复合函数分别求导再相加.

真题 19　(2018.公共) 求由方程 $x^2 + 2xy - y^2 - 2x = 0$ 确定的隐函数 $y = y(x)$ 的导数.

解　方程两边同时对 x 求导,得 $2x + 2(y + xy') - 2yy' - 2 = 0$,

所以 $(x-y)y' = 1 - x - y$, 解得 $y' = \dfrac{1-x-y}{x-y}$.

【名师点评】

此题为隐函数求导,y 始终要看成 x 的函数,求导时要特别注意 x^2 与 y^2 的差别,另外 $2xy$ 要按照乘积的求导法则进行求导.

真题 20　(2023.高数 Ⅲ) 已知函数 $y = y(x)$ 由方程 $y + \ln(x + y - 1) = 1$ 确定,则 $\dfrac{dy}{dx}\Big|_{1,1} = $ _____.

解　方程两边对令 x 求导,$y' + \dfrac{1+y'}{x+y-1} = 0$, 将 $x = 1$, $y = 1$ 代入得 $\dfrac{dy}{dx}\Big|_{(1,1)} = -\dfrac{1}{2}$.

【名师点评】

求隐函数在一点处的导数,如果只给出 x 的值,先将 x 的值代入原方程,求出对应的 y 的值,再方程两边同时对 x 求导数,此时不用求 y' 的表达式,直接带入 x, y 的值即可.

真题 21　(2019.财经) 已知 $\begin{cases} x = a(\sin t - t\cos t), \\ y = a(\cos t + t\sin t), \end{cases}$ 则 $\dfrac{dy}{dx}\Big|_{t=\frac{3\pi}{4}} = $ _____.

解　根据参数方程求导法则有 $\dfrac{dy}{dx}\Big|_{t=\frac{3\pi}{4}} = \dfrac{a(\cos t + t\sin t)'}{a(\sin t - t\cos t)'}\Big|_{t=\frac{3\pi}{4}} = \dfrac{-\sin t + \sin t + t\cos t}{\cos t - \cos t + t\sin t}\Big|_{t=\frac{3\pi}{4}} = \dfrac{\cos t}{\sin t}\Big|_{t=\frac{3\pi}{4}} = -1$.

【名师点评】

该参数方程中,参数只有一个 t,a 是常数,在求导的过程中,常数 a 可以消掉,参数方程确定的函数的导数也是关于参数 t 的,代入 t 的数值后,得到该点处的导数值为常数.

真题 22 (2018.财经) 设 $\begin{cases} x = \ln(1+t^2), \\ y = \arctan t, \end{cases}$ 求 $\dfrac{dy}{dx}$,$\dfrac{d^2y}{dx^2}$.

解 $\dfrac{dy}{dx} = \dfrac{\dfrac{dy}{dt}}{\dfrac{dx}{dt}} = \dfrac{\dfrac{1}{1+t^2}}{\dfrac{2t}{1+t^2}} = \dfrac{1}{2t}$,联立新方程组 $\begin{cases} x = \ln(1+t^2), \\ y' = \dfrac{1}{2t}, \end{cases}$ $\dfrac{d^2y}{dx^2} = \dfrac{dy'}{dx} = \dfrac{\dfrac{d\left(\dfrac{1}{2t}\right)}{dt}}{\dfrac{dx}{dt}} = \dfrac{-\dfrac{1}{2t^2}}{\dfrac{2t}{1+t^2}} = -\dfrac{1+t^2}{4t^3}$.

【名师点评】

求参数方程所确定的函数的导数,可以直接用公式求导,二阶导数求导时,一般需要将 x 和 y' 关于参数的函数重新联立方程组,求 $\dfrac{dy'}{dx}$ 即为 $\dfrac{d^2y}{dx^2}$.

考点二 导数的几何意义

真题 23 (2024. 高数 Ⅰ) 求曲线 $e^{x-y} + x^2 - y = 1$ 在点 $(1,1)$ 处的切线方程.

解 方程两边同时对 x 求导得:$e^{x-y}(1-y') + 2x - y' = 0$,则 $y'(1) = \dfrac{2x + e^{x-y}}{1 + e^{x-y}}\bigg|_{(1,1)} = \dfrac{3}{2}$,所以切线方程为 $y - 1 = \dfrac{3}{2}(x-1)$,即 $y = \dfrac{3}{2}x - \dfrac{1}{2}$.

真题 24 (2020. 高数 Ⅰ) 曲线 $y = \dfrac{1}{x} + 2\ln x$ 在点 $(1,1)$ 处的切线方程为 _____.

解 $y' = -\dfrac{1}{x^2} + \dfrac{2}{x}$,曲线在 $(1,1)$ 点的切线斜率为 $y'(1) = 1$,所以切线方程 $y - 1 = x - 1$,即 $y = x$.

故应填 $y = x$.

【名师点评】

求函数在已知切点处的切线方程,只需要求出函数在该点处的切线斜率,利用点斜式写出切线方程即可.

真题 25 (2019. 公共) 求曲线 $\begin{cases} x = \dfrac{t^2}{2}, \\ y = t^2(t-1) \end{cases}$ 在 $t = 2$ 处的切线方程与法线方程.

解 当 $t = 2$ 时,由参数方程可得曲线上相应切点的坐标为 $(2,4)$,

曲线在该点的切线斜率为 $\dfrac{dy}{dx}\bigg|_{t=2} = \dfrac{dy/dt}{dx/dt}\bigg|_{t=2} = \dfrac{3t^2 - 2t}{t}\bigg|_{t=2} = 4$.

故所求的切线方程为 $y - 4 = 4(x-2)$,即 $y = 4x - 4$.

法线方程为 $y - 4 = -\dfrac{1}{4}(x-2)$,即 $y = -\dfrac{1}{4}x + \dfrac{9}{2}$.

真题 26 (2017. 电商) 曲线 $y = x\ln x$ 平行于直线 $x - y + 1 = 0$ 的切线方程为 _____.

A. $y = x - 1$
B. $y = -(x+1)$
C. $y = (\ln x - 1)(x-1)$
D. $y = x$

解 由已知得,曲线的切线斜率等于直线 $x - y + 1 = 0$ 的斜率,即 $k = 1$.

对 $y = x\ln x$ 求导,得 $y' = (x\ln x)' = \ln x + 1$.设切点为 (x_0, y_0),则 $\ln x_0 + 1 = 1$,求得 $x_0 = 1$,$y_0 = 0$,所以所求切线方程为 $y = x - 1$.

故应选 A.

【名师点评】

求切线方程主要有两类题目:第一类是已知切点,通过求切点处的导数确定斜率,从而求得切线方程;第二类是已知斜率,设出切点,通过切点处的导数等于已知斜率,解出切点,从而求得切线方程.该题属于第二类.

真题 27 (2014. 工商) 曲线 $y = x^3 - 3x$ 上,切线平行于 x 轴的切点为 _____.

A. $(0,0)$　　　　B. $(1,-2)$　　　　C. $(-1,-2)$　　　　D. $(2,2)$

解　利用函数在某点处的导数就是函数在该点处的切线斜率. $y' = 3x^2 - 3 = 0, x = \pm 1$,切点为 $(1,-2),(-1,2)$.

故应选 B.

【名师点评】

已知斜率求切点的问题,满足条件的切点有可能不是唯一的,注意不要漏解.

考点 三　求高阶导数

真题 28 (2024. 高数 Ⅱ) 已知函数 $f(x) = \arctan x + (x-2)^3$,则 $f''(1) = $ _____.

解　因为 $f'(x) = \dfrac{1}{1+x^2} + 3(x-2)^2, f''(x) = \dfrac{-2x}{(1+x^2)^2} + 6(x-2)$,所以 $f''(1) = -\dfrac{13}{2}$.

真题 29 (2014. 土木) $(x^3)^{(5)} = $ _____.

A. 3!　　　　B. 5!　　　　C. 1　　　　D. 0

解　$(x^3)^{(5)}$ 表示 x^3 的五阶导数,根据幂函数求导公式易得, x^3 的三阶导数为常数,因此四阶和五阶导数必为 0.

故应选 D.

【名师点评】

关于高阶导数的常用结论:

$(x^m)^{(n)} = m(m-1)(m-2)\cdots(m-n+1)x^{m-n}, (n \leqslant m); (x^m)^{(n)} = 0, (n > m).$

真题 30 (2017. 电子) 设 $y = (x+3)^n$ (n 为正整数),则 $y^{(n)}(2) = $ _____.

A. 5^n　　　　　　　　　　　　B. $n!$

C. $5^n n$　　　　　　　　　　　D. n

视频讲解
(扫码 关注)

解　$y' = n(x+3)^{n-1}, y'' = n(n-1)(x+3)^{n-2}$,

$y'''(x) = n(n-1)(n-2)(x+3)^{n-3}\cdots$

由数学归纳法,得

$$y^{(n)}(x) = n(n-1)(n-2)\cdots 1 \cdot (x+3)^0 = n(n-1)(n-2)\cdots 1 = n!,$$

$$y^{(n)}(2) = n!$$

故应选 B.

【名师点评】

对于 n 次多项式函数,求 n 阶导数后必为常数,主要观察归纳每次求导后系数的规律即可.

真题 31 (2016. 经管) 若函数 $y = e^{ax}$,则 $y^{(n)}(1) = $ _____.

解　$y' = a e^{ax}$, $y'' = a^2 e^{ax}$, $y''' = a^3 e^{ax}, \cdots, y^{(n)} = a^n e^{ax}$,所以 $y^{(n)}(1) = a^n e^a$.

故应填 $a^n e^a$.

真题 32 (2015. 会计) 若 $f(x) = x^2 \ln x$,则 $f'''(2) = $ _____.

A. $\ln 2$　　　　B. $4\ln 2$　　　　C. 2　　　　D. 1

解　由题意得 $f'(x) = 2x\ln x + x$,从而有 $f''(x) = 2\ln x + 3$,进而有 $f'''(x) = \dfrac{2}{x}$,

所以 $f'''(2) = 1$.

故应选 D.

真题 33 (2014. 经管) $y = x\sqrt{a^2-x^2} + a^2 \arcsin\dfrac{x}{a}$ $(a > 0)$,求 y''.

解　因为 $y = x\sqrt{a^2-x^2} + a^2 \arcsin\dfrac{x}{a}$,

所以 $y' = \sqrt{a^2-x^2} - x\dfrac{2x}{2\sqrt{a^2-x^2}} + \dfrac{a^2}{\sqrt{1-(\frac{x}{a})^2}} \cdot \dfrac{1}{a} = \sqrt{a^2-x^2} - \dfrac{x^2-a^2}{\sqrt{a^2-x^2}} = 2\sqrt{a^2-x^2}.$

因此，$y'' = \dfrac{-2x}{\sqrt{a^2 - x^2}}$.

【名师点评】

此函数中既包含四则运算，又有复合函数，比较复杂，此类题目求二阶导数，一定要先把一阶导数化到最简形式，再求二阶导数.

◈ 考点方法综述

序号	本单元考点与方法总结
1	复合函数求导：计算复合函数的导数，关键是弄清复合函数的构造，即该函数是由哪些基本初等函数或简单函数经过怎样的过程复合而成的. 求导时，要按复合次序由外向内一层一层求导，直至对自变量求导数为止.
2	抽象函数求导：对于抽象函数的求导，关键是导数符号的表示和含义. 如对 $y = f[\varphi(x)]$ 而言，$(f[\varphi(x)])'$ 表示 y 对自变量 x 求导，$f'[\varphi(x)]$ 表示 y 对外层函数 $f(u)$ 求导，故 $y' = (f[\varphi(x)])' = f'[\varphi(x)]\varphi'(x)$.
3	隐函数求导：欲求由方程所确定的隐函数的导数，要把方程中 x 看作自变量，将 y 视为 x 的函数，方程中关于 y 的函数便是 x 的复合函数，方程两边同时对 x 求导，整理得到 y'. 而求隐函数 $y = f(x)$ 在 x_0 处的导数时，通常先将 x_0 代入原方程解出相应的 y_0，然后将 (x_0, y_0) 一起代入 y' 的表达式中，便可求得 $y'\big|_{x=x_0}$.
4	对数求导法：常用于两类函数的求导，一类形如 $f(x)^{g(x)}$ 的幂指函数；另一类是由乘除、乘方、开方混合运算所构成的较为复杂的函数. 对数求导法的计算步骤是方程两边先同取对数，然后两边再对 x 求导. 取对数的目的是把方程右端较复杂的函数变成简单的对数函数的和差形式，便于求导运算.
5	求由参数方程确定函数的导数：利用公式 $\dfrac{\mathrm{d}y}{\mathrm{d}x} = \dfrac{\mathrm{d}y/\mathrm{d}t}{\mathrm{d}x/\mathrm{d}t}$ 求一阶导数，利用公式 $\dfrac{\mathrm{d}^2 y}{\mathrm{d}x^2} = \dfrac{\mathrm{d}y'/\mathrm{d}t}{\mathrm{d}x/\mathrm{d}t}$ 求二阶导数.
6	求 n 阶导数：一般是先求出函数的前几阶导数，从中找出规律，从而归纳出 n 阶导数的表达式.
7	求微分：求函数的微分，可以先求导数，再利用公式 $\mathrm{d}y = y'\mathrm{d}x$ 求微分.

本章检测训练

第二章检测训练 A

一、单选题

1. 函数 $f(x) = \begin{cases} x + 2, & x < 1, \\ 3x - 1, & x \geqslant 1 \end{cases}$ 在点 $x = 1$ 处 _____.

    A. 可导   B. 连续但不可导   C. 不连续   D. 无定义

2. 设曲线 $y = \dfrac{1}{1 + x^2}$ 在点 M 处的切线平行于 x 轴，则点 M 的坐标为 _____.

    A. $\left(-1, \dfrac{1}{2}\right)$ B. $\left(1, \dfrac{1}{2}\right)$ C. $(0, 1)$ D. $(0, -1)$

3. 设 $f(x)$ 在点 $x = x_0$ 处可导，且 $f'(x_0) = -1$，则 $\lim\limits_{h \to 0} \dfrac{f(x_0 - h) - f(x_0 + h)}{h} = $ _____.

    A. $\dfrac{1}{2}$ B. 2 C. $-\dfrac{1}{2}$ D. -2

4. 设 $y = \tan^3(2x)$，则 $y' = $ _____.

    A. $6\sec^2 2x$ B. $6\tan^2 2x \sec^2 2x$ C. $3\sin^2 2x \cos^4 2x$ D. $6\tan 2x$

5.设 $f(x) = x^3 - 3x^2 + 4$,则 $f''(1) =$ _____.

  A. 0   B. 1   C. -1 D. 2

6.设 $f(x) = \arctan e^x$,则 $f'(x) =$ _____.

  A. $\dfrac{e^x}{1 + e^{2x}}$ B. $\dfrac{1}{1 + e^{2x}}$ C. $\dfrac{1}{\sqrt{1 + e^{2x}}}$ D. $\dfrac{e^x}{\sqrt{1 + e^{2x}}}$

7.已知 $\begin{cases} x = \dfrac{1 - t^2}{1 + t^2}, \\ y = \dfrac{2t}{1 + t^2}, \end{cases}$ 则 $\dfrac{dy}{dx} =$ _____.

  A. $\dfrac{t^2 - 1}{2t}$ B. $\dfrac{1 - t^2}{2t}$ C. $\dfrac{x^2 - 1}{2x}$ D. $\dfrac{1 - x^2}{2x}$

8.过曲线 $y = x + e^x$ 的点 $(0,1)$ 处的切线方程为 _____.

  A. $y + 1 = 2x$ B. $y = 2x + 1$ C. $y = 2x - 3$ D. $y - 1 = x$

9.函数 $y = f(x)$ 在点 x_0 处可导是在该点处可微的 _____.

  A. 充分条件   B. 必要条件   C. 充要条件   D. 无关条件

10.若 $\lim\limits_{x \to 0} \dfrac{f(2x) - f(0)}{x} = \dfrac{1}{2}$,则 $f'(0) =$ _____.

  A. 4   B. 2   C. $\dfrac{1}{2}$ D. $\dfrac{1}{4}$

二、填空题

1.若函数 $f(x)$ 的一个原函数是 $e^x + \sin x$,则 $f'(x) =$ _____.

2.曲线 $y = \arctan 2x$ 在点 $(0,0)$ 处的法线方程为 _____.

3.设 $y = \cos^2 x$,则 $y'' =$ _____.

4.曲线 $y = \dfrac{1}{2}x - \dfrac{1}{x}$ 在点 $(\sqrt{2}, 0)$ 处的切线方程为 _____.

5.设 $y = x^3 \ln x, (x > 0)$,则 $y^{(4)} =$ _____.

6.设 $y = \ln(\ln^2 x)$,则 $dy|_{x=e} =$ _____.

7.已知 $f(x) = \sqrt{1 + x}$,则 $f(3) + 3f'(3) =$ _____.

8.设 $y = \sqrt{1 - 9x^2} \arcsin 3x$,则 $y' =$ _____.

9.设 $y = e^{-\frac{x}{2}} \cos 3x$,则 $dy =$ _____.

10.设 $y = f(e^x)$(f 为二阶可导函数),则 $y'' =$ _____.

三、计算题

1.求 $y = x \arctan x - \ln\sqrt{1 + x^2}$ 的导数 y'.

2.求 $y = \sqrt{x}\sin x$ 的导数 y'.

3.设 $y = \ln\cos(e^x)$,求 $\dfrac{dy}{dx}$.

4.设 $y = (\cos e^x) \cdot \ln(1 + x)$,求 y'.

5.设 $y = \dfrac{x^2 \sin x}{1 - \sqrt{x}}$,求 dy.

6.设 $f(x) = x\sqrt{x^2 - 16}$,求 $f''(5)$.

7.求幂指函数 $y = x^x (x > 0)$ 的微分.

8.设方程 $y^2 + \sin(2x - y) = x$ 确定隐函数 $y = y(x)$,求 $\dfrac{dy}{dx}$.

9.设 $y = \arctan\dfrac{1 - x}{1 + x}$,求 y''.

10. 设 $y = \sqrt{1 - 9x^2}\arcsin 3x$,求 dy.

第二章检测训练 B

一、单选题

1. 两曲线 $y = \dfrac{1}{x}$ 与 $y = ax^2 + b$ 在点 $\left(2, \dfrac{1}{2}\right)$ 处相切,则正确的是 _____.

   A. $a = -\dfrac{1}{16}, b = \dfrac{3}{4}$ B. $a = \dfrac{1}{16}, b = \dfrac{1}{4}$ C. $a = -1, b = \dfrac{7}{2}$ D. $a = 1, b = \dfrac{7}{2}$

2. 设 $y = x \cdot f(-2x)$,则 $y' = $ _____.

   A. $f(-2x) + xf'(-2x)$ B. $f(-2x) + 2xf'(-2x)$

   C. $-2xf'(-2x)$ D. $f(-2x) - 2xf'(-2x)$

3. 设 $f'(x)$ 在点 x_0 的某个邻域内存在,且 $f(x_0)$ 为 $f(x)$ 的极大值,则 $\lim\limits_{h \to 0} \dfrac{f(x_0 + 2h) - f(x_0)}{h} = $ _____.

   A. 0 B. 1 C. 2 D. -2

4. 设函数 $f(x) = x^2$,则 $\lim\limits_{\Delta x \to 0} \dfrac{f(a) - f(a - \Delta x)}{\Delta x} = $ _____.

   A. $2a$ B. $-2a$ C. a D. a^2

5. 设 $y = y(x)$ 由方程 $2^{xy} = x + y$ 确定,则 $\mathrm{d}y \big|_{x=0} = $ _____.

   A. $\ln 2 - \mathrm{d}x$ B. $(\ln 2 - 1)\mathrm{d}x$ C. $\mathrm{d}x$ D. $5\mathrm{d}x$

6. 曲线 $f(x) = \dfrac{1}{3}x^3 + \dfrac{1}{2}x^2 + 6x + 1$ 的图像在点 $(0, 1)$ 处的切线与 x 轴交点坐标是 _____.

   A. $\left(-\dfrac{1}{6}, 0\right)$ B. $(-1, 0)$ C. $\left(\dfrac{1}{6}, 0\right)$ D. $(1, 0)$

7. 设 $f(x)$ 为可导函数且满足 $\lim\limits_{x \to 0} \dfrac{f(1) - f(1 - x)}{2x} = -1$,则曲线 $y = f(x)$ 在点 $(1, f(1))$ 处的切线斜率为 _____.

   A. 2 B. -1 C. $\dfrac{1}{2}$ D. -2

8. 若 $f(x)$ 为 $(-l, l)$ 内的可导奇函数,则 $f'(x)$ _____.

   A. 必为 $(-l, l)$ 内的奇函数   B. 必为 $(-l, l)$ 内的偶函数

   C. 必为 $(-l, l)$ 内的非奇非偶函数   D. 可能为奇函数,也可能为偶函数

9. 设 $\begin{cases} u = \ln x, \\ v = \sqrt{x}, \end{cases}$ 则 $\dfrac{\mathrm{d}u}{\mathrm{d}v} = $ _____.

   A. $\dfrac{2}{x}$ B. $\dfrac{2}{\sqrt{x}}$ C. $\dfrac{2}{x\sqrt{x}}$ D. $\dfrac{1}{2x\sqrt{x}}$

10. 若 $f(x) = \begin{cases} x^2 + 3, & x < 1, \\ ax + b, & x \geqslant 1 \end{cases}$ 在点 $x = 1$ 处可导,则 _____.

   A. $a = 2, b = 2$ B. $a = -2, b = 2$ C. $a = 2, b = -2$ D. $a = -2, b = -2$

二、填空题

1. 设 $y = f(\ln x)e^{f(x)}$,其中 f 可微,则 $\mathrm{d}y = $ _____.

2. 曲线 $y = (x + 4)\sqrt[3]{3 - x}$ 在点 $(2, 6)$ 处的法线方程为 _____.

3. 已知函数 $f(x) = \dfrac{x}{x + 1}$,$g(x) = f[f(x)]$,则 $g'(x) = $ _____.

4. 设函数 $f(x) = x^3 + ax$ 与 $g(x) = bx^2 + c$ 都通过点 $(-1, 0)$ 且在点 $(-1, 0)$ 有公切线,则 $a = $ _____,$b = $ _____,$c = $ _____.

5. 设 $y = f(\sin x^2)$,f 为可导函数,则 $\dfrac{\mathrm{d}y}{\mathrm{d}x} = $ _____.

6. 设 $y = \ln(1 + 3^{-x})$,则 $\mathrm{d}y = $ _____.

7. 设 $f(x) = x(x - 1)(x - 2) \cdots (x - 2020)$,则 $f'(0) = $ _____.

8. 设 $f(x)$ 在点 $x = 0$ 处二阶可导且 $f(0) = 0$,$f'(0) = 1$,$f''(0) = 3$,则 $\lim\limits_{x \to 0} \dfrac{f(x) - x}{x^2} = $ _____.

9.设 $f'(x_0)$ 存在,且 $f(x_0)=0$,则 $\lim\limits_{h\to\infty}hf(x_0-\dfrac{3}{h})=$ _____.

10.设 $f(x)=\begin{cases}\dfrac{e^x-1}{x}, & x\neq 0,\\ 1, & x=0,\end{cases}$ 则 $f'(0)=$ _____.

三、解答题

1.已知函数 $y=\dfrac{1}{2}\ln(1+e^{2x})-x+e^{-x}\arctan(e^x)$,求 y'.

2.讨论 $f(x)=\begin{cases}x^2\arctan\dfrac{1}{x}, & x\neq 0,\\ 0, & x=0\end{cases}$ 在点 $x=0$ 处的连续性和可导性.

3.求由参数方程 $\begin{cases}x=a\cos^3 t,\\ y=a\sin^3 t\end{cases}$ 所确定的函数的一阶导数 $\dfrac{dy}{dx}$ 和二阶导数 $\dfrac{d^2 y}{dx^2}$.

4.求与抛物线 $y=x^2-2x+5$ 上连接两点 $P(1,4)$ 与 $Q(3,8)$ 的弦平行,且与抛物线相切的直线方程.

5.设函数 $y=f(x)$ 由方程 $e^{xy}+\tan(xy)=y$ 所确定,求 y'.

6.求函数 $y=\left(\dfrac{x}{1+x}\right)^x$ $(x>0)$ 的导数.

7.设 $y=x\ln(x+\sqrt{x^2+a^2})-\sqrt{x^2+a^2}$,求 y',y''.

8.求函数 $y=x\sqrt{\dfrac{1-x}{1+x}}$ $(-1<x<1)$ 的微分.

四、证明题

1.设 $f(x)$ 在区间 $(-l,l)$ 上为奇函数且可导,求证在区间 $(-l,l)$ 上 $f'(x)$ 为偶函数.

2.证明双曲线 $xy=1$ 上任一点处的切线与两坐标轴所围三角形的面积相等.

第三章　微分中值定理与导数的应用

❖ 知识结构导图

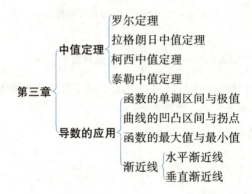

第一单元　微分中值定理

❖ 考纲内容解读

新大纲基本要求	新大纲名师解读
1. 理解罗尔定理、拉格朗日中值定理,了解柯西中值定理和泰勒中值定理. 2. 会用罗尔定理和拉格朗日中值定理解决相关问题.	本单元理论性较强,考题以罗尔定理和拉格朗日中值定理为主,柯西中值定理和泰勒中值定理是大纲新增考点. 在证明题中,有时会把罗尔定理、零点定理、积分中值定理以及积分上限函数的导数等知识点结合考查.

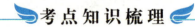

考 点 知 识 梳 理

一、罗尔定理

若函数 $f(x)$ 满足:

(1) 在闭区间 $[a,b]$ 上连续;

(2) 在开区间 (a,b) 内可导;

(3) $f(a)=f(b)$;

则至少存在一点 $\xi \in (a,b)$,使得 $f'(\xi)=0$.

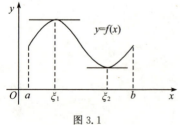

图 3.1

几何意义　在两端高度相同的连续曲线弧上,若除端点外处处有不垂直于 x 轴的切线,则此曲线弧上至少有一点,使曲线在该点处的切线是水平的(如图3.1所示).

【名师解析】

罗尔定理常用来证明含导数的方程根的存在性,定理中条件(3)的满足是证明的关键.

二、拉格朗日中值定理

若函数 $f(x)$ 满足：

(1) 在闭区间 $[a,b]$ 上连续；

(2) 在开区间 (a,b) 内可导；

则至少存在一点 $\xi \in (a,b)$，使得

$$f'(\xi) = \frac{f(b)-f(a)}{b-a}.$$

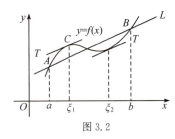

图 3.2

几何意义　在连续且除端点外处处都有不垂直于 x 轴的切线的曲线弧上，至少存在一点 C，在该点处的切线与连接两端点的弦平行(如图 3.2 所示).

推论 1　若在区间 I 内恒有 $f'(x) = 0$，则 $f(x) = C$.

推论 2　若在区间 I 内恒有 $f'(x) = g'(x)$，则 $f(x) = g(x) + C$.

【名师解析】

拉格朗日中值定理中 $f(x)$ 满足的条件和罗尔定理的前两个条件完全一样，只少了第三个条件，因此拉格朗日中值定理是罗尔定理的推广形式，罗尔定理是拉格朗日中值定理的特例.拉格朗日中值定理常用来证明"双边不等式"，其推论 1 常用来证明"恒等式".

三、柯西中值定理

若函数 $f(x)$ 及 $g(x)$ 满足

(1) 在闭区间 $[a,b]$ 上连续；

(2) 在开区间 (a,b) 内可导；

(3) 对任一 $x \in (a,b)$，$g'(x) \neq 0$，

则至少存在一点 $\xi \in (a,b)$，使得 $\dfrac{f(b)-f(a)}{g(b)-g(a)} = \dfrac{f'(\xi)}{g'(\xi)}$.

四、泰勒中值定理

若函数 $f(x)$ 在 x_0 的某个邻域内具有 $(n+1)$ 阶导数，那么对于任意 $x \in U(x_0)$，有

$$f(x) = f(x_0) + f'(x_0)(x-x_0) + \frac{f''(x_0)}{2!}(x-x_0)^2 + \cdots + \frac{f^{(n)}(x_0)}{n!}(x-x_0)^n + R_n(x),$$

其中 $R_n(x) = \dfrac{f^{(n+1)}(\xi)}{(n+1)!}(x-x_0)^{n+1}$ $(\xi \in (x_0,x)$ 或 $\xi \in (x,x_0))$.

【名师解析】

柯西中值定理和泰勒中值定理是新大纲新增考点，大纲对这两个定理的要求是了解，并没有要求应用，考查时可能会以客观题形式出现，考生能够识记这两个定理内容即可.

考点例题分析

考点 一　求中值定理中的 ξ

【考点分析】

此类题型在填空题中出现较多，以罗尔定理和拉格朗日中值定理考查为主.

例 1　函数 $f(x) = x\sqrt{1-x}$ 在 $[0,1]$ 上满足罗尔定理的 $\xi = $ _____.

解　令 $f'(x) = \sqrt{1-x} + x\dfrac{-1}{2\sqrt{1-x}} = \dfrac{2(1-x)-x}{2\sqrt{1-x}} = \dfrac{2-3x}{2\sqrt{1-x}} = 0$，得 $x = \dfrac{2}{3}$，即 $\xi = \dfrac{2}{3}$.

故应填 $\dfrac{2}{3}$.

【名师点评】

此类题型解题时要先求出所给函数的导数,然后令导数等于零,求得所给区间内的根即为所求 ξ.

例 2 函数 $f(x) = \sqrt{x-1} + x$ 在 $[5,10]$ 上满足拉格朗日中值定理的 $\xi =$ _____.

视频讲解
(扫码关注)

解 由 $f'(\xi) = \dfrac{1}{2\sqrt{\xi-1}} + 1 = \dfrac{f(10)-f(5)}{10-5} = \dfrac{6}{5}$ 得, $\xi = \dfrac{29}{4}$.

故应填 $\dfrac{29}{4}$.

【名师点评】

此类题型解题时要先求出所给函数的导数,然后令导数等于函数在区间端点的差值与区间长度的比值,此时求得所给区间内的根即为所求 ξ.

例 3 函数 $f(x) = \ln x$ 与 $g(x) = x^2$ 在区间 $[1,e]$ 上满足柯西定理的 $\xi =$ _____.

解 由柯西中值定理得 $\dfrac{f(e)-f(1)}{g(e)-g(1)} = \dfrac{f'(\xi)}{g'(\xi)}$,而 $f'(\xi) = \dfrac{1}{\xi}$, $g'(\xi) = 2\xi$,因此 $\dfrac{1}{e^2-1} = \dfrac{1}{2\xi^2}$,即 $\xi^2 = \dfrac{e^2-1}{2}$,

所以 $\xi = \sqrt{\dfrac{e^2-1}{2}}$.

故应填 $\sqrt{\dfrac{e^2-1}{2}}$.

【名师点评】

柯西中值定理是大纲新增考点,要求为最低层次的了解,所以能识记定理内容即可.

考点二 关于罗尔定理的证明题

【考点分析】

这是证明题的常见考点,以罗尔定理的应用为主,有时需要结合介值定理、积分中值定理等,解题的关键是辅助函数的构造和罗尔定理条件(3)的验证.

例 4 设函数 $f(x)$ 在 $\left[0,\dfrac{\pi}{2}\right]$ 上连续,在 $\left(0,\dfrac{\pi}{2}\right)$ 内可导,且 $f(0) = 0, f\left(\dfrac{\pi}{2}\right) = 1$,

求证:$f'(x) = \cos x$ 在 $\left(0,\dfrac{\pi}{2}\right)$ 内至少有一个根.

证 令 $g(x) = f(x) - \sin x$,则 $g(x)$ 在 $\left[0,\dfrac{\pi}{2}\right]$ 上连续,在 $\left(0,\dfrac{\pi}{2}\right)$ 内可导,

$g(0) = f(0) - \sin 0 = 0, g\left(\dfrac{\pi}{2}\right) = f\left(\dfrac{\pi}{2}\right) - \sin\dfrac{\pi}{2} = 1 - 1 = 0$,由罗尔定理知,至少存在 $\xi \in \left(0,\dfrac{\pi}{2}\right)$,使得 $g'(\xi) = 0$,

即 $f'(\xi) = \cos\xi$,

所以 $f'(x) = \cos x$ 在 $\left(0,\dfrac{\pi}{2}\right)$ 内至少有一个根.

【名师点评】

此类题目,一般从需要证明的结论出发来构造函数,先将结论中的 ξ 还原成变量 x,便于找出方程原型.欲证 $f'(x) = \cos x$ 至少一个根 ξ,只需证 $f'(x) - \cos x = 0$ 满足罗尔定理,根据罗尔定理的结论形式,将方程变成某一个函数的导数为零的形式,即 $[f(x) - \sin x]' = 0$,于是构造函数 $g(x) = f(x) - \sin x$,然后依次验证 $g(x)$ 满足罗尔定理的三个条件.

例 5 $f(x)$ 在 $[0,a]$ 上连续,在 $(0,a)$ 内可导,且 $f(a) = 0$,求证:存在一点 $\xi \in (0,a)$,使得 $f(\xi) + \xi f'(\xi) = 0$.

证 令 $g(x) = xf(x)$,则 $g'(x) = f(x) + xf'(x)$,

显然 $g(x)$ 在 $[0,a]$ 上连续,在 $(0,a)$ 内可导,且 $g(0) = 0, g(a) = af(a) = 0$,

由罗尔定理知,$\exists \xi \in (0,a)$,使 $g'(\xi) = 0$,即 $f(\xi) + \xi f'(\xi) = 0$.

【名师点评】

本题要证的方程中出现导数,因此首选罗尔定理进行证明.应用罗尔定理证明方程根的存在性,一般需要将方程变形为"左端是一个整体函数的导数,右端为零"的形式.

该题也需要将方程左端改写成某个函数的导数形式,即构造出方程左边函数的原函数.根据该方程左边的函数形式,可推断出它是两函数乘积的导数,所以应利用导数的乘法法则去构造函数.另外,此题构造函数也可以通过求不定积分来完成,如

$$\int [f(x)+xf'(x)]dx = \int f(x)dx + \int xf'(x)dx = \int f(x)dx + xf(x) - \int f(x)dx = xf(x),$$

则可令 $g(x) = xf(x)$.此题正确构造函数 $g(x)$ 是证明的关键,函数确定后,再去验证满足罗尔定理的条件,从而证明结论.

例 6 设 $f(x)$ 在 $[0,1]$ 上连续,在 $(0,1)$ 内可导,且 $f(0) = f(1) = 0, f(\frac{1}{2}) = 1$,证明:至少存在一点 $\xi \in (0,1)$,使得 $f'(\xi) = 1$.

视频讲解
(扫码 关注)

　　证 令 $g(x) = f(x) - x$,则 $g'(x) = f'(x) - 1$,

　　因为 $f(x)$ 在 $[0,1]$ 上连续,在 $(0,1)$ 内可导,所以 $g(x)$ 在 $[0,1]$ 上连续,在 $(0,1)$ 内可导,

且 $g(0) = f(0) - 0 = 0, g(1) = f(1) - 1 = -1 < 0, g(\frac{1}{2}) = f(\frac{1}{2}) - \frac{1}{2} = \frac{1}{2} > 0$,

　　又因为 $g(x)$ 在 $[\frac{1}{2},1]$ 上连续,由零点定理得,至少存在一点 $\eta \in (\frac{1}{2},1)$,使得 $g(\eta) = 0 = g(0)$.

　　从而 $g(x)$ 在 $[0,\eta]$ 上连续,在 $(0,\eta)$ 内可导,且 $g(0) = g(\eta)$,

　　由罗尔定理知,至少存在一点 $\xi \in (0,\eta) \subset (0,1)$,使得 $g'(\xi) = 0$,即 $f'(\xi) = 1$.

【名师点评】

本题是综合运用零点定理和罗尔定理来证明方程根的存在性,在解题过程中如果函数在所给区间上不能满足罗尔定理条件(3),可以考虑借助已知条件在区间内部找一个点,使该点处函数值和区间某端点处函数值相等,并在这两点所构成的区间上应用罗尔定理.

例 7 设函数 $f(x)$ 在区间 $[0,1]$ 上连续,在区间 $(0,1)$ 内可导,且满足 $f(1) = 3\int_0^{\frac{1}{3}} e^{1-x^2} f(x)dx$,证明:存在 $\xi \in (0,1)$,使得 $f'(\xi) = 2\xi f(\xi)$.

　　证 令 $F(x) = e^{-x^2} f(x), x \in [0,1]$,因为 $f(x)$ 在 $[0,1]$ 上连续,在 $(0,1)$ 内可导,

　　所以 $F(x)$ 在 $[0,1]$ 上连续,在 $(0,1)$ 内可导,

　　且 $F'(x) = -2x e^{-x^2} f(x) + e^{-x^2} f'(x) = e^{-x^2}[f'(x) - 2xf(x)]$.

　　因为 $f(1) = 3\int_0^{\frac{1}{3}} e^{1-x^2} f(x)dx$,且 $f(x)$ 在 $[0,\frac{1}{3}]$ 上连续,所以由积分中值定理可知至少存在一点 $\xi_1 \in (0,\frac{1}{3}) \subset$

$(0,1)$,使得 $f(1) = e^{1-\xi_1^2} f(\xi_1)$,

　　所以 $F(1) = e^{-1} f(1) = e^{-\xi_1^2} f(\xi_1), F(\xi_1) = e^{-\xi_1^2} f(\xi_1) = F(1)$,所以由罗尔定理可知,至少存在一点 $\xi \in (\xi_1,1) \subset$

$(0,1)$,使得 $F'(\xi) = 0$,因为 $e^{-\xi^2} > 0$,所以 $f'(\xi) = 2\xi f(\xi)$.

【名师点评】

构造函数的方法,对于不好构造 $F(x)$ 的题目,可以由结论的方程入手,解方程对应的微分方程,解出来的任意常数所对应的函数,即为所需构造的 $F(x)$,这是此类证明题的一个常用方法.例如上面这个题目可以这样去找辅助函数:

$$f'(x) - 2xf(x) = 0, \text{ 即 } y' - 2xy = 0$$

$$\frac{dy}{dx} = 2xy, \frac{1}{y}dy = 2xdx, \ln y = x^2 + C, y = Ce^{x^2}, C = e^{-x^2} f(x)$$

　　C 即为构造的 $F(x)$.

考点三　关于拉格朗日中值定理的证明题

【考点分析】

拉格朗日中值定理的证明题在近几年的专升本考试中频繁出现,主要有双边不等式的证明、恒等式的证明等.

例 8 设 $a > b > 0, n > 1$,证明:$nb^{n-1}(a-b) < a^n - b^n < na^{n-1}(a-b)$.

　　证 令 $f(x) = x^n$,显然 $f(x)$ 在 $[b,a]$ 上连续,在 (b,a) 内可导,

由拉格朗日中值定理得,至少存在一点 $\xi \in (b,a)$,使得 $a^n - b^n = f'(\xi)(a-b)$.

而 $f'(\xi) = n\xi^{n-1}$,且 $b < \xi < a$,所以 $nb^{n-1}(a-b) < f'(\xi)(a-b) < na^{n-1}(a-b)$,

即 $nb^{n-1}(a-b) < a^n - b^n < na^{n-1}(a-b)$.

【名师点评】

此类题目要从夹在中间的表达式出发来构造辅助函数.在证明时要利用 ξ 所在区间来确定导数 $f'(\xi)$ 所在区间.

例 9 证明恒等式:$\arctan x + \text{arccot} x = \dfrac{\pi}{2}(x \in (-\infty, +\infty))$.

证 令 $f(x) = \arctan x + \text{arccot} x$,则 $f(x)$ 在 $(-\infty, +\infty)$ 内连续且可导.

因为 $(\arctan x + \text{arccot} x)' = \dfrac{1}{1+x^2} - \dfrac{1}{1+x^2} = 0$,所以由拉格朗日定理的推论得,$\arctan x + \text{arccot} x = C$,

又 $\arctan 0 + \text{arccot} 0 = 0 + \dfrac{\pi}{2} = \dfrac{\pi}{2}$,所以 $C = \dfrac{\pi}{2}$.即 $\arctan x + \text{arccot} x = \dfrac{\pi}{2}$.

【名师点评】

拉格朗日中值定理推论:若在区间 I 内恒有 $f'(x) = 0$,则 $f(x) = C$,证明时只需构造的辅助函数 $f(x)$,使其满足 $f'(x) = 0$,并求所给区间内任一点处的函数值来确定常数 C 的值.

例 10 证明:若函数 $f(x)$ 在 $(-\infty, +\infty)$ 内满足 $f'(x) = f(x)$,且 $f(0) = 1$,则 $f(x) = e^x$.

视频讲解
(扫码 关注)

证 令 $F(x) = \dfrac{f(x)}{e^x}$,则 $F(x)$ 在 $(-\infty, +\infty)$ 内连续且可导.

$F'(x) = \dfrac{f'(x) \cdot e^x - e^x f(x)}{(e^x)^2} = \dfrac{f'(x) - f(x)}{e^x} = 0$,

由拉格朗日中值定理推论可知,$F(x) = C$,

而 $F(0) = \dfrac{f(0)}{e^0} = 1$,故 $C = 1$.即 $F(x) = 1$ 恒成立,所以 $f(x) = e^x$.

【名师点评】

在利用拉格朗日中值定理证明恒等式时,可以通过方程两端函数做差,使差为零或常数的形式来构造辅助函数,也可以通过方程两端做商,使商为 1 的形式来构造辅助函数,解题时要根据题目的已知条件灵活处理.

例 11 设函数 $f(x)$ 在 $[0,1]$ 上连续,在 $(0,1)$ 内可导,$f(0) = 0$,$f(1) = 1$,证明:存在两个不同的数 $\xi_1, \xi_2 \in (0,1)$,使得 $\dfrac{1}{f'(\xi_1)} + \dfrac{1}{f'(\xi_2)} = 2$.

证 因为 $f(x)$ 在区间 $[0,1]$ 上连续,$f(0) = 0$,$f(1) = 1$,

所以存在一点 $\xi \in (0,1)$,使得 $f(\xi) = \dfrac{1}{2}$.

在区间 $[0,\xi]$ 上使用拉格朗日中值定理得,存在一点 $\xi_1 \in (0,\xi) \subset (0,1)$,

使得 $f'(\xi_1) = \dfrac{f(\xi) - f(0)}{\xi - 0} = \dfrac{\frac{1}{2}}{\xi}$,则 $\dfrac{1}{f'(\xi_1)} = 2\xi$;

在区间 $[\xi,1]$ 上使用拉格朗日中值定理得,存在一点 $\xi_2 \subset (\xi,1) \subset (0,1)$,

使得 $f'(\xi_2) = \dfrac{f(1) - f(\xi)}{1 - \xi} = \dfrac{\frac{1}{2}}{1 - \xi}$,则 $\dfrac{1}{f'(\xi_2)} = 2 - 2\xi$;

上面两式相加可得存在两个不同的数 $\xi_1, \xi_2 \in (0,1)$,使得 $\dfrac{1}{f'(\xi_1)} + \dfrac{1}{f'(\xi_2)} = 2$.

【名师点评】

如果在证明题的结论中出现自变量多个取值,此时要考虑在多个区间上同时使用罗尔定理或者拉格朗日中值定理,并对所得等式化简后进行加减法运算即可得到所要证明的式子.

例 12 设函数 $f(x)$ 在 $[0,1]$ 上连续,在 $(0,1)$ 内可导,且 $f(0) = 0$,$f(1) = 1$.

求证:(1) 存在 $\xi_1 \in (0,1)$,使得 $f'(\xi_1) = 2\xi_1$;

(2) 存在 $\xi_2 \in \left(0, \dfrac{1}{2}\right)$,$\xi_3 \in \left(\dfrac{1}{2}, 1\right)$,使得 $f'(\xi_2) + f'(\xi_3) = 2(\xi_2 + \xi_3)$.

证 (1) 令 $F(x) = f(x) - x^2$,则 $F(x)$ 在 $[0,1]$ 上连续,$(0,1)$ 内可导,且 $F'(x) = f'(x) - 2x$.又因为 $F(0) = 0$,$F(1) = 0$,由罗尔中值定理知,存在 $\xi_1 \in (0,1)$,使得 $F'(\xi_1) = 0$,即 $f'(\xi_1) = 2\xi_1$.

(2) 由拉格朗日中值定理可知:

存在 $\xi_2 \in \left(0, \dfrac{1}{2}\right)$,使得 $F\left(\dfrac{1}{2}\right) - F(0) = \dfrac{1}{2}F'(\xi_2)$,即 $f'(\xi_2) = 2\xi_2 + 2F\left(\dfrac{1}{2}\right)$.   ①

存在 $\xi_3 \in \left(\dfrac{1}{2}, 1\right)$,使得 $F(1) - F\left(\dfrac{1}{2}\right) = \dfrac{1}{2}F'(\xi_3)$,即 $f'(\xi_3) = 2\xi_3 - 2F\left(\dfrac{1}{2}\right)$.   ②

由 ①+② 得:$f'(\xi_2) + f'(\xi_3) = 2(\xi_2 + \xi_3)$.

【名师点评】

此题构造的辅助函数,可以同时应用于两问的证明中.第一问考察了罗尔定理,第二问考察了拉格朗日定理.注意,此题第二问进行证明时,不能直接应用第一问的结论,因为第二问的 ξ_2,ξ_3 与第一问中 ξ_1 三者的取值范围不同.

例 13 设 $f(x)$ 在 $[a,b]$ 上连续,在 (a,b) 内可导且 $f'(x) \leqslant 0$,$F(x) = \dfrac{\displaystyle\int_a^x f(t)\mathrm{d}t}{x-a}$.证明在 (a,b) 内有 $F'(x) \leqslant 0$.

证
$$F'(x) = \dfrac{1}{(x-a)^2}\left[(x-a)f(x) - \int_a^x f(t)\mathrm{d}t\right]$$

$$= \dfrac{1}{(x-a)^2}\left[(x-a)f(x) - (x-a)f(\xi)\right] \quad (\xi \in [a,x] \subset [a,b]) \quad (\text{积分中值定理})$$

$$= \dfrac{1}{x-a}\left[f(x) - f(\xi)\right] (\text{由拉格朗日中值定理 } f(x) - f(\xi) = (x-\xi)f'(\eta))$$

$$= \dfrac{x-\xi}{x-a}f'(\eta) \quad (\eta \in (\xi, x) \subset (a,b)).$$

由条件 $f'(x) \leqslant 0$ 可知,$F'(x) \leqslant 0$,结论成立.

【名师点评】

此题综合运用积分中值定理和拉格朗日中值定理,属于难度较大的题目.

在求解过程中,写出 $F'(x)$ 后,也可以构造函数 $g(x) = (x-a)f(x) - \displaystyle\int_a^x f(t)\mathrm{d}t$,则 $F'(x) = \dfrac{1}{(x-a)^2}g(x)$,因为 $g'(x) = (x-a)f'(x) \leqslant 0$,所以 $x \geqslant a$ 时,$g(x)$ 单调递减,即 $g(x) \leqslant g(a) = 0$.因此 $F'(x) = \dfrac{1}{(x-a)^2}g(x) \leqslant 0$.

考点真题解析

考点一 求中值定理中的 ξ

真题 1 (2015.公共) 对函数 $f(x) = \dfrac{1}{x}$ 在区间 $[1,2]$ 上应用拉格朗日中值定理得 $f(2) - f(1) = f'(\xi)$,则 $\xi =$ _____(其中 $1 < \xi < 2$).

解 因为 $f(x)$ 在 $[1,2]$ 上连续,在 $(1,2)$ 内可导,所以由拉格朗日中值定理得 存在 $\xi \in (1,2)$,使得

$$f(2) - f(1) = f'(\xi)(2-1),\text{即} -\dfrac{1}{2} = f'(\xi),\text{所以} -\dfrac{1}{2} = -\dfrac{1}{\xi^2},\text{解得} \xi = \sqrt{2}.$$

故应填 $\sqrt{2}$.

真题 2 (2017.机械) 若函数 $f(x)$ 在 $[a,b]$ 上连续,在 (a,b) 内可导,则 _____.

A. 存在 $\theta \in (0,1)$,使得 $f(b) - f(a) = f'[\theta(b-a)](b-a)$

B. 存在 $\theta \in (0,1)$,使得 $f(b) - f(a) = f'[a + \theta(b-a)](b-a)$

C. 存在 $\theta \in (0,1)$,使得 $f(b) - f(a) = f'(\theta)(b-a)$

D. 存在 $\theta \in (0,1)$,使得 $f(b) - f(a) = f'[\theta(b-a)]$

视频讲解
(扫码 关注)

解 由拉格朗日中值定理得 $f(b)-f(a)=f'(\xi)(b-a)(a<\xi<b)$，显然选项 D 不符合这种形式，再验证其余三个选项中关于 θ 的表达式的取值范围哪一个与 ξ 的取值范围 (a,b) 相符，由 $\theta\in(0,1)$ 得，$0<\theta(b-a)<b-a$，$a<a+\theta(b-a)<b$，

故应选 B.

【名师点评】

此题是拉格朗日中值定理直接应用题型，要抓住拉格朗日中值定理表达式中 ξ 的取值范围来确定选项.

考点 二 关于罗尔定理的证明题

真题3 (2015.经管) 设函数 $f(x)$ 在 (a,b) 内有三阶导数，且 $f(x_1)=f(x_2)=f(x_3)=f(x_4)$，其中 $a<x_1<x_2<x_3<x_4<b$，证明：在 (a,b) 内至少存在一点 ξ，使得 $f'''(\xi)=0$.

证 $f(x)$ 在 (a,b) 内三阶可导，且 $f(x_1)=f(x_2)=f(x_3)=f(x_4)$，$a<x_1<x_2<x_3<x_4<b$，所以 $f(x)$ 在 $[x_1,x_2]$，$[x_2,x_3]$，$[x_3,x_4]$ 上满足罗尔定理的条件.

则至少存在 $\xi_1\in(x_1,x_2)$，$\xi_2\in(x_2,x_3)$，$\xi_3\in(x_3,x_4)$，使得 $f'(\xi_1)=f'(\xi_2)=f'(\xi_3)=0$；

于是 $f'(x)$ 在 $[\xi_1,\xi_2]$，$[\xi_2,\xi_3]$ 上满足罗尔定理的条件，则至少存在 $\eta_1\in(\xi_1,\xi_2)$，$\eta_2\in(\xi_2,\xi_3)$，使 $f''(\eta_1)=f''(\eta_2)=0$；

于是 $f''(x)$ 在 $[\eta_1,\eta_2]$ 上满足罗尔定理的条件，所以至少存在一点 $\xi\in(\eta_1,\eta_2)$ 使得 $f'''(\xi)=0$.

【名师点评】

在真题中这个考点以考查罗尔定理居多，这种证明高阶导数方程根的存在性的题目，需要在函数等值点构选的几组不同的区间上多次使用罗尔定理，并采用一种收口式结构，逐渐减少零点个数，直至得出最后结论.

真题4 (2016.公共) 设 $f(x)$ 在 $[0,1]$ 上连续，在 $(0,1)$ 可导，且 $2\int_{\frac{1}{2}}^{1}f(x)\mathrm{d}x=f(0)$，证明：存在 $\xi\in(0,1)$，使 $f'(\xi)=0$.

证 因为 $f(x)$ 在 $[0,1]$ 上连续，由积分中值定理可知，存在 $\eta\in\left[\frac{1}{2},1\right]$，使得

$$\int_{\frac{1}{2}}^{1}f(x)\mathrm{d}x=f(\eta)\left(1-\frac{1}{2}\right)=\frac{1}{2}f(\eta)，即 f(\eta)=2\int_{\frac{1}{2}}^{1}f(x)\mathrm{d}x=f(0).$$

$f(x)$ 在 $[0,\eta]$ 上连续，在 $(0,\eta)$ 内可导，且 $f(\eta)=f(0)$，所以 $f(x)$ 在 $[0,\eta]$ 上满足罗尔定理，因此存在 $\xi\in(0,\eta)\subset(0,1)$，使得 $f'(\xi)=0$.

【名师点评】

在运用罗尔定理证明方程根的存在性命题时，如果在所给区间上不能满足罗尔定理的条件(3)，可以考虑运用已知条件综合运用零点定理或积分中值定理在区间内部找一个点，使该点处函数值和区间某端点处函数值相等，并在这两点所构成的区间上应用罗尔定理即可得证.

真题5 (2022.高数 Ⅰ) 设函数 $f(x)$ 在 $[1,3]$ 上连续，在 $(1,3)$ 内可导，且 $f(1)=f(2)=1$，$f(3)=0$.

证明：(1) 存在 $\xi\in(2,3)$，使得 $f(\xi)=\frac{1}{\xi}$；

(2) 存在 $\eta\in(1,3)$，使得 $\eta^2f'(\eta)+1=0$.

证 (1) 令 $F(x)=f(x)-\frac{1}{x}$，由题意知，$F(x)$ 在 $[2,3]$ 上连续，$(2,3)$ 内可导，

且 $F(2)=f(2)-\frac{1}{2}=1-\frac{1}{2}=\frac{1}{2}>0$，$F(3)=f(3)-\frac{1}{3}=-\frac{1}{3}<0$，即 $F(2)\cdot F(3)<0$，

由零点定理得，存在 $\xi\in(2,3)$，使得 $F(\xi)=0$，即 $f(\xi)=\frac{1}{\xi}$.

(2) 由已知，$F(x)$ 在 $[1,\xi]$ 上连续，$(1,\xi)$ 内可导，

且 $F'(x)=f'(x)+\frac{1}{x^2}$，又 $F(1)=f(1)-1=1-1=0=F(\xi)$，

由罗尔中值定理得，存在 $\eta\in(1,\xi)\subset(1,3)$，使得 $F'(\eta)=0$，即 $\eta^2f'(\eta)+1=0$.

【名师点评】

近几年专升本考试最后一个证明题多是证明两个结论,这两个结论常会分别考察零点定理、罗尔定理、拉格朗日中值定理中的两个,常见规律是这两个结论的证明通常共用一个构造的辅助函数,其实相当于主要要证明第二个结论,证明第一个结论是实现第二问证明的一个中间过程,是一种证明思路的引导.

真题6 (2023.高数Ⅱ) 设函数 $f(x)$ 在 $[0,1]$ 上连续,在 $(0,1)$ 内可导,且 $f(0)>0,f(1)<1$.

证明:(1) 存在 $x_0 \in (0,1)$,使得 $f(x_0)=x_0$;

(2) 存在 $\xi \in (0,1)$,使得 $[3-f'(\xi)]\xi=2f(\xi)$.

证 (1) 令 $F(x)=f(x)-x$,由已知得,$F(x)$ 在 $[0,1]$ 上连续,

且 $F(0)=f(0)>0$,$F(1)=f(1)-1<0$,

由零点定理,存在 $x_0 \in (0,1)$,使得 $F(x_0)=0$,即 $f(x_0)=x_0$.

(2) 令 $G(x)=x^2[f(x)-x]$,

则 $G(x)$ 在 $[0,x_0]$ 上连续,在 $(0,x_0)$ 内可导,且 $G(0)=G(x_0)=0$,

由罗尔定理,存在 $\xi \in (0,x_0) \subset (0,1)$,使得 $G'(\xi)=0$,

即 $\xi^2 f'(\xi)+2\xi f(\xi)-3\xi^2=0$,又 $\xi \neq 0$,所以 $[3-f'(\xi)]\xi=2f(\xi)$.

【名师点评】

证明题中一般需要证两个结论的,第二个结论的证明往往要用到第一个结论及其证明中构造的辅助函数.此题第二问的证明也需要用到第一问的结论,但是却不能用第一问构造的函数,此题的难点就在于第二问证明中函数的构造过程,一般由结论入手,将结论中的方程变形成左端是某个函数的导数,右端为零的形式,但此题仅通过观察法很难凑出适合的函数,因此可将该方程视为微分方程求解,最后解出任意常数 C 对应的表达式,就是我们要构造的函数. 即原方程 $[3-f'(x)]x=2f(x)$ 可变形为一阶线性非齐次微分方程:$f'(x)+\dfrac{2}{x}f(x)=3$,解得 $f(x)=x+\dfrac{C}{x^2}$,即 $C=x^2[f(x)-x]$,因此构造函数 $G(x)=x^2[f(x)-x]$.

考点三　拉格朗日中值定理的证明题

真题7 (2018.理工) 设 $0<b<a$,证明:$\dfrac{a-b}{a}<\ln\dfrac{a}{b}<\dfrac{a-b}{b}$.

证 令 $f(x)=\ln x$,显然 $f(x)$ 在 $[b,a]$ 上连续,在 (b,a) 内可导,

由拉格朗日中值定理得,至少存在一点 $\xi \in (b,a)$,使得

$$\ln\frac{a}{b}=\ln a-\ln b=f'(\xi)(a-b),$$

而 $f'(\xi)=\dfrac{1}{\xi}$ 则 $\ln\dfrac{a}{b}=\dfrac{a-b}{\xi}$,因为 $b<\xi<a$,所以 $\dfrac{1}{a}<\dfrac{1}{\xi}<\dfrac{1}{b}$,即 $\dfrac{a-b}{a}<\dfrac{a-b}{\zeta}<\dfrac{a-b}{b}$,

所以 $\dfrac{a-b}{a}<\ln\dfrac{a}{b}<\dfrac{a-b}{b}$.

【名师点评】

在近几年专升本考试的理工类真题中,利用拉格朗日中值定理证明不等式的题型连续出现,本题是这种类型题目的典型代表,也是专升本考试中考过几次的考题.

此题若证 $0<b \leqslant a$ 时 $\dfrac{a-b}{a} \leqslant \ln\dfrac{a}{b} \leqslant \dfrac{a-b}{b}$,则需要分 $a=b$ 和 $a>b$ 两种情况讨论,分别证明.

真题8 (2019.理工) 证明:当 $x>0$ 时,$\dfrac{x}{1+x}<\ln(1+x)<x$.

证 令 $f(t)=\ln(1+t)$,显然 $f(t)$ 在 $[0,x]$ 上连续,在 $(0,x)$ 内可导,由拉格朗日中值定理得,至少存在一点 $\in (0,x)$,使得

视频讲解
(扫码关注)

$\ln(1+x)-\ln(1+0)=f'(\xi)(x-0)$,即 $\ln(1+x)=xf'(\xi)$,

而 $f'(\xi)=\dfrac{1}{1+\xi}$,且 $0<\xi<x$,所以 $\dfrac{x}{1+x}<\dfrac{x}{1+\xi}=xf'(\xi)<\dfrac{x}{1+0}$.

即 $\dfrac{x}{1+x} < \ln(1+x) < x$.

【名师点评】

此类题目使用拉格朗日中值定理的乘积表达式 $f(b)-f(a)=f'(\xi)(b-a)$ 比用商的表达式 $f'(\xi)=\dfrac{f(b)-f(a)}{b-a}$ 更方便,此题构造函数时也可以令 $f(t)=\ln t$,在 $[1,1+x]$ 上应用拉格朗日中值定理即可.

真题9 (2018.公共) 证明等式 $\arcsin x + \arccos x = \dfrac{\pi}{2}$ $(x \in [-1,1])$.

证 令 $f(x)=\arcsin x + \arccos x$,则 $f(x)$ 在 $[-1,1]$ 上连续,在 $(-1,1)$ 内可导,

且在 $(-1,1)$ 内,$f'(x)=\dfrac{1}{\sqrt{1-x^2}}-\dfrac{1}{\sqrt{1-x^2}}=0$,

由拉格朗日中值定理推论可知,$f(x)=C$ $(x \in (-1,1))$.

由 $f(0)=\arcsin 0 + \arccos 0 = 0 + \dfrac{\pi}{2}=\dfrac{\pi}{2}$ 得,$C=\dfrac{\pi}{2}$,

所以 $\arcsin x + \arccos x = \dfrac{\pi}{2}$ $(x \in [-1,1])$.

【名师点评】

在近几年专升本考试(理工类专业)中,拉格朗日中值定理在证明题中连续出题,考生应多关注此考点.证明本题时要注意 $f(x)$ 在区间端点处是不可导的.

真题10 (2019.公共) 设函数 $f(x)$ 在 $[0,1]$ 上可微,当 $0 \leqslant x \leqslant 1$ 时 $0<f(x)<1$ 且 $f'(x) \neq 1$,证明有且仅有一点 $x \in (0,1)$,使得 $f(x)=x$.

证 令函数 $F(x)=f(x)-x$,则 $F(x)$ 在 $[0,1]$ 上连续.

又由 $0<f(x)<1$ 知,$F(0)=f(0)-0>0$,$F(1)=f(1)-1<0$,

由零点定理知,在 $(0,1)$ 内至少有一点 x,使得 $F(x)=0$,即 $f(x)=x$.

假设有两点 $x_1,x_2 \in (0,1)$,$x_1 \neq x_2$,使 $f(x_1)=x_1$,$f(x_2)=x_2$,则由拉格朗日中值定理知,至少存在一点 $\xi \in (x_1,x_2)$,使 $f'(\xi)=\dfrac{f(x_2)-f(x_1)}{x_2-x_1}=\dfrac{x_2-x_1}{x_2-x_1}=1$,这与已知 $f'(x) \neq 1$ 矛盾所以,至多有一点 $x \in (0,1)$,使得 $f(x)=x$.综上所述,命题得证.

【名师点评】

在证明不含导数的方程根的存在性(即方程至少一个根)时,我们经常用零点定理;在证明方程根的唯一性时,我们经常用所构造函数的单调性来说明方程最多一个根.但此题根据已知条件,没有办法证明所构造的辅助函数导数恒大于零或恒小于零,也就不能利用辅助函数的单调性来证明方程根的唯一性.由于已知条件中有 $f'(x) \neq 1$,所以利用反证法,借助拉格朗日中值定理来证明方程根的唯一性.

真题11 (2023.高数Ⅰ) 设函数 $f(x)$ 在 $[0,1]$ 上连续,且 $\int_0^1 f(x)\mathrm{d}x=1$.

证明:(1) 对任意正整数 $n \geqslant 2$,存在 $x_0 \in (0,1)$,使得 $\int_0^{x_0} f(x)\mathrm{d}x=\dfrac{1}{n}$;

(2) 在 $(0,1)$ 内存在两个不同的点 ξ,η,使得 $f(\eta)+3f(\xi)=4f(\xi)f(\eta)$.

证 (1) 令 $F(x)=\int_0^x f(t)\mathrm{d}t$,则 $F(x)$ 在 $[0,1]$ 上连续,在 $(0,1)$ 内可导,

且 $F'(x)=f(x)$,$F(0)=0$,$F(1)=1$.对任意的 $n \geqslant 2$,因为 $0<\dfrac{1}{n}<1$,

由介值定理,存在 $x_0 \in (0,1)$,使得 $F(x_0)=\dfrac{1}{n}$,即 $\int_0^{x_0} f(x)\mathrm{d}x=\dfrac{1}{n}$.

(2) 取 $n=4$,对 $F(x)=\int_0^x f(t)\mathrm{d}t$ 分别在区间 $[0,x_0]$ 和 $[x_0,1]$ 上应用拉格朗日中值定理,

存在 $\xi \in (0,x_0)$ 和 $\eta \in (x_0,1)$,

使得 $f(\xi)=F'(\xi)=\dfrac{F(x_0)-F(0)}{x_0-0}=\dfrac{\int_0^{x_0} f(x)\mathrm{d}x}{x_0}=\dfrac{1}{4x_0}$,

$$f(\eta)=F'(\eta)=\frac{F(1)-F(x_0)}{1-x_0}=\frac{\int_0^1 f(x)\mathrm{d}x-\int_0^{x_0}f(x)\mathrm{d}x}{1-x_0}=\frac{3}{4(1-x_0)}.$$

所以,$f(\eta)+3f(\xi)=\dfrac{3}{4(1-x_0)}+\dfrac{3}{4x_0}=4f(\xi)f(\eta).$

【名师点评】

此题的第一问,可以使用零点定理,也可以使用介值定理.第二问考察了拉格朗日定理,使用了第一问构造的辅助函数,这里 $n=4$ 的结论需要先通过取得.令 $\xi\in(0,x_0)$ 和 $\eta\in(x_0,1)$,使得 $f(\xi)=F'(\xi)=\dfrac{F(x_0)-F(0)}{x_0-0}=\dfrac{\int_0^{x_0}f(x)\mathrm{d}x}{x_0}=\dfrac{1}{nx_0}$,

$$f(\eta)=F'(\eta)=\frac{F(1)-F(x_0)}{1-x_0}=\frac{\int_0^1 f(x)\mathrm{d}x-\int_0^{x_0}f(x)\mathrm{d}x}{1-x_0}=\frac{1-\dfrac{1}{n}}{1-x_0}.$$

所以,$f(\eta)+3f(\xi)=\dfrac{1-\dfrac{1}{n}}{1-x_0}+\dfrac{3}{nx_0}=\dfrac{nx_0\left(1-\dfrac{1}{n}\right)+3(1-x_0)}{nx_0(1-x_0)}=\dfrac{3+(n-4)x_0}{nx_0(1-x_0)},$

$$4f(\xi)f(\eta)=\frac{4\left(1-\dfrac{1}{n}\right)}{nx_0(1-x_0)}.$$

因此,取 $n=4$ 时,在 $(0,1)$ 内存在两个不同的点 ξ,η,使得 $f(\eta)+3f(\xi)=4f(\xi)f(\eta).$

真题 12　（2024.高数Ⅰ）已知函数 $f(x)$ 在 $[0,1]$ 上连续,在 $(0,1)$ 内可导,且 $f(0)=f(1)=0$.设 $f(x)$ 在 $[0,1]$ 上的最大值为 $M(M>0)$.

证明:在 $(0,1)$ 内存在两个不同的点 ξ,η,使得 $|f'(\xi)|+|f'(\eta)|\geqslant 4M$.

证　由已知不妨设 $f(x_0)=M,x_0\in(0,1)$,由拉格朗日中值定理得

至少存在一点 $\xi\in(0,x_0)$,使得 $f'(\xi)=\dfrac{f(x_0)-f(0)}{x_0-0}=\dfrac{M}{x_0}$;

至少存在一点 $\eta\in(x_0,1)$,使得 $f'(\eta)=\dfrac{f(1)-f(x_0)}{1-x_0}=-\dfrac{M}{1-x_0}$,

即 $|f'(\xi)|+|f'(\eta)|=\left|\dfrac{M}{x_0}\right|+\left|-\dfrac{M}{1-x_0}\right|=\dfrac{M}{x_0}+\dfrac{M}{1-x_0}=M\left(\dfrac{1}{x_0}+\dfrac{1}{1-x_0}\right)=\dfrac{M}{x_0(1-x_0)}$

$$=\frac{M}{-\left(x_0+\dfrac{1}{2}\right)^2+\dfrac{1}{4}}\geqslant 4M,$$

故在 $(0,1)$ 内存在两个不同的点 ξ,η,使得 $|f'(\xi)|+|f'(\eta)|\geqslant 4M$ 成立.

【名师点评】

此题证明 $|f'(\xi)|+|f'(\eta)|\geqslant 4M$,也可以构造函数 $g(x_0)=\dfrac{1}{x_0}+\dfrac{1}{1-x_0}$,然后通过求导,计算出函数 $g(x_0)$ 的最小值为 4,来证明结论.特别是对于无法通过配方法求最值的函数,这是通用解法.构造函数求最值部分,具体过程如下:

令 $g(x_0)=\dfrac{1}{x_0}+\dfrac{1}{1-x_0}=\dfrac{1}{x_0(1-x_0)}$,且 $g'(x_0)=\dfrac{-1+2x_0}{x_0^2(1-x_0)^2}$,令 $g'(x_0)=0$,得 $x_0=\dfrac{1}{2}$.

当 $0<x_0<\dfrac{1}{2}$ 时,$g'(x_0)<0$,函数 $g(x_0)$ 在 $\left(0,\dfrac{1}{2}\right)$ 上单调递减;

当 $\dfrac{1}{2}<x_0<1$ 时,$g'(x_0)>0$,函数 $g(x_0)$ 在 $\left(\dfrac{1}{2},1\right)$ 上单调递增;

即函数 $g(x_0)$ 在 $(0,1)$ 上最小值为 $g\left(\dfrac{1}{2}\right)=4$,因此 $|f'(\xi)|+|f'(\eta)|=M\left(\dfrac{1}{x_0}+\dfrac{1}{1-x_0}\right)\geqslant 4M$,

故在 $(0,1)$ 内存在两个不同的点 ξ,η,使得 $|f'(\xi)|+|f'(\eta)|\geqslant 4M$ 成立.

真题 13　（2024.高数Ⅱ）设函数 $f(x)$ 在 $[a,b]$ 上连续,在 (a,b) 内可导,当 $x\in(a,b)$ 时,$|f'(x)|\leqslant M$,且 $\int_a^b f(x)\mathrm{d}x=0$.证明:$|f(a)|+|f(b)|\leqslant M(b-a)$.

证　因为函数 $f(x)$ 在 $[a,b]$ 上连续,由积分中值定理得,存在 $c\in(a,b)$,使得

$\int_a^b f(x)\mathrm{d}x = f(c)(b-a) = 0$,即 $f(c)=0$.

因为函数 $f(x)$ 在 $[a,b]$ 上连续,在 (a,b) 内可导,

由拉格朗日中值定理得,存在 $\xi\in(a,c),\eta\in(c,b)$,使得

$f'(\xi) = \dfrac{f(c)-f(a)}{c-a} = \dfrac{-f(a)}{c-a}$,即 $f(a)=-f'(\xi)(c-a)$,

$f'(\eta) = \dfrac{f(b)-f(c)}{b-c} = \dfrac{f(b)}{b-c}$,即 $f(b)=f'(\eta)(c-a)$,

因为当 $x\in(a,b)$ 时,$|f'(x)|\leqslant M$,

所以 $|f(a)|+|f(b)| = |f'(\xi)|(c-a)+|f'(\eta)|(b-c)\leqslant M(c-a)+M(b-c)=M(b-a)$.

【名师点评】

近几年专升本考试证明题多数是考察微分中值定理的题目,有时还会结合介值定理、零点定理、积分中值定理.2024年考察的两个题目都是把题目中的区间一分为二,在两个区间上同时使用拉格朗日中值定理,其中数一的考题在后半部分证明还用到了函数的极值,这部分也可以用中学里学习的不等式来证明,读者可以自行尝试一下.

◆ 考点方法综述

序号	本单元考点与方法总结
1	对于求中值定理中 ξ 的题型,主要是考查对定理结论的识记,试题形式比较单一,考生只需要准确记住定理结论表达式即可.
2	对于证明方程根的存在性的题型,先将所证命题化为 $f^{(n)}(x)=0$ 的形式: 当 $n=0$ 时(方程中不含导数),用零点定理证明; 当 $n=1$ 时(方程含一阶导数),用罗尔定理证明; 当 $n=2$ 时(方程含二阶导数),对 $f'(x)$ 应用罗尔定理证明; 当 $n>2$ 时,在函数等值点构造的几组区间上多次对辅助函数及其各阶导数应用罗尔定理证明.
3	辅助函数的构造方法: (1)把命题结论中的 ξ 先换成 x,再通过恒等变形将原方程化为 $f'(x)=0$ 的形式; (2)利用观察法或积分法或解微分方程法等,求出使等式成立的函数 $f(x)$,则该函数即为所构造的辅助函数.

第二单元 导数的应用

◆ 考纲内容解读

新大纲基本要求	新大纲名师解读
1.理解驻点、极值点和极值的概念,掌握用导数判断函数的单调性和求函数极值的方法. 2.会利用函数的单调性证明不等式. 3.掌握函数最大值和最小值的求法及其应用. 4.会用导数判断曲线的凹凸性,会求曲线的拐点. 5.会求曲线的水平渐近线与垂直渐近线.	本单元内容为专升本考试常见考点,本单元考点解题步骤比较固定,对于求单调区间和极值、凹凸区间和拐点的题型,考生只要按解题步骤解题即可.对于求最大值或最小值的应用问题,或者与定积分应用结合的综合题型,需要考生能把所学各部分知识融会贯通,具有一定的分析解决问题的能力.

一、函数的单调性

设函数 $y = f(x)$ 在 $[a,b]$ 上连续，在 (a,b) 内可导，

(1) 如果在 (a,b) 内 $f'(x) \geqslant 0$，且等号仅在有限多个点处成立，则函数 $f(x)$ 在 $[a,b]$ 上单调增加；

(2) 如果在 (a,b) 内 $f'(x) \leqslant 0$，且等号仅在有限多个点处成立，则函数 $f(x)$ 在 $[a,b]$ 上单调减少.

【名师解析】

函数单调性考点的考法比较灵活，曾在专升本考试的各种题型中出现过，在选择题中根据给出的一阶、二阶导数符号判断函数单调性和凹凸性；在填空题中直接求函数的单调增区间或减区间；在计算题中求函数的单调区间和极值；在证明题中，利用函数单调性证明不等式.

二、函数的极值

1. 极值定义

设函数 $f(x)$ 在点 x_0 的某个邻域 $U(x_0)$ 内有定义，如果对于去心邻域 $\overset{\circ}{U}(x_0)$ 内的任意 x，有 $f(x) < f(x_0)$（或 $f(x) > f(x_0)$），则称 $f(x_0)$ 是函数 $f(x)$ 的一个**极大值**（或**极小值**）. 函数的极大值与极小值统称为函数的极值，使函数取得极值的点称为**极值点**.

2. 极值存在的必要条件

设函数 $y = f(x)$ 在 x_0 处可导并取得极值，则 $f'(x_0) = 0$.

上述定理可简单表述为"可导的极值点必为驻点".

【名师解析】

(1) 若 $f'(x_0) = 0$，则称点 x_0 为 $f(x)$ 的驻点.

(2) 除了驻点外，导数不存在的点也可能是极值点.

例　$f(x) = |x|$，$f'(0)$ 不存在，但 $f(x)$ 在 $x = 0$ 处取极小值.

(3) 驻点和导数不存在的点"可能是极值点"，也可能不是极值点.

例　$f(x) = x^3$，$f'(0) = 0$，但点 $x = 0$ 不是极值点，$f(x) = x^{\frac{1}{3}}$，在 $x = 0$ 处导数不存在，$x = 0$ 也不是极值点.

3. 极值存在的第一充分条件

设 $f(x)$ 在点 x_0 处连续，在 $\overset{\circ}{U}(x_0)$ 内可导，如果满足

(1) 当 $x < x_0$ 时，$f'(x) > 0$；当 $x > x_0$ 时，$f'(x) < 0$，则 $f(x)$ 在点 x_0 处取得极大值；

(2) 当 $x < x_0$ 时，$f'(x) < 0$；当 $x > x_0$ 时，$f'(x) > 0$，则 $f(x)$ 在点 x_0 处取得极小值；

(3) 当在点 x_0 两侧 $f'(x)$ 的符号不发生改变时，则 $f(x)$ 在点 x_0 处不取得极值.

4. 极值存在的第二充分条件

设函数 $f(x)$ 在点 x_0 处二阶可导，且 $f'(x_0) = 0$，

(1) 若 $f''(x_0) < 0$，则 $f(x_0)$ 是 $f(x)$ 的极大值；

(2) 若 $f''(x_0) > 0$，则 $f(x_0)$ 是 $f(x)$ 的极小值；

(3) 当 $f''(x_0) = 0$ 时，$f(x_0)$ 有可能是极值也有可能不是极值.

【名师解析】

极值存在的第一充分条件和第二充分条件在求函数极值时各有优势. 第一充分条件完备，可以无一遗漏地找出所有极值，在一阶导数表达式复杂、既有驻点又有不可导点的题目中求极具有无可替代的作用；第二充分条件适用于只有驻点没有不可导点且更易于求二阶导数的题目，优点是无须划分区间和讨论各区间一阶导数符号，更方便快捷.

三、函数的最大值和最小值

1. 求连续函数 $f(x)$ 在闭区间 $[a,b]$ 上最大值和最小值

(1) **找点**：找出函数 $f(x)$ 在 $[a,b]$ 内的所有可能极值点（驻点和导数不存在的点）及区间的端点.

(2) **求值**:求函数 $f(x)$ 在可能极值点及区间端点处的函数值.

(3) **比大小**:比较所求函数值的大小,其中最大者与最小者就是函数 $f(x)$ 在区间 $[a,b]$ 上的最大值和最小值.

2. 应用问题求最大值或最小值

(1) 根据问题描述设出自变量和因变量,建立函数关系并给出符合实际意义的定义域;

(2) 对建立的函数求导数,找出驻点和不可导点. 当表示该实际问题的函数 $f(x)$ 在所讨论的区间(不一定是闭区间) 内只有一个可能的极值点时,则一定在该点取得所求的最大值或最小值.

【名师解析】

极值与最值的区别是:极值是局部的最大值或最小值,而最值是在给定的区间范围或整个定义域内的最大值或最小值.

四、曲线的凹凸性与拐点

1. 凹凸性定义

设 $f(x)$ 在区间 I 上连续,如果对于 I 上任意两点 x_1,x_2 恒有 $f\left(\dfrac{x_1+x_2}{2}\right)<\dfrac{f(x_1)+f(x_2)}{2}$,则称 $f(x)$ 在 I 上的图形是**凹的**(或**凹弧**);

如果恒有 $f\left(\dfrac{x_1+x_2}{2}\right)>\dfrac{f(x_1)+f(x_2)}{2}$,则称 $f(x)$ 在 I 上的图形是**凸的**(或**凸弧**).

【名师解析】

曲线的凹凸性是描述曲线的弯曲方向的,而函数的单调性则是描述函数图像的增减情况的.

2. 凹凸性的判别法

设 $f(x)$ 在 $[a,b]$ 上连续,在 (a,b) 内存在二阶导数,

(1) 若在 (a,b) 内 $f''(x)>0$,则 $f(x)$ 在 (a,b) 内的图形是凹的;

(2) 若在 (a,b) 内 $f''(x)<0$,则 $f(x)$ 在 (a,b) 内的图形是凸的.

3. 拐点定义

连续曲线上凸弧和凹弧的分界点,称为**拐点**.

4. 拐点存在的必要条件

【名师解析】

若 $f''(x_0)$ 不存在,则 $(x_0,f(x_0))$ 也可能是 $f(x)$ 的拐点. 若 $f''(x_0)$ 存在,且点 $(x_0,f(x_0))$ 是曲线 $y=f(x)$ 的拐点,则 $f''(x_0)=0$.

5. 拐点存在的充分条件

若 $f''(x)$ 在 x_0 邻近两侧异号,则点 $(x_0,f(x_0))$ 是拐点.

【名师解析】

考生需要注意驻点、极值点、最值点、拐点在表达形式上的区别. 函数的驻点、极值点、最值点是 x 轴上的点,常以 $x=x_0$ 的形式表达,而拐点是曲线上的点,在平面内以 $(x_0,f(x_0))$ 形式表达,填空题时尤其注意不要弄错.

五、曲线的渐近线

1. 水平渐近线

若 $\lim\limits_{x\to\infty}f(x)=a$(或 $\lim\limits_{x\to+\infty}f(x)=a$ 或 $\lim\limits_{x\to-\infty}f(x)=a$),则直线 $y=a$ 为曲线 $y=f(x)$ 的**水平渐近线**;

2. 垂直渐近线

若 $\lim\limits_{x\to b}f(x)=\infty$(或 $\lim\limits_{x\to b^-}f(x)=\infty$ 或 $\lim\limits_{x\to b^+}f(x)=\infty$),则直线 $x=b$ 为曲线 $y=f(x)$ 的**垂直渐近线**.

【名师解析】

求渐近线主要通过求极限来实现,求水平渐近线时所求极限自变量变化趋势固定,比较容易;求垂直渐近线主要就是找函数有无"无穷间断点". 有些辅导资料上还提及了曲线的斜渐近线,这个知识点不在专升本考试的大纲中.

考点例题分析

考点一 求函数的单调区间和极值

【考点分析】

此考点为专升本考试中的常见考点,难度较小,多出现在填空题或计算题中.

例 14 函数 $f(x) = 2x^3 - 9x^2 + 12x$ 的单调减区间是 _____.

解 $f(x)$ 定义域为 **R**,由 $f'(x) = 6x^2 - 18x + 12 = 6(x-1)(x-2) < 0$,得 $1 < x < 2$.
故应填 $(1,2)$.

【名师点评】

单纯求函数单调增或减区间的题型多出现在客观题中,求解时要先求出函数的定义域,然后求出导数,如果所求为增(减)区间,则导数大于(小于)零的不等式解集与定义域交集即为所求.

例 15 已知 $f(x) = 2kx^3 - 3kx^2 - 12kx$ 在 $[-1,2]$ 上为增函数,则 _____.

A. $k = 1$ B. $k > 0$ C. $k < 0$ D. k 为任意实数

解 当 $x \in [-1,2]$ 时,$f'(x) = 6kx^2 - 6kx - 12k = 6k(x+1)(x-2) \geqslant 0$,所以 $k < 0$.
故应选 C.

【名师点评】

此题依然是利用一阶导数的符号来确定 k 的取值范围.因为函数 $f(x)$ 在区间 $[-1,2]$ 上单调递增,所以 $f'(x) \geqslant 0$,将导函数进行因式分解,根据给定的闭区间,确定除 k 以外每个因式的符号,从而推出 k 的符号.

例 16 $y = x^3 - 6x^2 + 9x - 3$ 的极大值为 _____.

解 $f(x)$ 定义域为 **R**,令 $y' = 3(x-3)(x-1) = 0$,得驻点 $x = 3$,$x = 1$,
又因为 $y'' = 6x - 12$,$y''(3) > 0$,$y''(1) < 0$,所以 $x = 1$ 为极大值点,$f(1) = 1$ 为极大值.
故应填 1.

视频讲解
(扫码关注)

【名师点评】

在求函数的单调区间和极值时,确定各个区间上导数的符号可以使用穿根法或分析法判定每个区间内导数的符号,然后用代值法取任意一个区间检验,以确保结论的准确性.

例 17 求函数 $f(x) = x - \dfrac{3}{2}x^{\frac{2}{3}}$ 的极值.

解 函数 $f(x)$ 的定义域为 $(-\infty, +\infty)$,

令 $f'(x) = 1 - x^{-\frac{1}{3}} = (x^{\frac{1}{3}} - 1)x^{-\frac{1}{3}} = 0$,得驻点 $x = 1$,且 $x = 0$ 是函数 $f(x)$ 的不可导点.
列表,得

x	$(-\infty, 0)$	0	$(0,1)$	1	$(1, +\infty)$
$f'(x)$	$+$	不存在	$-$	0	$+$
$f(x)$	↗	极大值 0	↘	极小值 $-\dfrac{1}{2}$	↗

由上表可知,函数的极大值为 $f(0) = 0$,极小值为 $f(1) = -\dfrac{1}{2}$.

【名师点评】

除了驻点可能是极值点以外,导数不存在的点也有可能是极值点,二者也可能不是极值点.所以驻点和导数不存在的点都是"**可能极值点**",需要具体用极值存在的充分条件去判断是否真是极值点.

考点二 求曲线的凹凸区间和拐点

【考点分析】

此考点在专升本考试中出现不多,曲线的凹凸区间和拐点利用 $f''(x)$ 的符号来判断.拐点的两侧 $f''(x)$ 必然异号,

当 $f''(x)$ 改变符号时必定经过 $f''(x)=0$ 的点或 $f''(x)$ 不存在的点.

例 18 若函数 $f(x)$ 满足 $f'(x_0)=0$,则 $x=x_0$ 必为 $f(x)$ 的 _____.

A. 极大值点   B. 极小值点   C. 驻点   D. 拐点

解 满足 $f'(x)=0$ 的点称为函数 $f(x)$ 的驻点,驻点不一定是极值点,还要进一步讨论点 x_0 左右两边的单调性. 故应选 C.

【名师点评】

驻点和不可导点都只是可能的极值点,该点处是否能取得极值,还要利用极值存在的充分条件进一步判定.

例 19 曲线 $y=x^{\frac{5}{3}}$,则曲线 _____.

A. 有极值点但无拐点   B. 有极值点及拐点

C. 既无极值点也无拐点   D. 有拐点但无极值点

解 因为 $y'=\dfrac{5}{3}x^{\frac{2}{3}}\geqslant 0$,函数是单调函数,所以该曲线无极值点;又因为 $y''=\dfrac{10}{9}x^{-\frac{1}{3}}=\dfrac{10}{9\sqrt[3]{x}}$ 在点 $x=0$ 左右两侧异号,所以点 $(0,0)$ 是拐点.

故应选 D.

【名师点评】

注意幂函数是分数指数幂时,如果分子是偶数,则该函数恒大于等于零,此时函数是单调函数,无极值点. 所以解题时不需要把这样的驻点当作可能极值点去进一步判定.

例 20 设三次曲线 $y=x^3+3ax^2+3bx+c$ 在点 $x=-1$ 处取得极大值,$(0,3)$ 是拐点,则 _____.

A. $a=-1,b=0,c=3$ B. $a=0,b=-1,c=3$

C. $a=3,b=-1,c=0$ D. $a=0,b=3,c=-1$

解 $y'=3x^2+6ax+3b,\quad y''=6x+6a,$

由题意知 $\begin{cases} y'(-1)=0, \\ y(0)=3, \\ y''(0)=0, \end{cases}$ 即 $\begin{cases} 3-6a+3b=0, \\ c=3, \\ 6a=0, \end{cases}$ 解得 $\begin{cases} a=0, \\ b=-1, \\ c=3. \end{cases}$

故应选 B.

【名师点评】

我们可以利用 $f''(x)=0$ 或 $f''(x)$ 不存在的点找出拐点的横坐标,但不是所有 $f''(x)=0$ 或 $f''(x)$ 不存在的点都对应拐点,还要进一步验证该点左右两侧的二阶导数是否异号. 如果已知一点二阶可导且是函数的拐点,则这点的横坐标处的二阶导数一定为零.

例 21 求函数 $y=3x^2-x^3$ 的单调区间、极值、凹凸区间和拐点.

解 函数定义域为 $(-\infty,+\infty)$,$y'=6x-3x^2=3x(2-x)$,$y''=6-6x=6(1-x)$,

令 $y'=0$,得 $x_1=0,x_2=2$,令 $y''=0$,得 $x_3=1$,

先研究单调区间和极值,列表得

x	$(-\infty,0)$	0	$(0,2)$	2	$(2,+\infty)$
y'	$-$	0	$+$	0	$-$
y	减区间	极小值 $f(0)=0$	增区间	极大值 $f(2)=4$	减区间

再研究凹凸区间和拐点,列表得

x	$(-\infty,1)$	1	$(1,+\infty)$
y''	$+$	0	$-$
y	凹区间	拐点 $(1,2)$	凸区间

由上两表知,函数的单调减区间为 $(-\infty,0)$ 和 $(2,+\infty)$,单调增区间为 $(0,2)$,极小值为 0,极大值为 4;凹区间为 $(-\infty,1)$,凸区间为 $(1,+\infty)$;拐点为 $(1,2)$.

【名师点评】

近年来,专升本考试(理工类)试题中,已连年在计算题中出现考查求函数单调区间和极值的题目.这类题目解法比较固定,求得驻点和不可导点后,用极值存在的第一充分条件,借助列表的方式来讨论函数的单调区间和极值比用文字叙述更直观、清晰.对于同时求单调区间和极值的题目,不要选用极值存在的第二充分条件进行判定,因为第二充分条件只能找出极值,无法确定单调区间.

考点 三 求函数的最大值与最小值

【考点分析】

求函数在闭区间上的最值,一般以客观题出现;而应用题中求最值问题是专升本考试的常见考点,经常和定积分求平面图形面积或求圆柱、长方体等几何图形的表面积或体积相结合考查.

例22 函数 $f(x) = 2x^3 - 9x^2 + 12x + 1$ 在区间 $[0,2]$ 上的最大值是 _____.

解 令 $f'(x) = 6x^2 - 18x + 12 = 6(x-1)(x-2) = 0$,得 $x_1 = 1 \in [0,2], x_2 = 2 \in [0,2]$,
$f(1) = 6, f(2) = 5, f(0) = 1$,最大值是 $f(1) = 6$.
故应填6.

【名师点评】

在闭区间上求连续函数的最大值和最小值,需要检验求出的驻点和不可导点是否属于所给区间,利用"找点、求值、比大小"的步骤去求函数的最值.如果 $f(x)$ 在 $[a,b]$ 上单调递增(或单调递减),则在区间端点处取得最大值和最小值.

例23 设 $f(x) = ax^3 - 6ax^2 + b$ 在 $[-1,2]$ 上的最大值为3,最小值为 -29,又知 $a > 0$,则 _____.

A. $a = 2, b = -29$ 　　　　　　　　B. $a = 3, b = 2$
C. $a = 2, b = 3$ 　　　　　　　　D. 以上都不对

视频讲解
(扫码 关注)

解 $f'(x) = 3ax^2 - 12ax = 3ax(x-4)$,令 $f'(x) = 0$ 得 $x_1 = 0, x_2 = 4$(舍),$f(0) = b$,
$f(-1) = -7a + b$, $f(2) = -16a + b$,因为 $a > 0$,所以 $f(x)$ 在 $[-1,2]$ 上最大值为 $f(0) = b = 3$;
最小值为 $f(2) = -16a + b = -29$,解得 $a = 2, b = 3$.
故应选C.

【名师点评】

此题注意利用 $a > 0$ 这个条件,才能确定求出的含参数的函数值中哪个是最大值,哪个是最小值.

例24 如图3.3所示,有一边长为96cm的正方形,在四角上各剪去一个边长相等的正方形,当剪去的小正方形边长为多少时所围成的容器的容积最大?

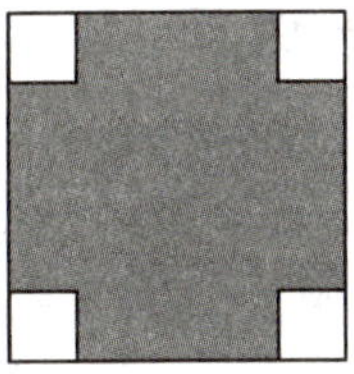

解 设剪去的小正形的边长为 x cm,则所围容器的容积
$$V = (96 - 2x)^2 \cdot x \quad (0 < x < 48),$$
$$令 \frac{dV}{dx} = -4(96 - 2x)x + (96 - 2x)^2 = (96 - 2x)(96 - 6x) = 0,$$
得 $x_1 = 16, x_2 = 48$(舍去),

图3.3

因为该问题的最值一定存在,所以在开区间内唯一的驻点一定是函数的最值点,因此当四角剪去边长为16cm的小正方形时所围成容器的容积是最大的.

【名师点评】

求应用问题的最大值或最小值在专升本考试中是常见题型,对于考生来说难点是函数关系的建立,一般来说求最大值或最小值的量是函数的因变量,而自变量的选择以建立函数关系更简捷为依据,一般可以选用问题最后问句中"多少"前面的变量为自变量.

例25 要做一圆柱形无盖铁桶,要求铁桶的容积 V 是一定值,问怎样设计才能使材料最省?

解 如图3.4所示,设铁桶底面半径为 x,高为 h,
则由 $V = \pi x^2 h$,得 $h = \dfrac{V}{\pi x^2}$,无盖铁桶的表面积

视频讲解
(扫码 关注)

$$S = \pi x^2 + 2\pi x h = \pi x^2 + 2\pi x \cdot \frac{V}{\pi x^2} = \pi x^2 + \frac{2V}{x}(x>0),$$

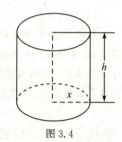

因为 $S' = 2\pi x - \frac{2V}{x^2} = \frac{2\pi x^3 - 2V}{x^2}$，令 $S' = 0$，得 $x = \sqrt[3]{\dfrac{V}{\pi}}$，由于该问题的最值一定存在，

所以开区间内唯一的驻点就是 S 的最值点，此时 $h = \dfrac{V}{\pi x^2} = \sqrt[3]{\dfrac{V}{\pi}}$.

所以只要铁桶底面半径和高都为 $\sqrt[3]{\dfrac{V}{\pi}}$，就会使用料最省.

图 3.4

【名师点评】

此类求体积一定的圆柱形容器用料最省问题在专升本考试中多次出现,主要分为有盖和无盖两种,在使用相同材料的情况下,无盖的圆柱形容器底面半径和高之比为 $1:1$ 时用料最省,大家可以自行尝试求有盖容器的情况.圆柱形有盖容器底面半径和高之比为 $1:2$ 时用料最省.

例 26 已知横梁的强度和它的矩形断面的高的平方与宽之积成正比.现在要将直径为 d 的圆木锯成强度最大的横梁,问断面的高和宽应是多少?

解 如图 3.5 所示,设矩形断面的宽为 x,高为 y,则横梁的强度为

$$f(x) = kxy^2 = kx(d^2 - x^2),$$

其中，$0 < x < d$，k 为比例常数.

因为 $f'(x) = (kxd^2 - kx^3)' = kd^2 - 3kx^2$，令 $f'(x) = 0$，得 $x = \dfrac{d}{\sqrt{3}}$.由于在 $(0,d)$ 内

函数 $f(x)$ 只有一个驻点 $x = \dfrac{d}{\sqrt{3}}$，且所求最大值一定存在,则唯一的驻点一定是最大值点.

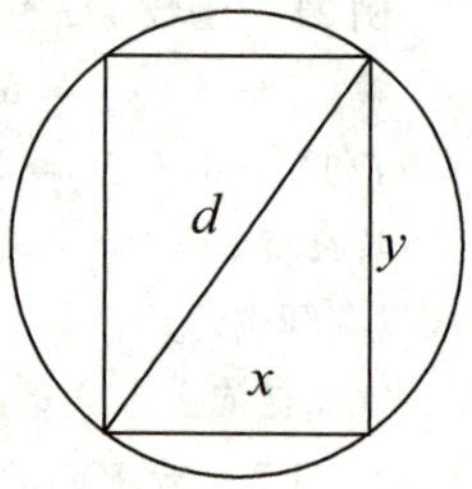

图 3.5

所以当宽 $x = \dfrac{d}{\sqrt{3}}$，而高 $y = \sqrt{\dfrac{2}{3}}d$ 时，横梁的强度最大.

【名师点评】

此类应用问题求最值的题目,其特点是建立函数关系后,往往求得的定义域内的驻点是唯一的,没有不可导点,且定义域又大多是开区间,没有区间端点.而该应用问题的最值一定是存在的,所以求得的定义域内唯一的驻点一定是函数的最值点.

如果建立的函数的定义域是闭区间,或者求得的驻点不止一个,或者还有不可导点,那么就需要分别求出驻点、不可导点、区间端点的函数值,进行大小比较,才能找到函数的最值.

考点 四 利用单调性证明不等式

【考点分析】

不等式的证明题是专升本考试中的常见题型,在证明时只需把不等式移项到一侧来构造辅助函数,利用辅助函数的单调性来证明即可.

例 27 证明不等式:当 $x > 1$ 时,$e^x > ex$.

证 设 $f(x) = e^x - ex$，则 $f(1) = 0$，且 $f(x)$ 在 $[1,+\infty)$ 上连续.

$f'(x) = e^x - e > 0\ (x > 1)$，所以当 $x > 1$ 时,$f(x)$ 单调递增,因此当 $x > 1$ 时 $f(x) > f(1) = 0$，即 $e^x > ex$.

【名师点评】

通过不等式移项构造出函数以后,一定要将不等式右边的 0 改写成所构造的函数在某一点的函数值,此点可以结合已知条件中 x 的范围来确定,再通过对辅助函数求导,利用辅助函数的单调性证明即可.

例 28 证明不等式:当 $x > 1$ 时,$2\sqrt{x} > 3 - \dfrac{1}{x}$.

证 设 $f(x) = 2\sqrt{x} - \left(3 - \dfrac{1}{x}\right)$，则 $f(1) = 0$，且 $f(x)$ 在 $[1,+\infty)$ 上连续.

$$f'(x) = \frac{1}{\sqrt{x}} - \frac{1}{x^2} = \frac{1}{x^2}(x\sqrt{x} - 1) > 0\ (x > 1),$$
因此 $x > 1$ 时，$f(x)$ 单调递增.

所以当 $x > 1$ 时，$f(x) > f(1) = 0$，即 $2\sqrt{x} > 3 - \dfrac{1}{x}$.

【名师点评】

此类利用单调性证明不等式的题目,构造出函数以后,应说明函数在相应区间上连续,例如此题中,若函数在 $x=1$ 处不连续,即 $x=1$ 是函数的间断点,那么即使在 $x>1$ 时 $f(x)$ 单调递增,也不一定能得到 $f(x)>f(1)$.

例29 证明:当 $x>0,0<a<1$ 时,$x^a-ax \leqslant 1-a$.

证 设 $f(x)=x^a-ax+a-1$,则 $f(1)=0$,且 $f(x)$ 在 $(0,+\infty)$ 上连续.(则 $f'(x)=ax^{a-1}-a$.)

当 $x=1$ 时,$f(1)=1-a+a-1=0$,即 $x^a-ax=1-a$ 成立.

当 $0<x<1$ 时,$f'(x)=ax^{a-1}-a=a(\frac{1}{x^{1-a}}-1)>0$,

所以 $f(x)$ 单调递增,此时 $f(x)<f(1)=0$,即 $x^a-ax+a-1<0$ 成立.

当 $x>1$ 时,$f'(x)=ax^{a-1}-a=a(\frac{1}{x^{1-a}}-1)<0$,

所以 $f(x)$ 单调递减,此时 $f(x)<f(1)=0$,即 $x^a-ax+a-1<0$ 成立.

综上所述,当 $x>0,0<a<1$ 时,$x^a-ax \leqslant 1-a$ 成立.

【名师点评】

利用函数的单调性证明不等式是一种常用的方法,解题的关键是要根据要证的结论构造合适的辅助函数,把不等式的证明转化为利用导数来研究函数的特性,有时需要对所给不等式做简单变形后再构造函数.此题的难点在于 $f(0) \neq 0$,而是 $f(1)=0$,所以证明中需要对 x 进行讨论.

考点 五 求曲线的渐近线

【考点分析】

函数渐近线的题目一般以客观题形式考察,偶尔也出现计算题,解题时只需考虑曲线的水平渐近线和垂直渐近线,不必考虑斜渐近线.一般通过求极限来判断函数曲线的两类渐近线是否存在.

例30 当 $x>0$ 时,曲线 $y=x\sin\frac{1}{x}$ _____.

A.没有水平渐近线 　　　　　　B.仅有水平渐近线

C.仅有垂直渐近线 　　　　　　D.既有水平渐近线,又有垂直渐近线

解 因为 $\lim\limits_{x\to+\infty}x\sin\frac{1}{x}=\lim\limits_{x\to+\infty}\dfrac{\sin\frac{1}{x}}{\frac{1}{x}}=1$,所以直线 $y=1$ 为曲线的水平渐近线;

因为 $\lim\limits_{x\to0^+}x\sin\frac{1}{x}=0$(无穷小乘以有界量仍为无穷小),所以该曲线没有垂直渐近线.

故应选 B.

【名师点评】

从图像上看,如果自变量无限远离原点时,函数曲线与某条水平直线的距离无限趋近于零,这条直线就是曲线的水平渐近线.如果自变量无限趋近于某个定点时,该函数曲线与某条竖直直线的距离无限趋近于零,这条直线就是曲线的垂直渐近线.

若函数存在无穷间断点,或在间断点、区间端点处函数值单侧趋近于无穷大,则函数存在垂直渐近线.求垂直渐近线,一般是先找出给定函数的间断点,然后求该点处的函数极限或左、右极限,如果极限为无穷大,则存在垂直渐近线.

例31 设曲线 $y=\dfrac{1+e^{-x^2}}{1-e^{-x^2}}$,则该曲线 _____.

A.没有渐近线 　　　　　　B.仅有水平渐近线

C.仅有垂直渐近线 　　　　　　D.既有水平渐近线又有垂直渐近线

视频讲解
(扫码 关注)

解 因为 $\lim\limits_{x\to\infty}\dfrac{1+e^{-x^2}}{1-e^{-x^2}}=1$,所以 $y=1$ 为该曲线的水平渐近线.

因为 $\lim\limits_{x\to0}\dfrac{1+e^{-x^2}}{1-e^{-x^2}}=\infty$,所以 $x=0$ 为该曲线的垂直渐近线.

故应选 D.

【名师点评】

函数 $y = \mathrm{e}^{f(x)}$ 与 $y = \arctan f(x)$ 求 $f(x) \to \infty$ 时的极限,一般要分单侧 $f(x) \to -\infty$ 和 $f(x) \to +\infty$ 两种情况考虑,因为两种情况下外函数变化是不一致的. 这两个函数在讨论函数连续性、可导性、求间断点以及渐近线的题型中出现频率较高.

此题中,研究函数的水平渐近线求极限值时并没有分为 $x \to +\infty$,$x \to -\infty$ 两种情况分别求,是因为这两种情况下,都有 $-x^2 \to -\infty$,函数变化是一致的,所以可以直接求 $x \to \infty$ 时的函数极限,从而确定水平渐近线.

例 32 曲线 $y = \dfrac{3}{x-2}$ 的水平渐近线为 _____,垂直渐近线为 _____.

解 $\displaystyle\lim_{x\to\infty}\frac{3}{x-2}=0$,$y=0$ 为该曲线的水平渐近线；$\displaystyle\lim_{x\to2}\frac{3}{x-2}=\infty$,$x=2$ 为该曲线的垂直渐近线.

故应分别填 $y=0$,$x=2$.

【名师点评】

一条曲线可能同时存在水平渐近线和垂直渐近线,也可能只有一种渐近线,水平渐近线最多有两条,垂直渐近线可以有多条.

考点真题解析

考点一 求函数的单调区间和极值

真题 14 (2016.机械、交通) 函数 $y = 3x - x^3$ 的单调增加的区间是 _____.

解 $f(x)$ 定义域为 **R**,$y' = 3(1-x^2)$,令 $y' > 0$,解得 $-1 < x < 1$.

故应填 $(-1,1)$.

【名师点评】

填空题中求函数的单调区间,不需求驻点和不可导点,只需解导数大于零或小于零的不等式,对不等式的解集和定义域求交集即可.

真题 15 (2014.土木) $f(x) = \ln(x-1)$ 在区间 $(1,+\infty)$ 上是 _____.

A. 单减   B. 单增

C. 非单调函数   D. 有界函数

解 因为函数 $y = \ln(x-1)$ 的图像是由函数 $y = \ln x$ 的图像向右平移一个单位长度得到的,由对数函数的图像可得该函数在 $(1,+\infty)$ 是单增的.

故应选 B.

【名师点评】

判断函数在某个区间上的单调性,一般只需确定函数的导数在这个区间内的符号,如果能做出函数的图像,从图像上得到函数的单调性更直观快捷.

真题 16 (2018.理工) 求函数 $y = x^3 - 3x^2 - 9x + 5$ 的单调区间与极值.

视频讲解
(扫码 关注)

解 该函数的定义域为 $(-\infty,+\infty)$,

$y' = 3x^2 - 6x - 9 = 3(x^2 - 2x - 3) = 3(x+1)(x-3)$,

令 $y' = 0$ 得,$x = -1$,$x = 3$.

列表,得

x	$(-\infty,-1)$	-1	$(-1,3)$	3	$(3,+\infty)$
y'	$+$	0	$-$	0	$+$
y	单调递增	极大值 $f(-1)=10$	单调递减	极小值 $f(3)=-22$	单调递增

由上表知,函数的单调递增区间为$(-\infty,-1)$和$(3,+\infty)$,单调递减区间为$(-1,3)$,极大值为$f(-1)=10$,极小值为$f(3)=-22$.

【名师点评】

计算题中若同时求函数单调区间和极值时,一般使用极值存在第一充分条件;若只求极值不求单调区间,函数只有驻点,没有不可导点,且二阶导数也比较易于求得,用极值存在第二充分条件比较方便.

真题 17　(2021.高数Ⅰ)设$k>0$,求函数$f(x)=\ln(1+x)+kx^2-x$的极值点,并判别是极大值点还是极小值点.

解　$f(x)$的定义域为$(-1,+\infty)$,求导得$f'(x)=\dfrac{1}{1+x}+2kx-1=\dfrac{x(2kx+2k-1)}{1+x}$,

令$f'(x)=0$,得驻点$x_1=0,x_2=\dfrac{1}{2k}-1$;

(1) 当$0<k<\dfrac{1}{2}$时,$\dfrac{1}{2k}-1>0$,即$x_2>x_1$.

x	$(-1,0)$	0	$\left(0,\dfrac{1}{2k}-1\right)$	$\dfrac{1}{2k}-1$	$\left(\dfrac{1}{2k}-1,+\infty\right)$
$f'(x)$	$+$	0	$-$	0	$+$
$f(x)$	单调增	极大值	单调减	极小值	单调增

所以,当$0<k<\dfrac{1}{2}$时,$x_1=0$是极大值点,$x_2=\dfrac{1}{2k}-1$是极小值点.

(2) 当$k=\dfrac{1}{2}$时,$f'(x)=\dfrac{x^2}{1+x}\geq 0$,函数$f(x)$在定义域内单调递增,不存在极值点.

(3) 当$k>\dfrac{1}{2}$时,$\dfrac{1}{2k}-1<0$,即$-1<x_2<x_1$,列表得.

x	$\left(-1,\dfrac{1}{2k}-1\right)$	$\dfrac{1}{2k}-1$	$\left(\dfrac{1}{2k}-1,0\right)$	0	$(0,+\infty)$
$f'(x)$	$+$	0	$-$	0	$+$
$f(x)$	单调增	极大值	单调减	极小值	单调增

所以,当$k>\dfrac{1}{2}$时,$x_2=\dfrac{1}{2k}-1$是极大值点,$x_1=0$是极小值点.

【名师点评】

本题是求一个含参数的函数的极值点,该函数在定义域内只有驻点,没有不可导点.此题求解时,关键要注意在用极值存在的充分条件判断驻点是否是极值点的时候,要讨论两个驻点的大小,即对参数k的取值进行讨论,才能全面求解.

真题 18　(2022.高数Ⅰ)求函数$f(x)=\dfrac{2}{3}x^3-5x^2+12x-\dfrac{1}{3}$的极值,并判断是极大值还是极小值.

解　该函数的定义域为$\mathbf{R}$,

$f'(x)=2x^2-10x+12=2(x^2-5x+6)=2(x-2)(x-3)$,$f''(x)=4x-10$,

令$f'(x)=0$得,$x_1=2,x_2=3$,因为$f''(2)=-2<0,f''(3)=2>0$,

由极值存在的第二充分条件得,该函数的极大值为$f(2)=9$,极小值为$f(3)=\dfrac{26}{3}$.

真题 19　(2023.高数Ⅰ)求函数$f(x)=(2x-3)e^x-x^2+x$的极值,并判断是极大值还是极小值.

解　该函数的定义域为$\mathbf{R}$,

$f'(x)=(2x-1)(e^x-1)$,令$f'(x)=0$,解得$x_1=0,x_2=\dfrac{1}{2}$.

当$x<0$时,$f'(x)>0$;当$0<x<\dfrac{1}{2}$时,$f'(x)<0$;当$x>\dfrac{1}{2}$时,$f'(x)>0$.

所以$x_1=0$为极大值点,极大值$f(0)=-3$;$x_2=\dfrac{1}{2}$为极小值点,极小值为$f\left(\dfrac{1}{2}\right)=\dfrac{1}{4}-2\sqrt{e}$.

【名师点评】

一般情况下,当题目满足如下条件时,用极值存在的第二充分条件求极值比较简便:

(1) 该题目只求极值,不求单调区间;

(2) 题目中所给函数只存在驻点,没有导数不存在的点;

(3) 题目中所给函数二阶导数易于求得;

(4) 驻点处的二阶导数值不为零.

考点 二 求曲线的凹凸区间和拐点

真题20 (2015.公共) 曲线 $y = e^{-x^3}$ 有 _____ 个拐点.

解 曲线定义域为 $(-\infty, +\infty)$, $y' = e^{-x^3} \cdot (-3x^2) = -3x^2 e^{-x^3}$,

$y'' = -3[2x e^{-x^3} + x^2 e^{-x^3} \cdot (-3x^2)] = -3(2x e^{-x^3} - 3x^4 e^{-x^3}) = -3x e^{-x^3}(2 - 3x^3)$,

令 $y'' = 0$,得 $x = 0, x = \sqrt[3]{\dfrac{2}{3}}$;

当 $x < 0$ 时, $y'' > 0$;当 $0 \leqslant x < \sqrt[3]{\dfrac{2}{3}}$ 时, $y'' < 0$;当 $x \geqslant \sqrt[3]{\dfrac{2}{3}}$ 时, $y'' > 0$;所以曲线 $y = e^{-x^3}$ 有两个拐点.

故应填2.

【名师点评】

由 $f''(x_0) = 0$ 所确定的点 $(x_0, f(x_0))$ 未必是拐点,当 $f''(x_0)$ 不存在时, $(x_0, f(x_0))$ 也可能是拐点;不管是 $f''(x_0) = 0$ 的点,还是 $f''(x_0)$ 不存在的点,都需要根据 x_0 点两侧二阶导数的符号是否异号来判断 $(x_0, f(x_0))$ 是否是函数的拐点.还需要注意,拐点是曲线上的点,必须用 $(x_0, f(x_0))$ 表示,而不能写成 $x = x_0$ 的形式.

真题21 (2022.高数Ⅰ) 设点 $(1, a)$ 是曲线 $y = ax^3 - x^2 - 2x + 3$ 的拐点,则 $a =$ _____.

解 $y' = 3ax^2 - 2x - 2$, $y'' = 6ax - 2$,由题意得 $y''(1) = 6a - 2 = 0$,所以 $a = \dfrac{1}{3}$.

故应填 $\dfrac{1}{3}$.

【名师点评】

题目所给函数为多项式函数,不存在二阶不可导点,所以该函数的拐点一定是二阶导数为零的点.

真题22 (2014.交通) 若点 $(1,3)$ 为曲线 $y = ax^3 + bx^2$ 的拐点,则 _____.

A. $a = \dfrac{3}{2}, b = -\dfrac{9}{2}$ B. $a = \dfrac{3}{2}, b = \dfrac{9}{2}$ C. $a = -\dfrac{3}{2}, b = \dfrac{9}{2}$ D. $a = -\dfrac{3}{2}, b = -\dfrac{9}{2}$

解 $y' = 3ax^2 + 2bx$, $y'' = 6ax + 2b$,因点 $(1,3)$ 为曲线的拐点,故 $y(1) = a + b = 3$,

且 $y''(1) = 6a + 2b = 0$,联立可求得 $a = -\dfrac{3}{2}, b = \dfrac{9}{2}$.

故应选 C.

【名师点评】

若已知点 (x_0, y_0) 是二阶可导函数的拐点,相当于给出了两个条件:

第一,该点在曲线上,满足曲线方程,即 $f(x_0) = y_0$;第二,该点处的二阶导数为零,即 $f''(x_0) = 0$.

真题23 (2024.高数Ⅰ) 曲线 $y = x^2(2\ln x - 5)$ 的拐点是 _____.

A. (e^2, e^4) B. $(e^2, -e^4)$ C. $(e, 3e^2)$ D. $(e, -3e^2)$

解 函数 $y = x^2(2\ln x - 5)$ 的定义域为 $(0, +\infty)$, $y' = 2x(2\ln x - 5) + 2x$, $y'' = 4\ln x - 4$,令 $y'' = 0$,得 $x = e$,当 $0 < x < e$ 时, $y'' < 0$;当 $x > e$ 时, $y'' > 0$,所以函数的拐点为 $(e, -3e^2)$.

故应选 D.

考点 三 求函数的最大值与最小值

真题24 (2017.电商) 函数 $f(x) = x + 2\sqrt{x}$ 在区间 $[0, 4]$ 上的最大值是 _____.

解　因为 $f'(x) = 1 + \dfrac{1}{\sqrt{x}} > 0$，所以函数 $f(x) = x + 2\sqrt{x}$ 在区间 $[0,4]$ 上单调递增，最大值为 $f(4) = 8$.

故应填 8.

【名师点评】

对于单调函数来说，求闭区间上的最值，无需用"找点、求值、比大小"的步骤，单调函数在闭区间上的最值一定出现在区间的端点处.

真题 25　(2019. 理工) 函数 $f(x) = 2x^3 - 9x^2 + 12x + 1$ 在区间 $[0,2]$ 上的最大值点与最小值点分别是 ＿＿＿＿＿＿.

A. 1, 0 　　　　　　　B. 1, 2 　　　　　　　C. 2, 0 　　　　　　　D. 2, 1

解　$f(x)$ 的定义域为 $\mathbf{R}$，$f'(x) = 6x^2 - 18x + 12 = 6(x^2 - 3x + 2)$，令 $f'(x) = 0$，得驻点 $x_1 = 1, x_2 = 2$. 由 $f(0) = 1, f(1) = 6, f(2) = 5$ 得，$f(x)$ 在区间 $[0,2]$ 上的最大值点与最小值点分别 1 和 0.

故应选 A.

【名师点评】

若函数 $f(x)$ 在闭区间 $[a,b]$ 上连续，则它在该区间上必有最大值和最小值. 求出 $f(x)$ 在 (a,b) 内的全部可能极值点和区间端点 a,b 的函数值，则其中最大者即是 $f(x)$ 在 $[a,b]$ 上的最大值，最小者就是 $f(x)$ 在 $[a,b]$ 上的最小值.

真题 26　(2016. 机械) 在抛物线 $y = x^2 (0 \leqslant x \leqslant 1)$ 上找一点 P，使过 P 的水平直线与抛物线以及直线 $x = 0$，$x = 1$ 所围成的平面图形面积最小.

解　因为点 P 在抛物线上，设 $P(t, t^2)(0 \leqslant t \leqslant 1)$，则

$$S = \int_0^t (t^2 - x^2)\mathrm{d}x + \int_t^1 (x^2 - t^2)\mathrm{d}x = \left(t^2 x - \frac{1}{3}x^3 \right) \Big|_0^t + \left(\frac{1}{3}x^3 - t^2 x \right) \Big|_t^1$$

$$= t^3 - \frac{1}{3}t^3 + \frac{1}{3} - t^2 - \frac{1}{3}t^3 + t^3 = \frac{4}{3}t^3 - t^2 + \frac{1}{3} \ (0 \leqslant t \leqslant 1),$$

令 $S' = 0$，得 $t = 0$，$t = \dfrac{1}{2}$，而 $S(0) = \dfrac{1}{3}$，$S\left(\dfrac{1}{2}\right) = \dfrac{1}{4}$，$S(1) = \dfrac{2}{3}$.

所以 $t = \dfrac{1}{2}$ 时，所求面积最小，因此所求点为 $P\left(\dfrac{1}{2}, \dfrac{1}{4}\right)$.

【名师点评】

最值问题经常与求曲线围成的平面图形的面积或求旋转体体积结合考查，此类题目要先画出图形，利用定积分求出面积或体积，将这个几何量看成函数，写出定义域，再让该函数对自变量求导，找出驻点，进一步求出定义域内的函数最值.

考点 四　利用单调性证明不等式

真题 27　(2019. 公共) 证明：当 $x > 0$ 时，$\ln(1+x) > \dfrac{\arctan x}{1+x}$.

证　令函数 $f(x) = (1+x)\ln(1+x) - \arctan x$，则 $f(0) = 0$，且 $f(x)$ 在 $[0, +\infty)$ 上连续.

当 $x > 0$ 时，$f'(x) = \ln(1+x) + 1 - \dfrac{1}{1+x^2} = \ln(1+x) + \dfrac{x^2}{1+x^2} > 0$，

视频讲解
(扫码 关注)

故 $f(x)$ 在 $[0, +\infty)$ 内单调递增，因此 $f(x) > f(0) = 0$，即 $\ln(1+x) > \dfrac{\arctan x}{1+x}$.

【名师点评】

此题在构造函数时，对所证明不等式先做恒等变形，把商的形式变换成乘积形式，这样求导数更容易.

真题 28　(2016. 电子) 设 $f(x)$ 在 $[a,b]$ 上连续，且单调增加，证明：$\displaystyle\int_a^b t f(t)\mathrm{d}t \geqslant \dfrac{a+b}{2} \int_a^b f(t)\mathrm{d}t$

证　令 $F(x) = 2\displaystyle\int_a^x t f(t)\mathrm{d}t - (a+x)\int_a^x f(t)\mathrm{d}t$，

则 $F(b) = 2\displaystyle\int_a^b t f(t)\mathrm{d}t - (a+b)\int_a^b f(t)\mathrm{d}t$，$F(a) = 0$(下面只需证 $F(b) \geqslant F(a) = 0$)

$$F'(x) = 2x f(x) - \int_a^x f(t)\mathrm{d}t - (a+x)f(x)$$

$$= (x-a)f(x) - \int_a^x f(t)\mathrm{d}t \quad (由积分中值定理 \int_a^x f(t)\mathrm{d}t = (x-a)f(\xi))$$

$$= (x-a)f(x) - (x-a)f(\xi) \quad (\xi \in [a,x] \subset [a,b])$$

$$= (x-a)[f(x) - f(\xi)],$$

因为 $f(x)$ 在 $[a,b]$ 上单调增加,所以当 $a \leqslant \xi \leqslant x$ 时,$f(\xi) \leqslant f(x)$,即 $F'(x) \geqslant 0$.

故 $F(b) \geqslant F(a) = 0$,即 $\int_a^b tf(t)\mathrm{d}t \geqslant \dfrac{a+b}{2} \int_a^b f(t)\mathrm{d}t$.

【名师点评】

此题构造函数的方法和一般不等式不同,对于这类不含变量的不等式证明,先将其中的常量换成变量,然后再移项构造辅助函数.将不等式的左右两端的常数看成是辅助函数在不同点的函数值,从而利用辅助函数的单调性比较函数在不同点处两个函数值的大小.

真题29 (2020.高数 Ⅰ) 证明:当 $x > 1$ 时,$x + \ln x > 4\sqrt{x} - 3$.

证 令 $f(x) = x + \ln x - 4\sqrt{x} + 3, x \in [1, +\infty)$,

则 $f(1) = 0$,且 $f(x)$ 在 $[1, +\infty)$ 上连续,

当 $x > 1$ 时,$f'(x) = 1 + \dfrac{1}{x} - \dfrac{2}{\sqrt{x}} = \dfrac{1 + x - 2\sqrt{x}}{x} = \dfrac{(\sqrt{x} - 1)^2}{x} > 0$,

所以 $f(x)$ 在 $[1, +\infty)$ 上单调递增.从而当 $x > 1$ 时,$f(x) > f(1) = 0$,

即 $x + \ln x > 4\sqrt{x} - 3$.

【名师点评】

当所求一阶导数中含有分式又无法直接判断出导数的符号时,我们常常通分,然后分别判断分子和分母的符号,要注意完全平方公式的使用.如果一阶导数能表示为若干个因子的乘积或商的形式,而其中某一个因子无法判定符号,可以令这个因子为一个新的函数,对这个函数求导数,通过导数的符号并利用单调性判断这个因子的符号.

真题30 (2022.高数 Ⅰ) 证明:当 $x > 0$ 时,$x + \dfrac{x^2}{2} > (1+x)\ln(1+x)$.

证 令 $f(x) = x + \dfrac{x^2}{2} - (1+x)\ln(1+x)$,则 $f(0) = 0$;

则 $f'(x) = 1 + x - \ln(1+x) - 1 = x - \ln(1+x)$,且 $f'(0) = 0$;

$f''(x) = 1 - \dfrac{1}{1+x} = \dfrac{x}{1+x}$.

当 $x > 0$ 时,$f''(x) > 0$,所以 $f'(x)$ 在 $[0, +\infty)$ 内连续且单调递增,

即当 $x > 0$ 时,$f'(x) > f'(0) = 0$,所以 $f(x)$ 在 $[0, +\infty)$ 内连续且单调递增,

即当 $x > 0$ 时,$f(x) > f(0) = 0$,即 $x + \dfrac{x^2}{2} > (1+x)\ln(1+x)$.

【名师点评】

当一阶导数符号无法判定时,可以继续求二阶导数,利用二阶导数的符号来判断一阶导数的单调性,再结合端点处的一阶导数值,得到一阶导数的符号.

考点五 曲线的渐近线

真题31 (2016.公共) 求 $f(x) = \dfrac{2x+1}{3x+2}$ 的水平和垂直渐近线.

解 由 $\lim\limits_{x \to \infty} f(x) = \lim\limits_{x \to \infty} \dfrac{2x+1}{3x+2} = \dfrac{2}{3}$ 可得直线 $y = \dfrac{2}{3}$ 是 $f(x)$ 的水平渐近线;

由 $\lim\limits_{x \to -\frac{2}{3}} f(x) = \lim\limits_{x \to -\frac{2}{3}} \dfrac{2x+1}{3x+2} = \infty$ 可得直线 $x = -\dfrac{2}{3}$ 是 $f(x)$ 的垂直渐近线.

【名师点评】

求水平渐近线,主要考查 $x \to \infty$ 或 $x \to +\infty$ 或 $x \to -\infty$ 时的函数极限;而求垂直渐近线,一般先找出函数的间断点,求函数在间断点处的极限或左、右极限,如果极限或左、右极限为无穷大,则存在垂直渐近线.注意两类渐近线的表达

方式,水平渐近线一般写作 $y = a$,垂直渐近线一般写作 $x = b$.

真题 32 (2018.公共)曲线 $y = e^{\frac{1}{x}} \arctan \dfrac{x^2 + x + 1}{(x-1)(x+2)}$ 的渐进线的条数为 _____.

A. 0　　　　　　　　B. 1　　　　　　　　C. 3　　　　　　　　D. 2

解　因为 $\lim\limits_{x \to \infty} f(x) = \lim\limits_{x \to \infty} e^{\frac{1}{x}} \arctan \dfrac{x^2 + x + 1}{(x-1)(x+2)} = \dfrac{\pi}{4}$,故该曲线有水平渐近线 $y = \dfrac{\pi}{4}$;

又因为 $\lim\limits_{x \to 0^+} f(x) = \lim\limits_{x \to 0^+} e^{\frac{1}{x}} \arctan \dfrac{x^2 + x + 1}{(x-1)(x+2)} = +\infty$,故该曲线有垂直渐近线 $x = 0$;

所以曲线 $y = e^{\frac{1}{x}} \arctan \dfrac{x^2 + x + 1}{(x-1)(x+2)}$ 的渐进线的条数为 2.

故应选 D.

【名师点评】

不是所有曲线都有渐近线,渐近线反映了某些曲线在无限延伸时的变化情况.同一曲线,可以同时存在两类渐近线,且每一类渐近线不一定只有一条.

真题 33 (2020.高数Ⅱ)以直线 $y = 0$ 为水平渐近线的是 _____.

A. $y = e^x$　　　　　B. $y = \ln x$　　　　　C. $y = \tan x$　　　　　D. $y = x^3$

解　若 $x \to \infty$ 或 $x \to -\infty$ 或 $x \to +\infty$ 时函数极限为 0,则该函数以直线 $y = 0$ 为水平渐近线.因为 $\lim\limits_{x \to -\infty} e^x = 0$,所以 $y = e^x$ 以直线 $y = 0$ 为水平渐近线.

故应选 A.

【名师点评】

求水平渐近线或垂直渐进线时,如果 $x \to \infty$ 或 $x \to x_0$ 时函数极限不存在,还要考虑单侧极限($x \to -\infty$, $x \to +\infty$, $x \to x_0^-$, $x \to x_0^+$)是否存在,如果存在,该曲线也是有渐近线的.

❖ 考点方法综述

序号	本单元考点与方法总结
1	求函数单调区间和极值的步骤: (1)确定函数的定义域; (2)求 $f'(x)$,令 $f'(x) = 0$,找出驻点;观察 $f'(x)$ 表达式,找出不可导点; (3)用找到的驻点和不可导点把定义域划分成若干个区间,在每个区间内判定 $f'(x)$ 的符号,确定该区间的单调性; (4)利用极值存在的第一充分条件逐一判别驻点和不可导点是否是函数的极值点,并求出对应的极值. 为了使解题过程更有条理性,步骤(3)、(4)通常以表格形式讨论,最后在表的下方把表中所得结论表述出来. 如果只求函数极值,不需要求其单调区间,函数只有驻点,没有不可导点,二阶导数也比较容易求得,则也可以用极值存在的第二充分条件去求极值.
2	确定曲线 $y = f(x)$ 凹凸区间及拐点的步骤: (1)确定函数的定义域; (2)求 $f''(x)$,找出使 $f''(x) = 0$ 及 $f''(x)$ 不存在的点; (3)用 $f''(x) = 0$ 及 $f''(x)$ 不存在的点把定义域划分成若干个区间,在每个区间内讨论 $f''(x)$ 的符号,确定 $f(x)$ 的凹凸区间; (4)逐一判定 $f''(x) = 0$ 及 $f''(x)$ 不存在的点左右两边 $f''(x)$ 是否变号,确定拐点. 为了使解题过程更有条理性,步骤(3)、(4)通常以表格形式讨论,最后在表的下方把表中所得结论表述出来.

（续表）

序号	本单元考点与方法总结
3	求函数最大值最小值的步骤： (1) 连续函数 $f(x)$ 在闭区间 $[a,b]$ 上求最大值和最小值,就是找出所有可能最值点,比较各点处函数值大小,如果函数在所给区间上单调性不变,则在区间端点处取得最值; (2) 应用问题求最大值或最小值,找到问题中适合的变量,建立函数关系,找出此函数符合条件的唯一驻点,所求问题最值即在该点处取得.
4	求曲线渐近线的方法： (1) 先求函数在 $x \to \infty$ 时极限是否存在,如果极限不存在,再看单侧 $x \to +\infty$ 或 $x \to -\infty$ 时极限是否存在,上述三者只要有一个存在,即存在水平渐近线 $y = a$; (2) 函数在点 x_0 处极限、左极限、右极限三者中只要有一个为无穷大,函数即存在垂直渐近线 $x = x_0$.

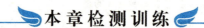

本章检测训练

第三章检测训练 A

一、单选题

1. 下列函数中,在 $[-1,1]$ 上满足罗尔定理条件的是 _____.

 A. $y = \dfrac{1}{x^2}$ B. $y = x^{\frac{1}{2}}$

 C. $y = x \mid x \mid$ D. $y = x^2$

2. 设函数 $f(x) = x(x+1)(x-2)$,则方程 $f'(x) = 0$ 有 _____ 个实根.

 A. 0   B. 1   C. 3   D. 2

3. 下列函数中,_____ 在 $[-1,1]$ 上满足拉格朗日定理的条件.

 A. $f(x) = 1 - \sqrt[3]{x^2}$ B. $f(x) = (x+1)(x-1)$

 C. $f(x) = \dfrac{1}{x}$ D. $f(x) = \dfrac{1}{x-1}$

4. 若函数 $f(x)$ 在点 x_0 处取得极大值,则必有 _____.

 A. $f'(x_0) = 0$ 且 $f''(x_0) = 0$ B. $f'(x_0) = 0$ 且 $f''(x_0) > 0$

 C. $f'(x_0) = 0$ 且 $f''(x_0) < 0$ D. $f'(x_0) = 0$ 或 $f'(x_0)$ 不存在

5. 下列函数在区间 $(-\infty, +\infty)$ 上单调减少的是 _____.

 A. $\sin x$ B. 2^x C. x^2 D. $3 - x$

6. 函数 $y = x^2 \ln x$ 在 $[1, e]$ 上的最大值是 _____.

 A. e^2 B. e C. 0   D. e^{-2}

7. 曲线 $y = x^4 - 6x^3 + 12x^2$ 拐点的个数是 _____.

 A. 0   B. 1   C. 2   D. 3

8. 曲线 $f(x) = e^x - x$ 在区间 $(0, +\infty)$ 内是 _____.

 A. 单调增加且是凹的   B. 单调增加且是凸的

 C. 单调减少且是凹的   D. 单调减少且是凸的

9. 设 $f'(x) = (x-1)(2x+1), x \in (-\infty, +\infty)$,则在区间 $\left(\dfrac{1}{2}, 1\right)$ 内, $f(x)$ 单调 _____.

 A. 增加,曲线是凹的   B. 减少,曲线是凹的

 C. 增加,曲线是凸的   D. 减少,曲线是凸的

10. 函数 $f(x) = \dfrac{1}{3}x^3 - 3x^2 + 9x$ 在区间 $[0,4]$ 上点 $x =$ _____ 处的函数值最大.

    A. 4   B. 0   C. 2   D. 3

二、填空题

1. 函数 $y = 1 - x^2$ 在 $[-1,3]$ 上满足拉格朗日中值定理的点 $\xi =$ _____.

2. 函数 $y = (x-2)^3$ 的驻点是 _____.

3. 已知函数 $f(x)$ 在 $x = x_0$ 处可导且取得极值,则 $f'(x_0) =$ _____.

4. 设函数 $y = 2x^2 + ax + 3$ 在点 $x = 1$ 处取得极小值,则 $a =$ _____.

5. 函数 $f(x) = 3x - x^2$ 的极值点是 _____.

6. 函数 $y = 2x^2 - \ln x$ 的递减区间为 _____.

7. 曲线 $y = \sin x$ 在 $(0, 2\pi)$ 内的拐点是 _____.

8. 函数 $f(x) = x^{\frac{4}{3}}$ 的图形的凹区间是 _____.

9. 函数 $f(x) = x - \sin x$ 在区间 $(0, \pi)$ 上 _____.(填单调递增或递减)

10. 函数 $y = 2x^3 - 9x^2 + 12x + 1$ 在区间 $[0,2]$ 上的最大值点是 _____.

三、计算题

1. 求函数 $y = x - \ln(x+1)$ 的单调区间和极值.

2. 求曲线 $y = \dfrac{x}{1+x^2}$ 的凹凸区间和拐点.

3. 讨论曲线 $y = x e^x$ 的单调性、凹凸性,求其极值和拐点.

四、证明题

1. 证明不等式: $|\arctan a - \arctan b| \leqslant |a - b|$.

2. 设 $x > 1$,求证: $(x^2 - 1)\ln x > (x-1)^2$.

3. 证明多项式 $f(x) = x^3 - 3x + a$ 在 $[0,1]$ 上不可能有两个零点. 并讨论 a 为何值时, $f(x) = x^3 - 3x + a$ 在 $(0,1)$ 内存在零点.

4. 设函数 $f(x)$ 在 $[0,1]$ 上连续,在 $(0,1)$ 内可导,且 $f(1) = 0$,证明:至少存在一点 $\xi \in (0,1)$,使 $f'(\xi) = -\dfrac{2f(\xi)}{\xi}$.

5. 设 $f(x)$ 在区间 $[0,1]$ 内连续, $(0,1)$ 内可导,且 $f(0) = 0$, $f(1) = \dfrac{1}{2}$,证明:存在两个不同的点 $\xi_1, \xi_2 \in (0,1)$,使得 $f'(\xi_1) + f'(\xi_2) = 1$.

6. 设函数 $f(x)$ 在 $[0,3]$ 上连续,在 $(0,3)$ 内二阶可导,并且 $2f(0) = \displaystyle\int_0^2 f(x)\,dx = f(2) + f(3)$. 证明:

    (1) 存在 $\eta_1 \in [2,3]$,使得 $f(\eta_1) = f(0)$;

    (2) 存在 $\eta_2 \in [0,2]$,使得 $f(\eta_2) = f(0)$;

    (3) 存在 $\xi \in (0,3)$,使得 $f''(\xi) = 0$.

五、应用题

1. 长为 l 的铁丝切成两段,一段围成正方形,另一段围成圆形,问这两段铁丝各为多长时,正方形的面积与圆的面积之和最小?

2. 某工厂需要围建一个面积为 512m^2 的矩形堆料场,一边可以利用原有的墙壁,其他三边需要砌新的墙壁. 问堆料场的长和宽各为多少时,才能使砌墙所用的材料最省?

第三章检测训练 B

一、单选题

1. 下列函数中,在 $[-1,1]$ 上满足罗尔定理条件的是 _____.

    A. $\ln x^2$ B. $|x|$ C. $\cos x$ D. $\dfrac{1}{x+1}$

2. 函数 $f(x) = x^3 + 8$ 在区间 $[0,1]$ 上满足拉格朗日定理条件的 $\xi =$ _____.

A. 3   B. $\dfrac{1}{\sqrt{3}}$ C. $\dfrac{1}{3}$ D. $-\dfrac{1}{3}$

3. 方程 $e^x - x - 1 = 0$ _____.

   A. 没有实根   B. 有且仅有一个实根

   C. 有且共有两个不同的实根   D. 由三个不同的实根

4. 函数 $y = f(x)$ 在点 x_0 处二阶可导且取得极大值,则必有 _____.

   A. $f'(x_0) = 0$,且 $f''(x_0) > 0$ B. $f'(x_0) = 0$ 且 $f''(x_0) = 0$

   C. $f'(x_0) = 0$,且 $f''(x_0) < 0$ D. 以上结论都不对

5. $f(x) = (x+1)(x+2)(x+3)$,则方程 $f''(x) = 0$ _____.

   A. 仅有一个实根   B. 有两个实根   C. 有三个实根   D. 无实根

6. 设函数 $y = f(x)$ 的导数在 $x = a$ 处连续,又 $\lim\limits_{x \to a} \dfrac{f'(x)}{x-a} = -1$,则 _____.

   A. $x = a$ 是 $f(x)$ 的极小值点

   B. $x = a$ 是 $f(x)$ 的极大值点

   C. $(a, f(a))$ 是 $f(x)$ 的拐点

   D. $x = a$ 不是 $f(x)$ 的极值点,$(a, f(a))$ 也不是 $f(x)$ 的拐点

7. 曲线 $f(x) = x e^{-x}$ _____.

   A. 在 $(-\infty, 2)$ 上是凹的,在 $(2, +\infty)$ 上是凸的

   B. 在 $(-\infty, 2)$ 上是凸的,在 $(2, +\infty)$ 上是凹的

   C. 在 $(-\infty, +\infty)$ 上是凸的

   D. 在 $(-\infty, +\infty)$ 上是凹的

8. 已知 $f(x) = \left| x^{\frac{1}{3}} \right|$,则点 $x = 0$ 是 $f(x)$ 的 _____.

   A. 间断点   B. 极小值点

   C. 极大值点   D. 拐点

9. 设 $F'(x) = G'(x)$,则 _____.

   A. $F(x) + G(x) = C$ B. $F(x) - G(x) = C$

   C. $F(x) = G(x)$ D. $F(x)$ 与 $G(x)$ 无关

10. 设函数 $f(x)$ 在 $x = 0$ 的某邻域内可导,且 $f'(0) = 0$,$\lim\limits_{x \to 0} \dfrac{f'(x)}{\sin x} = \dfrac{1}{2}$,则 _____.

   A. $f(0)$ 是 $f(x)$ 的一个极大值   B. $f(0)$ 是 $f(x)$ 的一个极小值

   C. $f'(0)$ 是 $f'(x)$ 的一个极大值   D. $f'(0)$ 是 $f'(x)$ 的一个极小值

二、填空题

1. 函数 $y = 2x^3 + 3x^2 - 12x + 1$ 的单调递增区间是 _____.

2. 曲线 $y = 3x^5 - 5x^3$ 有 _____ 个拐点.

3. 曲线 $y = x \cdot 2^{-x}$ 的凸区间为 _____.

4. 已知函数 $f(x) = a\sin x + \dfrac{1}{3}\sin 3x$ 的驻点是 $x = \dfrac{\pi}{3}$,则 $a = $ _____.

5. $y = x + 2\cos x$ 在区间 $\left[0, \dfrac{\pi}{2} \right]$ 上的最大值是 _____.

6. 已知曲线 $y = f(x)$ 上任意点的切线斜率为 $3x^2 - 3x - 6$,且当 $x = -1$ 时,$y = \dfrac{11}{2}$ 是极大值,则 $f(x) = $ _____.

7. 设函数 $g(x)$ 有连续的一阶导数,且 $g(0) = g'(0) = 1$,则 $\lim\limits_{x \to 0} \dfrac{g(x) - 1}{\ln g(x)} = $ _____.

8. 若点 $(1, 0)$ 是曲线 $y = ax^3 + bx^2 + 2$ 的拐点,则 $a = $ _____,$b = $ _____.

9. 曲线 $y = \dfrac{x^2 - 2x + 2}{x - 1}$ 的垂直渐近线是 _____.

10. 函数 $f(x) = 1 + \dfrac{2x}{(x-1)^2}$ 的水平渐近线是 _____,垂直渐近线是 _____.

三、计算题

1. 求函数 $f(x) = (x-1)x^{\frac{2}{3}}$ 的单调区间与极值.

2. 求曲线 $y = \ln(1+x^2)$ 的凹凸区间和拐点.

3. 求函数 $y = \dfrac{x^3}{(x-1)^2}$ 的单调区间、极值、凹凸区间及拐点.

四、证明题

1. 若方程 $a_0x^n + a_1x^{n-1} + \cdots + a_{n-1}x = 0$ 有一个正根 $x = x_0$，证明方程 $a_0nx^{n-1} + a_1(n-1)x^{n-2} + \cdots + a_{n-1} = 0$ 必有一个小于 x_0 的正根.

2. 证明：当 $x > 0$ 时，$1 + x\ln(x + \sqrt{1+x^2}) > \sqrt{1+x^2}$.

3. 证明：若 $f(x)$，$g(x)$ 在 $[a,b]$ 上连续，在 (a,b) 内可导，且 $f(a) = f(b) = 0$，$g(x) \neq 0$，则至少存在一点 $\xi \in (a,b)$，使 $f'(\xi)g(\xi) + 2g'(\xi)f(\xi) = 0$.

4. 设函数 $f(x)$ 在 $[1,3]$ 上连续，在 $(1,3)$ 内可导，并且 $f(1) = \int_2^3 xf(x)\mathrm{d}x$，证明：在 $(1,3)$ 内至少存在一点 c，使得 $f(c) = -cf'(c)$.

5. 已知函数 $f(x)$ 在 $[a,b]$ 上二阶可导，$|f''(x)| \leqslant 2$，且 $f(x)$ 在 (a,b) 内取得极小值，证明：$|f'(a)| + |f'(b)| \leqslant 2(b-a)$.

6. 已知函数 $f(x)$ 在 $[0,1]$ 上连续，在 $(0,1)$ 内可导，且 $f(0) = 0$，$f(1) = 1$. 证明：
   (1) 存在 $\xi \in (0,1)$，使得 $f(\xi) = 1 - \xi$；
   (2) 存在两个不同的点 $\eta, \mu \in (0,1)$，使得 $f'(\eta)f'(\mu) = 1$.

五、综合题

1. 已知函数 $f(x) = 4x^3 + ax^2 + bx + 5$ 的图像在 $x = 1$ 处的切线方程为 $y = -12x$，且 $f(1) = -12$，求：
   (1) 函数 $f(x)$ 的解析式；
   (2) 函数 $f(x)$ 在 $[-2,1]$ 上的最值.

2. 已知函数 $f(x) = x^3 + bx^2 + cx + d$ 的图像过点 $P(0,2)$，且在点 $M(-1, f(-1))$ 处的切线方程为 $6x - y + 7 = 0$. 求：
   (1) 函数 $y = f(x)$ 的解析式；
   (2) 函数 $y = f(x)$ 的单调区间.

第四章　　不定积分

◆ 知识结构导图

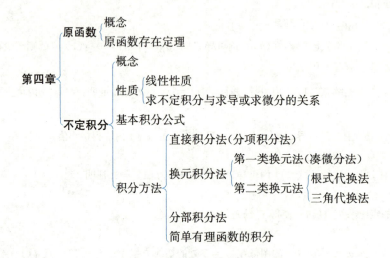

第一单元　　不定积分的概念与性质

◆ 考纲内容解读

新大纲基本要求	新大纲名师解读
1.理解原函数与不定积分的概念,了解原函数存在定理. 2.掌握不定积分的性质. 3.熟练掌握不定积分的基本公式.	根据最新考纲的要求和对真题的统计,这一单元考查的重点是对原函数与不定积分概念的理解,充分利用"原函数的导数是被积函数"来解决相关问题.另外,在一些简单函数的不定积分中,经常利用积分的基本公式及性质计算不定积分.

考点知识梳理

一、原函数与不定积分的概念

1.原函数

如果在区间 I 上,可导函数 $F(x)$ 的导函数为 $f(x)$,即对任意 $x \in I$,都有 $F'(x) = f(x)$,则称函数 $F(x)$ 为 $f(x)$ 在区间 I 上的一个**原函数**.

【名师解析】

关于原函数的概念,考试中经常考查原函数与不定积分中的被积函数的关系.

2. 原函数存在定理

如果函数 $f(x)$ 在区间 I 上连续,则函数 $f(x)$ 在区间 I 的原函数必定存在.

【名师解析】

连续函数 $f(x)$ 必有原函数,且 $f(x)$ 的各个原函数之间相差一个常数.

3. 不定积分

函数 $f(x)$ 的全体原函数称为 $f(x)$ 的**不定积分**,记为 $\int f(x)\mathrm{d}x$,即如果 $F(x)$ 为 $f(x)$ 的一个原函数,则 $\int f(x)\mathrm{d}x = F(x)+C$,其中 C 为任意常数.

【名师解析】

求一个函数的不定积分,就是求其全体原函数的过程. 其中"$\int$"称为积分号,$f(x)$ 称为被积函数,$f(x)\mathrm{d}x$ 称为被积表达式,x 称为积分变量,C 称为积分常数.

二、不定积分的基本性质

1. 不定积分的线性运算

(1) $\int [f_1(x) \pm f_2(x) \pm \cdots \pm f_n(x)]\mathrm{d}x = \int f_1(x)\mathrm{d}x \pm \int f_2(x)\mathrm{d}x \pm \cdots \pm \int f_n(x)\mathrm{d}x$;

(2) $\int k \cdot f(x)\mathrm{d}x = k \cdot \int f(x)\mathrm{d}x$（其中 k 是常数).

2. 不定积分与微分的关系(求不定积分与求导数或微分互为逆运算)

(1) $\left[\int f(x)\mathrm{d}x\right]' = f(x)$; (2) $\int f'(x)\mathrm{d}x = f(x)+C$;

(3) $\mathrm{d}\left[\int f(x)\mathrm{d}x\right] = f(x)\mathrm{d}x$; (4) $\int \mathrm{d}f(x) = f(x)+C$.

三、基本积分公式

1. $\int k\,\mathrm{d}x = kx + C$（$k$ 为常数)	9. $\int \csc^2 x\,\mathrm{d}x = -\cot x + C$
2. $\int x^\mu \mathrm{d}x = \dfrac{1}{\mu+1}x^{\mu+1} + C$（$\mu \neq -1$)	10. $\int \sec x \tan x\,\mathrm{d}x = \sec x + C$
3. $\int \dfrac{1}{x}\mathrm{d}x = \ln|x| + C$	11. $\int \csc x \cot x\,\mathrm{d}x = -\csc x + C$
4. $\int a^x \mathrm{d}x = \dfrac{a^x}{\ln a} + C$（$a > 0$ 且 $a \neq 1$)	12. $\int \dfrac{1}{1+x^2}\mathrm{d}x = \arctan x + C = -\operatorname{arccot} x + C$
5. $\int \mathrm{e}^x \mathrm{d}x = \mathrm{e}^x + C$	13. $\int \dfrac{1}{\sqrt{1-x^2}}\mathrm{d}x = \arcsin x + C = -\arccos x + C$
6. $\int \cos x\,\mathrm{d}x = \sin x + C$	14. $\int \tan x\,\mathrm{d}x = -\ln|\cos x| + C$
7. $\int \sin x\,\mathrm{d}x = -\cos x + C$	15. $\int \cot x\,\mathrm{d}x = \ln|\sin x| + C$
8. $\int \sec^2 x\,\mathrm{d}x = \tan x + C$	16. $\int \sec x\,\mathrm{d}x = \ln|\sec x + \tan x| + C$

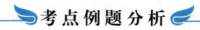

考点一　原函数与不定积分的概念

【考点分析】

本单元考试中出现频率较高的一类题目是考查被积函数与原函数之间的关系.解决这类题目只要利用原函数的定义即可.

例 1　设 $e^x + \sin x$ 是 $f(x)$ 的一个原函数,则 $f'(x) = \underline{\qquad}$.

解　因为 $e^x + \sin x$ 是 $f(x)$ 的原函数,所以 $f(x) = (e^x + \sin x)' = e^x + \cos x$,

所以 $f'(x) = (e^x + \cos x)' = e^x - \sin x$.

故应填 $e^x - \sin x$.

【名师点评】

此类题目主要是考查原函数的概念,主要是搞清楚 $f'(x)$ 与 $e^x + \sin x$ 的关系:$f'(x) = (e^x + \sin x)''$.

例 2　下列函数中是同一函数的原函数的是 $\underline{\qquad}$.

A. $\dfrac{\ln x}{x^2}$ 与 $\dfrac{\ln x}{x}$ 　　　　　　　　　B. $\arcsin x$ 与 $-\arccos x$

C. $\arctan x$ 与 $\operatorname{arccot} x$ 　　　　　　　　　D. $\cos 2x$ 与 $\cos x$

解　只需要看每对函数的导数是否相同.

A. $\left(\dfrac{\ln x}{x^2}\right)' = \dfrac{x - 2x\ln x}{x^4} = \dfrac{1 - 2\ln x}{x^3}$, 　$\left(\dfrac{\ln x}{x}\right)' = \dfrac{1 - \ln x}{x^2}$;

B. $(\arcsin x)' = -(\arccos x)' = \dfrac{1}{\sqrt{1 - x^2}}$, 　B 是正确的;

C. 根据求导基本公式,$\arctan x$ 与 $\operatorname{arccot} x$ 的导数互为相反数;

D. $(\cos 2x)' = -2\sin 2x$,$(\cos x)' = -\sin x$.

故应选 B.

【名师点评】

根据原函数的定义,考查两个函数是否是同一个函数的原函数,只要判断二者的导数是否相同即可.

例 3　设函数 $f(x)$,$g(x)$ 均可导,且同为 $F(x)$ 的原函数,$f(0) = 5$,$g(0) = 2$,则 $f(x) - g(x) = \underline{\qquad}$.

解　因为 $f'(x) = g'(x) = F(x)$,所以 $f(x) - g(x) = C$.当 $x = 0$ 时,$f(0) - g(0) = C$,所以由已知条件得:$C = f(0) - g(0) = 5 - 2 = 3$.

故应填 3.

【名师点评】

解决此类问题只要牢记原函数的性质,同一函数的两个原函数之间仅相差一个常数.一般我们可以通过代入 x 的一个特殊值,求出该常数,本题中给了两个函数在点 $x = 0$ 处的函数值,所以我们通过代入 $x = 0$ 解出常数 C.

例 4　设 $f'(x^2) = \dfrac{1}{x} (x > 0)$,则 $f(x) = \underline{\qquad}$.

A. $2x + C$ 　　　　　　　　　　　　　　B. $\ln x + C$

C. $2\sqrt{x} + C$ 　　　　　　　　　　　　D. $\dfrac{1}{\sqrt{x}} + C$

解　已知条件 $f'(x^2) = \dfrac{1}{x} = \dfrac{1}{\sqrt{x^2}}$,则 $f'(x) = \dfrac{1}{\sqrt{x}}$,所以 $f(x) = \displaystyle\int \dfrac{1}{\sqrt{x}} \mathrm{d}x = 2\sqrt{x} + C$.

故应选 C.

【名师点评】

本题主要利用了换元的方法,由已知 $f'(x^2)$ 解出了 $f'(x)$,然后再利用原函数的概念,由 $f'(x)$ 利用不定积分解 $f(x)$.

例 5 已知 $[\ln f(x)]' = \cos x$，且 $f(0) = 1$，则 $f(x) =$ _____．

解 由已知得 $\ln f(x)$ 是 $\cos x$ 的一个原函数，即 $\ln f(x) = \int \cos x \, dx = \sin x + C$．因为 $f(0) = 1$，所以 $C = 0$，则 $f(x) = e^{\sin x}$．

故应填 $e^{\sin x}$．

【名师点评】

本题主要利用了原函数和不定积分的定义来求解．求满足两个条件的 $f(x)$，利用第一个条件，借助不定积分求出 $\ln f(x)$ 的表达式(含任意常数 C)；再根据第二个条件 $f(0) = 1$，将积分得到的任意常数的值确定下来，从而得到一个确定的函数 $f(x)$．

例 6 设 $\int f(x) \, dx = \tan(x + x^2) + C$，则 $f(x) =$ _____．

A. $\sec^2(x + x^2)$ 　　　　　　　　　　B. $\sec^2(1 + 2x)$

C. $(1 + 2x)\sec^2(x + x^2)$ 　　　　　　D. $(1 + 2x)\sec^2(1 + 2x)$

视频讲解
(扫码 关注)

解 根据不定积分的定义可得

$$f(x) = [\tan(x + x^2) + C]' = (1 + 2x)\sec^2(x + x^2).$$

故应选 C．

【名师点评】

本题主要考查不定积分的概念，$f(x)$ 的全体原函数称为 $f(x)$ 的不定积分，即 $\int f(x) \, dx = F(x) + C$，根据积分运算和求导(或微分)互为逆运算的性质可得 $f(x) = [F(x) + C]'$．另外，本题也可以将方程两边同时对 x 求导，这种方法同样可以得到 $f(x)$ 的表达式．

考点 二　不定积分的基本性质

【考点分析】

在专升本考试中，考查不定积分与求导(或微分)互为逆运算的性质时，经常以选择题或者填空题的形式出现，难度不大．此类题目，需特别注意求导和求不定积分的运算顺序，如果最后是积分运算，不要漏掉结果中的任意常数 C．

例 7 下列等式中，正确的一个是 _____．

A. $\left[\int f(x) \, dx\right]' = f(x)$ 　　　　　　B. $d\left[\int f(x) \, dx\right] = f(x)$

C. $\int F'(x) \, dx = F(x)$ 　　　　　　D. $d\left[\int f(x) \, dx\right] = f(x) + C$

解 由 $d\left[\int f(x) \, dx\right] = f(x) \, dx$ 知，选项 B 和 D 错误；由 $\int F'(x) \, dx = F(x) + C$ 知，选项 C 错误．

故应选 A．

【名师点评】

本题主要考查不定积分的性质，由于不定积分运算与求导或微分运算互为逆运算，所以对一个函数"先积分，后求导"函数不变，而"先求导，后积分"函数不变，添加任意常数．微分运算只需要在导数运算结果上乘以 dx．

例 8 计算 $d\int df(x) =$ _____．

解 因为 $\int d f(x) = f(x) + C$，所以 $d\int df(x) = d(f(x) + C) = f'(x) \, dx$，

视频讲解
(扫码 关注)

故应填 $f'(x) \, dx$．

【名师点评】

该题关键在于确定正确的求解顺序，应该是先求 $\int df(x)$，再求 $d\int df(x)$．

例 9 若 $\int f(x) e^{\frac{1}{x}} \, dx = e^{\frac{1}{x}} + C$，则 $f(x) =$ _____．

解 方程两边同时对 x 求导得 $f(x) e^{\frac{1}{x}} = (e^{\frac{1}{x}} + C)' = -\frac{1}{x^2} e^{\frac{1}{x}}$，所以 $f(x) = -\frac{1}{x^2}$．

故应填 $-\dfrac{1}{x^2}$.

【名师点评】

一般地,如果题目的已知条件中给出一个不定积分的等式,求被积函数或者被积函数的一部分,可以将方程两边同时对 x 求导,利用不定积分与导数互为逆运算的性质,方程左边求导后即得到被积函数,然后整理出所求函数即可.

例 10 设 $\displaystyle\int xf(x)\mathrm{d}x=\ln x+C$,求 $\displaystyle\int\dfrac{1}{f(x)}\mathrm{d}x$.

解 方程两边同时对 x 求导得,$xf(x)=\dfrac{1}{x}$,则 $f(x)=\dfrac{1}{x^2}$,故 $\displaystyle\int\dfrac{1}{f(x)}\mathrm{d}x=\int x^2\mathrm{d}x=\dfrac{x^3}{3}+C$.

例 11 若 $\displaystyle\int f(x)\mathrm{d}x=x^2+C$,求 $\displaystyle\int xf(1-x^2)\mathrm{d}x$.

解 方程两边同时对 x 求导得 $f(x)=2x$,则 $f(1-x^2)=2(1-x^2)$,从而

$$\int xf(1-x^2)\mathrm{d}x=\int 2x(1-x^2)\mathrm{d}x=\int(2x-2x^3)\mathrm{d}x=x^2-\dfrac{1}{2}x^4+C.$$

【名师点评】

以上两题可以先按方程两端同时对 x 求导的方法,整理出 $f(x)$ 的表达式,然后再求相应积分即可.

考点 三 基本积分公式

【考点分析】

利用不定积分基本公式可以求出一些简单函数的不定积分,通常把这种积分法称为直接积分法.它是求解一切不定积分的基础.因为直接积分法比较简单,所以在专升本考试中利用直接积分法求解不定积分的题目并不是特别多,但是这个方法是后续学习换元积分法和分部积分法的基础,因此考生必须熟练掌握.

例 12 计算 $\displaystyle\int 3^x\mathrm{e}^x\mathrm{d}x=$ _____ .

解 被积函数 $3^x\mathrm{e}^x=(3\mathrm{e})^x$,由基本公式可得,原式 $=\displaystyle\int(3\mathrm{e})^x\mathrm{d}x=\dfrac{(3\mathrm{e})^x}{\ln 3\mathrm{e}}+C=\dfrac{3^x\mathrm{e}^x}{1+\ln 3}+C$.

故应填 $\dfrac{3^x\mathrm{e}^x}{1+\ln 3}+C$.

【名师点评】

本题积分中被积函数是两个函数的乘积,这两个函数同为指数函数,且指数相同,因此可以利用指数函数的公式将其合并成一个指数函数,然后再利用指数函数的积分公式直接求解.

例 13 计算 $\displaystyle\int x^2\sqrt{x}\mathrm{d}x$.

解 $\displaystyle\int x^2\sqrt{x}\mathrm{d}x=\int x^{\frac{5}{2}}\mathrm{d}x=\dfrac{x^{\frac{5}{2}+1}}{\frac{5}{2}+1}+C=\dfrac{2}{7}x^{\frac{7}{2}}+C$.

【名师点评】

该题表明,当被积函数中出现几个幂函数的乘积或者商时,为了方便利用积分公式,可以将其改写成一个幂函数的标准形式,然后利用幂函数的积分公式来求解不定积分.像 $\sqrt[n]{x}$ 这样的根式可以转换成 $x^{\frac{1}{n}}$ 的形式.

例 14 求不定积分 $\displaystyle\int\cos^2\dfrac{x}{2}\mathrm{d}x$.

解 将被积函数 $\cos^2\dfrac{x}{2}$ 降幂,即 $\cos^2\dfrac{x}{2}=\dfrac{\cos x+1}{2}$,就可运用基本公式计算.

原式 $=\dfrac{1}{2}\displaystyle\int(\cos x+1)\mathrm{d}x=\dfrac{1}{2}(\sin x+x)+C$.

视频讲解
(扫码 关注)

【名师点评】

在三角函数中,$\sin^2\dfrac{x}{2}=\dfrac{1-\cos x}{2}$ 与 $\cos^2\dfrac{x}{2}=\dfrac{1+\cos x}{2}$ 称为**万能公式**.这组公式由左向右变形,实现降幂,降幂的同时升角;而由右向左变形,实现升幂,升幂的同时降角.万能公式是高等数学中应用频率极高的三角公式,需要牢记.该

题积分求解中,之所以选择万能公式进行降幂,是因为基本积分公式中,只有正弦和余弦函数的一次幂的积分公式,出现正余弦函数的高次幂,求不定积分一般可以考虑利用万能公式降幂.

考点真题解析

考点 一　原函数与不定积分的概念

真题1 (2024.高数Ⅱ)已知函数 $f(x)$ 的导数是 e^{2x},则以下函数是 $f(x)$ 的一个原函数的是 _____.

A. $\dfrac{1}{4}e^{2x}+x$ 　　　　B. $\dfrac{1}{4}e^{2x}+x^2$ 　　　　C. $4e^{2x}+x$ 　　　　D. $4e^{2x}+x^2$

解　方法一:因为 $f'(x)=e^{2x}$,所以 $f(x)=\dfrac{1}{2}e^{2x}+C_1$,$\int f(x)\mathrm{d}x=\dfrac{1}{4}e^{2x}+C_1x+C_2$,只有A选项符合 $\dfrac{1}{4}e^{2x}+C_1x+C_2$ 形式,故选A.

方法二:设 $f(x)$ 的一个原函数是 $g(x)$,则 $g'(x)=f(x)$,$g''(x)=f'(x)=e^x$,此题可以直接从选项入手,即看哪个选项中函数的二阶导数为 e^x,只有A选项符合.

故应选A.

【名师点评】

专升本考试中,有一类直接考查原函数概念的题型,要注意搞清楚所给函数之间的关系,也可通过逆向思维解决此类问题.

真题2 (2024.高数Ⅲ)已知 $\int f(x)\mathrm{d}x=e^{-3x}+C$,则以下函数是 $xf(x)$ 的一个原函数的是 _____.

A. $e^{-3x}\left(x-\dfrac{1}{3}\right)$ 　　　B. $e^{-3x}\left(x+\dfrac{1}{3}\right)$ 　　　C. $e^{-3x}(x-1)$ 　　　D. $e^{-3x}(x+1)$

解　方法一:已知 $\int f(x)\mathrm{d}x=e^{-3x}+C$,即 e^{-3x} 为函数 $f(x)$ 的一个原函数,$\int xf(x)\mathrm{d}x=\int x\mathrm{d}e^{-3x}=xe^{-3x}-\int e^{-3x}\mathrm{d}x=xe^{-3x}+\dfrac{1}{3}e^{-3x}+C$,只有选项B中的函数形式.

方法二:由已知 $\int f(x)\mathrm{d}x=e^{-3x}+C$ 得 $f(x)=-3e^{-3x}$,则 $xf(x)=-3xe^{-3x}$,求 $xf(x)$ 的一个原函数,即看哪个选项中函数的导数为 $-3xe^{-3x}$,经求导验证,只有选项B符合.

故应选B.

真题3 (2023.高数Ⅲ)已知 $\sin x$ 是函数 $f(x)$ 的一个原函数,则以下函数是 $f(2x)$ 的原函数的是 _____.

A. $2\sin x$ 　　　　B. $\sin 2x$ 　　　　C. $2\sin 2x+1$ 　　　　D. $\dfrac{1}{2}\sin 2x+1$

解　由题意知 $\int f(x)\mathrm{d}x=\sin x+C$,故 $\int f(2x)\mathrm{d}x=\dfrac{1}{2}\int f(2x)\mathrm{d}2x=\dfrac{1}{2}\sin 2x+C$,故D选项是其中的一个原函数.

故应选D.

【名师点评】

此题考查对原函数概念的理解,同时考查了凑微分法,属于基础题目.

真题4 (2019.机械、交通)设函数 $f(x)$ 在区间 I 内连续,则 $f(x)$ 在 I 内 _____.

A. 必存在导函数 　　　　　　　　　B. 必存在原函数

C. 必有界 　　　　　　　　　　　　D. 必有极值

解　根据一元函数可导与连续的关系可得,可导必连续,连续不一定可导,所以A错;由原函数存在定理可知,连续的函数必有原函数,所以B对;开区间上的连续函数不一定有界,所以C错;如果区间 I 内 $f(x)$ 的单调性不改变,则无极值,所以D错.

故应选 B.

【名师点评】

关于函数的连续性与可导性的关系,以及原函数存在定理是基本考查点,同学们必须熟知,函数可导一定连续,反之连续未必可导,但连续函数的原函数一定存在.

真题 5 (2018. 机械)若 $F(x)$ 是 $f(x)$ 的一个原函数,C 为常数,则下列函数中仍是 $f(x)$ 的原函数的是 _____.

视频讲解
(扫码 关注)

A. $F(Cx)$ B. $F(x+C)$

C. $CF(x)$ D. $F(x)+C$

解   选项 A:$[F(Cx)]' = CF'(Cx)$;   选项 B:$[F(x+C)]' = F'(x+C)$;

选项 C:$[CF(x)]' = CF'(x) = Cf(x)$;   选项 D:$[F(x)+C]' = F'(x)$.

故应选 D.

【名师点评】

在近几年的专升本考试中,有一类直接考查原函数概念的题型.在这类题目中,要注意搞清楚所给函数之间的关系,可以通过求导确定正确答案.

真题 6 (2017. 电子)下列函数中,不是 $\sin 2x$ 的原函数的是 _____.

A. $\sin^2 x$ B. $-\cos^2 x$ C. $-\dfrac{\cos 2x}{2}$ D. $\sin x \cos x$

解   选项 A:$(\sin^2 x)' = 2\sin x \cos x = \sin 2x$;

选项 B:$(-\cos^2 x)' = -2\cos x(-\sin x) = \sin 2x$;

选项 C:$\left(-\dfrac{\cos 2x}{2}\right)' = -\dfrac{1}{2}(\cos 2x)' = \sin 2x$;

选项 D:$(\sin x \cos x)' = \left(\dfrac{1}{2}\sin 2x\right)' = \cos 2x$.

故应选 D.

【名师点评】

此题考查了原函数的基本概念,我们只需对四个选项中的每一个函数逐一进行求导,然后比对求导结果是否为 $\sin 2x$.注意求导以后三角函数的变形,选项 A 和 B 中,都用到了正弦函数的倍角公式.选项 D 中正弦函数与余弦函数的乘积形式,也可以先利用倍角公式变形后再求导,比直接对乘积式求导简单.

真题 7 (2015. 计算机)若 $\int f(x)\mathrm{d}x = x\mathrm{e}^{-2x}+C$,则 $f(x)$ 等于 _____.其中 C 为常数.

A. $-2x\mathrm{e}^{-2x}$ B. $-2x^2\mathrm{e}^{-2x}$ C. $(1-2x)\mathrm{e}^{-2x}$ D. $(1-2x^2)\mathrm{e}^{-2x}$

解   根据不定积分的定义可得

$$f(x) = \left[\int f(x)\mathrm{d}x\right]' = \mathrm{e}^{-2x} + x\mathrm{e}^{-2x}(-2) = \mathrm{e}^{-2x}(1-2x).$$

故应选 C.

考点 二 不定积分的基本性质

真题 8 (2018. 2019. 机械、交通)设 $f(x)$ 在 $(-\infty, +\infty)$ 内连续,则 $\dfrac{\mathrm{d}}{\mathrm{d}x}\left[\int f(x)\mathrm{d}x\right] =$ _____.

解   根据不定积分的性质,求不定积分与求导是互逆运算,所以 $\dfrac{\mathrm{d}}{\mathrm{d}x}\left[\int f(x)\mathrm{d}x\right] = f(x)$.

故应填 $f(x)$.

【名师点评】

本题考查不定积分的基本性质.要注意符号 $\dfrac{\mathrm{d}}{\mathrm{d}x}\left[\int f(x)\mathrm{d}x\right]$ 与 $\left[\int f(x)\mathrm{d}x\right]'$ 是等效的.

真题 9 (2017. 会计)如果函数 $f(x)$ 的导函数为 $\sin x$,则 $f(x)$ 的一个原函数是 _____.

A. $1+\sin x$ B. $1-\sin x$

视频讲解
（扫码 关注）

C. $1+\cos x$ D. $1-\cos x$

解 因为 $f'(x) = \sin x$，$f(x) = \int \sin x \, dx = -\cos x + C_1$，

则 $\int f(x)dx = \int(-\cos x + C_1)dx = -\sin x + C_1 x + C_2$，只有选项 B 的函数符合该形式.

故应选 B.

【名师点评】

本题也可以根据所求原函数的导数为 $f(x)$，而 $f(x)$ 的导数为 $\sin x$，因此所求原函数的二阶导数为 $\sin x$，从而只需验证哪个选项求二阶导数后为 $\sin x$ 即可. 这种方法可以避免处理每次积分生成的任意常数.

真题 10 (2017.国贸)C 为任意常数，且 $F'(x) = f(x)$，则下列等式成立的是 _____.

A. $\int F'(x)dx = f(x) + C$ B. $\int f'(x)dx = F(x) + C$

C. $\int F(x)dx = F'(x) + C$ D. $\int f(x)dx = F(x) + C$

解 由不定积分的性质，一个可导函数，对其先求导，再求不定积分，结果与该函数只差一个常数 C，故选项 A 与选项 B 不正确. 选项 C 中，$\int F(x)dx$ 表示求 $F(x)$ 的所有原函数，而 $F'(x)$ 不是 $F(x)$ 的原函数，故选项 C 不正确. 选项 D，由已知 $F'(x) = f(x)$，所以 $F(x)$ 是 $f(x)$ 的一个原函数，因此 $\int f(x)dx = F(x) + C$，选项 D 正确.

故应选 D.

真题 11 (2017.交通) 设 $f(x)$ 为可导函数，则下列结果正确的是 _____.

A. $\int f(x)dx = f(x)$ B. $\left[\int f(x)dx\right]' = f(x)$

C. $\int f'(x)dx = f(x)$ D. $\left[\int f(x)dx\right]' = f(x) + C$

解 选项 A 显然不成立；选项 B，$\left[\int f(x)dx\right]'$ 是对函数 $f(x)$ 先求不定积分再求导，函数 $f(x)$ 不变，正确；选项 C，求不定积分 $\int f'(x)dx$，也就是要找哪个函数的导函数是 $f'(x)$，当然是 $f(x)$，但是不定积分是求被积函数的全体原函数，故原函数应该为 $f(x) + C$，所以选项 C 错误；根据选项 B 可以得出选项 D 是错误的.

故应选 B.

【名师点评】

这类题目属于专升本考试中常考的基本题型，主要考查不定积分与求导数（或微分）互为逆运算的性质：

(1) $\left[\int f(x)dx\right]' = f(x)$ 或 $d\left[\int f(x)dx\right] = f(x)dx$；

(2) $\int F'(x)dx = F(x) + C$ 或 $\int dF(x) = F(x) + C$.

真题 12 (2017.土木) 已知 $\int f(x)dx = \sin x \cos x + C$，则 $f(x) =$ _____.

解 $f(x) = \left[\int f(x)dx\right]' = (\sin x \cos x + C)' = (\frac{1}{2}\sin 2x)' = \cos 2x$.

故应填 $\cos 2x$.

真题 13 (2016.机械、交通) 已知 $\int f(\sqrt{x}) \frac{1}{\sqrt{x}}dx = x + \ln x + C$，则 $f(x) =$ _____.

解 方程两边同时求导，得 $f(\sqrt{x}) \cdot \frac{1}{\sqrt{x}} = 1 + \frac{1}{x}$，令 $t = \sqrt{x}$，则 $f(t) \cdot \frac{1}{t} = 1 + \frac{1}{t^2}$，所以 $f(t) = t + \frac{1}{t}$ 即 $f(x) = x + \frac{1}{x}$.

故应填 $x + \frac{1}{x}$.

真题 14 (2016.机械、电气) 已知 $\int f(x+1)dx = xe^{x+1} + C_1$，则 $f(x) =$ _____.

解 方程两边同时求导得:$f(x+1)=\mathrm{e}^{x+1}+x\mathrm{e}^{x+1}=(1+x)\mathrm{e}^{x+1}$,所以 $f(x)=x\mathrm{e}^{x}$.
故应填 $x\mathrm{e}^{x}$.

【名师点评】

上述三题求解方法相同,主要考查不定积分的概念和不定积分与求导运算互为逆运算的关系,通过对等式两边同时求导数,得到被积函数表达式,然后适当变形得到所求函数的表达式.

视频讲解
(扫码 关注)

考点 三 基本积分公式

真题 15 (2024. 高数 Ⅲ)求不定积分 $\int(2\tan^2 x-x+5)\,\mathrm{d}x$.

解 $\int(2\tan^2 x-x+5)\,\mathrm{d}x=\int(2\sec^2 x-x+3)\,\mathrm{d}x=2\tan x-\dfrac{1}{2}x^2+3x+C.$

【名师点评】

专升本考试中,不定积分计算经常含有三角函数问题,应熟练掌握常见三角函数公式.

真题 16 (2019. 财经)不定积分 $\int(2^x-x^3)\,\mathrm{d}x$ 的结果为 _____.

A. $2^x\ln 2-3x^2+C$ B. $\dfrac{2^x}{\ln 2}-\dfrac{x^4}{4}+C$ C. $2^x\ln 2-\dfrac{1}{4}x^4+C$ D. $\dfrac{2^x}{\ln 2}-3x^2+C$

解 $\int(2^x-x^3)\,\mathrm{d}x=\int 2^x\,\mathrm{d}x-\int x^3\,\mathrm{d}x=\dfrac{2^x}{\ln 2}-\dfrac{x^4}{4}+C.$

故应选 B.

真题 17 (2016. 土木)计算 $\int\sqrt{x}\,(x^2-5)\,\mathrm{d}x=$ _____.

解 由幂函数的不定积分公式可得

$$\int\sqrt{x}\,(x^2-5)\,\mathrm{d}x=\int(x^{\frac{5}{2}}-5x^{\frac{1}{2}})\,\mathrm{d}x=\dfrac{2}{7}x^{\frac{7}{2}}-\dfrac{10}{3}x^{\frac{3}{2}}+C.$$

故应填 $\dfrac{2}{7}x^{\frac{7}{2}}-\dfrac{10}{3}x^{\frac{3}{2}}+C.$

【名师点评】

在专升本考试中,此类题有的可以直接利用基本积分公式,有的需要根据被积函数的特点进行适当的初等变形,然后再使用不定积分性质分解成若干可直接用基本积分公式的情况.该题型一般以选择题、填空题的形式出现.

❖ 考点方法综述

序号	本单元考点与方法总结
1	原函数与不定积分的概念和它们之间的关系是常考的基本题型之一. 原函数:若 $F'(x)=f(x)$,称 $F(x)$ 为 $f(x)$ 的一个原函数. 原函数存在定理:连续函数必有原函数. 不定积分:原函数的全体,$\displaystyle\int f(x)\,\mathrm{d}x=F(x)+C.$
2	不定积分的基本性质: $\displaystyle\int[f_1(x)\pm f_2(x)\pm\cdots\pm f_n(x)]\,\mathrm{d}x=\int f_1(x)\,\mathrm{d}x\pm\int f_2(x)\,\mathrm{d}x\pm\cdots\pm\int f_n(x)\,\mathrm{d}x.$ $\displaystyle\int k\cdot f(x)\,\mathrm{d}x=k\cdot\int f(x)\,\mathrm{d}x(其中\,k\,是常数).$ $\displaystyle\left[\int f(x)\,\mathrm{d}x\right]'=f(x),\quad\int f'(x)\,\mathrm{d}x=f(x)+C.$ $\displaystyle\mathrm{d}\left[\int f(x)\,\mathrm{d}x\right]=f(x)\,\mathrm{d}x,\quad\int\mathrm{d}f(x)=f(x)+C.$

第二单元　　不定积分的计算

✦ 考纲内容解读

新大纲基本要求	新大纲名师解读
1.熟练掌握不定积分的换元法. 2.熟练掌握不定积分的分部积分法. 3.掌握简单有理函数的不定积分的求法.	根据考试大纲的要求,本单元重点是灵活运用所学的积分法计算不定积分.常用的积分方法为分项积分法、凑微分法(第一换元法)、第二换元法中的三角代换和简单的根式代换、分部积分法.在运用这些方法时,注意总结题型及其常用的积分法.

考 点 知 识 梳 理

一、分项积分法

如果被积函数不能够直接运用基本积分公式,但是通过拆项、添项、减项后,将被积函数分成几个能够直接积分的函数的和、差形式,就可以利用基本积分公式将积分求出.例如,$\int \dfrac{f(x)+g(x)}{f(x)g(x)}\mathrm{d}x = \int \dfrac{1}{f(x)}\mathrm{d}x + \int \dfrac{1}{g(x)}\mathrm{d}x$.

【名师解析】

分项积分法中"分项"的主要目的是把不容易直接积分的函数的商或者乘积形式改写成容易分别积分的函数的和、差形式.其中,对函数商即分式的变形,经常利用分母的形式变化分子,有时也会对分子进行加减项,使得变形后方便与分母约分,实现分项求解的目的.

二、第一换元法(凑微分法)

若 $\int f(u)\mathrm{d}u = F(u)+C$,且 $u = \varphi(x)$ 可导,则 $\int f[\varphi(x)]\,\varphi'(x)\mathrm{d}x = F[\varphi(x)]+C$.第一换元法也叫**凑微分法**,此法主要由五个基本步骤组成:

$$原式\xlongequal{恒等变形}\int f[\varphi(x)]\varphi'(x)\mathrm{d}x \xlongequal{凑微分}\int f[\varphi(x)]\mathrm{d}\varphi(x)$$

$$\xlongequal{换元\,\varphi(x)=u}\int f(u)\mathrm{d}u \xlongequal{利用公式}F(u)+C \xlongequal{回代\,u=\varphi(x)}F[\varphi(x)]+C.$$

常见的凑微分的形式:

1. $f(ax+b)\mathrm{d}x = \dfrac{1}{a}f(ax+b)\mathrm{d}(ax+b)$.

2. $f(x^{n+1})x^{n}\mathrm{d}x = \dfrac{1}{n+1}f(x^{n+1})\mathrm{d}(x^{n+1})$.

3. $f(\dfrac{1}{x})\dfrac{1}{x^{2}}\mathrm{d}x = -f(\dfrac{1}{x})\mathrm{d}(\dfrac{1}{x})$.

4. $f(\sqrt{x})\dfrac{1}{\sqrt{x}}\mathrm{d}x = 2f(\sqrt{x})\mathrm{d}(\sqrt{x})$.

5. $f(a\ln x+b)\dfrac{1}{x}\mathrm{d}x = \dfrac{1}{a}f(a\ln x+b)\mathrm{d}(a\ln x+b)$.

6. $\int f(be^x + c)e^x dx = \frac{1}{b} \int f(be^x + c)d(be^x + c)$.

7. $\int f(\sin x)\cos x dx = \int f(\sin x)d(\sin x)$.

$\int f(\cos x)\sin x dx = -\int f(\cos x)d(\cos x)$.

8. $\int f(\tan x)\sec^2 x dx = \int f(\tan x)d(\tan x)$.

9. $\int f(\sec x)\sec x \tan x dx = \int f(\sec x)d(\sec x)$.

【名师解析】

凑微分法为求解复合函数的积分提供了一个很好的思路,主要处理被积函数是乘积或者商的形式,而且两个乘积因子之间或者分子分母之间有一定的导数关系,多数是复合函数中的内层函数和另外一个因子有导数关系,有这样特点的不定积分可以考虑用第一换元法计算.计算时按照上述"五个基本步骤"求解,不易出错,做题熟练了,可以省略恒等变形和换元的步骤.

运用第一换元法进行不定积分运算的难点,在于从被积函数中找出合适的部分改写成相关的导数形式 $\varphi'(x)$,同 dx 凑出 $d\varphi(x)$ 来,而且凑微分时要注意系数的配平过程.熟记以上给出的常见类型的凑微分形式,会给解题带来帮助.

三、第二换元法(变量代换法)

1. 第二换元法

设 $x = \varphi(t)$ 单调可导,且 $\varphi'(t) \neq 0$,若 $\int f[\varphi(t)]\varphi'(t)dt = F(t)+C$,则

$$\int f(x)dx = \int f[\varphi(t)]d\varphi(t) = \int f[\varphi(t)]\varphi'(t)dt = F(t)+C = F[\varphi^{-1}(x)]+C.$$

2. 常用的换元方法

(1) 三角代换

如果被积函数中含有 $\sqrt{a^2 - x^2}$,可作代换 $x = a\sin t$,$-\frac{\pi}{2} \leqslant t \leqslant \frac{\pi}{2}$;

如果被积函数中含有 $\sqrt{x^2 - a^2}$,可作代换 $x = a\sec t$,$0 < t < \frac{\pi}{2}$;

如果被积函数中含有 $\sqrt{x^2 + a^2}$,可作代换 $x = a\tan t$,$-\frac{\pi}{2} < t < \frac{\pi}{2}$.

(2) 根式代换

如果被积函数中含有 $\sqrt[n]{ax \pm b}$,可作代换 $t = \sqrt[n]{ax \pm b}$;

若被积函数中出现 $\sqrt{1+e^x}$ 这类函数,也可以作代换 $t = \sqrt{1+e^x}$.

【名师解析】

第一类换元积分法可以省去中间的换元过程,因此新变量可以不出现,而第二类换元积分法必须进行换元,即新变量必须出现,故最后一定注意变量还原.

四、分部积分法

设函数 $u(x)$,$v(x)$ 在闭区间 $[a,b]$ 上具有连续导数,则有

$$\int uv'dx = \int u dv = uv - \int v du = uv - \int vu'dx,$$

这就是**分部积分公式**.

【名师解析】

分部积分法主要适用于不同类型的函数相乘求积分.公式中 u 和 v' 的选取至关重要.一般地,如果被积函数是两类基本初等函数的乘积,多数情况下,可按"反三角函数、对数函数、幂函数、三角函数、指数函数"的顺序,将排在前面的那类函数选作 u,排在后面的那类函数选作 v'.

五、有理函数的积分方法

两个多项式的商 $\frac{P(x)}{Q(x)}$ 所表示的函数称为**有理函数**,又称有理分式.假定分子多项式 $P(x)$ 与分母多项式 $Q(x)$ 之间

没有公因式.当分子多项式 $P(x)$ 的次数小于分母多项式 $Q(x)$ 的次数时,称有理函数为**真分式**,否则称为**假分式**.

对于一个假分式,利用多项式的除法,总可以化成一个多项式与一个真分式之和的形式.

对于真分式 $\dfrac{P(x)}{Q(x)}$,如果分母可分解为两个多项式的乘积 $Q(x)=Q_1(x)\cdot Q_2(x)$,且 $Q_1(x)$ 与 $Q_2(x)$ 没有公因式,

那么它可拆成两个真分式之和 $\dfrac{P(x)}{Q(x)}=\dfrac{P_1(x)}{Q_1(x)}+\dfrac{P_2(x)}{Q_2(x)}$.

【名师解析】

专升本考试要求同学们会求解简单的有理函数积分问题.有理函数的积分可以化为多项式的积分与有理真分式的积分之和的形式,而多项式的积分易求,因此可多关注求有理真分式的积分.有些较为简单的有理函数的积分也可以直接按照分项积分法来求解.

考点例题分析

考点 一　分项积分法

例 15　求下列不定积分.

$(1)\displaystyle\int \dfrac{3x^4+3x^2+1}{x^2+1}\mathrm{d}x$;

$(2)\displaystyle\int \dfrac{2x^2+1}{x^2(x^2+1)}\mathrm{d}x$;

$(3)\displaystyle\int \dfrac{1}{x^2(x^2+1)}\mathrm{d}x$;

$(4)\displaystyle\int \dfrac{\mathrm{d}x}{x(1+x)}$;

$(5)\displaystyle\int \dfrac{2x^4}{x^2+1}\mathrm{d}x$;

$(6)\displaystyle\int \dfrac{(x-1)^3}{x^2}\mathrm{d}x$.

视频讲解
（扫码 关注）

解　$(1)\displaystyle\int \dfrac{3x^4+3x^2+1}{x^2+1}\mathrm{d}x=\int (3x^2+\dfrac{1}{x^2+1})\mathrm{d}x=x^3+\arctan x+C.$

$(2)\displaystyle\int \dfrac{2x^2+1}{x^2(x^2+1)}\mathrm{d}x=\int \dfrac{x^2+(x^2+1)}{x^2(x^2+1)}\mathrm{d}x=\int \dfrac{1}{x^2+1}\mathrm{d}x+\int \dfrac{1}{x^2}\mathrm{d}x=\arctan x-\dfrac{1}{x}+C.$

$(3)\displaystyle\int \dfrac{1}{x^2(x^2+1)}\mathrm{d}x=\int \dfrac{(1+x^2)-x^2}{x^2(x^2+1)}\mathrm{d}x=\int \dfrac{1}{x^2}\mathrm{d}x-\int \dfrac{1}{1+x^2}\mathrm{d}x=-\dfrac{1}{x}-\arctan x+C.$

$(4)\displaystyle\int \dfrac{\mathrm{d}x}{x(1+x)}=\int \left(\dfrac{1}{x}-\dfrac{1}{1+x}\right)\mathrm{d}x=\int \dfrac{1}{x}\mathrm{d}x-\int \dfrac{1}{1+x}\mathrm{d}(1+x)=\ln\left|\dfrac{x}{1+x}\right|+C.$

$(5)\displaystyle\int \dfrac{2x^4}{x^2+1}\mathrm{d}x=2\int \dfrac{(x^4-1)+1}{x^2+1}\mathrm{d}x=2\int (x^2-1)\mathrm{d}x+2\int \dfrac{1}{1+x^2}\mathrm{d}x=\dfrac{2x^3}{3}-2x+2\arctan x+C.$

$(6)\displaystyle\int \dfrac{(x-1)^3}{x^2}\mathrm{d}x=\int \dfrac{x^3-3x^2+3x-1}{x^2}\mathrm{d}x=\int x\mathrm{d}x-\int 3\mathrm{d}x+3\int \dfrac{1}{x}\mathrm{d}x-\int \dfrac{1}{x^2}\mathrm{d}x$

$\qquad\qquad =\dfrac{1}{2}x^2-3x+3\ln|x|+\dfrac{1}{x}+C.$

【名师点评】

基本积分表中没有这些函数的积分,我们通过拆项、添项、减项等方法灵活运用分项技巧,将被积函数分拆为基本积分表中所列的函数的和或差,然后进行逐项积分.尤其是对于分式,我们经常根据分母的形式,对分子进行加减项,加减项的原则是变形以后方便和分母约分,从而达到分项以后的每一项都比较容易求出原函数.

例 16　求下列不定积分

$(1)\displaystyle\int \dfrac{1}{1-\sin x}\mathrm{d}x$;

$(2)\displaystyle\int \dfrac{\cos x}{1+\cos x}\mathrm{d}x$.

(1) **解**　$\displaystyle\int \dfrac{1}{1-\sin x}\mathrm{d}x=\int \dfrac{1+\sin x}{1-\sin^2 x}\mathrm{d}x=\int \dfrac{1+\sin x}{\cos^2 x}\mathrm{d}x=\int (\sec^2 x+\sec x\tan x)\mathrm{d}x=\tan x+\sec x+C.$

【名师点评】

该题的分式中出现了三角函数,直接按照上题的思路对分子进行加减项不容易进行,所以利用三角函数的平方公

式，我们通过对分子分母同乘以 $1+\sin x$，使分母合并成一项，分子变为两项，这样才方便进行分项积分.

(2) **解法一** 将被积函数的分子进行加减项变形，就可以将被积函数分拆为两项进行分项积分.

$$\int \frac{\cos x}{1+\cos x}dx = \int \frac{\cos x+1-1}{1+\cos x}dx = \int \left(1-\frac{1}{1+\cos x}\right)dx$$

$$= x - \int \frac{1-\cos x}{1-\cos^2 x}dx = x - \int \frac{1}{\sin^2 x}dx + \int \frac{\cos x}{\sin^2 x}dx = x + \cot x - \frac{1}{\sin x}+C.$$

解法二 还可以利用三角函数的二倍角公式和平方关系.

$$\int \frac{\cos x}{1+\cos x}dx = \int \frac{\cos^2 \frac{x}{2}-\sin^2 \frac{x}{2}}{2\cos^2 \frac{x}{2}}dx = \frac{1}{2}\int \left(1-\tan^2 \frac{x}{2}\right)dx$$

$$= \frac{1}{2}\int \left(2-\sec^2 \frac{x}{2}\right)dx = x - \int \sec^2 \frac{x}{2}d\frac{x}{2} = x - \tan \frac{x}{2}+C.$$

【名师点评】

(2) 题有多种解法，虽然以上两种方法最终的结果在形式上不完全一致，但两种形式是可以互相转换的，都是正确的. 像这类题目，多种方法可以灵活运用. 在关于三角函数的积分求解中，经常用到三角函数的平方公式、倍角公式、万能公式等，需要大家熟练掌握常用的三角公式，并能灵活运用.

考点二　第一换元法(凑微分法)

【考点分析】

在专升本的考试中，利用第一换元法计算不定积分主要是考查如何把 $\int g(x)dx$ 的被积表达式"凑"成另一个容易积分的形式

$$\int f[\varphi(x)]\varphi'(x)dx = \int f[\varphi(x)]d\varphi(x) = \int f(u)du,$$

关键在于确定 $d\varphi(x)$，一般我们是将乘积或者分式中较为简单的因子改写成和另一个因子相关的导数形式，然后再进行凑微分，这样才能保证凑微分后方便换元.

例 17 求下列不定积分 (1) $\int \frac{1}{2+3x}dx$；　(2) $\int \frac{2x^3}{1-x^4}dx$.

解 (1) $\int \frac{1}{2+3x}dx = \frac{1}{3}\int \frac{1}{2+3x}(2+3x)'dx = \frac{1}{3}\int \frac{1}{2+3x}d(2+3x) = \frac{1}{3}\int \frac{1}{u}du$

视频讲解
(扫码 关注)

$$= \frac{1}{3}\ln|u|+C = \frac{1}{3}\ln|2+3x|+C.$$

【名师点评】

在积分的恒等变形中，$dx = d(x\pm b)$，$dx = \frac{1}{a}d(ax\pm b)(a\ne 0)$ 是两个常用的变形形式. 根据被积函数的特点，有时可以按这两种形式直接对 dx 进行变形，相当于凑微分的过程.

(2) $\int \frac{2x^3}{1-x^4}dx = -\frac{1}{2}\int \frac{1}{1-x^4}(1-x^4)'dx = -\frac{1}{2}\int \frac{1}{1-x^4}d(1-x^4) = -\frac{1}{2}\int \frac{1}{u}du$

$$= -\frac{1}{2}\ln|u|+C = -\frac{1}{2}\ln|1-x^4|+C.$$

【名师点评】

第一换元法主要应用于被积函数为两函数的乘积形式或者商的形式，并且乘积因子或分子分母之间有一定的导数关系.

利用第一换元法求不定积分，需要把被积函数的一个因子改写成导数形式去凑微分，要注意不一定是改写成其原函数的导数，而是乘积或者分式中另一个函数或者其内层函数的导数，这样凑微分以后才方便将相同的变量进行换元. 例如本例(2)中为了凑微分，应将分子 $2x^3$ 根据分母改写成 $-\frac{1}{2}(1-x^4)'$，而不是改成 $\frac{1}{2}(x^4)'$，这是初学者很容易出错的地方.

两题均为 $\int x^m f(x^{m+1}+a)dx$ 形式的不定积分，一般将 x^m 改写成 $\frac{1}{m+1}(x^{m+1}+a)'$ 去凑微分，令 $u=x^{m+1}+a$，则 $\int x^m f(x^{m+1}+a)dx = \frac{1}{m+1}\int f(x^{m+1}+a)d(x^{m+1}+a) = \frac{1}{m+1}\int f(u)du$，第一换元法中的换元过程，做题熟练可以省略

不写.

例 18　设 $a > 0$，则 $\displaystyle\int \frac{1}{\sqrt{a^2 - x^2}} \mathrm{d}x =$ _____.

A. $\arctan x + 1$　　　　B. $\arctan x + C$　　　　C. $\arcsin x + 1$　　　　D. $\arcsin \dfrac{x}{a} + C$

解　$\displaystyle\int \frac{1}{\sqrt{a^2 - x^2}} \mathrm{d}x = \frac{1}{a}\int \frac{1}{\sqrt{1 - \left(\frac{x}{a}\right)^2}} \mathrm{d}x = \int \frac{1}{\sqrt{1 - \left(\frac{x}{a}\right)^2}} \mathrm{d}\left(\frac{x}{a}\right) = \arcsin\frac{x}{a} + C.$

故应选 D.

【名师点评】

此积分形式和已知积分公式 $\displaystyle\int \frac{1}{\sqrt{1 - x^2}} \mathrm{d}x = \arcsin x + C$ 非常接近，因此为了能方便求解，我们对原积分进行恒等变形，使之与已有公式形式上保持一致，换元后就可以利用已有公式求解原函数了，该题求解省略了换元的过程.

本题的结论可以当作变形公式来应用. 同理由公式 $\displaystyle\int \frac{1}{1 + x^2} \mathrm{d}x = \arctan x + C$ 还可以推导出变形公式 $\displaystyle\int \frac{1}{a^2 + x^2} \mathrm{d}x = \frac{1}{a}\arctan\frac{x}{a} + C.$ 这两个变形公式熟记后，计算时可以直接应用.

例 19　求下列不定积分　(1) $\displaystyle\int \frac{\sin\sqrt{x}}{\sqrt{x}} \mathrm{d}x$；　　　　(2) $\displaystyle\int \frac{1}{\sqrt{x}\,(1 + x)} \mathrm{d}x.$

解　(1) $\displaystyle\int \frac{\sin\sqrt{x}}{\sqrt{x}} \mathrm{d}x = \int \sin\sqrt{x} \cdot \frac{1}{\sqrt{x}} \mathrm{d}x = 2\int \sin\sqrt{x}\,(\sqrt{x})' \mathrm{d}x = 2\int \sin\sqrt{x}\,\mathrm{d}(\sqrt{x})$

$$= -2\cos\sqrt{x} + C.$$

(2) $\displaystyle\int \frac{1}{\sqrt{x}\,(1 + x)} \mathrm{d}x = \int \frac{1}{1 + (\sqrt{x})^2} \cdot \frac{1}{\sqrt{x}} \mathrm{d}x = 2\int \frac{1}{1 + (\sqrt{x})^2} \cdot (\sqrt{x})'\,\mathrm{d}x$

$$= 2\int \frac{1}{1 + (\sqrt{x})^2} \mathrm{d}(\sqrt{x}) = 2\arctan\sqrt{x} + C.$$

【名师点评】

此类题目为 $\displaystyle\int f(\sqrt{x}) \cdot \frac{1}{\sqrt{x}} \mathrm{d}x$ 形式的不定积分，一般将 $\dfrac{1}{\sqrt{x}}$ 改写成 $(2\sqrt{x})'$ 去凑微分，令 $u = \sqrt{x}$，则 $\displaystyle\int f(\sqrt{x}) \cdot \frac{1}{\sqrt{x}} \mathrm{d}x$ $= 2\displaystyle\int f(\sqrt{x})\mathrm{d}\sqrt{x} = 2\int f(u)\mathrm{d}u$，换元后再求不定积分，熟练了可以省略换元的过程.

例 20　求下列不定积分 (1) $\displaystyle\int \frac{\mathrm{d}x}{x(1 + 3\ln x)}$；　　　　(2) $\displaystyle\int \frac{\mathrm{d}x}{x\ln^2 x}.$

视频讲解
(扫码 关注)

解　若被积函数中含有 $\dfrac{1}{x}$ 与 $\ln x$，可以将 $\dfrac{1}{x}$ 改写成 $(\ln x)'$ 或 $\dfrac{1}{a}(a\ln x + b)'$，凑微分、换元后再求不定积分.

(1) $\displaystyle\int \frac{\mathrm{d}x}{x(1 + 3\ln x)} = \frac{1}{3}\int \frac{1}{1 + 3\ln x}(1 + 3\ln x)'\mathrm{d}x = \frac{1}{3}\int \frac{\mathrm{d}(1 + 3\ln x)}{1 + 3\ln x} = \frac{1}{3}\ln|1 + 3\ln x| + C.$

(2) $\displaystyle\int \frac{\mathrm{d}x}{x\ln^2 x} = \int \frac{1}{\ln^2 x}(\ln x)'\mathrm{d}x = \int \frac{1}{\ln^2 x}\mathrm{d}(\ln x) = -\frac{1}{\ln x} + C.$

【名师点评】

此类题目为 $\displaystyle\int f(a\ln x + b) \cdot \frac{1}{x} \mathrm{d}x$ 形式的不定积分，一般将 $\dfrac{1}{x}$ 改写成 $\dfrac{1}{a}(a\ln x + b)'$ 去凑微分，令 $u = a\ln x + b$，则 $\displaystyle\int f(a\ln x + b) \cdot \frac{1}{x} \mathrm{d}x = \frac{1}{a}\int f(a\ln x + b)\mathrm{d}(a\ln x + b) = \frac{1}{a}\int f(u)\mathrm{d}u$，换元后再求不定积分，熟练了可以省略换元的过程.

例 21　求下列不定积分 (1) $\displaystyle\int \frac{\cos\frac{1}{x}}{x^2} \mathrm{d}x$；　　　　(2) $\displaystyle\int \frac{1}{x^2}\mathrm{e}^{\frac{2}{x}} \mathrm{d}x.$

解 (1) $\displaystyle\int \dfrac{\cos\frac{1}{x}}{x^2}\,\mathrm{d}x = \int\left(\cos\frac{1}{x}\right)\cdot\frac{1}{x^2}\,\mathrm{d}x = -\int\left(\cos\frac{1}{x}\right)\cdot\left(\frac{1}{x}\right)'\mathrm{d}x = -\int\cos\frac{1}{x}\,\mathrm{d}\left(\frac{1}{x}\right) = -\sin\frac{1}{x}+C.$

(2) $\displaystyle\int \frac{1}{x^2}\mathrm{e}^{\frac{2}{x}}\,\mathrm{d}x = -\frac{1}{2}\int \mathrm{e}^{\frac{2}{x}}\,\mathrm{d}\left(\frac{2}{x}\right) = -\frac{1}{2}\mathrm{e}^{\frac{2}{x}}+C.$

【名师点评】

此类题目为 $\displaystyle\int f\left(\frac{1}{x}\right)\cdot\frac{1}{x^2}\,\mathrm{d}x$ 形式的函数，一般将 $\dfrac{1}{x^2}$ 改写成 $-\left(\dfrac{1}{x}\right)'$ 去凑微分，令 $u=\dfrac{1}{x}$，则

$\displaystyle\int f\left(\frac{1}{x}\right)\cdot\frac{1}{x^2}\,\mathrm{d}x = -\int f\left(\frac{1}{x}\right)\mathrm{d}\frac{1}{x} = -\int f(u)\mathrm{d}u$，换元后再求不定积分.

例 22 求下列不定积分

(1) $\displaystyle\int \frac{\mathrm{e}^x}{1+\mathrm{e}^x}\,\mathrm{d}x$；　　(2) $\displaystyle\int \frac{\mathrm{e}^x}{\sqrt{1-2\mathrm{e}^x}}\,\mathrm{d}x$；　　(3) $\displaystyle\int \frac{1}{\mathrm{e}^{-x}+\mathrm{e}^x}\,\mathrm{d}x$；　　(4) $\displaystyle\int \frac{1}{1+\mathrm{e}^x}\,\mathrm{d}x$.

解 若被积函数是关于 e^x 的函数，用 e^x 改写成 $(\mathrm{e}^x)'$ 或 $\dfrac{1}{a}(a\mathrm{e}^x+b)'$，凑微分、换元后再求不定积分.

(1) $\displaystyle\int \frac{\mathrm{e}^x}{1+\mathrm{e}^x}\,\mathrm{d}x = \int \frac{1}{1+\mathrm{e}^x}\cdot\mathrm{e}^x\,\mathrm{d}x = \int \frac{1}{1+\mathrm{e}^x}(1+\mathrm{e}^x)'\mathrm{d}x = \int \frac{\mathrm{d}(1+\mathrm{e}^x)}{1+\mathrm{e}^x} = \ln(1+\mathrm{e}^x)+C.$

(2) $\displaystyle\int \frac{\mathrm{e}^x}{\sqrt{1-2\mathrm{e}^x}}\,\mathrm{d}x = -\frac{1}{2}\int \frac{1}{\sqrt{1-2\mathrm{e}^x}}(1-2\mathrm{e}^x)'\mathrm{d}x = -\frac{1}{2}\int \frac{\mathrm{d}(1-2\mathrm{e}^x)}{\sqrt{1-2\mathrm{e}^x}} = -\sqrt{1-2\mathrm{e}^x}+C.$

(3) $\displaystyle\int \frac{1}{\mathrm{e}^{-x}+\mathrm{e}^x}\,\mathrm{d}x = \int \frac{\mathrm{e}^x}{1+(\mathrm{e}^x)^2}\,\mathrm{d}x = \int \frac{\mathrm{d}(\mathrm{e}^x)}{1+(\mathrm{e}^x)^2} = \arctan\mathrm{e}^x+C.$

(4) $\displaystyle\int \frac{1}{1+\mathrm{e}^x}\,\mathrm{d}x = \int \frac{1+\mathrm{e}^x-\mathrm{e}^x}{1+\mathrm{e}^x}\,\mathrm{d}x = \int\left(1-\frac{\mathrm{e}^x}{1+\mathrm{e}^x}\right)\mathrm{d}x = x-\ln(1+\mathrm{e}^x)+C.$

例 23 设 $F(x)$ 是 $f(x)$ 的一个原函数，则 $\displaystyle\int \mathrm{e}^{-x}f(\mathrm{e}^{-x})\,\mathrm{d}x =$ _____.

A. $F(\mathrm{e}^{-x})+C$ 　　　　B. $-F(\mathrm{e}^{-x})+C$ 　　　　C. $F(\mathrm{e}^x)+C$ 　　　　D. $-F(\mathrm{e}^x)+C$

解 由于 $F(x)$ 是 $f(x)$ 的一个原函数，所以 $\displaystyle\int f(x)\mathrm{d}x = F(x)+C$，于是

$\displaystyle\int \mathrm{e}^{-x}f(\mathrm{e}^{-x})\,\mathrm{d}x = -\int f(\mathrm{e}^{-x})\,\mathrm{d}\mathrm{e}^{-x} = -\int f(u)\,\mathrm{d}u = -F(u)+C = -F(\mathrm{e}^{-x})+C,$

故应选 B.

【名师点评】

此类题目为 $\displaystyle\int f(a\mathrm{e}^x+b)\mathrm{e}^x\,\mathrm{d}x$ 的形式，一般将 e^x 改写成 $\dfrac{1}{a}(a\mathrm{e}^x+b)'$ 去凑微分，令 $u=a\mathrm{e}^x+b$，则 $\displaystyle\int f(a\mathrm{e}^x+b)\mathrm{e}^x\,\mathrm{d}x$

$= \dfrac{1}{a}\displaystyle\int f(a\mathrm{e}^x+b)\mathrm{d}(a\mathrm{e}^x+b) = \dfrac{1}{a}\displaystyle\int f(u)\mathrm{d}u$，换元后再求不定积分.

例 24 求下列不定积分

(1) $\displaystyle\int \frac{\sin x}{\cos^3 x}\,\mathrm{d}x$；　　(2) $\displaystyle\int \sin^2 x\cos^3 x\,\mathrm{d}x$；　　(3) $\displaystyle\int \sin^2 x\,\mathrm{d}x$.

解 (1) $\displaystyle\int \frac{\sin x}{\cos^3 x}\,\mathrm{d}x = -\int \frac{1}{\cos^3 x}(\cos x)'\mathrm{d}x = -\int \frac{1}{\cos^3 x}\,\mathrm{d}(\cos x) = \frac{1}{2\cos^2 x}+C.$

(2) 根据三角函数的性质和第一换元积分法可得：

$\displaystyle\int \sin^2 x\cos^3 x\,\mathrm{d}x = \int \sin^2 x\cos^2 x\cdot\cos x\,\mathrm{d}x = \int \sin^2 x(1-\sin^2 x)\mathrm{d}\sin x = \frac{1}{3}\sin^3 x - \frac{1}{5}\sin^5 x+C.$

(3) 被积函数是正弦函数的偶次幂，如果将 $\sin x$ 与 $\mathrm{d}x$ 凑成 $-\mathrm{d}\cos x$，则不能作恰当的变量替换，于是考虑将其降幂，可进一步积分.

$\displaystyle\int \sin^2 x\,\mathrm{d}x = \int \frac{1-\cos 2x}{2}\,\mathrm{d}x = \int \frac{1}{2}\,\mathrm{d}x - \frac{1}{2}\int \cos 2x\,\mathrm{d}x = \frac{1}{2}x - \frac{1}{4}\sin 2x+C.$

【名师点评】

上述例题，属于被积函数是正弦函数与余弦函数的乘积的类型，可总结为以下结论，即形如 $\displaystyle\int \sin^m x\cos^n x\,\mathrm{d}x$ 不定积分

的解法:

(1)当 m 为奇数时, $\int \sin^m x \cos^n x\, \mathrm{d}x = \int \sin^{m-1} x \cos^n x \cdot \sin x\, \mathrm{d}x = -\int \sin^{m-1} x \cos^n x\, \mathrm{d}\cos x$;

(2)当 n 为奇数时, $\int \sin^m x \cos^n x\, \mathrm{d}x = \int \sin^m x \cos^{n-1} x \cdot \cos x\, \mathrm{d}x = \int \sin^m x \cos^{n-1} x\, \mathrm{d}\sin x$;

(3)当 m, n 为偶数时,先对正弦函数或者余弦函数进行降幂,再计算.

例 25 求不定积分 $\int \tan^3 x \sec x\, \mathrm{d}x$.

视频讲解
(扫码 关注)

解 $\displaystyle\int \tan^3 x \sec x\, \mathrm{d}x = \int \tan^2 x (\sec x \tan x)\, \mathrm{d}x = \int (\sec^2 x - 1)\, \mathrm{d}\sec x$

$\displaystyle\qquad = \frac{1}{3}\sec^3 x - \sec x + C.$

【名师点评】

由于正切函数与正割函数的平方有导数关系,被积函数中同时出现这两类函数时,可以考虑借助它们的导数关系,利用第一换元法求解,求解过程中还经常用到正割函数与正切函数的平方关系 $\sec^2 x = \tan^2 x + 1$.

另外,本题也可采用"切割化弦"的方法进行计算,

$\displaystyle\int \tan^3 x \sec x\, \mathrm{d}x = \int \frac{\sin^3 x}{\cos^4 x}\, \mathrm{d}x = -\int \frac{\sin^2 x}{\cos^4 x}\, \mathrm{d}\cos x = -\int \frac{1-\cos^2 x}{\cos^4 x}\, \mathrm{d}\cos x = \int \left(\frac{1}{\cos^2 x} - \frac{1}{\cos^4 x}\right)\, \mathrm{d}\cos x = \frac{1}{3}\cos^{-3} x - \cos^{-1} x + C.$

例 26 求下列不定积分

$(1)\displaystyle\int \frac{x}{9+x^2}\, \mathrm{d}x$; $\qquad (2)\displaystyle\int \frac{x^2}{9+x^2}\, \mathrm{d}x$; $\qquad (3)\displaystyle\int \frac{x^3}{9+x^2}\, \mathrm{d}x$; $\qquad (4)\displaystyle\int \frac{x^4}{9+x^2}\, \mathrm{d}x$.

解 $(1)\displaystyle\int \frac{x}{9+x^2}\, \mathrm{d}x = \frac{1}{2}\int \frac{1}{9+x^2}(9+x^2)'\, \mathrm{d}x = \frac{1}{2}\int \frac{1}{9+x^2}\, \mathrm{d}(9+x^2) = \frac{1}{2}\ln(9+x^2) + C.$

$(2)\displaystyle\int \frac{x^2}{9+x^2}\, \mathrm{d}x = \int \frac{x^2+9-9}{9+x^2}\, \mathrm{d}x = \int \left(1 - \frac{9}{9+x^2}\right)\, \mathrm{d}x = \int \mathrm{d}x - 9\int \frac{1}{9+x^2}\, \mathrm{d}x = x - 3\arctan \frac{x}{3} + C.$

注:后面积分可以直接利用第一换元法推导的公式 $\displaystyle\int \frac{1}{a^2+x^2}\, \mathrm{d}x = \frac{1}{a}\arctan \frac{x}{a} + C.$

$(3)\displaystyle\int \frac{x^3}{9+x^2}\, \mathrm{d}x = \int \frac{x^3+9x-9x}{9+x^2}\, \mathrm{d}x = \int \left(x - \frac{9x}{9+x^2}\right)\, \mathrm{d}x = \frac{1}{2}x^2 - \frac{9}{2}\ln(9+x^2) + C.$

$(4)\displaystyle\int \frac{x^4}{9+x^2}\, \mathrm{d}x = \int \frac{x^4-9^2+9^2}{9+x^2}\, \mathrm{d}x = \int \left(x^2 - 9 + \frac{81}{9+x^2}\right)\, \mathrm{d}x = \frac{1}{3}x^3 - 9x + 27\arctan \frac{x}{3} + C.$

【名师点评】

这一组题目形式类似,求解方法不同,有的用到第一换元法,有的用到分项积分法,有的需要把两种方法结合求解,这类有理分式的积分以后会经常遇到.一般来说,像这类分子是一项,分母是两项之和的有理分式中,分子的次数比分母低一次的,用第一换元法;分子的次数大于或等于分母的次数时,先通过对分子加减项,进行分项积分,然后再选择相应方法对分项以后的各部分积分求解.这类题目要牢固掌握,记住积分方法的判断规律.

考点三 第二换元法

【考点分析】

在专升本考试中,常常考查被积函数中含有根式的积分,如果含根式的积分无法用第一换元法求解的话,就选用第二换元法.第二换元法主要包括根式代换法和三角代换法两类,都是处理带根号的不方便用第一换元法求解的积分,但根式特点各不相同.

不管是根式代换法还是三角代换法,代换的目的主要为了去掉被积函数中的根号,从而将原不定积分化为不含根号易求解的不定积分.在三角代换法中恰当地进行三角换元是解决问题的关键,注意在具体问题中注明 t 的取值范围以保证具体问题有意义.

第二类换元积分法是先做变量替换 $x = \varphi(t)$(说明:$\varphi(t)$ 单调可导,$\varphi'(t) \neq 0$),把积分 $\int f(x)\, \mathrm{d}x$ 化为关于变量 t 的

易于求解的积分 $\int f[\varphi(t)]\varphi'(t)\, \mathrm{d}t$,然后再进行求解.与第一换元法不同的是第二换元法引入新变量的过程不能省略.

例 27 求下列不定积分

$(1) \int \dfrac{\mathrm{d}x}{1+\sqrt{2x}}$； $(2) \int \dfrac{\mathrm{d}x}{\sqrt[4]{x}+\sqrt{x}}$； $(3) \int \dfrac{\mathrm{d}x}{\sqrt[3]{x}+\sqrt{x}}$； $(4) \int \dfrac{\mathrm{d}x}{\sqrt{1+\mathrm{e}^x}}$.

解 (1) 令 $\sqrt{2x}=t$，则 $x=\dfrac{t^2}{2}$，$\mathrm{d}x=t\,\mathrm{d}t$，

所以原式 $=\dfrac{1}{2}\int\dfrac{\mathrm{d}(t^2)}{1+t}=\int\dfrac{t\,\mathrm{d}t}{1+t}=\int\dfrac{(1+t)-1}{1+t}\mathrm{d}t=t-\ln|1+t|+C=\sqrt{2x}-\ln(1+\sqrt{2x})+C.$

(2) 令 $\sqrt[4]{x}=t$，则 $x=t^4$，$\mathrm{d}x=4t^3\,\mathrm{d}t$，

所以原式 $=\int\dfrac{\mathrm{d}(t^4)}{t+t^2}=\int\dfrac{4t^3\,\mathrm{d}t}{t+t^2}=4\int\dfrac{t^2}{1+t}\mathrm{d}t=4\int\dfrac{t^2-1+1}{t+1}\mathrm{d}t$

$\qquad\qquad=4[\dfrac{t^2}{2}-t+\ln|1+t|]+C=2\sqrt{x}-4\sqrt[4]{x}+4\ln(1+\sqrt[4]{x})+C.$

(3) 令 $\sqrt[6]{x}=t$，则 $x=t^6$，$\mathrm{d}x=6t^5\,\mathrm{d}t$，

所以原式 $=\int\dfrac{\mathrm{d}(t^6)}{t^2+t^3}=\int\dfrac{6t^5\,\mathrm{d}t}{t^2+t^3}=6\int\dfrac{t^3}{1+t}\mathrm{d}t=6\int\dfrac{t^3+1-1}{t+1}\mathrm{d}t=6\int(t^2-t+1-\dfrac{1}{1+t})\mathrm{d}t$

$\qquad\qquad=6[\dfrac{t^3}{3}-\dfrac{t^2}{2}+t-\ln|1+t|]+C=2\sqrt{x}-3\sqrt[3]{x}+6\sqrt[6]{x}-6\ln(1+\sqrt[6]{x})+C.$

(4) 令 $\sqrt{1+\mathrm{e}^x}=t$，则 $x=\ln(t^2-1)$，$\mathrm{d}x=\dfrac{2t}{t^2-1}\mathrm{d}t$，

所以原式 $=\int\dfrac{1}{t}\mathrm{d}\ln(t^2-1)=\int\dfrac{1}{t}\cdot\dfrac{2t}{t^2-1}\mathrm{d}t=\int\dfrac{2\mathrm{d}t}{t^2-1}$

$\qquad\qquad=\int(\dfrac{1}{t-1}-\dfrac{1}{t+1})\mathrm{d}t=\ln\left|\dfrac{t-1}{t+1}\right|+C=\ln\left|\dfrac{\sqrt{1+\mathrm{e}^x}-1}{\sqrt{1+\mathrm{e}^x}+1}\right|+C.$

【名师点评】

当遇到被积函数中含有 $\sqrt[n]{ax+b}$ 的积分问题时，解决这类问题用第二换元法中的根式代换法，令 $t=\sqrt[n]{ax+b}$，同时解出 x 的表达式，从而写出 $\mathrm{d}x$ 换元以后的形式，将原积分转换为关于 t 的新积分，再进行计算，注意最后需要进行变量还原.

例 28 求不定积分 $\int\dfrac{1}{(2-x)\sqrt{1-x}}\mathrm{d}x$

视频讲解
（扫码关注）

解 令 $\sqrt{1-x}=t$，则 $x=1-t^2$，$\mathrm{d}x=-2t\,\mathrm{d}t$，

所以原式 $=\int\dfrac{-2t}{(1+t^2)t}\mathrm{d}t=-2\int\dfrac{1}{1+t^2}\mathrm{d}t=-2\arctan t+C=-2\arctan\sqrt{1-x}+C.$

例 29 求不定积分 $\int x^3\sqrt{3-2x^2}\,\mathrm{d}x$

解 先运用凑微分法，将被积表达式凑成关于 x^2 的函数，然后运用根式代换进行积分.

$\int x^3\sqrt{3-2x^2}\,\mathrm{d}x=\dfrac{1}{2}\int x^2\sqrt{3-2x^2}\,\mathrm{d}x^2=\dfrac{1}{2}\int u\sqrt{3-2u}\,\mathrm{d}u,$

令 $\sqrt{3-2u}=t$，则 $u=\dfrac{3-t^2}{2}$，$\mathrm{d}u=-t\,\mathrm{d}t$，

原式 $=\dfrac{1}{2}\int\dfrac{3-t^2}{2}\cdot t\cdot(-t)\mathrm{d}t=-\dfrac{1}{4}\int(3t^2-t^4)\mathrm{d}t=-\dfrac{1}{4}t^3+\dfrac{1}{20}t^5+C$

$\qquad=-\dfrac{1}{4}(3-2x^2)^{\frac{3}{2}}+\dfrac{1}{20}(3-2x^2)^{\frac{5}{2}}+C.$

【名师点评】

此题难度较大，需要将两种方法结合使用. 通过凑微分、换元达到降幂的效果，然后才方便利用根式代换法求解.

例 30 求下列不定积分（每个题目变量回代的还原过程引入的直角三角形见图 4.1、图 4.2、图 4.3）

$(1) \int\dfrac{\mathrm{d}x}{\sqrt{(2-x^2)^3}}$； $(2) \int\dfrac{\mathrm{d}x}{\sqrt{(x^2+1)^3}}$； $(3) \int\dfrac{\sqrt{x^2-9}}{x}\mathrm{d}x.\ (x>3)$

解 (1) 令 $x = \sqrt{2}\sin t, t \in \left(-\dfrac{\pi}{2}, \dfrac{\pi}{2}\right)$,

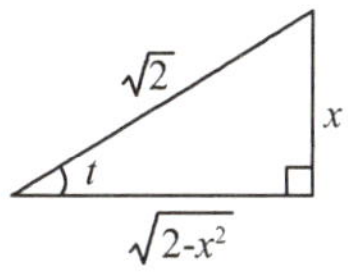

所以原式 $= \displaystyle\int \dfrac{1}{(\sqrt{2}\cos t)^3} \mathrm{d}\sqrt{2}\sin t = \int \dfrac{\sqrt{2}\cos t}{(\sqrt{2}\cos t)^3}\mathrm{d}t = \dfrac{1}{2}\int \sec^2 t\, \mathrm{d}t$

$\qquad\qquad = \dfrac{1}{2}\tan t + C = \dfrac{x}{2\sqrt{2-x^2}} + C.$

(2) 令 $x = \tan t, t \in \left(-\dfrac{\pi}{2}, \dfrac{\pi}{2}\right)$,

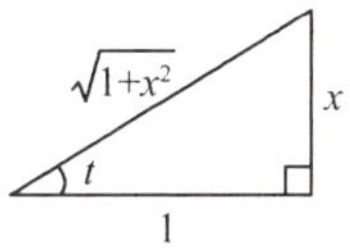

所以原式 $= \displaystyle\int \dfrac{\sec^2 t}{\sec^3 t}\mathrm{d}t = \int \cos t\, \mathrm{d}t = \sin t + C = \dfrac{x}{\sqrt{1+x^2}} + C.$

(3) 令 $x = 3\sec t, t \in \left(0, \dfrac{\pi}{2}\right)$,

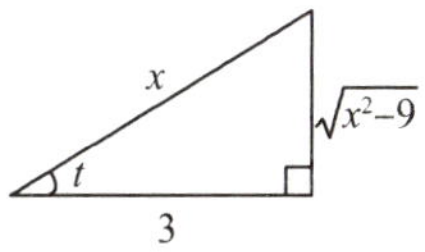

所以原式 $= \displaystyle\int \dfrac{3\tan t}{3\sec t} \cdot 3\sec t \tan t\, \mathrm{d}t = 3\int \tan^2 t\, \mathrm{d}t = 3\int(\sec^2 t - 1)\mathrm{d}t$

$\qquad\qquad = 3(\tan t - t) + C = \sqrt{x^2-9} - 3\arccos\dfrac{3}{x} + C.$

图 4.1

图 4.2

图 4.3

【名师点评】

当被积函数中含有 $\sqrt{a^2-x^2}$, $\sqrt{a^2+x^2}$, $\sqrt{x^2-a^2}$ 时,如果无法用第一换元求解,则可分别做三角代换 $x = a\sin t$, $x = a\tan t$, $x = a\sec t$,并根据被积函数特点,注明 t 的取值范围.从而将被积函数中的根号去掉.

第二换元中的根式代换法,最后变量回代的还原过程相对比较复杂,一般需引入一个直角三角形,先根据最初换元引入的三角函数,确定直角三角形的两边,再由勾股定理求出第三边,最后根据三边的表达式,用含 x 的式子表示出积分求出的关于 t 的函数,达到变量回代的目的.

考点 四 分部积分法

【考点分析】

分部积分法应用的关键在于利用分部积分公式($\int uv'\mathrm{d}x = \int u\,\mathrm{d}v = uv - \int v\,\mathrm{d}u$)时正确地选取 u 和 v'.一般地,如果被积函数是两类基本初等函数的乘积,多数情况下,可按"反三角函数、对数函数、幂函数、三角函数、指数函数"的顺序,为方便记忆,简称"反、对、幂、三、指",将排在前面的那类函数选作 u,排在后面的那类函数选作 v'.

例 31 求下列不定积分

(1) $\displaystyle\int x\sin 2x\, \mathrm{d}x$;　　　　　(2) $\displaystyle\int x\mathrm{e}^{-x}\, \mathrm{d}x$.

解 这是一类被积函数是幂函数与三角函数或指数函数乘积的积分问题,可以用分部积分法求解.

(1) 原式 $= \displaystyle\int x \cdot \left(-\dfrac{1}{2}\cos 2x\right)'\mathrm{d}x = -\dfrac{1}{2}\int x\,\mathrm{d}\cos 2x = -\dfrac{1}{2}\left[x\cos 2x - \int\cos 2x\,\mathrm{d}x\right] = -\dfrac{1}{2}x\cos 2x + \dfrac{1}{4}\sin 2x + C.$

(2) 原式 $= \displaystyle\int x \cdot (-\mathrm{e}^{-x})'\mathrm{d}x = -\int x\,\mathrm{d}(\mathrm{e}^{-x}) = -x\mathrm{e}^{-x} + \int\mathrm{e}^{-x}\mathrm{d}x = -x\mathrm{e}^{-x} - \mathrm{e}^{-x} + C = -(x+1)\mathrm{e}^{-x} + C.$

【名师点评】

当被积函数是幂函数与正弦(余弦)函数或者指数函数的乘积时,这是典型的分部积分问题.一般选取 u 为幂函数,三角函数或指数函数去凑微分.

例 32 求下列不定积分

(1) $\displaystyle\int x^2\ln x\, \mathrm{d}x$;　　(2) $\displaystyle\int \dfrac{\ln x - 1}{x^2}\mathrm{d}x$;　　(3) $\displaystyle\int \ln(1+x^2)\mathrm{d}x$.

视频讲解
(扫码 关注)

解 (1) 原式 $= \displaystyle\int \ln x \cdot \left(\dfrac{1}{3}x^3\right)'\mathrm{d}x = \dfrac{1}{3}\int \ln x\,\mathrm{d}x^3$

$$= \frac{1}{3}\left[x^3\ln x - \int x^3 \cdot \frac{1}{x}dx\right] = \frac{1}{3}x^3\ln x - \frac{1}{9}x^3 + C$$

$$= \frac{1}{9}x^3(3\ln x - 1) + C.$$

(2) 注意到被积函数的分子有两项,可以将其分拆为两项,然后利用分部积分法与凑微分法将其逐项积分,

$$原式 = \int \frac{\ln x}{x^2}dx - \int \frac{1}{x^2}dx = \frac{1}{x} - \int \ln x d(\frac{1}{x}) = \frac{1}{x} - \frac{1}{x}\ln x + \int \frac{1}{x} \cdot \frac{1}{x}dx$$

$$= \frac{1}{x} - \frac{1}{x}\ln x - \frac{1}{x} + C = -\frac{1}{x}\ln x + C.$$

(3) 被积函数只有对数函数,所以直接选择 $u = \ln(1+x^2), dv = dx$,则

$$原式 = x\ln(1+x^2) - \int x d\ln(1+x^2) = x\ln(1+x^2) - \int x \cdot \frac{2x}{1+x^2}dx = x\ln(1+x^2) - 2\int \frac{x^2+1-1}{1+x^2}dx$$

$$= x\ln(1+x^2) - 2x + 2\arctan x + C.$$

【名师点评】

当被积函数是幂函数与对数函数的乘积时,这是典型的分部积分问题.一般选取 u 为对数函数,幂函数去凑微分.

例 33 求下列不定积分:

(1) $\int x^2\arctan x dx$;　　(2) $\int \arctan x dx$;　　(3) $\int \arcsin x dx$.

解 (1) $原式 = \frac{1}{3}\int \arctan x dx^3 = \frac{1}{3}\left[x^3\arctan x - \int x^3 \cdot \frac{1}{1+x^2}dx\right]$

$$= \frac{1}{3}\left[x^3\arctan x - \int \frac{x^3+x-x}{1+x^2}dx\right] = \frac{1}{3}\left[x^3\arctan x - \int (x - \frac{x}{1+x^2})dx\right]$$

$$= \frac{1}{3}x^3\arctan x - \frac{1}{6}x^2 + \frac{1}{6}\ln(1+x^2) + C.$$

(2) $原式 = x\arctan x - \int x \cdot \frac{1}{1+x^2}dx = x\arctan x - \frac{1}{2}\int \frac{1}{1+x^2}d(1+x^2)$

$$= x\arctan x - \frac{1}{2}\ln(1+x^2) + C.$$

(3) $原式 = x\arcsin x - \int x \cdot \frac{1}{\sqrt{1-x^2}}dx = x\arcsin x + \frac{1}{2}\int \frac{1}{\sqrt{1-x^2}}d(1-x^2)$

$$= x\arcsin x + \sqrt{1-x^2} + C.$$

【名师点评】

当被积函数是幂函数与反三角函数的乘积时,这是典型的分部积分问题.一般选取 u 为反三角函数,幂函数去凑微分;而当被积函数只有一个函数,且为反三角函数或者对数函数时,一般将唯一的这个函数当作 u,将 dx 视为 dv,因此可以对这类不定积分直接利用分部积分公式求解.

例 34 求不定积分 $\int e^x\sin x dx$

解 设 $u = \sin x, dv = e^x dx = de^x$,

于是 $\int e^x\sin x dx = \int \sin x de^x = e^x\sin x - \int e^x d\sin x = e^x\sin x - \int e^x\cos x dx$(※),等式右端的积分与左端的积分是同一类型的,对右端的积分再用一次分部积分公式,即

$$\int e^x\cos x dx = \int \cos x de^x = e^x\cos x - \int e^x d\cos x = e^x\cos x + \int e^x\sin x dx.$$

代入(※)式,于是 $\int e^x\sin x dx = e^x\sin x - e^x\cos x - \int e^x\sin x dx$,由于上式右端的第三项就是所求的积分 $\int e^x\sin x dx$,因此移项得 $\int e^x\sin x dx = \frac{1}{2}e^x(\sin x - \cos x) + C.$

【名师点评】

该不定积分的被积函数为指数函数与三角函数的乘积,需要使用分部积分法.在此种类型中,被积函数的两个函数可以任意选择其中一个去凑微分,利用两次分部积分求解,两次凑微分的函数类型要保持一致,经过两次分部积分后,等式右

端往往会出现原积分形式,解决此类积分循环问题,可以将等式看作关于所求积分的方程,通过移项、解方程来求解积分.需要注意的是移项之后,方程右端已经不包含积分项,根据不定积分的定义,不定积分结果不要忘记加上任意常数C.

例35　设函数$f(x)$的一个原函数为$\dfrac{\tan x}{x}$,求$\displaystyle\int xf'(x)\mathrm{d}x$.

解　$f(x)=(\dfrac{\tan x}{x})'=\dfrac{x\sec^2 x-\tan x}{x^2}$,

$$\int xf'(x)\mathrm{d}x=\int x\mathrm{d}f(x)=xf(x)-\int f(x)\mathrm{d}x=\dfrac{x\sec^2 x-\tan x}{x}-\dfrac{\tan x}{x}+C=\sec^2 x-\dfrac{2\tan x}{x}+C.$$

例36　已知$f(x)$的一个原函数为$\dfrac{\sin x}{1+x\sin x}$,求$\displaystyle\int f(x)f'(x)\mathrm{d}x$.

解　$f(x)=\left(\dfrac{\sin x}{1+x\sin x}\right)'=\dfrac{\cos x-\sin^2 x}{(1+x\sin x)^2}$,

$$\int f(x)f'(x)\mathrm{d}x=\int f(x)\,\mathrm{d}f(x)=\dfrac{1}{2}f^2(x)+C=\dfrac{(\cos x-\sin^2 x)^2}{2(1+x\sin x)^4}+C.$$

【名师点评】

上述两题思路相同,都是从所求积分入手,先将被积函数中的导数因子和$\mathrm{d}x$凑微分,再利用分部积分法或者第一换元法求解不定积分.一般被积函数中如果出现抽象函数关于x的导数,可以先进行凑微分后,再选择合适方法进一步求解.这类题一般不需要求出$f'(x)$再积分.

例37　求下列不定积分

(1)$\displaystyle\int \mathrm{e}^{\sqrt{x}}\mathrm{d}x$;　　　　　　　　　(2)$\displaystyle\int x^3\mathrm{e}^{x^2}\mathrm{d}x$.

解　(1)注意到被积函数里含有关于x的无理根式,先作根式代换,再利用分部积分公式计算,令$t=\sqrt{x}$,则$x=t^2$,则

原式$=\displaystyle\int \mathrm{e}^t 2t\mathrm{d}t=2\int t\mathrm{d}\mathrm{e}^t=2(t\mathrm{e}^t-\int \mathrm{e}^t\mathrm{d}t)=2\mathrm{e}^t(t-1)+C=2\mathrm{e}^{\sqrt{x}}(\sqrt{x}-1)+C$.

(2)$\displaystyle\int x^3\mathrm{e}^{x^2}\mathrm{d}x=\int x^2(x\mathrm{e}^{x^2})\mathrm{d}x=\dfrac{1}{2}\int x^2(\mathrm{e}^{x^2})'\mathrm{d}x=\dfrac{1}{2}\int x^2\mathrm{d}\mathrm{e}^{x^2}=\dfrac{1}{2}x^2\mathrm{e}^{x^2}-\dfrac{1}{2}\int \mathrm{e}^{x^2}\mathrm{d}x^2=\dfrac{1}{2}x^2\mathrm{e}^{x^2}-\dfrac{1}{2}\mathrm{e}^{x^2}+C$.

例38　求下列不定积分$\displaystyle\int \dfrac{\ln(1+x)}{\sqrt{x}}\mathrm{d}x$.

解　令$\sqrt{x}=t$,则$x=t^2$,$\mathrm{d}x=2t\mathrm{d}t$

$$\int \dfrac{\ln(1+x)}{\sqrt{x}}\mathrm{d}x=\int \dfrac{\ln(1+t^2)}{t}\cdot 2t\mathrm{d}t=2\int \ln(1+t^2)\mathrm{d}t=2t\ln(1+t^2)-2\int t\mathrm{d}\ln(1+t^2)$$

$$=2t\ln(1+t^2)-4\int \dfrac{t^2}{1+t^2}\mathrm{d}t=2t\ln(1+t^2)-4\int (1-\dfrac{1}{1+t^2})\mathrm{d}t$$

$$=2t\ln(1+t^2)-4t+4\arctan t+C=2\sqrt{x}\ln(1+x)-4\sqrt{x}+4\arctan\sqrt{x}+C.$$

【名师点评】

这类题目综合性较强,需要先用第二换元法的思想去掉"根号",进而转化为分部积分问题进行求解.在专升本考试中,很多题目是需要用到多种方法求解的,所以要对各类方法灵活应用.

考点 五　简单有理函数的积分

【考点分析】

在计算不定积分时,经常用到初等数学中函数的恒等变形,通过变形后结合不定积分的公式和性质进行计算,此类题目中难点在于函数的变形过程.在计算不定积分时,若被积函数为有理分式且为假分式,可将假分式化成多项式与真分式的和再进行计算.

例39　求下列不定积分

(1)$\displaystyle\int \dfrac{\mathrm{d}x}{x^2+2x-3}$;　(2)$\displaystyle\int \dfrac{\mathrm{d}x}{x^2+2x+3}$;　(3)$\displaystyle\int \dfrac{x+1}{x^2+2x+3}\mathrm{d}x$.

解　(1)被积函数为有理分式,不能直接凑微分进行变量替换,注意到被积函数的分母可以进行分解因式

$x^2+2x-3=(x-1)(x+3)$,因此可以将被积函数分拆为简单函数差的形式,

$$\text{原式} = \int \frac{\mathrm{d}x}{(x-1)(x+3)} = \frac{1}{4}\int\left(\frac{1}{x-1} - \frac{1}{x+3}\right)\mathrm{d}x = \frac{1}{4}\ln\left|\frac{x-1}{x+3}\right| + C.$$

（2）被积函数的分母不能在实数范围内分解，但注意到分母可进行配方 $x^2+2x+3 = (x+1)^2+2$，所以可以作变量替换 $u = x+1$，故

$$\text{原式} = \int \frac{\mathrm{d}(x+1)}{(x+1)^2+2} = \int \frac{1}{u^2+(\sqrt{2})^2}\mathrm{d}u = \frac{1}{\sqrt{2}}\arctan\frac{u}{\sqrt{2}} + C = \frac{1}{\sqrt{2}}\arctan\frac{x+1}{\sqrt{2}} + C.$$

（3）注意到被积函数的分母的导数为 $(x^2+2x+3)' = 2(x+1)$，从而分子调整系数后与 $\mathrm{d}x$ 可凑出分母的微分，故

$$\text{原式} = \frac{1}{2}\int \frac{1}{x^2+2x+3}\mathrm{d}(x^2+2x+3) = \frac{1}{2}\ln(x^2+2x+3) + C.$$

【名师点评】

由于这三个题目比较接近，作为例题我们放在一起进行比较学习。三个题中只有第一个题用到了有理分式分母因式分解后对分式进行裂项，再分项积分的方法；而第二个题的有理分式，分母不能因式分解，可以通过配方、换元实现求解；第三题的分式中，分子和分母有导数关系，因此可以选择第一换元法。看上去很接近的三个题目，解法完全不同，所以大家要善于观察函数形式和特点，正确选择适合的积分方法是关键。

例 40 求不定积分 $\displaystyle\int \frac{x+1}{x^2-5x+6}\mathrm{d}x$.

解 被积函数的分母分解成 $(x-2)(x-3)$，故可设 $\dfrac{x+1}{x^2-5x+6} = \dfrac{A}{x-3} + \dfrac{B}{x-2}$，其中 A,B 为待定系数。上式两端去分母后，得 $x+1 = A(x-2)+B(x-3)$，即 $x+1 = (A+B)x - 2A - 3B$.

比较上式两端同次幂的系数，即有 $\begin{cases} A+B=1, \\ 2A+3B=-1, \end{cases}$ 从而解得 $A=4,B=-3$.

于是，$\displaystyle\int \frac{x+1}{x^2-5x+6}\mathrm{d}x = \int\left(\frac{4}{x-3} - \frac{3}{x-2}\right)\mathrm{d}x = 4\ln|x-3| - 3\ln|x-2| + C.$

考点真题解析

考点一 分项积分法与简单有理函数的积分

真题 18 （2024.高数 Ⅰ）求不定积分 $\displaystyle\int \frac{x^2+5x+2}{x^2+4}\mathrm{d}x$.

解
$$\int \frac{x^2+5x+2}{x^2+4}\mathrm{d}x = \int \frac{(x^2+4)+5x-2}{x^2+4}\mathrm{d}x = \int\left(1 + \frac{5x}{x^2+4} - \frac{2}{x^2+4}\right)\mathrm{d}x.$$
$$= x + \int \frac{5x}{x^2+4}\mathrm{d}x - 2\int \frac{1}{x^2+4}\mathrm{d}x = x + \frac{5}{2}\int \frac{1}{x^2+4}\mathrm{d}(x^2+4) - \arctan\frac{x}{2}$$
$$= x + \frac{5}{2}\ln(x^2+4) - \arctan\frac{x}{2} + C$$

真题 19 （2023.高数 Ⅱ）求不定积分 $\displaystyle\int \frac{2x^3-x+3}{x^2}\mathrm{d}x$.

解 $\displaystyle\int \frac{2x^3-x+3}{x^2}\mathrm{d}x = \int\left(2x - \frac{1}{x} + \frac{1}{x^2}\right)\mathrm{d}x = x^2 - \ln|x| - \frac{3}{x} + C.$

真题 20 （2014.土木）求不定积分 $\displaystyle\int \frac{1}{x^2-1}\mathrm{d}x$.

解 $\displaystyle\int \frac{1}{x^2-1}\mathrm{d}x = \int \frac{1}{(x-1)(x+1)}\mathrm{d}x = \frac{1}{2}\int\left(\frac{1}{x-1} - \frac{1}{x+1}\right)\mathrm{d}x = \frac{1}{2}\ln\left|\frac{x-1}{x+1}\right| + C.$

【名师点评】

以上两例有理分式的不定积分，分子部分为 1 或者其他常数，分母部分可以进行分解因式的，可以考虑通过将分式进行分项（裂项），然后再积分。一般来说，分母部分因式分解以后的两个乘积因子之间如果只相差一个常数，都可以裂项

成两个分式之差,注意系数的配平过程不要漏掉.

真题 21 (2011.理工) 求不定积分 $\displaystyle\int \frac{1}{\sin^2 x \cdot \cos^2 x}\mathrm{d}x$.

解 $\displaystyle\int \frac{1}{\sin^2 x \cdot \cos^2 x}\mathrm{d}x = \int \frac{\sin^2 x + \cos^2 x}{\sin^2 x \cos^2 x}\mathrm{d}x = \int \frac{1}{\cos^2 x}\mathrm{d}x + \int \frac{1}{\sin^2 x}\mathrm{d}x = \tan x - \cot x + C.$

【名师点评】

三角函数中,有三个常用的平方公式要牢记: $\sin^2 x + \cos^2 x = 1$, $\tan^2 x + 1 = \sec^2 x$, $\cot^2 x + 1 = \csc^2 x$.

考点二　第一换元法(凑微分法)

真题 22 (2023.高数Ⅰ) 求不定积分 $\displaystyle\int \frac{\mathrm{d}x}{x^2 + 10x + 26}$.

解 $\displaystyle\int \frac{1}{x^2 + 10x + 26}\mathrm{d}x = \int \frac{1}{(x+5)^2 + 1}\mathrm{d}x = \int \frac{1}{(x+5)^2 + 1}\mathrm{d}(x+5) = \arctan(x+5) + C.$

真题 23 (2020.高数Ⅰ) 求不定积分 $\displaystyle\int \frac{\sqrt{x} + \ln x}{x}\mathrm{d}x$.

解 $\displaystyle\int \frac{\sqrt{x} + \ln x}{x}\mathrm{d}x = \int \left(\frac{1}{\sqrt{x}} + \frac{\ln x}{x}\right)\mathrm{d}x = \int \frac{1}{\sqrt{x}}\mathrm{d}x + \int \ln x \,\mathrm{d}(\ln x)$

$= 2\sqrt{x} + \dfrac{1}{2}\ln^2 x + C.$

真题 24 (2016.计算机) 若 $\displaystyle\int x f(x)\mathrm{d}x = \arcsin x + C$,求 $I = \displaystyle\int \frac{1}{f(x)}\mathrm{d}x$.

解 对方程两边同时求导可得: $x f(x) = \dfrac{1}{\sqrt{1-x^2}}$,即: $\dfrac{1}{f(x)} = x\sqrt{1-x^2}$.

故 $\displaystyle\int \frac{1}{f(x)}\mathrm{d}x = \int x\sqrt{1-x^2}\,\mathrm{d}x = -\frac{1}{2}\int (1-x^2)^{\frac{1}{2}}\mathrm{d}(1-x^2) = -\frac{1}{3}(1-x^2)^{\frac{3}{2}} + C.$

【名师点评】

此类题目主要考查不定积分的概念,通过对方程两边同时求导,得到被积函数表达式,然后整理得到 $f(x)$ 的函数表达式.最后把 $f(x)$ 代入积分求得结果.该不定积分要利用第一换元法求解.在专升本考试中,第一换元法是最常考的积分方法.

真题 25 (2019.公共) 已知 $\displaystyle\int f(x)\mathrm{d}x = x\sin x^2 + C$,则 $\displaystyle\int x f(x^2)\mathrm{d}x =$ _____.

A. $x\cos x^2 + C$
B. $x\sin x^2 + C$
C. $\dfrac{1}{2}x^2\sin x^4 + C$
D. $\dfrac{1}{2}x^2\cos x^4 + C$

视频讲解
(扫码关注)

解 利用不定积分的第一换元法

$\displaystyle\int x f(x^2)\mathrm{d}x = \frac{1}{2}\int f(x^2)\mathrm{d}x^2 = \frac{1}{2}\int f(u)\mathrm{d}u = \frac{1}{2}u\sin u^2 + C = \frac{1}{2}x^2\sin x^4 + C.$

故应选 C.

【名师点评】

该题求解先从所求积分入手,凑微分后再换元,变形成已知条件中积分的形式,然后利用已知条件中积分结果求解即可.此题这样求解比先求出 $f(x)$ 再求积分要简单.

真题 26 (2019.财经) 求不定积分 $\displaystyle\int \frac{\mathrm{d}x}{x(1 + 2\ln x)}$.

解 $\displaystyle\int \frac{\mathrm{d}x}{x(1 + 2\ln x)} = \frac{1}{2}\int \frac{1}{1 + 2\ln x}\,\mathrm{d}(1 + 2\ln x) = \frac{1}{2}\ln|1 + 2\ln x| + C.$

真题 27 (2017.电商) $\displaystyle\int f'\left(\frac{1}{x}\right)\frac{1}{x^2}\mathrm{d}x$ 的结果是 _____.

解 根据不定积分的凑微分法可得 $\displaystyle\int f'\left(\frac{1}{x}\right)\frac{1}{x^2}\mathrm{d}x = -\int f'\left(\frac{1}{x}\right)\mathrm{d}\frac{1}{x} = -f\left(\frac{1}{x}\right) + C.$

故应填 $-f\left(\dfrac{1}{x}\right)+C.$

真题 28 (2016.经管) 如果 $f(x)=\mathrm{e}^x$,则 $\displaystyle\int \dfrac{f'(\ln x)}{x}\mathrm{d}x=$ _____.

A. $-\dfrac{1}{x}+C$ B. $-x+C$ C. $\dfrac{1}{x}+C$ D. $x+C$

解法一 利用第一换元积分法和不定积分的性质可得:

$$\int \frac{f'(\ln x)}{x}\mathrm{d}x=\int f'(\ln x)\mathrm{d}\ln x=\int f'(u)\mathrm{d}u=f(u)+C=f(\ln x)+C=\mathrm{e}^{\ln x}+C=x+C.$$

解法二 根据导数的定义可得:$f'(x)=\mathrm{e}^x,f'(\ln x)=\mathrm{e}^{\ln x}=x,$

代入原式:$\displaystyle\int\frac{f'(\ln x)}{x}\mathrm{d}x=\int\frac{x}{x}\mathrm{d}x=x+C.$

故应选 D.

【名师点评】

本题是第一换元积分法和不定积分性质的综合题."凑微分"法是非常有用的,同学们需要熟记一些常用的凑微分的等式.

真题 29 (2016.机械、交通) 求 $\displaystyle\int\sqrt{\dfrac{\arcsin x}{1-x^2}}\mathrm{d}x$

解 此题可以用第一换元法来求,换元过程可以省略.

$$\int\sqrt{\frac{\arcsin x}{1-x^2}}\mathrm{d}x=\int\frac{\sqrt{\arcsin x}}{\sqrt{1-x^2}}\mathrm{d}x=\int\sqrt{\arcsin x}\,\mathrm{d}\arcsin x=\frac{2}{3}\arcsin^{\frac{3}{2}}x+C.$$

【名师点评】

一般被积函数出现分式,我们经常将其改写成乘积形式,如果两个乘积因子之间有导数关系,就可以考虑利用第一换元法求解.

考点 三 第二换元法

真题 30 (2021.高数Ⅱ) 求不定积分 $\displaystyle\int\dfrac{\sin^2 x\cos x}{1+4\sin^2 x}\mathrm{d}x$.

解 $\displaystyle\int\frac{\sin^2 x\cos x}{1+4\sin^2 x}\mathrm{d}x=\int\frac{\sin^2 x}{1+4\sin^2 x}\mathrm{d}(\sin x)\xlongequal{\diamond t=\sin x}\int\frac{t^2}{1+4t^2}\mathrm{d}t=\frac{1}{4}\int\frac{4t^2+1-1}{1+4t^2}\mathrm{d}t$

$\displaystyle=\frac{1}{4}\int\mathrm{d}t-\frac{1}{4}\int\frac{1}{1+(2t)^2}\mathrm{d}t$

$\displaystyle=\frac{1}{4}t-\frac{1}{8}\arctan(2t)+C=\frac{1}{4}\sin x-\frac{1}{8}\arctan(2\sin x)+C.$

【名师点评】该题求解先从所求积分入手,凑微分后再换元,变形成已知积分的形式,然后利用已知条件求解即可.

真题 31 (2018.财经) 求不定积分 $\displaystyle\int\dfrac{\cos\sqrt{x}}{\sqrt{x}}\mathrm{d}x$.

解法一 第一换元积分法

$$\int\frac{\cos\sqrt{x}}{\sqrt{x}}\mathrm{d}x=2\int\cos\sqrt{x}\,\frac{1}{2\sqrt{x}}\mathrm{d}x=2\int\cos\sqrt{x}\,\mathrm{d}\sqrt{x}=2\sin\sqrt{x}+C.$$

解法二 第二换元积分法

令 $t=\sqrt{x}\,(t>0)$,则 $x=t^2,\mathrm{d}x=2t\,\mathrm{d}t,\displaystyle\int\frac{\cos\sqrt{x}}{\sqrt{x}}\mathrm{d}x=\int\frac{\cos t}{t}2t\,\mathrm{d}t=2\int\cos t\,\mathrm{d}t=2\sin t+C=2\sin\sqrt{x}+C.$

【名师点评】

该题可以用凑微分法求解,也可以用第二换元法中的根式代换求解.第二换元积分法的变化过程与第一类换元积分法正好相反,换元的目的是把被积函数中的根式去掉,转变成易于求积分的函数形式.对于本题用第一换元法比第二换元法更简捷.含根式的积分,如果能用第一换元法求解,应首先第一换元法.不能用第一换元法时再考虑用第二换元法去根号.

真题 32 *(2014.工商)* 求不定积分 $\displaystyle\int \sqrt{e^x-1}\,dx$.

解　设 $\sqrt{e^x-1}=t$，则 $x=\ln(t^2+1)$，$dx=\dfrac{2t}{t^2+1}dt$，因此

$$\int \sqrt{e^x-1}\,dx = \int \frac{2t^2}{t^2+1}dt = 2\int \frac{t^2+1-1}{t^2+1}dt = 2\int\left(1-\frac{1}{t^2+1}\right)dt$$

$$= 2t-2\arctan t+C = 2\sqrt{e^x-1}-2\arctan\sqrt{e^x-1}+C.$$

真题 33 *(2013.计算机)* 求不定积分 $\displaystyle\int \frac{dx}{(1-x^2)^{\frac{3}{2}}}$.

视频讲解
（扫码 关注）

解　令 $x=\sin t$，$t\in\left(-\dfrac{\pi}{2},\dfrac{\pi}{2}\right)$，则 $dx=\cos t\,dt$，

原式 $\displaystyle=\int \frac{\cos t}{(1-\sin^2 t)^{\frac{3}{2}}}dt = \int \frac{\cos t}{(\cos^2 t)^{\frac{3}{2}}}dt = \int \frac{1}{\cos^2 t}dt = \int \sec^2 t\,dt = \tan t+C = \frac{x}{\sqrt{1-x^2}}+C.$

【名师点评】

一般这种方法称为三角换元法.常用的三角换元如下：

(1) 被积函数中含有 $\sqrt{a^2-x^2}$，令 $x=a\sin t$，$t\in\left[-\dfrac{\pi}{2},\dfrac{\pi}{2}\right]$；

(2) 被积函数中含有 $\sqrt{a^2+x^2}$，令 $x=a\tan t$，$t\in\left(-\dfrac{\pi}{2},\dfrac{\pi}{2}\right)$；

(3) 被积函数中含有 $\sqrt{x^2-a^2}$，令 $x=a\sec t$，$t\in\left(0,\dfrac{\pi}{2}\right)$.

注意：对定积分来讲"换元一定要换限".

考点 四　分部积分法

真题 34 *(2024.高数 Ⅱ)* 求不定积分 $\displaystyle\int (xe^{3x}+\cos x)\,dx$.

解　$\displaystyle\int(xe^{3x}+\cos x)dx = \int xe^{3x}dx + \int \cos x\,dx = \int x\,d\left(\frac{1}{3}e^{3x}\right)+\sin x$

$$= \frac{1}{3}xe^{3x}-\frac{1}{3}\int e^{3x}dx+\sin x = \frac{1}{3}xe^{3x}-\frac{1}{9}e^{3x}+\sin x+C.$$

真题 35 *(2022.高数 Ⅲ)* 求不定积分 $\displaystyle\int(\arctan x+2^x)\,dx$.

解　$\displaystyle\int(\arctan x+2^x)dx = \int \arctan x\,dx+\int 2^x dx = x\arctan x-\int x\,d\arctan x+\frac{2^x}{\ln 2}$

$$= x\arctan x-\int \frac{x}{1+x^2}dx+\frac{2^x}{\ln 2} = x\arctan x-\frac{1}{2}\ln(1+x^2)+\frac{2^x}{\ln 2}+C.$$

真题 36 *(2022.高数 Ⅰ)* 求不定积分 $\displaystyle\int(2x\ln x+\sin x)\,dx$.

解　$\displaystyle\int(2x\ln x+\sin x)dx = \int \ln x\,d(x^2)+\int \sin x\,dx$

$$= x^2\ln x-\int x^2\cdot\frac{1}{x}dx-\cos x = x^2\ln x-\frac{1}{2}x^2-\cos x+C.$$

【名师点评】

以上三道题目属于一类题目,考查了不定积分的性质和分部积分法.

真题 37 *(2021.高数 Ⅰ)* 求不定积分 $\displaystyle\int \frac{\ln(1+x^2)}{x^2}\,dx$.

解　$\displaystyle\int \frac{\ln(1+x^2)}{x^2}dx = -\int \ln(1+x^2)\,d\frac{1}{x}$

$$= -\left[\frac{1}{x}\ln(1+x^2)-\int \frac{1}{x}d\ln(1+x^2)\right] = -\frac{1}{x}\ln(1+x^2)+\int \frac{1}{x}\cdot\frac{2x}{1+x^2}dx$$

$$= -\frac{1}{x}\ln(1+x^2) + 2\int\frac{1}{1+x^2}dx = -\frac{1}{x}\ln(1+x^2) + 2\arctan x + C.$$

真题38 (2017.工商) 求不定积分 $\int x^2 e^{-x}dx$.

解 利用分部积分公式得

$$\int x^2 e^{-x}dx = -\int x^2 de^{-x} = -x^2 e^{-x} + 2\int x e^{-x}dx = -x^2 e^{-x} - 2\int x de^{-x} = -x^2 e^{-x} - 2\left(x e^{-x} - \int e^{-x}dx\right)$$

$$= -x^2 e^{-x} - 2x e^{-x} + 2\int e^{-x}dx = e^{-x}(-x^2 - 2x - 2) + C.$$

【名师点评】

此题属于幂函数与指数函数乘积的不定积分,此类不定积分当幂函数的次数大于或等于 2 时,通常需要多次运用分部积分公式进行求解.

真题39 (2017.交通) 求不定积分 $\int\frac{x^2\arctan x}{1+x^2}dx$.

解
$$\int\frac{x^2\arctan x}{1+x^2}dx = \int\frac{(x^2+1)\arctan x - \arctan x}{1+x^2}dx = \int\arctan x\,dx - \int\frac{\arctan x}{1+x^2}dx$$

$$= x\arctan x - \int\frac{x}{1+x^2}dx - \int\arctan x\,d\arctan x$$

$$= x\arctan x - \frac{1}{2}\ln(1+x^2) - \frac{1}{2}(\arctan x)^2 + C.$$

【名师点评】

此题不能直接应用第一换元法或者分部积分法,需要先对分子部分利用加减项进行恒等变形,分项以后逐项积分,其中,对第一个积分运用分部积分法求解,对第二个积分运用第一换元法求解.

真题40 (2017.机械) 求不定积分 $\int\frac{\ln\cos x}{\cos^2 x}dx$.

解 将被积函数中的 $\frac{1}{\cos^2 x}dx$ 凑成 $d\tan x$, $\frac{1}{\cos^2 x}dx = \sec^2 x\,dx = (\tan x)'dx = d(\tan x)$,利用分部积分公式得

$$\int\frac{\ln\cos x}{\cos^2 x}dx = \int\ln\cos x\,d(\tan x) = \tan x\cdot\ln(\cos x) - \int\tan x\left(-\frac{\sin x}{\cos x}\right)dx$$

$$= \tan x\cdot\ln(\cos x) + \int(\sec^2 x - 1)dx = \tan x\cdot\ln(\cos x) + \tan x - x + C.$$

【名师点评】

该题被积函数的分式中分子分母之间没有导数关系,无法应用第一换元法,因此考虑分部积分法求解.将被积函数中的对数函数确定为 u,三角函数进行凑微分凑成 dv 的形式,进而用分部积分公式求解.

真题41 (2017.会计) 求不定积分 $\int e^{\sqrt{2x}}dx$.

解 令 $\sqrt{2x} = t$, $x = \frac{1}{2}t^2$, $dx = t\,dt$,则

$$\int e^{\sqrt{2x}}dx = \int t e^t dt = \int t de^t = t e^t - \int e^t dt = t e^t - e^t + C = \sqrt{2x}\,e^{\sqrt{2x}} - e^{\sqrt{2x}} + C.$$

真题42 (2016.会计、国贸、电商、工商) 求不定积分 $\int\frac{e^{\sqrt{x}}\sin\sqrt{x}}{2\sqrt{x}}dx$.

解 令 $\sqrt{x} = t$, $x = t^2$, $dx = 2t\,dt$,则

$$原式 = \int e^t\sin t\,dt = \int\sin t\,de^t = e^t\sin t - \int e^t\cos t\,dt = e^t\sin t - \int\cos t\,de^t$$

$$= e^t\sin t - e^t\cos t + \int e^t d\cos t = e^t\sin t - e^t\cos t - \int e^t\sin t\,dt.$$

上式出现了 $\int e^t\sin t\,dt$ 循环过程,可以设 $I = \int e^t\sin t\,dt$,则 $I = e^t\sin t - e^t\cos t - I$,

解方程得,原式 $= I = \frac{1}{2}e^t(\sin t - \cos t) + C = \frac{1}{2}e^{\sqrt{x}}(\sin\sqrt{x} - \cos\sqrt{x}) + C.$

【名师点评】

以上两例类似,都用到了根式代换法和分部积分法两种方法,先通过根式代换法去掉被积函数中的根号,换元后再利用分部积分法求解新积分.此类题目考查学生对积分方法的熟练掌握程度,因此平时同学们需要积累,学会方法之间的互相转化.

◈ 考点方法综述

序号	本单元考点与方法总结
1	第一换元法(凑微分法) 第一换元积分法是计算不定积分最基本方法之一,它的特点是根据一阶微分形式的不变性,将被积函数凑成基本积分公式中的形式,然后套用公式.即: 原式 $\xrightarrow{\text{恒等变形}} \int f[\varphi(x)]\varphi'(x)\mathrm{d}x \xrightarrow{\text{凑微分}} \int f[\varphi(x)]\mathrm{d}\varphi(x)$ $\xrightarrow{\text{换元}\varphi(x)=u} \int f(u)\mathrm{d}u \xrightarrow{\text{利用公式}} F(u)+C \xrightarrow{\text{回代}u=\varphi(x)} F[\varphi(x)]+C.$ "凑微分"法是非常有用的,常用的凑微分的形式有: (1) $\int f(ax+b)\mathrm{d}x = \dfrac{1}{a}\int f(ax+b)\mathrm{d}(ax+b)(a\neq 0)$,$u=ax+b$; (2) $\int f(\ln x)\dfrac{1}{x}\mathrm{d}x = \int f(\ln x)\mathrm{d}(\ln x)$,$u=\ln x$; (3) $\int f\left(\dfrac{1}{x}\right)\dfrac{1}{x^2}\mathrm{d}x = -\int f\left(\dfrac{1}{x}\right)\mathrm{d}\left(\dfrac{1}{x}\right)$,$u=\dfrac{1}{x}$; (4) $\int f(\sqrt{x})\dfrac{1}{\sqrt{x}}\mathrm{d}x = 2\int f(\sqrt{x})\mathrm{d}(\sqrt{x})$,$u=\sqrt{x}$; (5) $\int f(\mathrm{e}^x)\mathrm{e}^x\mathrm{d}x = \int f(\mathrm{e}^x)\mathrm{d}(\mathrm{e}^x)$,$u=\mathrm{e}^x$; (6) $\int f(\sin x)\cos x\,\mathrm{d}x = \int f(\sin x)\mathrm{d}(\sin x)$,$u=\sin x$; (7) $\int f(\cos x)\sin x\,\mathrm{d}x = -\int f(\cos x)\mathrm{d}(\cos x)$,$u=\cos x$; (8) $\int f(\tan x)\sec^2 x\,\mathrm{d}x = \int f(\tan x)\mathrm{d}(\tan x)$,$u=\tan x$; (9) $\int f(\arctan x)\dfrac{1}{1+x^2}\mathrm{d}x = \int f(\arctan x)\mathrm{d}(\arctan x)$,$u=\arctan x$; (10) $\int f(\arcsin x)\dfrac{1}{\sqrt{1-x^2}}\mathrm{d}x = \int f(\arcsin x)\mathrm{d}(\arcsin x)$,$u=\arcsin x$.
2	第二换元法 又称代换法,它是将被积函数的自变量 x 设为某一新的变量 t 的函数 $x=\varphi(t)$,$\varphi(t)$ 具有连续导数且 $\varphi'(t)\neq 0$,目的是保证 $\int f[\varphi(t)]\varphi'(t)\mathrm{d}t$ 可积及 $x=\varphi(t)$ 有连续可导的反函数.这种代换形式上是化简为繁,但目的是为了贴近基本积分公式,化难为易,顺利求出积分结果,下面介绍一些常用的第二换元积分法: (1) 根式代换,$\sqrt[n]{ax\pm b}=t$. (2) 三角代换,常用的三角代换如下: 被积函数中含有 $\sqrt{a^2-x^2}$,令 $x=a\sin t$,$t\in\left[-\dfrac{\pi}{2},\dfrac{\pi}{2}\right]$; 被积函数中含有 $\sqrt{x^2+a^2}$,令 $x=a\tan t$,$t\in\left(-\dfrac{\pi}{2},\dfrac{\pi}{2}\right)$; 被积函数中含有 $\sqrt{x^2-a^2}$,令 $x=a\sec t$,$t\in\left(0,\dfrac{\pi}{2}\right)$.

(续表)

序号	本单元考点与方法总结
3	**分部积分法** 在专升本考试中,分部积分法是常考的一个基本方法,主要解决两个不同类型函数的乘积的不定积分计算.使用分部积分法时,关键在于正确地寻找公式中的 u,v,在分部积分法中主要遇到的是两种不同类的函数乘积进行积分运算.将基本初等函数按照"反、对、幂、三、指"的顺序进行排列,排序在后的看成 v'.尤其遇到综合问题,需要先用换元积分法去根式,再用分部积分法进行求解,分部积分公式为 $$\int uv'\mathrm{d}x = \int u\mathrm{d}v = uv - \int v\mathrm{d}u = uv - \int vu'\mathrm{d}x.$$
4	**简单有理分式的积分** 这一考点是一些简单有理分式的积分以及可化为有理分式的积分.求有理分式的积分时,先将有理分式分解为多项式与真分式之和,再对所得到的分解式逐项积分.简单有理分式的积分多数可以利用分项积分法来求解,即将被积函数通过恒等变形拆分成几个函数的和或差的形式,然后逐项进行积分.

本章检测训练

第四章检测训练 A

一、单选题

1.若 $f(x)$ 的一个原函数是 $\sin x$,则 $\int f'(x)\mathrm{d}x =$ _____.

A. $\sin x + C$ 　　　 B. $\cos x + C$ 　　　 C. $-\sin x + C$ 　　　 D. $-\cos x + C$

2.若 $\int f(x)\mathrm{d}x = x^2 + C$,则 $\int xf(1-x^2)\mathrm{d}x =$ _____.

A. $2(1-x^2)^2 + C$ 　 B. $-2(1-x^2)^2 + C$ 　 C. $\frac{1}{2}(1-x^2)^2 + C$ 　 D. $-\frac{1}{2}(1-x^2)^2 + C$

3.计算 $\int \frac{\ln x}{x}\mathrm{d}x =$ _____.

A. $\frac{1}{2}x\ln^2 x + C$ 　 B. $\frac{1}{2}\ln^2 x + C$ 　 C. $\frac{\ln x}{x} + C$ 　 D. $\frac{1}{x^2} - \frac{\ln x}{x^2} + C$

4.若 $\int f(x)\mathrm{d}x = F(x) + C$,则 $\int e^{-x}f(e^{-x})\mathrm{d}x =$ _____.

A. $F(e^x) + C$ 　　 B. $F(e^{-x}) + C$ 　　 C. $-F(e^{-x}) + C$ 　　 D. $\frac{F(e^{-x})}{x} + C$

5.若 $\int f(x)\mathrm{d}x = x^2 e^{2x} + C$,则 $f(x) =$ _____.

A. $2x e^{2x}$ 　　　 B. $2x^2 e^{2x}$ 　　　 C. $x e^{2x}$ 　　　 D. $2x e^{2x}(1+x)$

6.计算 $\int e^{3x+5}\mathrm{d}x =$ _____.

A. $e^{3x} + C$ 　　 B. $\frac{1}{3}e^{3x+5} + C$ 　　 C. $\frac{1}{3}e^{3x}$ 　　 D. $3e^{3x} + C$

7.计算 $\int \mathrm{d}\arctan\sqrt{x} =$ _____.

A. $\arctan\sqrt{x}$ 　 B. $\text{arccot}\sqrt{x}$ 　 C. $\arctan\sqrt{x} + C$ 　 D. $\text{arccot}\sqrt{x} + C$

8.设 $F(x)$ 是 $f(x)$ 的一个原函数,那么 $\mathrm{d}\int f(x)\mathrm{d}x =$ _____.

A. $F(x)$ 　　　 B. $F(x) + C$ 　　　 C. $f(x)$ 　　　 D. $f(x)\mathrm{d}x$

9.若 $\int f(x)\sin x\,dx = f(x)+C$,则 $f(x) =$ _____.

A. $Ce^{\sin x}$　　　　　B. $Ce^{-\sin x}$　　　　　C. $Ce^{\cos x}$　　　　　D. $Ce^{-\cos x}$

10.设 $f(x)$ 的原函数是 $\dfrac{1}{x}$,则 $f'(x) =$ _____.

A. $\ln|x|$　　　　B. $\dfrac{1}{x}$　　　　C. $-\dfrac{1}{x^2}$　　　　D. $\dfrac{2}{x^3}$

二、填空题

1.如果 $\int f(x)\,dx = xe^x + C$,则 $f(x) =$ _____.

2.若 $f'(\ln x) = 1+2\ln x$,且 $f(0)=1$ 则 $f(x) =$ _____.

3.设 $f(x) = \dfrac{1}{x}$,则 $\int f'(x)\,dx =$ _____.

4.已知 $\int f(x)\,dx = F(x)+C,F(x)>0$,则 $\int \dfrac{f(x)}{F(x)}\,dx =$ _____.

5.计算 $\int \sin^2 x\cos^2 x\,dx =$ _____.

6.函数 $f'(x)$ 的不定积分是 _____.

7.计算 $\int \dfrac{1}{1+9x^2}\,dx =$ _____.

8.计算 $\int \dfrac{1}{3-4x}\,dx =$ _____.

9.求 $\int d\int df(x) =$ _____.

10.设 $f(x)$ 的一个原函数为 e^{x^2},则 $\int xf'(x)\,dx =$ _____.

三、计算题

1. $\int \tan^2 x\,dx$.　　　　　　2. $\int \dfrac{1}{9-4x^2}\,dx$.

3. $\int \sin^3 x\,dx$.　　　　　　4. $\int \dfrac{1}{\sqrt{x+1}+\sqrt[3]{x+1}}\,dx$.

5. $\int \dfrac{\sqrt{x-4}}{x}\,dx$.　　　　6. $\int \ln(2+x)\,dx$.

7. $\int \left(5a^x - \dfrac{3}{x} + e^x\right)dx$.　　8. $\int \dfrac{\ln^2 x-1}{x}\,dx$.

9. $\int \tan x\,dx$.　　　　　10. $\int \dfrac{1}{1+\sin x}\,dx$.

11. $\int x^2\ln x\,dx$.　　　　12. $\int x^2 e^{-x}\,dx$.

13. $\int 2\cos^2 \dfrac{x}{2}\,dx$.　　　14. $\int \sqrt{x\sqrt{x\sqrt{x}}}\,dx$.

15. $\int \dfrac{1}{(1+x^5)x}\,dx$　　　16. $\int \dfrac{1}{x\sqrt{9-x^2}}\,dx$.

17.已知 $f(x)$ 的一个原函数为 $\ln^2 x$,求 $\int xf'(x)\,dx$.

第四章检测训练 B

一、选择题

1.设 $f(x)$ 的一个原函数是 e^{-x},则 $\int \dfrac{f(\ln x)}{x}\,dx =$ _____.

A. $-\dfrac{1}{x}+C$　　　　　　B. $\ln x+C$　　　　　　C. $-\ln x+C$　　　　　　D. $\dfrac{1}{x}+C$

2. 设 $\displaystyle\int f(x)\mathrm{d}x=F(x)+C$，则 $\displaystyle\int xf(x^2)\mathrm{d}x=$ _____.

A. $2F(x^2)+C$　　　　　　B. $\dfrac{1}{2}F(x^2)+C$　　　　　　C. $F(x)+C$　　　　　　D. $\dfrac{1}{x}F(x^2)+C$

3. 若 $f(x)$ 为可导、可积函数，则 _____.

A. $\left[\displaystyle\int f(x)\mathrm{d}x\right]'=f(x)$　　B. $\mathrm{d}\left[\displaystyle\int f(x)\mathrm{d}x\right]=f(x)$　　C. $\displaystyle\int f'(x)\mathrm{d}x=f(x)$　　D. $\displaystyle\int \mathrm{d}f(x)=f(x)$

4. 若 $\displaystyle\int f(x)\mathrm{d}x=x^3+C$，则 $\displaystyle\int xf(1-x^2)\mathrm{d}x=$ _____.

A. $2(1+x^2)^3+C$　　　　B. $-2(1-x^2)^3+C$　　　　C. $\dfrac{1}{2}(1+x^2)^3+C$　　　　D. $-\dfrac{1}{2}(1-x^2)^3+C$

5. 下列函数中，是同一函数的原函数的是 _____.

A. $\dfrac{1}{2}\sin^2 x+C$ 与 $-\dfrac{1}{4}\cos 2x$　　　　　　B. e^{x^2} 与 e^{2x}

C. $\tan\dfrac{x}{2}$ 与 $-\cot x+\dfrac{1}{\sin^2 x}$　　　　　　D. $\ln|\ln x|$ 与 $\ln^2 x$

6. 计算 $\displaystyle\int \cos^2 x\,\mathrm{d}x=$ _____.

A. $\dfrac{1}{2}x+\dfrac{1}{4}\sin 2x+C$　　　　　　B. $\dfrac{1}{2}x-\dfrac{1}{4}\sin 2x+C$

C. $\dfrac{1}{2}x+\dfrac{1}{4}\cos 2x+C$　　　　　　D. $\dfrac{1}{2}x-\dfrac{1}{4}\cos 2x+C$

7. 下列等式成立的有 _____.

A. $a\,\mathrm{d}x=\dfrac{1}{a}\mathrm{d}(ax+b)$（$a,b$ 均为常数）　　　　B. $2x\mathrm{e}^{x^2}\mathrm{d}x=\mathrm{d}\mathrm{e}^{x^2}$

C. $\dfrac{1}{\sqrt{x}}\mathrm{d}x=\dfrac{1}{2}\mathrm{d}\sqrt{x}$　　　　　　D. $\ln x\,\mathrm{d}x=\mathrm{d}\left(\dfrac{1}{x}\right)$

8. 计算 $\displaystyle\int \sin 2x\,\mathrm{d}x=$ _____.

A. $\sin x\cos x+C$　　　　　　B. $-\dfrac{1}{2}\cos 2x+C$

C. $2\sin 2x+C$　　　　　　D. $\sin 2x+C$

9. 下列分部积分中，对 u 和 v' 选择合适的是 _____.

A. $\displaystyle\int x^4\sin x\,\mathrm{d}x:u=\sin x,v'=x^4$　　　　B. $\displaystyle\int (x+1)\ln^3 x\,\mathrm{d}x:u=x+1,v'=\ln^3 x$

C. $\displaystyle\int x\mathrm{e}^{-x}\mathrm{d}x:u=x,v'=\mathrm{e}^{-x}$　　　　D. $\displaystyle\int \arcsin x\,\mathrm{d}x:u=1,v'=\arcsin x$

10. 曲线 $y=f(x)$ 在点 $(x,f(x))$ 处的切线斜率为 $\dfrac{1}{x}$（$x>0$），且过点 $(\mathrm{e}^2,3)$，则该曲线方程为 _____.

A. $y=\ln x$　　　　B. $y=\ln x+1$　　　　C. $y=-\dfrac{1}{x^2}+1$　　　　D. $y=\ln x+3$

二、填空题

1. $\displaystyle\int$ _____ $\mathrm{d}x=x\mathrm{e}^x+C$.

2. 已知 $f(x+1)=\dfrac{x}{x+1}$，则 $\displaystyle\int f(x)\mathrm{d}x=$ _____.

3. 已知 $\displaystyle\int f(x)\mathrm{d}x=\mathrm{e}^{\cos x}+C$，则 $f'(x)=$ _____.

4. 若 $uv=x\sin x$，$\displaystyle\int u'v\,\mathrm{d}x=\cos x+C$，则 $\displaystyle\int uv'\mathrm{d}x=$ _____.

5. 计算 $\displaystyle\int \frac{\cos 2x}{\cos x + \sin x} \mathrm{d}x = $ _____.

6. 计算 $\displaystyle\int \frac{1}{\sqrt{2x-3}+1} \mathrm{d}x = $ _____.

7. 计算 $\displaystyle\int x f(x^2) f'(x^2) \mathrm{d}x = $ _____.

8. 计算 $\displaystyle\int \frac{1-\sin x}{x + \cos x} \mathrm{d}x = $ _____.

9. 已知 $\displaystyle\int f(x+1) \mathrm{d}x = x\mathrm{e}^{x+1} + C_1$，则 $f(x) = $ _____.

10. 设 $f'(\cos^2 x) = \sin^2 x$，且 $f(0) = 0$，则 $f(x) = $ _____.

三、计算题

1. $\displaystyle\int \frac{(2x-1)(\sqrt{x}+1)}{\sqrt{x}} \mathrm{d}x$.

2. $\displaystyle\int \frac{1+3x^2}{2x^2(1+x^2)} \mathrm{d}x$

3. $\displaystyle\int x\sqrt{x^2-3}\, \mathrm{d}x$.

4. $\displaystyle\int \mathrm{e}^x \sqrt{3+2\mathrm{e}^x}\, \mathrm{d}x$.

5. $\displaystyle\int \sin^2 x \cos^3 x\, \mathrm{d}x$.

6. $\displaystyle\int \frac{2^{\arcsin x}}{\sqrt{1-x^2}} \mathrm{d}x$.

7. $\displaystyle\int \mathrm{e}^{\sqrt{2x-1}}\, \mathrm{d}x$.

8. $\displaystyle\int \frac{1}{x(1+\ln x)} \mathrm{d}x$.

9. $\displaystyle\int x\ln x\, \mathrm{d}x$.

10. $\displaystyle\int \arctan \sqrt{x}\, \mathrm{d}x$.

11. $\displaystyle\int \frac{\arctan \sqrt{x}}{\sqrt{x}(1+x)} \mathrm{d}x$.

12. $\displaystyle\int \left(\sqrt{\frac{1-x}{1+x}} + \sqrt{\frac{1+x}{1-x}} \right) \mathrm{d}x \, (-1 < x < 1)$.

第五章　　定积分及其应用

❖ 知识结构导图

$$第五章\begin{cases}定积分的概念与性质\begin{cases}定义 —— 分割、近似代替、求和、取极限\\几何意义 —— 平面图形各部分面积的代数和\\定积分的性质\end{cases}\\变上限积分\begin{cases}变上限积分的概念\\积分上限函数求导\end{cases}\\定积分的计算\begin{cases}牛顿—莱布尼茨公式\\定积分的换元积分法和分部积分法\\无穷区间的反常积分\end{cases}\\定积分的应用\begin{cases}平面图形的面积\\旋转体的体积\end{cases}\end{cases}$$

第一单元　　定积分的概念和性质与变上限积分

❖ 考纲内容解读

新大纲基本要求	新大纲名师解读
1. 理解定积分的概念与几何意义,了解可积的条件. 2. 掌握定积分的性质及其应用. 3. 理解积分上限的函数,会求它的导数.	根据最新考纲的要求和对真题的统计,本单元考生要重点理解定积分的定义与几何意义,掌握定积分的基本性质,掌握变上限积分及其求导方法;能够利用定积分的几何意义与基本性质计算一些特殊的定积分;会计算不同类型的变上限积分的导数.

考点知识梳理

一、定积分概念

1. 定义:设函数 $y = f(x)$ 在 $[a,b]$ 上有界,任取 $n-1$ 个分点 $a = x_0 < x_1 < \cdots < x_{i-1} < x_i < \cdots < x_n = b$,把区间 $[a,b]$ 分成 n 个小区间 $[x_{i-1}, x_i](i = 1, 2, \cdots, n)$,每个小区间长度记为 $\Delta x_i(i = 1, 2, \cdots, n)$,记 $\lambda = \max_{1 \leqslant i \leqslant n}\{\Delta x_i\}$. 在每个小区间 $[x_{i-1}, x_i]$ 上任取一点 ξ_i,作和式 $\sum_{i=1}^{n} f(\xi_i)\Delta x_i$. 如果当 $\lambda \to 0$ 时,上述和式的极限存在,则称函数 $f(x)$ 在区间 $[a,b]$ 上可积(否则不可积),并称此极限值为函数 $f(x)$ 在区间 $[a,b]$ 上的定积分. 记作 $\int_a^b f(x)\mathrm{d}x$,即

$$\int_a^b f(x)\mathrm{d}x = \lim_{\lambda \to 0} \sum_{i=1}^{n} f(\xi_i)\Delta x_i.$$

【名师解析】

定积分的值是一个常数,这个数值只取决于被积函数和积分区间,与积分变量用什么符号表示无关.

例如 $\int_a^b f(x)\mathrm{d}x = \int_a^b f(t)\mathrm{d}t = \int_a^b f(u)\mathrm{d}u$. 因此定积分是一个常数,故对定积分求导,其导数为 0.

2.可积的条件:连续函数是可积的;只有有限个第一类间断点的函数是可积的.

【名师解析】

连续函数一定可积,但是反之不成立,即可积不一定连续.

二、定积分的几何意义

$\int_a^b f(x)\mathrm{d}x$ 表示由 $y = f(x)$、直线 $x = a$、$x = b$ 和 x 轴所围成的图形各部分面积的**代数和**.

当函数 $y = f(x) \geqslant 0$ 时,定积分 $\int_a^b f(x)\mathrm{d}x\,(\geqslant 0)$ 表示的是曲边梯形的面积;

当函数 $y = f(x) < 0$ 时,定积分 $\int_a^b f(x)\mathrm{d}x$ 的值是一个负值,表示曲边梯形面积的相反数.

当函数 $y = f(x)$ 在区间 $[a,b]$ 上有正有负时,如图 5.1 所示,则有 $\int_a^b f(x)\mathrm{d}x = A_1 + A_3 - A_2$.

【名师解析】

定积分和平面图形面积之间的关系不是简单对等的,要注意函数 $y = f(x)$ 的符号,即曲线 $y = f(x)$ 的位置.用面积表示定积分时,我们规定曲线在 x 轴上方时,围成的面积前面取正号;曲线在 x 轴下方时,所围成的面积前面取负号.定积分是所圈平面图形各部分面积的代数和(即各部分包含符号的面积之和).

如图 5.1 所示,我们需要掌握用面积表示定积分的关系式 $\left(\int_a^b f(x)\mathrm{d}x = A_1 + A_3 - A_2\right)$ 以

及用定积分表示面积的关系式 $\left(A_1 + A_2 + A_3 = \int_a^b |f(x)|\,\mathrm{d}x\right)$,要注意二者之间的区别.我们

还要理解利用特殊平面图形的面积来求定积分的方法,如 $\int_{-1}^1 \sqrt{1-x^2}\,\mathrm{d}x$ 从几何意义上代表的

是以原点为圆心,半径为 1 的单位圆的上半圆的面积,故其值为 $\dfrac{\pi}{2}$.

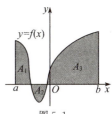

图 5.1

三、定积分性质

首先假定所讨论的函数在给定区间上是可积的.

1. $\int_a^a f(x)\mathrm{d}x = 0$,$\int_a^b f(x)\mathrm{d}x = -\int_b^a f(x)\mathrm{d}x$,$\int_a^b 1\,\mathrm{d}x = \int_a^b \mathrm{d}x = b - a$.

2. $\int_a^b [f_1(x) \pm f_2(x)]\mathrm{d}x = \int_a^b f_1(x)\mathrm{d}x \pm \int_a^b f_2(x)\mathrm{d}x$.

3. $\int_a^b kf(x)\mathrm{d}x = k\int_a^b f(x)\mathrm{d}x$.

4. $\int_a^b f(x)\mathrm{d}x = \int_a^c f(x)\mathrm{d}x + \int_c^b f(x)\mathrm{d}x$(积分区间的可加性).

5. 在区间 $[a,b]$ 上若满足 $f(x) \leqslant g(x)$,则 $\int_a^b f(x)\mathrm{d}x \leqslant \int_a^b g(x)\mathrm{d}x$.

6. 若 $m \leqslant f(x) \leqslant M$,$x \in [a,b]$,则 $m(b-a) \leqslant \int_a^b f(x)\mathrm{d}x \leqslant M(b-a)$.

7. 积分中值定理:若 $f(x)$ 在 $[a,b]$ 上连续,则 $\exists\, \xi \in [a,b]$,使得 $\int_a^b f(x)\mathrm{d}x = f(\xi)(b-a)$.

$f(\xi) = \dfrac{1}{b-a}\int_a^b f(x)\mathrm{d}x$,我们称 $f(\xi)$ 为 $y = f(x)$ 在 $[a,b]$ 上的平均值,记做 $\overline{y}$.

【名师解析】

定积分的性质中包括定积分的线性运算法则、积分区间的可加性、保号性、估值定理、积分中值定理,其中第二条可推广到有限多个函数代数和的情形.在定积分的计算过程中,灵活运用各种性质,比如分段函数的定积分的计算,需要使

用积分区间的可加性.

四、变上限积分(积分上限函数)

1.定义: 设 $f(x)$ 在 $[a,b]$ 上连续,在 $[a,b]$ 上任取一点 x,则 $f(x)$ 在 $[a,x]$ 上的定积分 $\int_a^x f(x)\mathrm{d}x$ 一定存在,考虑到定积分与字母无关,为了明确起见,改写为 $\int_a^x f(t)\mathrm{d}t$.当 x 在区间 $[a,b]$ 上任意变动时,每取定一个 x 值,定积分有一个对应值,因此它是定义在区间 $[a,b]$ 上的一个函数,记作 $\Phi(x)$,即 $\Phi(x)=\int_a^x f(t)\mathrm{d}t\ (a\leqslant x\leqslant b)$ 称之为**变上限的定积分**,也叫做**积分上限函数**.

同样,可讨论积分下限函数 $\int_x^b f(t)\mathrm{d}t = -\int_b^x f(t)\mathrm{d}t$.

2.积分上限函数的导数

定理: 若函数 $f(x)$ 在 $[a,b]$ 上连续,则积分上限函数在 $[a,b]$ 上可导,且导数等于被积函数:

$$\Phi'(x)=\left[\int_a^x f(t)\mathrm{d}t\right]'=\frac{\mathrm{d}}{\mathrm{d}x}\left[\int_a^x f(t)\mathrm{d}t\right]=f(x)(a\leqslant x\leqslant b).$$

变上限积分导数公式的推广

$(1)\left[\int_a^{u(x)} f(t)\mathrm{d}t\right]'=f[u(x)]u'(x);$

$(2)\left[\int_{v(x)}^b f(t)\mathrm{d}t\right]'=-f[v(x)]v'(x);$

$(3)\left[\int_{v(x)}^{u(x)} f(t)\mathrm{d}t\right]'=f[u(x)]u'(x)-f[v(x)]v'(x).$

【名师解析】

变上限积分函数求导问题要灵活掌握,通常出现在各种涉及求导的题目中,比如单调性极值问题、洛必达法则求极限问题等.变上限积分函数求导公式的推广公式中,均为复合函数求导,要注意内层函数的导数不能丢.

考点例题分析

考点 一 定积分的概念

【考点分析】

由定积分定义可知,定积分是一个常数,其值仅与被积函数和积分区间有关,与积分变量的符号无关,且其导数为 0.

例 1 定积分 $\int_a^b f(x)\mathrm{d}x$_____.

A. 与 $f(x)$ 无关

B. 与区间 $[a,b]$ 无关

C. 与变量 x 采用的符号无关

D. 是变量 x 的函数

解 根据定积分的定义,定积分的值与积分变量采用的符号无关,只取决于被积函数和积分区间.

故应选 C.

【名师点评】

此题考查的是定积分的概念,定积分的值与积分变量采用的符号无关,只与被积函数和积分区间有关,定积分是一个常数,并不是变量 x 的函数.

例 2 $\dfrac{\mathrm{d}}{\mathrm{d}x}\int_a^b \arctan x\,\mathrm{d}x =$_____.

A. $\arctan x$

B. $\dfrac{1}{1+x^2}$

C. $\arctan b - \arctan a$

D. 0

解 根据定积分的定义,定积分是一个常数,常数求导恒为 0.

故应选 D.

【名师点评】

此题考查的是定积分的概念,确定了被积函数和积分区间的定积分是一个常数,对其求导,导数应为 0.

例 3　设 $f(x)$ 为连续函数,且 $f(x) = x^2 + \int_0^2 f(t)\mathrm{d}t$,求 $f(x)$.

视频讲解
(扫码 关注)

解　因为 $f(x)$ 连续,所以 $f(x)$ 在区间 $[0,2]$ 上可积. 令 $I = \int_0^2 f(t)\mathrm{d}t$,则 $f(x) = x^2 + I$.

两边在 $[0,2]$ 上积分,得 $\int_0^2 f(x)\mathrm{d}x = \int_0^2 x^2 \mathrm{d}x + \int_0^2 I\mathrm{d}x = \frac{1}{3}x^3 \Big|_0^2 + Ix \Big|_0^2 = \frac{8}{3} + 2I$,

即 $I = \frac{8}{3} + 2I$,$I = -\frac{8}{3}$. 所以 $f(x) = x^2 - \frac{8}{3}$.

【名师点评】

此题利用了定积分是一个常数的特点求解. 在此题中,定积分的值是未知的,但可以设成常数 I,我们对式子两边同时积分,得到一个以 I 为未知量的方程,通过解方程,得到此定积分的值,从而求得 $f(x)$.

考点 二　定积分的几何意义

【考点分析】

定积分的几何意义是说某区间上的定积分值等于其与 x 轴所围平面图形面积的代数和. 通过此几何意义,我们可以利用特殊图形的面积求定积分值.

例 4　$\int_a^b f(x)\mathrm{d}x$ 表示曲边梯形:$x = a$,$x = b$,$y = 0$,$y = f(x)$ 的 _____.

A. 周长　　　　　　　B. 面积　　　　　　　C. 质量　　　　　　　D. 面积值的"代数和"

解　根据定积分的几何意义,$\int_a^b f(x)\mathrm{d}x$ 表示曲边梯形面积值的代数和.

故应选 D.

【名师点评】

定积分从几何意义上等于其所围平面图形各部分面积的代数和,即 x 轴上方的面积减去 x 轴下方的面积.

例 5　定积分 $\int_{-2}^{2} \sqrt{4 - x^2}\,\mathrm{d}x$ 的值是 _____.

A. 4π　　　　　　　B. 2π　　　　　　　C. π　　　　　　　D. 8π

解　由定积分的几何意义得,该积分值等于以原点为圆心,半径为 2 的上半圆的面积.

故应选 B.

【名师点评】

定积分的几何意义为被积函数所对应的曲线与 x 取值上、下限所对应的直线以及 x 轴所围平面图形各部分面积的代数和. 该题的被积函数在 x 轴上方,其定积分等于所围的半圆面积. 利用几何意义求积分的题目中,半圆形、四分之一圆形等规则的几何形状是考试中经常出现的情形. 此题目也可利用第二类换元积分法中的三角代换求解,但比较繁琐.

考点 三　定积分的性质

【考点分析】

定积分的性质包括线性运算法则、积分区间的可加性、积分的比较性质、积分估值定理、积分中值定理. 其中积分区间的可加性主要应用于分段函数和被积函数带绝对值的定积分计算中,积分比较性质是通过比较相同区间的被积函数的大小来确定定积分的大小.

例 6　设 $f(x) = \begin{cases} 2x, & 0 \leqslant x \leqslant 1, \\ 1, & 1 < x \leqslant 4, \end{cases}$ 则 $\int_0^4 f(x)\mathrm{d}x = $ _____.

解　根据积分区间的可加性得 $\int_0^4 f(x)\mathrm{d}x = \int_0^1 2x \mathrm{d}x + \int_1^4 1 \mathrm{d}x = 4$.

故应填 4.

【名师点评】

此题为求分段函数的定积分,由于分段点在积分区间的内部,不能直接求定积分,要利用定积分的性质中积分区间的可加性,将积分区间在分段点处分成两部分后分别积分再相加.

例 7 下列不等式成立的是 _____.

A. $\displaystyle\int_1^2 x^2 \mathrm{d}x > \int_1^2 x^3 \mathrm{d}x$

B. $\displaystyle\int_1^2 \ln x \,\mathrm{d}x < \int_1^2 (\ln x)^2 \mathrm{d}x$

C. $\displaystyle\int_0^1 x \,\mathrm{d}x > \int_0^1 \ln(1+x)\mathrm{d}x$

D. $\displaystyle\int_0^1 \mathrm{e}^x \mathrm{d}x < \int_0^1 (1+x)\mathrm{d}x$

解 根据定积分的性质,要比较定积分的大小,只需要在积分区间内,比较被积函数的大小即可.
故应选 C.

【名师点评】

只有积分区间相同的定积分,才可以利用定积分的性质,通过比较积分区间内被积函数的大小来确定积分值的大小.如果同上不相同的定积分,不能应用该性质.要注意的是,对于两个定积分而言,即使各自被积函数不变,如果积分区间改变了,积分值的大小关系也可能变化,因为在不同积分区间上函数的大小关系有可能是不一样的.

考点 四 变上限积分及其应用

【考点分析】

在变上限积分函数的知识点中,考试题型主要涉及其导数问题,要灵活运用其求导公式.在专升本考试中,最常见到的是积分上限函数和洛必达法则相结合的题目,此类题型通常为计算 "$\dfrac{0}{0}$" 型未定式的极限,在求导过程中注意分子分母要 "分别、同时" 求导.

例 8 求下列极限

(1) $\displaystyle\lim_{x\to 0}\frac{\displaystyle\int_0^x \ln(1+2t^2)\mathrm{d}t}{x^3}$;

(2) $\displaystyle\lim_{x\to 0}\frac{\displaystyle\int_0^x \arctan t\,\mathrm{d}t}{1-\cos x}$;

(3) $\displaystyle\lim_{x\to 0}\frac{\displaystyle\int_{2x}^0 \sin t^2\,\mathrm{d}t}{x^3}$;

(4) $\displaystyle\lim_{x\to 0}\frac{\displaystyle\int_0^x (\tan t)^2\mathrm{d}t}{\ln(1+x^3)}$.

视频讲解
(扫码 关注)

解 (1) $\displaystyle\lim_{x\to 0}\frac{\displaystyle\int_0^x \ln(1+2t^2)\mathrm{d}t}{x^3} = \lim_{x\to 0}\frac{\ln(1+2x^2)}{3x^2} = \lim_{x\to 0}\frac{2x^2}{3x^2} = \frac{2}{3}$.

(2) $\displaystyle\lim_{x\to 0}\frac{\displaystyle\int_0^x \arctan t\,\mathrm{d}t}{1-\cos x} = \lim_{x\to 0}\frac{\arctan x}{\sin x} = \lim_{x\to 0}\frac{x}{x} = 1$.

(3) $\displaystyle\lim_{x\to 0}\frac{\displaystyle\int_{2x}^0 \sin t^2\,\mathrm{d}t}{x^3} = \lim_{x\to 0}\frac{-\sin(2x)^2 \cdot (2x)'}{3x^2} = -\frac{2}{3}\lim_{x\to 0}\frac{\sin 4x^2}{x^2} = -\frac{8}{3}$.

(4) $\displaystyle\lim_{x\to 0}\frac{\displaystyle\int_0^x (\tan t)^2\mathrm{d}t}{\ln(1+x^3)} = \lim_{x\to 0}\frac{\displaystyle\int_0^x (\tan t)^2\mathrm{d}t}{x^3} = \lim_{x\to 0}\frac{(\tan x)^2}{3x^2} = \lim_{x\to 0}\frac{x^2}{3x^2} = \frac{1}{3}$.

【名师点评】

"$\dfrac{0}{0}$" 型未定式的极限中,如果出现积分上限函数或积分下限函数,经常利用洛必达法则求解极限值.此类题目注意在求导过程中分子分母要 "分别、同时" 求导,另外在运用洛必达法则的过程中,我们通常和等价无穷小代换一起使用,这样能更方便快捷地求解,但是要注意,在积分号里面的被积函数不可以直接进行等价替换.

例 9 已知 $f(x) = \displaystyle\int_0^{\sqrt{x}} \sin t^2\,\mathrm{d}t$,求 $f'(x)$.

解 $f'(x) = \sin(\sqrt{x})^2 \cdot (\sqrt{x})' = \sin x \cdot \dfrac{1}{2\sqrt{x}} = \dfrac{1}{2\sqrt{x}}\sin x$.

例 10 设 $\varphi(x) = \int_0^{x^2} e^{-t} dt$，则 $\varphi'(x) =$ _____.

A. e^{-1} B. $-e^{-x^2}$ C. $2xe^{-x^2}$ D. $-2xe^{-x^2}$

解 $\varphi'(x) = \dfrac{d}{dx} \int_0^{x^2} e^{-t} dt = e^{-x^2} \cdot (x^2)' = 2xe^{-x^2}$.

故应选 C.

【名师点评】

上面两题均考查变上限积分函数求导问题，但题中的变上限积分函数均为复合函数，要把积分上限中的函数看作中间变量，根据复合函数求导的链式法则进行运算，此类题目容易出现的错误就是忘记乘以积分上限的导数.

例 11 设 $\int_0^x f(t) dt = \sin^2 x - \ln x + \sin 1$，则 $f(x) =$ _____.

解 两边求导，得 $f(x) = 2\sin x \cos x - \dfrac{1}{x} = \sin 2x - \dfrac{1}{x}$.

故应填 $\sin 2x - \dfrac{1}{x}$.

【名师点评】

此题中，左边的变上限积分函数即为 $f(x)$ 的原函数，两边同时求导即可，另外，在解答过程中要注意到该题的右侧中的 $\sin 1$ 为常数，其导数为 0.

例 12 已知 $x \geqslant 0$ 时 $f(x)$ 连续，且 $\int_0^{x^2} f(t) dt = x^2(1+x)$，求 $f(2)$.

解 方程两边同时对 x 求导，得 $\left[\int_0^{x^2} f(t) dt\right]' = (x^2 + x^3)'$，即 $f(x^2) \cdot 2x = 2x + 3x^2$.

所以，$f(x^2) = 1 + \dfrac{3x}{2}$. 因此，$f(2) = f[(\sqrt{2})^2] = 1 + \dfrac{3\sqrt{2}}{2}$.

【名师点评】

此题求 $f(2)$，并不需要先求出 $f(x)$ 的表达式，只需根据 $f(x^2)$ 的表达式，令 $x^2 = 2$，推出 $f(2)$ 即可.

例 13 求函数 $F(x) = \int_0^x te^{-t^2} dt$ 的极值.

解 令 $F'(x) = xe^{-x^2} = 0$，则 $x = 0$；当 $x < 0$ 时，$F'(x) < 0$；当 $x > 0$ 时，$F'(x) > 0$；

所以 $F(x)$ 有极小值 $F(0) = \int_0^0 te^{-t^2} dt = 0$.

【名师点评】

求函数的极值，一般先求导数，然后找到函数的驻点或者不可导点，即找出所有可能的极值点，根据可能极值点两侧的导函数的符号判定是否为极值，如果是极值，再判定是极大值还是极小值.

例 14 证明方程 $3x - 1 - \int_0^x \dfrac{1}{1+t^2} dt = 0$ 在 $(0,1)$ 内有唯一实根.

视频讲解
（扫码 关注）

证 令 $f(x) = 3x - 1 - \int_0^x \dfrac{1}{1+t^2} dt$，则 $f(x)$ 在 $[0,1]$ 上连续.

因为 $f(0) = -1 < 0$，$f(1) = 3 - 1 - \int_0^1 \dfrac{1}{1+t^2} dt = 2 - \arctan t \Big|_0^1 = 2 - \dfrac{\pi}{4} > 0$. 由零点

定理得方程在 $(0,1)$ 内至少有一个实根；

又因为 $f'(x) = 3 - \dfrac{1}{1+x^2} > 0$，所以 $f(x)$ 在 $(0,1)$ 内单调递增，因此方程 $f(x) = 0$ 在 $(0,1)$ 内至多有一个实根.

综上所述，方程 $f(x) = 0$ 在 $(0,1)$ 内有唯一实根.

【名师点评】

此题中出现了积分上限函数（变上限积分），是第一章和第五章内容相结合的综合题. 证明要借助零点定理，但是最终证明的不仅仅是根的存在性，还有根的唯一性，因此既要证明方程至少一个根，还要再证明至多也一个根. 此题借助函数的单调性，单调函数和 x 轴最多一个交点，所以方程最多也是一个根，两者结合确定方程有唯一实根.

考点真题解析

考点 一 定积分的概念、性质及几何意义

真题 1 (2010.土木、工商) $\dfrac{d}{dx}\displaystyle\int_1^e e^{-x^2}dx =$ _____.

解 定积分是个常数,对常数求导恒为 0.

故应填 0.

【名师点评】

确定了积分区间和被积函数的定积分是常数,常数的导数为 0.

真题 2 (2014.土木) $\displaystyle\int_a^b dx =$ _____.

A. $b-a$ B. $a-b$ C. $a+b$ D. ab

解 $\displaystyle\int_a^b dx$ 的被积函数为 1,可省略,从几何意义上看此定积分等于以区间 $[a,b]$ 为底,以 1 为高的长方形的面积.

故应选 A.

真题 3 (2019.财经) 定积分 $\displaystyle\int_0^2 \sqrt{4-x^2}\,dx =$ _____.

解 利用定积分的几何意义来解,该积分等于以原点为圆心,以 2 为半径的四分之一圆的面积.

故应填 π.

真题 4 (2018.财经) 定积分 $\displaystyle\int_{-1}^1 \sqrt{1-x^2}\,dx =$ _____.

解 利用定积分的几何意义来解,该积分等于以原点为圆心,以 1 为半径的半圆的面积.

故应填 $\dfrac{\pi}{2}$.

【名师点评】

以上三题均考查定积分的几何意义.对特殊的平面图形,我们可以通过求面积来求定积分,例如三角形、长方形、圆形的一部分等情况.

真题 5 (2023.高数 Ⅲ) 已知 $f(x)=3x^2-2x+\displaystyle\int_0^3 f(x)dx$,则 $\displaystyle\int_0^2 f(x)dx =$ _____.

解 对 $f(x)=3x^2-2x+\displaystyle\int_0^3 f(x)dx$,设 $\displaystyle\int_0^3 f(x)dx=a$,则 $f(x)=3x^2-2x+a$

两边同时积分 $\displaystyle\int_0^3 f(x)dx =\int_0^3(3x^2-2x+a)dx=(x^3-x^2+ax)\big|_0^3=18+3a=a$,

解得 $a=-9,f(x)=3x^2-2x-9$,

所以 $\displaystyle\int_0^2 f(x)dx =\int_0^2(3x^2-2x-9)dx=(x^3-x^2-9x)\big|_0^2=-14$.

故应填 -14.

真题 6 (2019.财经) 设 $f(x)$ 连续,且 $f(x)=x+2\displaystyle\int_0^1 f(x)dx$,则 $\displaystyle\int_0^1 f(x)dx =$ _____.

解 设 $\displaystyle\int_0^1 f(x)\,dx=a$,则 $f(x)=x+2a$,两边同时积分得:

$\displaystyle\int_0^1 f(x)\,dx =\int_0^1(x+2a)dx=\left(\dfrac{x^2}{2}+2ax\right)\Big|_0^1=\dfrac{1}{2}+2a$,即 $a=\dfrac{1}{2}+2a$,解得 $a=-\dfrac{1}{2}$.

故应填 $-\dfrac{1}{2}$.

【名师点评】

确定了被积函数和积分区间的定积分是一个常数.在以上两题中,定积分的值是未知的,可以先设成一个常数,然后对等式两边同时积分,得到一个关于这个未知常数的方程,通过解方程,解出此常数值,从而得出定积分的值.

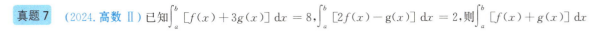

真题7 (2024. 高数 Ⅱ) 已知 $\int_a^b [f(x)+3g(x)]\,dx=8$, $\int_a^b [2f(x)-g(x)]\,dx=2$, 则 $\int_a^b [f(x)+g(x)]\,dx$ = _____.

解 由 $\int_a^b [f(x)+3g(x)]\,dx=\int_a^b f(x)\,dx+3\int_a^b g(x)\,dx=8$,

$\int_a^b [2f(x)-g(x)]\,dx=2\int_a^b f(x)\,dx-\int_a^b g(x)\,dx=2$ 得, $\int_a^b f(x)\,dx=2$, $\int_a^b g(x)\,dx=2$,

所以 $\int_a^b [f(x)+g(x)]\,dx=4$.

故应填 4.

真题8 (2023. 高数 Ⅱ) 已知 $\int_a^b f(x)\,dx=3$, $\int_a^b [2f(x)-3g(x)]\,dx=5$, 则 $\int_a^b g(x)\,dx=$ _____.

解 由 $\int_a^b [2f(x)-3g(x)]\,dx=2\int_a^b f(x)\,dx-3\int_a^b g(x)\,dx=6-3\int_a^b g(x)\,dx=5$ 得, $\int_a^b g(x)\,dx=\frac{1}{3}$.

故应填 $\frac{1}{3}$.

真题9 (2023. 高数 Ⅲ) 已知 $\int_a^b f(x)\,dx=-2$, $\int_a^b g(x)\,dx=3$, 则 $\int_a^b [3f(x)+4g(x)]\,dx=$ _____.

解 $\int_a^b [3f(x)+4g(x)]\,dx=3\int_a^b f(x)\,dx+4\int_a^b g(x)\,dx=-6+12=6$.

故应填 6.

真题10 (2020. 高数 Ⅰ) 若 $\int_a^b f(x)\,dx=1$, $\int_a^b [2f(x)+3g(x)]\,dx=8$, 则 $\int_a^b g(x)\,dx=$ _____.

解 由已知 $\int_a^b [2f(x)+3g(x)]\,dx=2\int_a^b f(x)\,dx+3\int_a^b g(x)\,dx=2+3\int_a^b g(x)\,dx=8$, 解得 $\int_a^b g(x)\,dx=2$.

故应填 2.

【名师点评】

以上几题考查的是定积分的性质中定积分的线性运算性质 $\int_a^b [\alpha f(x)+\beta g(x)]\,dx=\alpha \int_a^b f(x)\,dx+\beta \int_a^b g(x)\,dx$.

真题11 (2021. 高数 Ⅰ) 已知函数 $f(x)$ 在 $[0,1]$ 上连续, 且 $\int_0^1 f(x)\,dx=1$, 则 $\int_{-1}^1 f(|x|)\,dx=$ _____.

解 因为 $\int_{-1}^1 f(|x|)\,dx=\int_{-1}^0 f(-x)\,dx+\int_0^1 f(x)\,dx$,

而 $\int_{-1}^0 f(-x)\,dx \xlongequal{u=-x} \int_1^0 f(u)\,d(-u)=\int_0^1 f(u)\,du=1$, 所以 $\int_{-1}^1 f(|x|)\,dx=2$.

故应填 2.

真题12 (2019. 财经) 定积分 $\int_{-2}^0 |x+1|\,dx$ 的值为 _____.

A. -2　　　　　　　　　　　　　　　　B. 2

C. -1　　　　　　　　　　　　　　　　D. 1

视频讲解
(扫码 关注)

解 $\int_{-2}^0 |x+1|\,dx=\int_{-2}^{-1}(-x-1)\,dx+\int_{-1}^0 (x+1)\,dx$

$=-\frac{x^2}{2}\Big|_{-2}^{-1}-x\Big|_{-2}^{-1}+\frac{x^2}{2}\Big|_{-1}^0+x\Big|_{-1}^0=1$.

故应选 D.

【名师点评】

以上两题考查的是定积分的性质中积分区间的可加性, 为了去掉绝对值号, 我们要利用定积分对于积分区间的可加性这条性质把定积分分成两个定积分进行计算.

考点二　变上限积分及其应用

真题13 (2024. 高数 Ⅱ) 已知函数 $f(x)$ 在 $\mathbf{R}$ 上连续, $F(x)=\int_0^{2x} f(2x-t)\,dt$, 则 $F'(x)=$ _____.

A. $-2f(2x)$ B. $2f(2x)$ C. $-2f(x)$ D. $2f(x)$

解 令 $u=2x-t$，则

$$F(x)=\int_0^{2x}f(2x-t)\mathrm{d}t=\int_{2x}^0 f(u)\mathrm{d}(2x-u)=\int_0^{2x}f(u)\mathrm{d}u,\ F'(x)=2f(2x).$$

故应选 B.

【名师点评】

本题主要考查了变上限积分函数的导数这个知识点，重点注意此变上限积分是关于 t 的积分，故首先需要换元.

真题 14 (2023.高数 Ⅱ) 已知函数 $F(x)=\int_0^x \mathrm{e}^{x^2+t^2}\mathrm{d}t$，则 $F'(x)=$ _____.

A. $2xF(x)+\mathrm{e}^{2x^2}$ B. $F(x)+\mathrm{e}^{2x^2}$ C. $2\mathrm{e}^{2x^2}$ D. e^{2x^2}

解 $F(x)=\int_0^x \mathrm{e}^{x^2+t^2}\mathrm{d}t=\mathrm{e}^{x^2}\int_0^x \mathrm{e}^{t^2}\mathrm{d}t,\ F'(x)=2x\mathrm{e}^{x^2}\int_0^x \mathrm{e}^{t^2}\mathrm{d}t+\mathrm{e}^{x^2}\cdot \mathrm{e}^{x^2}=2xF(x)+\mathrm{e}^{2x^2}.$

故应选 A.

【名师点评】

本题主要考查了变上限积分函数的导数这个知识点，重点注意此变上限积分是关于 t 的积分，故被积函数中的 e^{x^2} 此时为常数.

真题 15 (2023.高数 Ⅲ) 已知函数 $F(x)=\int_0^{2x}x\sin t^2\mathrm{d}t$，则 $F'(x)=$ _____.

A. $x\sin 4x^2$

B. $2x\sin 4x^2$

C. $x\sin 4x^2+\int_0^{2x}\sin t^2\mathrm{d}t$

D. $2x\sin 4x^2+\int_0^{2x}\sin t^2\mathrm{d}t$

解 $F(x)=\int_0^{2x}x\sin t^2\mathrm{d}t=x\int_0^{2x}\sin t^2\mathrm{d}t,$

$F'(x)=(x\int_0^{2x}\sin t^2\mathrm{d}t)'=\int_0^{2x}\sin t^2\mathrm{d}t+x(\int_0^{2x}\sin t^2\mathrm{d}t)'=\int_0^{2x}\sin t^2\mathrm{d}t+2x\sin 4x^2.$

故应选 D.

真题 16 (2017.机械、电气) 设 $f(x)$ 在 $(-\infty,+\infty)$ 内连续，下面 _____ 不是 $f(x)$ 的原函数.

A. $\int_0^x f(x)\mathrm{d}x+C$ B. $\int_0^x f(t)\mathrm{d}t$ C. $\int_0^x f(t)\mathrm{d}t+C$ D. $\int_0^x f(t)\mathrm{d}x$.

解 因为 $(\int_0^x f(t)\mathrm{d}x)'=f(t)\int_0^x \mathrm{d}x=[f(t)x]'=f(t)\neq f(x)$，所以 $\int_0^x f(t)\mathrm{d}x$ 不是 $f(x)$ 的原函数.

故应选 D.

【名师点评】

本题主要考查变上限积分函数的导数这个知识点和原函数的概念，重点注意 D 选项，它是关于 x 的积分，故被积函数中的 $f(t)$ 此时应视为常数.

真题 17 (2015.公共) 设 $\int_0^x f(t)\mathrm{d}t=a^{3x}$，则 $f(x)$ 等于 _____.

A. $3a^{3x}$ B. $a^{3x}\ln a$ C. $3a^{3x-1}$ D. $3a^{3x}\ln a$

解 因为 $\int_0^x f(t)\mathrm{d}t=a^{3x}$，则方程两边同时对 x 求导得：$f(x)=3a^{3x}\ln a.$

故应选 D.

【名师点评】

一般含有不定积分或者变上限积分的等式出现，求被积函数的表达式时，我们经常用到的求解方法就是方程两边同时求导.

真题 18 (2017.工商管理) $y=\int_0^x (t-1)^2(t+2)\mathrm{d}t$，则 $\dfrac{\mathrm{d}y}{\mathrm{d}x}\Big|_{x=0}=$ _____.

A. -2 B. 2 C. -1 D. 1

解 $y'=[\int_0^x (t-1)^2(t+2)\mathrm{d}t]'=(x-1)^2(x+2)$，解得 $y'(0)=2.$

故应选 B.

【名师点评】

本题直接利用积分上限函数的求导公式 $F'(x) = \left[\int_a^x f(t)\mathrm{d}t\right]' = f(x)$ 求导,然后再代入 $x = 0$ 求该点处的导数值.

真题 19 (2017.电子) $\dfrac{\mathrm{d}}{\mathrm{d}x}\left(x\int_0^x \sqrt{1+t^4}\,\mathrm{d}t\right) = $ _____.

视频讲解
(扫码 关注)

A. $\int_0^x \sqrt{1+t^4}\,\mathrm{d}t$　　　　　　　　　　　　　　B. $4x^4\int_0^x \sqrt{1+t^4}\,\mathrm{d}t$

C. $\int_0^x \sqrt{1+t^4}\,\mathrm{d}t + x\sqrt{1+x^4}$　　　　　　　　D. $x\sqrt{1+x^4}$

解　$\dfrac{\mathrm{d}}{\mathrm{d}x}\left(x\int_0^x \sqrt{1+t^4}\,\mathrm{d}t\right) = x'\int_0^x \sqrt{1+t^4}\,\mathrm{d}t + x\left(\int_0^x \sqrt{1+t^4}\,\mathrm{d}t\right)' = \int_0^x \sqrt{1+t^4}\,\mathrm{d}t + x\sqrt{1+x^4}$.

故应选 C.

【名师点评】

本题考查积分上限函数的导数,关键要注意本题中需求导的函数是乘积形式,因此要用乘积的求导法则.

真题 20 (2021.高数Ⅰ) 已知函数 $f(x)$ 在 **R** 上连续,且 $\int_0^{1-2x} f(t)\,\mathrm{d}t = x^2$,则 $f(x) = $ _____.

解　已知等式两边同时求导,得 $-2f(1-2x) = 2x$,即 $f(1-2x) = -x$,

令 $1-2x = t$,则 $x = \dfrac{1-t}{2}$,所以 $f(t) = -\dfrac{1-t}{2} = \dfrac{t-1}{2}$,即 $f(x) = \dfrac{x-1}{2}$.

故应填 $\dfrac{x-1}{2}$.

真题 21 (2016.电气) $\dfrac{\mathrm{d}}{\mathrm{d}x}\left(\int_0^{x^2} \dfrac{\mathrm{e}^t}{\sqrt{1+t^2}}\,\mathrm{d}t\right) = $ _____.

A. $\dfrac{\mathrm{e}^t}{\sqrt{1+t^2}}$　　　　　B. $\dfrac{\mathrm{e}^{x^2}}{\sqrt{1+x^4}}$　　　　　C. $\dfrac{2x\,\mathrm{e}^{x^2}}{\sqrt{1+x^4}}$　　　　　D. $\dfrac{\mathrm{e}^t}{\sqrt{1+t^4}}$

解　根据变上限定积分(积分上限函数)求导数公式可得:

$$\dfrac{\mathrm{d}}{\mathrm{d}x}\left(\int_0^{x^2} \dfrac{\mathrm{e}^t}{\sqrt{1+t^2}}\,\mathrm{d}t\right) = \left(\int_0^{x^2} \dfrac{\mathrm{e}^t}{\sqrt{1+t^2}}\,\mathrm{d}t\right)' = \dfrac{2x\,\mathrm{e}^{x^2}}{\sqrt{1+x^4}}.$$

故应选 C.

真题 22 (2019.财经) 设 $\varphi(x) = \int_0^{\ln x} t^2\,\mathrm{d}t$,则 $\varphi'(x) = $ _____.

解　根据变上限积分函数求导公式得,函数 $\varphi'(x) = \left(\int_0^{\ln x} t^2\,\mathrm{d}t\right)' = (\ln x)^2 \cdot (\ln x)' = \dfrac{\ln^2 x}{x}$.

【名师点评】

以上三题仍然考查变上限积分函数求导,需要注意的是上限不再是单纯的 x,而是函数 $g(x)$.此积分上限函数可视为两层的复合函数,如果 $g(x)$ 可导,利用复合函数的求导法则,得 $\left[\int_a^{g(x)} f(t)\,\mathrm{d}t\right]' = f[g(x)] \cdot g'(x)$.

真题 23 (2016.公共) 设 $f(x)$ 是连续函数,则 $\dfrac{\mathrm{d}}{\mathrm{d}x}\int_{2x}^{-1} f(t)\,\mathrm{d}t = $ _____.

A. $f(2x)$　　　　　　B. $2f(2x)$　　　　　　C. $-f(2x)$　　　　　　D. $-2f(2x)$

解　根据变下限积分求导数公式可得:$\dfrac{\mathrm{d}}{\mathrm{d}x}\int_{2x}^{-1} f(t)\,\mathrm{d}t = \left[-\int_{-1}^{2x} f(t)\,\mathrm{d}t\right]' = -2f(2x)$.

故应选 D.

真题 24 (2014.机械) $\dfrac{\mathrm{d}}{\mathrm{d}x}\int_{\ln x}^2 \dfrac{\mathrm{d}t}{1+t^2} = $ _____.

解　根据变下限定积分(积分下限函数)求导数公式可得:

$$\dfrac{\mathrm{d}}{\mathrm{d}x}\int_{\ln x}^2 \dfrac{\mathrm{d}t}{1+t^2} = -\dfrac{1}{1+(\ln x)^2} \cdot \dfrac{1}{x} = -\dfrac{1}{x+x\ln^2 x}.$$

故应填 $-\dfrac{1}{x+x\ln^2 x}$.

【名师点评】

此类型的题目考查变下限积分求导数,如果 $g(x)$ 可导,此处利用复合函数的求导法则,则

$$\left[\int_{g(x)}^{b}f(t)\mathrm{d}t\right]'=-f[g(x)]\cdot g'(x),$$ 求导时注意不要漏掉负号.

真题 25 (2023.高数 Ⅰ) 已知函数 $f(x)$ 在 **R** 上连续,且 $\int_{0}^{2x}f(t)\mathrm{d}t=x^3+x^2$,则 $f(4)=$ _____.

解 方程 $\int_{0}^{2x}f(t)\mathrm{d}t=x^3+x^2$ 两边同时求导得 $2f(2x)=3x^2+2x$,令 $x=2$,则

$2f(4)=12+4=16,f(4)=8.$

故应填 8.

真题 26 (2017.公共) 若连续函数 $f(x)$ 满足 $\int_{0}^{x^3-1}f(t)\mathrm{d}t=x$,则 $f(7)=$ _____.

A. 1 B. 2 C. $\dfrac{1}{12}$ D. $\dfrac{1}{2}$

解 方程两边同时求导 $\left[\int_{0}^{x^3-1}f(t)\mathrm{d}t\right]'=x'$,得 $f(x^3-1)\cdot 3x^2=1$,则 $f(x^3-1)=\dfrac{1}{3x^2}$,令 $x^3-1=7$,则 $x=2$,因此 $f(7)=\dfrac{1}{12}$.

故应选 C.

【名师点评】

此类题目一般是先对含变上限函数的方程两边同时求导,得出 $f[\varphi(x)]$ 的表达式,若求 $f(a)$,则再令 $\varphi(x)=a$,同时解出 x 的值,代入 $f[\varphi(x)]$ 的表达式,从而解得 $f(a)$ 的值.

真题 27 (2016.经管) 设 $f(x)$ 在 $[a,b]$ 上可导,且 $f'(x)>0$,若 $\varphi(x)=\int_{0}^{x}f(t)\mathrm{d}t$,则下列说法正确的是 _____.

A. $\varphi(x)$ 在 $[a,b]$ 上单调减少 B. $\varphi(x)$ 在 $[a,b]$ 上单调增加

C. $\varphi(x)$ 在 $[a,b]$ 上为凹函数 D. $\varphi(x)$ 在 $[a,b]$ 上为凸函数

解 $\varphi'(x)=\left[\int_{0}^{x}f(t)\mathrm{d}t\right]'=f(x)$,$\varphi''(x)=f'(x)>0$,所以 $\varphi(x)$ 在 $[a,b]$ 上为凹函数.

故应选 C.

真题 28 (2017.会计) 若函数 $f(x)$ 在 $[a,b]$ 上可导,且 $f(a)=0$,$f'(x)\leqslant 0$. 则 $F(x)=\int_{a}^{x}f(t)\mathrm{d}t$ 在 (a,b) 内是 _____.

A. 单调增加且大于零 B. 单调增加且小于零

C. 单调减少且大于零 D. 单调减少且小于零

解 $f'(x)\leqslant 0$,得 $f(x)$ 在 $[a,b]$ 上单调递减,$f(x)\leqslant f(a)=0$,$F(x)=\int_{a}^{x}f(t)\mathrm{d}t$,$F'(x)=f(x)\leqslant 0$,$F(x)$ 单调递减,且 $F(x)\leqslant F(a)=0$.

故应选 D.

真题 29 (2017.公共) 设 $f(x)=\int_{0}^{x}t\mathrm{e}^{-t^2}\mathrm{d}t$,求 $f(x)$ 的极值.

解 由 $f'(x)=x\mathrm{e}^{-x^2}=0$ 得 $x=0$,又由 $f''(x)=\mathrm{e}^{-x^2}-2x^2\mathrm{e}^{-x^2}$ 得 $f''(0)>0$,故由极值存在的第二充分条件得 $f(0)=0$ 为函数的极小值.

【名师点评】

以上三题主要考查利用变上限积分的求导判定函数的单调性、凹凸性和求极值,可结合前面所学单调性的判定定理、凹凸性的判定定理、判定极值的充分条件相关知识点来完成.

真题 30 (2020.高数 Ⅰ) 求极限 $\lim\limits_{x\to 0}\dfrac{\int_{0}^{x}\sin t^2\mathrm{d}t}{x^3}=$ _____.

解 $\lim\limits_{x\to 0}\dfrac{\int_{0}^{x}\sin t^2\mathrm{d}t}{x^3}=\lim\limits_{x\to 0}\dfrac{\sin x^2}{3x^2}=\lim\limits_{x\to 0}\dfrac{x^2}{3x^2}=\dfrac{1}{3}.$

故应填 $\dfrac{1}{3}$.

真题 31 (2021.高数 I) 求极限 $\displaystyle\lim_{x\to 0}\dfrac{\displaystyle\int_{0}^{x}(e^{t^{2}}-1)\mathrm{d}t}{\sin x^{3}}=$ _____.

解 $\displaystyle\lim_{x\to 0}\dfrac{\displaystyle\int_{0}^{x}(e^{t^{2}}-1)\mathrm{d}t}{\sin x^{3}}=\lim_{x\to 0}\dfrac{\displaystyle\int_{0}^{x}(e^{t^{2}}-1)\mathrm{d}t}{x^{3}}=\lim_{x\to 0}\dfrac{e^{x^{2}}-1}{3x^{2}}=\lim_{x\to 0}\dfrac{x^{2}}{3x^{2}}=\dfrac{1}{3}.$

故应填 $\dfrac{1}{3}$.

真题 32 (2017 土木) $\displaystyle\lim_{x\to 0}\dfrac{\displaystyle\int_{0}^{2x}\ln(1+t)\mathrm{d}t}{1-\cos 2x}=$ _____.

解 $\displaystyle\lim_{x\to 0}\dfrac{\displaystyle\int_{0}^{2x}\ln(1+t)\mathrm{d}t}{1-\cos 2x}=\lim_{x\to 0}\dfrac{2\ln(1+2x)}{2\sin 2x}=\lim_{x\to 0}\dfrac{2x}{2x}=1.$

故应填 1.

【名师点评】

此题为变上限(上限为函数)积分的求导和洛必达法则相结合的题目,首先判定此极限为"$\dfrac{0}{0}$"型的极限,利用洛必达法则,分子分母"分别、同时"求导,分子中利用变上限积分函数的求导公式,然后结合等价无穷小的替换使求极限的过程得以简化得解.

真题 33 (2019.公共) 设函数 $f(x)=\begin{cases}\dfrac{1}{x}\displaystyle\int_{x}^{0}\dfrac{\sin 2t}{t}\mathrm{d}t\,, & x\ne 0,\\ a\,, & x=0\end{cases}$ 在 $x=0$ 处连续,

视频讲解
(扫码 关注)

则 $a=$ _____.

解 $\displaystyle\lim_{x\to 0}\dfrac{\displaystyle\int_{x}^{0}\dfrac{\sin 2t}{t}\mathrm{d}t}{x}=\lim_{x\to 0}\dfrac{-\dfrac{\sin 2x}{x}}{1}=-\lim_{x\to 0}\dfrac{2x}{x}=-2,$ 因为 $f(x)$ 在 $x=0$ 处连续,所以 $a=-2.$

故应填 -2.

【名师点评】

此题为分段函数在分段点处的连续性问题,同时考查了变上限(上限为函数)积分的求导和洛必达法则的知识点,首先由连续可以知道该点处的极限应等于该点处的函数值,此极限为"$\dfrac{0}{0}$"型的极限,利用洛必达法则,分子分母"分别、同时"求导,分子中利用变上限积分函数的求导公式,然后结合等价无穷小的替换使求极限的过程得以简化得解.

真题 34 (2016.电子) 设 $f(x)$ 在 $[a,b]$ 上连续,且单调增加,证明: $\displaystyle\int_{a}^{b}tf(t)\mathrm{d}t\geqslant\dfrac{a+b}{2}\int_{a}^{b}f(t)\mathrm{d}t$.

解 令 $F(x)=2\displaystyle\int_{a}^{x}tf(t)\mathrm{d}t-(a+x)\int_{a}^{x}f(t)\mathrm{d}t,$

则 $F(b)=2\displaystyle\int_{a}^{b}tf(t)\mathrm{d}t-(a+b)\int_{a}^{b}f(t)\mathrm{d}t,F(a)=0$(下面只需证 $F(b)\geqslant F(a)=0$),

$F'(x)=2xf(x)-\displaystyle\int_{a}^{x}f(t)\mathrm{d}t-(a+x)f(x)=(x-a)f(x)-\int_{a}^{x}f(t)\mathrm{d}t.$

因为 $f(x)$ 在 $[a,b]$ 上连续,所以 $f(t)$ 在 $[a,x]$ 上连续. 由积分中值定理得 $\displaystyle\int_{a}^{x}f(t)\,\mathrm{d}t=f(\xi)(x-a),$

因此 $F'(x)=(x-a)f(x)-f(\xi)(x-a)=(x-a)[f(x)-f(\xi)]\,(a\leqslant\xi\leqslant x),$

由于 $f(x)$ 单调增加,当 $a\leqslant\xi\leqslant x$ 时,$f(x)\geqslant f(\xi)$,则 $F'(x)\geqslant 0,F(x)$ 在 $[a,b]$ 单调增加,故 $F(b)\geqslant F(a)=0.$

即 $$\int_{a}^{b}tf(t)\mathrm{d}t\geqslant\dfrac{a+b}{2}\int_{a}^{b}f(t)\mathrm{d}t.$$

【名师点评】

此类题为关于定积分的不等式的证明题.一般地,证明不等式成立,常用到函数的单调性,而此题不等号两端都是定积分,是常数,没有出现函数,因此应将定积分变形为变上限积分,构造出函数以后,将其转化成一般的函数不等式再利

用单调性进行证明.本题先将不等式右端移到左端,然后将两个定积分都转换为变上限积分,从而合理构造函数.另外,在单调性的证明中还利用了积分中值定理对定积分进行变形,这类题目难度较大.

◇ 考点方法综述

序号	本单元考点与方法总结
1	定积分的概念和性质,贯穿于定积分的大多数题目之中,计算定积分的题目中几乎都会涉及定积分的线性运算法则等.
2	定积分的几何意义,面积和定积分之间的关系,一些特殊函数的定积分可以通过求所围成的规则图形的面积值来计算.
3	变上限积分(积分上限函数),此类函数在极限中出现时,经常运用洛必达法则求解,专升本考试中还考查过此类函数的单调性和极值问题,主要利用积分上限函数的求导公式求解.

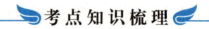

第二单元　　定积分的计算

◇ 考纲内容解读

新大纲基本要求	新大纲名师解读
1.掌握牛顿 — 莱布尼茨公式. 2.熟练掌握定积分的换元积分法与分部积分法. 3.了解反常积分的概念.	根据考试大纲的要求,本单元要求重点掌握定积分的计算方法,能够灵活运用牛顿 — 莱布尼茨公式、换元积分法和分部积分法求定积分.

◇ 考点知识梳理

一、牛顿 — 莱布尼兹公式

微积分基本定理:若函数 $f(x)$ 在区间 $[a,b]$ 上连续,$F(x)$ 是 $f(x)$ 在 $[a,b]$ 上的一个原函数,则

$$\int_a^b f(x)\mathrm{d}x = F(b) - F(a) = F(x)\Big|_a^b,$$

这个公式称为**牛顿 — 莱布尼茨公式**.

牛顿—莱布尼茨公式表明:连续函数 $f(x)$ 在 $[a,b]$ 上的定积分就等于它的任意一个原函数 $F(x)$ 在区间 $[a,b]$ 上的增量.

【名师解析】

牛顿 — 莱布尼茨公式明确了定积分与不定积分(原函数)之间的关系,把计算定积分的问题转化为求不定积分的问题,为计算定积分提供了一种更为简便的方法.

二、换元积分法和分部积分法

1.换元积分法

设 $f(x)$ 在 $[a,b]$ 上连续,函数 $x = \varphi(t)$ 满足条件:

(1)$\varphi(\alpha) = a, \varphi(\beta) = b$;

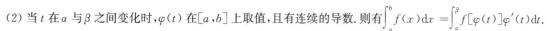

(2) 当 t 在 α 与 β 之间变化时,$\varphi(t)$ 在 $[a,b]$ 上取值,且有连续的导数.则有 $\int_a^b f(x)\mathrm{d}x = \int_\alpha^\beta f[\varphi(t)]\varphi'(t)\mathrm{d}t$.

【名师解析】

我们在使用换元积分法时要注意换元的同时必须换积分上下限.

2.分部积分法

设函数 $u=u(x),v=v(x)$ 具有连续导数,则有

$$\int_a^b uv'\mathrm{d}x = \int_a^b u\mathrm{d}v = uv\Big|_a^b - \int_a^b v\mathrm{d}u = uv\Big|_a^b - \int_a^b vu'\mathrm{d}x.$$

【名师解析】

　　分部积分法对于不定积分和定积分来说,在计算上差别不大,定积分的分部积分法运用只是比不定积分多了上下限的代值过程.对 u 和 v' 的选取时,仍然符合不定积分运用分部积分时的选择原则,当求两个函数乘积的定积分时,可以按照"反、对、幂、三、指"的顺序,将排序在前面的函数当作 u 函数,排序在后面的当作 v'.

三、对称公式

1.若 $f(x)$ 是在 $[-a,a]$ 连续的奇函数,则有 $\int_{-a}^a f(x)\mathrm{d}x = 0$.

2.若 $f(x)$ 是在 $[-a,a]$ 连续的偶函数,则有 $\int_{-a}^a f(x)\mathrm{d}x = 2\int_0^a f(x)\mathrm{d}x$.

【名师解析】

　　此公式在定积分的计算中能够起到简化计算过程的作用,在做题的过程中如果遇到对称区间上的定积分,可以先观察被积函数的奇偶性,从而判定能否使用对称公式.

四、反常积分(广义积分)

1.无穷区间的反常积分

　　设函数 $f(x)$ 在区间 $[a,+\infty)$ 内连续,称 $\int_a^{+\infty} f(x)\mathrm{d}x$ 为函数 $f(x)$ 在无穷区间 $[a,+\infty)$ 上的**反常积分**,也称**广义积分**.如果极限 $\lim\limits_{b\to+\infty}\int_a^b f(x)\mathrm{d}x (b>a)$ 存在,称反常积分**收敛**,并称此极限值为该反常积分的值.即

$$\int_a^{+\infty} f(x)\mathrm{d}x = \lim_{b\to+\infty}\int_a^b f(x)\mathrm{d}x (b>a).$$

如果极限不存在,称反常积分**发散**.

　　类似地,若设函数 $f(x)$ 在区间 $(-\infty,b]$ 内连续,称 $\int_{-\infty}^b f(x)\mathrm{d}x$ 为函数 $f(x)$ 在无穷区间 $(-\infty,b]$ 上的**反常积分**.如果极限 $\lim\limits_{a\to-\infty}\int_a^b f(x)\mathrm{d}x (b>a)$ 存在,称反常积分**收敛**,并称此极限值为该反常积分的值.即 $\int_{-\infty}^b f(x)\mathrm{d}x = \lim\limits_{a\to-\infty}\int_a^b f(x)\mathrm{d}x (b>a)$.如果极限不存在,称反常积分**发散**.

　　若设函数 $f(x)$ 在区间 $(-\infty,+\infty)$ 内连续,称 $\int_{-\infty}^{+\infty} f(x)\mathrm{d}x$ 为函数 $f(x)$ 在无穷区间 $(-\infty,+\infty)$ 上的**反常积分**.

任取 $c(-\infty<c<+\infty)$,有 $\int_{-\infty}^{+\infty} f(x)\mathrm{d}x = \int_{-\infty}^c f(x)\mathrm{d}x + \int_c^{+\infty} f(x)\mathrm{d}x$.如果极限 $\lim\limits_{a\to-\infty}\int_a^c f(x)\mathrm{d}x$ 和 $\lim\limits_{b\to+\infty}\int_c^b f(x)\mathrm{d}x$ 都存在,称反常积分**收敛**,否则**发散**.

　　利用牛顿－莱布尼兹公式,若 $F(x)$ 是 $f(x)$ 在 $[a,b]$ 上的一个原函数,我们把上述三种情况简化:

(1) $f(x)\in C[a,+\infty),\int_a^{+\infty} f(x)\mathrm{d}x = F(x)\Big|_a^{+\infty} = \lim\limits_{x\to+\infty}F(x)-F(a);(f(x)\in C[a,+\infty)$ 表示 $f(x)$ 在 $(a,+\infty)$ 内连续).

(2) $f(x)\in C(-\infty,b],\int_{-\infty}^b f(x)\mathrm{d}x = F(x)\Big|_{-\infty}^b = F(b) - \lim\limits_{x\to-\infty}F(x);$

(3) $f(x)\in C(-\infty,+\infty),\int_{-\infty}^{+\infty} f(x)\mathrm{d}x = F(x)\Big|_{-\infty}^{+\infty} = \lim\limits_{x\to+\infty}F(x) - \lim\limits_{x\to-\infty}F(x).$

　　若上述极限存在,则称此广义积分收敛;若上述极限不存在,则称广义积分发散.

2.无界函数的反常积分

若函数 $f(x)$ 在点 a 的任一邻域内都无界,则 a 称为函数 $f(x)$ 的**瑕点**(也称为无穷间断点).

设函数 $f(x)$ 在区间 $(a,b]$ 内连续,且 $\lim\limits_{x \to a^+} f(x) = \infty$,称 $\int_a^b f(x) \mathrm{d}x$ 为函数 $f(x)$ 在区间 $(a,b]$ 上的**反常积分**.如果极限 $\lim\limits_{\varepsilon \to 0^+} \int_{a+\varepsilon}^b f(x) \mathrm{d}x$ 存在,称反常积分**收敛**,并称此极限值为该反常积分的值.即 $\int_a^b f(x) \mathrm{d}x = \lim\limits_{\varepsilon \to 0^+} \int_{a+\varepsilon}^b f(x) \mathrm{d}x$.如果极限不存在,称反常积分**发散**.

类似地,若设函数 $f(x)$ 在区间 $[a,b)$ 内有连续,且 $\lim\limits_{x \to b^-} f(x) = \infty$,称 $\int_a^b f(x) \mathrm{d}x$ 为函数 $f(x)$ 在无穷区间 $[a,b)$ 上的**反常积分**.如果极限 $\lim\limits_{\varepsilon \to 0^+} \int_a^{b-\varepsilon} f(x) \mathrm{d}x$ 存在,称反常积分**收敛**,并称此极限值为该反常积分的值.即 $\int_a^b f(x) \mathrm{d}x = \lim\limits_{\varepsilon \to 0^+} \int_a^{b-\varepsilon} f(x) \mathrm{d}x$.如果极限不存在,称反常积分**发散**.

同样,我们用牛顿－莱布尼茨公式简化如下:

(1) $f(x) \in C(a,b]$,$x = a$ 为 $f(x)$ 的瑕点,则

$$\int_a^b f(x) \mathrm{d}x = F(x) \Big|_a^b = F(b) - \lim\limits_{x \to a^+} F(x).$$

若极限 $\lim\limits_{x \to a^+} F(x)$ 存在,称反常积分收敛;否则称反常积分发散.

(2) $f(x) \in C[a,b)$,$x = b$ 为 $f(x)$ 的瑕点,则

$$\int_a^b f(x) \mathrm{d}x = F(x) \Big|_a^b = \lim\limits_{x \to b^-} F(x) - F(a).$$

若极限 $\lim\limits_{x \to b^-} F(x)$ 存在,称反常积分收敛;否则称反常积分发散.

(3) $f(x)$ 在区间 $[a,b]$ 上除点 c $(a < c < b)$ 外连续,$x = c$ 为内部瑕点,则

$$\int_a^b f(x) \mathrm{d}x = \int_a^c f(x) \mathrm{d}x + \int_c^b f(x) \mathrm{d}x = F(x) \Big|_a^c + F(x) \Big|_c^b = \lim\limits_{x \to c^-} F(x) - F(a) + F(b) - \lim\limits_{x \to c^+} F(x).$$

当 $\lim\limits_{x \to c^-} F(x)$,$\lim\limits_{x \to c^+} F(x)$ 都存在时,称反常积分 $\int_a^b f(x) \mathrm{d}x$ 收敛;当至少有一个极限不存在时,称反常积分发散.

【名师解析】

反常积分的考查在近年专升本考试中多以选择题和填空题的形式出现,计算反常积分,与定积分类似,同样要先求被积函数的原函数,上下限代值过程注意转化为极限问题来求解.在2021年新大纲中,对反常积分没有要求.

考点例题分析

考点 一 利用牛顿－莱布尼兹公式及定积分的性质计算定积分

【考点分析】

我们使用牛顿－莱布尼兹公式来计算定积分的值,计算时往往需要结合其他的知识点,比如定积分的线性运算,定积分对积分区间的可加性等性质,还经常用到定积分的换元积分法和分部积分法.

例 15 计算下列定积分.

(1) $\displaystyle\int_4^9 \sqrt{x}(1 + \sqrt{x}) \mathrm{d}x$;   (2) $\displaystyle\int_0^{\frac{\pi}{2}} \sqrt{1 + \cos 2x} \; \mathrm{d}x$;   (3) $\displaystyle\int_0^{\frac{\pi}{3}} \frac{1 + \sin^2 x}{\cos^2 x} \mathrm{d}x$.

视频讲解
(扫码 关注)

解 将被积函数进行适当的变形,结合定积分的性质和基本积分公式就可以求出积分.

(1) $\displaystyle\int_4^9 \sqrt{x}(1 + \sqrt{x}) \mathrm{d}x = \int_4^9 (\sqrt{x} + x) \mathrm{d}x = \left(\frac{2}{3} x^{\frac{3}{2}} + \frac{1}{2} x^2\right) \Big|_4^9 = 45\frac{1}{6}$.

(2) $\displaystyle\int_0^{\frac{\pi}{2}} \sqrt{1 + \cos 2x} \; \mathrm{d}x = \int_0^{\frac{\pi}{2}} \sqrt{2} \cos x \; \mathrm{d}x = \sqrt{2} \sin x \Big|_0^{\frac{\pi}{2}} = \sqrt{2}$.

(3) $\displaystyle\int_0^{\frac{\pi}{3}} \frac{1 + \sin^2 x}{\cos^2 x} \mathrm{d}x = \int_0^{\frac{\pi}{3}} (\sec^2 x + \tan^2 x) \mathrm{d}x = \int_0^{\frac{\pi}{3}} (2\sec^2 x - 1) \mathrm{d}x = (2\tan x - x) \Big|_0^{\frac{\pi}{3}} = 2\sqrt{3} - \frac{\pi}{3}$.

【名师点评】

在计算定积分时,往往需要先对被积函数进行恒等变形的处理.例如(1)中被积函数是利用了分项积分的方法,将乘积形式转换为和,然后再求定积分.(2)中被积函数为含三角函数的根式函数,这类题目一般先利用三角公式对被积函数进行变形,使得变形后能整体或者部分的抵消掉根号,化简后再求定积分,根号被抵消时函数要加绝对值,也可以根据给定区间判断去绝对值后函数的符号,直接写出去绝对值后的函数形式.(3)中的被积函数是利用了三角函数的倒数关系和平方关系进行了恒等变形,将被积函数最终转换为能直接利用积分公式的形式,从而方便求解.

例16 求下列定积分.

$(1)\displaystyle\int_0^{2\pi}|\sin x|\,\mathrm{d}x;$ 　　　　　　　$(2)\displaystyle\int_{\frac{1}{e}}^{e}|\ln x|\,\mathrm{d}x.$

解 $(1)\displaystyle\int_0^{2\pi}|\sin x|\,\mathrm{d}x=\int_0^{\pi}\sin x\,\mathrm{d}x-\int_{\pi}^{2\pi}\sin x\,\mathrm{d}x=-\cos x\Big|_0^{\pi}+\cos x\Big|_{\pi}^{2\pi}=4.$

$(2)\displaystyle\int_{\frac{1}{e}}^{e}|\ln x|\,\mathrm{d}x=\int_{\frac{1}{e}}^{1}(-\ln x)\mathrm{d}x+\int_1^e\ln x\,\mathrm{d}x=-x\ln x\Big|_{\frac{1}{e}}^{1}+\int_{\frac{1}{e}}^{1}x\cdot\frac{1}{x}\mathrm{d}x+x\ln x\Big|_1^e-\int_1^e x\cdot\frac{1}{x}\mathrm{d}x$

$\qquad\qquad\qquad=-\dfrac{1}{e}+1-\dfrac{1}{e}+e-(e-1)=2-\dfrac{2}{e}.$

【名师点评】

被积函数带有绝对值的定积分,求解时要先去绝对值再积分,去掉绝对值时要注意被积函数在积分区间内的符号是否有变化,如果被积函数的零点出现在积分区间内部,则要借助定积分对积分区间的可加性,利用被积函数的零点将积分区间分割,再求两个定积分之和.

例17 设 $f(x)=\begin{cases}x+1, & 0\leqslant x\leqslant 1,\\ \dfrac{1}{2}x^2, & 1<x\leqslant 2,\end{cases}$ 则 $\displaystyle\int_0^2 f(x)\mathrm{d}x=$ _____.

A. 1　　　　　　　　B. $\dfrac{8}{3}$　　　　　　　　C. 2　　　　　　　　D. 0

解 $\displaystyle\int_0^2 f(x)\mathrm{d}x=\int_0^1(x+1)\mathrm{d}x+\int_1^2\dfrac{1}{2}x^2\mathrm{d}x=\left(\dfrac{1}{2}x^2+x\right)\Big|_0^1+\dfrac{1}{6}x^3\Big|_1^2=\dfrac{8}{3}.$

故应选 B.

【名师点评】

本题主要考查被积函数为分段函数的定积分计算,由于分段点在积分区间的内部,所以被积函数在积分区间内的函数表达式不唯一,因此要利用定积分对积分区间可加性,用分段点将积分区间分割为两部分,进而求两个定积分之和.

考点二　利用对称公式计算定积分

【考点分析】

利用对称公式计算定积分,首先判断被积函数的奇偶性,尤其遇到被积函数是奇函数或者部分是奇函数的情况,利用"对称区间上连续奇函数的定积分为 0"这个结论可以快速地简化计算.

例18 定积分 $\displaystyle\int_{-2}^2 x\cos x\,\mathrm{d}x=$ _____.

A. -1　　　　　　　　B. 0　　　　　　　　C. 1　　　　　　　　D. $\dfrac{1}{2}$

解 因积分区间关于原点对称,被积函数为奇函数,所以 $\displaystyle\int_{-2}^2 x\cos x\,\mathrm{d}x=0.$

故应选 B.

例19 设 $f(x)$ 是在 $[-1,1]$ 上的连续函数,则 $\displaystyle\int_{-\frac{1}{2}}^{\frac{1}{2}}\dfrac{x^3\tan^2 x}{4+x^4}f(x^2)\mathrm{d}x=$ _____.

解 对于对称区间上的定积分,可考虑利用定积分的对称公式求解.先判断被积函数的奇偶性.设 $g(x)=\dfrac{x^3\tan^2 x}{4+x^4}$,$h(x)=f(x^2)$;$g(x)$ 为奇函数,$h(x)$ 为偶函数,所以被积函数是奇函数.由定积分的对称公式得积分值为零.

故应填 0.

例20 下列等式不成立的是 _____.

A. $\int_{-1}^{1} \ln(\sqrt{1+x^2}-x)dx = 0$ B. $\int_{-1}^{1} \sin(x+\frac{\pi}{2})dx = 0$

C. $\int_{-1}^{1}(e^x - e^{-x})dx = 0$ D. $\int_{-1}^{1} \arctan x\,dx = 0$

解 选项 A 中，$f(x) = \ln(\sqrt{1+x^2}-x)$，

$$f(-x) = \ln(\sqrt{1+x^2}+x) = \ln\frac{\sqrt{1+x^2}+x}{1} = \ln\frac{1+x^2-x^2}{\sqrt{1+x^2}-x} = \ln\frac{1}{\sqrt{1+x^2}-x} = -\ln(\sqrt{1+x^2}-x),$$

所以被积函数为奇函数，积分值为 0.

选项 B 中，$\sin(x+\frac{\pi}{2}) = \cos x$ 是偶函数，所以 $\int_{-1}^{1}\sin(x+\frac{\pi}{2})dx \neq 0$.

选项 C 和 D 中，被积函数也都是奇函数，所以积分值均为 0.

故应选 B.

例 21 计算 $\int_{-\frac{\pi}{2}}^{\frac{\pi}{2}} \frac{1}{1+\cos x}dx = $ _____.

解 $\int_{-\frac{\pi}{2}}^{\frac{\pi}{2}} \frac{1}{1+\cos x}dx = 2\int_{0}^{\frac{\pi}{2}} \frac{1}{1+\cos x}dx = 2\int_{0}^{\frac{\pi}{2}} \frac{1}{2\cos^2\frac{x}{2}}dx = 2\int_{0}^{\frac{\pi}{2}} \sec^2\frac{x}{2}d(\frac{x}{2}) = \left(2\tan\frac{x}{2}\right)\Big|_{0}^{\frac{\pi}{2}} = 2.$

故应填 2.

【名师点评】

以上 4 个题主要考查对称区间上连续的奇偶函数定积分的计算，在遇到对称区间的定积分时，先观察被积函数的奇偶性，被积函数若是积或商的形式，可以先分别判断每个因子的奇偶性，从而得出被积函数的奇偶性，然后利用对称公式简化求解过程.

例 22 设 $M = \int_{-\frac{\pi}{2}}^{\frac{\pi}{2}} \frac{\sin x\cos^4 x}{1+x^2}dx$，$N = \int_{-\frac{\pi}{2}}^{\frac{\pi}{2}}(\sin^3 x + \cos^4 x)dx$，$P = \int_{-\frac{\pi}{2}}^{\frac{\pi}{2}}(x^2\sin^3 x - \cos^4 x)dx$，则 _____.

A. $N < P < M$ B. $N < M < P$ C. $M < P < N$ D. $P < M < N$

解 利用对称区间上函数的奇偶性可得

$$M = \int_{-\frac{\pi}{2}}^{\frac{\pi}{2}} \frac{\sin x\cos^4 x}{1+x^2}dx = 0; \quad N = \int_{-\frac{\pi}{2}}^{\frac{\pi}{2}}(\sin^3 x + \cos^4 x)dx = 2\int_{0}^{\frac{\pi}{2}}\cos^4 x\,dx > 0;$$

$$P = \int_{-\frac{\pi}{2}}^{\frac{\pi}{2}}(x^2\sin^3 x - \cos^4 x)dx = -2\int_{0}^{\frac{\pi}{2}}\cos^4 x\,dx < 0, \quad \text{所以 } P < M < N.$$

故应选 D.

【名师点评】

本题主要考查对称区间上奇偶函数定积分的计算以及定积分的比较性质.

例 23 求下列定积分.

(1) $\int_{-2}^{2} \frac{x^5+2x^4+x^3-3x^2-1}{x^3+x}dx$；   (2) $\int_{-2}^{2}(\sqrt{4-x^2}-x\cos^2 x)dx$；

(3) $\int_{-1}^{1}(x\sqrt{|x|}+\sqrt{1-x^2})dx$.

视频讲解
（扫码 关注）

解 (1) $\int_{-2}^{2} \frac{x^5+2x^4+x^3-3x^2-1}{x^3+x}dx = \int_{-2}^{2}\frac{x^5+x^3}{x^3+x}dx + \int_{-2}^{2}\frac{2x^4-3x^2-1}{x^3+x}dx = 2\int_{0}^{2}x^2 dx = \frac{2}{3}x^3\Big|_{0}^{2} = \frac{16}{3}.$

(2) $\int_{-2}^{2}(\sqrt{4-x^2}-x\cos^2 x)dx = \int_{-2}^{2}\sqrt{4-x^2}dx - \int_{-2}^{2}x\cos^2 x\,dx = \int_{-2}^{2}\sqrt{4-x^2}dx = 2\pi.$

(3) $\int_{-1}^{1}(x\sqrt{|x|}+\sqrt{1-x^2})dx = \int_{-1}^{1}x\sqrt{|x|}dx + \int_{-1}^{1}\sqrt{1-x^2}dx = \int_{-1}^{1}\sqrt{1-x^2}dx = \frac{\pi}{2}.$

【名师点评】

对于对称区间上的定积分，当被积函数为奇函数与偶函数的和或差时，我们一般利用定积分的线性运算性质，分别求几个函数的定积分再相加减，这样方便利用对称公式.

考点 三　利用换元法计算定积分

【考点分析】

换元积分法是专升本考试中的重要考点,换元积分法包括第一类换元法和第二类换元法:第一类换元法是复合函数求导的逆运算,最主要的过程是完成凑微分这一步,所以又称凑微分法;第二类换元积分法主要用来解决被积函数中带有根号的题目,分为根式代换和三角代换两种.

例 24　求下列定积分.

$(1)\int_{-1}^{1}\dfrac{\mathrm{d}x}{\sqrt{5-4x}}$;　　　　$(2)\int_{1}^{\mathrm{e}^2}\dfrac{\mathrm{d}x}{x\sqrt{1+\ln x}}$;　　　　$(3)\int_{0}^{1}\dfrac{\mathrm{d}x}{\mathrm{e}^x+\mathrm{e}^{-x}}$;

解　$(1)\int_{-1}^{1}\dfrac{\mathrm{d}x}{\sqrt{5-4x}}=-\dfrac{1}{4}\int_{-1}^{1}\dfrac{1}{\sqrt{5-4x}}\cdot(5-4x)'\mathrm{d}x=-\dfrac{1}{4}\int_{-1}^{1}\dfrac{1}{\sqrt{5-4x}}\mathrm{d}(5-4x)$

$$\xlongequal{\text{令}u=5-4x}-\dfrac{1}{4}\int_{9}^{1}\dfrac{1}{\sqrt{u}}\mathrm{d}u=\dfrac{1}{4}\int_{1}^{9}\dfrac{1}{\sqrt{u}}\mathrm{d}u=\dfrac{1}{2}\sqrt{u}\,\Big|_{1}^{9}=1.$$

$(2)\int_{1}^{\mathrm{e}^2}\dfrac{\mathrm{d}x}{x\sqrt{1+\ln x}}=\int_{1}^{\mathrm{e}^2}\dfrac{1}{\sqrt{1+\ln x}}\mathrm{d}(1+\ln x)=2\sqrt{1+\ln x}\,\Big|_{1}^{\mathrm{e}^2}=2(\sqrt{3}-1).$

$(3)\int_{0}^{1}\dfrac{\mathrm{d}x}{\mathrm{e}^x+\mathrm{e}^{-x}}=\int_{0}^{1}\dfrac{\mathrm{e}^x\mathrm{d}x}{(\mathrm{e}^x)^2+1}=\int_{0}^{1}\dfrac{\mathrm{d}\mathrm{e}^x}{(\mathrm{e}^x)^2+1}=\arctan\mathrm{e}^x\,\Big|_{0}^{1}=\arctan\mathrm{e}-\dfrac{\pi}{4}.$

【名师点评】

该题考查的第一换元积分法,换元过程可以省略,计算定积分时,若不写出换元过程就不需要进行换限,但是若换元必须换限,定积分的换元积分法最终不需要回代,可直接使用牛顿—莱布尼茨公式计算出结果.

例 25　求下列定积分.

$(1)\int_{4}^{9}\dfrac{\sqrt{x}}{\sqrt{x}-1}\mathrm{d}x$　$(2)\int_{0}^{1}\sqrt{1-x^2}\mathrm{d}x$;　$(3)\int_{1}^{\sqrt{3}}\dfrac{1}{x^2\sqrt{x^2+1}}\mathrm{d}x$;　$(4)\int_{0}^{\frac{\sqrt{2}}{2}}\dfrac{\arcsin x}{\sqrt{(1-x^2)^3}}\mathrm{d}x$.

视频讲解
(扫码 关注)

解　(1)令$\sqrt{x}=t$,则 $x=t^2,\mathrm{d}x=2t\mathrm{d}t$,当 $x=4$ 时,$t=2$;当 $x=9$ 时,$t=3$,于是

$$\int_{4}^{9}\dfrac{\sqrt{x}}{\sqrt{x}-1}\mathrm{d}x=\int_{2}^{3}\dfrac{t}{t-1}2t\mathrm{d}t=2\int_{2}^{3}\dfrac{t^2}{t-1}\mathrm{d}t=2\int_{2}^{3}\dfrac{(t^2-1)+1}{t-1}\mathrm{d}t=2\int_{2}^{3}(t+1+\dfrac{1}{t-1})\mathrm{d}t$$

$$=2(\dfrac{t^2}{2}+t+\ln|t-1|)\,\Big|_{2}^{3}=7+2\ln 2.$$

(2)令 $x=\sin t$,$\begin{array}{c|c}x & 0\to 1\\\hline t & 0\to \frac{\pi}{2}\end{array}$,则

$$\int_{0}^{1}\sqrt{1-x^2}\mathrm{d}x=\int_{0}^{\frac{\pi}{2}}\sqrt{1-\sin^2 t}\cos t\,\mathrm{d}t=\int_{0}^{\frac{\pi}{2}}\cos^2 t\,\mathrm{d}t=\int_{0}^{\frac{\pi}{2}}\dfrac{1+\cos 2t}{2}\mathrm{d}t=\Big(\dfrac{t}{2}+\dfrac{\sin 2t}{4}\Big)\,\Big|_{0}^{\frac{\pi}{2}}=\dfrac{\pi}{4}.$$

注:此题也可借助定积分几何意义求解,此积分即求四分之一圆的面积.

(3)令 $x=\tan t$,$\begin{array}{c|c}x & 1\to \sqrt{3}\\\hline t & \frac{\pi}{4}\to \frac{\pi}{3}\end{array}$,则

$$\int_{1}^{\sqrt{3}}\dfrac{1}{x^2\sqrt{x^2+1}}\mathrm{d}x=\int_{\frac{\pi}{4}}^{\frac{\pi}{3}}\dfrac{\sec^2 t}{\tan^2 t\sqrt{\sec^2 t}}\mathrm{d}t=\int_{\frac{\pi}{4}}^{\frac{\pi}{3}}\dfrac{\cos t}{\sin^2 t}\mathrm{d}t=\int_{\frac{\pi}{4}}^{\frac{\pi}{3}}\dfrac{\mathrm{d}\sin t}{\sin^2 t}=-\dfrac{1}{\sin t}\,\Big|_{\frac{\pi}{4}}^{\frac{\pi}{3}}=\sqrt{2}-\dfrac{2}{\sqrt{3}}.$$

(4)令 $x=\sin t$,$\begin{array}{c|c}x & 0\to \frac{\sqrt{2}}{2}\\\hline t & 0\to \frac{\pi}{4}\end{array}$,则

$$\int_{0}^{\frac{\sqrt{2}}{2}}\dfrac{\arcsin x}{\sqrt{(1-x^2)^3}}\mathrm{d}x=\int_{0}^{\frac{\pi}{4}}\dfrac{t\cos t}{\cos^3 t}\mathrm{d}t=\int_{0}^{\frac{\pi}{4}}t\sec^2 t\,\mathrm{d}t=\int_{0}^{\frac{\pi}{4}}t\,\mathrm{d}\tan t$$

$$=t\cdot\tan t\,\Big|_{0}^{\frac{\pi}{4}}-\int_{0}^{\frac{\pi}{4}}\tan t\,\mathrm{d}t=t\cdot\tan t\,\Big|_{0}^{\frac{\pi}{4}}+\ln|\cos t|\,\Big|_{0}^{\frac{\pi}{4}}=\dfrac{\pi}{4}+\ln\dfrac{\sqrt{2}}{2}=\dfrac{\pi}{4}-\dfrac{1}{2}\ln 2.$$

【名师点评】

本题主要考查定积分的第二类换元积分法,注意第二换元法的换元过程不能省略,并且计算时第一步要进行换元,同时进行换限.(4)题中用换元积分法后新积分的被积函数为幂函数乘以三角函数形式的积分,需使用分部积分法.

考点 四 利用分部积分法计算定积分

【考点分析】

分部积分法是专升本考试中的重要知识点,历年专升本考试中出现的比较频繁,要熟练掌握定积分的分部积分公式

$$\int_a^b uv'\mathrm{d}x = \int_a^b u\,\mathrm{d}v = uv\Big|_a^b - \int_a^b v\,\mathrm{d}u = uv\Big|_a^b - \int_a^b vu'\mathrm{d}x.$$

分部积分法对于不定积分和定积分来说,在计算上差别不大,定积分的分部积分法只是比不定积分多了上下限的代值相减过程. 分部积分法求解时,对 u 和 v' 的选取是关键,与不定积分相同,仍然可以按照"反、对、幂、三、指"的顺序,将排序在前面的函数当作 u 函数,排序在后面的当作 v'.

例 26 求下列定积分.

$$(1)\int_0^{\frac{\pi}{4}} x\sin2x\,\mathrm{d}x; \qquad (2)\int_1^4 \frac{\ln x}{\sqrt{x}}\,\mathrm{d}x.$$

解 $(1)\int_0^{\frac{\pi}{4}} x\sin2x\,\mathrm{d}x = -\frac{1}{2}\int_0^{\frac{\pi}{4}} x\,\mathrm{d}(\cos2x) = -\frac{1}{2}\left(x\cos2x\Big|_0^{\frac{\pi}{4}} - \int_0^{\frac{\pi}{4}}\cos2x\,\mathrm{d}x\right) = -\frac{1}{2}\left(0 - \frac{1}{2}\int_0^{\frac{\pi}{4}}\cos2x\,\mathrm{d}2x\right)$

$$= \frac{1}{4}\sin2x\Big|_0^{\frac{\pi}{4}} = \frac{1}{4}.$$

$(2)\int_1^4 \frac{\ln x}{\sqrt{x}}\,\mathrm{d}x = 2\int_1^4 \ln x\,\mathrm{d}\sqrt{x} = 2\sqrt{x}\ln x\Big|_1^4 - 2\int_1^4 \sqrt{x}\cdot\frac{1}{x}\,\mathrm{d}x = 8\ln2 - 4\sqrt{x}\Big|_1^4 = 8\ln2 - 4.$

【名师点评】

以上两题的被积函数分别为幂函数乘以三角函数、幂函数乘以对数函数的形式,都需要使用分部积分法,根据分部积分的函数选择原则,我们分别把三角函数和幂函数改写成导数去凑微分,再利用分部积分公式计算.

例 27 计算定积分 $\int_0^{\sqrt{3}} \arctan x\,\mathrm{d}x$.

解 $\int_0^{\sqrt{3}} \arctan x\,\mathrm{d}x = x\arctan x\Big|_0^{\sqrt{3}} - \int_0^{\sqrt{3}}\frac{x}{1+x^2}\,\mathrm{d}x = x\arctan x\Big|_0^{\sqrt{3}} - \frac{1}{2}\int_0^{\sqrt{3}}\frac{1}{1+x^2}\,\mathrm{d}(1+x^2)$

$$= \sqrt{3}\arctan\sqrt{3} - \frac{1}{2}\ln(1+x^2)\Big|_0^{\sqrt{3}} = \frac{\sqrt{3}}{3}\pi - \frac{1}{2}(\ln4 - \ln1) = \frac{\sqrt{3}}{3}\pi - \ln2.$$

【名师点评】

本题可以看作是 1 乘以反三角函数,我们选择反三角函数保留在原位.一般地,当被积函数只有一个函数,并且是反三角函数或者是对数函数时,可以将被积函数当作分部积分公式中的 u 函数,将 $\mathrm{d}x$ 中的 x 当作 v 函数,直接利用分部积分公式求解.

例 28 求定积分 $\int_0^{\frac{\pi^2}{4}} \sin\sqrt{x}\,\mathrm{d}x$.

视频讲解
(扫码 关注)

解 令 $\sqrt{x} = t$,则 $x = t^2$,

$$\int_0^{\frac{\pi^2}{4}} \sin\sqrt{x}\,\mathrm{d}x = 2\int_0^{\frac{\pi}{2}} t\sin t\,\mathrm{d}t = -2\int_0^{\frac{\pi}{2}} t\,\mathrm{d}\cos t = -2\left(t\cos t\Big|_0^{\frac{\pi}{2}} - \int_0^{\frac{\pi}{2}}\cos t\,\mathrm{d}t\right) = 2.$$

【名师点评】

此题为同时使用换元积分法和分部积分法的综合题目,先使用根式代换,目的是去掉被积函数中的根号,换元后的新积分出现幂函数与三角函数的乘积,此时再使用分部积分法计算.

考点 五 * 反常积分的计算

【考点分析】

反常积分有无限区间的反常积分和无界函数的反常积分两种情况,该知识点考试中经常以选择题或者填空题的形

式出现,做题的过程中注意将其转化为极限问题,极限存在即为收敛,否则即为发散.

例 29 反常积分 $\int_{0}^{+\infty} e^{-2x} dx = $ _____.

A. 不存在   B. $-\dfrac{1}{2}$ C. $\dfrac{1}{2}$ D. 2

解 $\int_{0}^{+\infty} e^{-2x} dx = -\dfrac{1}{2} e^{-2x} \Big|_{0}^{+\infty} = \lim\limits_{x \to +\infty} \left(-\dfrac{1}{2} e^{-2x}\right) + \dfrac{1}{2} e^{0} = \dfrac{1}{2}$.

故应选 C.

【名师点评】

本题为无限区间的反常积分,先求出被积函数的原函数,然后将上下限的代值过程转化为极限求解.积分时要注意被积函数为复合函数,要使用第一类换元积分法.

例 30 反常积分 $\int_{-\infty}^{+\infty} \dfrac{1}{1+x^2} dx = $ _____.

视频讲解
(扫码关注)

A. $\dfrac{\pi}{2}$ B. π

C. 发散   D. 都不对

解 $\int_{-\infty}^{+\infty} \dfrac{1}{1+x^2} dx = \arctan x \Big|_{-\infty}^{+\infty} = \lim\limits_{x \to +\infty} \arctan x - \lim\limits_{x \to -\infty} \arctan x = \dfrac{\pi}{2} - \left(-\dfrac{\pi}{2}\right) = \pi$.

故应选 B.

【名师点评】

本题为无限区间的反常积分,注意求出原函数后两个极限都存在才可以称此反常积分收敛.该题求两个极限时,可借助 $y = \arctan x$ 的函数图像,观察得出极限结果.

例 31 求下列反常积分.

(1) $\int_{-\infty}^{0} x e^{-x^2} dx$;   (2) $\int_{\frac{\pi}{2}}^{+\infty} \dfrac{1}{x^2} \sin \dfrac{1}{x} dx$.

解 (1) $\int_{-\infty}^{0} x e^{-x^2} dx = -\dfrac{1}{2} \int_{-\infty}^{0} e^{-x^2} d(-x^2) = \left[-\dfrac{1}{2} e^{-x^2}\right] \Big|_{-\infty}^{0} = -\dfrac{1}{2} + \lim\limits_{x \to -\infty} \dfrac{1}{2} e^{-x^2} = -\dfrac{1}{2}$.

(2) $\int_{\frac{\pi}{2}}^{+\infty} \dfrac{1}{x^2} \sin \dfrac{1}{x} dx = -\int_{\frac{\pi}{2}}^{+\infty} \sin \dfrac{1}{x} d\left(\dfrac{1}{x}\right) = \left(\cos \dfrac{1}{x}\right) \Big|_{\frac{\pi}{2}}^{+\infty} = \lim\limits_{x \to +\infty} \cos \dfrac{1}{x} - \cos \dfrac{2}{\pi} = 1 - \cos \dfrac{2}{\pi}$.

【名师点评】

此题中的两题都使用了第一类换元积分法也就是凑微分法.事实上,我们前面所学的换元积分法和分部积分法等积分方法在反常积分这里都可以正常使用.

例 32 讨论积分 $\int_{-1}^{1} \dfrac{1}{x^2} dx$ 的收敛性.

解 被积函数 $f(x) = \dfrac{1}{x^2}$ 在区间 $[-1,1]$ 上除 $x=0$ 外连续,且 $\lim\limits_{x \to 0} \dfrac{1}{x^2} = \infty$,因此该积分是无界函数的反常积分,$x=0$ 是被积函数的瑕点.

$\int_{-1}^{1} \dfrac{1}{x^2} dx = \int_{-1}^{0} \dfrac{1}{x^2} dx + \int_{0}^{1} \dfrac{1}{x^2} dx = \left(-\dfrac{1}{x}\right) \Big|_{-1}^{0} + \left(-\dfrac{1}{x}\right) \Big|_{0}^{1} = \lim\limits_{x \to 0^-} \left(-\dfrac{1}{x}\right) - 1 - 1 - \lim\limits_{x \to 0^+} \left(-\dfrac{1}{x}\right) = \infty$,

所以积分 $\int_{-1}^{1} \dfrac{1}{x^2} dx$ 发散.

【名师点评】

本题积分区间中有被积函数的瑕点,所以为无界函数的反常积分,或者称为瑕积分.被积函数如果在积分区间内不连续的话,不满足微积分基本定理,不能应用牛顿 — 莱布尼茨公式求解.因此,以下解法是错误的

$$\int_{-1}^{1} \dfrac{1}{x^2} dx = -\dfrac{1}{x} \Big|_{-1}^{1} = -1 - 1 = -2.$$

考点 六 积分证明题

【考点分析】

关于定积分的证明题需要综合运用各种积分方法,其中使用比较频繁的是换元法,通过换元法可以实现左右两侧变量的变换,或者积分上下限的变换等.

例 33 设函数 $f(x)$ 连续,证明:$\int_a^b f(a+b-x)\mathrm{d}x = \int_a^b f(x)\mathrm{d}x$.

证 令 $a+b-x=t$,则 $x=a+b-t$,则

$$\int_a^b f(a+b-x)\mathrm{d}x = \int_b^a f(t)(-1)\mathrm{d}t = \int_a^b f(t)\mathrm{d}t = \int_a^b f(x)\mathrm{d}x.$$

【名师点评】

本题证明的突破口在于左右两端不同的被积函数,欲证左、右两边积分相等,需要将 $a+b-x$ 看作一个变量,所以通过换元可以实现被积函数的转换.虽然换元的同时要换限,上下限会发生变化,但是通过交换积分上下限的位置,最终将上下限还原成原来的形式,这样符合右端积分上下限的需求,从而证出结论.

例 34 已知 $f(x)$ 为奇函数,求证:$\int_0^x f(t)\mathrm{d}t$ 为偶函数.

视频讲解
(扫码 关注)

证 令 $F(x)=\int_0^x f(t)\mathrm{d}t$,因为 $f(x)$ 为奇函数,则

$$F(-x)=\int_0^{-x} f(t)\mathrm{d}t \xrightarrow{\text{令} t=-u} \int_0^x f(-u)\mathrm{d}u = \int_0^x f(u)\mathrm{d}u = F(x),$$

所以 $\int_0^x f(t)\mathrm{d}t$ 为偶函数.

【名师点评】

若证明函数 $F(x)$ 为偶函数,需证明 $F(-x)=F(x)$,本题即证明 $\int_0^{-x} f(t)\mathrm{d}t = \int_0^x f(t)\mathrm{d}t$.通过观察两个变上限积分,它们的上下限有变化,所以考虑利用换元来实现换限,根据两个上限和两个下限都互为相反数的特点,我们可以合理选择换元的关系式,从而实现上下限变化的相应需求.从此题可以看出,证明两定积分或变限积分相等时,使用换元法能达到使积分上下限改变的目的.

例 35 设 $f(x)$ 在 $[a,b]$ 上连续且 $f(x)>0$,证明方程 $\int_a^x f(t)\mathrm{d}t + \int_b^x \frac{1}{f(t)}\mathrm{d}t = 0$ 在 $[a,b]$ 内有且仅有一个实根.

证 令 $F(x)=\int_a^x f(t)\mathrm{d}t + \int_b^x \frac{1}{f(t)}\mathrm{d}t$,$F(x)$ 在 $[a,b]$ 上连续,

$$F(a)=\int_a^a f(t)\mathrm{d}t + \int_b^a \frac{1}{f(t)}\mathrm{d}t = \int_b^a \frac{1}{f(t)}\mathrm{d}t = -\int_a^b \frac{1}{f(t)}\mathrm{d}t < 0,$$

$$F(b)=\int_a^b f(t)\mathrm{d}t + \int_b^b \frac{1}{f(t)}\mathrm{d}t = \int_a^b f(t)\mathrm{d}t > 0,$$

由零点定理知,方程至少有一个根,又因为 $F'(x)=f(x)+\frac{1}{f(x)}>0$,函数单调递增,方程最多有一个根.

综上所述,方程有且仅有一个实根.

【名师点评】

首先对题目进行分析,不含导数的方程证明根的存在性,我们通常用零点定理,但是零点定理的结论是方程至少有一个实根,本题要证明有且只有一个实根,所以还需要研究函数的单调性,利用单调性可以证明方程方程至多有一个实根,因此零点定理结合函数单调性可以证明有且只有一个实根.

例 36 证明:$\int_0^x \frac{2+\sin t}{1+t}\mathrm{d}t = \int_x^1 \frac{1+t}{2+\sin t}\mathrm{d}t$ 在 $(0,1)$ 内有唯一的实根.

证 令 $f(x)=\int_0^x \frac{2+\sin t}{1+t}\mathrm{d}t - \int_x^1 \frac{1+t}{2+\sin t}\mathrm{d}t$,则 $f'(x)=\frac{2+\sin x}{1+x}+\frac{1+x}{2+\sin x}$,

在 $(0,1)$ 内,$f'(x)>0$,所以 $f(x)$ 在 $(0,1)$ 内单调递增,因此,在 $(0,1)$ 内 $f(x)=0$ 至多有一个实根.

又因为 $f(0)=-\int_0^1 \frac{1+t}{2+\sin t}\mathrm{d}t < 0$,$f(1)=\int_0^1 \frac{2+\sin t}{1+t}\mathrm{d}t > 0$,且 $f(x)$ 在 $[0,1]$ 上连续,

由零点定理得 在 $(0,1)$ 内 $f(x)=0$ 至少有一个实根.

综上所述,在 $(0,1)$ 内 $f(x)=0$ 有唯一实根. 即 $\displaystyle\int_{0}^{x}\frac{2+\sin t}{1+t}\mathrm{d}t=\int_{x}^{1}\frac{1+t}{2+\sin t}\mathrm{d}t$ 在 $(0,1)$ 内有唯一的实根.

【名师点评】

本题与上题类似,需要通过零点定理证明方程至少有一个根,再借助函数单调性证明方程至多有一个根,这样二者结合,才可以确定方程有且仅有一个根.

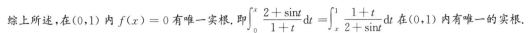

考点真题解析

考点 一　利用牛顿－莱布尼兹公式及对称公式计算定积分

真题 35 (2018,财经)定积分 $\displaystyle\int_{-1}^{1}\frac{x^{4}\tan x}{2x^{2}+\cos x}\mathrm{d}x$ 的值为 _____.

A. 0　　　　　　　　　B. 1　　　　　　　　　C. -1　　　　　　　　　D. 2

解　令 $f(x)=\dfrac{x^{4}\tan x}{2x^{2}+\cos x}$,则 $f(-x)=\dfrac{-x^{4}\tan x}{2x^{2}+\cos x}=-f(x)$,所以 $f(x)$ 为奇函数,于是有 $\displaystyle\int_{-1}^{1}\frac{x^{4}\tan x}{2x^{2}+\cos x}\mathrm{d}x=0$.

故应选 A.

真题 36 (2016.电子)设 $f(x)$ 是在 $[-2,2]$ 上的连续函数,则 $\displaystyle\int_{-1}^{1}\frac{x^{3}\cos x}{2+x^{4}}f(x^{2})\mathrm{d}x=$ _____.

解　由对称公式 $\displaystyle\int_{-a}^{a}f(x)\mathrm{d}x=\begin{cases}0, & f(x)\text{ 为奇函数,}\\ 2\displaystyle\int_{0}^{a}f(x)\mathrm{d}x, & f(x)\text{ 为偶函数,}\end{cases}$ 此题的被积函数 $\dfrac{x^{3}\cos x}{2+x^{4}}f(x^{2})$ 为奇函数,所以积分值为 0.

故应填 0.

【名师点评】

以上两题主要考查对称区间上奇偶函数定积分的计算,积分区间为对称区间,重点考查被积函数的奇偶性,题目中被积函数为奇函数,故为 0.

真题 37 (2014.经管)计算 $\displaystyle\int_{-2}^{2}(\sqrt{4-x^{2}}-x\cos^{2}x)\mathrm{d}x$.

解　$\displaystyle\int_{-2}^{2}(\sqrt{4-x^{2}}-x\cos^{2}x)\mathrm{d}x=\int_{-2}^{2}\sqrt{4-x^{2}}\mathrm{d}x-\int_{-2}^{2}x\cos^{2}x\mathrm{d}x=\int_{-2}^{2}\sqrt{4-x^{2}}\mathrm{d}x=2\pi$.

【名师点评】

本题主要考查对称区间上奇偶函数定积分的计算.当积分区间为对称区间时,先考查被积函数的奇偶性.本题中被积函数为奇函数与偶函数的代数和,为非奇非偶函数,因此两项分别积分,其中奇函数在对称区间上积分值为 0,故只需要求偶函数的积分,利用定积分的几何意义 $\displaystyle\int_{-2}^{2}\sqrt{4-x^{2}}\mathrm{d}x$ 代表半圆的面积.

考点 二　利用换元法计算定积分

真题 38 (2024.高数Ⅰ)求定积分 $\displaystyle\int_{0}^{1}x\mathrm{e}^{\sqrt{1-x^{2}}}\mathrm{d}x$.

解　$\displaystyle\int_{0}^{1}x\mathrm{e}^{\sqrt{1-x^{2}}}\mathrm{d}x=-\frac{1}{2}\int_{0}^{1}\mathrm{e}^{\sqrt{1-x^{2}}}\mathrm{d}(1-x^{2})$.

令 $t=\sqrt{1-x^{2}}$,则 $t^{2}=1-x^{2}$,当 $x=0$ 时,$t=1$;当 $x=1$ 时,$t=0$

所以,原式 $=-\dfrac{1}{2}\displaystyle\int_{1}^{0}\mathrm{e}^{t}\mathrm{d}t^{2}=\int_{0}^{1}t\cdot\mathrm{e}^{t}\mathrm{d}t=\int_{0}^{1}t\,\mathrm{d}\mathrm{e}^{t}=t\cdot\mathrm{e}^{t}\,|_{0}^{1}-\mathrm{e}^{t}\,|_{0}^{1}=1$.

【名师点评】

此题应该注意到在被积函数中,x 与 $\sqrt{1-x^{2}}$ 的导数之间的关系,因此可以利用第一换元法求解.

真题 39 (2024. 高数 Ⅲ) 已知函数 $f(x)$ 在 **R** 上有连续的导数，$f(2)=3$，且 $\int_0^2 tf(x+t)\mathrm{d}t = x^2+1$，则 $\int_0^2 f(x)\mathrm{d}x$ = _____.

解 令 $u=x+t$，则 $t=u-x$，$\mathrm{d}t=\mathrm{d}u$. 当 $t=0$ 时，$u=x$；当 $t=2$ 时，$u=x+2$；

即 $\int_0^2 tf(x+t)\mathrm{d}t = \int_x^{x+2}(u-x)f(u)\mathrm{d}u = \int_x^{x+2}uf(u)\mathrm{d}u - \int_x^{x+2}xf(u)\mathrm{d}u = x^2+1$，

方程 $\int_x^{x+2}uf(u)\mathrm{d}u - x\int_x^{x+2}f(u)\mathrm{d}u = x^2+1$ 两边同时对 x 求导得：

$(x+2)f(x+2) - xf(x) - (\int_x^{x+2}f(u)\mathrm{d}u + xf(x+2) - xf(x)) = 2x$，

令 $x=0$，得 $2f(2) - \int_0^2 f(u)\mathrm{d}u = 0$，则 $\int_0^2 f(x)\mathrm{d}x = \int_0^2 f(u)\mathrm{d}u = 2f(2) = 6$.

【名师点评】

此题较难，结合了换元积分法和变上限积分函数的内容，要注意 $\int_0^2 tf(x+t)\mathrm{d}t = x^2+1$ 中左边是对 t 的积分，所以要对其进行换元.

真题 40 (2024. 高数 Ⅱ) 求定积分 $\int_{-1}^1 \dfrac{|x|-x-2}{x^2+1}\mathrm{d}x$.

解 $\int_{-1}^1 \dfrac{|x|-x-2}{x^2+1}\mathrm{d}x = \int_0^1 \dfrac{2x}{x^2+1}\mathrm{d}x - \int_{-1}^1 \dfrac{x}{x^2+1}\mathrm{d}x - \int_{-1}^1 \dfrac{4}{x^2+1}\mathrm{d}x$

$= \int_0^1 \dfrac{1}{x^2+1}\mathrm{d}(x^2+1) - 0 - 4\arctan x \Big|_0^1$

$= \ln(x^2+1)\Big|_0^1 - \pi = \ln 2 - \pi$.

【名师点评】

此题首先要先去绝对值号，利用定积分的线性运算的性质将其分解成几个定积分的运算，利用第一类换元积分法、对称公式、牛莱公式进行计算.

真题 41 (2023. 高数 Ⅱ) 已知 $f(x) = 3x + \int_0^4 f\left(\dfrac{x}{2}\right)\mathrm{d}x$，则 $\int_0^1 f(x)\mathrm{d}x$ = _____.

解 $\int_0^4 f\left(\dfrac{x}{2}\right)\mathrm{d}x \overset{\text{令}\frac{x}{2}=t}{=\!=\!=} 2\int_0^2 f(t)\mathrm{d}t = 2\int_0^2 f(x)\mathrm{d}x$，设 $\int_0^2 f(x)\mathrm{d}x = a$，则 $f(x) = 3x+2a$

$\int_0^2 f(x)\mathrm{d}x = \int_0^2 (3x+2a)\mathrm{d}x = \dfrac{3}{2}x^2\Big|_0^2 + 4a = 6+4a = a$，$a=-2$，$f(x)=3x-4$，

所以 $\int_0^1 f(x)\mathrm{d}x = \int_0^1 (3x-4)\mathrm{d}x = \dfrac{3}{2}x^2\Big|_0^1 - 4 = -\dfrac{5}{2}$.

故应填 $-\dfrac{5}{2}$.

真题 42 (2015. 理工类) 积分 $\int_1^e \dfrac{\mathrm{d}x}{x\sqrt{1+\ln x}}$ 的值等于 _____.

解 $\int_1^e \dfrac{1}{x\sqrt{1+\ln x}}\mathrm{d}x = \int_1^e \dfrac{1}{\sqrt{1+\ln x}}\mathrm{d}(1+\ln x) = 2\sqrt{1+\ln x}\Big|_1^e = 2(\sqrt{2}-1)$.

故应填 $2(\sqrt{2}-1)$.

【名师点评】

我们在做积分题目时，如果被积函数中 $\ln x$ 与 $\dfrac{1}{x}$ 同时出现，那么就要考虑到 $\ln x$ 的导数恰好是 $\dfrac{1}{x}$，因此可以利用第一换元法求解. 第一换元法做题熟练了，解题时可以不写出换元的步骤，直接求出原函数，这样也就省略了换限的过程，相对比较简单.

真题 43 (2016. 土木) 求定积分 $\int_0^4 \dfrac{x+2}{\sqrt{2x+1}}\mathrm{d}x$.

解 令 $\sqrt{2x+1}=t$，则 $x=\dfrac{t^2-1}{2}$，$\mathrm{d}x=t\mathrm{d}t$，当 $x=0$ 时，$t=1$；当 $x=4$ 时，$t=3$. 则

$$\int_0^4 \frac{x+2}{\sqrt{2x+1}}\,\mathrm{d}x = \int_1^3 \frac{\frac{t^2-1}{2}+2}{t}\cdot t\,\mathrm{d}t = \frac{1}{2}\int_1^3 (t^2+3)\,\mathrm{d}t = \frac{1}{2}\left(\frac{t^3}{3}+3t\right)\Big|_1^3 = \frac{22}{3}.$$

【名师点评】

此题中被积函数出现了根式,且根式里面的形式为一次函数,这种积分题目我们通常使用第二换元法中的根式代换达到简化被积函数的目的,要注意,换元的同时必须换限.第二换元法换元的过程不能省略,所以换限过程也不能省略.

真题 44 (2023.高数 Ⅲ)求定积分$\int_0^1 (x^3-x)\sqrt{1-x^2}\,\mathrm{d}x$.

解 令 $x=\sin t$,则 $\mathrm{d}x=\cos t\,\mathrm{d}t$. 当 $x=0$ 时,$t=0$,当 $x=1$ 时,$t=\frac{\pi}{2}$,

$$\int_0^1 (x^3-x)\sqrt{1-x^2}\,\mathrm{d}x = \int_0^{\frac{\pi}{2}}(\sin^3 t-\sin t)\cos t\cdot\cos t\,\mathrm{d}t = -\int_0^{\frac{\pi}{2}}(\sin^2 t-1)\cos^2 t\,\mathrm{d}\cos t$$

$$= \int_0^{\frac{\pi}{2}}\cos^4 t\,\mathrm{d}\cos t = \frac{1}{5}\cos^5 t\Big|_0^{\frac{\pi}{2}} = -\frac{1}{5}.$$

真题 45 (2014.交通)计算定积分$\int_0^a x^2\sqrt{a^2-x^2}\,\mathrm{d}x$.

解 令 $x=a\sin t$,$x=0$ 时,$t=0$;$x=a$ 时,$t=\frac{\pi}{2}$,$\mathrm{d}x=a\cos t\,\mathrm{d}t$,

$$\int_0^a x^2\sqrt{a^2-x^2}\,\mathrm{d}x = \int_0^{\frac{\pi}{2}}(a\sin t)^2\sqrt{a^2-a^2\sin^2 t}\cdot a\cos t\,\mathrm{d}t = a^4\int_0^{\frac{\pi}{2}}\sin^2 t\cos^2 t\,\mathrm{d}t$$

$$= \frac{a^4}{4}\int_0^{\frac{\pi}{2}}\sin^2 2t\,\mathrm{d}t = \frac{a^4}{32}\int_0^{\frac{\pi}{2}}(1-\cos 4t)\,\mathrm{d}4t = \frac{a^4\pi}{16}.$$

【名师点评】

此题中被积函数出现了根式,且根式里面的形式为二次函数,这种积分题目我们通常使用第二换元法中的三角代换,通过换元达到消掉根号的目的,从而简化被积函数的形式.值得注意的是,第二换元法必须在求解开始就进行换元,换元过程不能省略,而且换元的同时要换限.

考点 三　利用分部积分法计算定积分

真题 46 (2023.高数 Ⅱ)求定积分$\int_0^{\frac{\pi}{2}} \mathrm{e}^{\sin x}\sin 2x\,\mathrm{d}x$.

解 $\int_0^{\frac{\pi}{2}} \mathrm{e}^{\sin x}\sin 2x\,\mathrm{d}x = 2\int_0^{\frac{\pi}{2}} \mathrm{e}^{\sin x}\sin x\cos x\,\mathrm{d}x = 2\int_0^{\frac{\pi}{2}} \mathrm{e}^{\sin x}\sin x\,\mathrm{d}(\sin x)$

令 $\sin x=t$,则 $\int_0^{\frac{\pi}{2}} \mathrm{e}^{\sin x}\sin 2x\,\mathrm{d}x = 2\int_0^1 t\mathrm{e}^t\,\mathrm{d}t = 2(t-1)\mathrm{e}^t\Big|_0^1 = 2.$

【名师点评】

此题为换元与分部积分结合的题目,先对被积函数进行换元,然后使用分部积分法公式进行运算.

真题 47 (2023.高数 Ⅲ)已知函数 $f(x)$ 在 $[0,4]$ 上可导,且 $f(4)=1$,$\int_0^4 xf'(x)\,\mathrm{d}x=3$.则$\int_0^4 f(x)\,\mathrm{d}x$ = _____.

A. -1　　　　　　　　B. 0　　　　　　　　C. 1　　　　　　　　D. 2

解 $\int_0^4 xf'(x)\,\mathrm{d}x = \int_0^4 x\,\mathrm{d}f(x) = xf(x)\Big|_0^4 - \int_0^4 f(x)\,\mathrm{d}x = 4 - \int_0^4 f(x)\,\mathrm{d}x = 3$,$\int_0^4 f(x)\,\mathrm{d}x=1.$

故应选 C.

【名师点评】

此题中的被积函数为 $xf'(x)$,符合常见的分部积分法的结构,所以要使用分部积分法公式进行运算.

真题 48 (2024.高数 Ⅰ)已知函数 $f(x)$ 在 **R** 上有连续的导数,$f(0)=f(1)$,且 $\int_0^1 tf(x-t)\,\mathrm{d}t=2x+1$,则

$\int_0^1 xf'(x)\,\mathrm{d}x=$ _____.

解   令 $u = x - t$，则 $t = x - u$，$\mathrm{d}t = -\mathrm{d}u$. 当 $t = 0$ 时，$u = x$；当 $t = 1$ 时，$u = x - 1$；

即 $\int_0^1 tf(x-t)\mathrm{d}t = \int_x^{x-1} (x-u)f(u)\mathrm{d}u = x\int_{x-1}^x f(u)\mathrm{d}u - \int_{x-1}^x uf(u)\mathrm{d}u = 2x + 1$，

方程 $x\int_{x-1}^x f(u)\mathrm{d}u - \int_{x-1}^x uf(u)\mathrm{d}u = 2x + 1$ 两边同时对 x 求导得：$\int_{x-1}^x f(u)\mathrm{d}u - f(x-1) = 2$，

令 $x = 1$，得 $\int_0^1 f(u)\mathrm{d}u - f(0) = 2$，则 $\int_0^1 f(u)\mathrm{d}u = 2 + f(0) = 2 + f(1)$

$\int_0^1 xf'(x)\mathrm{d}x = \int_0^1 x\mathrm{d}f(x) = xf(x)\Big|_0^1 - \int_0^1 f(x)\mathrm{d}x = f(1) - \int_0^1 f(x)\mathrm{d}x = f(1) - [2 + f(1)] = -2.$

故应填 -2.

【名师点评】

此题中所求定积分的被积函数为 $xf'(x)$，符合常见的分部积分法的结构，所以要使用分部积分法公式进行运算，但此题较难，同时结合了换元积分法和变上限积分函数的内容，要注意 $\int_0^1 tf(x-t)\mathrm{d}t = 2x + 1$ 中左边是对 t 的积分，所以要对其进行换元. 此真题同真题 39 很相似，可以两题结合练习.

真题 49 (2019. 财经) 求定积分 $\int_1^e x\ln x\,\mathrm{d}x$.

解 $\int_1^e x\ln x\,\mathrm{d}x = \int_1^e \ln x\,\mathrm{d}\dfrac{x^2}{2} = \dfrac{x^2}{2}\cdot\ln x\Big|_1^e - \int_1^e \dfrac{x^2}{2}\mathrm{d}\ln x = \dfrac{e^2}{2} - \int_1^e \dfrac{x}{2}\mathrm{d}x = \dfrac{e^2 + 1}{4}.$

真题 50 (2016. 机械、交通) 求定积分 $\int_0^1 x\ln(1+x)\mathrm{d}x$.

视频讲解
(扫码 关注)

解 $\displaystyle\int_0^1 x\ln(1+x)\mathrm{d}x = \dfrac{1}{2}\int_0^1 \ln(1+x)\mathrm{d}x^2 = \dfrac{1}{2}x^2\ln(1+x)\Big|_0^1 - \dfrac{1}{2}\int_0^1 \dfrac{x^2}{1+x}\mathrm{d}x$

$\qquad\qquad = \dfrac{1}{2}x^2\ln(1+x)\Big|_0^1 - \dfrac{1}{2}\int_0^1 \dfrac{x^2 - 1 + 1}{1+x}\mathrm{d}x$

$\qquad\qquad = \dfrac{1}{2}x^2\ln(1+x)\Big|_0^1 - \dfrac{1}{2}\int_0^1 (x - 1 + \dfrac{1}{x+1})\mathrm{d}x = \dfrac{1}{4}.$

【名师点评】

上面两道题中被积函数为幂函数与对数函数相乘，遇到这种形式时，我们采用分部积分法，对幂函数进行凑微分，对数函数保留在原位，然后使用分部积分法公式进行运算.

真题 51 (2016. 电子) 求定积分 $\int_0^\pi x\sin x\,\mathrm{d}x$.

解 $\int_0^\pi x\sin x\,\mathrm{d}x = -\int_0^\pi x\mathrm{d}\cos x = -x\cos x\Big|_0^\pi + \int_0^\pi \cos x\,\mathrm{d}x = -\pi\cos\pi + \sin x\Big|_0^\pi = \pi.$

【名师点评】

此题中被积函数为幂函数与三角函数相乘，遇到这种形式时，我们采用分部积分法，对三角函数进行凑微分，幂函数保留在原位，然后使用分部积分法公式进行运算.

考点 四 反常积分的计算

真题 52 (2019. 公共) 反常积分 $\int_{-\infty}^0 x\mathrm{e}^x\mathrm{d}x = $ _____.

解 $\displaystyle\int_{-\infty}^0 x\mathrm{e}^x\mathrm{d}x = \int_{-\infty}^0 x\mathrm{d}\mathrm{e}^x = x\mathrm{e}^x\Big|_{-\infty}^0 - \int_{-\infty}^0 \mathrm{e}^x\mathrm{d}x = 0 - \lim_{x\to-\infty} x\mathrm{e}^x - (1 - \lim_{x\to-\infty} \mathrm{e}^x)$

$\qquad\qquad = -\lim_{x\to-\infty} \dfrac{x}{\mathrm{e}^{-x}} - 1 = \lim_{x\to-\infty} \dfrac{1}{\mathrm{e}^{-x}} - 1 = 0 - 1 = -1.$

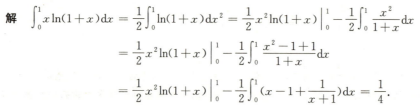

故应填 -1.

【名师点评】

本题是求解无穷区间上的反常积分，被积函数为幂函数乘以指数函数的形式，所以要使用分部积分法，同时注意 $\lim\limits_{x\to-\infty} x\mathrm{e}^x$ 为 "$0\cdot\infty$" 的未定式极限，首先需要转化为 "$\dfrac{\infty}{\infty}$" 型未定式极限，然后使用洛必达法则得到结论.

真题 53 (2015.公共) 反常积分 $\int_0^1 \dfrac{100}{x^p}\mathrm{d}x\,(p>0)$ 当 _____ 时收敛,当 _____ 时发散.

解　反常积分收敛,即极限存在,且值为一个常数.

当 $p=1$ 时,$\int_0^1 \dfrac{100}{x}\mathrm{d}x = 100\ln x\,\Big|_0^1 = 100(0-\lim\limits_{x\to 0^+}\ln x)=\infty$,

当 $p\neq 1$ 时,$\int_0^1 \dfrac{100}{x^p}\mathrm{d}x = 100\int_0^1 x^{-p}\mathrm{d}x = \dfrac{100}{1-p}x^{1-p}\,\Big|_0^1$

$$= \begin{cases} \dfrac{100}{1-p}, & 0<p<1\,(积分收敛), \\[2mm] \dfrac{100}{1-p}-\dfrac{100}{1-p}\lim\limits_{x\to 0^+}x^{1-p}, & p>1\,(极限不存在,积分发散). \end{cases}$$

所以 $0<p<1$ 反常积分收敛,$p\geqslant 1$ 时积分发散.

故应填 $0<p<1$ 和 $p\geqslant 1$.

【名师点评】

本题是判断无界函数的反常积分的敛散性,要注意点 $x=0$ 为瑕点,不能使用牛顿—莱布尼茨公式,求出原函数后,代入上限,下限的瑕点处通过求极限来求解,极限存在则反常积分收敛,否则反常积分发散.

考点 五　积分证明题

真题 54 (2024.高数Ⅲ) 设函数 $f(x)$ 在 $[0,1]$ 上连续,在 $(0,1)$ 内可导,当 $x\in(0,1)$ 时 $|f'(x)|\leqslant M$,且 $\int_0^1 f(x)\mathrm{d}x=0$.

证明:(1) 存在 $x_0\in(0,1)$ 使得 $f(x_0)=0$;

(2) $f^2(0)+f^2(1)\leqslant M^2$.

证　(1) 函数 $f(x)$ 在 $[0,1]$ 上连续,在 $(0,1)$ 内可导,由定积分中值定理得,存在一点 $x_0\in(0,1)$ 使得 $\int_0^1 f(x)\mathrm{d}x = f(x_0)$,又 $\int_0^1 f(x)\mathrm{d}x=0$,故 $\exists x_0\in(0,1)$ 使得 $f(x_0)=0$.

(2) 函数 $f(x)$ 在 $[0,1]$ 上连续,在 $(0,1)$ 内可导,由拉格朗日中值定理得:

至少存在一点 $\xi\in(0,x_0)$,使得 $f'(\xi)=\dfrac{f(x_0)-f(0)}{x_0-0}=-\dfrac{f(0)}{x_0}$;

至少存在一点 $\eta\in(x_0,1)$,使得 $f'(\eta)=\dfrac{f(1)-f(x_0)}{1-x_0}=\dfrac{f(1)}{1-x_0}$,

即 $f(0)=-x_0 f'(\xi)$,$f(1)=(1-x_0)f'(\eta)$,

又当 $x\in(0,1)$ 时 $|f'(x)|\leqslant M$,所以当 $\xi,\eta\in(0,1)$ 时,$[f'(\xi)]^2\leqslant M$,$[f'(\eta)]^2\leqslant M$,

$f^2(0)+f^2(1)=x_0^2[f'(\xi)]^2+(1-x_0)^2[f'(\eta)]^2\leqslant M^2(2x_0^2-2x_0+1)=M^2[2x_0(x_0-1)+1]$,因为 $0<x_0<1$,所以 $x_0-1<0$,即 $2x_0(x_0-1)+1<1$,因此 $f^2(0)+f^2(1)\leqslant M^2$ 成立.

【名师点评】

此题比较综合,第一问中需要使用定积分中值定理找到 x_0.

真题 55 (2016.公共) 设 $f(x)$ 在 $[0,1]$ 上连续,在 $(0,1)$ 可导,且 $2\int_{\frac{1}{2}}^1 f(x)\mathrm{d}x=f(0)$,证明:存在 $\xi\in(0,1)$,使 $f'(\xi)=0$.

证　因为 $f(x)$ 在 $[0,1]$ 上连续,由积分中值定理可知,存在 $c\in\left[\dfrac{1}{2},1\right]$,使得 $\int_{\frac{1}{2}}^1 f(x)\mathrm{d}x=f(c)\left(1-\dfrac{1}{2}\right)$,即 $f(c)=2\int_{\frac{1}{2}}^1 f(x)\mathrm{d}x=f(0)$.因此,$f(x)$ 在 $[0,c]$ 上连续,在 $(0,c)$ 内可导,且 $f(c)=f(0)$,所以 $f(x)$ 在 $[0,c]$ 上满足罗尔定理,因此存在 $\xi\in(0,c)\subset(0,1)$,使得 $f'(\xi)=0$.

【名师点评】

根据本题要证明的结论特点,比较容易看出,此题需要使用罗尔定理,而根据罗尔定理的条件,需要满足:闭区间内连续、开区间内可导、端点处的函数值相等,故首先利用积分中值定理找到两个函数值相等的点.

真题 56 **(2014.交通)** 设函数 $f(x)$ 在 $[0,1]$ 上连续,且 $f(x) < 1$,证明:方程 $2x - \int_0^x f(t)\mathrm{d}t = 1$ 在区间 $(0,1)$ 内有且仅有一个实根.

证 设 $F(x) = 2x - \int_0^x f(t)\mathrm{d}t - 1$, $x \in [0,1]$,则 $F(x)$ 在 $[0,1]$ 上连续,且 $F(0) = -1$,$F(1) = 1 - \int_0^1 f(t)\mathrm{d}t$.

因为 $f(x)$ 在 $[0,1]$ 上连续,且 $f(x) < 1$,由积分中值定理得 $\int_0^1 f(t)\mathrm{d}t = f(\xi_1)(1-0) = f(\xi_1) < 1 \ (0 \leqslant \xi_1 \leqslant 1)$.

所以 $F(1) = 1 - \int_0^1 f(t)\mathrm{d}t = 1 - f(\xi_1) > 0 (0 \leqslant \xi_1 \leqslant 1)$,故由零点定理,至少 $\exists \xi \in (0,1)$,使得 $F(\xi) = 0$,即该方程至少有一个实根;又 $F'(x) = 2 - f(x) > 0$,故 $F(x)$ 单调增加,所以该方程至多有一个实根.

综上,方程 $2x - \int_0^x f(t)\mathrm{d}t = 1$ 在区间 $(0,1)$ 内有且仅有一个实根.

【名师点评】

此题是利用积分中值定理,结合零点定理来证方程根的存在性,但是要注意到该题要证明有且仅有一个实根,而零点定理的结论是至少有一个实根,所以还要运用函数的单调性,单调性可以说明至多有一个实根,综合起来,则方程有且只有一个实根.

真题 57 **(2017.土木)** 若 $f(x)$ 连续,则 $\int_0^\pi x f(\sin x)\mathrm{d}x = \dfrac{\pi}{2}\int_0^\pi f(\sin x)\mathrm{d}x$.

证 $x = \pi - t$,则

$$\int_0^\pi x f(\sin x)\mathrm{d}x = -\int_\pi^0 (\pi-t)f(\sin t)\mathrm{d}t = \int_0^\pi (\pi-t)f(\sin t)\mathrm{d}t = \int_0^\pi \pi f(\sin t)\mathrm{d}t - \int_0^\pi t f(\sin t)\mathrm{d}t$$

$$= \pi\int_0^\pi f(\sin x)\mathrm{d}x - \int_0^\pi x f(\sin x)\mathrm{d}x.$$

于是 $\int_0^\pi x f(\sin x)\mathrm{d}x = \dfrac{\pi}{2}\int_0^\pi f(\sin x)\mathrm{d}x.$

【名师点评】

证明两个定积分相等,最常用的方法是换元法.该题的难点在于如何进行换元,才能实现积分从左向右的转换.通过观察,左右两边的定积分中,被积函数都出现了 $f(\sin x)$,也就是说换元以后 $\sin x$ 没有变名,三角函数的诱导公式中使正弦函数的函数名不变的公式为 $\sin x = \sin(\pi - x)$,因此本题中我们令 $x = \pi - t$,则 $f(\sin x) = f(\sin t)$.

◈ 考点方法综述

序号	本单元考点与方法总结
1	用牛顿－莱布尼茨公式计算定积分的值.牛顿－莱布尼茨公式被称为微积分基本公式,是微积分中最重要的公式之一,这个公式通过原函数在积分区间端点处的函数值来计算定积分,把不定积分和定积分连接了起来.熟练运用牛顿－莱布尼茨公式,很关键的一点在于对上一章中的基本积分公式的掌握.
2	定积分的分部积分法和换元积分法.对于大部分的积分题目,仅仅用积分公式是解决不了的,所以需要使用换元积分法和分部积分法.这两种方法在不定积分中已经学习,所以此处要注意的是,应用在定积分中时的注意事项,比如换元必须换限.
3	对称区间上奇偶函数的定积分值.近几年考试中经常出现填空题,此知识点相对简单,在遇到定积分的积分区间是对称区间时,重点验证被积函数的奇偶性.
4	反常积分也通常出现在填空题或者选择题中,此处注意遇到反常积分时,虽然我们用类似牛顿－莱布尼茨公式的形式对其进行表示,但在求出原函数后,当积分限为无穷大或瑕点时,不能直接代值计算,需要取极限才可以,极限存在反常积分才是收敛的,否则反常积分是发散的.

第三单元　定积分的应用

◈ 考纲内容解读

新大纲基本要求	新大纲名师解读
会用定积分表达和计算平面图形的面积、旋转体的体积.	根据考试纲要的要求,本单元应重点掌握定积分的计算及其在几何学上的应用,对平面图形的面积与旋转体的体积问题,考生要学会分析,运用积分解决应用问题.

考点知识梳理

一、求平面图形的面积

　　根据前面的学习,我们已经知道可以利用定积分计算曲边梯形的面积.其实,应用定积分,不仅可以计算曲边梯形的面积,还可以计算一些比较复杂的平面图形的面积.例如,由上下两条曲线 $y=f_1(x)$,$y=f_2(x)$ 和 $x=a$,$x=b$ 左右两条垂直于 x 轴的直线共同围成的平面图形,称为 **X 型区域**,如图 5.2 所示;再如,由左右两条曲线 $x=g_2(y)$,$x=g_1(y)$ 和上下两条垂直于 y 轴的直线 $y=d$,$y=c$ 共同围成的平面图形,称为 **Y 型区域**,如图 5.3 所示.我们可以推导出这两类平面图形利用定积分计算面积的公式.

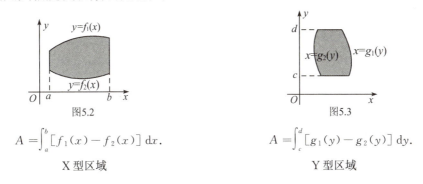

图5.2
$$A=\int_a^b\left[f_1(x)-f_2(x)\right]\mathrm{d}x.$$
X 型区域

图5.3
$$A=\int_c^d\left[g_1(y)-g_2(y)\right]\mathrm{d}y.$$
Y 型区域

【名师解析】

　　求平面图形的面积的问题是专升本考试的重要知识点,而且通常容易出现综合题.做这种题目时,首先要画图,观察所求平面图形是 X 型区域还是 Y 型区域,区分的原则为尽量不分块或者少分块,本质上就是减少积分的次数,确定积分区间,列出定积分,然后使用牛顿—莱布尼茨公式即可得到结果.

二、求旋转体的体积

1.由曲线 $y=f(x)$,$x=a$,$x=b$,x 轴围成的曲边梯形绕 x 轴旋转所得旋转体体积,如图5.4所示.
$$V_x=\int_a^b\pi y^2\mathrm{d}x=\int_a^b\pi f^2(x)\mathrm{d}x.$$

2.由曲线 $x=\varphi(y)$,$y=c$,$y=d$,y 轴围成的曲边梯形绕 y 轴旋转所得旋转体体积,如图5.5所示.
$$V_y=\int_c^d\pi x^2\mathrm{d}y=\int_c^d\pi\varphi^2(y)\mathrm{d}y.$$

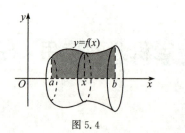
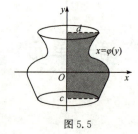

图 5.4　　　　　　　　　　图 5.5

【名师解析】

求绕坐标轴旋转的旋转体体积,因此体积微元 dv 可以看作圆柱体体积,于是 $dv = \pi y^2 dx$ 或 $dv = \pi x^2 dy$.

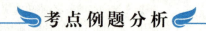

考点例题分析

考点一　求平面图形面积

【考点分析】

利用定积分求平面图形的面积,是专升本考试中一个非常重要的知识点,经常出现在计算题或者综合题中,分值较高.做这种题目时,一般遵循"画图－求交点－列出定积分并求解"这样的步骤.

例 37 求下列曲线所围成的图形面积.

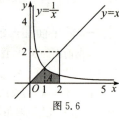

图 5.6

(1) $y = \dfrac{1}{x}$, $y = x$, $x = 2$.

解 $A = \displaystyle\int_1^2 \left(x - \dfrac{1}{x}\right) dx = \left(\dfrac{1}{2}x^2 - \ln x\right) \Big|_1^2 = \dfrac{3}{2} - \ln 2.$

(2) $y = \dfrac{1}{x}$, $y = x$, $x = 2$, x 轴.(如图 5.6 所示)

解 $A = \displaystyle\int_0^1 x \, dx + \int_1^2 \dfrac{1}{x} dx = \left(\dfrac{1}{2}x^2\right) \Big|_0^1 + \ln x \Big|_1^2 = \dfrac{1}{2} + \ln 2.$

(3) $y = e^x$, $y = e^{-x}$, $x = 1$;(如图 5.7 所示)

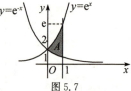

图 5.7

解 $A = \displaystyle\int_0^1 (e^x - e^{-x}) dx = (e^x + e^{-x}) \Big|_0^1 = e + e^{-1} - 2.$

【名师点评】

求几条曲线所围成平面图形的面积,首先画图,准确找到所求的图形,然后根据尽量不分块或者少分块的原则,确定图形为 X 型区域还是 Y 型区域,其实就是选择以 x 还是以 y 为积分变量,本题中两个图形都是 X 型区域,所以以 x 为积分变量,利用公式 $A = \displaystyle\int_a^b (\text{上函数} - \text{下函数}) dx$ 来求解.

例 38 由曲线 $y = e^x$, $y = e$ 及 y 轴围成的图形(如图 5.8 所示)的面积是 _____.

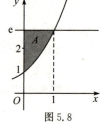

图 5.8

解 $A = \displaystyle\int_0^1 (e - e^x) dx = (ex - e^x) \Big|_0^1 = 1.$

故应填 1.

例 39 曲线 $y = x^2$ 与直线 $y = 1$ 所围成的图形的面积为 _____.

A. $\dfrac{2}{3}$ 　　　　　　　　　　　　　　B. $\dfrac{3}{4}$

C. $\dfrac{4}{3}$ 　　　　　　　　　　　　　　D. 1

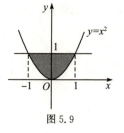

图 5.9

解法一 如图 5.9 所示.

$A = \displaystyle\int_{-1}^1 (1 - x^2) dx = 2\int_0^1 (1 - x^2) dx = \left(2x - \dfrac{2}{3}x^3\right) \Big|_0^1 = \dfrac{4}{3}.$

解法二 因为 $y = x^2$,所以在第一象限 $x = \sqrt{y}$,在第二象限 $x = -\sqrt{y}$.

所以 $A = \int_0^1 [\sqrt{y} - (-\sqrt{y})] \mathrm{d}y = 2\int_0^1 \sqrt{y}\,\mathrm{d}y = 2 \times \frac{2}{3}y^{\frac{3}{2}} \Big|_0^1 = \frac{4}{3}$.

故应选 C.

【名师点评】

此题中的平面图形可以看成 X 型区域(解法一),也可以看成 Y 型区域(解法二),如果两种类型都不需要分块,计算难易程度相当的话,一般选 X 型,以 x 作为积分变量,函数无须变形,计算更为方便.

例 40 计算抛物线 $y^2 = 2x$ 与直线 $y = x - 4$ 所围成图形的面积.

视频讲解
(扫码关注)

解 如图 5.10 所示.

由 $\begin{cases} y^2 = 2x \\ y = x - 4 \end{cases}$ 得交点 $(2, -2), (8, 4)$,

取 y 为积分变量,积分区间为 $[-2, 4]$,

所求面积为 $A = \int_{-2}^4 (y + 4 - \frac{1}{2}y^2)\mathrm{d}y = \left(\frac{y^2}{2} + 4y - \frac{y^3}{6}\right)\Big|_{-2}^4 = 18$.

【名师点评】

该题所围图形是 Y 型区域,所以以 y 为积分变量,列出积分公式

$A = \int_c^d$ (右函数 $-$ 左函数) $\mathrm{d}y$. 注意,按照 Y 型区域计算时,一定要将左、右函数均改写成以变量 y 为自变量的表达式再代入积分公式计算.

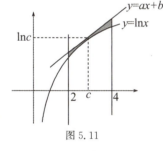
图 5.10

例 41 已知曲线 $y = \ln x$ 与直线 $y = ax + b$ 相切于点 $(c, \ln c)$,其中 $2 < c < 4$. $y = \ln x$ 与直线 $y = ax + b, x = 2, x = 4$ 围成一个封闭图形.

(1) 求 c 为何值时,该封闭图形的面积最小?

(2) 根据(1)所求,求 a, b 的值.

解 $y = \ln x$ 的切线为直线 $y = ax + b$,如图 5.11 所示.因此 $y'\Big|_{x=c} = \frac{1}{x}\Big|_{x=c}$

$= \frac{1}{c} = a$,所以 $a = \frac{1}{c}$.又因为切点 $(c, \ln c)$ 在直线 $y = ax + b$ 上,因此 $\ln c = ac + b$

$= 1 + b$,所以 $b = \ln c - 1$.

$S = \int_2^4 (ax + b - \ln x)\mathrm{d}x = \left(\frac{a}{2}x^2 + bx\right)\Big|_2^4 - \int_2^4 \ln x\,\mathrm{d}x = (6a + 2b) - (6\ln 2 - 2)$

$= \frac{6}{c} + 2\ln c - 6\ln 2$

令 $S' = -\frac{6}{c^2} + \frac{2}{c} = 0$,解得 $c = 3$,所以 $a = \frac{1}{3}, b = \ln 3 - 1$.

由实际问题得封闭图形面积一定有最小值,所以唯一的驻点 $c = 3$ 即为最小值点.即 $c = 3$ 时,该封闭图形面积最小,且此时 $a = \frac{1}{3}, b = \ln 3 - 1$.

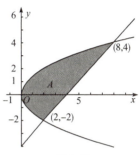
图 5.11

考点 二 求旋转体的体积

【考点分析】

求平面图形绕坐标轴旋转的旋转体体积是专升本考试中常考的知识点一,考生需要熟练掌握旋转体的体积公式.一般先借助平面图形的图像来观察旋转后形成的旋转体是空心的还是实心的,实心旋转体可以直接利用公式求解,空心旋转体的体积则要表示成内外两个旋转体的体积之差.

例 42 求由曲线 $y = 1 + \sin x$ 与直线 $y = 0, x = 0, x = \pi$ 围成的曲边梯形绕 x 轴旋转而成的旋转体的体积.

解 $V = \int_0^\pi \pi(1 + \sin x)^2 \mathrm{d}x = \pi\int_0^\pi (1 + 2\sin x + \sin^2 x)\mathrm{d}x = \pi\left(\frac{3}{2}x - 2\cos x - \frac{1}{4}\sin 2x\right)\Big|_0^\pi = \frac{\pi(3\pi + 8)}{2}$.

【名师点评】

此题为绕 x 轴旋转的旋转体体积问题,利用公式 $V_x = \int_a^b \pi y^2 \mathrm{d}x = \int_a^b \pi f^2(x)\mathrm{d}x$ 即可.

例 43 求由抛物线 $y = 2 - x^2$ 与直线 $y = x(x \geqslant 0)$、$x = 0$ 围成的平面图形绕 x 轴旋转一周所生成的旋转体的体积.

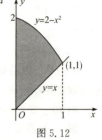

解 曲线 $y = 2 - x^2$ 与直线 $y = x(x \geqslant 0)$ 的交点是 $(1,1)$，如图 5.12 所示.

则所求旋转体的体积为

$$V = \int_0^1 \pi \left[(2-x^2)^2 - x^2 \right] \mathrm{d}x = \int_0^1 \pi (x^4 - 5x^2 + 4) \mathrm{d}x$$

$$= \pi \left(\frac{x^5}{5} - \frac{5x^3}{3} + 4x \right) \Big|_0^1 = \frac{38}{15}\pi.$$

图 5.12

【名师点评】

此题为绕 x 轴旋转的旋转体体积问题，要注意到所围平面旋转出来的是空心的旋转体，所以要用外部曲边梯形旋转出来的大的体积减去内部直角三角形旋转出来的小体积，二者体积之差才是所求旋转体的体积.

例 44 设抛物线 $y = ax^2 + bx + c$ 过原点，当 $0 \leqslant x \leqslant 1$ 时，$y \geqslant 0$，又已知该抛物线与 x 轴及直线 $x = 1$ 所围成图形的面积为 $\frac{1}{3}$，试确定 a, b, c 的值，使此图形绕 x 轴旋转一周所成的旋转体的体积最小.

视频讲解
（扫码 关注）

解 抛物线过原点，故 $c = 0$，又当 $0 \leqslant x \leqslant 1$ 时，$y \geqslant 0$，且抛物线与 x 轴及直线 $x = 1$ 所围成图形的面积为 $\frac{1}{3}$，如图 5.13 所示.

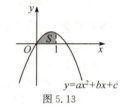

故 $\frac{1}{3} = \int_0^1 (ax^2 + bx) \mathrm{d}x = \left[\frac{a}{3}x^3 + \frac{b}{2}x^2 \right]_0^1 = \frac{a}{3} + \frac{b}{2}$，即 $a = 1 - \frac{3}{2}b$，

而此图形绕 x 轴旋转一周所成的旋转体的体积为

$$V = \int_0^1 \pi (ax^2 + bx)^2 \mathrm{d}x = \pi \int_0^1 (a^2x^4 + 2abx^3 + b^2x^2) \mathrm{d}x$$

$$= \pi \left(\frac{a^2}{5}x^5 + \frac{ab}{2}x^4 + \frac{b^2}{3}x^3 \right) \Big|_0^1 = \pi \left(\frac{a^2}{5} + \frac{ab}{2} + \frac{b^2}{3} \right),$$

图 5.13

将 $a = 1 - \frac{3}{2}b$ 代入得 $V = \pi \left(\frac{1}{30}b^2 - \frac{1}{10}b + \frac{1}{5} \right)$，对 b 求导得 $V' = \pi \left(\frac{1}{15}b - \frac{1}{10} \right)$，

令 $V' = 0$，得 $b = \frac{3}{2}$，唯一的驻点即是最值点.

所以 $a = -\frac{5}{4}, b = \frac{3}{2}, c = 0$ 时旋转体的体积最小.

【名师点评】

本题综合性较强，考查了平面图形的面积和旋转体的体积及最值问题. 此题的基本思路和步骤为：

第一，画草图：先根据已知条件画出草图，虽然抛物线的方程中不知道二次项系数 a 的符号，但不确定抛物线开口方向并不影响本题的求解；

第二，求面积：画出草图后，确定平面图形的类型，利用定积分表示出面积，这样可以找到 a 与 b 的关系式；

第三，确定体积函数：利用定积分写出该平面图形绕 x 轴旋转所得体积的表达式，旋转体的体积可以视为关于变量 a 与 b 的二元函数，再根据 a 与 b 的关系式，将二元函数简化为一元函数；

第四，求最值：借助导数求出体积函数的最小值.

考点真题解析

考点一 求平面图形的面积

真题 58 （2024.高数Ⅰ）求曲线 $y = \begin{cases} 3x, & x \leqslant 0 \\ x^2 - 2x, & x > 0 \end{cases}$ 与 $y = -x^2 + 4$ 所围成的图形的面积.

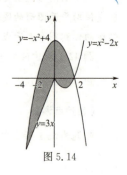

解 如图 5.14

联立 $\begin{cases} y = 3x, \\ y = -x^2 + 4, \end{cases}$ 得交点 $(-4, -12)$；

图 5.14

联立 $\begin{cases} y = x^2 - 2x, \\ y = -x^2 + 4, \end{cases}$ 得交点$(2,0)$,围成图形如图所示.

$$S = \int_{-4}^{0} (-x^2 + 4 - 3x)\, dx + \int_{0}^{2} (-x^2 + 4 - x^2 + 2x)\, dx = \frac{76}{3}.$$

真题 59 (2023.高数 Ⅲ) 求曲线 $y = \begin{cases} -x, & x \leqslant 0, \\ 2x, & x > 0 \end{cases}$ 与 $y = -x^2 + 2x + 4$ 所围成的图形的面积.

解　如图 5.15

由 $\begin{cases} y = -x, \\ y = -x^2 + 2x + 4 \end{cases}$ 与 $\begin{cases} y = 2x, \\ y = -x^2 + 2x + 4 \end{cases}$ 得两交点为$(-1,1),(2,4)$.由题意可得,

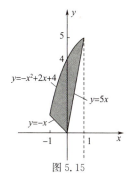

$$S = \int_{-1}^{0} [(-x^2 + 2x + 4) - (-x)]\, dx + \int_{0}^{2} [(-x^2 + 2x + 4) - 2x]\, dx$$

$$= \int_{-1}^{0} (-x^2 + 3x + 4)\, dx + \int_{0}^{2} (-x^2 + 4)\, dx$$

$$= \left(-\frac{1}{3}x^3 + \frac{3}{2}x^2 + 4x\right) \Big|_{-1}^{0} + \left(-\frac{1}{3}x^3 + 4x\right) \Big|_{0}^{2} = \frac{15}{2}.$$

图 5.15

【名师点评】

以上两题是利用定积分求平面面积的题目,首先画图,画图时要注意分段函数的两段曲线,根据图形的形状,选择以 x 为积分变量,再求出交点确定积分范围,列出定积分用牛顿－莱布尼茨公式计算即可.

真题 60 (2024.高数 Ⅱ) 求曲线 $y = 2\sqrt{x}$ 与直线 $y = x + 1$, $y = -x$ 所围成的图形的面积.

解　画图,如图 5.16,由 $\begin{cases} y = 2\sqrt{x} \\ y = x \end{cases}$ 得交点$(1,2)$,

由 $\begin{cases} y = -x \\ y = x + 1 \end{cases}$ 得交点 $\left(-\frac{1}{2}, \frac{1}{2}\right)$.

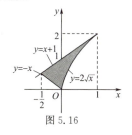

所围图形面积为

$$S = \int_{-\frac{1}{2}}^{0} [x + 1 - (-x)]\, dx + \int_{0}^{1} (x + 1 - 2\sqrt{x})\, dx$$

$$= x^2 \Big|_{-\frac{1}{2}}^{0} + \frac{1}{2} + \frac{1}{2}x^2 \Big|_{0}^{1} + 1 - \frac{4}{3}x^{\frac{3}{2}} \Big|_{0}^{1} = \frac{5}{12}.$$

图 5.16

真题 61 (2020.高数 Ⅰ) 求曲线 $y = -x^2 + 4$ 与直线 $y = -2x + 4$ 所围成的图形的面积.

解　由 $\begin{cases} y = -x^2 + 4, \\ y = -2x + 4, \end{cases}$ 得交点为$(0,4),(2,0)$.

所求图形的面积为:

$$A = \int_{0}^{2} [-x^2 + 4 - (-2x + 4)]\, dx = \int_{0}^{2} (2x - x^2)\, dx = \left(x^2 - \frac{1}{3}x^3\right) \Big|_{0}^{2} = \frac{4}{3}.$$

真题 62 (2019.财经) 求曲线 $y = x^2$ 与 $y = x^3$ 所围成的图形的面积.

解　两曲线的交点坐标为$(0,0)$和$(1,1)$

对变量 x 积分,可得面积 $A = \int_{0}^{1} (x^2 - x^3)\, dx = \frac{x^3}{3} \Big|_{0}^{1} - \frac{x^4}{4} \Big|_{0}^{1} = \frac{1}{12}.$

【名师点评】

以上三题是利用定积分求平面面积的题目,首先画图,根据图形的形状,选择以 x 为积分变量,再求出交点,确定积分区间,列出定积分,最后用牛顿－莱布尼茨公式计算即可.

真题 63 (2014.经管) 求由曲线 $y = \ln x$, $y = 0$, $x = \frac{1}{2}$, $x = 2$ 围成的区域面积.

解　$A = \int_{\frac{1}{2}}^{1} (-\ln x)\, dx + \int_{1}^{2} \ln x\, dx = -(x\ln x - x) \Big|_{\frac{1}{2}}^{1} + (x\ln x - x) \Big|_{1}^{2} = \frac{3}{2}\ln 2 - \frac{1}{2}.$

【名师点评】

此题中的图形需要分成两部分,x 轴下方的部分积分为负值,此块图形的面积为积分值的相反数,x 轴上方的部分积

分值与面积相等.

真题 64 (2015.经管) 求由曲线 $y=x^2$ 及 $y=\sqrt{x}$ 所围成的平面图形的面积.

解 如图 5.17 所示,所求面积:

$$A=\int_0^1 (\sqrt{x}-x^2)\mathrm{d}x=(\frac{2}{3}x^{\frac{3}{2}}-\frac{1}{3}x^3)\Big|_0^1=\frac{1}{3}.$$

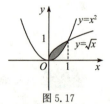

图 5.17

【名师点评】

首先画图,根据图形的形状,确定可视为 X 型区域,所以取 x 为积分变量,$S=\int_a^b$(上函数−下函数)$\mathrm{d}x$,首先求出交点,确定积分区间,列出定积分,用牛顿−莱布尼茨公式计算即可.

真题 65 (2016.公共) 求 $y=\sin x$,$y=\cos x$,$x=0$,$x=\frac{\pi}{2}$ 所围成的平面图形面积.

解 如图 5.18 所示,所求面积

$$A=\int_0^{\frac{\pi}{4}}(\cos x-\sin x)\mathrm{d}x+\int_{\frac{\pi}{4}}^{\frac{\pi}{2}}(\sin x-\cos x)\mathrm{d}x=(\sin x+\cos x)\Big|_0^{\frac{\pi}{4}}+(-\cos x-\sin x)\Big|_{\frac{\pi}{4}}^{\frac{\pi}{2}}$$

$$=2(\sqrt{2}-1).$$

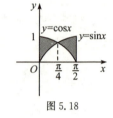

图 5.18

【名师点评】

本题根据画出的草图,可以将该平面图形确定为 X 型区域,以 x 为积分变量,由于平面图形包含两部分,可以分别用两个定积分表示这两个面积,面积之和即为所求.

真题 66 (2019.公共) 计算由 $y^2=9-x$,直线 $x=2$ 及 $y=-1$ 所围成的平面图形上面部分(面积大的部分)的面积 A.

解 $A=\int_{-1}^{\sqrt{7}}(9-y^2-2)\mathrm{d}y=(7y-\frac{1}{3}y^3)\Big|_{-1}^{\sqrt{7}}=\frac{14}{3}\sqrt{7}+\frac{20}{3}.$

【名师点评】

根据画出图形的形状,确定此平面为 Y 型区域,选择以 y 为积分变量,$A=\int_c^d$(右函数−左函数)$\mathrm{d}y$,求出交点确定积分区间,用牛顿−莱布尼茨公式计算即可.注意按照 Y 型求解时,由于积分变量是 y,公式中的右函数和左函数也都要改写成以 y 为自变量的函数形式.

真题 67 (2018.公共) 求 $y=x^2$ 上点 $(2,4)$ 处切线与抛物线 $y=-x^2+4x+1$ 所围图形面积.

解 切线斜率为 $k=(x^2)'\big|_{x=2}=4$,所以切线方程为 $y-4=4(x-2)$,即 $y=4x-4$.

由 $\begin{cases} y=4x-4, \\ y=-x^2+4x+1 \end{cases}$ 解得交点为 $(-\sqrt{5},-4\sqrt{5}-4)$,$(\sqrt{5},4\sqrt{5}-4)$,则所围面积

$$A=\int_{-\sqrt{5}}^{\sqrt{5}}[-x^2+4x+1-(4x-4)]\mathrm{d}x=\frac{20}{3}\sqrt{5}.$$

视频讲解
(扫码 关注)

【名师点评】

此题为综合题,首先根据导数的几何意义求出切线方程,再利用定积分的应用求出所围成图形面积,将图形视为 X 型区域,以 x 为积分变量,$A=\int_a^b$(上函数−下函数)$\mathrm{d}x$,列出定积分用牛顿−莱布尼茨公式计算即可.

真题 68 (2022.高数 Ⅰ) 过点 $(-1,1)$ 作曲线 $y=\frac{x^2}{2}+\frac{1}{2}$ 的法线,求其与该曲线围成的图形的面积.

解 $y'=x$,$y'(-1)=-1$,法线斜率 $k=-\frac{1}{y'(-1)}=1$,

所以法线方程为 $y-1=x+1$,即 $y=x+2$,

如图 5.19 所示,$\begin{cases} y=\frac{x^2}{2}+\frac{1}{2}, \\ y=x+2, \end{cases}$ 交点为 $(-1,1)$,$(3,5)$,

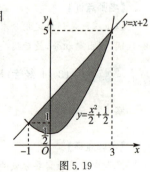

图 5.19

$$S = \int_{-1}^{3} \left[(x+2) - \left(\frac{x^2}{2} + \frac{1}{2} \right) \right] dx = \int_{-1}^{3} \left(x - \frac{x^2}{2} + \frac{3}{2} \right) dx$$

$$= \left(\frac{x^2}{2} - \frac{x^3}{6} + \frac{3}{2} x \right) \Big|_{-1}^{3} = \frac{16}{3}.$$

【名师点评】

此题为综合题,首先根据导数的几何意义求出法线方程,再利用定积分的应用求出所围成图形面积.将图形视为 X 型,以 x 为积分变量,$A = \int_a^b$(上函数－下函数)$\mathrm{d}x$,列出定积分用牛顿－莱布尼茨公式计算即可.

真题 69 (2018.财经)求曲线 $y = \frac{1}{x}$ 与直线 $y = x, x = 2$ 以及 x 轴所围成的图形的面积.

解　曲线 $y = \frac{1}{x}$ 与直线 $y = x$ 在第一象限相交于点$(1,1)$,对变量 x 积分,可得面积

$$A = \int_0^1 x\, \mathrm{d}x + \int_1^2 \frac{1}{x}\, \mathrm{d}x = \frac{x^2}{2} \Big|_0^1 + \ln x \Big|_1^2 = \frac{1}{2} + \ln 2.$$

【名师点评】

上面两题中所围成图形均为 X 型区域,本题选择以 x 为积分变量,$A = \int_a^b$(上函数－下函数)$\mathrm{d}x$,首先求出交点,确定积分区域,列出定积分,用牛顿－莱布尼茨公式计算即可.

真题 70 (2017.公共)求介于 $y = x^2$, $y = \frac{x^2}{2}$ 与 $y = 2x$ 之间的图形面积.

视频讲解
(扫码 关注)

解　由 $\begin{cases} y = x^2, \\ y = 2x, \end{cases}$ 解得 $\begin{cases} x = 2, \\ y = 4; \end{cases}$

由 $\begin{cases} y = \frac{x^2}{2}, \\ y = 2x, \end{cases}$ 解得 $\begin{cases} x = 4, \\ y = 8; \end{cases}$ 由 $\begin{cases} y = \frac{x^2}{2}, \\ y = x^2, \end{cases}$ 解得 $\begin{cases} x = 0, \\ y = 0; \end{cases}$

三个方程两两联立可得,三条线的交点分别为$(0,0)$,$(2,4)$,$(4,8)$,

故所求面积 $A = \int_0^2 \left(x^2 - \frac{x^2}{2} \right) dx + \int_2^4 \left(2x - \frac{x^2}{2} \right) dx = 4.$

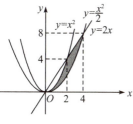

图 5.20

【名师点评】

首先画出草图,如图 5.20 所示.由于三个函数所围平面区域有多个,因此要在草图中准确标出由已知三个函数共同围成的平面图形.根据该图形的形状,可以发现,不论将此图视为 X 型区域,还是 Y 型区域,都需要对该平面图形进行分块,利用定积分分别求出两个面积再相加.一般来说,在两种类型都需要分块的情况下,如果难易程度又相当,我们多选择 X 型,因为给出的函数多以 x 作为自变量,选择 X 型,以 x 作为积分变量,函数不需要变形,可以直接代入公式求面积.

真题 71 (2017.国贸)求抛物线 $y = 3 - x^2$ 与直线 $y = 2x$ 所围成图形的面积.

解　抛物线 $y = 3 - x^2$ 与直线 $y = 2x$ 的交点为$(-3, -6)$ 和$(1, 2)$,

于是所围成的面积如图 5.21 所示:

$$A = \int_{-3}^{1} (3 - x^2 - 2x)\, dx = \left(3x - \frac{x^3}{3} - x^2 \right) \Big|_{-3}^{1} = \frac{32}{3}.$$

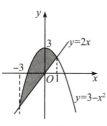

图 5.21

真题 72 (2015.理工)第一象限内曲线 $y = \sqrt{x}$ 和它的一条切线 L 及直线 $x = 0, x = 2$ 围成的平面图形面积最小,求直线 L.

解　由题意画出图 5.22,设切点为(x_0, y_0),则 $y_0 = \sqrt{x_0}$,

因为 $y' = \frac{1}{2\sqrt{x}}$,所以 $y'(x_0) = \frac{1}{2\sqrt{x_0}}$,因此切线方程为:$y - \sqrt{x_0} = \frac{1}{2\sqrt{x_0}}(x - x_0)$,

即 $y = \frac{\sqrt{x_0}}{2} + \frac{x}{2\sqrt{x_0}}.$

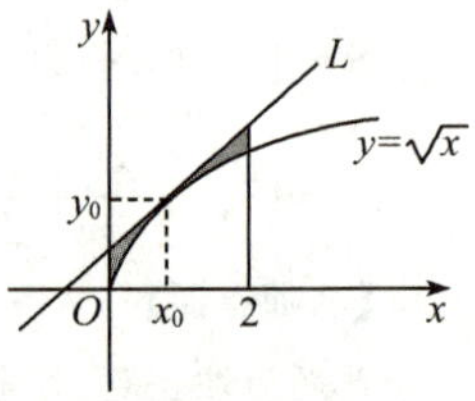

$$A = \int_0^2 \left(\frac{\sqrt{x_0}}{2} + \frac{x}{2\sqrt{x_0}} - \sqrt{x} \right) dx = \left(\frac{\sqrt{x_0}}{2} x + \frac{x^2}{4\sqrt{x_0}} - \frac{2}{3} x^{\frac{3}{2}} \right) \Big|_0^2$$

$$= \sqrt{x_0} + \frac{1}{\sqrt{x_0}} - \frac{4}{3}\sqrt{2} \quad (0 < x_0 < 2).$$

令 $A' = 0$，解得：$x_0 = 1$，唯一的驻点即为最值点. 即 $x_0 = 1$，$y_0 = 1$ 时面积取得最小值.

因此，所求直线 L：$y - 1 = \frac{1}{2}(x-1)$，即 $\quad y = \frac{1}{2}x + \frac{1}{2}.$

图 5.22

【名师点评】

此题为综合题，考查了导数的几何意义、定积分的应用和最值问题的相关知识点，首先根据导数的几何意义写出切线方程，列出定积分，求出平面图形的面积，以此为目标函数，该目标函数在定义域的开区间内只有唯一的驻点，所以该点即为所求最值点.

真题 73 （2016.机械、交通）在抛物线 $y = x^2$（$0 \leqslant x \leqslant 1$）上找一点 P，使过 P 的水平直线与抛物线以及直线 $x = 0$，$x = 1$ 所围成的平面图形面积最小.

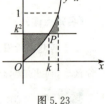

解 由题意画出图 5.23，因为点 P 在抛物线上，设 $P(k, k^2)$（$0 \leqslant k \leqslant 1$），

$$A = \int_0^k (k^2 - x^2) dx + \int_k^1 (x^2 - k^2) dx = \left(k^2 x - \frac{1}{3}x^3 \right) \Big|_0^k + \left(\frac{1}{3}x^3 - k^2 x \right) \Big|_k^1$$

$$= k^3 - \frac{1}{3}k^3 + \frac{1}{3} - k^2 - \frac{1}{3}k^3 + k^3 = \frac{4}{3}k^3 - k^2 + \frac{1}{3} \quad (0 \leqslant k \leqslant 1).$$

图 5.23

令 $A' = 0$，则 $k = 0, k = \frac{1}{2}$，而 $A(0) = \frac{1}{3}$，$A\left(\frac{1}{2}\right) = \frac{1}{4}$，$A(1) = \frac{2}{3}$.

所以 $k = \frac{1}{2}$ 时，所求面积最小. 因此，所求的点为 $P\left(\frac{1}{2}, \frac{1}{4}\right)$.

【名师点评】

曲线围成平面图形面积的最值问题也是专升本考试中常考知识点之一. 求解时首先利用定积分表示出平面图形的面积；然后以此为目标函数，若该面积函数在定义域的开区间内只有唯一的驻点，则唯一驻点即为所求最值点；若该目标函数的定义域是闭区间，或者不止一个驻点，需要把所有可能极值点的函数值都求出来，比较大小得出最值.

真题 74 （2014.公共）一抛物线过 $(1,0)$、$(3,0)$，证明：该抛物线与两坐标轴所围图形面积等于该抛物线与 x 轴所围图形面积.

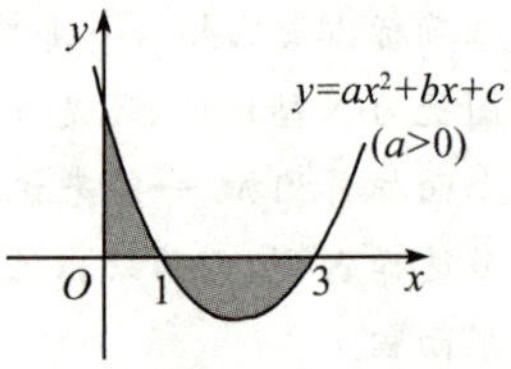

证 由题意画出图 5.24，抛物线方程可设为 $y = ax^2 + bx + c$，

因为过 $(1,0)$，$(3,0)$ 两点，所以 $\begin{cases} a + b + c = 0, \\ 9a + 3b + c = 0. \end{cases}$

解之得 $b = -4a$，$c = 3a$. 所以抛物线方程为 $y = ax^2 - 4ax + 3a$，

$a > 0$ 时与两坐标轴围成的面积：

$$A_1 = \int_0^1 (ax^2 - 4ax + 3a) dx = \left(\frac{1}{3}ax^3 - 2ax^2 + 3ax \right) \Big|_0^1 = \frac{1}{3}a - 2a + 3a = \frac{4}{3}a;$$

抛物线与 x 轴围成的面积：

$$A_2 = -\int_1^3 (ax^2 - 4ax + 3a) dx = -\left[\left(\frac{1}{3}ax^3 - 2ax^2 + 3ax \right) \Big|_1^3 \right]$$

$$= -\left[\left(\frac{1}{3}a \times 27 - 2a \times 9 + 3a \times 3 \right) - \left(\frac{1}{3}a - 2a + 3a \right) \right] = -\left[0 - \left(\frac{4}{3}a \right) \right] = \frac{4}{3}a,$$

因此 $A_1 = A_2$.

同理 $a < 0$ 时可证 $A_1 = A_2$.

因此抛物线与两坐标轴围成的面积等于与 x 轴围成的面积.

图 5.24

【名师点评】

此题仅由已知条件并不能确定抛物线的开口方向，所以我们可以进行讨论. 用定积分表示两个平面图形面积时，要注意这两个图形一个出现在 x 轴的上方，一个出现在 x 轴的下方，所以积分前面的符号一正一负，特别是负号不要漏掉.

考点二　求旋转体的体积

真题75 (2023.高数Ⅰ) 求由直线 $x+y=2$,曲线 $y=\sqrt{x}$ 与 y 轴所围成的图形绕 x 轴旋转一周而成的旋转体的体积.

解　求曲线 $y=\sqrt{x}$ 与 $x+y=2$ 的交点得$(1,1)$,则旋转体的体积为

$$V=\pi\int_0^1\left[(2-x)^2-x\right]\mathrm{d}x=\pi\int_0^1(4-5x+x^2)\mathrm{d}x=\frac{11}{6}\pi.$$

真题76 (2023.高数Ⅱ) 求由直线 $y=\frac{\sqrt{3}}{3}x$,曲线 $y=\sqrt{4-x^2}$ 与 y 轴所围成的图形绕 x 轴旋转一周而成的旋转体的体积.

解　由 $\begin{cases}y=\dfrac{\sqrt{3}}{3}x,\\ y=\sqrt{4-x^2}\end{cases}$ 得交点$(\sqrt{3},1)$.

所求旋转体积为

$$V=\pi\int_0^{\sqrt{3}}\left[\left(\sqrt{4-x^2}\right)^2-\left(\frac{\sqrt{3}}{3}x\right)^2\right]\mathrm{d}x=\pi\int_0^{\sqrt{3}}\left(4-\frac{4}{3}x^2\right)\mathrm{d}x=\pi\left(4x-\frac{4}{9}x^3\right)\Big|_0^{\sqrt{3}}=\frac{8\sqrt{3}}{3}\pi.$$

真题77 (2022.高数Ⅰ) 求直线 $x=0$,$x=2$,$y=0$ 与曲线 $y=\mathrm{e}^x$ 所围的图形绕 x 轴旋转一周而成的旋转体的体积.

解　$V=\int_0^2\pi(\mathrm{e}^x)^2\mathrm{d}x=\int_0^2\pi\mathrm{e}^{2x}\mathrm{d}x=\frac{\pi(\mathrm{e}^4-1)}{2}.$

真题78 (2017.电商) 用定积分求由 $y=x^2+1$,$y=0$,$x=1$,$x=0$ 所围图形绕 x 轴旋转一周所得旋转体的体积.

解　如图 5.25 所示,所求体积

$$V=\int_0^1\pi(x^2+1)^2\mathrm{d}x=\pi\int_0^1(x^4+2x^2+1)\mathrm{d}x=\pi\left(\frac{x^5}{5}+\frac{2x^3}{3}+x\right)\Big|_0^1=\frac{28}{15}\pi.$$

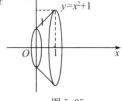

图 5.25

【名师点评】

以上两题利用定积分求旋转体积,考生要注意熟练掌握公式,还要特别看清是绕哪个坐标轴旋转,从而选择积分变量.

真题79 (2016.电气) 设平面图形是由 $y=x^2$,$y=x$,$y=2x$ 所围成的区域.

(1)求平面图形的面积;

(2)将此平面绕 x 轴旋转,求旋转体的体积.

解　由题意画出图 5.26,所围成图形的面积:

$$A=\int_0^1(2x-x)\mathrm{d}x+\int_1^2(2x-x^2)\mathrm{d}x=\frac{1}{2}x^2\Big|_0^1+\left(x^2-\frac{x^3}{3}\right)\Big|_1^2=\frac{7}{6}.$$

旋转体的体积:

$$V=V_1-V_2-V_3=\pi\int_0^2(2x)^2\mathrm{d}x-\pi\int_0^1x^2\mathrm{d}x-\pi\int_1^2(x^2)^2\mathrm{d}x=\frac{62}{15}\pi.$$

视频讲解
(扫码关注)

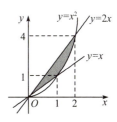

图 5.26

【名师点评】

此题同时考查了定积分求面积和求旋转体积的知识点,做题时要特别注意题中的旋转体是由三条线所围成的图形旋转而成,转出来的旋转体是空心的.最终求得的旋转体的体积,应该是用大的体积分别减去内部的两个小体积,即一个大直角三角形旋转出来的大圆锥减去小直角三角形旋转出来的小圆锥,再减去曲边梯形旋转出来的旋转体,最终得到的才是所围平面旋转出来的旋转体体积.

◆ 考点方法综述

序号	本单元考点与方法总结
1	用定积分计算平面图形的面积时,首先根据所画图形,确定类型,从而选择积分变量,平面图形类型确定的基本原则为尽量不分块或者少分块,这样能够减少计算量.
2	用定积分计算绕坐标轴旋转的旋转体体积时,要注意多条线围成的平面图形的旋转,转出来的旋转体往往是空心的,此时需要用大的旋转体体积减去小的旋转体体积.
3	求平面图形面积或者旋转体体积并且和最值问题相结合的综合题目在专升本考试中较为常见.这种题目注意设出未知量,列出目标函数,对目标函数求导,若驻点唯一,则唯一的驻点即为所求最值点,若驻点不唯一,则需要求出所有可能极值点的函数值,通过比较大小找出最值.

✈ 本章检测训练 ✈

第五章检测训练 A

一、单选题

1. 设函数 $f(x)$ 仅在区间 $[0,4]$ 上可积,则必有 $\int_0^3 f(x)\mathrm{d}x =$ _____.

    A. $\int_0^2 f(x)\mathrm{d}x + \int_2^3 f(x)\mathrm{d}x$ B. $\int_0^{-1} f(x)\mathrm{d}x + \int_{-1}^3 f(x)\mathrm{d}x$

    C. $\int_0^5 f(x)\mathrm{d}x + \int_5^3 f(x)\mathrm{d}x$ D. $\int_0^{10} f(x)\mathrm{d}x + \int_{10}^3 f(x)\mathrm{d}x$

2. 已知 $F(x)$ 是 $f(x)$ 的原函数,则 $\int_0^x f(t+a)\mathrm{d}t =$ _____.

    A. $F(x) - F(a)$ B. $F(t+a) - F(2a)$ C. $F(x+a) - F(a)$ D. $F(t) - F(a)$

3. $\int_{-\infty}^{+\infty} \dfrac{\mathrm{d}x}{1+x^2} =$ _____.

    A. 0   B. π C. $\dfrac{\pi}{2}$ D. $\pm\infty$

4. $\lim\limits_{x\to 0} \dfrac{\int_0^x \sin t^2 \mathrm{d}t}{x^2} =$ _____.

    A. 1   B. 0   C. $\dfrac{1}{2}$ D. $\dfrac{1}{3}$

5. $\int_0^1 x^{-q}\mathrm{d}x$ 收敛,则 _____.

    A. $q \geqslant 1$ B. $q > 1$ C. $q \leqslant 1$ D. $q < 1$

6. 设 $I_1 = \int_0^1 x\mathrm{d}x$,$I_2 = \int_1^2 x^2\mathrm{d}x$,则 _____.

    A. $I_1 \geqslant I_2$ B. $I_1 > I_2$ C. $I_1 \leqslant I_2$ D. $I_1 < I_2$

7. 广义积分 $\int_2^{+\infty} \dfrac{\mathrm{d}x}{x^2} =$ _____.

    A. 0   B. $+\infty$ C. $-\dfrac{1}{2}$ D. $\dfrac{1}{2}$

8. 计算 $\int_0^4 \mathrm{d}x =$ _____.

    A. 0   B. 1   C. $\dfrac{1}{4}$ D. 4

9. $\dfrac{d}{dx}\displaystyle\int_0^x \cos t^2\,dt=$ _____.

   A. $\cos x^2$ B. $\sin x^2$ C. $2x\cos x^2$ D. $\cos t^2$

10. 下列定积分值为零的是 _____.

   A. $\displaystyle\int_{-1}^2 x\,dx$ B. $\displaystyle\int_{-1}^1 x\sin^2 x\,dx$ C. $\displaystyle\int_{-1}^2 \sin x\,dx$ D. $\displaystyle\int_{-1}^1 x^2\sin^2 x\,dx$

11. $\dfrac{d}{dx}\displaystyle\int_a^b \arcsin x\,dx=$ _____.

   A. 0 B. $\dfrac{1}{\sqrt{1-x^2}}$ C. $\arcsin x$ D. $\arcsin b-\arcsin a$

12. 下列不等式中正确的是 _____.

   A. $\displaystyle\int_0^1 x^2\,dx\leqslant\int_0^1 x^3\,dx$ B. $\displaystyle\int_0^1 x^2\,dx\geqslant\int_0^1 x^3\,dx$ C. $\displaystyle\int_1^2 x^3\,dx\leqslant\int_1^2 x^2\,dx$ D. $\displaystyle\int_1^2 x\,dx\geqslant\int_1^2 x^2\,dx$

13. $\displaystyle\int_0^x f(t)\,dt=a^{2x}$，则 $f(x)$ 等于 _____.

   A. $2a^{2x}$ B. $a^{2x}\ln a$ C. $2a^{2x-1}$ D. $2a^{2x}\ln a$

14. $f\left(\dfrac{1}{x}\right)=\dfrac{x}{x+1}$，则 $\displaystyle\int_0^1 f(x)\,dx=$ _____.

   A. $\dfrac{1}{2}$ B. $1-\ln 2$ C. 1 D. $\ln 2$

二、填空题

1. 若 $\displaystyle\int_0^a x\sin x\,dx=b(a>0)$，则 $\displaystyle\int_{-a}^a x(\sin x+\cos x)\,dx=$ _____.

2. 若 $\displaystyle\int_{-a}^a (2x-1)\,dx=4$，则 $a=$ _____.

3. 计算 $\displaystyle\int_{-1}^1 x|x|\,dx=$ _____.

4. $4\displaystyle\int_0^1 \sqrt{1-x^2}\,dx$ 在几何上表示 _____ 图形的面积.

5. 已知 $\displaystyle\int_{-\infty}^{+\infty}\dfrac{A}{1+x^2}\,dx=1$，则 $A=$ _____.

6. 已知 $F'(x)=f(x)$，则 $\displaystyle\int_a^x f(t+a)\,dt=$ _____.

7. 函数 $y=\dfrac{1}{\sqrt[3]{x}}$ 在区间 $[1,8]$ 上的平均值是 _____.

8. 计算 $\dfrac{d}{dx}\displaystyle\int_{x^2}^1 f(t)\,dt=$ _____.

9. 计算 $\displaystyle\lim_{x\to0}\dfrac{\int_0^x \sin^2 2t\,dt}{x^3}=$ _____.

10. 计算 $\displaystyle\int_{-2}^2 x^4\sin^3 x\,dx=$ _____.

11. 计算 $\displaystyle\int_1^{+\infty}\dfrac{1}{1+x^2}\,dx=$ _____.

三、计算题

1. $\displaystyle\int_1^e \dfrac{dx}{x(2x+1)}$ 2. $\displaystyle\int_0^1 \dfrac{2x+3}{1+x^2}\,dx$

3. $\displaystyle\int_0^1 \dfrac{x\,dx}{(2-x^2)\sqrt{1-x^2}}$ 4. $\displaystyle\int_0^\pi \sqrt{\dfrac{1+\cos 2x}{2}}\,dx$

5. $\displaystyle\int_1^2 x^2\ln x\,dx$ 6. $\displaystyle\int_0^2 x^3 e^{-x^2}\,dx$

7. $\int_0^{\frac{\pi}{2}} x^2 \sin x \, dx$

8. $\lim\limits_{x \to 0} \dfrac{\int_0^x \frac{\sin(t^2)}{t} dt}{x^2}$

9. $\int_1^4 e^{\sqrt{x}} \, dx$

10. $\int_0^1 x^2 \sqrt{1-x^2} \, dx$

四、解答题

1. 由 $y = 2x$, $y = \dfrac{x}{2}$, $x + y = 2$ 所围成图形的面积.

2. 求由曲线 $y = 2 - x^2$ 和直线 $y - 2x = 2$ 所围成图形的面积.

3. 求由曲线 $y = \dfrac{1}{x}$ 和直线 $y = 4x$, $x = 2$, $y = 0$ 所围成的平面图形的面积以及该平面图形绕 x 轴旋转所得的旋转体体积.

4. 设平面图形是曲线 $y = x^2$, $y = x$ 及 $y = 2x$ 所围成,

   (1) 求此平面图形的面积;

   (2) 求此平面图形绕 x 轴旋转所生成的旋转体体积.

5. 求由曲线 $y = \ln(x+1)$ 在点 $(0,0)$ 处的切线与抛物线 $y = x^2 - 2$ 围成的平面图形的面积.

6. 过抛物线 $x^2 = 4y$ 上横坐标分别为 2 和 4 的两点连一条直线, 求此直线与抛物线所围成的图形的面积.

7. 在抛物线 $y^2 = 2(x-1)$ 上横坐标等于 3 的点作一条切线, 求所作切线与 x 轴及抛物线所围成的图形绕 x 轴旋转一周所成的旋转体体积.

8. 求函数 $f(x) = \int_0^x \dfrac{t+2}{t^2 + 2t + 2} dt$ 在区间 $[0,1]$ 上的最大值与最小值.

五、证明题

1. 证明: $\lim\limits_{n \to \infty} \int_n^{n+p} \dfrac{\sin x}{x} dx = 0$.

2. 设 $f(x)$ 在 $[a,b]$ 上连续, 在 (a,b) 内可导, 且 $f'(x) \leqslant 0$, $F(x) = \dfrac{1}{x-a} \int_a^x f(t) dt$, 证明: 在 (a,b) 内有 $F'(x) \leqslant 0$.

3. (1) 证明: $\int_{-a}^a f(x) dx = \int_0^a [f(x) + f(-x)] dx$;   (2) 求 $\int_{-\frac{\pi}{4}}^{\frac{\pi}{4}} \dfrac{\cos^2 x}{1 + e^{-x}} dx$.

第五章检测训练 B

一、选择题

1. 设 $f(x)$ 在 $[a,b]$ 上有定义, 若 $f(x)$ 在 $[a,b]$ 上可积, 则以下结论正确的是 _____.

   A. $f(x)$ 在 $[a,b]$ 上有有限个间断点   B. $f(x)$ 在 $[a,b]$ 上有界

   C. $f(x)$ 在 $[a,b]$ 上连续   D. $f(x)$ 在 $[a,b]$ 上可导

2. 设 $f(x)$ 在 $[a,b]$ 上连续且 $\int_a^b f(x) dx = 0$, 则 _____.

   A. 在 $[a,b]$ 的某个小区间上 $f(x) = 0$ B. $[a,b]$ 上的一切 x 均使 $f(x) = 0$

   C. $[a,b]$ 内至少有一点 x, 使 $f(x) = 0$ D. $[a,b]$ 内不一定有 x, 使 $f(x) = 0$

3. $\int_0^1 e^x dx$ 与 $\int_0^1 e^{x^2} dx$ 相比, 有关系式 _____.

   A. $\int_0^1 e^x dx < \int_0^1 e^{x^2} dx$ B. $\int_0^1 e^x dx > \int_0^1 e^{x^2} dx$ C. $\int_0^1 e^x dx = \int_0^1 e^{x^2} dx$ D. $\left[\int_0^1 e^x dx\right]^2 < \int_0^1 e^{x^2} dx$

4. $\int_a^x f'(2t) dt = $ _____.

   A. $2[f(x) - f(a)]$ B. $f(2x) - f(2a)$ C. $2[f(2x) - f(2a)]$ D. $\dfrac{1}{2}[f(2x) - f(2a)]$

5. 设 $f(x) = \begin{cases} x^2 & (x > 0), \\ x & (x \leqslant 0), \end{cases}$ 则 $\int_{-1}^1 f(x) dx = $ _____.

   A. $2\int_{-1}^0 x \, dx$ B. $2\int_0^1 x^2 \, dx$ C. $\int_0^1 x^2 dx + \int_{-1}^0 x \, dx$ D. $\int_0^1 x \, dx + \int_{-1}^0 x^2 \, dx$

6. 设 $f(x)$ 在 $[a,b]$ 上连续, $\varphi(x) = \int_a^x f(t)\,\mathrm{d}t$, 则 _____.

  A. $\varphi(x)$ 是 $f(x)$ 在 $[a,b]$ 上的一个原函数   B. $f(x)$ 是 $\varphi(x)$ 在 $[a,b]$ 上的一个原函数

  C. $\varphi(x)$ 是 $f(x)$ 在 $[a,b]$ 上唯一的一个原函数   D. $f(x)$ 是 $\varphi(x)$ 在 $[a,b]$ 上唯一的一个原函数

7. 设 $f(x)$ 是具有连续导数的函数, 且 $f(0) = 0$, 若 $\varPhi(x) = \begin{cases} \dfrac{\displaystyle\int_0^x t f(t)\,\mathrm{d}t}{x^2}, & x \neq 0, \\ 0, & x = 0, \end{cases}$ 则 $\varPhi'(0) =$ _____.

  A. $f'(0)$ B. $\dfrac{1}{3} f'(0)$ C. 1   D. $\dfrac{1}{3}$

8. 设 $f(x)$ 在 $[0, l^2]$ 上连续, 则函数 $F(x) = \int_0^x t f(t^2)\,\mathrm{d}t$ 在 $(-l, l)$ 上是 _____.

  A. 奇函数   B. 偶函数

  C. 单调增加函数   D. 非奇非偶函数

9. 计算 $\displaystyle\int_{-\frac{\pi}{2}}^{\frac{\pi}{2}} |\sin x|\,\mathrm{d}x =$ _____.

  A. 0   B. π C. $\dfrac{\pi}{2}$ D. 2

10. $\displaystyle\int_0^x f(t)\,\mathrm{d}t = \dfrac{x^4}{2}$, 则 $\displaystyle\int_0^4 \dfrac{1}{\sqrt{x}} f(\sqrt{x})\,\mathrm{d}x =$ _____.

  A. 16   B. 8   C. 4   D. 2

11. 计算 $\displaystyle\int_{-1}^1 \dfrac{1}{x^2}\,\mathrm{d}x =$ _____.

  A. 0   B. 2   C. -2 D. 发散

12. 位于右半平面且由圆周 $x^2 + y^2 = 8$ 与抛物线 $y^2 = 2x$ 所围图形的面积 $S =$ _____.

  A. $\displaystyle\int_0^{\sqrt{8}} (\sqrt{8 - x^2} - \sqrt{2x})\,\mathrm{d}x$ B. $\displaystyle\int_0^2 \sqrt{2x}\,\mathrm{d}x + \int_2^{\sqrt{8}} \sqrt{8 - x^2}\,\mathrm{d}x$

  C. $2\displaystyle\int_0^{\sqrt{8}} (\sqrt{8 - x^2} - \sqrt{2x})\,\mathrm{d}x$ D. $2\left(\displaystyle\int_0^2 \sqrt{2x}\,\mathrm{d}x + \int_2^{\sqrt{8}} \sqrt{8 - x^2}\,\mathrm{d}x\right)$

二、填空题

1. 设 $f(x) = \begin{cases} x + 1, & x \leqslant 1, \\ \dfrac{1}{2} x^2, & x > 1, \end{cases}$ 则 $\displaystyle\int_0^2 f(x)\,\mathrm{d}x =$ _____.

2. 计算 $\dfrac{\mathrm{d}}{\mathrm{d}x} \displaystyle\int_a^b \arctan^2 x\,\mathrm{d}x =$ _____.

3. 设 $f(x)$ 是连续函数, 且 $\displaystyle\int_0^{x^2 - 1} f(t)\,\mathrm{d}t = x$, 则 $f(7) =$ _____.

4. 计算 $\dfrac{\mathrm{d}}{\mathrm{d}x} \displaystyle\int_{x^2}^{x^3} \dfrac{\mathrm{d}t}{\sqrt{1 + t^4}} =$ _____.

5. 计算 $\displaystyle\int_{\frac{1}{e}}^{e^3} \dfrac{1}{x\sqrt{1 + \ln x}}\,\mathrm{d}x =$ _____.

6. 计算 $\displaystyle\int_0^5 \dfrac{x^3}{x^2 + 1}\,\mathrm{d}x =$ _____.

7. 计算 $\displaystyle\int_{-a}^a x^2 [f(x) - f(-x)]\,\mathrm{d}x =$ _____.

8. 设 $x e^{-x}$ 为 $f(x)$ 的一个原函数, 则 $\displaystyle\int_0^1 x f'(x)\,\mathrm{d}x =$ _____.

9. 计算 $\displaystyle\int_0^{\frac{\sqrt{3}}{2}} \arccos x\,\mathrm{d}x =$ _____.

10. 曲线 $y = x^3$ 与直线 $y = 1, x = 0$ 所围成的图形的面积为 _____.

三、计算题

1. 求极限 $\lim\limits_{x\to 0}\dfrac{\int_0^x(\arcsin t-t)\mathrm{d}t}{x(\mathrm{e}^x-1)^3}$.

2. 求定积分 $\int_0^{\frac{\pi}{4}}\dfrac{\sec^2 x}{(1+\tan x)^2}\mathrm{d}x$.

3. 求定积分 $\int_{-2}^{1}\dfrac{1}{(11+5x)^3}\mathrm{d}x$.

4. 求定积分 $\int_0^{\ln 2}\sqrt{\mathrm{e}^x-1}\,\mathrm{d}x$.

5. 求定积分 $\int_1^4\dfrac{1}{x(1+\sqrt{x})}\mathrm{d}x$.

6. 求定积分 $\int_{-\frac{\pi}{2}}^{\frac{\pi}{2}}\sqrt{\cos x-\cos^3 x}\,\mathrm{d}x$.

7. 求定积分 $\int_{-2}^{2}(|x|+x)\mathrm{e}^{-|x|}\mathrm{d}x$.

8. 求定积分 $\int_{-1}^{1}(\sqrt{1+x^2}+x)^2\mathrm{d}x$.

9. 求定积分 $\int_1^{\sqrt{3}}\dfrac{1}{x^2\sqrt{1+x^2}}\mathrm{d}x$.

10. 求定积分 $\int_1^{\mathrm{e}}\cos(\ln x)\mathrm{d}x$.

11. 求定积分 $\int_0^1\ln(1+\sqrt{x})\mathrm{d}x$.

四、解答题

1. 设 $y=y(x)$ 由 $\int_0^y\mathrm{e}^{t^2}\mathrm{d}t+\int_0^{x^2}\dfrac{\sin t}{t}\mathrm{d}t=0$ 确定,求 $\dfrac{\mathrm{d}y}{\mathrm{d}x}$.

2. 已知 $f(x)=\begin{cases}\sin x, & 0\leqslant x\leqslant 1,\\ x, & 1<x\leqslant 2,\\ 2, & x>2,\end{cases}$ 求 $F(x)=\int_0^x f(t)\mathrm{d}t$.

3. 求由曲线 $y=x^2$ 及 $y=2-x^2$ 所围成的平面图形的面积.

4. 在曲线 $y=x^2(x>0)$ 上求一点,使得曲线在该点处的切线与曲线以及 x 轴所围成图形的面积为 $\dfrac{1}{12}$.

5. 第一象限内曲线 $y=\sqrt{x}$ 和它的一条切线 L 及直线 $x=0,x=2$ 围成的平面图形面积最小,求直线 L 的方程.

6. 求抛物线 $y=\dfrac{1}{2}x^2$ 将圆 $x^2+y^2=8$ 分割后形成的两部分的面积.

7. 在抛物线 $y=x^2(0\leqslant x\leqslant 1)$ 上找一点 P,使过 P 的水平直线与抛物线以及直线 $x=0,x=1$ 所围成的平面图形面积最小.

8. 设有曲线 $y=\sqrt{x-1}$,过原点作其切线,求由此曲线、切线及 x 轴围成的平面图形绕 x 轴旋转一周所得到的旋转体的体积.

五、证明题

1. 证明:$\int_0^1 x^m(1-x)^n\mathrm{d}x=\int_0^1 x^n(1-x)^m\mathrm{d}x(m,n\in\mathbf{N})$.

2. 设 $f(x)$ 在 $(-\infty,+\infty)$ 上连续,且 $F(x)=\int_0^x(x-2t)f(t)\mathrm{d}t$,证明:若 $f(x)$ 单调减少,则 $F(x)$ 单调增加.

3. 设函数 $f(x)$ 在 $[0,1]$ 上连续,在 $(0,1)$ 内可导,且 $f(1)=2\int_0^{\frac{1}{2}}xf(x)\mathrm{d}x$,证明:至少存在一点 $\xi\in(0,1)$,使得 $f(\xi)+\xi f'(\xi)=0$.

第六章　常微分方程

🔆 **知识结构导图**

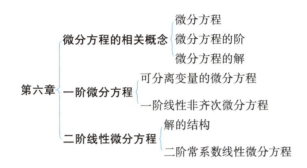

第六章
- 微分方程的相关概念
  - 微分方程
  - 微分方程的阶
  - 微分方程的解
- 一阶微分方程
  - 可分离变量的微分方程
  - 一阶线性非齐次微分方程
- 二阶线性微分方程
  - 解的结构
  - 二阶常系数线性微分方程

第一单元　一阶微分方程

🔆 **考纲内容解读**

新大纲基本要求	新大纲名师解读
1. 理解微分方程的定义,理解微分方程的阶、解、通解、初始条件和特解等概念. 2. 掌握可分离变量微分方程的解法. 3. 掌握一阶线性微分方程的解法.	一阶微分方程的考查多以填空题和计算题的形式出现,以可分离变量的微分方程和一阶线性非齐次的微分方程为考查重点.见到此类题目,首先要正确识别方程的类型,然后选择相应的求解方法,有些方程需要恒等变形后再求解.

考点知识梳理

一、微分方程的基本概念

1. 微分方程的定义

含有未知函数的导数或微分的方程称为**微分方程**. 其中,未知函数为一元函数的微分方程称为**常微分方程**.

【名师解析】

微分方程中可以不含自变量及未知函数,但必须含未知函数的导数或微分.

2. 微分方程的线性

若微分方程中未知函数及其各阶导数均是"**一次、有理、整式**",则此方程为**线性微分方程**;否则为**非线性微分方程**.

如 $y' + 2y - x^2 = 0$, $\dfrac{d^2 y}{dx^2} - 3\dfrac{dy}{dx} + 2xy = 0$ 为线性微分方程;$y'' - (y')^2 + 2x = 0$, $\dfrac{d^3 y}{dx^3} + \sqrt{\dfrac{dy}{dx}} - 4x + 5 = 0$,

$\dfrac{1}{y} - 2xy + 5 = 0$ 为非线性微分方程.

【名师解析】

所谓线性微分方程,是指方程中关于未知函数 y 及其所有阶导数的次数都是一次的,并且不出现 y 与其各阶导数的乘积形式.

3. 微分方程的阶

微分方程中未知函数的导数的最高阶数,称为**微分方程的阶**.例如 $\dfrac{\mathrm{d}y}{\mathrm{d}x}=3x^2$ 为一阶微分方程,$y'''+x^4y''-y'=\sin 2x$ 为三阶微分方程.

【名师解析】

在微分方程的题目中,由于对阶数不同的微分方程要采用不同的求解方法,所以确定方程的阶数尤为重要,要注意方程阶数和次数的区别.

4. 微分方程的解

若将一个函数代入微分方程后使方程成为恒等式,则称此函数是**微分方程的解**.

通解　若微分方程的解中含有任意常数,且相互独立的任意常数的个数与微分方程的阶数相等,则称这个解为方程的**通解**.

特解　不含任意常数的解,称为微分方程的**特解**.

【名师解析】

为了判断一个函数是否为某微分方程的通解,首先需要验证它是否是解;其次就要验证这个解中独立的任意常数的个数是否与微分方程的阶数一致.那么,如何判定多个任意常数是否相互独立呢?

若函数 y_1,y_2 满足 $\dfrac{y_1}{y_2}\neq k$(k 为常数),则称 y_1,y_2 为线性无关,若 $\dfrac{y_1}{y_2}=k$(k 为常数),则称 y_1,y_2 线性相关.设 $y=C_1y_1+C_2y_2$,(C_1,C_2 为任意常数)为某二阶微分方程的解,当 y_1,y_2 线性无关时,称 C_1,C_2 相互独立,当 y_1,y_2 线性相关即 $\dfrac{y_1}{y_2}=k$ 时,由于

$$y=C_1y_1+C_2y_2=C_1(ky_2)+C_2y_2=(C_1k+C_2)y_2=C\cdot y_2,$$

解中的两个任意常数 C_1 与 C_2 最终被合并为一个任意常数 $C=C_1k+C_2$,这时我们称 C_1 与 C_2 不是相互独立的.

5. 初始条件

用未知函数及其各阶导数在某个特定点的值作为确定通解中任意常数的条件,称为**初始条件**.

【名师解析】

一般微分方程中初始条件的个数与任意常数的个数相同,也就与方程的阶数相同.

二、一阶微分方程

1. 可分离变量的微分方程

形如　$\dfrac{\mathrm{d}y}{\mathrm{d}x}=f(x)g(y)$ 或 $M_1(x)N_1(y)\mathrm{d}y+M_2(x)N_2(y)\mathrm{d}x=0$.

特点　方程经过适当变形,可以将含有同一变量的函数和微分分离到等式的同一端.

解法　第一步分离变量.第二步两端积分.

变形为　$\displaystyle\int\frac{1}{g(y)}\mathrm{d}y=\int f(x)\mathrm{d}x$ 或 $\displaystyle\int\frac{N_1(y)}{N_2(y)}\mathrm{d}y=-\int\frac{M_2(x)}{M_1(x)}\mathrm{d}x$.

【名师解析】

对于可分离变量的微分方程,分离变量后,两端同时积分,设 $G(y),F(x)$ 分别是 $\dfrac{1}{g(y)}$,$f(x)$ 的一个原函数,在这里我们一般取最简的那个原函数,且把左右两端求不定积分产生的任意常数进行合并,只写在右端,于是可得原方程的通解为 $G(y)=F(x)+C$,(C 为任意常数).

2. 一阶线性微分方程

形如　$y'+P(x)y=Q(x)$

如果 $Q(x)\neq 0$,则方程为**一阶线性非齐次微分方程**;

如果 $Q(x)\equiv 0$,则方程为**一阶线性齐次微分方程**.

解法 一阶线性齐次微分方程可化为可分离变量的微分方程,因此按照可分离变量微分方程求解即可.

一阶线性非齐次微分方程的求解,有常数变易法和公式法两种,我们一般选用公式法比较简单.一阶线性非齐次方程的通解公式 $y = e^{-\int P(x)dx}\left[\int Q(x)e^{\int P(x)dx} dx + C\right]$.

【名师解析】

一阶线性齐次微分方程其实是特殊的可分离变量的微分方程,所以可以用分离变量的方法求解,也可以用通解公式 $y = Ce^{-\int P(x)dx}$ 求通解.无论是一阶线性齐次还是非齐次微分方程,在使用通解公式时,标准形式中 y' 的系数必须为1,自由项 $Q(x)$ 必须放在方程的右端.

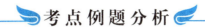

考点例题分析

考点一 可分离变量的微分方程

【考点分析】

可分离变量的微分方程在专升本考试中比较频繁地出现.遇到一阶微分方程时,首先观察能否对方程变形后将含有同一变量的函数和微分分离到方程的同一端,如果能够分离变量,分离变量后再对方程两边同时积分,便可进一步求出通解.

例1 求微分方程 $x\,dy + 2y\,dx = 0$ 满足条件 $y\big|_{x=2} = 1$ 的特解.

解 分离变量得 $\dfrac{dy}{y} = -\dfrac{2dx}{x}$,两边积分得 $\int \dfrac{1}{y} dy = \int -\dfrac{2}{x} dx$,

即 $\ln|y| = -\ln x^2 + \ln|C|$,化简得 $\ln|y| = \ln\left|\dfrac{C}{x^2}\right|$,

解得原方程的通解为 $y = \dfrac{C}{x^2}$,代入初始条件 $y\big|_{x=2} = 1$,解得 $C = 4$.

故原方程的特解为 $yx^2 = 4$.

【名师点评】

当方程两边的原函数都是对数函数时,任意常数 C 常用 $\ln C$ 的形式代替,这样方便化简出更为简单的通解形式.另外,原函数如果出现对数函数,绝对值符号可以省略.

上题中我们求通解时可以这样处理:分离变量得 $\dfrac{dy}{y} = -\dfrac{2dx}{x}$,两边积分得 $\int \dfrac{1}{y} dy = \int -\dfrac{2}{x} dx$,即 $\ln y = -\ln x^2 + \ln C$,

解得原方程的通解为 $y = \dfrac{C}{x^2}$.

例2 求微分方程 $xy' - y\ln y = 0$ 的通解.

解 分离变量得 $\dfrac{dy}{y\ln y} = \dfrac{dx}{x}$,两边积分得 $\int \dfrac{dy}{y\ln y} = \int \dfrac{dx}{x}$,即 $\ln(\ln y) = \ln x + \ln C$;化简得

$\ln(\ln y) = \ln Cx$,

故原方程的通解为 $\ln y = Cx$,即 $y = e^{Cx}$.

视频讲解
(扫码 关注)

【名师点评】

在将可分离变量的微分方程进行分离变量时,我们习惯将含 y 的函数和微分分离到方程的左端,而含 x 的分离到右端,任意常数 C 出现在方程的右端.这样方程两端求解不定积分,解出原函数后,整理出来的通解形式多为 $y = f(x)$ 的形式,比较符合我们函数表示的一般习惯,当然,除了显函数以外,隐函数也可以作为方程的通解.

例3 求微分方程 $e^{x+y} dx + dy = 0$ 的通解.

解 分离变量得 $-e^{-y} dy = e^x dx$,两边积分得 $-\int e^{-y} dy = \int e^x dx$,即 $e^{-y} = e^x + C$.

故原方程的通解为 $e^{-y} = e^x + C$.

【名师点评】

该题中我们首先应该注意到 $e^{x+y} = e^x \cdot e^y$,然后再分离变量后两端积分即可.

例 4 求微分方程 $\dfrac{\mathrm{d}y}{\mathrm{d}x} = 1 + x + y^2 + xy^2$ 的通解.

解 该方程可变形为 $\dfrac{\mathrm{d}y}{\mathrm{d}x} = (1+x)(1+y^2)$, 分离变量得 $\dfrac{1}{1+y^2}\mathrm{d}y = (1+x)\mathrm{d}x$,

两边积分得 $\displaystyle\int \dfrac{1}{1+y^2}\mathrm{d}y = \int (1+x)\mathrm{d}x$, 即 $\dfrac{1}{1+y^2}\mathrm{d}y = (1+x)\mathrm{d}x$.

故原方程的通解为 $\arctan y = \dfrac{1}{2}x^2 + x + C$.

【名师点评】

此题求解的关键是将原微分方程右端几个函数之和的形式, 经过两次提取公因式变形成关于不同变量的函数的乘积, 这样才容易进行分离变量, 如果不做任何变形, 此题无法进行分离变量.

例 5 求微分方程 $y^2 \mathrm{d}x + (x+1)\mathrm{d}y = 0$ 满足条件 $y\big|_{x=0} = 1$ 的特解.

解 分离变量得 $-\dfrac{1}{y^2}\mathrm{d}y = \dfrac{1}{1+x}\mathrm{d}x$, 两边积分得 $\dfrac{1}{y} = \ln(1+x) + C$,

即原方程的通解为 $y = \dfrac{1}{\ln(1+x)+C}$; 将 $y\big|_{x=0} = 1$ 代入, 解得 $C = 1$.

故原方程的特解为 $y = \dfrac{1}{\ln(1+x)+1}$.

【名师点评】

该题求解中, 只有一侧的原函数是对数函数, 任意常数可以表示成 C, 也可以表示成 $\ln C$. 对任意常数不同的处理方式, 得出的通解形式不完全一样, 但都是正确的, 是可以互相转化的, 而且不影响特解的求解.

考点 二 一阶线性微分方程

【考点分析】

一阶线性微分方程是专升本考试中很重要的一个知识点, 比较容易掌握, 一般我们用公式法解决. 一阶线性微分方程分为一阶线性齐次微分方程和一阶线性非齐次微分方程, 齐次微分方程其实就是可分离变量的微分方程, 所以我们重要的是记忆非齐次微分方程的通解公式, 需要注意的是使用公式法的前提, 是要将微分方程化为标准形式.

例 6 求微分方程 $y' + xy = xe^{-x^2}$ 的通解.

解 $P(x) = x$, $Q(x) = xe^{-x^2}$, 代入通解公式得

$$y = e^{-\int P(x)\mathrm{d}x}\left[\int Q(x)e^{\int P(x)\mathrm{d}x}\,\mathrm{d}x + C\right] = e^{-\int x\mathrm{d}x}\left(\int xe^{-x^2}e^{\int x\mathrm{d}x}\,\mathrm{d}x + C\right)$$

$$= e^{-\frac{1}{2}x^2}\left(\int xe^{-x^2}e^{\frac{1}{2}x^2}\,\mathrm{d}x + C\right) = e^{-\frac{1}{2}x^2}\left(\int xe^{-\frac{1}{2}x^2}\,\mathrm{d}x + C\right) = e^{-\frac{1}{2}x^2}\left(-e^{-\frac{1}{2}x^2} + C\right).$$

故原方程的通解为 $y = e^{-\frac{1}{2}x^2}\left(-e^{-\frac{1}{2}x^2} + C\right)$.

例 7 求微分方程 $\dfrac{\mathrm{d}y}{\mathrm{d}x} - \dfrac{1}{x}y = x\sin x$ 的通解.

视频讲解
（扫码 关注）

解 $P(x) = -\dfrac{1}{x}$, $Q(x) = x\sin x$, 代入通解公式得

$$y = e^{-\int P(x)\mathrm{d}x}\left[\int Q(x)e^{\int P(x)\mathrm{d}x}\,\mathrm{d}x + C\right] = e^{-\int(-\frac{1}{x})\mathrm{d}x}\left[\int x\sin x\,e^{\int(-\frac{1}{x})\mathrm{d}x}\,\mathrm{d}x + C\right]$$

$$= e^{\ln x}\left[\int x\sin x\,e^{-\ln x}\,\mathrm{d}x + C\right] = x\left(\int x\sin x \cdot \dfrac{1}{x}\,\mathrm{d}x + C\right) = x(-\cos x + C).$$

故原方程的通解为 $y = x(-\cos x + C)$.

【名师点评】

以上两题均符合一阶线性非齐次微分方程的标准形式, $y' + P(x)y = Q(x)$, 对于这种标准形式的题目, 先确定 $P(x)$ 和 $Q(x)$ 的表达式, 然后直接套用公式求通解即可.

例 8 求微分方程 $xy' - y + x\ln x = 0$ 的通解.

解 $P(x) = -\dfrac{1}{x}$, $Q(x) = -\ln x$, 代入通解公式得

$$y = e^{-\int P(x)\mathrm{d}x}\left[\int Q(x)e^{\int P(x)\mathrm{d}x}\,\mathrm{d}x + C\right] = e^{\int \frac{1}{x}\mathrm{d}x}\left(-\int \ln x\, e^{-\int \frac{1}{x}\mathrm{d}x}\,\mathrm{d}x + C\right)$$

$$= e^{\ln x}\left(-\int \ln x \cdot e^{-\ln x}\,\mathrm{d}x + C\right) = x\left(-\int \ln x \cdot \frac{1}{x}\,\mathrm{d}x + C\right) = x\left(-\int \ln x\, \mathrm{d}\ln x + C\right)$$

$$= x\left(-\frac{1}{2}\ln^2 x + C\right).$$

故原方程的通解为 $y = x\left(-\dfrac{1}{2}\ln^2 x + C\right)$.

【名师点评】

此题不符合一阶线性非齐次微分方程的标准形式,所以首先要对方程进行恒等变形,将 y' 的系数转换为1,同时自由项移到方程的右端,变形为 $y' + P(x)y = Q(x)$ 的标准形式,然后再利用公式法求通解.

例9　求微分方程 $y' - \dfrac{1}{x}y = \dfrac{x^2-1}{x}$ 的通解.

解　$P(x) = -\dfrac{1}{x}$, $Q(x) = \dfrac{x^2-1}{x}$,代入通解公式得

$$y = e^{-\int P(x)\mathrm{d}x}\left[\int Q(x)e^{\int P(x)\mathrm{d}x}\,\mathrm{d}x + C\right] = e^{\int \frac{1}{x}\mathrm{d}x}\left[\int \frac{x^2-1}{x}e^{\int(-\frac{1}{x})\mathrm{d}x}\,\mathrm{d}x + C\right]$$

$$= x\left(\int \frac{x^2-1}{x}\cdot\frac{1}{x}\,\mathrm{d}x + C\right) = x\left[\int\left(1-\frac{1}{x^2}\right)\mathrm{d}x + C\right] = x\left(x+\frac{1}{x}+C\right) = x^2+1+Cx.$$

故原方程的通解为 $y = x^2 + 1 + Cx$.

【名师点评】

例7、例8、例9中都用到了两个变形公式 $e^{\ln f(x)} = f(x)$；$e^{k\ln f(x)} = [f(x)]^k$.

例10　求微分方程 $\dfrac{\mathrm{d}y}{\mathrm{d}x} = \dfrac{1}{x+y}$ 的通解.

解　方程两边同取倒数得 $\dfrac{\mathrm{d}x}{\mathrm{d}y} = x+y$,恒等变形为 $\dfrac{\mathrm{d}x}{\mathrm{d}y} - x = y$,该方程中的函数可视为以 y 为自变量,x 为因变量的函数,利用通解公式

$$x = e^{-\int(-1)\mathrm{d}y}\left(\int y e^{\int(-1)\mathrm{d}y}\,\mathrm{d}y + C\right) = e^y\left(\int y e^{-y}\,\mathrm{d}y + C\right) = e^y\left(-\int y\,\mathrm{d}e^{-y} + C\right)$$

$$= e^y\left[-e^{-y}(y+1) + C\right] = Ce^y - (y+1).$$

故原方程的通解为 $x = Ce^y - (y+1)$.

【名师点评】

此方程中的未知函数若按照一般以 x 为自变量、y 为因变量的函数形式求解,是不好解的,因为此时,该方程既不是可分离变量的微分方程,也不是一阶线性非齐次微分方程. 所以我们需要转换一下思路,方程两端同取倒数,将 y 看作未知函数的自变量,x 看作因变量,变形后用一阶线性非齐次微分方程的通解公式求解即可.

例11　求微分方程 $(x^2-1)y' + 2xy - \cos x = 0$ 的通解.

解　原方程可化为 $y' + \dfrac{2x}{x^2-1}y = \dfrac{\cos x}{x^2-1}$,利用通解公式得

$$y = e^{-\int \frac{2x}{x^2-1}\mathrm{d}x}\left(\int \frac{\cos x}{x^2-1}e^{\int \frac{2x}{x^2-1}\mathrm{d}x}\,\mathrm{d}x + C\right) = \frac{1}{x^2-1}\left[\int \frac{\cos x}{x^2-1}(x^2-1)\mathrm{d}x + C\right] = \frac{1}{x^2-1}(\sin x + C).$$

故原方程的通解为 $y = \dfrac{1}{x^2-1}(\sin x + C)$.

【名师点评】

该题求解时,首先需要将题中所给微分方程化用标准形式的一阶线性非齐次微分方程,然后用通解公式来解决,需要注意的是,该题中 $\int \dfrac{2x}{x^2-1}\mathrm{d}x$ 需要使用第一类换元积分法也就是凑微分法求解.

例12　求微分方程 $y' - y\tan x = \sec x$ 满足 $y\big|_{x=0} = 0$ 的特解.

解　$P(x) = -\tan x$, $Q(x) = \sec x$,代入通解公式得

$$y = e^{\int \tan x\,\mathrm{d}x}\left[\int \sec x\, e^{-\int \tan x\,\mathrm{d}x}\,\mathrm{d}x + C\right] = \frac{1}{\cos x}\left(\int \sec x \cos x\,\mathrm{d}x + C\right) = \sec x\,(x+C),$$

将初始条件 $y\big|_{x=0}=0$ 代入通解,解得 $C=0$.

故原方程的特解为 $y=x\sec x$.

【名师点评】

该题中 $\int\tan x\,\mathrm{d}x$ 需要使用第一类换元积分法来求解,也可以将 $\int\tan x\,\mathrm{d}x=-\ln|\cos x|+C$ 当作一个常用的积分公式牢记,在用公式法求解一阶线性非齐次微分方程时,对数函数中真数部分的绝对值可以省略.

例13 求一曲线方程,该方程通过原点,且在点 (x,y) 处的切线斜率等于 $2x+y$.

解 由题意得 $\dfrac{\mathrm{d}y}{\mathrm{d}x}=2x+y,y\big|_{x=0}=0$,即 $\dfrac{\mathrm{d}y}{\mathrm{d}x}-y=2x,y\big|_{x=0}=0$,代入通解公式得

$$y=\mathrm{e}^{\int\mathrm{d}x}\left(\int 2x\mathrm{e}^{-\int\mathrm{d}x}\,\mathrm{d}x+C\right)=\mathrm{e}^{x}\left(\int 2x\mathrm{e}^{-x}\,\mathrm{d}x+C\right)=\mathrm{e}^{x}[-2(x+1)\mathrm{e}^{-x}+C]=-2(x+1)+C\mathrm{e}^{x}.$$

将 $y\big|_{x=0}=0$ 代入通解,解得 $C=2$,所以方程的特解为 $y=-2(x+1)+2\mathrm{e}^{x}$.

故所求曲线方程为 $y=-2(x+1)+2\mathrm{e}^{x}$.

【名师点评】

该题考查了导数的几何意义,切线斜率即为该点处的导数.此类题目需要我们根据已知条件自己建立微分方程,然后求解,从而解决问题.

例14 若 $f(x)$ 为可导函数,则满足方程 $f(x)+2\displaystyle\int_{0}^{x}f(x)\,\mathrm{d}x=x^{2}$ 的解是

视频讲解
(扫码 关注)

$f(x)=$ _____.

A. $C\mathrm{e}^{-2x}+x+\dfrac{1}{2}$ 　　　　　　　　　　B. $\dfrac{1}{2}\mathrm{e}^{-2x}+x-\dfrac{1}{2}$

C. $-\dfrac{1}{2}\mathrm{e}^{-2x}+x+\dfrac{1}{2}$ 　　　　　　　　D. $C\mathrm{e}^{-2x}+x-\dfrac{1}{2}$

解 方程两边求导,得 $f'(x)+2f(x)=2x$,即 $y'+2y=2x$,此为一阶线性非齐次微分方程,且 $P(x)=2$,$Q(x)=2x$,代入通解公式得

$$y=\mathrm{e}^{-\int 2\mathrm{d}x}\left(\int 2x\mathrm{e}^{\int 2\mathrm{d}x}\,\mathrm{d}x+C\right)=\mathrm{e}^{-2x}\left(x\mathrm{e}^{2x}-\dfrac{1}{2}\mathrm{e}^{2x}+C\right)=x-\dfrac{1}{2}+C\mathrm{e}^{-2x}.$$

又因为在原方程中,当 $x=0$ 时,$f(0)=0$,代入上式得 $C=\dfrac{1}{2}$.

即原方程的解为 $y=\dfrac{1}{2}\mathrm{e}^{-2x}+x-\dfrac{1}{2}$.

故应选 B.

【名师点评】

此题给出的方程并不是一个微分方程,不易直接求出 $f(x)$,因此,我们可以通过方程两边同时求导的方法,将原方程变形为微分方程再求解.另外,此题还有一个易错点,很多同学求出通解以后就选择了相应选项,而没有注意到原方程隐藏了一个条件,当积分上限与下限取值相等时,积分值为0,这相当于微分方程满足一个初始条件,因此该题应该求微分方程的特解,而不是通解.

例15 可导函数 $\varphi(x)$ 满足 $\varphi(x)\cos x+2\displaystyle\int_{0}^{x}\varphi(t)\sin t\,\mathrm{d}t=x+1$,求 $\varphi(x)$.

解 方程两边同时对 x 求导得 $\varphi'(x)\cos x-\varphi(x)\sin x+2\varphi(x)\sin x=1$,化简得 $\varphi'(x)+\tan x\varphi(x)=\sec x$,代入通解公式

$$\varphi(x)=\mathrm{e}^{-\int\tan x\,\mathrm{d}x}\left(\int\sec x\mathrm{e}^{\int\tan x\,\mathrm{d}x}\,\mathrm{d}x+C\right)=\cos x\left(\int\sec^{2}x\,\mathrm{d}x+C\right)=\cos x(\tan x+C)=\sin x+C\cos x,$$

当 $x=0$ 时,代入原方程得 $\varphi(0)=1$,此为方程隐藏的初始条件,将其代入通解,求得 $C=1$.故 $\varphi(x)=\cos x+\sin x$.

【名师点评】

上述两例题中,方程中都出现了变上限积分,像此类含变上限积分的方程,一般常用的恒等变形方法就是对方程两边同时求导,这样可以将原方程变形为一阶微分方程,再具体根据微分方程的类型,选择求解方法,注意不要忽略隐藏的初始条件,最终要求出方程的特解.

考点真题解析

考点一　微分方程的基本概念

真题 1 （2021.高数 Ⅰ）以下是二阶微分方程的是 _____.

A. $(y')^2 - 3y = 0$　　　　B. $(y'')^2 + x^2 y' = 0$　　　　C. $yy' + x^2 = 0$　　　　D. $y''' + x^2 y'' = 0$

解　根据定义,微分方程阶是微分方程中所含未知函数的导数的最高阶数,可以看出 B 是二阶的.

故应选 B.

真题 2 （2023.高数 Ⅰ）以下是三阶微分方程的是 _____.

A. $x^2 y'' - xy' + y = 0$　　　　　　　　　　B. $x(y')^3 - 2yy' + x = 0$

C. $y''' - 3y'' = 0$　　　　　　　　　　　　D. $x^2 dy + y^3 dx = 0$

解　三阶微分方程的最高阶数为三阶,但 $(y')^3 \neq y'''$,所以 $x(y')^3 - 2yy' + x = 0$ 是一阶微分方程,不是三阶微分方程,四个选项中三阶微分方程只有 $y''' - 3y'' = 0$.

故应选 C.

真题 3 （2023.高数 Ⅱ）微分方程 $xy''' - x(y')^2 + y^4 = 0$ 的阶数是 _____.

A. 1　　　　　　　　B. 2　　　　　　　　C. 3　　　　　　　　D. 4

解　因为微分方程 $xy''' - x(y')^2 + y^4 = 0$ 中未知函数导数的最高阶数为 3 阶,所以微分方程的阶数为 3.

故应选 C.

真题 4 （2019.理工）下列方程中为一阶线性方程的是 _____.

A. $xy' + y^3 = 3$　　　　　　　　　　　　B. $yy' = 2x$

C. $2ydx + (y^2 + 6x)dy = 0$　　　　　　　D. $(2x - y)dx - (x - 2y)dy = 0$

解　一阶线性微分方程中,"一阶"指未知函数的导数或微分的最高阶数是一阶,"线性"是指未知函数、未知函数的导数的次数都是一次的,且不含二者的乘积项,其标准形式为:$y' + P(x)y = Q(x)$ 或 $x' + P(y)x = Q(y)$.A 选项中含 y^3,不是线性;B 选项中含 yy',不是线性;C 选项可以化为 $\dfrac{dx}{dy} - \dfrac{3}{y}x = -\dfrac{y}{2}$,可以看作未知函数为 $x = g(y)$ 的一阶线性微分方程;D 选项无法化为一阶线性微分方程的标准形式,所以也不是一阶线性微分方程.

故应选 C.

真题 5 （2018.理工）下列方程中为一阶线性方程的是 _____.

A. $yy' + y = x^2$　　　B. $y' + y^2 = \cos x$　　　C. $xy' + y = \sin x$　　　D. $(y')^2 - xy = 1$

解　一阶线性微分方程中,"一阶"指未知函数的导数或微分的最高阶数是一阶,"线性"是指 y, y' 的次数都是一次的,且不含 yy' 乘积项,满足条件的只有 C 选项.

故应选 C.

【名师点评】

以上两题均考查一阶线性微分方程的相关概念,注意方程阶数和次数的区别,理解"线性"的要求.

考点二　可分离变量的微分方程

真题 6 （2024.高数 Ⅰ）求微分方程 $xdy - (1 + y^2)\ln x dx = 0$ 的通解.

解　对方程分离变量得:$\dfrac{1}{1 + y^2}dy = \dfrac{\ln x}{x}dx$,两边同取不定积分:$\displaystyle\int \dfrac{1}{1 + y^2}dy = \int \dfrac{\ln x}{x}dx$,解得:$\arctan y = \dfrac{1}{2}\ln^2 x + C$,

即通解为 $y = \tan\left(\dfrac{1}{2}\ln^2 x + C\right)$.

真题 7 （2022.高数 Ⅰ）求微分方程 $2\sqrt{x}\, y' = y^2 + 1$ 的通解.

解 分离变量得 $\dfrac{1}{y^2+1}dy=\dfrac{1}{2\sqrt{x}}dx$,两边同时积分得 $\displaystyle\int\dfrac{1}{y^2+1}dy=\int\dfrac{1}{2\sqrt{x}}dx$,

得通解为 $\arctan y=\sqrt{x}+C$

【名师点评】

该题分离变量,两端同时积分即可.

真题8 (2019.理工,2017.电气)求微分方程 $\dfrac{dy}{dx}=2xy$ 的通解.

解 分离变量得 $\dfrac{1}{y}dy=2xdx$,两端积分得 $\ln y=x^2+\ln C$,即 $y=Ce^{x^2}$.

故原方程的通解为 $y=Ce^{x^2}$.

【名师点评】

该题中两端同时积分时方程左边原函数是对数函数,可以将右侧的任意常数 C 用 $\ln C$ 的形式代替,绝对值符号可以省略. 对于可分离变量的微分方程,当方程两边同时积分求出原函数后,如果方程有一端出现对数函数,或者两端都出现对数函数,此时方程右端的任意常数 C 可以用 $\ln C$ 表示,方程中同底的对数之和或者对数之差可合并,这样方便将通解化成最简洁的形式;如果方程两边积分后,没有对数函数出现,没有必要写成 $\ln C$.

真题9 (2017.机械)微分方程 $\dfrac{dy}{dx}=y\cos x$ 的通解为 _____.

解 分离变量得 $\dfrac{dy}{y}=\cos x\,dx$,两边同时积分得 $\ln y=\sin x+\ln C$,即 $y=Ce^{\sin x}$.

故应填 $y=Ce^{\sin x}$.

【名师点评】

该题中方程左边的原函数是对数函数,与上面例题类似,我们仍可以用 $\ln C$ 的形式表示任意常数,当然,右端任意常数也可以写成 C,比如,两端积分后,得 $\ln y=\sin x+C_1$,则 $y=e^{\sin x+C_1}=e^{\sin x}\cdot e^{C_1}=Ce^{\sin x}$,由此可见,两种对任意常数的处理方法实际是等效的,通解是可以互相转化的.

真题10 (2017.交通)微分方程 $\dfrac{dy}{dx}=-\dfrac{x}{y}$ 的通解为 _____.

视频讲解
(扫码 关注)

解 分离变量得 $ydy=-xdx$,两边同时积分 $\displaystyle\int ydy=-\int xdx$,解得 $\dfrac{y^2}{2}=-\dfrac{x^2}{2}+C_1$,

令 $2C_1=C$,因此解得通解为 $x^2+y^2=C$.

故应填 $x^2+y^2=C$.

【名师点评】

该题中两端同时积分后为了化简出更为简单的通解形式,我们取 $2C_1=C$. 一般通解的最简形式中出现 C,之前化简过程中和 C 相关的任意常数可以记为 C_1.

真题11 (2019.公共)已知函数 $y=y(x)$ 在任意点处的增量 $\Delta y=\dfrac{y\Delta x}{1+x^2}+\alpha$,且当 $\Delta x\to 0$ 时,α 为 Δx 的高阶无穷小,若 $y(0)=\pi$,则 $y(1)=$ _____.

解 因为 $\Delta y=y'\Delta x+\alpha$,所以由已知得 $\dfrac{dy}{dx}=\dfrac{y}{1+x^2}$,此为一阶可分离变量的微分方程. 分离变量 $\dfrac{dy}{y}=\dfrac{dx}{1+x^2}$,两边积分 $\displaystyle\int\dfrac{dy}{y}=\int\dfrac{dx}{1+x^2}$,解得 $y=Ce^{\arctan x}$,代入初始条件 $y(0)=\pi$,解得 $C=\pi$. 所以原方程满足初始条件的特解为 $y=\pi e^{\arctan x}$,$y(1)=\pi e^{\frac{\pi}{4}}$.

故应填 $\pi e^{\frac{\pi}{4}}$.

【名师点评】

此题是第二章"导数与微分"与第六章"常微分方程"两章知识的综合题,形式新颖,有一定难度,求解此题需要考生对学过的知识灵活运用. 题目本身并没有出现微分方程,但通过函数的增量与函数的微分以及函数的导数之间的关系,我们可以写出函数导数的表达式,从而将其视为一阶微分方程去求解未知函数,再通过初始条件确定方程的特解,最终代值求出 $y(1)$.

考点 三 一阶线性微分方程

真题 12 （2024. 高数Ⅱ）求微分方程 $(1+x^3)y' + 3x^2y - \ln x = 0$ 的通解.

解 方程化为 $y' + \dfrac{3x^2}{1+x^3}y = \dfrac{\ln x}{1+x^3}$，令 $P(x) = \dfrac{3x^2}{1+x^3}$，$Q(x) = \dfrac{\ln x}{1+x^3}$，

则该微分方程的通解为

$$y = e^{-\int P(x)dx}\left(\int Q(x)e^{\int P(x)dx}dx + C\right) = e^{-\int \frac{3x^2}{1+x^3}dx}\left(\int \frac{\ln x}{1+x^3}e^{\int \frac{3x^2}{1+x^3}dx}dx + C\right)$$

$$= e^{-\ln(1+x^3)}\left(\int \frac{\ln x}{1+x^3}e^{\ln(1+x^3)}dx + C\right) = \frac{1}{1+x^3}\left(\int \ln x\,dx + C\right) = \frac{x\ln x - x + C}{1+x^3}.$$

【名师点评】

以上方程需要先化成标准型，可以看出为一阶线性非齐次微分方程，使用通解公式即可.

真题 13 （2020. 高数Ⅰ）求微分方程 $y' + y = e^x + x$ 的通解.

解 $P(x) = 1, Q(x) = e^x + x$，由一阶线性微分方程通解公式得

$$y = e^{-\int P(x)dx}\left(\int Q(x)e^{\int P(x)dx}dx + C\right) = e^{-x}\left(\int (e^x + x)e^{\int dx}dx + C\right) = e^{-x}\left(\int (e^x + x)e^x\,dx + C\right)$$

$$= e^{-x}\left(\frac{1}{2}e^{2x} + xe^x - e^x + C\right) = \frac{1}{2}e^x + x - 1 + Ce^{-x}.$$

真题 14 （2016. 土木工程）求微分方程 $\dfrac{dy}{dx} + 3y = e^{2x}$ 的通解.

解 该方程为一阶线性微分方程，利用通解公式

$$y = e^{-\int P(x)dx}\left[\int Q(x)e^{\int P(x)dx}dx + C\right] = e^{-\int 3dx}\left(C + \int e^{2x}e^{\int 3dx}dx\right) = Ce^{-3x} + e^{-3x}\int e^{5x}dx = Ce^{-3x} + \frac{1}{5}e^{2x}.$$

故原方程的通解为 $y = Ce^{-3x} + \dfrac{1}{5}e^{2x}$.

【名师点评】

以上两题方程为一阶线性非齐次微分方程，且已经是标准形式，直接使用通解公式即可.

真题 15 （2014. 经管类）微分方程 $y' + y = xe^{-x}$ 满足初始条件 $y(0) = 2$ 的特解为 _____ .

解 该方程为一阶线性微分方程，利用通解公式

$$y = e^{-x}\left(\int xe^{-x}e^x\,dx + C\right) = e^{-x}\left(\frac{x^2}{2} + C\right)，将 y(0) = 2 代入通解，解得 C = 2.$$

故原方程满足该初始条件的特解应填 $y = e^{-x}\left(\dfrac{x^2}{2} + 2\right)$.

故应填 $y = e^{-x}\left(\dfrac{x^2}{2} + 2\right)$.

【名师点评】

该题中方程为一阶线性非齐次微分方程，且已经是标准形式，可以直接使用通解公式

$y = e^{-\int P(x)dx}\left[\int Q(x)e^{\int P(x)dx}dx + C\right]$ 求出通解，然后利用题中所给初始条件，求出特解.

真题 16 （2015. 机械）微分方程 $y' - y\tan x - \sec x = 0$ 的通解为 _____ .

解 原方程可变形为 $y' - y\tan x = \sec x$，则 $P(x) = -\tan x$，$Q(x) = \sec x$.

由一阶线性微分方程的通解公式得

$$y = e^{-\int P(x)dx}\left(\int \sec x \cdot e^{\int Q(x)dx}dx + C\right) = e^{\int \tan x\,dx}\left(\int \sec x \cdot e^{-\int \tan x\,dx}dx + C\right)$$

$$= e^{-\ln\cos x}\left(\int \sec x \cdot e^{\ln\cos x}dx + C\right) = \sec x\left(\int \sec x \cdot \cos x\,dx + C\right) = \sec x(x + C).$$

【名师点评】

该题中方程为一阶线性非齐次微分方程，首先将自由项放在方程的右端，转换为标准形式，使用通解公式

$$y = \mathrm{e}^{-\int P(x)\mathrm{d}x}\left[\int Q(x)\mathrm{e}^{\int P(x)\mathrm{d}x}\,\mathrm{d}x + C\right]$$ 求出通解.

真题 17 (2018.公共) 微分方程 $x\ln x\,\mathrm{d}y + (y - \ln x)\mathrm{d}x = 0$ 满足 $y\big|_{x=\mathrm{e}} = 1$ 的特解为 _____.

A. $\dfrac{1}{2}\left(\ln x + \dfrac{1}{\ln x}\right)$ B. $\dfrac{1}{2}\left(x + \dfrac{1}{\ln x}\right)$ C. $\dfrac{1}{2}\left(\ln x + \dfrac{1}{x}\right)$ D. $\dfrac{1}{2}\left(x + \dfrac{1}{x}\right)$

解 方程恒等变形为 $y' + \dfrac{1}{x\ln x}y = \dfrac{1}{x}$,此为一阶线性非齐次方程. 由通解公式可得

$$y = \mathrm{e}^{-\int \frac{1}{x\ln x}\mathrm{d}x}\left(\int \dfrac{1}{x}\cdot \mathrm{e}^{\int \frac{1}{x\ln x}\mathrm{d}x}\,\mathrm{d}x + C\right) = \dfrac{1}{\ln x}\left(\int \dfrac{1}{x}\cdot \ln x\,\mathrm{d}x + C\right) = \dfrac{1}{\ln x}\left(\dfrac{1}{2}\ln^2 x + C\right),$$

代入初始条件 $y\big|_{x=\mathrm{e}} = 1$,解得 $C = \dfrac{1}{2}$,从而可得特解为 $y = \dfrac{1}{2}\left(\ln x + \dfrac{1}{\ln x}\right)$.

故应选 A.

【名师点评】

先将题中所给方程转换为一阶线性非齐次微分方程的标准形式,再用通解公式 $y = \mathrm{e}^{-\int P(x)\mathrm{d}x}\left[\int Q(x)\mathrm{e}^{\int P(x)\mathrm{d}x}\,\mathrm{d}x + C\right]$

求出通解,注意题中遇到积分 $\int \dfrac{1}{x}\cdot \ln x\,\mathrm{d}x$,可用第一类换元积分法解决.

真题 18 (2023.高数 Ⅰ) 求微分方程 $x^2 y' + xy = x^2 + \ln x$ 满足初始条件 $y\big|_{x=1} = \dfrac{1}{2}$ 的特解.

解 方程化为 $y' + \dfrac{1}{x}y = 1 + \dfrac{\ln x}{x^2}$,代入通解公式

$$y = \mathrm{e}^{-\int \frac{1}{x}\mathrm{d}x}\left[\int \left(1 + \dfrac{\ln x}{x^2}\right)\mathrm{e}^{\int \frac{1}{x}\mathrm{d}x}\,\mathrm{d}x + C\right] = \dfrac{1}{x}\left(\dfrac{1}{2}x^2 + \dfrac{1}{2}\ln^2 x + C\right).$$

由 $y\big|_{x=1} = \dfrac{1}{2}$,得 $C = 0$,所以原方程的特解为:$y = \dfrac{1}{2}x + \dfrac{1}{2x}\ln^2 x$.

【名师点评】

首先将题中所给方程转换为一阶线性非齐次微分方程的标准形式,使用通解公式 $y = \mathrm{e}^{-\int P(x)\mathrm{d}x}\left[\int Q(x)\mathrm{e}^{\int P(x)\mathrm{d}x}\,\mathrm{d}x + C\right]$

求出通解,注意题中遇到积分 $\int \dfrac{1}{x}\cdot \ln x\,\mathrm{d}x$,用第一类换元积分法解决.

真题 19 (2017.公共) 微分方程 $xy' + y = \dfrac{1}{1+x^2}$ 满足 $y\big|_{x=\sqrt{3}} = \dfrac{\sqrt{3}}{9}\pi$ 的解在 $x = 1$ 处

的值为 _____.

视频讲解
(扫码 关注)

A. $\dfrac{\pi}{4}$ B. $\dfrac{\pi}{3}$

C. $\dfrac{\pi}{2}$ D. π

解 方程恒等变形为 $y' + \dfrac{1}{x}y = \dfrac{1}{x(1+x^2)}$,此为一阶线性非齐次方程. 由通解公式可得

$$y = \mathrm{e}^{-\int \frac{1}{x}\mathrm{d}x}\left[\int \dfrac{1}{x(1+x^2)}\cdot \mathrm{e}^{\int \frac{1}{x}\mathrm{d}x}\,\mathrm{d}x + C\right] = \dfrac{1}{x}\left[\int \dfrac{1}{x(1+x^2)}\cdot x\,\mathrm{d}x + C\right] = \dfrac{1}{x}\left(\int \dfrac{1}{1+x^2}\mathrm{d}x + C\right)$$

$$= \dfrac{1}{x}(\arctan x + C),\text{代入初始条件 } y\big|_{x=\sqrt{3}} = \dfrac{\sqrt{3}}{9}\pi,\text{解得 } C = 0,$$

从而可得 $y\big|_{x=1} = \arctan 1 = \dfrac{\pi}{4}$.

故应选 A.

【名师点评】

该题步骤比较繁琐,首先将题中所给方程转换为一阶线性非齐次微分方程的标准形式,再使用通解公式

$$y = \mathrm{e}^{-\int P(x)\mathrm{d}x}\left[\int Q(x)\mathrm{e}^{\int P(x)\mathrm{d}x}\,\mathrm{d}x + C\right]$$ 求出通解,然后根据初始条件求出特解,最后再求特解在指定点处的函数值.

✧ 考点方法综述

序号	本单元考点与方法总结
1	微分方程的基本概念的考查,主要考查对微分方程的"阶数、线性"等基本概念的判定.
2	可分离变量的微分方程的求解,主要通过两步完成,首先分离变量,然后两端同时积分.注意遇到积分后出现对数函数时对真数部分的绝对值符号和方程中任意常数的处理方法.
3	一阶线性非齐次微分方程主要有常数变易法和公式法两种求通解的方法,我们一般采用公式法,在使用公式法时,注意先将方程转换为标准形式.

第二单元 二阶线性微分方程

✧ 考纲内容解读

新大纲基本要求	新大纲名师解读
1.理解二阶线性微分方程解的结构. 2.掌握二阶常系数齐次线性微分方程的解法.	本单元主要考查二阶常系数齐次线性微分方程的求解,重点掌握求解此类方程的特征根法,能够根据三种不同的特征根,利用该类方程通解公式写出对应的通解.

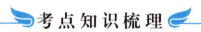

考点知识梳理

二阶常系数线性微分方程:形如 $y'' + py' + qy = f(x)$(其中 p , q 是常数)

如果 $f(x) \neq 0$,则方程为**二阶常系数非齐次线性微分方程**;

如果 $f(x) \equiv 0$,则方程为对应的**二阶常系数齐次线性微分方程**.

一、解的结构

定理 1 如果函数 $y_1(x)$ 与 $y_2(x)$ 是二阶齐次线性微分方程的两个解,则 $y = C_1 y_1(x) + C_2 y_2(x)$ 也是该方程的**解**.

定理 2 若 $y_1(x)$ 与 $y_2(x)$ 是二阶齐次线性微分方程的两个解,且 $\dfrac{y_1(x)}{y_2(x)} \neq k$(常数),则 $y = C_1 y_1(x) + C_2 y_2(x)$ 是该方程的**通解**.

【名师解析】

(1) 若 $y_1(x)$ 与 $y_2(x)$ 是二阶齐次线性微分方程的两个解,且 $\dfrac{y_1(x)}{y_2(x)} \neq k$,则称 $y_1(x)$ 与 $y_2(x)$ 是微分方程的两个线性无关的解.

(2) 二阶齐次线性微分方程的解符合叠加原理,但叠加解不一定是方程的通解,只有线性无关的叠加解才是方程的通解.

＊定理 3 设 $y^*(x)$ 是二阶非齐次线性微分方程的一个特解,$y_c(x)$ 是对应齐次方程的通解,则 $y = y_c(x) + y^*(x)$ 是二阶非齐次线性方程的通解.

【名师解析】

二阶常系数非齐次线性微分方程的通解为其所对应的齐次微分方程的通解加上非齐次微分方程的某一特解.

二、二阶常系数线性微分方程求解方法

1. 求二阶常系数齐次线性方程通解的特征根法

求二阶常系数齐次线性微分方程的通解的步骤为:

(1) 写出微分方程的特征方程 $r^2 + pr + q = 0$;

(2) 求出特征根;

(3) 根据特征根的情况,按下表写出方程的通解.

特征方程的根 r_1, r_2	方程 $y'' + py' + qy = 0$ 的通解
两个不相等的实根 r_1, r_2	$y = C_1 e^{r_1 x} + C_2 e^{r_2 x}$
两个相等的实根 $r_1 = r_2 = r$	$y = C_1 e^{rx} + C_2 x e^{rx} = (C_1 + C_2 x) e^{rx}$
一对共轭虚根 $r = \alpha \pm i\beta$	$y = e^{\alpha x}(C_1 \cos\beta x + C_2 \sin\beta x)$

【名师解析】

求二阶常系数齐次线性微分方程通解时用特征根法,首先写出该微分方程所对应的特征方程,此处注意 y'', y', y 分别对应 r^2, r, 1. 特征方程为一元二次方程,根据其根的三种情况写出对应的微分方程的通解.

*2. 求常系数非齐次线性微分方程的特解的待定系数法(考纲之外补充内容)

对于 $f(x) = P_m(x)e^{\lambda x}$ 型,其微分方程具有形如 $y^* = x^k Q_m(x) e^{\lambda x}$ 的特解.

其中 $Q_m(x)$ 是与 $P_m(x)$ 同次(m 次)的多项式;$k = \begin{cases} 0, & \lambda \text{ 不是特征根}, \\ 1, & \lambda \text{ 是特征单根}, \\ 2, & \lambda \text{ 是特征重根}. \end{cases}$

(例如,$Q(x)$ 若为二次多项式,可设 $Q(x) = ax^2 + bx + c, a, b, c$ 为待定系数).

对于 $f(x) = Ae^{\lambda x}\cos\omega x$ 或 $f(x) = Ae^{\lambda x}\sin\omega x$ 型,微分方程有形如

$y^* = x^k e^{\lambda x}(a\cos\omega x + b\sin\omega x)$ 的特解,其中 $k = \begin{cases} 0, & \lambda \pm \omega i \text{ 不是特征根}, \\ 1, & \lambda \pm \omega i \text{ 是特征根}. \end{cases}$

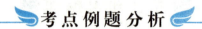

考点例题分析

考点 一 二阶常系数齐次线性微分方程

【考点分析】

二阶常系数齐次线性微分方程是考试中出现频率比较高的一类题目,对这种方程,我们采用特征根法来解决,首先写出其对应的特征方程,为一元二次方程,求出特征根,再利用公式写出相应的通解即可.

例 16 验证 $y_1 = \cos x$, $y_2 = \sin x$ 是方程 $y'' + y = 0$ 的线性无关的解,并写出其通解.

解 因为 $y''_1 + y_1 = -\cos x + \cos x = 0$, $y''_2 + y_2 = -\sin x + \sin x = 0$,

所以 $y_1 = \cos x$ 与 $y_2 = \sin x$ 都是方程的解.

又因为 $\dfrac{\cos x}{\sin x} = \cot x$ 不恒为常数,因此 $y_1 = \cos x$ 与 $y_2 = \sin x$ 是方程的线性无关的解.

且方程的通解为 $y_1 = C_1 \cos x + C_2 \sin x$.

【名师点评】

该题中注意"验证 $y_1 = \cos x$, $y_2 = \sin x$ 是方程 $y'' + y = 0$ 的线性无关的解",此处要分别验证"解"与"线性无关".

若 $y_1(x)$ 与 $y_2(x)$ 是二阶常系数线性齐次微分方程的两个解,且 $\dfrac{y_1(x)}{y_2(x)} \neq k$(常数),则 $y = C_1 y_1(x) + C_2 y_2(x)$ 是该方程的通解.

例 17 求下列微分方程的通解:(1) $y'' + y' - 2y = 0$; (2) $y'' - 4y' + 4y = 0$; (3) $y'' + 6y' + 13y = 0$.

解 (1) 原方程的特征方程为 $r^2 + r - 2 = 0$,解得特征根为 $r_1 = 1$, $r_2 = -2$.

故原方程的通解为 $y = C_1 \mathrm{e}^x + C_2 \mathrm{e}^{-2x}$.

(2) 原方程的特征方程为 $r^2 - 4r + 4 = 0$,解得特征根为 $r_1 = r_2 = 2$.

故原方程的通解为 $y = (C_1 + C_2 x)\mathrm{e}^{2x}$.

(3) 原方程的特征方程为 $r^2 + 6r + 13 = 0$,配方得 $(r+3)^2 + 4 = 0$,即 $(r+3)^2 = -4$,解得 $r_{1,2} = -3 \pm 2\mathrm{i}$.

故原方程的通解为 $y = \mathrm{e}^{-3x}(C_1 \cos 2x + C_2 \sin 2x)$.

【名师点评】

该题中三个题目分别为特征根的三种情况:有互异的两实根、有二重根、有一对共轭复根.根据三种情况,写出其通解即可.

例 18　求微分方程 $y'' - 4y' - 5y = 0$ 满足初始条件 $y(0) = 3, y'(0) = 9$ 的特解.

解　原方程的特征方程为 $r^2 - 4r - 5 = 0$,解得特征根为 $r_1 = -1, r_2 = 5$,原方程的通解为 $y = C_1 \mathrm{e}^{-x} + C_2 \mathrm{e}^{5x}$ ①,

则 $y' = -C_1 \mathrm{e}^{-x} + 5C_2 \mathrm{e}^{5x}$ ②,将初始条件 $y(0) = 3, y'(0) = 9$ 分别代入到①②,解得 $C_1 = 1, C_2 = 2$.

故原方程的特解为 $y = \mathrm{e}^{-x} + 2\mathrm{e}^{5x}$.

【名师点评】

该题首先根据特征根法求出其通解,然后根据初始条件求特解,要注意通解中有两个相互独立的任意常数,要根据两个初始条件列出方程组求出.

例 19　通解为 $y = (C_1 + C_2 x)\mathrm{e}^{-2x}$ 的二阶线性常系数齐次微分方程是 _____.

解　由通解形式可得特征方程的特征根为 $r_1 = r_2 = -2$,因此特征方程为 $(r+2)^2 = 0$,即 $r^2 + 4r + 4 = 0$,故所求微分方程为 $y'' + 4y' + 4y = 0$.

故应填 $y'' + 4y' + 4y = 0$.

【名师点评】

根据通解分析得出,该通解所对应的特征根为二重根,写出特征根对应的特征方程,再对应写出微分方程.

例 20　求微分方程 $y'' - 2y' + 5y = 0$ 的通解.

解　特征方程为 $r^2 - 2r + 5 = 0$,可化为 $(r-1)^2 = -4$,特征方程有两个共轭复根 $r_{1,2} = 1 \pm 2\mathrm{i}$.

故原方程的通解为 $y = \mathrm{e}^x(C_1 \cos 2x + C_2 \sin 2x)$.

视频讲解
(扫码关注)

【名师点评】

该题属于微分方程的特征方程有一对共轭复根的情况,根据通解公式可得到通解.

考点二　* 二阶常系数非齐次线性微分方程

【考点分析】

二阶常系数非齐次线性微分方程在考试中出现的较少,对这种方程,我们首先注意其解的结构为对应齐次的通解加其某一特解,首先利用特征根法求出齐次的通解,再根据自由项的几种形式求出特解,最终写出非齐次的通解.

例 21　求微分方程 $y'' - 2y' - 3y = 3x + 1$ 的特解.

解　原方程对应的齐次方程的特征方程为 $r^2 - 2r - 3 = 0$,则特征根 $r_1 = -1, r_2 = 3$;设该方程的特解为 $y^* = x^k(ax + b)\mathrm{e}^{\lambda x}$,因为 $\lambda = 0$ 不是特征根,所以 $k = 0$,则特解可简化为 $y^* = ax + b$,将特解代入原方程,得 $-2a - 3ax - 3b = 3x + 1$,比较两端 x 同次幂的系数,得 $a = -1, b = \dfrac{1}{3}$.

故原方程的一个特解为 $y = -x + \dfrac{1}{3}$.

例 22　求微分方程 $y'' - 4y' + 3y = 2\mathrm{e}^{2x}$ 的通解.

解　该方程的特征方程为 $r^2 - 4r + 3 = 0$,其特征根为 $r_1 = 1, r_2 = 3$,因此对应齐次方程的通解为 $y_c = C_1 \mathrm{e}^x + C_2 \mathrm{e}^{3x}$,因为 $\lambda = 2$ 不是特征根,设原方程的特解为 $y^* = a\mathrm{e}^{2x}$,则 $y^{*\prime} = 2a\mathrm{e}^{2x}$,将 $y, y^{*\prime}$ 代入原方程得 $4a\mathrm{e}^{2x} - 8a\mathrm{e}^{2x} + 3a\mathrm{e}^{2x} = 2\mathrm{e}^{2x}$,比较方程两端的系数,可得 $a = -2$,即 $y^* = -2\mathrm{e}^{2x}$.

故原方程的通解为 $y = y_c + y^* = C_1 \mathrm{e}^x + C_2 \mathrm{e}^{3x} - 2\mathrm{e}^{2x}$.

【名师点评】

对于 $f(x) = P_m(x)\mathrm{e}^{\lambda x}$ 型,其微分方程具有形如 $y^* = x^k Q_m(x)\mathrm{e}^{\lambda x}$ 的特解.

其中 $Q_m(x)$ 是与 $P_m(x)$ 同次（m 次）的多项式；$k = \begin{cases} 0, & \lambda \text{ 不是特征根}, \\ 1, & \lambda \text{ 是特征单根}, \\ 2, & \lambda \text{ 是特征重根}. \end{cases}$

例 23 求微分方程 $y'' + y = \sin 2x$ 的通解.

解 原方程的特征方程为 $r^2 + 1 = 0$，其特征根为 $r_{1,2} = \pm i$；所以对应齐次方程的通解为 $y_c = C_1\cos x + C_2\sin x$，因为 $\pm 2i$ 不是特征根，所以 $k = 0$；设原方程的特解为 $y^* = a\cos 2x + b\sin 2x$，则 $(y^*)' = -2a\sin 2x + 2b\cos 2x$，$(y^*)'' = -4a\cos 2x - 4b\sin 2x$.

代入原方程比较方程两端的系数得 $a = 0, b = -\dfrac{1}{3}$，所以原方程的通解为

$$y = y_c + y^* = C_1\cos x + C_2\sin x - \frac{1}{3}\sin 2x.$$

【名师点评】

对于 $f(x) = A\mathrm{e}^{\lambda x}\cos\omega x$ 或 $f(x) = A\mathrm{e}^{\lambda x}\sin\omega x$ 型，微分方程有形如

$y^* = x^k\mathrm{e}^{\lambda x}(a\cos\omega x + b\sin\omega x)$ 的特解，其中 $k = \begin{cases} 0, & \lambda \pm \omega i \text{ 不是特征根}, \\ 1, & \lambda \pm \omega i \text{ 是特征根}. \end{cases}$

考点真题解析

考点一 二阶常系数线性微分方程

真题 20 **(2020. 高数 I)** 微分方程 $y'' + 7y' - 8y = 0$ 的通解为 _____.

A. $y = C_1\mathrm{e}^{-x} + C_2\mathrm{e}^{8x}$ B. $y = C_1\mathrm{e}^{-x} + C_2\mathrm{e}^{-8x}$ C. $y = C_1\mathrm{e}^{x} + C_2\mathrm{e}^{8x}$ D. $y = C_1\mathrm{e}^{x} + C_2\mathrm{e}^{-8x}$

解 微分方程的特征方程为 $r^2 + 7r - 8 = 0$，解得特征根为：$r_1 = 1$，$r_2 = -8$，所以原方程的通解为 $y = C_1\mathrm{e}^{x} + C_2\mathrm{e}^{-8x}$.

故应选 D.

【名师点评】

该题中，微分方程的特征方程有互异的两实根，根据通解公式可得到通解. 写特征方程时注意 y'' 对应 r^2，而 y 对应 1.

真题 21 **(2022. 高数 II)** 求微分方程 $4y'' - 12y' + 9y = 0$ 满足初始条件 $y\big|_{x=0} = 1, y'\big|_{x=0} = 2$ 的特解.

解 微分方程的特征方程为 $4r^2 - 12r + 9 = 0$，解得 $r_1 = r_2 = \dfrac{3}{2}$，所以该微分方程的通解为 $y = (C_1 + C_2 x)\mathrm{e}^{\frac{3}{2}x}$. 由 $y\big|_{x=0} = 1, y'\big|_{x=0} = 2$ 得，$C_1 = 1, C_2 = \dfrac{1}{2}$. 所求微分方程的特解为 $y = \left(1 + \dfrac{1}{2}x\right)\mathrm{e}^{\frac{3}{2}x}$.

真题 22 **(2022. 高数 I)** 以下微分方程通解为 $y = C_1\mathrm{e}^{-2x} + C_2\mathrm{e}^{4x}$，（$C_1$，$C_2$ 为任意常数）的是 _____.

A. $y'' - 2y' - 8y = 0$ B. $y'' + 2y' - 8y = 0$ C. $y'' - 6y' + 8y = 0$ D. $y'' + 6y' + 8y = 0$

解 由通解得该微分方程的两个特征根为 $r_1 = -2, r_2 = 4$，特征方程为 $r^2 - 2r - 8 = 0$，从而得到该微分方程为 $y'' - 2y' - 8y = 0$.

故应选 A.

【名师点评】

此题与上例思路完全相同，二阶常系数齐次线性微分方程的三种情况的通解公式既要会正用公式求通解，又要能逆用公式反推方程.

真题 23 **(2021. 高数 I)** 求微分方程 $y'' - 4y' + 7y = 0$ 的通解.

解 微分方程 $y'' - 4y' + 7y = 0$ 的特征方程为 $r^2 - 4r + 7 = 0$，解得特征根为 $r_1 = 2 + \sqrt{3}i$，$r_2 = 2 - \sqrt{3}i$，所以

该微分方程的通解为 $y = \mathrm{e}^{2x}(C_1\cos\sqrt{3}\,x + C_2\sin\sqrt{3}\,x)$.

真题 24 (2019.财经) 微分方程 $y'' + y = 0$ 的通解是 $y = $ _____.

A. $\mathrm{e}^x(C_1\cos x + C_2\sin x)$　　　　　　B. $C_1\sin x + C_2\cos x$

C. $x\mathrm{e}^x(C_1\cos x + C_2\sin x)$　　　　　　D. $C_1\cos x + C_2 x\sin x$

解　微分方程 $y'' + y = 0$ 的特征方程为 $r^2 + 1 = 0$,解得特征根 $r_1 = \mathrm{i}, r_2 = -\mathrm{i}$.

故该微分方程的通解为 $y = C_1\sin x + C_2\cos x$.

故应选 B.

【名师点评】

以上两题属于微分方程的特征方程有一对共轭复根的情况,根据通解公式可得到通解. 写特征方程时注意 y'' 对应 r^2,而 y 对应 1.

真题 25 (2024.高数 Ⅰ) 微分方程 $16y'' - 8y' + y = 0$ 的通解是 _____.

解　$16y'' - 8y' + y = 0$ 的特征方程为 $16r^2 - 8r + 1 = 0$,即 $(4r - 1)^2 = 0$,特征根为 $r_1 = r_2 = \dfrac{1}{4}$,所以原方程得

通解为 $y = (C_1 + C_2 x)\mathrm{e}^{\frac{1}{4}x}$.

故应填 $y = (C_1 + C_2 x)\mathrm{e}^{\frac{1}{4}x}$.

真题 26 (2018.理工) 求微分方程 $y'' + 4y' + 4y = 0$ 的通解.

解　该微分方程的特征方程为 $r^2 + 4r + 4 = 0$,即 $(r + 2)^2 = 0$.解得特征根为 $r_1 = r_2 = -2$.

故所求方程的通解为 $y = (C_1 + C_2 x)\mathrm{e}^{-2x}$.

视频讲解
(扫码 关注)

真题 27 (2018.财经) 微分方程 $y'' + 2y' + y = 0$ 的通解是 $y = $ _____.

A. $(C_1 + C_2 x)\mathrm{e}^{-x}$　　B. $C_1\sin x + C_2\cos x$　　C. $C_1 + C_2\mathrm{e}^{-x}$　　D. $(C_1\cos x + C_2\sin x)\mathrm{e}^x$

解　微分方程 $y'' + 2y' + y = 0$ 的特征方程为 $r^2 + 2r + 1 = 0$,解得特征根 $r_1 = r_2 = -1$.

故该微分方程的通解为 $y = (C_1 + C_2 x)\mathrm{e}^{-x}$.

故应选 A.

【名师点评】

以上三题属于微分方程所对应的特征方程有一对二重根的情况,根据第二个通解公式可得到通解.

真题 28 (2016.公共) 若 C_1 和 C_2 为两个独立的任意常数,则 $y = C_1\cos x + C_2\sin x$ 为下列哪个方程的通解 _____.

　A. $y'' + y = 0$　　　　B. $y'' + y = x^2$　　　　C. $y'' - 3y' + 2y = 0$　　　　D. $y'' + y' - 2y = 2x$

解　由通解公式可以看出,该方程对应的特征方程的两个特征根是 $r = \pm\mathrm{i}$,因此特征方程为 $r^2 + 1 = 0$,即原微分方程为 $y'' + y = 0$.

故应选 A.

【名师点评】

题中所给 $y = C_1\cos x + C_2\sin x = \mathrm{e}^{0\cdot x}(C_1\cos x + C_2\sin x)$,根据通解公式 $y = \mathrm{e}^{\alpha x}(C_1\cos\beta x + C_2\sin\beta x)$ 可以看出 $\alpha = 0, \beta = 1$,可以写出其特征根 $r = \pm\mathrm{i}$,从而推导出特征方程,最后由特征方程还原出微分方程,该题属于二阶常系数线性齐次微分方程公式的逆应用.

真题 29 (2019.公共) 已知 $y = \mathrm{e}^x(C_1\cos\sqrt{2}\,x + C_2\sin\sqrt{2}\,x)$($C_1, C_2$ 为任意常数)是某二阶常系数线性微分方程的通解,求其对应的方程.

解　利用通解表达式可知,$\alpha = 1, \beta = \sqrt{2}$,所以特征方程的特征根为 $\lambda_{1,2} = 1 \pm \sqrt{2}\,\mathrm{i}$.

于是特征方程为 $(\lambda - 1)^2 = -2$,即 $\lambda^2 - 2\lambda + 3 = 0$.

故所求方程为 $y'' - 2y' + 3y = 0$.

【名师点评】

此题与上例思路完全相同,二阶常系数齐次线性微分方程的三种情况的通解公式既要会正用公式求通解,又要能逆用公式反推方程.

真题 30 (2014.土木) 求微分方程 $y'' - 5y' + 6y = 0$ 的通解.

解 $y'' - 5y' + 6y = 0$ 的特征方程为 $r^2 - 5r + 6 = 0$，求得特征根为 $r_1 = 2$，$r_2 = 3$.

故微分方程的通解为 $y = C_1 e^{2x} + C_2 e^{3x}$.

【名师点评】

该题属于微分方程所对应的特征方程有两个不相等实根的情况，利用第一个通解公式即可得到通解.

真题 31 (2014.交通) 求微分方程 $y'' + 3y' = 3x$ 的通解.

解 原方程对应齐次方程的特征方程为 $r^2 + 3r = 0$，解得 $r_1 = 0$，$r_2 = -3$. 所以齐次方程的通解为 $y_c = C_1 + C_2 e^{-3x}$.

设该非齐次方程的特解为 $y^* = (ax + b)x = ax^2 + bx$，则 $y^{*'} = 2ax + b$，$y^{*''} = 2a$，将以上三式代入所给方程可得

$2a + 3(2ax + b) = 3x$，由待定系数法得 $a = \dfrac{1}{2}$，$b = -\dfrac{1}{3}$，故非齐次方程的一个特解为 $y^* = \dfrac{1}{2}x^2 - \dfrac{1}{3}x$.

所以原方程的通解为 $y = y_c + y^* = C_1 + C_2 e^{-3x} + \dfrac{1}{2}x^2 - \dfrac{1}{3}x$.

【名师点评】

设 $y^*(x)$ 是二阶非齐次线性微分方程的一个特解，$y_c(x)$ 是对应齐次方程的通解，则 $y = y_c(x) + y^*(x)$ 是二阶非齐次线性方程的通解. 所以此题我们分别求出 $y_c(x)$ 与 $y^*(x)$，相加即可得原方程通解.

考点二 其他微分方程

真题 32 (2016.公共) 求微分方程 $(x^2 - y)\mathrm{d}x - (x - y)\mathrm{d}y = 0$ 的通解.

解 原方程可恒等变形为：$x^2\mathrm{d}x - (x\mathrm{d}y + y\mathrm{d}x) + y\mathrm{d}y = 0$，

凑微分得：$\mathrm{d}\left(\dfrac{x^3}{3}\right) - \mathrm{d}(xy) + \mathrm{d}\left(\dfrac{y^2}{2}\right) = 0$，即 $\mathrm{d}\left(\dfrac{x^3}{3} - xy + \dfrac{y^2}{2}\right) = 0$. 所以 $\dfrac{x^3}{3} - xy + \dfrac{y^2}{2} = C$.

故原方程的通解为 $\dfrac{x^3}{3} - xy + \dfrac{y^2}{2} = C$.

【名师点评】

此题比较特殊，此微分方程不是我们常见的几种类型，需要我们运用前面所学求导数的知识来凑微分得到通解.

本 章 检 测 训 练

第六章检测训练 A

一、单选题

1. 微分方程 $x^3(y'')^4 - yy' = 0$ 的阶数是 _____.

  A. 一阶   B. 二阶   C. 三阶   D. 四阶

2. 微分方程 $(x + xy)\mathrm{d}y = (xy - y)\mathrm{d}x$ 是 _____.

  A. 线性微分方程   B. 可分离变量微分方程   C. 齐次微分方程   D. 一阶线性微分方程

3. 微分方程 $\cos y\,\mathrm{d}y = \sin x\,\mathrm{d}x$ 的通解是 _____.

  A. $\sin x + \cos y = C$ B. $\cos x + \sin y = C$ C. $\cos x - \sin y = C$ D. $\cos y - \sin x = C$

4. 一阶线性微分方程 $y' + P(x)y = Q(x)$ 的通解 $y = $ _____.

  A. $e^{-\int P(x)\mathrm{d}x}\left[\int Q(x)e^{-\int P(x)\mathrm{d}x}\,\mathrm{d}x + C\right]$ B. $e^{-\int P(x)\mathrm{d}x}\left[\int Q(x)e^{\int P(x)\mathrm{d}x}\,\mathrm{d}x + C\right]$

  C. $e^{\int P(x)\mathrm{d}x}\left[\int Q(x)e^{-\int P(x)\mathrm{d}x}\,\mathrm{d}x + C\right]$ D. $e^{\int P(x)\mathrm{d}x}\left[\int Q(x)e^{\int P(x)\mathrm{d}x}\,\mathrm{d}x + C\right]$

5. 微分方程 $y'' + 2y' + y = 0$ 的通解为 _____.

  A. $y = C_1\cos x + C_2\sin x$ B. $y = C_1 e^x + C_2 e^{2x}$ C. $y = C_1 e^{-x} + C_2 x e^{-x}$ D. $y = C_1 e^x + C_2 e^{-x}$

6. 微分方程 $y' - y = 1$ 的通解是 _____.

　　A. $y = Ce^x$　　　　　　B. $y = Ce^x + 1$　　　　　　C. $y = Ce^x - 1$　　　　　　D. $y = (C+1)e^x$

7. 微分方程 $x\dfrac{\mathrm{d}y}{\mathrm{d}x} = y + x^3$ 的通解是 _____.

　　A. $y = \dfrac{x^3}{4} + \dfrac{C}{x}$　　　　B. $y = \dfrac{x^3}{2} + Cx$　　　　C. $y = \dfrac{x^3}{3} + C$　　　　D. $y = \dfrac{x^3}{4} + Cx$

8. 微分方程 $y'' = e^{-x}$ 的通解是 _____.

　　A. $y = e^{-x} + C$　　　B. $y = e^{-x} + Cx$　　　C. $y = e^{-x} + C_1 + C_2$　　　D. $y = e^{-x} + C_1 x + C_2$

9. 已知 $r_1 = 0, r_2 = 4$ 是微分方程 $y'' + py' + qy = 0$（p, q 为实常数）的特征方程的两个根，则该微分方程是 _____.

　　A. $y'' + 4y' = 0$　　　B. $y'' - 4y' = 0$　　　C. $y'' + 4y = 0$　　　D. $y'' - 4y = 0$

10. 下列各组函数中，在其定义区间内线性无关的一组函数是 _____.

　　A. $\sin^2 x$，$\cos^2 x - 1$　　B. $\tan^2 x$，$\sec^2 x - 1$　　C. $\tan x$，$\cot x$　　D. $\sin 2x$，$\sin x \cos x$

二、填空题

1. 微分方程 $2x\,\mathrm{d}y - y\,\mathrm{d}x = 0$ 的通解是 _____.

2. 微分方程 $y'' = \sin x$ 满足初始条件 $y\big|_{x=0} = 0, y'\big|_{x=0} = 1$ 的特解为 _____.

3. 微分方程 $x\dfrac{\mathrm{d}y}{\mathrm{d}x} = y + x^2 \sin x$ 的类型是 _____ 方程，其通解为 _____.

4. 微分方程 $y'' + y = 0$ 的通解是 _____.

5. 微分方程 $y'' + y' - 2y = 0$ 的通解是 _____.

6. 微分方程 $y' = 2xy$ 的通解是 _____.

7. 微分方程 $y'' + 4y' + 4y = 0$ 的通解是 _____.

8. 微分方程 $y'' - 2y' + 5y = 0$ 的通解是 _____.

9. 已知 $y_1 = \cos\omega x$，$y_2 = \sin\omega x$ 都是微分方程 $y'' + \omega^2 y = 0$ 的解，则该方程的通解是 _____.

10. 微分方程 $(1 + x^2)y' = \sqrt{1 - y^2}$ 的通解是 _____.

三、求下列可分离变量的微分方程的通解

1. $x(y^2 - 1)\mathrm{d}x + y(x^2 - 1)\mathrm{d}y = 0$;　　　　　　2. $\dfrac{\mathrm{d}y}{\mathrm{d}x} = e^{2x - y}$;

3. $(1 + x^2)(1 + y^2)\mathrm{d}x + 2xy\,\mathrm{d}y = 0$;　　　　4. $(x + 1)y' + 1 = 2e^{-y}$;

5. $(xy^2 + x)\mathrm{d}x + (y - x^2 y)\mathrm{d}y = 0$.

四、求下列一阶线性微分方程的通解或满足初始条件的特解

1. $\dfrac{\mathrm{d}y}{\mathrm{d}x} + y = e^{-x}$;　　　　　　　　　2. $xy' - y = x^3 + x^2$;

3. $x^2 + xy' = y, y\big|_{x=1} = 0$.

五、求下列二阶常系数齐次微分方程满足初始条件的特解

1. $4y'' - 4y' + y = 0$,　　　　$y\big|_{x=0} = 2$,　　　$y'\big|_{x=0} = 0$;

2. $y'' + 3y' = 0$,　　　　　　$y\big|_{x=0} = 1$,　　　$y'\big|_{x=0} = -1$;

3. $y'' + 2y' + 3y = 0$,　　　　$y\big|_{x=0} = 1$,　　　$y'\big|_{x=0} = 1$.

第六章检测训练 B

一、单选题

1. 下列方程中不是线性方程的是 _____.

　　A. $y' + xy = e^x$　　　　B. $y'' + 2y' + y = \sin x$　　　C. $y' + xy^2 = e^x$　　　　D. $y'' + xy' = e^x$

2. $(y'')^2 + y'\sin x + y = x$ 是 _____.

    A. 四阶非线性微分方程   B. 二阶非线性微分方程   C. 二阶线性微分方程   D. 四阶线性微分方程

3. 微分方程 $y'' = x + e^{-x}$ 的解是 _____.

    A. $y = 1 - e^{-x}$ B. $y = \frac{1}{2}x^2 - e^{-x} + C$ C. $y = \frac{1}{6}x^3 + e^{-x}$ D. $y = \frac{1}{6}x^3 - e^{-x} + C$

4. 在下列微分方程中,其通解为 $y = C_1\cos x + C_2\sin x$ 的是 _____.

    A. $y'' - y' = 0$ B. $y'' + y' = 0$ C. $y'' + y = 0$ D. $y'' - y = 0$

5. 微分方程 $y'' - 4y' + 3y = 0$ 满足初始条件 $y|_{x=0} = 6, y'|_{x=0} = 10$ 的特解是 _____.

    A. $y = 3e^x + e^{3x}$ B. $y = 2e^x + 3e^{3x}$ C. $y = 4e^x + 2e^{3x}$ D. $y = C_1 e^x + C_2 e^{3x}$

6. 设函数 $y = f(x)$ 满足微分方程 $\cos^2 x \cdot y' + y = \tan x$ 且当 $x = \frac{\pi}{4}$ 时,$y = 0$,则当 $x = 0$ 时 $y = $ _____.

    A. $\frac{\pi}{4}$ B. $-\frac{\pi}{4}$ C. -1 D. 1

7. 微分方程 $2y'' + 2y' + y = 0$ 的通解为 _____.

    A. $y = e^{\frac{x}{2}}\left(C_1\cos\frac{x}{2} + C_2\sin\frac{x}{2}\right)$ B. $y = e^{-x}(C_1\cos 2x + C_2\sin 2x)$

    C. $y = e^{-\frac{x}{2}}\left(C_1\cos\frac{x}{2} + C_2\sin\frac{x}{2}\right)$ D. $y = e^x(C_1\cos 2x + C_2\sin 2x)$

8. 微分方程 $xy''' - (y'')^2 + xy' - y^2 = 0$ 的阶数是 _____.

    A. 一阶   B. 二阶   C. 三阶   D. 四阶

9. 微分方程 $x\,dx + y\,dy = 0, y|_{x=1} = 1$ 的解为 _____.

    A. $2x^2 - y^2 = 1$ B. $x^2 + y^2 = 1$ C. $x^2 - y^2 = 2$ D. $x^2 + y^2 = 2$

10. 下列各组函数中,在其定义区间内线性相关的一组函数是 _____.

    A. e^{2x}, $3e^{2x}$ B. $\ln x$, $x\ln x$ C. $e^x\cos 2x$, $e^x\sin 2x$ D. e^{x^2}, xe^{x^2}

二、填空题

1. 微分方程 $2y' - y = e^x$ 的通解是 _____.

2. 微分方程 $xyy' = 1 - x^2$ 的通解是 _____.

3. 设 $y_1(x), y_2(x)$ 是二阶常系数线性微分方程 $y'' + py' + qy = 0$ 的两个线性无关的解,则它的通解为 _____.

4. 方程 $x(1+y^2)dx - y(1+x^2)dy = 0$ 满足初始条件 $y|_{x=0} = 2$ 的特解是 _____.

5. 微分方程 $y'' + 4y' + 5y = 0$ 的通解是 _____.

6. 微分方程 $y''' = e^{2x} - \cos x$ 的通解是 _____.

7. 微分方程 $y'' + 4y' - 12y = 0$ 的通解是 _____.

8. 微分方程 $y'' - 3y' + 2y = 0, y|_{x=0} = 1, y'|_{x=0} = 3$ 的特解是 _____.

9. 已知 $y_1 = e^{x^2}, y_2 = xe^{x^2}$ 都是微分方程 $y'' - 4xy' + (4x^2 - 2)y = 0$ 的解,则该方程的通解是 _____.

10. 已知一曲线过原点,并且它在点 (x, y) 处的切线斜率等于 $2x + y$,则该曲线的方程是 _____.

三、求下列可分离变量的微分方程的通解

1. $\dfrac{dy}{dx} = 1 - x + y^2 - xy^2$;   2. $2x\sin y\,dx + (x^2 + 3)\cos y\,dy = 0$;

3. $\dfrac{dy}{dx} = y^2\cos x$;   4. $\sec^2 x\tan y\,dx + \sec^2 y\tan x\,dy = 0$;

5. $(1+y^2)dx - x^2(1+x^2)y\,dy = 0$.

四、求下列一阶线性微分方程的通解或满足初始条件的特解

1. $y' + y\cos x = e^{-\sin x}$;

2. $x^2 dy + (y - 2xy - 2x^2)dx = 0$;

3. $y' + y\cos x = \cos x, y|_{x=0} = 1$.

五、综合题

设 $f(x)$ 为可导函数,且由 $\int_0^x tf(t)dt = x^2 + f(x)$ 确定,求 $f(x)$.

第七章　　向量代数与空间解析几何

⚙ **知识结构导图**

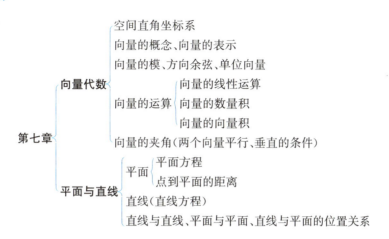

空间直角坐标系

向量的概念、向量的表示

向量的模、方向余弦、单位向量

向量代数 ┤　　　　　　向量的线性运算

　　　　　向量的运算 ┤ 向量的数量积

第七章 ┤　　　　　　　　向量的向量积

　　　　　向量的夹角(两个向量平行、垂直的条件)

　　　　　　　　　平面 ┤ 平面方程

平面与直线 ┤　　　　　　点到平面的距离

　　　　　　直线(直线方程)

　　　　　　直线与直线、平面与平面、直线与平面的位置关系

第一单元　　向量代数

⚙ **考纲内容解读**

新大纲基本要求	新大纲名师解读
1.理解空间直角坐标系,理解向量的概念及其表示法,会求单位向量、方向余弦、向量在坐标轴上的投影. 2.掌握向量的线性运算,会求向量的数量积与向量积. 3.会求两个非零向量的夹角,掌握两个向量平行、垂直的条件.	向量是解析几何的重要研究工具,但在历年的专升本考试中所占比重不大,主要以填空题或者选择题的形式考查向量的基本概念和运算.

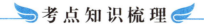

✈ 考 点 知 识 梳 理 ✈

一、空间直角坐标系

1.空间直角坐标系

在空间中任取一点 O,过点 O 作三条两两垂直的数轴,其中点 O 称为**坐标原点**,三条数轴分别是 x 轴(横轴)、y 轴(纵轴)、z 轴(竖轴),统称为**坐标轴**.它们三者间的方向符合右手定则,即右手握住 z 轴,并拢的四指由 x 轴的正方向自然弯曲指向 y 轴的正方向,这时拇指所指的方向就是 z 轴的正方向,如图 7.1 所示.由坐标原点 O 及符合右手定则的这三条坐标轴,就建立了一个**空间直角坐标系**.

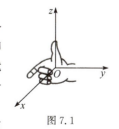

图 7.1

每两个坐标轴确定一个平面,将平面 xOy,yOz,zOx 称为坐标平面.三个坐标面将整个空间分成了八个部分,每一部分称为一个**卦限**.

在空间直角坐标系中,原点 O 的坐标为 $(0,0,0)$,x 轴上点的坐标为 $(x,0,0)$,y 轴上点的坐标为 $(0,y,0)$、z 轴上点的

坐标为 $(0,0,z)$. xOy 平面上点的坐标为 $(x,y,0)$, yOz 平面上点的坐标为 $(0,y,z)$, zOx 平面上点的坐标为 $(x,0,z)$.

2. 空间中两点间的距离与中点坐标

设空间中有两点 $M_1(x_1,y_1,z_1)$ 和 $M_2(x_2,y_2,z_2)$, 则空间中两点间的距离公式为

$$|M_1M_2| = \sqrt{(x_2-x_1)^2+(y_2-y_1)^2+(z_2-z_1)^2},$$

M_1M_2 的**中点** M 的坐标为 $(\dfrac{x_1+x_2}{2},\dfrac{y_1+y_2}{2},\dfrac{z_1+z_2}{2})$.

二、向量的相关概念

1. 向量的定义

既有大小,又有单位的量,称为向量或**矢量**.

2. 向量的模

$$|\boldsymbol{a}| = \sqrt{a_x^2+a_y^2+a_z^2} \ \text{或}\ |\overrightarrow{MN}| = \sqrt{(x_2-x_1)^2+(y_2-y_1)^2+(z_2-z_1)^2}.$$

3. 向量的方向角与方向余弦

设向量 $\boldsymbol{a} = \{a_x,a_y,a_z\}$ 与 x 轴, y 轴, z 轴的正向夹角分别为 $\alpha,\beta,\gamma(0\leqslant\alpha,\beta,\gamma\leqslant\pi)$, 称其为向量 $\boldsymbol{a}$ 的三个**方向角**, 并称 $\cos\alpha$, $\cos\beta$, $\cos\gamma$ 为 $\boldsymbol{a}$ 的**方向余弦**, 向量 $\boldsymbol{a}$ 的方向余弦的坐标表示为

$$\cos\alpha = \frac{a_x}{|\boldsymbol{a}|} = \frac{a_x}{\sqrt{a_x^2+a_y^2+a_z^2}};$$

$$\cos\beta = \frac{a_y}{|\boldsymbol{a}|} = \frac{a_y}{\sqrt{a_x^2+a_y^2+a_z^2}};$$

$$\cos\gamma = \frac{a_z}{|\boldsymbol{a}|} = \frac{a_z}{\sqrt{a_x^2+a_y^2+a_z^2}}.$$

且 $\cos^2\alpha+\cos^2\beta+\cos^2\gamma = 1$, 与 $\boldsymbol{a}$ 的同方向上的单位向量 $\boldsymbol{a}^0 = \{\cos\alpha,\cos\beta,\cos\gamma\}$.

4. 单位向量

模为 1 的向量称为**单位向量**.

与向量 $\boldsymbol{a}$ 方向一致的单位向量 $\boldsymbol{a}^0 = \dfrac{\boldsymbol{a}}{|\boldsymbol{a}|}$, 与向量 $\boldsymbol{a}$ 平行的单位向量 $\boldsymbol{a}^0 = \pm\dfrac{\boldsymbol{a}}{|\boldsymbol{a}|}$.

5. 零向量

模为 0 的向量称为**零向量**, 零向量的方向是任意的.

6. 向量的相等

大小相等且方向相同的向量称为相等的向量.

【名师解析】

关于向量的基本概念,考试中经常考查的是求向量的模,以及在此基础上求与之方向一致或者平行的单位向量,要注意与向量 $\boldsymbol{a}$ 方向一致的单位向量是一个,而平行的向量有两个.

三、向量的坐标表示

1. 向量 $\overrightarrow{M_1M_2}$ 的坐标表示

设以 $M_1(x_1,y_1,z_1)$ 为起点,以 $M_2(x_2,y_2,z_2)$ 为终点的向量 $\overrightarrow{M_1M_2}$ 的坐标表达式为

$$\overrightarrow{M_1M_2} = \{x_2-x_1,y_2-y_1,z_2-z_1\}.$$

【名师解析】

两点确定的向量,其坐标即为终点坐标减去起点坐标.

2. 向量 $\boldsymbol{a}$ 的坐标表示

若 a_x,a_y,a_z 为向量 $\boldsymbol{a}$ 在三个坐标轴上的投影,则向量 $\boldsymbol{a}$ 的坐标表示

$$\boldsymbol{a} = \{a_x,a_y,a_z\} \Leftrightarrow \boldsymbol{a} = a_x\boldsymbol{i}+a_y\boldsymbol{j}+a_z\boldsymbol{k}.$$

【名师点评】

$\boldsymbol{i},\boldsymbol{j},\boldsymbol{k}$ 分别为沿着 x 轴、y 轴、z 轴正方向上的单位向量,称为**基本单位向量**.

四、向量的数量积与向量积

1. 数量积

（1）定义

若 $a = \{a_x, a_y, a_z\}, b = \{b_x, b_y, b_z\}$，它们的夹角为 $(\widehat{a,b})$，则称 $|a||b|\cos(\widehat{a,b})$ 为 a, b 的**数量积**（又称点积或内积），记作 $a \cdot b = |a||b|\cos(\widehat{a,b})$

（2）坐标表示

若 $a = \{a_x, a_y, a_z\}, b = \{b_x, b_y, b_z\}$，则 $a \cdot b = a_x b_x + a_y b_y + a_z b_z$.

（3）数量积的运算律

　　交换律 $a \cdot b = b \cdot a$；

　　分配律 $(a+b) \cdot c = a \cdot c + b \cdot c$；

　　结合律 $\lambda(a \cdot b) = (\lambda a) \cdot b$（其中 λ 为常数）.

（4）两向量夹角的余弦

$$\cos(\widehat{a,b}) = \frac{a \cdot b}{|a||b|} = \frac{a_x b_x + a_y b_y + a_z b_z}{\sqrt{a_x{}^2 + a_y{}^2 + a_z{}^2}\sqrt{b_x{}^2 + b_y{}^2 + b_z{}^2}} \quad (0 \leqslant (\widehat{a,b}) \leqslant \pi).$$

（5）向量 a 在向量 b 上的投影

$$\mathrm{Prj}_b a = |a|\cos(\widehat{a,b}) = |a| \cdot \frac{a \cdot b}{|a||b|} = \frac{a \cdot b}{|b|}.$$

【名师解析】

两向量的数量积等于两向量对应坐标的乘积之和，乘积的结果为一个数，因此称为数量积. 数量积的运算满足交换律、分配律、结合律.

2. 向量积

（1）定义

两向量 a 与 b 的**向量积**（又称**叉积**或**外积**）是一个向量，记作 $a \times b$，它满足下列条件

1）$|a \times b| = |a||b|\sin(\widehat{a,b})$；

2）$a \times b \perp a$ 且 $a \times b \perp b$，且 $a, b, a \times b$ 满足右手法则.

（2）坐标表示

$$a \times b = \begin{vmatrix} i & j & k \\ a_x & a_y & a_z \\ b_x & b_y & b_z \end{vmatrix} = i\begin{vmatrix} a_y & a_z \\ b_y & b_z \end{vmatrix} - j\begin{vmatrix} a_x & a_z \\ b_x & b_z \end{vmatrix} + k\begin{vmatrix} a_x & a_y \\ b_x & b_y \end{vmatrix}$$

$$= (a_y b_z - a_z b_y)i - (a_x b_z - a_z b_x)j + (a_x b_y - a_y b_x)k$$

（3）向量积的运算律

反交换律 $a \times b = -b \times a$；

与数乘的结合律 $(\lambda a) \times b = \lambda(a \times b) = a \times (\lambda b)$（其中 λ 是常数）；

分配律 $(a+b) \times c = a \times c + b \times c$.

【名师解析】

两向量的向量积的结果为一个向量，且新向量与两向量都垂直，一般通过三阶行列式求解向量积. 注意向量积不满足交换律，而满足反交换律，即 $a \times b$ 与 $b \times a$ 所得向量大小相同，方向相反.

$|a \times b|$ 等于以 a, b 为邻边的平行四边形的面积，以 a, b 为邻边的三角形的面积为 $S = \dfrac{1}{2}|a \times b|$.

五、向量垂直与平行

$a \perp b \Leftrightarrow a \cdot b = 0$ 即 $a_x b_x + a_y b_y + a_z b_z = 0$；

$a /\!/ b \Leftrightarrow a \times b = \mathbf{0}$，即 $\dfrac{a_x}{b_x} = \dfrac{a_y}{b_y} = \dfrac{a_z}{b_z}$.

【名师解析】

判定两向量的垂直与平行是本章一个非常重要的基础知识点,后面判定直线与直线的位置关系、平面与平面的位置关系、直线与平面的位置关系都需要利用向量知识点来判断.

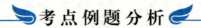

考点例题分析

考点一 空间直角坐标系

【考点分析】

在空间直角坐标系中,空间点的坐标比平面点的坐标只是多了一个分量,因此空间中两点间的距离公式和中点公式与平面上两点间的距离公式与中点公式相似,需要会运用这两个公式.还要掌握空间直角坐标系中,坐标轴和坐标面上的点的表示方法.

例 1 设点 P 在 x 轴上,它到 $A(0,\sqrt{2},3)$ 的距离为到点 $B(0,1,-1)$ 的距离的两倍,求点 P 的坐标.

解 因为点 P 在 x 轴上,设点 P 坐标为 $(x,0,0)$.

$$|PA|=\sqrt{x^2+(\sqrt{2})^2+3^2}=\sqrt{x^2+11},\ |PB|=\sqrt{x^2+(-1)^2+1^2}=\sqrt{x^2+2},$$

因为 $|PA|=2|PB|$,所以 $\sqrt{x^2+11}=2\sqrt{x^2+2}$,解得 $x=\pm1$.

故所求点为 $(1,0,0),(-1,0,0)$.

【名师点评】

求解该题时,根据已知条件,该点在 x 轴上,所以首先要设出该点坐标为 $(x,0,0)$,然后根据两点间距离公式和已知条件写出方程,通过解方程求出 P 点坐标.

考点二 向量的概念和基本运算

【考点分析】

向量的基本概念包括向量的模、向量的方向余弦与方向角、与已知向量同方向的单位向量,向量的基本运算除线性运算外,还有数量积与向量积,在这里一定要注意向量积用三阶行列式进行计算.

例 2 一向量的终点是 $B(2,-1,7)$,它在 x 轴、y 轴和 z 轴上的投影依次为 $4,-4,7$,求此向量起点 A 的坐标.

解 设点 A 的坐标为 (x,y,z),由已知得 $\begin{cases}2-x=4,\\-1-y=-4,\\7-z=7,\end{cases}$ 解得 $x=-2,y=3,z=0$.

所以,点 A 的坐标为 $(-2,3,0)$.

【名师点评】

向量的坐标为有向线段的终点坐标减去起点坐标,向量在 x 轴、y 轴和 z 轴上的投影即为其各分量坐标.

例 3 设已知两点 $M_1(4,\sqrt{2},1)$,$M_2(3,0,2)$,计算 $\overrightarrow{M_1M_2}$ 的模,方向余弦以及和 $\overrightarrow{M_1M_2}$ 方向一致的单位向量.

解 $\overrightarrow{M_1M_2}=\{3-4,0-\sqrt{2},2-1\}=\{-1,-\sqrt{2},1\}$,

$$|\overrightarrow{M_1M_2}|=\sqrt{(-1)^2+(-\sqrt{2})^2+1^2}=2;\cos\alpha=-\frac{1}{2},\cos\beta=-\frac{\sqrt{2}}{2},\cos\gamma=\frac{1}{2};$$

$$\overrightarrow{M_1M_2}^0=\frac{\overrightarrow{M_1M_2}}{|\overrightarrow{M_1M_2}|}=\left\{-\frac{1}{2},-\frac{\sqrt{2}}{2},\frac{1}{2}\right\}.$$

【名师点评】

求解本题时,首先要根据终点坐标减起点坐标得到该向量的坐标形式.与该向量方向一致的单位向量即是此向量除以其模所得的新向量.

例 4 求平行于向量 $a=6i+7j-6k$ 的单位向量.

解 与 a 平行的单位向量有两个,一个与 a 同向,一个与 a 反向.

视频讲解
(扫码关注)

因为 $|\boldsymbol{a}| = \sqrt{6^2+7^2+(-6)^2} = 11$，所以与 $\boldsymbol{a}$ 平行的单位向量为

$$\boldsymbol{a}^0 = \frac{\boldsymbol{a}}{|\boldsymbol{a}|} = \frac{6}{11}\boldsymbol{i} + \frac{7}{11}\boldsymbol{j} - \frac{6}{11}\boldsymbol{k} \text{ 或 } \boldsymbol{a}^0 = -\frac{\boldsymbol{a}}{|\boldsymbol{a}|} = -\frac{6}{11}\boldsymbol{i} - \frac{7}{11}\boldsymbol{j} + \frac{6}{11}\boldsymbol{k}.$$

【名师点评】

本题求与已知向量平行的单位向量，注意有两个，需要加正负号.

例 5 已知向量 $\boldsymbol{a} = \{1, 1, -4\}, \boldsymbol{b} = \{1, -2, 2\}$，求

(1)$\boldsymbol{a} \cdot \boldsymbol{b}$;　(2)$\boldsymbol{a}, \boldsymbol{b}$ 的夹角 θ;　(3) 向量 $\boldsymbol{a}$ 在向量 $\boldsymbol{b}$ 上的投影.

解　(1)$\boldsymbol{a} \cdot \boldsymbol{b} = 1 \times 1 + 1 \times (-2) + (-4) \times 2 = -9$.

$$(2)\cos\theta = \frac{\boldsymbol{a} \cdot \boldsymbol{b}}{|\boldsymbol{a}||\boldsymbol{b}|} = \frac{-9}{\sqrt{1^2+1^2+(-4)^2}\sqrt{1^2+(-2)^2+2^2}} = -\frac{1}{\sqrt{2}},$$

所以两向量的夹角为 $\theta = \dfrac{3\pi}{4}$.

$(3)\boldsymbol{a}$ 在 $\boldsymbol{b}$ 上的投影 $\mathrm{Prj}_{\boldsymbol{b}}\boldsymbol{a} = \dfrac{\boldsymbol{a} \cdot \boldsymbol{b}}{|\boldsymbol{b}|} = \dfrac{-9}{3} = -3$.

【名师点评】

本题考查了两向量的数量积、向量的夹角、向量的投影，这几个知识点掌握公式即可.

例 6　已知 $\overrightarrow{OA} = \boldsymbol{i} + 3\boldsymbol{k}, \overrightarrow{OB} = \boldsymbol{j} + 3\boldsymbol{k}$，求 $\triangle OAB$ 的面积.

解　根据向量积的几何意义，表示以 $\overrightarrow{OA}, \overrightarrow{OB}$ 为邻边的平行四边形的面积，因此 $S_{\triangle OAB} = \dfrac{1}{2}|\overrightarrow{OA} \times \overrightarrow{OB}|$.

因为 $\overrightarrow{OA} \times \overrightarrow{OB} = \begin{vmatrix} \boldsymbol{i} & \boldsymbol{j} & \boldsymbol{k} \\ 1 & 0 & 3 \\ 0 & 1 & 3 \end{vmatrix} = -3\boldsymbol{i} - 3\boldsymbol{j} + \boldsymbol{k}$,

视频讲解
（扫码 关注）

所以 $|\overrightarrow{OA} \times \overrightarrow{OB}| = \sqrt{(-3)^2+(-3)^2+1} = \sqrt{19}, S_{\triangle OAB} = \dfrac{1}{2}\sqrt{19}$.

【名师点评】

$|\boldsymbol{a} \times \boldsymbol{b}|$ 等于以 $\boldsymbol{a}, \boldsymbol{b}$ 邻边的平行四边形的面积，而以 $\boldsymbol{a}, \boldsymbol{b}$ 邻边的三角形的面积为 $S = \dfrac{1}{2}|\boldsymbol{a} \times \boldsymbol{b}|$.

例 7　(1)$|\boldsymbol{a}| = 2, |\boldsymbol{b}| = 3, (\overset{\wedge}{\boldsymbol{a}, \boldsymbol{b}}) = \dfrac{\pi}{3}$，求 $|\boldsymbol{a} + \boldsymbol{b}| = $ _____.

解　$|\boldsymbol{a} + \boldsymbol{b}|^2 = (\boldsymbol{a} + \boldsymbol{b}) \cdot (\boldsymbol{a} + \boldsymbol{b}) = |\boldsymbol{a}|^2 + 2|\boldsymbol{a}||\boldsymbol{b}|\cos\dfrac{\pi}{3} + |\boldsymbol{b}|^2 = 19$，所以 $|\boldsymbol{a} + \boldsymbol{b}| = \sqrt{19}$.

故应填 $\sqrt{19}$.

(2)$|\boldsymbol{a}| = 2, |\boldsymbol{b}| = 3, |\boldsymbol{a} + \boldsymbol{b}| = \sqrt{19}$，求 $|\boldsymbol{a} - \boldsymbol{b}| = $ _____.

解　$|\boldsymbol{a} + \boldsymbol{b}|^2 = (\boldsymbol{a} + \boldsymbol{b}) \cdot (\boldsymbol{a} + \boldsymbol{b}) = |\boldsymbol{a}|^2 + 2\boldsymbol{a} \cdot \boldsymbol{b} + |\boldsymbol{b}|^2 = 19$，所以 $2\boldsymbol{a} \cdot \boldsymbol{b} = 6$，

$|\boldsymbol{a} - \boldsymbol{b}|^2 = (\boldsymbol{a} - \boldsymbol{b}) \cdot (\boldsymbol{a} - \boldsymbol{b}) = |\boldsymbol{a}|^2 - 2\boldsymbol{a} \cdot \boldsymbol{b} + |\boldsymbol{b}|^2 = 7, |\boldsymbol{a} - \boldsymbol{b}| = \sqrt{7}$.

故应填 $\sqrt{7}$.

【名师点评】

本题主要考查知识点 $|\boldsymbol{a}|^2 = \boldsymbol{a} \cdot \boldsymbol{a}$，以及向量的数量积 $\boldsymbol{a} \cdot \boldsymbol{b} = |\boldsymbol{a}||\boldsymbol{b}|\cos(\overset{\wedge}{\boldsymbol{a}, \boldsymbol{b}})$ 公式的应用.

考点 三　向量的位置关系

【考点分析】

两向量的位置关系这里主要指平行和垂直两种特殊的关系，两向量相互平行则其各分量坐标对应成比例，两向量垂直则其对应分量坐标的乘积之和为 0. 这是专升本考试中本章的重要考点.

例 8　已知向量 $\boldsymbol{a} = \{m, 5, -1\}$ 和 $\boldsymbol{b} = \{3, 1, n\}$ 相互平行，求 m, n.

解　由向量 $\boldsymbol{a} = \{m, 5, -1\}, \boldsymbol{b} = \{3, 1, n\}$ 相互平行，可知其分量坐标对应成比例，即 $\dfrac{m}{3} = \dfrac{5}{1} = \dfrac{-1}{n}$，解得 $m = 15$，

$n = -\dfrac{1}{5}$.

【名师点评】

本题考查两向量的位置关系,若两向量平行,则其各分量坐标对应成比例.

例 9 求同时垂直于向量 $\boldsymbol{a} = \{2,2,1\}$ 和 $\boldsymbol{b} = \{4,5,3\}$ 的单位向量 $\boldsymbol{c}^0$.

解 $\boldsymbol{c} = \boldsymbol{a} \times \boldsymbol{b} = \begin{vmatrix} \boldsymbol{i} & \boldsymbol{j} & \boldsymbol{k} \\ 2 & 2 & 1 \\ 4 & 5 & 3 \end{vmatrix} = \boldsymbol{i} - 2\boldsymbol{j} + 2\boldsymbol{k}$, $|\boldsymbol{c}| = \sqrt{1^2 + (-2)^2 + 2^2} = 3$, $\pm\boldsymbol{c}$ 与 $\boldsymbol{a}$ 和 $\boldsymbol{b}$ 都垂直. 所以, 同时垂直

于向量 $\boldsymbol{a} = \{2,2,1\}$ 和 $\boldsymbol{b} = \{4,5,3\}$ 的单位向量 $\boldsymbol{c}^0$ 为

$$\boldsymbol{c}^0 = \pm\frac{\boldsymbol{c}}{|\boldsymbol{c}|} = \pm\frac{1}{3}(\boldsymbol{i} - 2\boldsymbol{j} + 2\boldsymbol{k}) = \pm\frac{1}{3}\{1, -2, 2\}.$$

【名师点评】

本题考查了两向量的向量积和向量的单位向量两个知识点,此题中要注意垂直于已知向量的单位向量与平行于已知向量的单位向量类似,有两个,要加正负号.

考点真题解析

考点 一 向量的概念和基本运算

真题 1 (2020. 高数 Ⅰ) 已知两点 $A(-1,2,0)$, $B(2,-3,\sqrt{2})$, 则与向量 $\overrightarrow{AB}$ 同方向的单位向量 _____.

解 $\overrightarrow{AB} = \{3, -5, \sqrt{2}\}$, $|\overrightarrow{AB}| = \sqrt{3^2 + (-5)^2 + (\sqrt{2})^2} = 6$,

因此与 $\overrightarrow{AB}$ 同方向的单位向量为 $\boldsymbol{e}_{\overrightarrow{AB}} = \dfrac{\overrightarrow{AB}}{|\overrightarrow{AB}|} = \left\{\dfrac{3}{6}, -\dfrac{5}{6}, \dfrac{\sqrt{2}}{6}\right\} = \left\{\dfrac{1}{2}, -\dfrac{5}{6}, \dfrac{\sqrt{2}}{6}\right\}$.

故应填 $\left\{\dfrac{1}{2}, -\dfrac{5}{6}, \dfrac{\sqrt{2}}{6}\right\}$.

【名师点评】

本题考查单位向量的求法,与向量 $\boldsymbol{a}$ 方向一致的单位向量 $\boldsymbol{a}^0 = \dfrac{\boldsymbol{a}}{|\boldsymbol{a}|}$,与向量 $\boldsymbol{a}$ 平行的单位向量 $\boldsymbol{a}^0 = \pm\dfrac{\boldsymbol{a}}{|\boldsymbol{a}|}$,注意方向一致与平行的区别.

真题 2 (2022. 高数 Ⅰ) 已知两点 $A = (-2,1,-1)$, $B = (2,5,1)$, 则 $|\overrightarrow{AB}| =$ _____.

解 $\overrightarrow{AB} = (4,4,2)$, 所以 $|\overrightarrow{AB}| = \sqrt{16 + 16 + 4} = 6$.

故应填 6.

【名师点评】

求解本题时,首先要根据终点减起点得到该向量的坐标形式.

真题 3 (2019. 公共) 已知点 $A(2,2,\sqrt{2})$, $B(1,3,0)$, 则向量 $\overrightarrow{AB}$ 的模和方向角

为 _____.

视频讲解
(扫码关注)

A. $2, \left(\dfrac{2}{3}\pi, \dfrac{\pi}{3}, \dfrac{\pi}{4}\right)$ 　　　　　　　　　　B. $1, \left(\dfrac{2}{3}\pi, \dfrac{\pi}{3}, \dfrac{3\pi}{4}\right)$

C. $2, \left(\dfrac{2}{3}\pi, \dfrac{\pi}{3}, \dfrac{3\pi}{4}\right)$ 　　　　　　　　　　D. $1, \left(\dfrac{2}{3}\pi, \dfrac{\pi}{3}, \dfrac{\pi}{4}\right)$

解 $\overrightarrow{AB} = \{-1, 1, -\sqrt{2}\}$, 则 $|\overrightarrow{AB}| = \sqrt{(-1)^2 + 1^2 + (\sqrt{2})^2} = 2$,

由向量 $\overrightarrow{AB}$ 的方向余弦 $\cos\alpha = -\dfrac{1}{2}$, $\cos\beta = \dfrac{1}{2}$, $\cos\gamma = -\dfrac{\sqrt{2}}{2}$ 得向量 $\overrightarrow{AB}$ 的方向角 α, β, γ 分别为 $\dfrac{2}{3}\pi, \dfrac{\pi}{3}, \dfrac{3\pi}{4}$.

故应选 C.

真题 4　(2018.公共)设 $\boldsymbol{a}=\{1,2,3\}$，$\boldsymbol{b}=\{0,1,-2\}$ 则 $(\boldsymbol{a}+\boldsymbol{b})\times(\boldsymbol{a}-\boldsymbol{b})=$ _____.

解　$\boldsymbol{a}=\{1,2,3\}$，$\boldsymbol{b}=\{0,1,-2\}$ 则 $\boldsymbol{a}+\boldsymbol{b}=\{1,3,1\}$，$\boldsymbol{a}-\boldsymbol{b}=\{1,1,5\}$

$$(\boldsymbol{a}+\boldsymbol{b})\times(\boldsymbol{a}-\boldsymbol{b})=\begin{vmatrix} \boldsymbol{i} & \boldsymbol{j} & \boldsymbol{k} \\ 1 & 3 & 1 \\ 1 & 1 & 5 \end{vmatrix}=\boldsymbol{i}\begin{vmatrix} 3 & 1 \\ 1 & 5 \end{vmatrix}-\boldsymbol{j}\begin{vmatrix} 1 & 1 \\ 1 & 5 \end{vmatrix}+\boldsymbol{k}\begin{vmatrix} 1 & 3 \\ 1 & 1 \end{vmatrix}=\{14,-4,-2\}.$$

故应填 $\{14,-4,-2\}$.

【名师点评】

本题考查了向量之间的线性运算以及向量的向量积,向量积的计算是比较难的知识点,在求解时要注意正负号.

真题 5　(2017.公共)设 $\boldsymbol{a}=\{1,2,3\}$，$\boldsymbol{b}=\{0,1,-2\}$，则 $\boldsymbol{a}\times\boldsymbol{b}=$ _____.

解　$\boldsymbol{a}\times\boldsymbol{b}=\begin{vmatrix} \boldsymbol{i} & \boldsymbol{j} & \boldsymbol{k} \\ 1 & 2 & 3 \\ 0 & 1 & -2 \end{vmatrix}=\boldsymbol{i}\begin{vmatrix} 2 & 3 \\ 1 & -2 \end{vmatrix}-\boldsymbol{j}\begin{vmatrix} 1 & 3 \\ 0 & -2 \end{vmatrix}+\boldsymbol{k}\begin{vmatrix} 1 & 2 \\ 0 & 1 \end{vmatrix}=\{-7,2,1\}.$

故应填 $\{-7,2,1\}$.

【名师点评】

本题考查了向量的向量积.向量积的计算公式为

$$\boldsymbol{a}\times\boldsymbol{b}=\begin{vmatrix} \boldsymbol{i} & \boldsymbol{j} & \boldsymbol{k} \\ a_x & a_y & a_z \\ b_x & b_y & b_z \end{vmatrix}=\boldsymbol{i}\begin{vmatrix} a_y & a_z \\ b_y & b_z \end{vmatrix}-\boldsymbol{j}\begin{vmatrix} a_x & a_z \\ b_x & b_z \end{vmatrix}+\boldsymbol{k}\begin{vmatrix} a_x & a_y \\ b_x & b_y \end{vmatrix}$$

$$=(a_yb_z-a_zb_y)\boldsymbol{i}-(a_xb_z-a_zb_x)\boldsymbol{j}+(a_xb_y-a_yb_x)\boldsymbol{k}.$$

三阶行列式求解可以按照行列式的第一行进行展开,要特别注意行列式展开式中 $\boldsymbol{j}$ 前面的符号为负.二阶行列式的值为主对角线两元素之积减去副对角线两元素之积.

真题 6　(2017.电气)设 $\boldsymbol{a}=2\boldsymbol{i}-\boldsymbol{j}+2\boldsymbol{k}$，$\boldsymbol{b}=4\boldsymbol{i}+5\boldsymbol{j}+3\boldsymbol{k}$，则 $\boldsymbol{a}\cdot\boldsymbol{b}=$ _____.

解　$\boldsymbol{a}=\{2,-1,2\}$，$\boldsymbol{b}=\{4,5,3\}$，所以 $\boldsymbol{a}\cdot\boldsymbol{b}=8-5+6=9$.

故应填 9.

【名师点评】

若 $\boldsymbol{a}=\{a_x,a_y,a_z\}$，$\boldsymbol{b}=\{b_x,b_y,b_z\}$，则 $\boldsymbol{a}\cdot\boldsymbol{b}=a_xb_x+a_yb_y+a_zb_z$，该题直接利用数量积的公式即可.

真题 7　(2024.高数Ⅰ)向量 $\boldsymbol{a}=(3,0,4)$ 与 $\boldsymbol{b}=(2,2,1)$ 的夹角的余弦是 _____.

解　$\cos\theta=\dfrac{\boldsymbol{a}\cdot\boldsymbol{b}}{|\boldsymbol{a}|\cdot|\boldsymbol{b}|}=\dfrac{3\times2+0+4\times1}{\sqrt{3^2+4^2}\cdot\sqrt{2^2+2^2+1}}=\dfrac{2}{3}.$

故应填 $\dfrac{2}{3}$.

真题 8　(2021.高数Ⅰ)向量 $\{1,0,1\}$ 与向量 $\{1,\sqrt{2},1\}$ 的夹角是 _____.

解　$\cos\theta=\dfrac{1\times1+0\times\sqrt{2}+1\times1}{\sqrt{1^2+0^2+1^2}\cdot\sqrt{1^2+(\sqrt{2})^2+1^2}}=\dfrac{\sqrt{2}}{2}$，则 $\theta=\dfrac{\pi}{4}$.

故应填 $\dfrac{\pi}{4}$.

真题 9　(2017.电子)向量 $\boldsymbol{a}=\{1,2,1\}$ 与向量 $\boldsymbol{b}=\{2,2,1\}$ 的夹角余弦是 _____.

解　$\cos(\widehat{\boldsymbol{a},\boldsymbol{b}})=\dfrac{\boldsymbol{a}\cdot\boldsymbol{b}}{|\boldsymbol{a}||\boldsymbol{b}|}=\dfrac{1\times2+2\times2+1\times1}{\sqrt{1^2+2^2+1^2}\sqrt{2^2+2^2+1^2}}=\dfrac{7\sqrt{6}}{18}.$

故应填 $\dfrac{7\sqrt{6}}{18}$.

视频讲解
(扫码 关注)

【名师点评】

以上三题考查两向量的夹角余弦的求解,直接利用公式即可.

$$\cos(\overset{\frown}{\boldsymbol{a},\boldsymbol{b}}) = \frac{\boldsymbol{a} \cdot \boldsymbol{b}}{|\boldsymbol{a}||\boldsymbol{b}|} = \frac{a_x b_x + a_y b_y + a_z b_z}{\sqrt{a_x{}^2 + a_y{}^2 + a_z{}^2}\sqrt{b_x{}^2 + b_y{}^2 + b_z{}^2}} \quad (0 \leqslant (\overset{\frown}{\boldsymbol{a},\boldsymbol{b}}) \leqslant \pi).$$

考点 二 向量间的位置关系

真题 10 (2019.理工)$\boldsymbol{a} = \{2,1,2\}$，$\boldsymbol{b} = \{4,-1,10\}$，$\boldsymbol{c} = \boldsymbol{b} - \lambda\boldsymbol{a}$ 且 $\boldsymbol{a} \perp \boldsymbol{c}$，则 $\lambda = $ _____．

解 $\boldsymbol{c} = \boldsymbol{b} - \lambda\boldsymbol{a} = \{4-2\lambda, -1-\lambda, 10-2\lambda\}$，由 $\boldsymbol{a} \perp \boldsymbol{c}$ 得 $\boldsymbol{a} \cdot \boldsymbol{c} = 0$，

即 $2(4-2\lambda) + (-1-\lambda) + 2(10-2\lambda) = 0$，解得 $\lambda = 3$．

故应填 3．

真题 11 (2022.高数Ⅰ)以下向量与 $\boldsymbol{a} = (2,-3,1)$ 垂直的是 _____．

A.$(-2,3,-1)$ B.$(3,0,2)$

C.$(3,2,1)$ D.$(3,2,0)$

解 因为 $(2,-3,1) \cdot (3,2,0) = 6 - 6 = 0$，所以向量 $(2,-3,1) \perp (3,2,0)$．

故应选 D．

真题 12 (2023.高数Ⅰ)已知两向量 $\boldsymbol{a} = (-2,1,k)$ 和 $\boldsymbol{b} = (4,5,1)$，且 $\boldsymbol{a} \perp \boldsymbol{b}$，则实数 $k = $ _____．

解 因为 $\boldsymbol{a} \perp \boldsymbol{b}$，所以 $\boldsymbol{a} \cdot \boldsymbol{b} = 0$，即 $(-2,1,k) \cdot (4,5,1) = -8+5+k = 0$，所以 $k = 3$．

故应填 3．

真题 13 (2018.财经)已知向量 $\boldsymbol{a} = \{1,-1,-2\}$ 与向量 $\boldsymbol{b} = \{k,1,2\}$ 垂直，则 $k = $ _____．

A.-1 B.1   C.-5 D.5

解 因为向量 $\boldsymbol{a} = \{1,-1,-2\}$ 与向量 $\boldsymbol{b} = \{k,1,2\}$ 垂直，所以 $\boldsymbol{a} \cdot \boldsymbol{b} = k-1-4 = 0$，$k = 5$．

故应选 D．

【名师点评】

$\boldsymbol{a} \perp \boldsymbol{b} \Leftrightarrow \boldsymbol{a} \cdot \boldsymbol{b} = 0$ 即 $a_x b_x + a_y b_y + a_z b_z = 0$．

真题 14 (2016.计算机)设以向量 $\boldsymbol{\alpha}$ 和 $\boldsymbol{\beta}$ 为邻边做平行四边形，求平行四边形中垂直于 $\boldsymbol{\alpha}$ 边的高线向量．

解 如图 7.2 所示，设高线向量为 $\boldsymbol{\gamma}$，则 $\boldsymbol{\beta} - \boldsymbol{\gamma} = \lambda\boldsymbol{\alpha}$，$\boldsymbol{\gamma} = \boldsymbol{\beta} - \lambda\boldsymbol{\alpha}$，因为 $\boldsymbol{\gamma}$ 垂直于 $\boldsymbol{\alpha}$，所以

$\boldsymbol{\gamma} \cdot \boldsymbol{\alpha} = 0$，

即 $(\boldsymbol{\beta} - \lambda\boldsymbol{\alpha}) \cdot \boldsymbol{\alpha} = \boldsymbol{\beta} \cdot \boldsymbol{\alpha} - \lambda\boldsymbol{\alpha} \cdot \boldsymbol{\alpha} = 0$．

解得 $\lambda = \dfrac{\boldsymbol{\beta} \cdot \boldsymbol{\alpha}}{|\boldsymbol{\alpha}|^2}$，则 $\boldsymbol{\gamma} = \boldsymbol{\beta} - \dfrac{\boldsymbol{\beta} \cdot \boldsymbol{\alpha}}{|\boldsymbol{\alpha}|^2}\boldsymbol{\alpha}$．

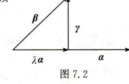

图 7.2

【名师点评】

本题求解使用数形结合的方法，能使题目更形象易懂，易于分析向量间的关系．

◈ 考点方法综述

序号	本单元考点与方法总结
1	向量的相关概念考查，求两点之间的向量、向量的模、向量的方向角与方向余弦、与向量方向一致或者平行或者垂直的单位向量．
2	向量的运算的考查主要包括线性运算、数量积、向量积，在此基础上延伸出来的知识点包括求两向量的夹角、两向量构成的平行四边形或者三角形的面积的计算．
3	向量位置关系的判定，此处主要指判定平行或者垂直，两向量平行即各分量坐标对应成比例，两向量垂直即对应分量坐标乘积之和为 0．

第二单元　空间的平面和直线

⬦ 考纲内容解读

新大纲基本要求	新大纲名师解读
1.会求平面的点法式方程、一般式方程,会判断两平面的位置关系(垂直、平行). 2.会求点到平面的距离. 3.会求直线的对称式方程、一般式方程、参数式方程,会判断两直线的位置关系(平行、垂直). 4.会判断直线与平面间的位置关系(垂直、平行、直线在平面上).	空间的平面和直线这部分内容多以填空题、选择题或者计算题的形式出现.平面的点法式方程和直线的点向式方程是出题频率较高的,尤其是通过两个已知向量构造和它们都垂直的向量作为平面的法向量或者是直线的方向向量,是计算题中经常用到的找法向量或方向向量的方法,考生要熟练掌握.

考点知识梳理

一、平面

1.平面方程

过点 $M_0(x_0,y_0,z_0)$,法向量为 $\boldsymbol{n}=\{A,B,C\}$ 的平面:

点法式方程　$A(x-x_0)+B(y-y_0)+C(z-z_0)=0$;

一般式方程　$Ax+By+Cz+D=0$;

截距式方程　$\dfrac{x}{a}+\dfrac{y}{b}+\dfrac{z}{c}=1(a,b,c$ 为在 x,y,z 三坐标轴上的非零截距$)$.

【名师解析】

空间直角坐标系下平面方程的表示形式,通常我们用点法式方程、一般式方程、截距式方程来表示.在这里,可以类比中学时学习的平面上直线方程来进行记忆.

2.几种特殊位置的平面(一般式)

(1)当 $D=0$ 时,方程变为 $Ax+By+Cz=0$,它表示的是一个过原点的平面.

(2)当 $A=0,D\neq0$ 时,方程变为 $By+Cz+D=0$,它表示的是一个平行于 x 轴的平面.

(3)当 $A=0,D=0$ 时,方程变为 $By+Cz=0$,它表示的是一个过 x 轴的平面.

(4)当 $A=0,B=0,D\neq0$ 时,方程变为 $Cz+D=0$,它表示的是一个平行于 xOy 坐标面(或与 z 轴垂直)的平面.

【名师解析】

在以上给出的几种特殊位置的平面方程的基础上,我们可以类比得到其他的情况,比如当 $B=0,D\neq0$ 时,方程变为 $Ax+Cz+D=0$,它表示的是一个平行于 y 轴的平面.

3.点到平面的距离

平面 π 的方程为 $Ax+By+Cz+D=0$,平面外一点 $P_0(x_0,y_0,z_0)$,则 P_0 到平面 π 的距离

$$d=\frac{|Ax_0+By_0+Cz_0+D|}{\sqrt{A^2+B^2+C^2}}.$$

【名师解析】

在记忆空间中一点到平面的距离公式时,可以类比中学时学习的点到直线的距离公式进行记忆.注意如果给出的平面方程不是标准的一般式方程,比如 $3x+2y-z=1$,则需要先将方程右端的项移到左端,化成标准的一般式方程 $3x+2y-z-1=0$ 再代入点到平面的距离公式求解.

4. 两平面的位置关系

平面 $\pi_1 : A_1 x + B_1 y + C_1 z + D_1 = 0, \boldsymbol{n}_1 = \{A_1, B_1, C_1\}$;

平面 $\pi_2 : A_2 x + B_2 y + C_2 z + D_2 = 0, \boldsymbol{n}_2 = \{A_2, B_2, C_2\}$;

(1) $\boldsymbol{n}_1 \perp \boldsymbol{n}_2 \Leftrightarrow A_1 A_2 + B_1 B_2 + C_1 C_2 = 0 \Leftrightarrow \pi_1 \perp \pi_2$;

$(2) \boldsymbol{n}_1 \ /\!/ \ \boldsymbol{n}_2 \Leftrightarrow \dfrac{A_1}{A_2} = \dfrac{B_1}{B_2} = \dfrac{C_1}{C_2} \begin{cases} = \dfrac{D_1}{D_2} \Leftrightarrow \text{两平面重合}, \\[2mm] \neq \dfrac{D_1}{D_2} \Leftrightarrow \text{两平面平行不重合}; \end{cases}$

(3) 平面 π_1 与 π_2 的夹角 $\theta (0 \leqslant \theta \leqslant \dfrac{\pi}{2})$

$$\cos\theta = |\cos(\widehat{\boldsymbol{n}_1, \boldsymbol{n}_2})| = \frac{|\boldsymbol{n}_1 \cdot \boldsymbol{n}_2|}{|\boldsymbol{n}_1| \cdot |\boldsymbol{n}_2|} = \frac{|A_1 A_2 + B_1 B_2 + C_1 C_2|}{\sqrt{A_1^2 + B_1^2 + C_1^2} \cdot \sqrt{A_2^2 + B_2^2 + C_2^2}}.$$

【名师解析】

平面间的位置关系,本质上还是根据平面的法向量之间的关系来判定.

二、直线

1. 直线方程

过点 $M_0(x_0, y_0, z_0)$,方向向量为 $\boldsymbol{s} = \{m, n, p\}$ 的直线方程

点向式方程 $\dfrac{x - x_0}{m} = \dfrac{y - y_0}{n} = \dfrac{z - z_0}{p}$;

一般式方程 $\begin{cases} A_1 x + B_1 y + C_1 z + D_1 = 0, \\ A_2 x + B_2 y + C_2 z + D_2 = 0; \end{cases}$

参数式方程 $\begin{cases} x = x_0 + mt, \\ y = y_0 + nt, (t \text{ 为参数}) \\ z = z_0 + pt. \end{cases}$

【名师解析】

在具体做直线的题目时,几种表示形式往往有不同的优势,比如参数式方程经常用来求直线与平面的交点. 另外,要掌握三种方程之间的互相转化,尤其是已知直线的一般方程,求该直线的方向向量,这个知识点常会考到.

2. 两直线的位置关系

直线 $L_1 : \dfrac{x - x_0}{m_1} = \dfrac{y - y_0}{n_1} = \dfrac{z - z_0}{p_1}$;方向向量 $\boldsymbol{s}_1 = \{m_1, n_1, p_1\}$,

直线 $L_2 : \dfrac{x - x_1}{m_2} = \dfrac{y - y_1}{n_2} = \dfrac{z - z_1}{p_2}$;方向向量 $\boldsymbol{s}_2 = \{m_2, n_2, p_2\}$,

(1) $\boldsymbol{s}_1 \perp \boldsymbol{s}_2 \Leftrightarrow m_1 m_2 + n_1 n_2 + p_1 p_2 = 0 \Leftrightarrow L_1 \perp L_2$;

$(2) \boldsymbol{s}_1 \ /\!/ \ \boldsymbol{s}_2 \Leftrightarrow \dfrac{m_1}{m_2} = \dfrac{n_1}{n_2} = \dfrac{p_1}{p_2} \begin{cases} \text{当} (x_0, y_0, z_0) \in L_2 \text{时}, L_1 \text{与} L_2 \text{重合}, \\ \text{当} (x_0, y_0, z_0) \notin L_2 \text{时}, L_1 \ /\!/ \ L_2; \end{cases}$

(3) 直线 L_1 与 L_2 的夹角 $\theta, (0 \leqslant \theta \leqslant \dfrac{\pi}{2})$

$$\cos\theta = |\cos(\widehat{\boldsymbol{s}_1, \boldsymbol{s}_2})| = \frac{|\boldsymbol{s}_1 \cdot \boldsymbol{s}_2|}{|\boldsymbol{s}_1| \cdot |\boldsymbol{s}_2|} = \frac{|m_1 m_2 + n_1 n_2 + p_1 p_2|}{\sqrt{m_1^2 + n_1^2 + p_1^2} \cdot \sqrt{m_2^2 + n_2^2 + p_2^2}}.$$

【名师解析】

直线间的位置关系,主要判定平行和垂直两种特殊关系,本质上还是根据直线的方向向量之间的关系来判定.

3. 直线与平面的位置关系

直线 $L : \dfrac{x - x_0}{m} = \dfrac{y - y_0}{n} = \dfrac{z - z_0}{p}$,方向向量 $\boldsymbol{s} = \{m, n, p\}$;

平面 $\pi : Ax + By + Cz + D = 0$,法向量 $\boldsymbol{n} = \{A, B, C\}$,

$(1) \boldsymbol{s} \ /\!/ \ \boldsymbol{n} \Leftrightarrow \dfrac{A}{m} = \dfrac{B}{n} = \dfrac{C}{p} \Leftrightarrow L \perp \pi$;

(2) $s \perp n \Leftrightarrow Am + Bn + Cp = 0$ $\begin{cases} \text{当}(x_0, y_0, z_0) \in \pi \text{ 时,} L \text{ 在 } \pi \text{ 内,} \\ \text{当}(x_0, y_0, z_0) \notin \pi \text{ 时,} L \text{ // } \pi; \end{cases}$

(3) 直线 L 与平面 π 夹角为 $\varphi(0 \leqslant \varphi \leqslant \frac{\pi}{2})$

$$\sin\varphi = | \cos(\overset{\wedge}{s, n}) | = \frac{| s \cdot n |}{| s | \cdot | n |} = \frac{| Am + Bn + Cp |}{\sqrt{A^2 + B^2 + C^2} \cdot \sqrt{m^2 + n^2 + p^2}}.$$

【名师解析】

直线与平面间的位置关系,其实就是判定直线的方向向量与平面的法向量之间的关系.但要注意,直线与平面的位置关系与直线的方向向量和平面的法向量二者关系不一致:向量间平行对应直线与平面垂直,向量间垂直对应直线与平面平行或直线在平面内.

对于 $s \perp n$ 时,还要会区分直线在平面外与平面平行,还是直线在平面内,这时只需将直线上的点 (x_0, y_0, z_0) 代入平面方程,若方程成立,说明直线在平面内;若方程不成立,说明直线在平面外.

＊三、曲面(不在新大纲范围,了解即可)

1. 球面

球心在 (x_0, y_0, z_0),半径为 R 的球面方程

$$(x - x_0)^2 + (y - y_0)^2 + (z - z_0)^2 = R^2.$$

2. 柱面(母线 // 坐标轴)

柱面方程的特点　x, y, z 中只含两个未知量,不含哪个母线就平行于哪个坐标轴.

例　$x^2 + y^2 = a^2$ 表示在 xOy 平面上以 $x^2 + y^2 = a^2$ 为准线,母线平行于 z 轴的圆柱面.

$-\dfrac{x^2}{a^2} + \dfrac{z^2}{c^2} = 1$ 表示在 xOz 平面上以 $-\dfrac{x^2}{a^2} + \dfrac{z^2}{c^2} = 1$ 为准线,母线平行于 y 轴的双曲柱面.

3. 旋转曲面

在 yOz 平面内的曲线 $f(y, z) = 0$ 绕 z 轴旋转所得到的旋转曲线的方程形式为 $f(\pm \sqrt{x^2 + y^2}, z) = 0$.

旋转曲面方程的特点:将绕坐标轴旋转的平面曲线方程 $f(y, z) = 0$ 中的 z 保持不动,而将 y 改写成 $\pm \sqrt{x^2 + y^2}$,即得到旋转曲面方程.

4. 椭球面

椭球面方程:$\dfrac{x^2}{a^2} + \dfrac{y^2}{b^2} + \dfrac{z^2}{c^2} = 1$.

5. 抛物面

椭圆抛物面方程　$\dfrac{x^2}{p} + \dfrac{y^2}{q} = 2z$.

双曲抛物面方程　$-\dfrac{x^2}{p} + \dfrac{y^2}{q} = 2z$(马鞍面).

6. 双曲面

单叶双曲面方程　$\dfrac{x^2}{a^2} + \dfrac{y^2}{b^2} - \dfrac{z^2}{c^2} = 1$;

双叶双曲面方程　$\dfrac{x^2}{a^2} + \dfrac{y^2}{b^2} - \dfrac{z^2}{c^2} = -1$.

7. 圆锥面

圆锥面方程　$z^2 = k^2(x^2 + y^2)$.

考点例题分析

考点一 平面方程

【考点分析】

对这个单元而言,平面方程是考试中比较重要的一个内容,主要包括平面方程的求解、点到平面的距离.在求平面方程时,我们通常用到的是点法式方程和一般式方程.

例 10 求点 $(1,2,3)$ 到平面 $2x-3y+z=6$ 的距离.

解 利用点到平面的距离公式得 $d=\dfrac{|2\times1-3\times2+1\times3-6|}{\sqrt{2^2+(-3)^2+1^2}}=\dfrac{\sqrt{14}}{2}$.

【名师点评】

本题可以直接用点到平面的距离公式 $d=\dfrac{|Ax_0+By_0+Cz_0+D|}{\sqrt{A^2+B^2+C^2}}$.本题需要注意的是,必须将已知的平面方程改写成标准形式 $2x-3y+z-6=0$,才方便代入公式求解.

例 11 求过点 $(2,-3,0)$ 且法向量为 $\boldsymbol{n}=\{1,-2,3\}$ 的平面方程.

解 由平面的点法式方程得,所求平面的方程为 $(x-2)-2(y+3)+3z=0$,即
$$x-2y+3z-8=0.$$

【名师点评】

题目中给出平面上一点和平面的一个法向量,直接用平面的点法式方程代入即可.平面的点法式方程最后要整理成一般式方程.

例 12 求平行于 y 轴,且过点 $P(1,2,3)$ 和 $Q(3,2,-1)$ 的平面方程.

解 本题可用特殊平面的一般式方程来解.因为平面平行于 y 轴,所以设平面方程为 $Ax+Cz+D=0$,

又平面过点 $P(1,2,3)$ 和 $Q(3,2,-1)$,代入方程有
$$\begin{cases}A+3C+D=0,\\3A-C+D=0,\end{cases}\text{解得}\begin{cases}A=2C,\\D=-5C.\end{cases}$$

所以平面方程为 $2Cx+Cz-5C=0$,即 $2x+z-5=0$.

视频讲解
(扫码 关注)

【名师点评】

一般地,具有一定特殊性的平面,我们可以考虑用平面的一般式方程求解.平行于 y 轴的平面方程 y 的系数为 0,因此设为 $Ax+Cz+D=0$.另外该题最后求解是无法也没有必要得到 A,C,D 的具体数值,我们只需要得到三者之间的关系式,用其中一个量来表示另外两个,代入平面方程,方程两边再同时除以这个量,化成最简方程即可.

例 13 求通过点 $M_1(3,-5,1)$ 和 $M_2(4,1,2)$ 且垂直平面 $x-8y+3z-1=0$ 的平面方程.

解 设所求平面的法向量为 $\boldsymbol{n}$,因平面过点 $M_1(3,-5,1)$ 和 $M_2(4,1,2)$,则 $\overrightarrow{M_1M_2}=\{1,6,1\}$,故 $\boldsymbol{n}\perp\overrightarrow{M_1M_2}$;又

因为所求平面垂直于已知平面,且已知平面的法向量 $\boldsymbol{n}_1=\{1,-8,3\}$,故 $\boldsymbol{n}\perp\boldsymbol{n}_1$,所以 $\boldsymbol{n}=\overrightarrow{M_1M_2}\times\boldsymbol{n}_1=\begin{vmatrix}\boldsymbol{i}&\boldsymbol{j}&\boldsymbol{k}\\1&6&1\\1&-8&3\end{vmatrix}=$

$\{26,-2,-14\}$,

又平面过 $M_1(3,-5,1)$,所以平面的点法式方程 $26(x-3)-2(y+5)-14(z-1)=0$,即 $13x-y-7z-37=0$.

【名师点评】

欲求平面方程,此题已给出平面上的两点,所以我们再找到平面的一个法向量即可根据点法式方程写出平面方程,根据题中所给条件,我们可取 $\overrightarrow{M_1M_2}\times\boldsymbol{n}_1$ 来作为平面的法向量,然后根据点法式方程即可求解.值得注意的是,利用与所求向量同时垂直的两向量的向量积来构造所求向量是本章常用的一种方法.

考点 二　直线方程

【考点分析】

在专升本考试中,关于直线方程的考查主要包括直线方程的求解、直线方程各种形式间的相互转换.

例 14　求过点 $(1,-2,4)$ 且与平面 $2x-3y+z-4=0$ 垂直的直线方程.

解　已知平面的法向量 $n=\{2,-3,1\}$ 即为所求直线的方向向量,由直线的点向式得

$$\frac{x-1}{2}=\frac{y+2}{-3}=\frac{z-4}{1}.$$

【名师点评】

此题可直接利用直线的点向式方程形式写出直线方程.

例 15　过原点与平面 $x+2y+z=2$ 垂直的直线方程是 _____.

A. $x+2y+z=2$　　　　B. $\dfrac{x}{-1}=\dfrac{y}{2}=\dfrac{z}{-1}$　　　　C. $x=\dfrac{y}{2}=z$　　　　D. $x=-y=z$

解　平面的法向量为 $n=\{1,2,1\}$,因为直线与平面垂直,所以直线的方向向量与平面的法向量平行,所有选项中只有 C 的方向向量满足条件.

故应选 C.

例 16　求与两平面 $x-4z=3$ 和 $2x-y-5z=1$ 的交线平行且过点 $(-3,2,5)$ 的直线方程.

解　因为所求直线与两平面的交线平行,因此直线的方向向量 s 一定与两平面的法向量

视频讲解
(扫码关注)

n_1, n_2 同时垂直.所以有 $s=n_1\times n_2=\begin{vmatrix} i & j & k \\ 1 & 0 & -4 \\ 2 & -1 & -5 \end{vmatrix}=\{-4,-3,-1\}$,

因此,所求直线方程为 $\dfrac{x+3}{4}=\dfrac{y-2}{3}=\dfrac{z-5}{1}$.

【名师点评】

已知直线过某一个点,只需要求出直线的方向向量,即可利用点向式写出直线方程;所求直线与两平面的交线平行,因此直线的方向向量 s 一定与两平面的法向量 n_1, n_2 同时垂直,所以 $n_1\times n_2$ 可以作为直线的方向向量.

例 17　求直线 $L:\dfrac{x-1}{3}=\dfrac{y-3}{-2}=\dfrac{z+2}{1}$ 与平面 $\pi:5x-3y+z-16=0$ 的交点.

解　直线 $L:\dfrac{x-1}{3}=\dfrac{y-3}{-2}=\dfrac{z+2}{1}$ 的参数方程为 $\begin{cases} x=1+3t, \\ y=3-2t, \\ z=-2+t, \end{cases}$ 故可设交点坐标为 $(1+3t,3-2t,-2+t)$,然后

代入平面方程 $5(1+3t)-3(3-2t)+(t-2)-16=0$,得 $t=1$,故交点坐标为 $(4,1,-1)$.

【名师点评】

求直线与平面的交点时,使用直线的参数方程较为简单.

考点 三　平面与平面、直线与直线、直线与平面的位置关系

【考点分析】

在空间三组位置关系中,最常考的是直线与平面的位置关系,可利用直线的方向向量与平面的法向量的位置关系来判断,若判定直线的方向向量与平面的法向量平行,则直线与平面垂直;若判定直线的方向向量与平面的法向量垂直,则直线与平面平行,但此处有一种特殊情况,直线与平面平行时若直线上某点亦在平面上,则直线也在该平面上.

例 18　(1) 直线 $\dfrac{x-3}{3}=\dfrac{y+2}{-1}=\dfrac{z-1}{4}$ 与平面 $6x-2y+8z-7=0$ 的关系是 _____.

(2) 直线 $\dfrac{x-3}{3}=\dfrac{y+2}{-1}=\dfrac{z-1}{4}$ 与平面 $2x+2y-z-1=0$ 的关系是 _____.

A. 平行但不在平面上　　　B. 直线垂直于平面　　　C. 直线在平面上　　　D. 两者斜交

解　(1) 直线的方向向量为 $s=\{3,-1,4\}$,平面的法向量为 $n=\{6,-2,8\}$,$s\parallel n$,选 B.

(2) 直线的方向向量为 $s=\{3,-1,4\}$,平面的法向量为 $n=\{2,2,-1\}$,$s\cdot n=0$,直线与平面平行,且直线上的点

$(3,-2,1)$在平面上,因此直线在平面上.

故应选 C.

【名师点评】

求解此题直接利用直线的方向向量与平面的法向量位置关系判断即可. 要注意的是,直线与平面平行有两种情况: 一是直线在平面外(一般平行),二是直线在平面内(特殊平行). 可以根据直线的点向式方程找出直线上的点,再将点的坐标代入平面方程,看此点是否在平面内,从而判断直线是否在平面内.

例 19 直线 $\dfrac{x-1}{-1}=\dfrac{y-2}{2}=\dfrac{z+1}{-2}$ 与下列平面 _____ 垂直.

视频讲解
(扫码关注)

A. $4x+y-z+10=0$ B. $x-2y+3z+5=0$

C. $2x-4y+4z-6=0$ D. $x+y+z-9=0$

解 (1)直线的方向向量为 $s=\{-1,2,-2\}$,直线与平面垂直,则直线的方向向量与平面的法向量平行,即两个向量各对应成比例分量,所以满足条件的只有选项 C.

故应选 C.

【名师点评】

观察选项中哪一个平面的法向量与直线的方向向量平行即可.

例 20 判断下列两平面的位置关系 $2x-y+z-1=0$ 和 $-4x+2y-2z-1=0$.

解 平面 $2x-y+z-1=0$ 的法向量为 $\boldsymbol{n}_1=\{2,-1,1\}$,

平面 $-4x+2y-2z-1=0$ 的法向量为 $\boldsymbol{n}_2=\{-4,2,-2\}$,

因为 $\dfrac{2}{-4}=\dfrac{-1}{2}=\dfrac{1}{-2}\neq\dfrac{-1}{-1}$,所以两平面平行但不重合.

【名师点评】

空间中两平面位置关系的判定利用两平面的法向量的位置关系来判断.

考点真题解析

考点一 求平面或直线方程

真题 15 (2021.高数Ⅰ)点 $(1,2,3)$ 到 $2x+y-2z+4=0$ 的距离是 _____.

解 $d=\dfrac{|2\times1+2-2\times3+4|}{\sqrt{2^2+1^2+(-2)^2}}=\dfrac{2}{3}$.

故应填 $\dfrac{2}{3}$.

【名师点评】

本题直接利用点到平面的距离公式求解即可.

真题 16 (2024.高数Ⅰ)已知平面Ⅱ过点 $(1,0,2)$ 且垂直于直线 $\begin{cases}x-y+z+2=0,\\x-3y+2z+1=0.\end{cases}$ 求原点到平面Ⅱ的距离.

解 由直线方程得,$\boldsymbol{n}_1=(1,-1,1),\boldsymbol{n}_2=(1,-3,2)$,

则平面Ⅱ的法向量 $\boldsymbol{n}=\boldsymbol{n}_1\times\boldsymbol{n}_2=\begin{vmatrix}\boldsymbol{i}&\boldsymbol{j}&\boldsymbol{k}\\1&-1&1\\1&-3&2\end{vmatrix}=\boldsymbol{i}-\boldsymbol{j}-2\boldsymbol{k}$,所以平面Ⅱ的方程为: $x-y-2z+3=0$,原点到

平面Ⅱ的距离 $d=\dfrac{3}{\sqrt{1^2+(-1)^2+(-2)^2}}=\dfrac{\sqrt{6}}{2}$.

【名师点评】

此题需要先求出平面方程,由题目所给条件可以看出可以先求平面的法向量,即所给直线的方向向量,该直线为其一般式方程中的两个平面的交线,两个平面法向量的向量积为直线的方向向量且为所求平面的法向量,然后写出平面的

点法式方程,利用点到平面的距离公式求解即可.

真题 17 (2021.**高数 I**)求过点$(1,0,1)$且与平面$x+y-z-1=0$和$2x+z+1=0$平行的直线方程.

解　平面$x+y-z-1=0$的法向量$\boldsymbol{n}_1=\{1,1,-1\}$,平面$2x+z+1=0$的法向量$\boldsymbol{n}_2=\{2,0,1\}$,则所求直线的方向向量

$$\boldsymbol{s}=\boldsymbol{n}_1\times\boldsymbol{n}_2=\begin{vmatrix} \boldsymbol{i} & \boldsymbol{j} & \boldsymbol{k} \\ 1 & 1 & -1 \\ 2 & 0 & 1 \end{vmatrix}=\{1,-3,-2\},$$

因此,过点$(1,0,1)$,且与两平面平行的直线方程为$\dfrac{x-1}{1}=\dfrac{y}{-3}=\dfrac{z-1}{-2}$.

【名师点评】

根据题意,所求直线的方向向量应同时垂直于两平面的法向量,所以我们用两平面法向量的向量积作为直线的方向向量.

真题 18 (2019.**公共**)(1)验证直线$L_1:\begin{cases} x+2y-2z=5 \\ 5x-2y-z=0 \end{cases}$与直线$L_2:\dfrac{x+3}{2}=\dfrac{y}{3}=\dfrac{z-1}{4}$平行;(2)求经过$L_1$与$L_2$的平面方程.

解　(1)L_1的方向向量$\boldsymbol{s}_1=\{1,2,-2\}\times\{5,-2,-1\}=-3\{2,3,4\}$,这与$L_2$的方向向量$\boldsymbol{s}_2=\{2,3,4\}$方向相同,所以$L_1/\!/L_2$.

(2)在L_1上任取一点,如$\left(\dfrac{5}{6},\dfrac{25}{12},0\right)$,它与$L_2$上的点$(-3,0,1)$连接成向量$\boldsymbol{p}=\left\{\dfrac{23}{6},\dfrac{25}{12},-1\right\}$,则所求平面的法向量$\boldsymbol{n}$与$\boldsymbol{s}_2$和$\boldsymbol{p}$分别垂直.

$$\boldsymbol{n}=\boldsymbol{s}_2\times\boldsymbol{p}=\begin{vmatrix} \boldsymbol{i} & \boldsymbol{j} & \boldsymbol{k} \\ 2 & 3 & 4 \\ \dfrac{23}{6} & \dfrac{25}{12} & -1 \end{vmatrix}=\left\{-\dfrac{34}{3},\dfrac{52}{3},-\dfrac{22}{3}\right\}.$$

由点法式得平面方程为$-\dfrac{34}{3}(x+3)+\dfrac{52}{3}(y-0)-\dfrac{22}{3}(x-1)=0$,即$17x-26y+11z+40=0$.

【名师点评】

此题考查较为全面,第一问考查了两直线的位置关系,即判定两直线方向向量的关系,需要根据直线L_1的一般式方程求出其方向向量;第二问所求平面同时过两条平行直线,因此平面的法向量应同时垂直于两直线的方向向量,但所求平面的法向量不能用两平行向量的向量积构造.因此需要在平面内再找一个与这两个方向向量不平行的另外一个向量.因此求该平面方程关键在于通过该平面内两不平行的方向向量的向量积构造该平面的法向量.

真题 19 (2023.**高数 I**)求过两点$A(1,0,-4)$和$B(3,1,-2)$且与直线$\dfrac{x-1}{3}=\dfrac{y+2}{-1}=\dfrac{z}{2}$平行的平面方程.

解　由题意,向量$\overrightarrow{AB}=(2,1,2)$,直线$\dfrac{x-1}{3}=\dfrac{y+2}{-1}=\dfrac{z}{2}$的方向向量为$\boldsymbol{s}=(3,-1,2)$,

则所求平面的法向量为$\boldsymbol{n}=\overrightarrow{AB}\times\boldsymbol{s}=\begin{vmatrix} \boldsymbol{i} & \boldsymbol{j} & \boldsymbol{k} \\ 2 & 1 & 2 \\ 3 & -1 & 2 \end{vmatrix}=4\boldsymbol{i}+2\boldsymbol{j}-5\boldsymbol{k}$,

所求平面的点法式方程为$4(x-1)+2(y-0)-5(z+4)=0$,即$4x+2y-5z-24=0$.

真题 20 (2022.**高数 I**)求过点$(0,2,3)$且与直线$\dfrac{x-1}{2}=\dfrac{y+4}{1}=\dfrac{z+1}{3}$和$\begin{cases} x=3+t, \\ y=2+2t, \\ z=1+t \end{cases}$都平行的平面方程.

解　设两已知直线方向向量分别为$\boldsymbol{s}_1=(2,1,3)$,$\boldsymbol{s}_2=(1,2,1)$,

则所求平面的法向量$\boldsymbol{n}=\boldsymbol{s}_1\times\boldsymbol{s}_2=\begin{vmatrix} \boldsymbol{i} & \boldsymbol{j} & \boldsymbol{k} \\ 2 & 1 & 3 \\ 1 & 2 & 1 \end{vmatrix}=(-5,1,3)$,又所求平面过点$(0,2,3)$,

故所求平面方程为$-5x+(y-2)+3(z-3)=0$,即$5x-y-3z+11=0$.

【名师点评】

根据题意所求平面同时平行两条直线,因此平面的法向量应同时垂直于两平行直线的方向向量,所以我们用两直线

方向向量的向量积作为平面的法向量,再根据平面的点法式方程得到所求.

真题21 （2017. 机械）过点$(3,-2,2)$与直线$x=\dfrac{y}{2}=z$垂直的平面方程是 _____.

视频讲解
（扫码 关注）

解 因为直线$x=\dfrac{y}{2}=z$垂直于所求平面,故向量$\{1,2,1\}$为所求平面的法向量,

所求平面的点法式方程为$(x-3)+2(y+2)+(z-2)=0$,即$x+2y+z=1$.

故应填$x+2y+z=1$.

【名师点评】

本题已知直线垂直于所求平面,则该直线的方向向量即可作为所求平面的法向量.

真题22 （2017. 交通）过点$(2,2,3)$且与平面$3x+y=z+2$垂直的直线方程是 _____.

解 由题意可知平面法向量为$\boldsymbol{n}=\{3,1,-1\}$,而所求直线与已知平面垂直故直线的方向向量为$\boldsymbol{s}=\boldsymbol{n}=\{3,1,-1\}$,因此直线方程为$\dfrac{x-2}{3}=\dfrac{y-2}{1}=\dfrac{z-3}{-1}$.

故应填$\dfrac{x-2}{3}=\dfrac{y-2}{1}=\dfrac{z-3}{-1}$.

【名师点评】

此题考查了直线的点向式方程.

真题23 （2015. 计算机）求平行于y轴且经过两点$(4,0,-2)$,$(5,1,7)$的平面方程.

解 平行于y轴的平面方程可设为$Ax+Cz+D=0$,而此平面经过两点$(4,0,-2)$,$(5,1,7)$得
$$\begin{cases}4A-2C+D=0,\\5A+7C+D=0,\end{cases}\text{所以}\begin{cases}A=-9C,\\D=38C.\end{cases}$$

因此所求的平面方程为$-9Cx+Cz+38C=0$,即$9x-z-38=0$.

【名师点评】

平行于y轴的平面方程可设为$Ax+Cz+D=0$,同理可以类比得到平行于其他坐标轴的平面方程.

真题24 （2014. 交通）已知$\triangle ABC$的三个顶点的坐标分别为$A(1,2,3)$,$B(3,4,5)$,$C(2,4,7)$,求(1)$\triangle ABC$所在的平面方程;(2)AB边上的中线CD所在的直线方程.

解 (1)$\overrightarrow{AB}=\{2,2,2\}$,$\overrightarrow{AC}=\{1,2,4\}$,

$$\overrightarrow{AB}\times\overrightarrow{AC}=\begin{vmatrix}\boldsymbol{i}&\boldsymbol{j}&\boldsymbol{k}\\2&2&2\\1&2&4\end{vmatrix}=\{4,-6,2\}=2\{2,-3,1\},$$

取$\boldsymbol{n}=\{2,-3,1\}$,故平面方程为$2(x-1)-3(y-2)+z-3=0$,即$2x-3y+z+1=0$.

(2) 因AB边的中点D的坐标为$(2,3,4)$,$\overrightarrow{DC}=\{0,1,3\}$,故$CD$所在的直线方程为$\dfrac{x-2}{0}=\dfrac{y-3}{1}=\dfrac{z-4}{3}$.

【名师点评】

此题难度较大,第一问中,已知平面过三点,通过已知三点可以构造平面内的两个向量,二者的向量积即可作为所求平面的法向量,利用点法式方程确定平面方程;第二问,利用已知条件求出直线的方向向量,根据点向式方程确定直线方程.

考点二 平面与直线、直线与直线、平面于平面的位置关系

真题25 （2014. 计算机）直线$x-1=\dfrac{y-5}{-2}=z+8$与直线$\begin{cases}x-y=6,\\2y+z=3,\end{cases}$的夹角为 _____.

A. $\dfrac{\pi}{6}$ B. $\dfrac{\pi}{4}$ C. $\dfrac{\pi}{3}$ D. $\dfrac{\pi}{2}$

解 直线L_1的方向向量$\boldsymbol{s}_1=\{1,-2,1\}$,直线$L_2$的方向向量$\boldsymbol{s}_2=\begin{vmatrix}\boldsymbol{i}&\boldsymbol{j}&\boldsymbol{k}\\1&-1&0\\0&2&1\end{vmatrix}=\{-1,-1,2\}$,

设 L_1 与 L_2 的夹角为 θ，则 $\cos\theta = |\cos(\overset{\wedge}{s_1,s_2})| = \dfrac{|s_1 \cdot s_2|}{|s_1| \cdot |s_2|} = \dfrac{(-1)\times 1 + (-2)\times(-1) + 1\times 2}{\sqrt{6}\times\sqrt{6}} = \dfrac{1}{2}$，

因此两直线夹角为 $\theta = \dfrac{\pi}{3}$.

故应选 C.

【名师点评】

求两直线的夹角可通过求两直线的方向向量的夹角来算出，因此先求出两向量夹角的余弦值再求夹角.

真题 26 （2019.计算机）下列各平面中，与平面 $x+2y-3z=6$ 垂直的是 _____.

A. $2x+4y-6z=1$ 　　B. $2x+4y-6z=12$ 　　C. $\dfrac{x}{-1}+\dfrac{y}{2}+\dfrac{z}{3}=1$ 　　D. $-x+2y+z=1$

解　平面 $x+2y-3z=6$ 的法向量为 $n_1=\{1,2,-3\}$，若两平面垂直，则它们的法向量互相垂直，即 $n_1\cdot n_2=0$，D 选项中，$-x+2y+z=1$ 的法向量 $n_2=\{-1,2,1\}$ 满足条件.

故应选 D.

【名师点评】

若两平面垂直，则它们的法向量互相垂直.

真题 27 （2020.高数 Ⅰ）平面 $2x-3y+4z=8$ 与直线 $\dfrac{x-1}{2}=\dfrac{y+2}{-3}=\dfrac{z}{4}$ 的位置关系是 _____.

A. 平行 　　　　B. 垂直 　　　　C. 相交但不垂直 　　　　D. 直线在平面上

解　平面的法向量 $n=\{2,-3,4\}$，直线的方向向量 $n=\{2,-3,4\}$，因为 $\dfrac{2}{2}=\dfrac{-3}{-3}=\dfrac{4}{4}$，所以两向量平行，该平面与该直线垂直.

故应选 B.

【名师点评】

判定直线与平面的位置关系，即判定直线的方向向量与平面的法向量之间的关系，该题中，方向向量与法向量平行，故直线与平面垂直.

真题 28 （2019.财经）直线 $l:\dfrac{x+3}{-2}=\dfrac{y+4}{-7}=\dfrac{z}{3}$ 与平面 $\pi:4x-2y-2z-3=0$ 的位置关系是 _____.

A. 平行 　　　　B. 垂直相交 　　　　C. l 在 π 上 　　　　D. 相交但不垂直

解　直线的方向向量为 $s=\{-2,-7,3\}$，平面的法向量为 $n=\{4,-2,-2\}$，因为

$$s\cdot n=-2\times 4+(-7)\times(-2)+3\times(-2)=0,$$

且直线 l 上的点 $(-3,-4,0)$ 不在平面 π 内.根据直线与平面平行的充要条件知二者平行.

故应选 A.

【名师点评】

判定直线与平面的位置关系，即判定直线的方向向量与平面的法向量之间的关系，该题中，方向向量与法向量垂直，且直线上的点 $(-3,-4,0)$ 不在平面 π 上，故直线与平面平行.

真题 29 （2018.公共）直线 $\begin{cases} x+y+z-4=0, \\ x-y-z+2=0 \end{cases}$ 与直线 $\begin{cases} x-2y-z-1=0, \\ x-y-2z=0 \end{cases}$ 的位置关系为 _____.

解　$s_1=\begin{vmatrix} i & j & k \\ 1 & 1 & 1 \\ 1 & -1 & -1 \end{vmatrix}=i\begin{vmatrix} 1 & 1 \\ -1 & -1 \end{vmatrix}-j\begin{vmatrix} 1 & 1 \\ 1 & -1 \end{vmatrix}+k\begin{vmatrix} 1 & 1 \\ 1 & -1 \end{vmatrix}=\{0,2,-2\},$

视频讲解
（扫码 关注）

$s_2=\begin{vmatrix} i & j & k \\ 1 & -2 & -1 \\ 1 & -1 & -2 \end{vmatrix}=i\begin{vmatrix} -2 & -1 \\ -1 & -2 \end{vmatrix}-j\begin{vmatrix} 1 & -1 \\ 1 & -2 \end{vmatrix}+k\begin{vmatrix} 1 & -2 \\ 1 & -1 \end{vmatrix}=\{3,1,1\}$

$s_1\cdot s_2=0\times 3+2\times 1+(-2)\times 1=0$，所以直线的两方向向量垂直，两直线垂直.

故应填垂直.

【名师点评】

此题中需要先根据两直线的一般方程确定两直线的方向向量，然后根据方向向量的关系确定直线的位置关系.

真题 30 (2018.理工) 两平面 $x-y+2z-6=0$ 和 $2x+y+z-5=0$ 的夹角为 _____.

A. $\dfrac{\pi}{4}$　　　　B. $\dfrac{\pi}{3}$　　　　C. $\dfrac{\pi}{2}$　　　　D. $\dfrac{2\pi}{3}$

解 $\boldsymbol{n}_1=\{1,-1,2\}$，$\boldsymbol{n}_2=\{2,1,1\}$，

$$\cos\theta=|\cos(\widehat{\boldsymbol{n}_1,\boldsymbol{n}_2})|=\frac{|\boldsymbol{n}_1\cdot\boldsymbol{n}_2|}{|\boldsymbol{n}_1|\cdot|\boldsymbol{n}_2|}=\frac{|1\times2+(-1)\times1+2\times1|}{\sqrt{1^2+(-1)^2+2^2}\cdot\sqrt{2^2+1^2+1^2}}=\frac{1}{2},\text{所以 }\theta=\frac{\pi}{3}.$$

故应选 B.

【名师点评】

求两平面之间的夹角，可以通过求平面法向量之间的夹角来求解.

真题 31 (2018.理工) 直线 $\dfrac{x-2}{1}=\dfrac{y-3}{1}=\dfrac{z-4}{2}$ 与平面 $2x+y+z-6=0$ 的交点为 _____.

解 令 $\dfrac{x-2}{1}=\dfrac{y-3}{1}=\dfrac{z-4}{2}=t$，则得直线的参数方程 $\begin{cases} x=t+2, \\ y=t+3, \\ z=2t+4, \end{cases}$

代入平面方程 $2x+y+z-6=0$，解得 $t=-1$，所以交点为 $(1,2,2)$.

故应填 $(1,2,2)$.

【名师点评】

求直线与平面的交点，一般利用直线的参数方程求解更为便捷.

✧ 考点方法综述

序号	本单元考点与方法总结
1	求直线方程，一般利用点向式方程来求解；求平面方程，常用点法式方程.
2	求直线与直线、平面与平面、平面与直线之间的位置关系，主要指平行和垂直两种特殊的位置关系，可以通过转化为方向向量和法向量之间的关系来解决.

本章检测训练

第七章检测训练 A

一、单选题

1. 向量 _____ 是单位向量.

　A. $\{1,1,1\}$　　　　B. $\left\{\dfrac{1}{3},\dfrac{1}{3},\dfrac{1}{3}\right\}$　　　　C. $\{0,-1,0\}$　　　　D. $\left\{\dfrac{1}{2},0,\dfrac{1}{2}\right\}$

2. 平面 $3x+y+z-6=0$ 在三条坐标轴上的截距分别为 _____.

　A. $3,1,1$　　　　　　　　　　　　B. $3,1,-6$

　C. $-6,2,2$　　　　　　　　　　　D. $2,6,6$

3. 若非零向量 $\boldsymbol{a},\boldsymbol{b}$ 满足关系式 $|\boldsymbol{a}-\boldsymbol{b}|=|\boldsymbol{a}+\boldsymbol{b}|$，则必有 _____.

　A. $\boldsymbol{a}-\boldsymbol{b}=\boldsymbol{a}+\boldsymbol{b}$　　B. $\boldsymbol{a}=\boldsymbol{b}$　　C. $\boldsymbol{a}\cdot\boldsymbol{b}=0$　　D. $\boldsymbol{a}\times\boldsymbol{b}=0$

4. 直线 $\dfrac{x-1}{2}=\dfrac{y}{1}=\dfrac{z-1}{-1}$ 与平面 $x-y+z=1$ 的关系为 _____.

　A. 平行　　　　B. 垂直　　　　C. 夹角为 $\dfrac{\pi}{4}$　　　　D. 直线在平面内

5. 设 $|\boldsymbol{a}|=2$，$|\boldsymbol{b}|=\sqrt{3}$，$\boldsymbol{a}\cdot\boldsymbol{b}=\sqrt{3}$，则 $|\boldsymbol{a}+\boldsymbol{b}|=$ _____.

　A. $2+\sqrt{3}$　　　　B. $2-\sqrt{3}$　　　　C. $\sqrt{7+2\sqrt{3}}$　　　　D. $\sqrt{7-2\sqrt{3}}$

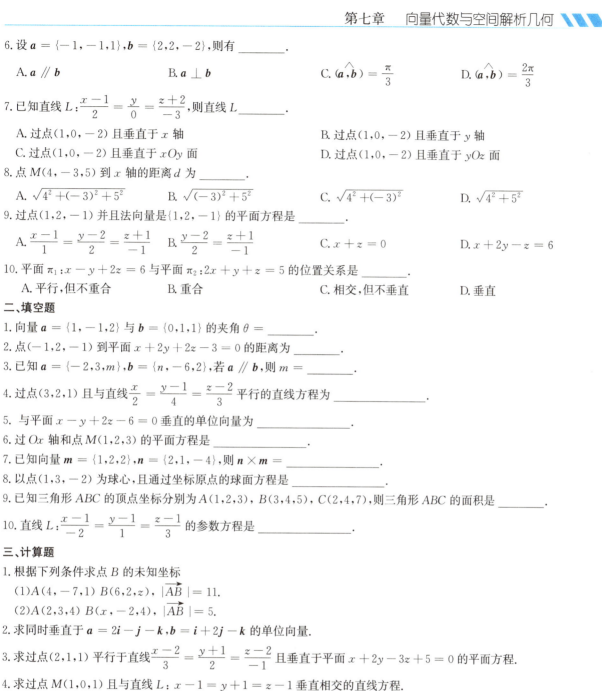

6. 设 $\boldsymbol{a} = \{-1, -1, 1\}, \boldsymbol{b} = \{2, 2, -2\}$,则有 _____.

A. $\boldsymbol{a} \parallel \boldsymbol{b}$　　　　　　　B. $\boldsymbol{a} \perp \boldsymbol{b}$　　　　　　　C. $(\widehat{\boldsymbol{a}, \boldsymbol{b}}) = \dfrac{\pi}{3}$　　　　　D. $(\widehat{\boldsymbol{a}, \boldsymbol{b}}) = \dfrac{2\pi}{3}$

7. 已知直线 $L: \dfrac{x-1}{2} = \dfrac{y}{0} = \dfrac{z+2}{-3}$,则直线 L _____.

A. 过点 $(1, 0, -2)$ 且垂直于 x 轴　　　　　　B. 过点 $(1, 0, -2)$ 且垂直于 y 轴

C. 过点 $(1, 0, -2)$ 且垂直于 xOy 面　　　　　D. 过点 $(1, 0, -2)$ 且垂直于 yOz 面

8. 点 $M(4, -3, 5)$ 到 x 轴的距离 d 为 _____.

A. $\sqrt{4^2 + (-3)^2 + 5^2}$　　B. $\sqrt{(-3)^2 + 5^2}$　　C. $\sqrt{4^2 + (-3)^2}$　　D. $\sqrt{4^2 + 5^2}$

9. 过点 $(1, 2, -1)$ 并且法向量是 $\{1, 2, -1\}$ 的平面方程是 _____.

A. $\dfrac{x-1}{1} = \dfrac{y-2}{2} = \dfrac{z+1}{-1}$　　B. $\dfrac{y-2}{2} = \dfrac{z+1}{-1}$　　C. $x + z = 0$　　D. $x + 2y - z = 6$

10. 平面 $\pi_1: x - y + 2z = 6$ 与平面 $\pi_2: 2x + y + z = 5$ 的位置关系是 _____.

A. 平行,但不重合　　　　B. 重合　　　　C. 相交,但不垂直　　　　D. 垂直

二、填空题

1. 向量 $\boldsymbol{a} = \{1, -1, 2\}$ 与 $\boldsymbol{b} = \{0, 1, 1\}$ 的夹角 $\theta =$ _____.

2. 点 $(-1, 2, -1)$ 到平面 $x + 2y + 2z - 3 = 0$ 的距离为 _____.

3. 已知 $\boldsymbol{a} = \{-2, 3, m\}, \boldsymbol{b} = \{n, -6, 2\}$,若 $\boldsymbol{a} \parallel \boldsymbol{b}$,则 $m =$ _____.

4. 过点 $(3, 2, 1)$ 且与直线 $\dfrac{x}{2} = \dfrac{y-1}{4} = \dfrac{z-2}{3}$ 平行的直线方程为 _____.

5. 与平面 $x - y + 2z - 6 = 0$ 垂直的单位向量为 _____.

6. 过 Ox 轴和点 $M(1, 2, 3)$ 的平面方程是 _____.

7. 已知向量 $\boldsymbol{m} = \{1, 2, 2\}, \boldsymbol{n} = \{2, 1, -4\}$,则 $\boldsymbol{n} \times \boldsymbol{m} =$ _____.

8. 以点 $(1, 3, -2)$ 为球心,且通过坐标原点的球面方程是 _____.

9. 已知三角形 ABC 的顶点坐标分别为 $A(1, 2, 3), B(3, 4, 5), C(2, 4, 7)$,则三角形 ABC 的面积是 _____.

10. 直线 $L: \dfrac{x-1}{-2} = \dfrac{y-1}{1} = \dfrac{z-1}{3}$ 的参数方程是 _____.

三、计算题

1. 根据下列条件求点 B 的未知坐标

(1) $A(4, -7, 1)$ $B(6, 2, z)$, $|\overrightarrow{AB}| = 11$.

(2) $A(2, 3, 4)$ $B(x, -2, 4)$, $|\overrightarrow{AB}| = 5$.

2. 求同时垂直于 $\boldsymbol{a} = 2\boldsymbol{i} - \boldsymbol{j} - \boldsymbol{k}, \boldsymbol{b} = \boldsymbol{i} + 2\boldsymbol{j} - \boldsymbol{k}$ 的单位向量.

3. 求过点 $(2, 1, 1)$ 平行于直线 $\dfrac{x-2}{3} = \dfrac{y+1}{2} = \dfrac{z-2}{-1}$ 且垂直于平面 $x + 2y - 3z + 5 = 0$ 的平面方程.

4. 求过点 $M(1, 0, 1)$ 且与直线 $L: x - 1 = y + 1 = z - 1$ 垂直相交的直线方程.

5. 求通过点 $A(1, -2, 0)$ 且平行于直线 $L_1: \begin{cases} x + y - 2z + 1 = 0, \\ x + 2y - z + 5 = 0 \end{cases}$ 的直线方程.

6. 已知向量 $\boldsymbol{a}$ 与向量 $\boldsymbol{b} = 3\boldsymbol{i} + 6\boldsymbol{j} + 8\boldsymbol{k}$ 及 x 轴垂直,且 $|\boldsymbol{a}| = 2$,求出向量 $\boldsymbol{a}$.

第七章检测训练 B

一、单选题

1. 设 $\boldsymbol{a} = \boldsymbol{i} - 2\boldsymbol{j}, \boldsymbol{b} = \boldsymbol{j} + 3\boldsymbol{k}$,则 $\boldsymbol{a} \cdot \boldsymbol{b} =$ _____.

A. -2　　　　　　　B. -5　　　　　　　C. 2　　　　　　　D. $-2\boldsymbol{i}$

2. 平面 $Ax + By + D = 0$ 与 z 轴的位置关系是 _____.

A. 垂直　　　　　B. 平行　　　　　C. 相交　　　　　D. 包含 z 轴

3. 直线 $\dfrac{x-1}{-1} = \dfrac{y-1}{0} = \dfrac{z-1}{1}$ 与平面 $2x + y - z - 4 = 0$ 的夹角为 _____.

A. $\dfrac{\pi}{6}$ B. $\dfrac{\pi}{3}$ C. $\dfrac{\pi}{4}$ D. $\dfrac{\pi}{2}$

4. 点 $P(3,-2,5)$ 到 y 轴的距离为 _____.

  A. $\sqrt{3^2+(-2)^2+5^2}$ B. $\sqrt{3^2+(-2)^2}$ C. $\sqrt{3^2+5^2}$ D. $\sqrt{(-2)^2+5^2}$

5. 下面的条件中,不能唯一确定一个平面的是 _____.

  A. 过一点且垂直于已知直线   B. 过一点且平行于已知直线

  C. 过一点且平行于已知平面   D. 过已知直线和直线外一点

6. 下列平面中,过 y 轴的是 _____.

  A. $x+y+z=0$ B. $x+y+z=1$ C. $x+z=1$ D. $x+z=0$

7. 平面 $\pi_1:2x+3y+4z+4=0$ 与平面 $\pi_2:2x-3y+4z-4=0$ 的位置关系是 _____.

  A. 相交且垂直   B. 相交但不重合,不垂直   C. 平行   D. 重合

8. 设有直线 $\dfrac{x}{0}=\dfrac{y}{4}=\dfrac{z}{-3}$,则该直线必定 _____.

  A. 过原点且垂直于 x 轴   B. 过原点且平行于 x 轴

  C. 不过原点,但垂直于 x 轴   D. 不过原点,且不平行于 x 轴.

9. 直线 $L:\begin{cases} x-y+z=1,\\ 2x+y-z=2 \end{cases}$ 的方向向量是 _____.

  A. $\{0,-3,3\}$ B. $\{1,2,3\}$ C. $\{0,3,3\}$ D. $\{1,-2,3\}$

10. 平面 $x+ky-z-2=0$ 与平面 $2x+y+z-1=0$ 相互垂直,则 $k=$ _____.

  A. 1   B. 2   C. -1 D. -2

二、填空题

1. 非零向量 $\boldsymbol{a},\boldsymbol{b}$ 满足 $|\boldsymbol{a}\times\boldsymbol{b}|=0$,则必有 _____.

2. 点 $M(2,-3,-1)$ 关于 x 轴对称的点是 _____,到 z 轴的距离是 _____,到坐标原点的距离是 _____.

3. 过原点且垂直于平面 $2y-z+2=0$ 的直线方程为 _____.

4. 与平面 $x-y+2z+1=0$ 垂直的单位向量为 _____.

5. 若 $|\boldsymbol{a}|\cdot|\boldsymbol{b}|=\sqrt{2}$,$(\boldsymbol{a},\boldsymbol{b})=\dfrac{\pi}{2}$,则 $|\boldsymbol{a}\times\boldsymbol{b}|=$ _____,$\boldsymbol{a}\cdot\boldsymbol{b}=$ _____.

6. 点 $(3,0,-1)$ 到平面 $x-y-z+2=0$ 的距离是 _____.

7. 直线 $\dfrac{x-2}{1}=\dfrac{y+1}{0}=z$ 与平面 $x-y+3=0$ 的夹角是 _____.

8. 空间向量 $\boldsymbol{r}=2\boldsymbol{i}-2\boldsymbol{j}+\boldsymbol{k}$ 与三个坐标轴夹角的方向余弦分别是 _____.

9. 与直线 $\dfrac{x-2}{3}=\dfrac{y+1}{-2}=z$ 垂直且过点 $(1,2,-3)$ 的平面方程是 _____.

10. 直线 $\dfrac{x-1}{1}=\dfrac{y-2}{1}=\dfrac{z}{0}$ 与直线 $\dfrac{x}{1}=\dfrac{y}{0}=\dfrac{z}{1}$ 的夹角是 _____.

三、计算题

1. 已知 $\boldsymbol{a}=\{1,-2,1\}$,$\boldsymbol{b}=\{1,1,2\}$,计算

  (1) $\boldsymbol{a}\times\boldsymbol{b}$,   (2) $(2\boldsymbol{a}\cdot\boldsymbol{b})\cdot(\boldsymbol{a}+\boldsymbol{b})$,   (3) $|\boldsymbol{a}-\boldsymbol{b}|^2$.

2. 已知两点 $M_1(2,-1,2)$,$M_2(8,-7,5)$,求通过点 M_1 且垂直于 $\overrightarrow{M_1M_2}$ 的平面.

3. 求过点 $M(0,2,4)$ 且与两平面 $\pi_1:x+2z-1=0$,$\pi_2:y-3z-2=0$ 都平行的直线方程.

4. 求过点 $(-1,2,3)$,垂直于直线 $\dfrac{x}{4}=\dfrac{y}{5}=\dfrac{z}{6}$ 且平行于平面 $7x+8y+9z+10=0$ 的直线方程.

5. 求平行于 y 轴,且过点 $A(1,-5,1)$ 与 $B(3,2,-3)$ 的平面方程.

6. 求通过点 $A(-1,-2,1)$ 且平行于直线 $L_1:\begin{cases} x+y-2z+1=0,\\ x+2y-z+5=0 \end{cases}$ 的直线方程.

第八章　　多元函数微积分

◈ 知识结构导图

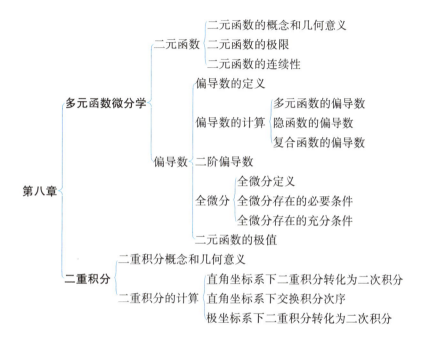

```
                                          二元函数的概念和几何意义
                                   二元函数 二元函数的极限
                                          二元函数的连续性
                                   偏导数的定义
                   多元函数微分学                     多元函数的偏导数
                                   偏导数的计算 隐函数的偏导数
                                                复合函数的偏导数
                                   偏导数 二阶偏导数
        第八章                              全微分定义
                                   全微分 全微分存在的必要条件
                                          全微分存在的充分条件
                                   二元函数的极值
                         二重积分概念和几何意义
                   二重积分                  直角坐标系下二重积分转化为二次积分
                         二重积分的计算 直角坐标系下交换积分次序
                                        极坐标系下二重积分转化为二次积分
```

第一单元　　多元函数微分学

◈ 考纲内容解读

新大纲基本要求	新大纲名师解读
1.理解二元函数的概念、几何意义及二元函数的极限与连续概念，会求二元函数的定义域. 　2.理解二元函数偏导数和全微分的概念，理解全微分存在的必要主体和充分条件.掌握二元函数的一阶、二阶偏导数的求法，会求二元函数的全微分. 　3.掌握复合函数一阶、二阶偏导数的求法. 　4.掌握由方程 $F(x,y,z)=0$ 所确定的隐函数 $z=z(x,y)$ 的一阶偏导数的计算方法. 　5.会求二元函数的无条件极值.	本单元学习时可以对照一元函数微分学的相应知识，通过比较其中的异同来帮助理解和记忆.注意多元函数连续、偏导数存在和可微之间的关系与一元函数连续、可导、可微之间关系的不同.

考点知识梳理

一、二元函数的极限和连续

1.二元函数的概念和几何意义

定义:设 D 是 R^2 上的一个非空子集,称映射 $f:D \to R$ 为定义在 D 上的**二元函数**,通常记为 $z = f(x,y),(x,y) \in D$,点集 D 称为该函数的定义域.

几何意义:二元函数在几何上表示空间的曲面.

【名师解析】

一元函数的定义域是数轴上的点的集合(区间),二元函数的定义域是平面上点的集合(区域);一元函数的图形是平面上的一条曲线,二元函数的图形是空间的一张曲面.

2.二元函数的极限

设二元函数 $z = f(x,y)$ 在点 (x_0,y_0) 的某个空心邻域内有定义,若当邻域内任意一点 (x,y) 以任何方式趋近 (x_0,y_0) 时,$f(x,y)$ 都无限趋近于一个确定的常数 A,则称 A 为 $f(x,y)$ 在点 (x_0,y_0) 处的**极限**,记作

$$\lim_{\substack{x \to x_0 \\ y \to y_0}} f(x,y) = A \text{ 或 } \lim_{(x,y) \to (x_0,y_0)} f(x,y) = A.$$

【名师解析】

二元函数 $z = f(x,y)$ 在点 (x_0,y_0) 的极限存在要求点 (x_0,y_0) 邻域内任意一点 (x,y) 以任何方式趋近 (x_0,y_0) 时,$f(x,y)$ 都趋近于同一个确定常数,而点 (x,y) 趋近 (x_0,y_0) 的方式有无数种,所以无法利用定义正面来求 $f(x,y)$ 在点 (x_0,y_0) 的极限,常利用定义的反面(函数的自变量以不同方式趋近于定点时函数的变化不一致)来说明 $f(x,y)$ 在点 (x_0,y_0) 极限不存在.

3.二元函数的连续

设二元函数 $z = f(x,y)$ 在点 (x_0,y_0) 的某个邻域内有定义,若 $\lim_{\substack{x \to x_0 \\ y \to y_0}} f(x,y) = f(x_0,y_0)$,则称 $z = f(x,y)$ 在点 (x_0,y_0) 处**连续**.

【名师解析】

二元函数 $z = f(x,y)$ 在点 (x_0,y_0) 处连续需满足三个条件

(1)$f(x_0,y_0)$ 存在;　　(2)$\lim_{\substack{x \to x_0 \\ y \to y_0}} f(x,y)$ 存在;　　(3)$\lim_{\substack{x \to x_0 \\ y \to y_0}} f(x,y) = f(x_0,y_0)$.

二元函数在一点连续所满足的三个条件与一元函数在一点连续的条件是类似的.

二、偏导数

1.偏导数定义

设函数 $z = f(x,y)$ 在点 $P_0(x_0,y_0)$ 的某一邻域内有定义,当固定 $y = y_0$,而 x 在 x_0 处有增量 Δx 时 $\Delta_x z = f(x_0 + x,y_0) - f(x_0,y_0)$,若 $\lim_{\Delta x \to 0} \frac{\Delta_x z}{\Delta x}$ 存在,则称此极限为 $z = f(x,y)$ 在 (x_0,y_0) 处对 x 的**偏导数**,记作

$f'_x(x_0,y_0),z'_x \big|_{\substack{x=x_0 \\ y=y_0}},\frac{\partial f}{\partial x} \big|_{\substack{x=x_0 \\ y=y_0}}$ 或 $\frac{\partial z}{\partial x} \big|_{\substack{x=x_0 \\ y=y_0}}$,即

$$f'_x(x_0,y_0) = \lim_{\Delta x \to 0} \frac{\Delta_x z}{\Delta x} = \lim_{\Delta x \to 0} \frac{f(x_0 + \Delta x,y_0) - f(x_0,y_0)}{\Delta x}.$$

类似地,$z = f(x,y)$ 在 (x_0,y_0) 处对 y 的偏导数记作

$$f'_y(x_0,y_0),z'_y \big|_{\substack{x=x_0 \\ y=y_0}},\frac{\partial f}{\partial y} \big|_{\substack{x=x_0 \\ y=y_0}},\frac{\partial z}{\partial y} \big|_{\substack{x=x_0 \\ y=y_0}},$$

$$f'_y(x_0,y_0) = \lim_{\Delta y \to 0} \frac{\Delta_y z}{\Delta y} = \lim_{\Delta y \to 0} \frac{f(x_0,y_0 + \Delta y) - f(x_0,y_0)}{\Delta y}.$$

2.偏导函数

$$\frac{\partial z}{\partial x}=\lim_{\Delta x\to 0}\frac{f(x+\Delta x,y)-f(x,y)}{\Delta x};\qquad \frac{\partial z}{\partial y}=\lim_{\Delta y\to 0}\frac{f(x,y+\Delta y)-f(x,y)}{\Delta y}.$$

【名师解析】

二元函数求偏导数,是将二个变量中的一个看作常数,对另一个变量求导数,这时的二元函数实际上可视为一元函数,因此在求偏导时可利用一元函数的求导公式、运算法则去求解.类似地,三元及三元以上的函数求偏导数,将要求偏导数的变量之外的其余变量都看作常数,只对这一个变量求导即可.

三、多元复合函数求偏导法则与隐函数求导数或偏导数

1.多元复合函数求偏导法则

链式法则"同链相乘,异链相加"

(1)若 $z=f(u,v)$,$u=\varphi(x,y)$,$v=\psi(x,y)$,链式图如图8.1所示,则偏导数

$$\frac{\partial z}{\partial x}=\frac{\partial z}{\partial u}\frac{\partial u}{\partial x}+\frac{\partial z}{\partial v}\frac{\partial v}{\partial x},\qquad \frac{\partial z}{\partial y}=\frac{\partial z}{\partial u}\frac{\partial u}{\partial y}+\frac{\partial z}{\partial v}\frac{\partial v}{\partial y};$$

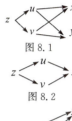

图 8.1

(2)若 $z=f(u,v)$,$u=\varphi(x)$,$v=\psi(x)$,链式图如图8.2所示,则全导数

$$\frac{\mathrm{d}z}{\mathrm{d}x}=\frac{\partial z}{\partial u}\frac{\mathrm{d}u}{\mathrm{d}x}+\frac{\partial z}{\partial v}\frac{\mathrm{d}v}{\mathrm{d}x};$$

图 8.2

(3)若 $z=f(u,x,y)$,$u=\varphi(x,y)$,链式图如图8.3所示,则偏导数

$$\frac{\partial z}{\partial x}=\frac{\partial f}{\partial x}+\frac{\partial f}{\partial u}\frac{\partial u}{\partial x},\qquad \frac{\partial z}{\partial y}=\frac{\partial f}{\partial y}+\frac{\partial f}{\partial u}\frac{\partial u}{\partial y}.$$

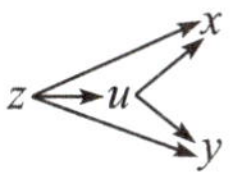

图 8.3

【名师解析】

注意(3)中两个符号 $\frac{\partial z}{\partial x}$ 与 $\frac{\partial f}{\partial x}$ 含义不同,$\frac{\partial z}{\partial x}$ 是将两个函数复合以后的二元函数 $z=f[\varphi(x,y),x,y]$ 中视 y 为常量,对 x 求偏导;$\frac{\partial f}{\partial x}$ 是将三元函数 $z=f(u,x,y)$(外函数)中视 u,y 为常量,对 x 求偏导.

2.隐函数求导数或偏导数

(1)由 $F(x,y)=0$ 确定的一元隐函数 $y=y(x)$ 的求导数公式: $\frac{\mathrm{d}y}{\mathrm{d}x}=-\frac{F'_x}{F'_y}$;

(2)由 $F(x,y,z)=0$ 确定的二元隐函数 $z=z(x,y)$ 的求偏导数公式: $\frac{\partial z}{\partial x}=-\frac{F'_x}{F'_z}$,$\qquad \frac{\partial z}{\partial y}=-\frac{F'_y}{F'_z}$.

【名师解析】

利用上述公式求二元隐函数的偏导数时,可以分为三步进行:

第一步,要根据隐函数方程构造出三元函数,即将方程右端的项都移至左端,将移项以后方程左端的表达式视为关于 x,y,z 的三元函数 $F(x,y,z)$;

第二步,构造的三元函数对三个自变量分别求偏导数,得到 F'_x,F'_y,F'_z;

第三步,代入二元隐函数求偏导数的公式,得出 z'_x 和 z'_y,注意公式中的负号不要漏掉.

四、高阶偏导数

1.二阶偏导数

(1)先对 x 再对 x 的二阶偏导数 $\frac{\partial}{\partial x}\left(\frac{\partial z}{\partial x}\right)$,常用的记号为 $\frac{\partial^2 z}{\partial x^2}$,$\frac{\partial^2 f}{\partial x^2}$,$z''_{xx}$,$f''_{xx}$;

(2)先对 y 再对 y 的二阶偏导数 $\frac{\partial}{\partial y}\left(\frac{\partial z}{\partial y}\right)$,常用的记号为 $\frac{\partial^2 z}{\partial y^2}$,$\frac{\partial^2 f}{\partial y^2}$,$z''_{yy}$,$f''_{yy}$;

(3)先对 x 再对 y 的二阶偏导数 $\frac{\partial}{\partial y}\left(\frac{\partial z}{\partial x}\right)$,常用的记号为 $\frac{\partial^2 z}{\partial x\partial y}$,$\frac{\partial^2 f}{\partial x\partial y}$,$z''_{xy}$,$f''_{xy}$;

(4)先对 y 再对 x 的二阶偏导数 $\frac{\partial}{\partial x}\left(\frac{\partial z}{\partial y}\right)$,常用的记号为 $\frac{\partial^2 z}{\partial y\partial x}$,$\frac{\partial^2 f}{\partial y\partial x}$,$z''_{yx}$,$f''_{yx}$;

2.二阶混合偏导数的关系

$\frac{\partial^2 z}{\partial x\partial y}$ 与 $\frac{\partial^2 z}{\partial y\partial x}$ 称为**二阶混合偏导数**,两个二阶混合偏导数连续时相等.

【名师解析】

表示函数的各阶偏导数时,函数符号右上角的撇号可以省略,但下标不能省略,例如,z_x' 也可表示为 z_x,f_{xy}'' 也可表示为 f_{xy}.

五、全微分

1. 全微分定义

设函数 $z = f(x,y)$ 在点 (x,y) 的某个邻域内有定义,如果函数 $z = f(x,y)$ 在点 (x,y) 处的全增量

$$\Delta z = f(x+\Delta x, y+\Delta y) - f(x,y)$$

可以表示为 $\Delta z = A\Delta x + B\Delta y + o(\rho)(\rho = \sqrt{\Delta x^2 + \Delta y^2})$,则称函数 $z = f(x,y)$ 在点 (x,y) 处可微,$A\Delta x + B\Delta y$ 称为函数 $z = f(x,y)$ 在点 (x,y) 处的全微分,记作 $\mathrm{d}z$,即 $\mathrm{d}z = A\Delta x + B\Delta y$.

2. 二元函数可微的必要条件

如果函数 $z = f(x,y)$ 在点 (x,y) 处可微,则函数 $z = f(x,y)$ 在点 (x,y) 处连续,两个偏导数 z_x' 和 z_y' 都存在,且

$$\mathrm{d}z = \frac{\partial z}{\partial x}\mathrm{d}x + \frac{\partial z}{\partial y}\mathrm{d}y.$$

3. 二元函数可微的充分条件

如果函数 $z = f(x,y)$ 在点 (x,y) 处的两个偏导数 z_x' 和 z_y' 都存在且连续,则函数 $z = f(x,y)$ 在该点处可微.

【名师解析】

一元函数 $y = f(x)$ 在点 x_0 处可导则一定连续,但连续未必可导,不连续一定不可导,且可导和可微等价;二元函数 $z = f(x,y)$ 在点 (x_0,y_0) 处偏导数存在与否与函数在该点是否连续无关.二元函数在点 (x_0,y_0) 处可微,则在该点处的偏导数存在,但在该点偏导数存在不一定可微,只有偏导数存在且连续的条件下,才在该点可微.

六、二元函数无条件极值

1. 极值的必要条件

设 $z = f(x,y)$ 在点 $P_0(x_0,y_0)$ 处偏导数存在,并取得极值,则有 $\begin{cases} f_x'(x_0,y_0) = 0, \\ f_y'(x_0,y_0) = 0. \end{cases}$

2. 极值的充分条件

设函数 $z = f(x,y)$ 在点 $P_0(x_0,y_0)$ 的某邻域内有一阶、二阶连续偏导数,且 $f_x'(x_0,y_0) = 0, f_y'(x_0,y_0) = 0$,记 $A = f_{xx}''(x_0,y_0), B = f_{xy}''(x_0,y_0), C = f_{yy}''(x_0,y_0), \Delta = AC - B^2$,则

(1) 当 $\Delta > 0$ 时,有极值 $\begin{cases} A < 0 \text{ 时,有极大值 } f(x_0,y_0), \\ A > 0 \text{ 时,有极小值 } f(x_0,y_0); \end{cases}$

(2) 当 $\Delta < 0$ 时,无极值;

(3) 当 $\Delta = 0$ 时,函数 $z = f(x,y)$ 可能有极值,也可能无极值.

【名师解析】

二元函数求无条件极值,需要按上述充分条件,主要通过"求一阶偏导,找驻点,求二阶偏导,判断 Δ 符号"来找出极值点,进而求出极值.而在实际问题中,求二元函数的最值,则与一元函数最值的应用题类似,实际问题中最值一定存在,所以只要找到的是所建立的二元函数在定义域内的唯一驻点,就不必像求极值一样再求二阶偏导数和判别式 Δ,该唯一驻点即为所求最值点.

✦ 考点例题分析 ✦

考点 一 二元函数定义域及二元函数极限、连续性

【考点分析】

二元函数的定义域是平面区域(也称平面点集,是由平面内的点所组成的集合),二元函数本质上就是点(自变量)到数(因变量)的对应关系.二元函数的极限,特别是未定式的极限,可以用等价无穷小替换、重要极限、消零因子法等方法求解.

例1　求函数 $z = \ln(y-x) + \dfrac{\sqrt{x}}{\sqrt{1-x^2-y^2}}$ 的定义域.

解　$\begin{cases} y-x>0, \\ x\geqslant 0, \\ 1-x^2-y^2>0 \end{cases}$ 得定义域 $D=\{(x,y)\mid 0\leqslant x<y, x^2+y^2<1\}.$

【名师点评】

二元函数求定义域与一元函数求定义域方法类似,把自变量需满足的条件列成不等式组,解出交集.解二元函数定义域自变量需要满足的条件主要有:(1) 分式的分母不为 0;(2) 偶次根式被开方数大于等于 0;(3) 对数的真数大于 0;(4) 反正弦、反余弦函数定义域为 $[-1,1]$;(5) 实际问题自变量定义域要满足实际意义.

例2　已知函数 $f(x+y, x-y) = \dfrac{x^2-y^2}{x^2+y^2}$,求 $f(x,y).$

视频讲解
(扫码 关注)

解法一　设 $u=x+y, v=x-y,$ 则 $x=\dfrac{u+v}{2}, y=\dfrac{u-v}{2},$

故得 $f(u,v) = \dfrac{\left(\dfrac{u+v}{2}\right)^2 - \left(\dfrac{u-v}{2}\right)^2}{\left(\dfrac{u+v}{2}\right)^2 + \left(\dfrac{u-v}{2}\right)^2} = \dfrac{2uv}{u^2+v^2},$ 即有 $f(x,y) = \dfrac{2xy}{x^2+y^2}.$

解法二　$f(x+y, x-y) = \dfrac{x^2-y^2}{x^2+y^2} = \dfrac{(x+y)(x-y)}{\dfrac{1}{2}\left[(x+y)^2+(x-y)^2\right]},$

设 $u=x+y, v=x-y,$ 故得 $f(u,v) = \dfrac{2uv}{u^2+v^2},$ 即有 $f(x,y) = \dfrac{2xy}{x^2+y^2}.$

【名师点评】

求二元函数的解析式和求一元函数的解析式方法相似,主要有拼凑法、换元法等,这种题型方法固定,通过适当练习便可掌握.

例3　求极限 $\lim\limits_{\substack{x\to 0 \\ y\to 0}} (x^2+y^2)\sin\dfrac{1}{x^2+y^2}.$

解　令 $u=x^2+y^2,$ 则 $\lim\limits_{\substack{x\to 0 \\ y\to 0}}(x^2+y^2)\sin\dfrac{1}{x^2+y^2} = \lim\limits_{u\to 0} u\sin\dfrac{1}{u} = 0.$

【名师点评】

有的二元函数求极限可以通过换元转化成一元函数求极限的问题,然后借助一元函数求极限的方法求解,考生要了解二元函数的极限与一元函数极限之间的区别,在解题时才能把握住关键.

例4　设函数 $f(x,y) = \begin{cases} \dfrac{xy}{x^2+y^2}, & x^2+y^2\neq 0, \\ 0, & x^2+y^2=0, \end{cases}$ 求 $f(x,y)$ 在点 $(0,0)$ 处的连续性.

证　取 $y=kx (k$ 为常数$)$,即让任意点 (x,y) 沿着直线族 $y=kx$ 趋近于 $(0,0).$

则 $\lim\limits_{\substack{x\to 0 \\ y=kx}} \dfrac{xy}{x^2+y^2} = \lim\limits_{\substack{x\to 0}} \dfrac{x\cdot kx}{x^2+k^2x^2} = \dfrac{k}{1+k^2}.$ 该极限值随着 k 的变化而变化,故 $\lim\limits_{\substack{x\to 0 \\ y\to 0}} \dfrac{xy}{x^2+y^2}$ 不存在,所以 $f(x,y)$ 在点 $(0,0)$ 处不连续.

【名师点评】

如果二元函数在点 (x_0, y_0) 的邻域内沿不同路径趋近于点 (x_0, y_0) 时,函数 $f(x,y)$ 趋近于不同常数,则按二元函数极限定义,函数 $f(x,y)$ 在点 (x_0, y_0) 极限不存在.该题中所取路径 $y=kx$ 表示斜率可以取任意常数的一族直线,而不是一条曲线,而动点 (x,y) 沿该路径趋近于 $(0,0)$ 时,函数极限值随着 k 的变化而变化,说明在路径取不同直线时函数的变化是不一致的,所以该极限不存在.

考点 二　求偏导数和全微分

【考点分析】

求多元函数的偏导数和全微分是一类重要和基础性题型,是专升本考试的必考题型之一.二元函数求偏导数和一元函数求导所用公式和法则一样,求$\frac{\partial z}{\partial x}$时,只要把$y$看成常数;求$\frac{\partial z}{\partial y}$时,只要把$x$看成常数.二元函数的全微分形式与一元函数微分形式类似,$\mathrm{d}z = \frac{\partial z}{\partial x}\mathrm{d}x + \frac{\partial z}{\partial y}\mathrm{d}y$.

例5 求二元函数$z = (1+x)^y$的偏导数.

解 $\frac{\partial z}{\partial x} = y(1+x)^{y-1}$, $\frac{\partial z}{\partial y} = (1+x)^y \ln(1+x)$.

【名师点评】

此题对x求偏导数时,把y看作常数,于是函数看作幂函数;对y求偏导数时,把x看作常数,于是函数看作指数函数.

例6 求二元函数$z = x^2 + 3xy + y^2$在点$(1,2)$处的全微分.

解 因为$\frac{\partial z}{\partial x} = 2x + 3y, \frac{\partial z}{\partial y} = 3x + 2y$,所以$\left.\frac{\partial z}{\partial x}\right|_{(1,2)} = 8, \left.\frac{\partial z}{\partial y}\right|_{(1,2)} = 7.$

$$\mathrm{d}z\left.\right|_{(1,2)} = \left.\frac{\partial z}{\partial x}\right|_{(1,2)}\mathrm{d}x + \left.\frac{\partial z}{\partial y}\right|_{(1,2)}\mathrm{d}y = 8\mathrm{d}x + 7\mathrm{d}y.$$

【名师点评】

此题只要熟记全微分的表达式即可轻松求解.求二元函数在某点处全微分常见错误是把两个偏导数值相加作为该点全微分,考生要注意避免出现这种错误.

例7 设$f(x,y) = x^2 + (y-1)\arctan\sqrt{\frac{x}{y}}$,求$f'_x(2,1)$.

视频讲解
(扫码 关注)

解法一 因为$f'_x = 2x + (y-1)\dfrac{1}{1+\frac{x}{y}} \cdot \dfrac{1}{2\sqrt{\frac{x}{y}}} \cdot \dfrac{1}{y} = 2x + \dfrac{y-1}{2(y+x)}\sqrt{\dfrac{y}{x}}$,所以

$f'_x(2,1) = 4$;

解法二 因为$f(x,1) = x^2$,所以$f'_x(x,1) = 2x$,于是$f'_x(2,1) = 4$.

【名师点评】

此题求二元函数在一点处的偏导数,由于对x求偏导数是把y视为常数,所以可以先把y值代入二元函数,如解法二,把二元函数变成较为简单的一元函数,再对一元函数求导数计算更简便,此种解法能大大简化函数解析式的题目,这种方法还可以提高解题速度和准确性.

例8 设函数$f(x,y) = \begin{cases} \dfrac{xy}{\sqrt{x^2+y^2}}, & x^2+y^2 \neq 0 \\ 0, & x^2+y^2 = 0, \end{cases}$ 求$f'_x(0,0), f'_y(0,0)$,并判断函数$f(x,y)$在点$(0,0)$处是否可微.

解 $f'_x(0,0) = \lim\limits_{\Delta x \to 0}\dfrac{f(0+\Delta x, 0) - f(0,0)}{\Delta x} = \lim\limits_{\Delta x \to 0}\dfrac{\Delta x \cdot 0}{\Delta x\sqrt{(\Delta x)^2 + 0^2}} = 0$;

$f'_y(0,0) = \lim\limits_{\Delta y \to 0}\dfrac{f(0,0+\Delta y) - f(0,0)}{\Delta y} = \lim\limits_{\Delta y \to 0}\dfrac{0 \cdot \Delta y}{\Delta y\sqrt{0^2 + (\Delta y)^2}} = 0.$

$\Delta z = \dfrac{\Delta x \cdot \Delta y}{\sqrt{(\Delta x)^2 + (\Delta y)^2}} = f'_x(0,0) \cdot \Delta x + f'_y(0,0) \cdot \Delta y + \dfrac{\Delta x \cdot \Delta y}{\sqrt{(\Delta x)^2 + (\Delta y)^2}},$

根据全微分定义,如果在Δz中的$\dfrac{\Delta x \cdot \Delta y}{\sqrt{(\Delta x)^2 + (\Delta y)^2}}$是关于$\rho(\rho = \sqrt{(\Delta x)^2 + (\Delta y)^2})$的高阶无穷小,则该函数在点$(0,0)$处可微.

因为$\lim\limits_{\substack{\Delta x \to 0 \\ \Delta y \to 0}}\dfrac{\frac{\Delta x \cdot \Delta y}{\sqrt{(\Delta x)^2 + (\Delta y)^2}}}{\rho} = \lim\limits_{\substack{\Delta x \to 0 \\ \Delta y \to 0}}\dfrac{\Delta x \cdot \Delta y}{(\Delta x)^2 + (\Delta y)^2} = \lim\limits_{\substack{\Delta x \to 0 \\ \Delta y = k \cdot \Delta x}}\dfrac{\Delta x \cdot k\Delta x}{(\Delta x)^2 + k^2(\Delta x)^2} = \dfrac{k}{1 + k^2}$,

而当$k \neq 0$时,$\lim\limits_{\substack{\Delta x \to 0 \\ \Delta y \to 0}}\dfrac{\frac{\Delta x \cdot \Delta y}{\sqrt{(\Delta x)^2 + (\Delta y)^2}}}{\rho} \neq 0$,故$\dfrac{\Delta x \cdot \Delta y}{\sqrt{(\Delta x)^2 + (\Delta y)^2}}$不是$\rho$的高阶无穷小,

从而函数 $f(x,y)$ 在点 $(0,0)$ 处不可微.

【名师点评】

此题可以很好地反映出偏导数存在与可微之间的关系,解题时主要应用偏导数和全微分定义,对考生来说是个难点,需要考生对定义理解透彻.

考点 三　求二阶偏导数

【考点分析】

二元函数求二阶偏导数是专升本常考的考点之一,多在填空题和计算题型中出现.在求二阶偏导数时,需要把一阶偏导数化到最简形式,这样可以减少二阶偏导数的计算量.有时利用混合偏导数连续时与求导次序无关的性质,交换求导次序,可以简化二阶混合偏导数的计算.

例 9　设 $z = xy + \dfrac{x}{y}$,求 $\dfrac{\partial^2 z}{\partial x \partial y}, \dfrac{\partial^2 z}{\partial y^2}$.

解　先求两个一阶偏导数,$\dfrac{\partial z}{\partial x} = y + \dfrac{1}{y}$,　$\dfrac{\partial z}{\partial y} = x - \dfrac{x}{y^2}$,

再求两个二阶偏导数,$\dfrac{\partial^2 z}{\partial x \partial y} = \dfrac{\partial}{\partial y}(\dfrac{\partial z}{\partial x}) = 1 - \dfrac{1}{y^2}$,　$\dfrac{\partial^2 z}{\partial y^2} = \dfrac{\partial}{\partial y}(\dfrac{\partial z}{\partial y}) = \dfrac{2x}{y^3}$.

【名师点评】

二元函数的一阶偏导(函)数仍是二元函数,因此求二阶偏导数时和求一阶偏导数的方法相同.

例 10　已知 $z = \ln(x + \sqrt{x^2 + y^2})$,求 $\dfrac{\partial^2 z}{\partial x \partial y}$.

解　先对 x 求偏导数,得 $\dfrac{\partial z}{\partial x} = \dfrac{1 + \dfrac{x}{\sqrt{x^2 + y^2}}}{x + \sqrt{x^2 + y^2}} = \dfrac{1}{\sqrt{x^2 + y^2}}$,

$\dfrac{\partial z}{\partial x}$ 再对 y 求偏导数,得 $\dfrac{\partial^2 z}{\partial x \partial y} = -\dfrac{1}{2} \dfrac{2y}{\sqrt{(x^2 + y^2)^3}} = -\dfrac{y}{\sqrt{(x^2 + y^2)^3}}$.

【名师点评】

求二元复合函数的偏导数与求一元复合函数偏导数的法则相同,仍然使用链式法则.此题务必要对求得的一阶偏导数约分化简之后再求二阶偏导数,否则会导致计算二阶偏导数时计算量过大而无法得出正确结果或计算耗时过长.

例 11　设 $u = \dfrac{1}{\sqrt{x^2 + y^2 + z^2}}$,求证:$\dfrac{\partial^2 u}{\partial x^2} + \dfrac{\partial^2 u}{\partial y^2} + \dfrac{\partial^2 u}{\partial z^2} = 0$.

证　令 $r = \sqrt{x^2 + y^2 + z^2}$,

$\dfrac{\partial u}{\partial x} = -\dfrac{1}{r^2} \dfrac{\partial r}{\partial x} = -\dfrac{1}{r^2} \cdot \dfrac{x}{r} = -\dfrac{x}{r^3}$,　$\dfrac{\partial^2 u}{\partial x^2} = -\dfrac{1}{r^3} + \dfrac{3x}{r^4} \cdot \dfrac{\partial r}{\partial x} = -\dfrac{1}{r^3} + \dfrac{3x^2}{r^5}$;

因为函数关于三个自变量有轮换对称性,所以 $\dfrac{\partial^2 u}{\partial y^2} = -\dfrac{1}{r^3} + \dfrac{3y^2}{r^5}$;　$\dfrac{\partial^2 u}{\partial z^2} = -\dfrac{1}{r^3} + \dfrac{3z^2}{r^5}$.

从而 $\dfrac{\partial^2 u}{\partial x^2} + \dfrac{\partial^2 u}{\partial y^2} + \dfrac{\partial^2 u}{\partial z^2} = -\dfrac{3}{r^3} + \dfrac{3(x^2 + y^2 + z^2)}{r^5} = -\dfrac{3}{r^3} + \dfrac{3r^2}{r^5} = 0$.

【名师点评】

如果多元函数中几个自变量具有轮换对称性,求各偏导数时,只需求出对其中一个自变量的偏导数,然后把结果中的这个自变量换成其他自变量,就可直接得到对其他自变量的偏导数.

考点 四　多元复合函数求偏导数与隐函数求导数或偏导数

【考点分析】

多元复合函数求偏导数时,如果外函数出现抽象函数,对这类函数求偏导数是易错点,多通过画出链式图,利用链式法则"同链相乘、异链相加"写出偏导数公式再计算.这两类偏导数的题目是专升本考试近几年的难点.而一元隐函数求导数在专升本考试中虽是高频考点,但难度不大,可以使用方程两边同时对 x 求导的方法求解,也可以用本章中所出现的利用偏导数求一元隐函数的公式求解.

例 12 设 $z = u^2 \ln v, u = \dfrac{x}{y}, v = 3x - 2y$, 求 $\dfrac{\partial z}{\partial x}, \dfrac{\partial z}{\partial y}$.

图 8.4

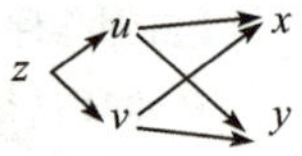

解 该复合函数链式图见图 8.4,由多元复合函数求偏导数的链式法则,得

$$\frac{\partial z}{\partial x} = \frac{\partial z}{\partial u}\frac{\partial u}{\partial x} + \frac{\partial z}{\partial v}\frac{\partial v}{\partial x} = 2u\ln v \cdot \frac{1}{y} + \frac{u^2}{v} \cdot 3 = \frac{2x}{y^2}\ln(3x-2y) + \frac{3x^2}{y^2(3x-2y)},$$

$$\frac{\partial z}{\partial y} = \frac{\partial z}{\partial u}\frac{\partial u}{\partial y} + \frac{\partial z}{\partial v}\frac{\partial v}{\partial y} = 2u\ln v \cdot \left(-\frac{x}{y^2}\right) + \frac{u^2}{v} \cdot (-2) = -\frac{2x^2}{y^3}\ln(3x-2y) - \frac{2x^2}{y^2(3x-2y)}.$$

视频讲解
(扫码 关注)

【名师点评】

多元复合函数求偏导数的题型,要灵活运用多元复合函数的求导法则,首先要将变量间的结构关系弄清楚,画出变量间的链式图,可以更清楚地看到变量之间的对应关系.

例 13 设 $f(u,v)$ 为二元可微函数,$z = f(x^y, y^x)$,则 $\dfrac{\partial z}{\partial x} = $ _____.

解 设 $u = x^y, v = y^x, z = f(u,v)$,链式图如图 8.5 所示,由链式法则,得

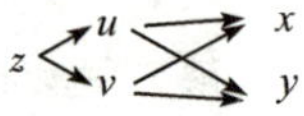

图 8.5

$$\frac{\partial z}{\partial x} = \frac{\partial z}{\partial u} \cdot \frac{\partial u}{\partial x} + \frac{\partial z}{\partial v} \cdot \frac{\partial v}{\partial x} = f'_1 \cdot yx^{y-1} + f'_2 \cdot y^x \ln y.$$

【名师点评】

此题需要自行设出中间变量 u,v,而变量 z 与中间变量 u,v 之间的对应法则只用抽象的符号 f 表示,所以这里 $\dfrac{\partial z}{\partial u}, \dfrac{\partial z}{\partial v}$ 不能得出具体的函数关系,就用符号 f'_u, f'_v 或 f'_1, f'_2 来表示即可,其中 f'_1, f'_2 下标中的 1,2 分别对应求偏导的自变量的位置.

例 14 设方程 $y - 2\sin y = x$ 确定隐函数 $y = f(x)$,求 $\dfrac{dy}{dx}, \dfrac{d^2y}{dx^2}$.

解 令 $F(x,y) = y - 2\sin y - x$,则 $F'_x = -1, F'_y = 1 - 2\cos y$,

所以 $\dfrac{dy}{dx} = -\dfrac{F'_x}{F'_y} = -\dfrac{-1}{1-2\cos y} = \dfrac{1}{1-2\cos y}$;

上式两边再对 x 求导,得

$$\frac{d^2y}{dx^2} = \frac{-2\sin y}{(1-2\cos y)^2} \cdot y' = \frac{-2\sin y}{(1-2\cos y)^2} \cdot \frac{1}{1-2\cos y} = \frac{-2\sin y}{(1-2\cos y)^3}.$$

【名师点评】

一元隐函数求导数也可以直接用方程两边同时对变量 x 求导数的方法,此时把变量 y 看作变量 x 的函数,把含 y 的项看作复合函数来求导数,然后解出等式中 y' 的表达式即可.隐函数求二阶导数或二阶偏导数的题型在专升本考试中出现的不多,考生对这种题型解法略做了解即可.

例 15 设方程 $x^2 y - x^3 z - 1 = 0$ 确定隐函数 $z = z(x,y)$,求 $\dfrac{\partial z}{\partial x}, \dfrac{\partial z}{\partial y}$.

解 令 $F(x,y,z) = x^2 y - x^3 z - 1$,则 $F'_x = 2xy - 3x^2 z, F'_y = x^2, F'_z = -x^3$,

所以 $\dfrac{\partial z}{\partial x} = -\dfrac{F'_x}{F'_z} = -\dfrac{2xy - 3x^2 z}{-x^3} = \dfrac{2y - 3xz}{x^2}$, $\dfrac{\partial z}{\partial y} = -\dfrac{F'_y}{F'_z} = -\dfrac{x^2}{-x^3} = \dfrac{1}{x}$.

【名师点评】

此题是利用公式求二元隐函数的偏导数,主要通过"构造三元函数、对三个自变量分别求偏导数、代入二元隐函数偏导数公式"三步完成.

除公式法外,二元隐函数的导数也可以仿照一元隐函数求导的方法,方程两边同时对自变量 x 或自变量 y 求偏导数,求偏导数过程中,要把变量 z 始终看作是关于自变量 x,y 的二元函数,把含 z 的项看作二元复合函数来求偏导数,然后分别整理出等式中 z'_x, z'_y 的表达式即可.但这种方法在应用过程中,三个变量处理各不相同,有自变量、有常量、还有因变量,求解中容易混淆,易出错,所以不常用.

例 16 求方程 $e^z - xyz = 0$ 所确定的二元函数 $z = f(x,y)$ 的全微分 dz.

解 设 $F(x,y,z) = e^z - xyz$,则 $F'_x = -yz, F'_y = -xz, F'_z = e^z - xy$,

所以 $\dfrac{\partial z}{\partial x} = -\dfrac{F'_x}{F'_z} = -\dfrac{-yz}{e^z - xy} = \dfrac{yz}{e^z - xy}$, $\dfrac{\partial z}{\partial y} = -\dfrac{F'_y}{F'_z} = -\dfrac{-xz}{e^z - xy} = \dfrac{xz}{e^z - xy}$,

于是 $dz = \dfrac{\partial z}{\partial x}dx + \dfrac{\partial z}{\partial y}dy = \dfrac{yz}{e^z - xy}dx + \dfrac{xz}{e^z - xy}dy$.

【名师点评】

此题是把二元隐函数求偏导数和求二元函数的全微分两个考点结合来考查. 在专升本考试中,这种把两个或两个以上考点结合到一个题目中考查的题型比较常见,主要是考查考生对所学知识综合运用的能力.

考点 五　二元函数求极值

【考点分析】

二元函数无条件极值的题型在专升本考试中出现频率不高,这类题型解题步骤相对固定,但计算量较大,考查考生的计算基本功,考生需多做练习,熟记解题步骤,才能提高计算准确性.

例 17　求函数 $f(x,y) = e^{2x}(x + y^2 + 2y)$ 的极值.

解　$f'_x = 2e^{2x}(x + y^2 + 2y) + e^{2x} = e^{2x}(1 + 2x + 2y^2 + 4y), f'_y = e^{2x}(2y + 2)$,令 $f'_x = 0, f'_y = 0$,得驻点 $\left(\dfrac{1}{2}, -1\right), f''_{xx} = 2e^{2x}(1 + 2x + 2y^2 + 4y) + 2e^{2x}, f''_{xy} = e^{2x}(4y + 4), f''_{yy} = 2e^{2x}$,

于是 $A = f''_{xx}\left(\dfrac{1}{2}, -1\right) = 2e, B = f''_{xy}\left(\dfrac{1}{2}, -1\right) = 0, C = f''_{yy}\left(\dfrac{1}{2}, -1\right) = 2e, \Delta = AC - B^2 = 4e^2 > 0$ 且 $A = 2e > 0$,

故函数有极小值 $f\left(\dfrac{1}{2}, -1\right) = -\dfrac{e}{2}$.

【名师点评】

二元函数偏导数存在的极值点是使两个二阶偏导数同时为零的驻点,同一元函数一样,二元函数的驻点也不一定是极值点,需要通过这点的二阶偏导数值来判断是否能产生极值.

例 18　做一容积为 V 的长方体有盖容器,问如何选料才能使用料最省?

解　设长方体的长为 x,宽为 y,则长方体的高为 $z = \dfrac{V}{xy}$,此时表面积为

$$S = 2xy + \dfrac{2V}{x} + \dfrac{2V}{y}(x > 0, y > 0).$$

由 $\begin{cases} \dfrac{\partial S}{\partial x} = 2y - \dfrac{2V}{x^2} = 0, \\ \dfrac{\partial S}{\partial y} = 2x - \dfrac{2V}{y^2} = 0 \end{cases}$ 解得 $x = y = \sqrt[3]{V}, z = \dfrac{V}{xy} = \sqrt[3]{V}$,

因为 $(\sqrt[3]{V}, \sqrt[3]{V})$ 为 S 的唯一驻点,且长方体表面积的最小值一定存在,所以在该驻点处取得表面积的最小值,即长方体长、宽、高都为 $\sqrt[3]{V}$ 时,用料最省.

例 19　求表面积为 a^2 而体积最大的长方体的体积.

解　设长方体的长为 x,宽为 y,则长方体的高 $z = \dfrac{a^2 - 2xy}{2(x + y)}$,长方体的体积

$V = xy \dfrac{a^2 - 2xy}{2(x + y)}(x > 0, y > 0)$;

$V_x = \dfrac{y}{2}\left[\dfrac{a^2 - 2xy}{x + y} + x \cdot \dfrac{-2y(x + y) - (a^2 - 2xy)}{(x + y)^2}\right] = \dfrac{y^2(a^2 - 4xy - 2x^2)}{2(x + y)^2}$;

$V_y = \dfrac{x}{2}\left[\dfrac{a^2 - 2xy}{x + y} + y \cdot \dfrac{-2x(x + y) - (a^2 - 2xy)}{(x + y)^2}\right] = \dfrac{x^2(a^2 - 4xy - 2y^2)}{2(x + y)^2}$;

令 $\begin{cases} V_x = 0, \\ V_y = 0, \end{cases}$ 得驻点 $\left(\dfrac{\sqrt{6}}{6}a, \dfrac{\sqrt{6}}{6}a\right)$. 因为 $\left(\dfrac{\sqrt{6}}{6}a, \dfrac{\sqrt{6}}{6}a\right)$ 为 V 的唯一驻点,该长方体体积的最大值又一定存在,所以在该点取得长方体体积的最大值,此时

$z = \dfrac{a^2 - 2xy}{2(x + y)} = \dfrac{\sqrt{6}}{6}a$.

即长方体的长、宽、高都是 $\frac{\sqrt{6}}{6}a$ 时,长方体有最大体积 $\frac{\sqrt{6}}{36}a^3$.

【名师点评】

求二元函数最值的应用问题,同一元函数应用问题一样,唯一的驻点处必产生所求最值,无须再求二阶导数的值.

规则几何体最值问题具有对称性,即周长一定的长方形中,正方形的面积最大;面积一定的长方形中,正方形的周长最小;表面积一定的长方体中,正方体的体积最大;体积一定的长方体中,正方体的表面积最小.

考点真题解析

考点一 二元函数定义域及二元函数极限、连续性

真题1 (2018.公共) 极限 $\lim\limits_{\substack{x\to 0 \\ y\to 0}} \dfrac{x^2 y}{x^4 + y^2} =$ _____.

A. 0   B. 不存在   C. $\dfrac{1}{2}$ D. 0 或 $\dfrac{1}{2}$

解 $\lim\limits_{\substack{x\to 0 \\ y\to 0}} \dfrac{x^2 y}{x^4 + y^2} = \lim\limits_{\substack{x\to 0 \\ y=kx^2}} \dfrac{x^2 \cdot kx^2}{x^4 + k^2 x^4} = \dfrac{k}{1+k^2}$,该极限值随 k 的变化而变化,不是一个常数,所以 $\lim\limits_{\substack{x\to 0 \\ y\to 0}} \dfrac{x^2 y}{x^4 + y^2}$ 不存在.
故应选 B.

【名师点评】

$\lim\limits_{(x,y)\to(x_0,y_0)} f(x,y) = A$ 表明 $P(x,y)$ 沿任何路径趋近于点 $P_0(x_0,y_0)$ 时,$f(x,y)$ 均无限接近于常数 A. 因此,如果能寻找到两条 $P(x,y)$ 趋近于 $P_0(x_0,y_0)$ 的不同路径,使 $P(x,y)$ 沿这两条路径趋近于点 $P_0(x_0,y_0)$ 时 $f(x,y)$ 趋近于两个不同的常数即可说明 $f(x,y)$ 在点 $P_0(x_0,y_0)$ 处极限不存在.

真题2 (2019.理工) 求极限 $\lim\limits_{(x,y)\to(0,0)} \dfrac{\sqrt{xy+1}-1}{xy}$.

解 令 $xy = t$,则 $\lim\limits_{(x,y)\to(0,0)} \dfrac{\sqrt{xy+1}-1}{xy} = \lim\limits_{t\to 0} \dfrac{\sqrt{t+1}-1}{t} = \lim\limits_{t\to 0} \dfrac{\frac{1}{2}t}{t} = \dfrac{1}{2}$.

【名师点评】

二元函数求 "$\dfrac{0}{0}$" 型未定式的极限,仍然可以使用一元函数的换元法、等价无穷小量替换法、第一重要极限等方法. 此题也可以用对分子有理化之后消零因子来求解极限.

真题3 (2019.理工) 在下列极限结果中,正确的是 _____.

A. $\lim\limits_{(x,y)\to(0,0)} \dfrac{xy}{x^2+y^2} = 0$ B. $\lim\limits_{(x,y)\to(0,0)} \dfrac{x^2 y}{x^2+y^2} = 0$

C. $\lim\limits_{(x,y)\to(0,0)} \dfrac{xy}{x+y} = 0$ D. $\lim\limits_{(x,y)\to(0,0)} \dfrac{x^2 y}{x+y} = 0$

视频讲解
(扫码 关注)

解 选项 A 中,$\lim\limits_{\substack{x\to 0 \\ y\to 0}} f(x,y) = \lim\limits_{\substack{x\to 0 \\ y\to 0}} \dfrac{xy}{x^2+y^2} = \lim\limits_{\substack{x\to 0 \\ y=kx}} \dfrac{kx^2}{x^2+k^2 x^2} = \dfrac{k}{1+k^2}$,

该极限值随 k 的变化而变化,不是一个固定的常数,所以选项 A 错误.

选项 C 中 $\lim\limits_{\substack{(x,y)\to(0,0) \\ (y=x)}} \dfrac{xy}{x+y} = \lim\limits_{x\to 0} \dfrac{x^2}{2x} = 0$,而 $\lim\limits_{\substack{(x,y)\to(0,0) \\ (y=x^2-x)}} \dfrac{xy}{x+y} = \lim\limits_{x\to 0} \dfrac{x(x^2-x)}{x^2} = \lim\limits_{x\to 0}(x-1) = -1$,根据二元函数极限定义,二元函数 $f(x,y)$ 在点 (x_0,y_0) 处如果极限存在,必须是 (x,y) 以任何路径趋近于 (x_0,y_0) 时,$f(x,y)$ 都要趋近于同一个确定的常数,而此极限沿两条不同路径趋近于 $(0,0)$ 时,趋近于不同的常数,故 $\lim\limits_{(x,y)\to(0,0)} \dfrac{xy}{x+y}$ 不存在,所以选项 C 错误;

同理选项 D 中，$\lim\limits_{\substack{(x,y)\to(0,0)\\(y=0)}}\dfrac{x^2y}{x+y}=\lim\limits_{x\to0}\dfrac{0}{x}=0$，$\lim\limits_{\substack{(x,y)\to(0,0)\\(y=x^3-x)}}\dfrac{x^2y}{x+y}=\lim\limits_{x\to0}\dfrac{x^2(x^3-x)}{x^3}=\lim\limits_{x\to0}(x^2-1)=-1$，所以选项 D 错误. 故应选 B.

【名师点评】

若 (x_0,y_0) 为二元初等函数定义域内的点，计算 $(x,y)\to(x_0,y_0)$ 时二元初等函数的极限，一般地，可以利用二元初等函数的连续性将 (x_0,y_0) 直接代入二元函数求该点的正函数；但如果是像本题四个选项中的"$\dfrac{0}{0}$"型未定式的极限，则无法直接得到极限结果. 可取不同路径研究函数的变化趋势，如果在两条不同路径下，动点 $(x,y)\to(x_0,y_0)$ 时，$f(x,y)$ 趋近于不同的常数，则可以说明 $\lim\limits_{(x,y)\to(x_0,y_0)}f(x,y)$ 不存在.

在求 $(x,y)\to(0,0)$ 时的极限时，常让动点 (x,y) 沿着 $y=0,x=0,y=x,y=kx$ 等路径趋近于 $(0,0)$. 如果二元函数为"$\dfrac{0}{0}$"的未定式，除上述常用路径外，还可考虑所取路径尽量能使分母消掉，变成整式求极限，一般可以根据二元函数中分子的次数，确定所取路径中 x 的最高次数，使分子与分母化为同阶无穷小，从而得到极限为一个非零常数. 此类题目，动点趋近于定点时，不同路径的选择是一个难点.

考点二　求偏导数

真题4 （2018.机械）设 $z=x^2\sin2y$，则 $\dfrac{\partial z}{\partial x}=$ _____.

解 二元函数对 x 求偏导数，把变量 y 看作常数，因此 $\dfrac{\partial z}{\partial x}=2x\sin2y$.

故应填 $2x\sin2y$.

真题5 （2017.土木）设 $z=xf\left(\dfrac{y}{x}\right)$，若 $f(u)$ 可微，求 $\dfrac{\partial z}{\partial x},\dfrac{\partial z}{\partial y}$.

解 $\dfrac{\partial z}{\partial x}=f\left(\dfrac{y}{x}\right)+xf'\left(\dfrac{y}{x}\right)\cdot\left(-\dfrac{y}{x^2}\right)=f\left(\dfrac{y}{x}\right)-\dfrac{y}{x}f'\left(\dfrac{y}{x}\right)$，

$\dfrac{\partial z}{\partial y}=xf'\left(\dfrac{y}{x}\right)\cdot\left(\dfrac{1}{x}\right)=f'\left(\dfrac{y}{x}\right)$.

【名师点评】

在专升本考试中，直接求一阶偏导数的题目多出现在填空题和计算题中，一般难度不大，考生在计算方面不出偏差即可得分. 如果是填空题，注意计算结果化到最简形式，如果是求某一点处的偏导数，可以不对导函数的表达式化简，直接代值即可.

真题6 （2018.理工）函数 $z=f(x,y)=\begin{cases}\dfrac{xy}{x^2+y^2},&x^2+y^2\neq0,\\0,&x^2+y^2=0.\end{cases}$ 在点 $(0,0)$ 处 _____.

A. 连续但不存在偏导数　　　　　　　　　　　B. 存在偏导数但不连续

C. 既不存在偏导数又不连续　　　　　　　　　D. 既存在偏导数又连续

解 取 $y=kx$（k 为常数），则 $\lim\limits_{\substack{x\to0\\y=kx}}\dfrac{xy}{x^2+y^2}=\lim\limits_{\substack{x\to0\\y=kx}}\dfrac{x\cdot kx}{x^2+k^2x^2}=\dfrac{k}{1+k^2}$.

该极限值随着 k 的变化而变化，故 $\lim\limits_{\substack{x\to0\\y\to0}}\dfrac{xy}{x^2+y^2}$ 不存在，所以 $f(x,y)$ 在点 $(0,0)$ 处不连续.

$f'_x(0,0)=\lim\limits_{\Delta x\to0}\dfrac{f(0+\Delta x,0)-f(0,0)}{\Delta x}=\lim\limits_{\Delta x\to0}\dfrac{\dfrac{\Delta x\cdot0}{(\Delta x)^2+0^2}-0}{\Delta x}=0$；

$f'_y(0,0)=\lim\limits_{\Delta y\to0}\dfrac{f(0,0+\Delta y)-f(0,0)}{\Delta y}=\lim\limits_{\Delta x\to0}\dfrac{\dfrac{0\cdot\Delta y}{0^2+(\Delta y)^2}-0}{\Delta y}=0$.

故应选 B.

【名师点评】

二元函数在点 $P_0(x_0,y_0)$ 处是否连续与该点处是否存在偏导数无关,而一元函数可导是连续的充分条件,请考生注意区分,对比记忆.

真题7 (2016.土木)设 $z=x^y$,证明:$\dfrac{x}{y}\cdot\dfrac{\partial z}{\partial x}+\dfrac{1}{\ln x}\dfrac{\partial z}{\partial y}=2z$.

证 因为 $\dfrac{\partial z}{\partial x}=yx^{y-1}$,$\dfrac{\partial z}{\partial y}=x^y\ln x$,所以 $\dfrac{x}{y}\cdot\dfrac{\partial z}{\partial x}+\dfrac{1}{\ln x}\dfrac{\partial z}{\partial y}=\dfrac{x}{y}yx^{y-1}+\dfrac{1}{\ln x}x^y\ln y=x^y+x^y=2x^y=2z$,

即 $\dfrac{x}{y}\cdot\dfrac{\partial z}{\partial x}+\dfrac{1}{\ln x}\dfrac{\partial z}{\partial y}=2z$.

【名师点评】

二元函数证明题的常见题型是证明含有偏导数或二阶偏导数的等式成立.证明时只需把等式中出现的偏导数或高阶偏导数先计算出来,再代入等式形式较复杂的一边,化简后得到等式形式较简单的一边即可.这类证明题型无须构造辅助函数,对大部分考生来说难度不大.

考点 三 求全微分

真题8 (2016.机械)下列结论错误的是_____.

A.若 $f(x)$ 在 $x=x_0$ 处连续,则 $\lim\limits_{x\to x_0}f(x)$ 一定存在

B.若 $f(x)$ 在 $x=x_0$ 处可微,则 $f(x)$ 在 $x=x_0$ 处可导

C.若 $f(x)$ 在 $x=x_0$ 处有极小值,则 $f'(x_0)=0$ 或者 $f'(x_0)$ 不存在

D.若 $f(x,y)$ 在 (x_0,y_0) 处可偏导,则 $f(x,y)$ 在 (x_0,y_0) 处可全微分

解 由连续定义知,A选项正确;由一元函数可导与可微的关系知,B选项正确;由极值存在的必要条件知,C选项正确;由二元函数可微的充分条件知,D选项错误.故应选 D.

【名师点评】

一元函数可导是可微的充要条件,而二元函数偏导数存在只是全微分存在的必要条件,而非充分条件,考生要熟记全微分存在的充分条件和必要条件,并与一元函数可导与可微的关系对照记忆.

真题9 (2023.高数 Ⅰ)已知函数 $z=\sqrt{y^2+1}+\ln(x-y)$,求全微分 $\mathrm{d}z$.

解 由于 $\dfrac{\partial z}{\partial x}=\dfrac{1}{x-y}$,$\dfrac{\partial z}{\partial y}=\dfrac{y}{\sqrt{y^2+1}}-\dfrac{1}{x-y}$,

所以 $\mathrm{d}z=\dfrac{1}{x-y}\mathrm{d}x+\left(\dfrac{y}{\sqrt{y^2+1}}-\dfrac{1}{x-y}\right)\mathrm{d}y$.

【名师点评】

求二元函数的全微分,只需先求该二元函数的偏导数,再代入全微分表达式 $\mathrm{d}z=\dfrac{\partial z}{\partial x}\mathrm{d}x+\dfrac{\partial z}{\partial y}\mathrm{d}y$.

真题10 (2019.公共)已知 $F(x,y)=\ln(1+x^2+y^2)+\iint\limits_{D}f(x,y)\mathrm{d}x\mathrm{d}y$,其中 D 为 xOy 坐标平面上的有界闭区域且 $f(x,y)$ 在 D 上连续,则 $F(x,y)$ 在点 $(1,2)$ 处的全微分为_____.

A. $\dfrac{1}{3}\mathrm{d}x+\dfrac{2}{3}\mathrm{d}y$ B. $\dfrac{1}{3}\mathrm{d}x+\dfrac{2}{3}\mathrm{d}y+f(1,2)$

C. $\dfrac{2}{3}\mathrm{d}x+\dfrac{1}{3}\mathrm{d}y$ D. $\dfrac{2}{3}\mathrm{d}x+\dfrac{1}{3}\mathrm{d}y+f(1,2)$

解 由已知得 $\iint\limits_{D}f(x,y)\mathrm{d}x\mathrm{d}y$ 存在,则其值为常数.

$\dfrac{\partial F}{\partial x}=\dfrac{2x}{1+x^2+y^2}$,$\dfrac{\partial F}{\partial y}=\dfrac{2y}{1+x^2+y^2}$,所以 $\dfrac{\partial F}{\partial x}\Big|_{(1,2)}=\dfrac{1}{3}$,$\dfrac{\partial F}{\partial y}\Big|_{(1,2)}=\dfrac{2}{3}$.

$\mathrm{d}F\big|_{(1,2)}=\dfrac{\partial F}{\partial x}\Big|_{(1,2)}\mathrm{d}x+\dfrac{\partial F}{\partial y}\Big|_{(1,2)}\mathrm{d}y=\dfrac{1}{3}\mathrm{d}x+\dfrac{2}{3}\mathrm{d}y$.

故应选 A.

【名师点评】

此题解题关键是理解 $\iint\limits_{D} f(x,y)\,dx\,dy$ 的值为常数,对自变量 x 或 y 求偏导时它的值都为 0,其余计算与一般求全微分的题目无异.

真题 11 (2024.高数 Ⅰ)函数 $z = \arctan(x^2 y)$ 在点 $(1,1)$ 处的全微分是 _____.

A. $dx + \dfrac{1}{2}dy$　　　　B. $\dfrac{1}{2}dx + \dfrac{1}{2}dy$　　　　C. $\dfrac{1}{2}dx + dy$　　　　D. $2dx + dy$

解　因为 $\dfrac{\partial z}{\partial x} = \dfrac{2xy}{1+(x^2 y)^2}$, $\dfrac{\partial z}{\partial y} = \dfrac{x^2}{1+(x^2 y)^2}$,所以 $\dfrac{\partial z}{\partial x}\bigg|_{(1,1)} = 1$, $\dfrac{\partial z}{\partial y}\bigg|_{(1,1)} = \dfrac{1}{2}$,即 $dz = dx + \dfrac{1}{2}dy$.

故应选 A.

【名师点评】

求二元函数的全微分,只需先求该二元函数的偏导数,再代入全微分表达式 $dz = \dfrac{\partial z}{\partial x}dx + \dfrac{\partial z}{\partial y}dy$.

考点 四　高阶偏导数

真题 12 (2020.高数 Ⅰ)已知函数 $z = x\sin\dfrac{y}{x}$,求 $\dfrac{\partial^2 z}{\partial x\partial y}$.

解　$\dfrac{\partial z}{\partial x} = \sin\dfrac{y}{x} + x\cos\dfrac{y}{x}\cdot\left(-\dfrac{y}{x^2}\right) = \sin\dfrac{y}{x} - \dfrac{y}{x}\cos\dfrac{y}{x}$,

$\dfrac{\partial^2 z}{\partial x\partial y} = \dfrac{1}{x}\cos\dfrac{y}{x} - \left(\dfrac{1}{x}\cos\dfrac{y}{x} - \dfrac{y}{x}\sin\dfrac{y}{x}\cdot\dfrac{1}{x}\right) = \dfrac{y}{x^2}\sin\dfrac{y}{x}$.

真题 13 (2023.高数 Ⅱ)已知函数 $z = \arctan(xy)$,则 $\dfrac{\partial^2 z}{\partial x\partial y} = ($　　$)$.

A. $\dfrac{1-x^2 y^2}{(1+x^2 y^2)^2}$　　　　B. $\dfrac{1}{1+x^2 y^2}$　　　　C. $\dfrac{x^2 y^2 - 1}{(1+x^2 y^2)^2}$　　　　D. $-\dfrac{1}{1+x^2 y^2}$

解　$\dfrac{\partial z}{\partial x} = \dfrac{y}{1+x^2 y^2}$, $\dfrac{\partial^2 z}{\partial x\partial y} = \dfrac{1+x^2 y^2 - 2x^2 y^2}{(1+x^2 y^2)^2} = \dfrac{1-x^2 y^2}{(1+x^2 y^2)^2}$.

故应选 A.

真题 14 (2017.机械)设函数 $z = (x^2 + y^2)e^{-\arctan\frac{x}{y}}$,求 $\dfrac{\partial^2 z}{\partial x\partial y}$.

视频讲解
(扫码 关注)

解　先对 x 求偏导,得 $\dfrac{\partial z}{\partial x} = 2xe^{-\arctan\frac{x}{y}} + (x^2 + y^2)e^{-\arctan\frac{x}{y}}\cdot\left[-\dfrac{\dfrac{1}{y}}{1+\left(\dfrac{x}{y}\right)^2}\right]$

$= (2x - y)e^{-\arctan\frac{x}{y}}$,

$\dfrac{\partial z}{\partial x}$ 再对 y 求偏导,得 $\dfrac{\partial^2 z}{\partial x\partial y} = -e^{-\arctan\frac{x}{y}} + (2x-y)e^{-\arctan\frac{x}{y}}\cdot\left[-\dfrac{-\dfrac{x}{y^2}}{1+\left(\dfrac{x}{y}\right)^2}\right] = \dfrac{x^2 - xy - y^2}{x^2 + y^2}e^{-\arctan\frac{x}{y}}$.

【名师点评】

求二元函数的二阶偏导数的题型在专升本考试中出现频率较高,题目一般只要求计算一个二阶偏导数,并且求二阶混合偏导数的情形居多.在函数类型上,要注意出现二元幂指函数时使用对数求导法.这类题型考验计算基本功,考生要多加练习,提高计算的准确率.

考点 五　多元复合函数求偏导数

真题 15 (2013.理工)已知 $z = f(xy, 2x + 3y)$,其中 $f(u,v)$ 具有连续偏导数,求 $\dfrac{\partial z}{\partial x}$.

解　设 $u = xy$, $v = 2x + 3y$,则 $z = f(u,v)$,链式图如图 8.6,
由多元复合函数求导的链式法则,得

图 8.6

$$\frac{\partial z}{\partial x} = \frac{\partial z}{\partial u} \cdot \frac{\partial u}{\partial x} + \frac{\partial z}{\partial v} \cdot \frac{\partial v}{\partial x} = f'_u \cdot y + f'_v \cdot 2 = yf'_u + 2f'_v.$$

【名师点评】

该题为多元复合函数求偏导数的题型,需注意在复合函数中如果对应法则以 f 的抽象函数形式表示,没有给出具体函数关系时,f 对中间变量的偏导数表示要注意符号的规范性,可以表示成 f'_u,f'_v 或 f'_1,f'_2,其中 f'_1,f'_2 下标中的1,2分别对应求偏导的自变量的位置,且下标为数字时偏导数符号不能写成 f_1,f_2.

一般地,多元复合函数中出现抽象函数,我们多用链式法则求解,此时各层函数关系清晰直观,求导时不易出错.

真题 16 (2019.公共) 设函数 $f(x,y,z) = e^x y z^2$,其中 $z = z(x,y)$ 是由三元方程 $x + y + z + xyz = 0$ 确定的函数,则 $f'_x(0,1,-1) = $ _____.

解 由二元隐函数方程 $x + y + z + xyz = 0$ 解得 $\frac{\partial z}{\partial x} = -\frac{1+yz}{1+xy}$;

由函数 $f(x,y,z) = e^x y z^2$ 对 x 求偏导,得

$$f'_x(x,y,z) = e^x y z^2 + 2e^x y z \cdot z'_x = e^x y z^2 - 2e^x y z \cdot \frac{1+yz}{1+xy},$$

所以,$f'_x(0,1,-1) = e^0 \times 1 - 2e^0 \times (-1) \times 0 = 1$.

故应填1.

【名师点评】

此题解题方法比较灵活多样. 例如在求 $\frac{\partial z}{\partial x}$ 时,可以通过方程构造三元函数 $F(x,y,z)$,然后求 F'_x,F'_z,利用公式 $\frac{\partial z}{\partial x} = -\frac{F'_x}{F'_z}$ 求得;也可以方程两边同时对 x 求偏导数,把 y 看作常数,z 看作 x,y 的二元函数,从而解出 $\frac{\partial z}{\partial x}$ 的表达式;还可以从方程中直接解出 $z = -\frac{x+y}{1+xy}$,则 $f(x,y,z) = e^x y z^2 = e^x y \left(\frac{x+y}{1+xy}\right)^2 = g(x,y)$,所以

$$g(x,1) = e^x y \left(\frac{x+y}{1+xy}\right)^2 = e^x,\ 于是\ f'_x(0,1,-1) = g'(x,1)|_{x=0} = e^0 = 1.$$

真题 17 (2019.公共) 设 $z = f(2x-y) + g(x,xy)$,其中函数 $f(w)$ 具有二阶导数,$g(u,v)$ 具有二阶连续偏导数,求 $\frac{\partial z}{\partial x}$ 与 $\frac{\partial^2 z}{\partial x \partial y}$.

解 由题意得 $w = 2x - y$,$u = x$,$v = xy$,链式图如图8.7所示,于是

$$\frac{\partial z}{\partial x} = 2f' + g'_u + yg'_v,$$

$$\frac{\partial^2 z}{\partial x \partial y} = -2f'' + x \cdot g''_{uv} + g'_v + xy \cdot g''_{vv}.$$

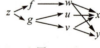

图8.7

【名师点评】

此题给出的二元函数是两个二元函数之和,而前后两个函数的外层函数是抽象函数 f 和 g,换元以后,f 和 f' 都是变量 w 的一元函数,g,g'_u,g'_v 都是变量 u,v 的二元函数. 利用多元复合函数求偏导数的链式法则 ——"同链相乘,异链相加"求解比较方便,尤其注意求二阶混合偏导数时,一定要理清变量间的关系. 在新大纲中,只要求二元复合函数的一阶偏导数,此处二元复合函数的二阶偏导数考生了解一下即可.

真题 18 (2021.高数 Ⅰ) 已知 $z = f(u,v)$ 可微,$u = x\arcsin y$,$v = \frac{y}{x}$,求 $\frac{\partial z}{\partial x}$ 和 $\frac{\partial z}{\partial y}$.

解 $\frac{\partial z}{\partial x} = f'_u \cdot \frac{\partial u}{\partial x} + f'_v \cdot \frac{\partial v}{\partial x} = \arcsin y \cdot f'_u - \frac{y}{x^2} \cdot f'_v,$

$\frac{\partial z}{\partial y} = f'_u \cdot \frac{\partial u}{\partial y} + f'_v \cdot \frac{\partial v}{\partial y} = \frac{x}{\sqrt{1-y^2}} \cdot f'_u + \frac{1}{x} \cdot f'_v.$

考点 六 一、二元隐函数求导数或偏导数

真题 19 (2016.经管) 设函数 $y = y(x)$ 由方程 $e^{xy} = x - y$ 所确定,求 $dy\big|_{x=0}$.

解法一　方程两边同时对 x 求导,得 $\mathrm{e}^{xy}(y+xy')=1-y'$,整理,得

$y'=\dfrac{1-y\mathrm{e}^{xy}}{1+x\,\mathrm{e}^{xy}}$,所以 $\mathrm{d}y=\dfrac{1-y\mathrm{e}^{xy}}{1+x\,\mathrm{e}^{xy}}\mathrm{d}x$,

将 $x=0$ 代入方程,得 $y=-1$,因此 $\mathrm{d}y\Big|_{x=0}=\dfrac{1+\mathrm{e}^0}{1+0}\mathrm{d}x=2\mathrm{d}x$.

解法二　设 $F(x,y)=\mathrm{e}^{xy}-x+y$,则 $F'_x=y\mathrm{e}^{xy}-1,F'_y=x\mathrm{e}^{xy}+1$,

所以 $\dfrac{\mathrm{d}y}{\mathrm{d}x}=-\dfrac{F'_x}{F'_y}=\dfrac{1-y\mathrm{e}^{xy}}{1+x\,\mathrm{e}^{xy}}$,余下步骤同解法一.

【名师点评】

一元隐函数求导数的题目可以用两边同时对 x 求导数的方法直接计算,也可以构造二元函数,利用偏导数来计算. 当求在某一点处的导数值时,已知条件一般只给出 x 的值,需要先把这个值代入方程,计算出对应的 y 值,再把 x,y 的值同时代入导数表达式,才能计算出该点处的导数.

真题20　**(2014.交通)** 设函数 $z=z(x,y)$ 由方程 $z^3-3xyz=a^3$ 确定,求 $\dfrac{\partial z}{\partial x},\dfrac{\partial z}{\partial y}$ 及 $\mathrm{d}z$.

解　设 $F(x,y,z)=z^3-3xyz-a^3$,

则 $F'_x=-3yz$,　$F'_y=-3xz$,　$F'_z=3z^2-3xy$,

所以 $\dfrac{\partial z}{\partial x}=-\dfrac{F'_x}{F'_z}=-\dfrac{-3yz}{3z^2-3xy}=\dfrac{yz}{z^2-xy}$,　$\dfrac{\partial z}{\partial y}=-\dfrac{F'_y}{F'_z}=-\dfrac{-3xz}{3z^2-3xy}=\dfrac{xz}{z^2-xy}$;

故 $\mathrm{d}z=\dfrac{\partial z}{\partial x}\mathrm{d}x+\dfrac{\partial z}{\partial y}\mathrm{d}y=\dfrac{yz}{z^2-xy}\mathrm{d}x+\dfrac{xz}{z^2-xy}\mathrm{d}y$.

【名师点评】

利用公式求二元隐函数的偏导数或全微分时,首先要构造三元函数,必须先将原方程右端的全部项移至左端,再将左端的表达式视为关于 x,y,z 的三元函数,然后对三个自变量分别求偏导数后,代入公式即可. 在对三元函数求偏导数过程中,变量 z 和 x,y 都是自变量,无须再将 z 看作关于 x,y 的函数.

真题21　**(2022.高数Ⅰ)** 已知 $z=z(x,y)$ 是由方程 $\sin(xz)=yz$ 确定的函数,求 $\dfrac{\partial z}{\partial x},\dfrac{\partial z}{\partial y}$.

解　令 $F(x,y,z)=\sin(xz)-yz$,

则 $F_x=z\cos(xz)$,$F_y=-z$,$F_z=x\cos(xz)-y$,

于是 $\dfrac{\partial z}{\partial x}=-\dfrac{F_x}{F_z}=-\dfrac{z\cos(xz)}{x\cos(xz)-y},\dfrac{\partial z}{\partial y}=-\dfrac{F_y}{F_z}=\dfrac{z}{x\cos(xz)-y}$.

【名师点评】

在求解二元隐函数的偏导数时,考生要对公式形式记忆准确,不要掉了负号或把分式的分子分母写反了.

真题22　**(2018.公共)** 设 $z=z(x,y)$ 是由 $F(x+mz,y+nz)=0$ 确定的函数,求 $\dfrac{\partial z}{\partial y}$.

解　令 $u=x+mz$,$v=y+nz$,链式图如图 8.8 所示,

则 $F'_y=F'_v v_y=F'_v\cdot 1=F'_v$,　$F'_z=F'_u u_z+F'_v v_z=mF'_u+nF'_v$,

所以 $\dfrac{\partial z}{\partial y}=-\dfrac{F'_y}{F'_z}=-\dfrac{F'_v}{mF'_u+nF'_v}$.

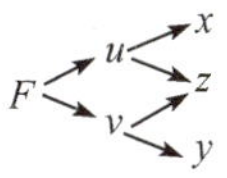

图 8.8

視頻講解
(扫码 关注)

【名师点评】

此题是二元隐函数求偏导数,而构造出的三元函数最外层是抽象函数,可以借助多元复合函数的链式法则,画出链式图,理清变量间的关系,再求偏导数.

真题23　**(2017.土木)** 设函数 $z=z(x,y)$ 由方程 $x^2+y^2+z^2=yf\left(\dfrac{z}{y}\right)$ 所确定,其中 $f(u)$ 可导,证明:

$(x^2-y^2-z^2)\dfrac{\partial z}{\partial x}+2xy\dfrac{\partial z}{\partial y}=2xz$.

证　方程 $x^2+y^2+z^2=yf\left(\dfrac{z}{y}\right)$ 两边对 x 求偏导,得 $2x+2z\dfrac{\partial z}{\partial x}=y\cdot\dfrac{1}{y}\cdot\dfrac{\partial z}{\partial x}f'\left(\dfrac{z}{y}\right)$,

即 $\dfrac{\partial z}{\partial x}=\dfrac{2x}{f'\left(\dfrac{z}{y}\right)-2z}$. 方程 $x^2+y^2+z^2=yf\left(\dfrac{z}{y}\right)$ 两边对 y 求偏导,得

$$2y + 2z\frac{\partial z}{\partial y} = f\left(\frac{z}{y}\right) + y\left(\frac{1}{y} \cdot \frac{\partial z}{\partial y} - \frac{z}{y^2}\right)f'\left(\frac{z}{y}\right), 即\frac{\partial z}{\partial y} = \frac{y^2 - x^2 - z^2 + zf'\left(\frac{z}{y}\right)}{y\left[f'\left(\frac{z}{y}\right) - 2z\right]}.$$

$$于是(x^2 - y^2 - z^2)\frac{\partial z}{\partial x} + 2xy\frac{\partial z}{\partial y} = (x^2 - y^2 - z^2)\frac{2x}{f'\left(\frac{z}{y}\right) - 2z} + 2xy\frac{y^2 - x^2 - z^2 + zf'\left(\frac{z}{y}\right)}{y\left[f'\left(\frac{z}{y}\right) - 2z\right]}$$

$$= \frac{2xz}{f'\left(\frac{z}{y}\right) - 2z}\left[f'\left(\frac{z}{y}\right) - 2z\right] = 2xz.$$

【名师点评】

此题是综合题,难度较大,需先求出方程确定的隐函数的偏导数,然后代入到要证明的等式左端,再利用方程中变量的关系做恒等变形,从而化简到方程右端的表达式.

考点七 二元函数求极值

真题24 (2014.机械)函数 $f(x,y)$ 可微,$f'_x(x_0, y_0) = 0$,$f'_y(x_0, y_0) = 0$,则函数 $f(x,y)$ 在 (x_0, y_0) _____.

A. 可能有极值,也可能没有极值　　　　　　B. 必有极值,可能是极大值也可能是极小值

C. 一定没有极值　　　　　　　　　　　　　D. 必有极值,且为极小值

解 因为 $f'_x(x_0, y_0) = 0$,$f'_y(x_0, y_0) = 0$,所以点 (x_0, y_0) 为 $f(x,y)$ 的驻点,由二元函数极值存在的必要条件可知,二元函数在驻点处不一定有极值.

故应选 A.

【名师点评】

二元函数的驻点不一定是极值点,且二元函数的极值点除驻点外,也可能是二元函数偏导数不存在的点.例如,二元函数 $z = \sqrt{x^2 + y^2}$ 在点 $(0,0)$ 处两个偏导数都不存在,但点 $(0,0)$ 是极小值点.

真题25 (2021.高数 Ⅱ)求函数 $f(x,y) = \frac{1}{3}x^3 + 2x - 3xy + \frac{3}{2}y^2$ 的极值,并判断是极大值还是极小值.

解 解方程组 $\begin{cases} f_x = x^2 + 2 - 3y = 0, \\ f_y = -3x + 3y = 0, \end{cases}$ 得驻点 $(1,1)$,$(2,2)$.

再求二阶偏导数得 $f_{xx} = 2x$,$f_{xy} = -3$,$f_{yy} = 3$,

在 $(1,1)$ 处,因为 $A = 2$,$B = -3$,$C = 3$,$\Delta = AC - B^2 = -3 < 0$,所以在 $(1,1)$ 处不取极值;在 $(2,2)$ 处,$A = 4$,$B = -3$,$C = 3$,$\Delta = AC - B^2 = 3 > 0$,且 $A > 0$,

所以在 $(2,2)$ 处取得极小值 $f(2,2) = \frac{2}{3}$.

【名师点评】

求二元函数无条件极值的题目,没有太大难度,只是步骤比较繁琐,记清楚此类题解题的基本步骤"求一阶偏导,找驻点,求二阶偏导,判断 Δ 符号,求极值"即可.

真题26 (2024.高数 Ⅰ)求函数 $f(x,y) = x^2 - 4xy + 2y^2 + 2y^3$ 的极值,并判断是极大值还是极小值.

解 令 $\begin{cases} f_x = 2x - 4y = 0, \\ f_y = -4x + 4y + 6y^2 = 0, \end{cases}$ 得驻点 $(0,0)$ 和 $\left(\frac{4}{3}, \frac{2}{3}\right)$.

$f''_{xx} = 2$,$f''_{xy} = -4$,$f''_{yy} = 4 + 12y$,

在驻点 $(0,0)$ 处,$A = 2$,$B = -4$,$C = 4$,$\Delta = AC - B^2 = -8 < 0$,故函数 $f(x,y)$ 在 $(0,0)$ 处无极值;

在驻点 $\left(\frac{4}{3}, \frac{2}{3}\right)$ 处,$A = 2$,$B = -4$,$C = 12$,$\Delta = AC - B^2 = 8 > 0$,且 $A > 0$,故函数 $f(x,y)$ 在 $\left(\frac{4}{3}, \frac{2}{3}\right)$ 处有

极小值 $f\left(\frac{4}{3}, \frac{2}{3}\right) = -\frac{8}{27}$.

【名师点评】

二元函数求极值是近几年常考考点,考生在求驻点时一定不要漏解.对于求得的每一个驻点,要利用极值存在的充分条件逐一判断 Δ 的符号,从而确定极值点并求出极值.

◈ 考点方法综述

序号	本单元考点与方法总结
1	利用一阶偏导数的定义式求偏导数是比较麻烦的,只有分段函数在求分段点处的偏导数时一般才使用偏导数的定义式,而一般的显函数求偏导数则是利用一元函数的求导公式和法则,具体方法为:函数对哪个变量求偏导数,哪个变量看作自变量,其余变量均视为常量.因此,二元函数求偏导数实质就是一元函数求导.
2	二阶偏导数是一阶偏导数的偏导数,求各阶偏导数时依然按一元函数的求导法则.由于每次求偏导数对象的变化,所以二元函数的二阶偏导数有四个,其中,两个二阶混合偏导数连续时相等.
3	求全微分 $\mathrm{d}z$ 时,只需先求出 $\dfrac{\partial z}{\partial x}$,$\dfrac{\partial z}{\partial y}$,如果 $\dfrac{\partial z}{\partial x}$,$\dfrac{\partial z}{\partial y}$ 为连续函数,则有 $\mathrm{d}z = \dfrac{\partial z}{\partial x}\mathrm{d}x + \dfrac{\partial z}{\partial y}\mathrm{d}y$.
4	二元复合函数求偏导数时,可以根据题目的特点选择使用代入法或链式法则,具体方法为: (1) 如果二元复合函数的各层函数关系(法则)都是具体明确的,可以把中间变量的函数关系代入最外层复合函数,消去中间变量,得到最终复合以后的函数形式,然后直接对复合后的二元函数求偏导数.这种方法的优势是避免使用链式法则的繁琐公式,最终结果中也不会出现过多变量,步骤简单. (2) 如果二元复合函数的最外层函数的法则以抽象符号 f,φ 等表示,则推荐使用链式法则,可以先画出体现函数关系的链式图,牢记"同链相乘,异链相加,单链导数,分链偏导"的原则写出求导公式.对含有抽象函数的复合函数而言,应用链式法则的优势是各层函数关系清晰,每层导数或偏导数易于表示和求解.

第二单元　二重积分

◈ 考纲内容解读

新大纲基本要求	新大纲名师解读
1.理解二重积分的概念、性质及其几何意义. 　2.掌握二重积分在直角坐标系及极坐标系下的计算方法.	二重积分的计算专升本考试中出现频率较高,在把二重积分转化为二次积分过程中,对积分区域的分析是解题关键.首先根据积分区域的边界线和被积函数的特征确定是在直角坐标系下转化还是在极坐标系下转化,在直角坐标系下转化二次积分时还要根据积分区域的特点和被积函数的情况选择合适的积分次序.而极坐标下转换为二次积分的积分顺序是相对固定的.

考点知识梳理

一、二重积分定义及性质

1. 定义

设 $f(x,y)$ 是有界闭区域 D 上的有界函数,将闭区域 D 任意分成 n 个小闭区域 $\Delta\sigma_1,\Delta\sigma_2,\cdots,\Delta\sigma_n$,其中 $\Delta\sigma_i$ 表示第 i 个小闭区域,也表示它的面积. 在每个 $\Delta\sigma_i$ 上任取一点 (ξ_i,η_i),作乘积 $f(\xi_i,\eta_i)\Delta\sigma_i(i=1,2,\cdots,n)$ 的和 $\sum\limits_{i=1}^{n}f(\xi_i,\eta_i)\Delta\sigma_i$. 如果当各小区域的直径中的最大值 $\lambda\to 0$ 时,这个和式的极限总存在,且与闭区域 D 的分法及点 (ξ_i,η_i) 的取法无关,那么称此极限为函数 $f(x,y)$ 在闭区域 D 上的**二重积分**,记作 $\iint\limits_D f(x,y)\mathrm{d}\sigma$,即

$$\iint\limits_D f(x,y)\mathrm{d}\sigma=\lim_{\lambda\to 0}\sum_{i=1}^{n}f(\xi_i,\eta_i)\Delta\sigma_i.$$

【名师解析】

二重积分的值只取决于积分区域和被积函数,与定义中 D 的分割方式和 $\Delta\sigma_i$ 内点的取法无关.

2. 二重积分的几何意义

(1) 当在积分区域 D 内 $f(x,y)\geqslant 0$ 时,$\iint\limits_D f(x,y)\mathrm{d}\sigma$ 表示曲顶柱体的体积;

(2) 当在积分区域 D 内 $f(x,y)\leqslant 0$ 时,$\iint\limits_D f(x,y)\mathrm{d}\sigma$ 表示曲顶柱体的体积的负值;

(3) 当在积分区域内 D 内 $f(x,y)$ 有正有负时,$\iint\limits_D f(x,y)\mathrm{d}\sigma$ 的值就等于 xOy 坐标面上方和下方曲顶柱体体积的代数和.

【名师解析】

定积分的值在几何上与对应曲边梯形的面积相关,而二重积分的值与相应曲顶柱体的体积相关,都要注意符号的规定. 用二重积分表示曲顶柱体时,xOy 坐标面上方的体积前取正号,xOy 坐标面下方的体积前取负号,体积的代数和即包含各部分体积前面的符号之和.

3. 二重积分的性质

性质 1　若在区域 D 上 $f(x,y)=1$,则 $\iint\limits_D \mathrm{d}\sigma=\sigma$($\sigma$ 为区域 D 的面积);

性质 2　$\iint\limits_D [f(x,y)\pm g(x,y)]\mathrm{d}\sigma=\iint\limits_D f(x,y)\mathrm{d}\sigma\pm\iint\limits_D g(x,y)\mathrm{d}\sigma$;

性质 3　$\iint\limits_D kf(x,y)\mathrm{d}\sigma=k\iint\limits_D f(x,y)\mathrm{d}\sigma$(其中 k 为常数);

性质 4　**(积分区域的可加性)** $\iint\limits_{D=D_1+D_2} f(x,y)\mathrm{d}\sigma=\iint\limits_{D_1} f(x,y)\mathrm{d}\sigma+\iint\limits_{D_2} f(x,y)\mathrm{d}\sigma$;

性质 5　**(保号性)** 若 $f(x,y)\geqslant g(x,y),(x,y)\in D$,则 $\iint\limits_D f(x,y)\mathrm{d}\sigma\geqslant\iint\limits_D g(x,y)\mathrm{d}\sigma$

性质 6　**(估值定理)** 设 m 与 M 分别是 $f(x,y)$ 在有界闭区域 D 上的最小值和最大值,则 $m\sigma\leqslant\iint\limits_D f(x,y)\mathrm{d}\sigma\leqslant M\sigma$(其中 σ 表示区域 D 的面积);

性质 7　**(积分中值定理)**　若 $f(x,y)$ 在有界闭区域 D 上连续,则至少存在一点 $(\xi,\eta)\in D$,使得

$$\iint\limits_D f(x,y)\mathrm{d}\sigma=f(\xi,\eta)\sigma.$$

【名师解析】

二重积分的性质与定积分的性质很相似,考生可以将它们对照着理解和记忆.

二、二重积分的计算

1.直角坐标系下计算二重积分

$D:\begin{cases}a < x \leqslant b, \\ \varphi_1(x) \leqslant y \leqslant \varphi_2(x),\end{cases}$ (如图 8.9 所示)$\iint\limits_D f(x,y)\mathrm{d}\sigma = \int_a^b \mathrm{d}x \int_{\varphi_1(x)}^{\varphi_2(x)} f(x,y)\mathrm{d}y.$

$D:\begin{cases}c \leqslant y \leqslant d, \\ \psi_1(y) \leqslant x \leqslant \psi_2(y),\end{cases}$ (如图 8.10 所示)$\iint\limits_D f(x,y)\mathrm{d}\sigma = \int_c^d \mathrm{d}y \int_{\psi_1(y)}^{\psi_2(y)} f(x,y)\mathrm{d}x.$

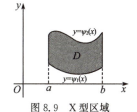

图 8.9　X 型区域

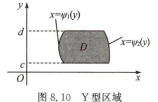

图 8.10　Y 型区域

特别地,若 D 为矩形区域 $\begin{cases}a \leqslant x \leqslant b, \\ c \leqslant y \leqslant d,\end{cases}$ 则 $\iint\limits_D f(x)g(y)\mathrm{d}x\mathrm{d}y = \int_a^b f(x)\mathrm{d}x \int_c^d g(y)\mathrm{d}y.$

【名师解析】

二重积分的计算总的来说就是把二重积分转化成二次积分,在直角坐标系下转化时有先 x 后 y 和先 y 后 x 两种积分次序;在极坐标系下转化时,只有先 r 后 θ 一种积分次序.

2.极坐标系下计算二重积分

直角坐标与极坐标的转换公式为 $\begin{cases}x = r\cos\theta, \\ y = r\sin\theta,\end{cases}$ 则 $x^2 + y^2 = r^2, \dfrac{y}{x} = \tan\theta, \mathrm{d}\sigma = \mathrm{d}x\mathrm{d}y = r\mathrm{d}r\mathrm{d}\theta.$

极坐标系下计算二重积分有以下三种情形

(1)极点在积分区域内(如图 8.11 所示)

$D:\begin{cases}0 \leqslant \theta \leqslant 2\pi, \\ 0 \leqslant r \leqslant r(\theta).\end{cases}\iint\limits_D f(x,y)\mathrm{d}\sigma = \int_0^{2\pi}\mathrm{d}\theta\int_0^{r(\theta)} f(r\cos\theta,r\sin\theta)r\mathrm{d}r.$

(2)极点在积分区域外(如图 8.12 所示)

$D:\begin{cases}\alpha \leqslant \theta \leqslant \beta, \\ r_1(\theta) \leqslant r \leqslant r_2(\theta).\end{cases}\iint\limits_D f(x,y)\mathrm{d}\sigma = \int_\alpha^\beta\mathrm{d}\theta\int_{r_1(\theta)}^{r_2(\theta)} f(r\cos\theta,r\sin\theta)r\mathrm{d}r.$

(3)极点在积分区域的边界上(如图 8.13 所示)

$D:\begin{cases}\alpha \leqslant \theta \leqslant \beta, \\ 0 \leqslant r \leqslant r(\theta).\end{cases}\iint\limits_D f(x,y)\mathrm{d}\sigma = \int_\alpha^\beta\mathrm{d}\theta\int_0^{r(\theta)} f(r\cos\theta,r\sin\theta)r\mathrm{d}r.$

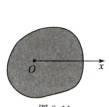

图 8.11

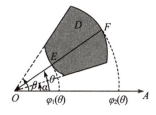

图 8.12

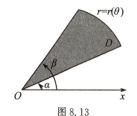

图 8.13

【名师解析】

当积分区域由圆弧或射线围成,特别是出现圆、圆环、或者圆的一部分,且被积函数中含有 $\dfrac{y}{x}, x^2 + y^2$ 等形式时,一般采取极坐标计算二重积分.

在极坐标中,二重积分转换成二次积分后,当被积函数中变量 r 和 θ 能分离,且积分上下限全部为常数时,可以不区分二次积分的积分次序,两个定积分可以同时计算,并按照两个定积分的乘积来求二次积分.

还要特别注意的是,在直角坐标系下面积微元 $\mathrm{d}\sigma = \mathrm{d}x\mathrm{d}y$,而在极坐标系下,$\mathrm{d}\sigma = r\mathrm{d}r\mathrm{d}\theta \neq \mathrm{d}r\mathrm{d}\theta$,注意二者形式的不同之处.

考点例题分析

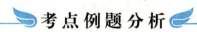

考点一 直角坐标系下计算二重积分

【考点分析】

二重积分的计算是专升本理工类的必考考点,多出现在计算题中,总体上来看,直角坐标系下计算二重积分比极坐标系下计算二重积分考查频率高,但近几年理工类高数考试中极坐标连年考查,考生须注意.

例 20 设 $D = \{(x,y) \mid -2 \leqslant x \leqslant 2, -1 \leqslant y \leqslant 1\}$,则 $\iint\limits_{D} 4\mathrm{d}\sigma = $ _____.

解 如图 8.14 所示,由二重积分的性质得

$$\iint\limits_{D} 4\mathrm{d}\sigma = 4\iint\limits_{D}\mathrm{d}\sigma = 4S_D = 32.$$(其中 σ 表示积分区域 D 的面积)

故应填 32.

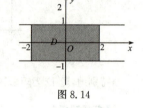

图 8.14

【名师点评】

利用二重积分的性质,$\iint\limits_{D}\mathrm{d}\sigma = \sigma$,其中 σ 表示积分区域 D 的面积. 此类题型多出现在填空或选择题中,而且所给积分区域 D 多为规则图形,如三角形、矩形、圆或扇形、圆环、椭圆等.

例 21 计算 $\iint\limits_{D}\dfrac{y}{1+x}\mathrm{d}\sigma$,$D:0 \leqslant x \leqslant 2, 0 \leqslant y \leqslant 1$.

解 如图 8.15 所示,把二重积分转化为二次积分,得

$$\iint\limits_{D}\frac{y}{1+x}\mathrm{d}\sigma = \int_0^2 \frac{1}{1+x}\mathrm{d}x \cdot \int_0^1 y\mathrm{d}y = \ln(1+x)\Big|_0^2 \cdot \frac{1}{2}y^2\Big|_0^1 = \frac{1}{2}\ln 3.$$

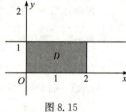

图 8.15

【名师点评】

当积分区域为矩形区域时,如果被积函数可以分离变量 x 和 y,则二重积分可以转化为两个各自独立的定积分,此时积分结果与积分次序无关,两个定积分可以同时计算.

例 22 计算 $\iint\limits_{D} x\sqrt{y}\mathrm{d}\sigma$,其中 D 是 $y = \sqrt{x}$,$y = x^2$ 所围成的闭区域.

解 如图 8.16 所示,$D:\begin{cases} y^2 \leqslant x \leqslant \sqrt{y}, \\ 0 \leqslant y \leqslant 1, \end{cases}$ 把二重积分转化为二次积分,得

$$\iint\limits_{D} x\sqrt{y}\mathrm{d}\sigma = \int_0^1 \mathrm{d}y \int_{y^2}^{\sqrt{y}} x\sqrt{y}\mathrm{d}x = \int_0^1 \sqrt{y}\mathrm{d}y\int_{y^2}^{\sqrt{y}} x\mathrm{d}x = \int_0^1 \sqrt{y}\cdot\frac{x^2}{2}\Big|_{y^2}^{\sqrt{y}}\mathrm{d}y$$

$$= \frac{1}{2}\int_0^1 \sqrt{y}(y - y^4)\mathrm{d}y = \frac{1}{2}\left[\frac{2}{5}y^{\frac{5}{2}} - \frac{2}{11}y^{\frac{11}{2}}\right]_0^1 = \frac{6}{55}.$$

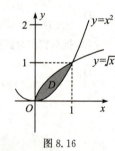

图 8.16

【名师点评】

二重积分在转化为直角坐标系下的二次积分时,积分次序的选择至关重要. 若积分区域 D 既可以看作 X 型区域,又可以看作 Y 型区域,我们还要观察被积函数对哪一个变量先积分更容易,如果被积函数对积分次序无要求,则一般首选把 D 看作 X 型区域.

例 23 计算 $\iint\limits_{D} xy\mathrm{d}\sigma$,其中 D 由 $y^2 = x$,$y = x - 2$ 所围成的闭区域.

解 如图 8.17 所示,$D:\begin{cases} y^2 \leqslant x \leqslant y + 2, \\ -1 \leqslant y \leqslant 2, \end{cases}$

把二重积分转化为二次积分,得

$$\iint\limits_{D} xy\mathrm{d}\sigma = \int_{-1}^2 \mathrm{d}y\int_{y^2}^{y+2} xy\mathrm{d}x = \int_{-1}^2 y\mathrm{d}y\int_{y^2}^{y+2} x\mathrm{d}x$$

$$= \int_{-1}^2 y\cdot\frac{x^2}{2}\Big|_{y^2}^{y+2}\mathrm{d}y = \frac{1}{2}\int_{-1}^2 y\left[(y+2)^2 - y^4\right]\mathrm{d}y = \frac{45}{8}.$$

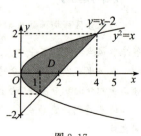

图 8.17

【名师点评】

当把积分区域看作 Y 型区域时,确定变量 x 的取值范围时,需求出题中所给曲线的反函数,即把所给曲线方程表示成 $x = \varphi(y)$ 的形式.

例 24　计算 $\iint\limits_{D} \cos y^2 \, dx \, dy$,其中 D 由 $y = 2, x = 1, y = x - 1$ 所围.

解　如图 8.18 所示,$D: \begin{cases} 1 \leqslant x \leqslant 1 + y, \\ 0 \leqslant y \leqslant 2, \end{cases}$

把二重积分转化为二次积分得

$$\iint\limits_{D} \cos y^2 \, dx \, dy = \int_0^2 \cos y^2 \, dy \int_1^{1+y} dx = \int_0^2 y \cos y^2 \, dy = \frac{1}{2} \int_0^2 \cos y^2 \, dy^2 = \frac{1}{2} \sin y^2 \Big|_0^2$$

$$= \frac{1}{2} \sin 4.$$

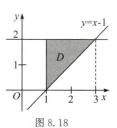
视频讲解
(扫码 关注)

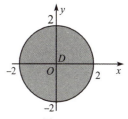
图 8.18

【名师点评】

在直角坐系下计算二重积分时,积分次序的选择除了取决于积分区域的类型外,还要观察被积函数,被积函数为 $\sin y^2, \cos y^2, e^{y^2}, \dfrac{\sin y}{y}$ 等函数时,先对 y 积分无法求出原函数,所以要先对变量 x 积分,后对变量 y 积分.

考点 二　极坐标系下计算二重积分

【考点分析】

在计算二重积分时,当积分区域是圆域、扇形、圆环或由圆弧和射线围成的图形,且被积函数含有 $x^2 + y^2, \dfrac{y}{x}$ 等形式时,一般选择把二重积分转化为极坐标系下的二次积分.在专升本考试中,极坐标系下计算二重积分的考题出现的概率相对于直角坐标系下的要低一些.

例 25　计算二重积分 $\iint\limits_{D} e^{x^2+y^2} \, d\sigma, D: x^2 + y^2 \leqslant 4.$

解　如图 8.19 所示,$D: \begin{cases} 0 \leqslant \theta \leqslant 2\pi, \\ 0 \leqslant r \leqslant 2, \end{cases}$

得 $\iint\limits_{D} e^{x^2+y^2} \, d\sigma = \int_0^{2\pi} d\theta \int_0^2 e^{r^2} r \, dr = 2\pi \cdot \frac{1}{2} e^{r^2} \Big|_0^2 = \pi(e^4 - 1).$

例 26　计算二重积分 $\iint\limits_{D} \sin \sqrt{x^2 + y^2} \, d\sigma, D: \pi^2 \leqslant x^2 + y^2 \leqslant 4\pi^2.$

解　如图 8.20 所示,$D: \begin{cases} 0 \leqslant \theta \leqslant 2\pi \\ \pi \leqslant r \leqslant 2\pi \end{cases},$

把二重积分转化为极坐标系下二次积分,得

$$\iint\limits_{D} \sin \sqrt{x^2 + y^2} \, d\sigma = \int_0^{2\pi} d\theta \int_\pi^{2\pi} \sin r \cdot r \, dr = 2\pi \left[-\int_\pi^{2\pi} r \, d(\cos r) \right]$$

$$= 2\pi \left(-r \cos r \Big|_\pi^{2\pi} + \int_\pi^{2\pi} \cos r \, dr \right)$$

$$= -6\pi^2.$$

图 8.19

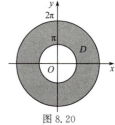
图 8.20

【名师点评】

在极坐标系下把二重积分转化为二次积分时,不需要选择积分次序,都是先对 r 后对 θ 积分,如果 r 和 θ 的取值范围都是常数,且被积函数可以分离变量 r 和 θ,可以把二重积分转化为两个相互独立的定积分,这两个定积分可以同时计算.

例 27　计算 $\iint\limits_{D} \sqrt{a^2 - x^2 - y^2} \, d\sigma$,其中 D 是圆域 $x^2 + y^2 \leqslant ax.$

解　如图 8.21 所示,$D: \begin{cases} -\dfrac{\pi}{2} \leqslant \theta \leqslant \dfrac{\pi}{2}, \\ 0 \leqslant r \leqslant a\cos\theta, \end{cases}$

视频讲解
(扫码 关注)

把二重积分转化为极坐标系下二次积分,得

$$\iint\limits_{D}\sqrt{a^2-x^2-y^2}\,\mathrm{d}\sigma=\int_{-\frac{\pi}{2}}^{\frac{\pi}{2}}\mathrm{d}\theta\int_{0}^{a\cos\theta}r\sqrt{a^2-r^2}\,\mathrm{d}r=-\frac{1}{3}\int_{-\frac{\pi}{2}}^{\frac{\pi}{2}}(a^2-r^2)^{\frac{3}{2}}\Big|_{0}^{a\cos\theta}\mathrm{d}\theta$$

$$=-\frac{1}{3}\int_{-\frac{\pi}{2}}^{\frac{\pi}{2}}a^3(|\sin\theta|^3-1)\mathrm{d}\theta=\frac{2}{3}a^3\int_{0}^{\frac{\pi}{2}}(1-\sin^3\theta)\mathrm{d}\theta$$

$$=\frac{2}{3}a^3\left(\frac{\pi}{2}-\frac{2}{3}\cdot1\right)=\frac{a^3}{9}(3\pi-4)$$

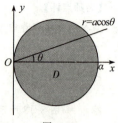

图 8.21

【名师点评】

把二重积分转化为极坐标系下的二次积分,关键是确定变量 θ 和 r 的范围,其中把积分区域 D 的边界线的直角坐标方程转化为极坐标方程对考生来说是难点.此题中在把圆的直角坐标方程 $x^2+y^2=ax$ 转化为极坐标方程时,只需把等式左边的 x^2+y^2 换成 r^2,把等式右边的 x 换成 $r\cos\theta$,等式两边约去 r,即得该曲线的极坐标方程 $r=a\cos\theta$.

考点 三 交换积分次序

【考点分析】

把直角坐标系下的二次积分交换积分次序,是专升本考试选择题和填空题常考的题型,有时也在计算题中考求解二次积分,但按所给积分次序无法计算,必须通过交换积分次序才可求解.

例 28 交换二次积分 $\int_{1}^{e}\mathrm{d}x\int_{0}^{\ln x}f(x,y)\mathrm{d}y$ 的积分顺序.

解 由积分限 $x=1,x=e,y=0,y=\ln x$ 作出积分区域 D,如图 8.22 所示.

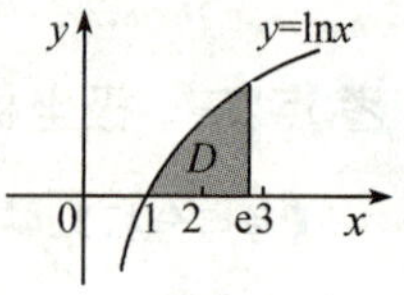

原二次积分为 X 型,若交换积分顺序需按 Y 型区域写出 D,$D:\begin{cases}e^y\leqslant x\leqslant e,\\0\leqslant y\leqslant1,\end{cases}$

则 $\int_{1}^{e}\mathrm{d}x\int_{0}^{\ln x}f(x,y)\mathrm{d}y=\int_{0}^{1}\mathrm{d}y\int_{e^y}^{e}f(x,y)\mathrm{d}x$.

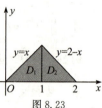

图 8.22

【名师点评】

此类题目,若原积分顺序对应积分区域为 X 型,则交换积分顺序需将积分区域 D 视为 Y 型,根据新写出的 D 对应的不等式组,确定新积分顺序的上下限即可.

例 29 交换二次积分 $\int_{0}^{1}\mathrm{d}x\int_{0}^{x}f(x,y)\mathrm{d}y+\int_{1}^{2}\mathrm{d}x\int_{0}^{2-x}f(x,y)\mathrm{d}y$ 的积分次序.

解 如图 8.23 所示,由积分限 $x=0,x=1,y=0,y=x$ 作出积分区域 D_1 的图,由积分限 $x=1,x=2,y=0,y=2-x$ 作出积分区域 D_2 的图,则积分区域 $D=D_1+D_2$,此时 $D:$
$\begin{cases}0\leqslant y\leqslant1,\\y\leqslant x\leqslant2-y,\end{cases}$ 于是 $\int_{0}^{1}\mathrm{d}x\int_{0}^{x}f(x,y)\mathrm{d}y+\int_{1}^{2}\mathrm{d}x\int_{0}^{2-x}f(x,y)\mathrm{d}y=\int_{0}^{1}\mathrm{d}y\int_{y}^{2-y}f(x,y)\mathrm{d}x$.

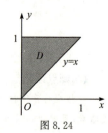

图 8.23

【名师点评】

交换积分次序的题目求解关键是根据所给的二次积分的积分限做出积分区域 D 的图形,然后对积分区域进行分析,用与题中所给二次积分次序不同的不等式组重新表示积分区域 D.如果所给二次积分是两个二次积分的和,则分别画出两个积分区域 D_1 和 D_2,这两个区域必然会连成一个完整的区域 D.

例 30 计算二次积分 $\int_{0}^{1}\mathrm{d}x\int_{x}^{1}e^{-y^2}\mathrm{d}y$.

解 由 $0\leqslant x\leqslant1,x\leqslant y\leqslant1$ 画出积分区域 D,如图 8.24 所示,

交换积分次序,得 $D:\begin{cases}0\leqslant y\leqslant1,\\0\leqslant x\leqslant y,\end{cases}$

于是 $\int_{0}^{1}\mathrm{d}x\int_{x}^{1}e^{-y^2}\mathrm{d}y=\int_{0}^{1}\mathrm{d}y\int_{0}^{y}e^{-y^2}\mathrm{d}x=\int_{0}^{1}ye^{-y^2}\mathrm{d}y=-\frac{1}{2}e^{-y^2}\Big|_{0}^{1}=\frac{1}{2}\left(1-\frac{1}{e}\right)$.

图 8.24

【名师点评】

此题在所给积分次序下无法求得函数 e^{-y^2} 的原函数,所以必须通过交换积分次序才可求解.在专升本考试中,直接求解二次积分的题目大部分都是这个解题思路,考生需熟记一些不可积函数的形式,如 $\sin y^2$,$\cos y^2$,e^{-y^2},$\dfrac{\sin y}{y}$ 等.

考点一　直角坐标系下计算二重积分

真题27 (2019.理工)设区域 $D = \{(x,y) \mid 1 \leqslant x^2 + y^2 \leqslant 2\}$，则二重积分 $\displaystyle\iint\limits_D dx\,dy = $ _____.

A. π B. 2π C. 3π D. 4π

解　利用二重积分的性质，$\displaystyle\iint\limits_D d\sigma = \sigma$，其中 σ 表示积分区域 D 的面积. 由于积分区域 D 是以原点为圆心，以 1 和 $\sqrt{2}$ 为半径的内外两个圆围成的圆环，故 $\sigma = 2\pi - \pi = \pi$.

故应选 A.

【名师点评】

此类题型利用二重积分性质 $\displaystyle\iint\limits_D dx\,dy = \sigma$ 或 $\displaystyle\iint\limits_D k\,dx\,dy = k\sigma$ 来求解，一般这类题型中的积分区域 D 多为三角形、矩形、扇形、圆、圆环、椭圆等易于求面积的规则图形.

真题28 (2015.公共)如果闭区域 D 由 x 轴，y 轴及 $x + y = 1$ 围成，则 $\displaystyle\iint\limits_D (x+y)^2 d\sigma$ _____ $\displaystyle\iint\limits_D (x+y)^3 d\sigma$.

解　如图 8.25 所示，闭区域 D 内，$0 \leqslant x + y \leqslant 1$，因此 $(x+y)^2 \geqslant (x+y)^3$，

由二重积分的性质知，$\displaystyle\iint\limits_D (x+y)^2 d\sigma \geqslant \iint\limits_D (x+y)^3 d\sigma$.

故应填 $\geqslant$.

【名师点评】

此题考查的是二重积分的性质，通过比较积分区域 D 内被积函数的大小来得到二重积分值

图 8.25

的大小. 此类题型一般被积函数都是幂函数形式，要比较被积函数大小，关键是判断幂函数的底数是大于 1 还是在 $(0,1)$ 内，如果底数大于 1，则次数越高越大；如果底数在 $(0,1)$ 内，则次数越低越大.

真题29 (2021.高数 Ⅰ)计算二重积分 $\displaystyle\iint\limits_D (2x+y)\,dx\,dy$，其中 D 是由直线 $y = 3$，$y = x$ 与曲线 $xy = 1$ 围成的闭区域.

解　$\displaystyle\iint\limits_D (2x+y)\,dx\,dy = \int_1^3 dy \int_{\frac{1}{y}}^{y} (2x+y)\,dx$

$= \displaystyle\int_1^3 (x^2 + yx)\Big|_{\frac{1}{y}}^{y}\,dy = \int_1^3 \left(y^2 + y^2 - \frac{1}{y^2} - 1\right) dy = \frac{44}{3}$.

【名师点评】

求解二重积分关键是对积分区域 D 的分析，首先要根据题目的描述画出积分区域 D 的图形，如果图形既可以看作 X 型区域又可以看作 Y 型区域，则要结合被积函数把二重积分转化为二次积分.

真题30 (2022.高数 Ⅰ)计算二重积分 $\displaystyle\iint\limits_D xy^3\,dx\,dy$，其中 D 是由直线 $y = x$，$y = \dfrac{x}{2}$，$y = 1$ 所围成的闭区域.

解　如图 8.26 所示，$\displaystyle\iint\limits_D xy^3\,dx\,dy = \int_0^1 dy \int_y^{2y} xy^3\,dx$

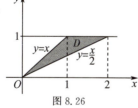

$= \displaystyle\frac{1}{2}\int_0^1 y^3 x^2 \Big|_y^{2y}\,dy = \frac{3}{2}\int_0^1 y^5\,dy = \frac{1}{4} y^6 \Big|_0^1 = \frac{1}{4}$.

图 8.26

【名师点评】

二重积分的计算与定积分的几何应用计算都需要先作图再分析，因此考生需熟练掌握常用的基本初等函数的图像，并且要严格按照题目所提及的曲线来找围成的积分区域，不能自行增加或减少任何一条线，并熟记一些常用曲线交点坐标，从而增加解题速度与准确性.

考点二 极坐标系下计算二重积分

真题31 (2014.会计)二重积分 $\iint\limits_{D} f(x,y)\mathrm{d}\sigma$ 在极坐标下的面积元素为 _____.

A. $\mathrm{d}\sigma = \mathrm{d}x\,\mathrm{d}y$　　　　　　　　B. $\mathrm{d}\sigma = r\mathrm{d}r\mathrm{d}\theta$

C. $\mathrm{d}\sigma = \mathrm{d}r\mathrm{d}\theta$　　　　　　　　D. $\mathrm{d}\sigma = r^2\sin\theta\,\mathrm{d}r\mathrm{d}\theta$

解 二重积分 $\iint\limits_{D} f(x,y)\mathrm{d}\sigma$ 在极坐标下的面积元素为 $\mathrm{d}\sigma = r\mathrm{d}r\mathrm{d}\theta$,

故应选 B.

【名师点评】

此题考查二重积分的面积元素在极坐标下的分解式,考生在把二重积分转化为二次积分时一定不要误把 $\mathrm{d}\sigma$ 分解为 $\mathrm{d}r\mathrm{d}\theta$.

真题32 (2023.高数 Ⅰ)计算二重积分 $\iint\limits_{D} \dfrac{xy}{\sqrt{x^2+y^2}}\mathrm{d}x\mathrm{d}y$,

其中 $D = \left\{(x,y) \mid 0 \leqslant y \leqslant \sqrt{3}\,x,\, 1 \leqslant x^2+y^2 \leqslant 4\right\}$.

解 令 $x = r\cos\theta$,$y = r\sin\theta$,则在极坐标下 D:$\begin{cases} 0 \leqslant \theta \leqslant \dfrac{\pi}{3}, \\ 1 \leqslant r \leqslant 2. \end{cases}$

$$\iint\limits_{D} \frac{xy}{\sqrt{x^2+y^2}}\mathrm{d}x\mathrm{d}y = \int_0^{\frac{\pi}{3}} \mathrm{d}\theta \int_1^2 \frac{r^2\sin\theta\cos\theta}{r} \cdot r\,\mathrm{d}r = \int_0^{\frac{\pi}{3}} \sin\theta\cos\theta\,\mathrm{d}\theta \int_1^2 r^2\,\mathrm{d}r = \frac{7}{8}.$$

真题33 (2019.公共)计算二重积分 $\iint\limits_{D} \dfrac{y}{x}\,\mathrm{d}\sigma$,其中 D 由 $x^2+y^2 \leqslant a^2(a > 0)$,$y = x$ 及 x 轴在第一象限所围成的区域.

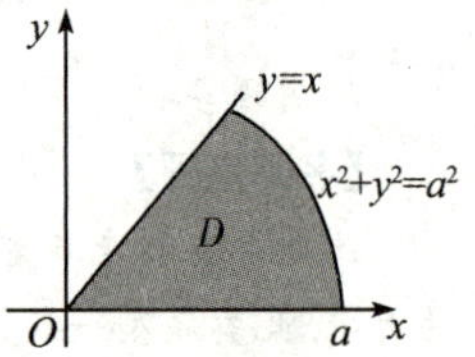

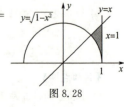

图 8.27

解 利用极坐标,积分区域 D 表示如图 8.27,

D:$\begin{cases} 0 \leqslant \theta \leqslant \dfrac{\pi}{4}, \\ 0 \leqslant r \leqslant a, \end{cases}$ 于是

$$\iint\limits_{D} \frac{y}{x}\mathrm{d}x\mathrm{d}y = \int_0^{\frac{\pi}{4}} \mathrm{d}\theta \int_0^a \tan\theta\,r\,\mathrm{d}r = \int_0^{\frac{\pi}{4}} \tan\theta\,\mathrm{d}\theta \int_0^a r\,\mathrm{d}r = -\ln\cos\theta \Big|_0^{\frac{\pi}{4}} \cdot \frac{r^2}{2}\Big|_0^a = -\ln\frac{1}{\sqrt{2}} \cdot \left(\frac{a^2}{2}\right) = \frac{a^2}{4}\ln 2.$$

真题34 (2020.高数 Ⅰ)计算二重积分 $\iint\limits_{D}\cos(x^2+y^2)\mathrm{d}x\mathrm{d}y$,其中 D 是由直线 $y = \dfrac{\sqrt{3}}{3}x$,$y = \sqrt{3}\,x$ 与圆周 $x^2+y^2 = \dfrac{\pi}{2}$ 所围成的第一象限的闭区域.

解 $\displaystyle \iint\limits_{D}\cos(x^2+y^2)\mathrm{d}x\mathrm{d}y = \int_{\frac{\pi}{6}}^{\frac{\pi}{3}} \mathrm{d}\theta \int_0^{\sqrt{\frac{\pi}{2}}} \cos r^2 \cdot r\,\mathrm{d}r = \frac{\pi}{6} \cdot \frac{1}{2}\int_0^{\sqrt{\frac{\pi}{2}}} \cos r^2\,\mathrm{d}r^2 = \frac{\pi}{12}\sin r^2\Big|_0^{\sqrt{\frac{\pi}{2}}} = \frac{\pi}{12}.$

【名师点评】

在把二重积分转化为极坐标系下的二次积分时,如果被积函数含有 x^2+y^2,可以直接转化为 r^2,如果被积函数含有 $\dfrac{y}{x}$,可以直接转化为 $\tan\theta$.

真题35 (2024.高数 Ⅰ)计算二重积分 $\iint\limits_{D}(x^2+y^2)^{-\frac{5}{2}}\mathrm{d}x\mathrm{d}y$,其中 D 是由曲线 $y = \sqrt{1-x^2}$ 与直线 $y = x$,$x = 1$ 所围成的闭区域.

图 8.28

解 如图 8.28,积分区域 D:$\begin{cases} 1 \leqslant r \leqslant \dfrac{1}{\cos\theta}, \\ 0 \leqslant \theta \leqslant \dfrac{\pi}{4}. \end{cases}$

$$\iint\limits_{D}(x^2+y^2)^{-\frac{5}{2}}\mathrm{d}x\mathrm{d}y = \int_0^{\frac{\pi}{4}} \mathrm{d}\theta \int_1^{\frac{1}{\cos\theta}} (r^2)^{-\frac{5}{2}} \cdot r\,\mathrm{d}r = -\frac{1}{3}\int_0^{\frac{\pi}{4}} (\cos^3\theta - 1)\mathrm{d}\theta$$

$$= -\frac{1}{3}\left(\int_0^{\frac{\pi}{4}}\cos^2\theta \cdot \cos\theta\,\mathrm{d}\theta - \theta\Big|_0^{\frac{\pi}{4}}\right) = -\frac{1}{3}\int_0^{\frac{\pi}{4}}(1-\sin^2\theta)\,\mathrm{d}\sin\theta + \frac{\pi}{12}$$

$$= -\frac{1}{3}\left(\sin\theta - \frac{1}{3}\sin^3\theta\right)\Big|_0^{\frac{\pi}{4}} + \frac{\pi}{12} = \frac{\pi}{12} - \frac{5\sqrt{2}}{36}.$$

【名师点评】

在极坐标下计算二重积分,要熟练掌握圆、直线的直角坐标方程与极坐标方程之间的相互转化.

考点 三 交换积分次序

真题 36 *(2016. 公共)* 计算积分 $I = \int_{\frac{1}{4}}^{\frac{1}{2}}\mathrm{d}y\int_{\frac{1}{2}}^{\sqrt{y}}\mathrm{e}^{\frac{y}{x}}\,\mathrm{d}x + \int_{\frac{1}{2}}^{1}\mathrm{d}y\int_y^{\sqrt{y}}\mathrm{e}^{\frac{y}{x}}\,\mathrm{d}x.$

分析 因为 $\int\mathrm{e}^{\frac{y}{x}}\,\mathrm{d}x$ 不能用初等函数表示,所以先交换积分顺序再求解.

解 如图 8.29 所示,$D = D_1 + D_2$,此时 $D: \begin{cases}\frac{1}{2}\leqslant x\leqslant 1,\\ x^2\leqslant y\leqslant x.\end{cases}$

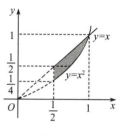

交换积分次序,得

$$I = \int_{\frac{1}{4}}^{\frac{1}{2}}\mathrm{d}y\int_{\frac{1}{2}}^{\sqrt{y}}\mathrm{e}^{\frac{y}{x}}\,\mathrm{d}x + \int_{\frac{1}{2}}^{1}\mathrm{d}y\int_y^{\sqrt{y}}\mathrm{e}^{\frac{y}{x}}\,\mathrm{d}x = \int_{\frac{1}{2}}^{1}\mathrm{d}x\int_{x^2}^x\mathrm{e}^{\frac{y}{x}}\,\mathrm{d}y$$

$$= \int_{\frac{1}{2}}^1 x(\mathrm{e}-\mathrm{e}^x)\,\mathrm{d}x = \frac{3}{8}\mathrm{e} - \frac{1}{2}\sqrt{\mathrm{e}}.$$

图 8.29

【名师点评】

在计算二次积分时,如果按题目所给积分次序无法求得先积分的变量的原函数或积分计算比较繁琐时,要考虑交换积分次序,使按照新的积分次序能够较容易求得被积函数的原函数.

真题 37 *(2017. 机械)* 交换积分次序:$\int_0^{\frac{1}{4}}\mathrm{d}y\int_y^{\sqrt{y}}f(x,y)\,\mathrm{d}x + \int_{\frac{1}{4}}^{\frac{1}{2}}\mathrm{d}y\int_y^{\frac{1}{2}}f(x,y)\,\mathrm{d}x$ 为 _____.

解 如图 8.30 所示,$D = D_1 + D_2$.

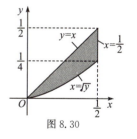

$$D_1:\begin{cases}0\leqslant y\leqslant\frac{1}{4},\\ y\leqslant x\leqslant\sqrt{y},\end{cases} \quad D_2:\begin{cases}\frac{1}{4}\leqslant y\leqslant\frac{1}{2},\\ y\leqslant x\leqslant\frac{1}{2},\end{cases}$$

于是 $D:\begin{cases}0\leqslant x\leqslant\frac{1}{2},\\ x^2\leqslant y\leqslant x.\end{cases}$ 交换积分次序,得

图 8.30

$$\int_0^{\frac{1}{4}}\mathrm{d}y\int_y^{\sqrt{y}}f(x,y)\,\mathrm{d}x + \int_{\frac{1}{4}}^{\frac{1}{2}}\mathrm{d}y\int_y^{\frac{1}{2}}f(x,y)\,\mathrm{d}x = \int_0^{\frac{1}{2}}\mathrm{d}x\int_{x^2}^x f(x,y)\,\mathrm{d}y.$$

故应填 $\int_0^{\frac{1}{2}}\mathrm{d}x\int_{x^2}^x f(x,y)\,\mathrm{d}y.$

真题 38 *(2018. 公共)* 改变积分 $\int_0^1\mathrm{d}x\int_0^{x^2}f(x,y)\,\mathrm{d}y + \int_1^2\mathrm{d}x\int_0^{2-x}f(x,y)\,\mathrm{d}y$ 的积分次序.

解 如图 8.31 所示,$D = D_1 + D_2$.

$$D_1:\begin{cases}0\leqslant x\leqslant 1,\\ 0\leqslant y\leqslant x^2,\end{cases} \quad D_2:\begin{cases}1\leqslant x\leqslant 2,\\ 0\leqslant y\leqslant 2-x,\end{cases}$$

于是 $D:\begin{cases}\sqrt{y}\leqslant x\leqslant 2-y,\\ 0\leqslant y\leqslant 1.\end{cases}$ 交换积分次序,得

视频讲解
(扫码 关注)

$$\int_0^1\mathrm{d}x\int_0^{x^2}f(x,y)\,\mathrm{d}y + \int_1^2\mathrm{d}x\int_0^{2-x}f(x,y)\,\mathrm{d}y = \int_0^1\mathrm{d}y\int_{\sqrt{y}}^{2-y}f(x,y)\,\mathrm{d}x.$$

【名师点评】

如果交换积分次序的题目给的是两个二次积分的和,需要在同一坐标系下分别画出两个

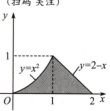

图 8.31

二次积分的积分区域,一般可以把两个区域连成一个区域,从而根据合成的区域确定新的积分次序的积分限. 在利用二次积分的积分限做出积分区域的图形时,最好是先确定积分区域的几个关键交点的位置,再把交点按所给函数对应的曲线连接起来,这样作图既快又准.

真题 39 (2021.高数 Ⅰ) 已知函数 $f(x,y)$ 在 $\mathbf{R}^2$ 上连续,则 $\int_0^{\frac{\pi}{2}}\mathrm{d}\theta\int_{2\cos\theta}^{4\cos\theta}f(r\cos\theta,r\sin\theta)r\mathrm{d}r=$ _____.

A. $\int_0^1\mathrm{d}x\int_1^{\sqrt{1-x^2}}f(x,y)\mathrm{d}y+\int_1^2\mathrm{d}x\int_1^{\sqrt{4-x^2}}f(x,y)\mathrm{d}y$

B. $\int_0^1\mathrm{d}x\int_{\sqrt{1-x^2}}^{\sqrt{4-x^2}}f(x,y)\mathrm{d}y+\int_1^2\mathrm{d}x\int_1^{\sqrt{4-x^2}}f(x,y)\mathrm{d}y$

C. $\int_0^2\mathrm{d}x\int_{\sqrt{2x-x^2}}^{\sqrt{4x-x^2}}f(x,y)\mathrm{d}y+\int_2^4\mathrm{d}x\int_0^{\sqrt{4x-x^2}}f(x,y)\mathrm{d}y$

D. $\int_0^2\mathrm{d}x\int_1^{\sqrt{2x-x^2}}f(x,y)\mathrm{d}y+\int_2^4\mathrm{d}x\int_0^{\sqrt{4x-x^2}}f(x,y)\mathrm{d}y$

解 由 $0\leqslant\theta\leqslant\dfrac{\pi}{2},2\cos\theta\leqslant r\leqslant 4\cos\theta$ 知,

积分区域为 $(x-1)^2+y^2=1,(x-2)^2+y^2=4,y=0$ 所围成图形在第一象限的部分,

将极坐标下二次积分转化为直角坐标下的二次积分得,$\int_0^{\frac{\pi}{2}}\mathrm{d}\theta\int_{2\cos\theta}^{4\cos\theta}f(r\cos\theta,r\sin\theta)r\mathrm{d}r=\int_0^2\mathrm{d}x\int_{\sqrt{2x-x^2}}^{\sqrt{4x-x^2}}f(x,y)\mathrm{d}y+$

$\int_2^4\mathrm{d}x\int_0^{\sqrt{4x-x^2}}f(x,y)\mathrm{d}y$.

故应选 C.

真题 40 (2022.高数 Ⅰ) 已知函数 $f(x,y)$ 在 $\mathbf{R}^2$ 上连续,则 $\int_0^2\mathrm{d}x\int_0^{\sqrt{3}x}f(x,y)\mathrm{d}y+\int_2^4\mathrm{d}x\int_0^{\sqrt{16-x^2}}f(x,y)\mathrm{d}y$ 的极坐标形式为 _____.

A. $\int_0^{\frac{\pi}{3}}\mathrm{d}\theta\int_0^4 f(r\cos\theta,r\sin\theta)\mathrm{d}r$

B. $\int_0^{\frac{\pi}{3}}\mathrm{d}\theta\int_0^4 f(r\cos\theta,r\sin\theta)r\mathrm{d}r$

C. $\int_0^{\frac{\pi}{6}}\mathrm{d}\theta\int_0^4 f(r\cos\theta,r\sin\theta)\mathrm{d}r$

D. $\int_0^{\frac{\pi}{6}}\mathrm{d}\theta\int_0^4 f(r\cos\theta,r\sin\theta)r\mathrm{d}r$

解 如图 8.32 所示,

曲线 $y=\sqrt{16-x^2}$ 的极坐标方程为 $r=4$,

曲线 $y=\sqrt{3}x$ 与 x 轴正项夹角为 $\dfrac{\pi}{3}$,

$\mathrm{d}x\mathrm{d}y=r\mathrm{d}\theta\mathrm{d}r$,

故选 B.

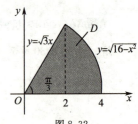

图 8.32

【名师点评】

近两年高数 Ⅰ 交换积分次序的题目出现极坐标系与直角坐标系之间的转化,解题时要熟练掌握两种坐标系之间的转化公式,能够把围成积分区域的曲线方程在两种坐标系下自由的切换.

真题 41 (2024.高数 Ⅱ) 已知函数 $f(x,y)$ 在 $\mathbf{R}^2$ 上连续,$I=\int_1^2\mathrm{d}x\int_0^{1-\sqrt{2x-x^2}}f(x,y)\mathrm{d}y+\int_2^3\mathrm{d}x\int_0^{\sqrt{4x-x^2-3}}f(x,y)\mathrm{d}y$,则交换积分次序后 $I=$ _____.

解 如图 8.33,

因为积分区域 D:$\begin{cases}0\leqslant y\leqslant 1,\\ 1+\sqrt{2y-y^2}\leqslant x\leqslant 2+\sqrt{1-y^2},\end{cases}$

所以交换积分次序后 $I=\int_0^1\mathrm{d}y\int_{1+\sqrt{2y-y^2}}^{2+\sqrt{1-y^2}}f(x,y)\mathrm{d}x$.

故应填 $\int_0^1\mathrm{d}y\int_{1+\sqrt{2y-y^2}}^{2+\sqrt{1-y^2}}f(x,y)\mathrm{d}x$.

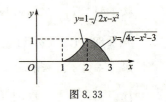

图 8.33

【名师点评】

在交换积分次序的题目中,常常需要求围成积分区域的曲线的反函数,需要注意的是抛物线和圆求反函数开二次根号时,要注意根式符号的正负.

❖ 考点方法综述

序号	本单元考点与方法总结
1	二元函数 $f(x,y)$ 在积分区域 D 上有界是 $\iint\limits_{D} f(x,y)\mathrm{d}\sigma$ 存在的必要条件;二元函数 $f(x,y)$ 在积分区域 D 上连续是 $\iint\limits_{D} f(x,y)\mathrm{d}\sigma$ 存在的充分条件.
2	二重积分计算方法是把二重积分转化为二次积分.解题时,按如下步骤: (1) 做出积分区域 D 的图形. (2) 选择坐标系:如果积分区域 D 是圆域、扇形、圆环或其他由直线和圆弧围成的闭区域,被积函数同时还含有 $x^{2}+y^{2}$,$\dfrac{y}{x}$,选择极坐标系;否则选择直角坐标系. (3) 选择积分次序:在直角坐标系下把二重积分转化为二次积分时,需要根据积分区域的类型和被积函数对两个变量积分的难易程度来确定积分次序,极坐标系只有先 r 后 θ 一种积分次序. (4) 计算二次积分.一般二次积分计算的顺序是从后向前,但当被积函数能分离两个积分变量,且二次积分的积分限全部为常数时,可以不分先后,两个定积分同时做;如果题目直接求解二次积分,多数情况下被积函数对所给积分次序不可积,需要先交换积分次序再计算.
3	在直角坐标系下把二重积分转化为二次积分时,积分区域可以分为 X 型区域和 Y 型区域. (1)X 型区域变量取值范围的确定:先确定变量 x 的取值范围,以积分区域 D 上 x 取最小值和最大值的点为分界点,把积分区域 D 的边界线分为上、下两条曲线,如果每条曲线可以用一个解析式表出,则变量 y 取值范围就从下方曲线到上方曲线;如果需分段表出,则需把积分区域 D 分成两个 X 型区域. (2)Y 型区域变量取值范围的确定:先确定变量 y 的取值范围,以积分区域 D 上 y 取最小值和最大值的点为分界点,把积分区域 D 的边界线分为左、右两条曲线,如果每条曲线可以用一个解析式表出,则变量 x 取值范围就从左方曲线到右方曲线;如果需分段表出,则需把积分区域 D 分成两个 Y 型区域. (3) 如果区域 D 既可以看成 X 型区域又可以看成 Y 型区域,可根据被积函数先对哪个变量积分容易求解来选择积分顺序,若被积函数对两个变量积分难易程度相等,一般我们选择先 y 后 x 的积分次序.
4	二重积分转化为二次积分的积分上、下限具有如下特点: (1) 先求的积分上、下限一般是变量或常数,后求的积分上、下限一定是常数. (2) 积分的下限小于积分上限.
5	在极坐标系下计算二重积分时,确定极角 θ 的取值范围的方法是:过极点 O 并从 Ox 轴出发按逆时针方向与积分区域 D 边界相切时的两条射线与 Ox 轴的夹角即为 θ 的取值范围.如果极点 O 在积分区域 D 内,则 θ 的取值范围为 $[0,2\pi]$.

✎ 本章检测训练 ✎

第八章检测训练 A

一、单选题

1.函数 $z = \dfrac{1}{\sqrt{\ln(x+y)}}$ 的定义域是_____.

A. $\{(x,y) \mid x+y > 0\}$

B. $\{(x,y) \mid \ln(x+y) \neq 0\}$

C. $\{(x,y) \mid x+y > 1\}$ D. $\{(x,y) \mid x+y \neq 1\}$

2. 设 $f(x,y) = \dfrac{xy}{x^2+y^2}$，则 $f(\dfrac{y}{x},1) =$ _____.

  A. $\dfrac{xy}{x^2+y^2}$ B. $\dfrac{x^2+y^2}{xy}$ C. $\dfrac{x}{1+x^2}$ D. $\dfrac{x^2}{1+x^4}$

3. 设 $z = \arctan\dfrac{x+y}{1-xy}$，则 $\dfrac{\partial^2 z}{\partial x \partial y} =$ _____.

  A. 0 B. $\dfrac{1}{1+x^2}$ C. $\dfrac{1}{1+y^2}$ D. $\dfrac{-2x}{(1+x^2)^2}$

4. 设 $z = \dfrac{x+y}{x-y}$，则 $\mathrm{d}z =$ _____.

  A. $\dfrac{2}{(x-y)^2}(x\,\mathrm{d}x - y\,\mathrm{d}y)$ B. $\dfrac{2}{(x-y)^2}(x\,\mathrm{d}y + y\,\mathrm{d}x)$

  C. $-\dfrac{2}{(x-y)^2}(x\,\mathrm{d}x + y\,\mathrm{d}y)$ D. $\dfrac{2}{(x-y)^2}(x\,\mathrm{d}y - y\,\mathrm{d}x)$

5. 设方程 $\ln\dfrac{z}{y} = x$ 确定函数 $z = z(x,y)$，则 $\dfrac{\partial z}{\partial x} =$ _____.

  A. ye^x B. 1 C. e^x D. y

6. 以下说法正确的是_____.

  A. 若二元函数 $z = f(x,y)$ 在点 (x_0,y_0) 连续，则在该点处可微

  B. 若二元函数 $z = f(x,y)$ 在点 (x_0,y_0) 处偏导数存在，则在该点处可微

  C. 若一元函数 $y = f(x)$ 在点处连续，则在该点 x_0 处可微

  D. 若二元函数 $z = f(x,y)$ 在点 (x_0,y_0) 偏导数存在且连续，则在该点处可微

7. 如果点 (x_0,y_0) 为 $f(x,y)$ 的极值点，且 $f(x,y)$ 在点 (x_0,y_0) 处的两个一阶偏导数存在，则点 (x_0,y_0) 必为 $f(x,y)$ 的_____.

  A. 最大值点   B. 驻点   C. 连续点   D. 最小值点

8. 设 D 是由 $\left\{(x,y) \mid \dfrac{x^2}{4} + y^2 \leqslant 1\right\}$ 所确定的闭区域，则 $\iint\limits_D \mathrm{d}\sigma =$ _____.

  A. 2π B. $4\pi^2$ C. 4π D. $16\pi^2$

9. 二次积分 $\displaystyle\int_0^1 \mathrm{d}x \int_{2x}^{2\sqrt{x}} f(x,y)\,\mathrm{d}y$ 交换积分次序后为_____.

  A. $\displaystyle\int_0^1 \mathrm{d}y \int_y^{2\sqrt{y}} f(x,y)\,\mathrm{d}x$ B. $\displaystyle\int_0^2 \mathrm{d}y \int_{\frac{y^2}{4}}^{\frac{y}{2}} f(x,y)\,\mathrm{d}x$ C. $\displaystyle\int_{2x}^{2\sqrt{x}} f(x,y)\,\mathrm{d}y \int_0^1 \mathrm{d}x$ D. $\displaystyle\int_{\frac{y^2}{4}}^{\frac{y}{2}} \mathrm{d}y \int_0^2 f(x,y)\,\mathrm{d}x$

10. 设 D 为 $x^2+y^2 \leqslant 2y$，则 $\iint\limits_D f(x^2+y^2)\,\mathrm{d}x\,\mathrm{d}y =$ _____.

  A. $2\displaystyle\int_0^2 \mathrm{d}y \int_0^{\sqrt{2y-y^2}} f(x^2+y^2)\,\mathrm{d}x$ B. $\displaystyle\int_0^{2\pi} \mathrm{d}\theta \int_0^1 f(r^2) r\,\mathrm{d}r$

  C. $\displaystyle\int_0^{\pi} \mathrm{d}\theta \int_0^{2\sin\theta} f(r^2) r\,\mathrm{d}r$ D. $\displaystyle\int_{-1}^1 \mathrm{d}x \int_0^2 f(x^2+y^2)\,\mathrm{d}y$

二、填空题

1. 函数 $z = \sqrt{y - x^2 + 1}$ 的定义域为_____.

2. 若 $z = \arctan\dfrac{y}{x}$，则 $\dfrac{\partial z}{\partial x} =$ _____.

3. 设 $f(x,y,z) = x^y y^z$，则 $\dfrac{\partial f}{\partial y} =$ _____.

4. 设方程 $x^2 + y^2 + z^2 = 1$ 确定隐函数 $z = f(x,y)$，则 $\mathrm{d}z =$ _____.

5. 设 $z = x^{\sin y}$，则 $\dfrac{\partial z}{\partial y} =$ _____.

6. 函数 $z = 2xy - 3x^2 - 2y^2 + 20$ 的极值为_____.

7.交换二次积分 $I = \int_0^1 dy \int_{e^y}^{e} f(x,y) dx$ 的积分次序,则 $I =$ _____.

8.二次积分 $\int_0^2 dy \int_0^1 (x^2 + 2y) dx =$ _____.

9.设 $D = \{(x,y) \mid a^2 \leqslant x^2 + y^2 \leqslant b^2, 0 < a < b\}$,则 $\iint\limits_{D} e^{x^2+y^2} dx dy =$ _____.

10.设 D 是圆域 $x^2 + y^2 \leqslant a^2 (a > 0)$,且 $\iint\limits_{D} \sqrt{x^2 + y^2} dx dy = \pi$,则 $a =$ _____.

三、求下列函数的偏导数或全微分

1.设 $z = e^{xy} \cos 2y$,求 $\dfrac{\partial z}{\partial x}, \dfrac{\partial^2 z}{\partial x \partial y}$.

2.设 $u = xy^2 + yz^2 + zx^2$,求 du.

3.设 $z = \ln(3x - 2y)$,求 $dz \mid_{(2,1)}$.

4.设 $z = \ln(e^u + v), u = xy, v = x^2 - y^2$,求 $\dfrac{\partial z}{\partial x}, \dfrac{\partial z}{\partial y}$.

5.设方程 $e^{xy} - xy^2 = \sin y$ 确定隐函数 $y = f(x)$,求 $\dfrac{dy}{dx}$.

6.设方程 $\cos xy - \arctan z + xyz = 0$ 确定隐函数 $z = f(x,y)$,求 $\dfrac{\partial z}{\partial x}, \dfrac{\partial z}{\partial y}$.

四、计算下列二重积分

1.计算 $\iint\limits_{D} (3x + 2y) d\sigma$,其中 D 是两坐标轴及直线 $x + y = 2$ 所围成的闭区域.

2.计算 $\iint\limits_{D} (x^2 + y^2 - x) d\sigma$,其中 D 是直线 $y = 2, y = x, y = 2x$ 所围成的闭区域.

3.计算 $\iint\limits_{D} (4 - x^2) dx dy$,其中 D 是 $x = 0, y = 0, 2x + y = 4$ 所围成的闭区域.

4.计算 $\iint\limits_{D} e^{-x^2-y^2} dx dy$,其中 D 是圆 $x^2 + y^2 = a^2$ 所围成的闭区域.

5.求 $\iint\limits_{D} \ln(x^2 + y^2) dx dy$,其中 $D = \{(x,y) \mid 1 \leqslant x^2 + y^2 \leqslant 4\}$.

第八章检测训练 B

一、单选题

1.设 $f\left(x + y, \dfrac{y}{x}\right) = x^2 - y^2 (y \neq -1)$,则 $f(x,y) =$ _____.

　A. $y^2 \dfrac{1 - x^2}{(1 + y)^2}$　　　　　B. $x \dfrac{1 - y^2}{(1 + y)^2}$　　　　　C. $x^2 \dfrac{1 - y^2}{(1 + y)^2}$　　　　　D. $y \dfrac{1 - x^2}{(1 + y)^2}$

2.已知 $z(x,y) = x^2 y + y^2 + \varphi(x)$ 且 $z(x,1) = x$,则 $\dfrac{\partial z}{\partial x} =$ _____.

　A. $2xy + 1 - 2x$　　　　B. $x^2 + 2y$　　　　　C. $-x^2 + x - 1$　　　　D. $2xy + 1 + 2x$

3.设 $z = e^{x^2+y^2}$,则 $dz =$ _____.

　A. $2e^{x^2+y^2}(x dx + y dy)$　　　　　　B. $2e^{x^2+y^2}(x dy + y dx)$

　C. $e^{x^2+y^2}(x dx + y dy)$　　　　　　D. $2e^{x^2+y^2}(dx^2 + dy^2)$

4.函数 $f(x,y)$ 在点 (x_0,y_0) 处对 x 的偏导数为_____.

　A. $\lim\limits_{\Delta x \to 0} \dfrac{f(x_0 + \Delta x, y_0 + \Delta y) - f(x_0,y_0)}{\Delta x}$　　　　B. $\lim\limits_{\Delta y \to 0} \dfrac{f(x_0 + \Delta x, y_0 + \Delta y) - f(x_0,y_0)}{\Delta y}$

　C. $\lim\limits_{\Delta x \to 0} \dfrac{f(x_0 + \Delta x, y_0) - f(x_0,y_0)}{\Delta x}$　　　　D. $\lim\limits_{\Delta y \to 0} \dfrac{f(x_0, y_0 + \Delta y) - f(x_0,y_0)}{\Delta y}$

5.如果二元函数 $f(x,y)$ 在点 (x_0,y_0) 的某邻域内有连续的二阶偏导数,且 $f''_{xy}{}^2(x_0,y_0) - f''_{xx}(x_0,y_0) f''_{yy}(x_0,y_0) < 0$,则 $f(x,y)$ _____.

A. 必为 $f(x,y)$ 的极小值　　　　　　　　B. 必为 $f(x,y)$ 的极大值

C. 必为 $f(x,y)$ 的极值　　　　　　　　　D. 不一定是 $f(x,y)$ 的极值

6. 如果函数 $f(x,y)$ 在点 (x_0,y_0) 处极限存在,则 $f(x,y)$ 在 (x_0,y_0) 处_____.

A. 连续　　　　　　B. 可微　　　　　　C. 间断　　　　　　D. 不一定连续

7. 设 D 是由直线 $y=x,y=\dfrac{1}{2}x,y=2$ 所围成的闭区域,则 $\displaystyle\iint\limits_{D}\mathrm{d}\sigma=$_____.

A. $\dfrac{1}{4}$　　　　　　B. 1　　　　　　C. $\dfrac{1}{2}$　　　　　　D. 2

8. 二次积分 $\displaystyle\int_0^1\mathrm{d}y\int_{-\sqrt{1-y}}^{\sqrt{1-y}}3x^2y^2\,\mathrm{d}x$ 交换积分次序后为_____.

A. $\displaystyle\int_0^1\mathrm{d}y\int_0^{\sqrt{1-y}}3x^2y^2\,\mathrm{d}x$　　B. $\displaystyle\int_0^{\sqrt{1-y}}\mathrm{d}y\int_0^1 3x^2y^2\,\mathrm{d}x$　　C. $\displaystyle\int_{-1}^1\mathrm{d}x\int_0^{1-x^2}3x^2y^2\,\mathrm{d}y$　　D. $\displaystyle\int_0^1\mathrm{d}x\int_0^{1+x^2}3x^2y^2\,\mathrm{d}y$

9. 设 $I=\displaystyle\iint\limits_{D}f(x,y)\,\mathrm{d}x\,\mathrm{d}y$,其中 D 是由直线 $y=2,y=x$ 及双曲线 $xy=1$ 所围成的闭区域,则 $I=$_____.

A. $\displaystyle\int_1^2\mathrm{d}y\int_{\frac{1}{y}}^{y}f(x,y)\,\mathrm{d}x=\int_{\frac{1}{2}}^1\mathrm{d}x\int_x^2 f(x,y)\,\mathrm{d}y+\int_1^2\mathrm{d}x\int_{\frac{1}{x}}^2 f(x,y)\,\mathrm{d}y$

B. $\displaystyle\int_1^2\mathrm{d}y\int_{y}^{\frac{1}{y}}f(x,y)\,\mathrm{d}x=\int_{\frac{1}{2}}^1\mathrm{d}x\int_2^x f(x,y)\,\mathrm{d}y+\int_1^2\mathrm{d}x\int_2^{\frac{1}{x}} f(x,y)\,\mathrm{d}y$

C. $\displaystyle\int_1^2\mathrm{d}y\int_{\frac{1}{y}}^{y}f(x,y)\,\mathrm{d}x=\int_{\frac{1}{2}}^1\mathrm{d}x\int_{\frac{1}{x}}^2 f(x,y)\,\mathrm{d}y+\int_1^2\mathrm{d}x\int_x^2 f(x,y)\,\mathrm{d}y$

D. $\displaystyle\int_1^2\mathrm{d}x\int_{\frac{1}{x}}^{y}f(x,y)\,\mathrm{d}y=\int_{\frac{1}{2}}^1\mathrm{d}y\int_{\frac{1}{y}}^2 f(x,y)\,\mathrm{d}x+\int_1^2\mathrm{d}y\int_y^2 f(x,y)\,\mathrm{d}x$

10. 设 $I=\displaystyle\int_{-1}^1\mathrm{d}y\int_0^{\sqrt{1-y^2}}f(x,y)\,\mathrm{d}x$,将 I 化为极坐标系下的二次积分,则 $I=$_____.

A. $\displaystyle\int_0^{2\pi}\mathrm{d}\theta\int_0^1 f(r\cos\theta,r\sin\theta)r\,\mathrm{d}r$　　　　B. $\displaystyle\int_0^{\pi}\mathrm{d}\theta\int_0^1 f(r\cos\theta,r\sin\theta)r\,\mathrm{d}r$

C. $\displaystyle\int_{-\frac{\pi}{2}}^{\frac{\pi}{2}}\mathrm{d}\theta\int_0^1 f(r\cos\theta,r\sin\theta)r\,\mathrm{d}r$　　　　D. $2\displaystyle\int_0^{\frac{\pi}{2}}\mathrm{d}\theta\int_0^1 f(r\cos\theta,r\sin\theta)r\,\mathrm{d}r$

二、填空题

1. 函数 $z=\ln(x^2+y^2-4)+\sqrt{9-y^2-x^2}$ 的定义域为_____.

2. 设 $f'_x(x_0,y_0)=2$,则 $\displaystyle\lim_{\Delta x\to 0}\frac{f(x_0-\Delta x,y_0)-f(x_0,y_0)}{\Delta x}=$_____.

3. 设 $z=\arctan(xy)$,则 $\dfrac{\partial z}{\partial x}=$_____,$\dfrac{\partial z}{\partial y}=$_____.

4. 设 $f(x,y)=\ln(x+\dfrac{y}{2x})$,则 $f'_y(1,0)=$_____.

5. 设 $f(xy,x+y)=x^2+y^2$,则 $f'_x(x,y)=$_____.

6. 设 $z=(1+xy)^y$,则 $\dfrac{\partial z}{\partial y}\Big|_{(1,1)}=$_____.

7. 设 $f(x,y)=x^2y^3$,则 $\mathrm{d}f\Big|_{\substack{x=1\\y=2}}=$_____.

8. 已知 $\displaystyle\int_0^x f(y)\,\mathrm{d}y=\frac{x}{1+x^2}$,则 $\displaystyle\int_{-1}^1\mathrm{d}x\int_0^x f(y)\,\mathrm{d}y=$_____.

9. 设闭区域 D 是平面点集 $\{(x,y)\mid x^2+y^2\leqslant 4\}$,则 $\displaystyle\iint\limits_{D}\sqrt{x^2+y^2}\,\mathrm{d}x\,\mathrm{d}y=$_____.

10. 交换二次积分 $I=\displaystyle\int_0^1\mathrm{d}y\int_{y^2}^{y}f(x,y)\,\mathrm{d}x$ 的积分次序,则 $I=$_____.

三、求下列函数的偏导数或全微分

1. 设 $z=\arcsin(y\sqrt{x})$,求 $\dfrac{\partial z}{\partial x},\dfrac{\partial z}{\partial y}$.

2.设 $z = \dfrac{x}{\sqrt{x^2+y^2}}$,求 $\dfrac{\partial z}{\partial x}, \dfrac{\partial z}{\partial y}, \dfrac{\partial^2 z}{\partial x^2}$.

3.设 $u = x^{\sin\frac{y}{z}}$,求 $\dfrac{\partial u}{\partial x}, \dfrac{\partial u}{\partial y}, \dfrac{\partial u}{\partial z}$.

4.求函数 $z = \ln\sqrt{1+x^2+y^2}$ 在点(1,2)处的全微分.

5.设方程 $x^2 y - xz^2 + y^2 z = 1$ 确定隐函数 $z = f(x,y)$,求 $\dfrac{\partial z}{\partial x}, \dfrac{\partial z}{\partial y}$.

6.设 $z = f(\sin x, x^2 - y^2)$,f 具有一阶连续偏导数,求 $\dfrac{\partial z}{\partial x}, \dfrac{\partial z}{\partial y}$.

四、计算下列二重积分

1.计算二重积分 $\displaystyle\iint\limits_{D} 3x^2 y^2 \mathrm{d}\sigma$,其中 D 是 x 轴、y 轴和抛物线 $y = 1-x^2$ 所围成的在第一象限内的闭区域.

2.计算二重积分 $\displaystyle\iint\limits_{D} \dfrac{x}{y} \mathrm{d}\sigma$,其中 D 是 $y = 1, y = x^2, x = 2$ 所围成的闭区域.

3.计算二重积分 $\displaystyle\iint\limits_{D} \dfrac{\sin y}{y} \mathrm{d}x\mathrm{d}y$,其中 D 是 $y^2 = x, y = x$ 所围成的闭区域.

4.求 $\displaystyle\iint\limits_{D} \sqrt{x^2+y^2} \mathrm{d}x\mathrm{d}y$,其中 D 是 $x^2 + y^2 = 2x$ 及 $y = 0$ 所围成的第一象限内的区域.

5.求曲面 $z = 6 - x^2 - y^2, z = \sqrt{x^2+y^2}$ 所围立体体积.

第九章　无穷级数

◈ 知识结构导图

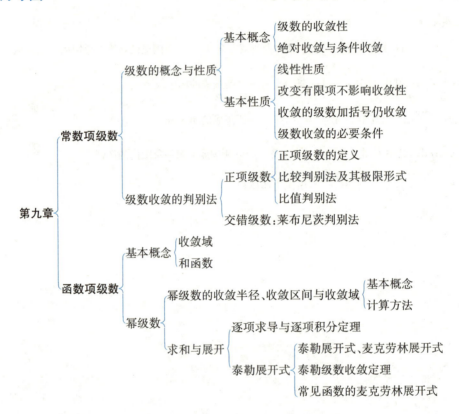

第九章
- 常数项级数
  - 级数的概念与性质
    - 基本概念
      - 级数的收敛性
      - 绝对收敛与条件收敛
    - 基本性质
      - 线性性质
      - 改变有限项不影响收敛性
      - 收敛的级数加括号仍收敛
      - 级数收敛的必要条件
  - 级数收敛的判别法
    - 正项级数
      - 正项级数的定义
      - 比较判别法及其极限形式
      - 比值判别法
    - 交错级数：莱布尼茨判别法
- 函数项级数
  - 基本概念
    - 收敛域
    - 和函数
  - 幂级数
    - 幂级数的收敛半径、收敛区间与收敛域
      - 基本概念
      - 计算方法
    - 求和与展开
      - 逐项求导与逐项积分定理
    - 泰勒展开式
      - 泰勒展开式、麦克劳林展开式
      - 泰勒级数收敛定理
      - 常见函数的麦克劳林展开式

第一单元　数项级数

◈ 考纲内容解读

新大纲基本要求	新大纲名师解读
1. 理解数项级数收敛、发散的概念. 掌握收敛级数的基本性质,掌握级数收敛的必要条件. 　2. 掌握几何级数、调和级数与 p 级数的敛散性. 　3. 掌握正项级数收敛性的比较判别法和比值判别法. 　4. 掌握交错级数收敛性的莱布尼茨判别法. 　5. 理解任意项级数绝对收敛与条件收敛的概念.	根据最新考试大纲的要求,本单元的重点为数项级数的相关概念、基本性质及数项级数收敛性的判定. 运用收敛级数的性质可以判定一些简单级数的收敛性;对于一般的正项级数的判定通常采用比较判别法及其极限形式、比值判别法;对于任意项级数,通常加绝对值号后转化为正项级数判定;对于交错级数还可以运用莱布尼茨判别法. 在判定级数收敛性时,注意灵活运用几个重要的数项级数的收敛性:几何级数、调和级数与 p 级数.

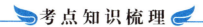

考点知识梳理

一、数项级数的基本概念

1. 数项级数定义

给定一个无穷数列 $\{u_n\}$,对它的各项依次用"+"连接起来的表达式 $u_1+u_2+\cdots+u_n+\cdots$

称为**数项级数**或**无穷级数**(简称级数),记为 $\sum\limits_{n=1}^{\infty}u_n$,其中 u_n 称为该数项级数的**一般项**(或**通项**),即

$$\sum_{n=1}^{\infty}u_n=u_1+u_2+\cdots+u_n+\cdots$$

2. 数项级数收敛、发散以及收敛级数的和

级数 $\sum\limits_{n=1}^{\infty}u_n$ 的前 n 项和 $\sum\limits_{n=1}^{n}u_n=u_1+u_2+\cdots+u_n$ 称为该级数的前 n 项的部分和,简称部分和,记作 s_n.

若 $\lim\limits_{n\to\infty}s_n=s$,则称级数 $\sum\limits_{n=1}^{\infty}u_n$ **收敛**,此时极限 s 叫做级数 $\sum\limits_{n=1}^{\infty}u_n$ 的和,记作 $\sum\limits_{n=1}^{\infty}u_n=s$.

若 $\lim\limits_{n\to\infty}s_n$ 不存在,则称级数 $\sum\limits_{n=1}^{\infty}u_n$ **发散**.

【名师解析】

关于数项级数的基本概念,重点理解收敛与发散的定义,能够运用级数收敛的概念判别简单级数的收敛性. 而对于有些级数而言,s_n 并不好求,所以用级数收敛的概念判断级数的收敛性只适用于一些部分可求和,并方便求其极限的级数,因此用概念判断级数的收敛性并不是常用方法.

二、级数的基本性质

1. 级数 $\sum\limits_{n=1}^{\infty}u_n$ 与 $\sum\limits_{n=1}^{\infty}cu_n$ 有相同的收敛性,并且 $\sum\limits_{n=1}^{\infty}cu_n=c\sum\limits_{n=1}^{\infty}u_n(c\neq0)$.

2. 若级数 $\sum\limits_{n=1}^{\infty}u_n$ 与 $\sum\limits_{n=1}^{\infty}v_n$ 收敛,则级数 $\sum\limits_{n=1}^{\infty}(u_n\pm v_n)$ 也收敛.

且若级数 $\sum\limits_{n=1}^{\infty}u_n=s$,$\sum\limits_{n=1}^{\infty}v_n=\sigma$,则 $\sum\limits_{n=1}^{\infty}(u_n\pm v_n)=s\pm\sigma$.

【名师解析】

若 $\sum\limits_{n=1}^{\infty}u_n$ 收敛,$\sum\limits_{n=1}^{\infty}v_n$ 发散,则 $\sum\limits_{n=1}^{\infty}(u_n\pm v_n)$ 一定发散;若 $\sum\limits_{n=1}^{\infty}u_n$ 与 $\sum\limits_{n=1}^{\infty}v_n$ 均发散,则 $\sum\limits_{n=1}^{\infty}(u_n\pm v_n)$ 可能收敛,也可能发散,收敛性不确定.

3. 在级数中增加、去掉或改变有限项,级数的收敛性不变. 收敛时,其和可能改变.

4. (级数收敛的必要条件) 若级数 $\sum\limits_{n=1}^{\infty}u_n$ 收敛,则当 n 无限增大时,收敛级数的一般项必趋于零,即 $\lim\limits_{n\to\infty}u_n=0$.

【名师解析】

级数收敛的必要条件其逆命题不成立,即已知 $\lim\limits_{n\to\infty}u_n=0$,则级数 $\sum\limits_{n=1}^{\infty}u_n$ 不一定收敛. 因此该性质无法用来判断级数是否收敛. 但它的逆否命题成立,可用来判定级数是否发散;若 $\lim\limits_{n\to\infty}u_n\neq0$,则 $\sum\limits_{n=1}^{\infty}u_n$ 必发散.

三、几个重要级数的收敛性

1. 等比级数 $\sum\limits_{n=0}^{\infty}aq^n$.

当 $|q|<1$ 时,等比级数 $\sum\limits_{n=0}^{\infty}aq^n$ 收敛于 $\dfrac{a}{1-q}$(即 $s=\dfrac{首项}{1-公比}$).

当 $|q| \geq 1$ 时,等比级数 $\sum\limits_{n=0}^{\infty} aq^n$ 发散.

例如: $\sum\limits_{n=0}^{\infty} \dfrac{3}{2^n}$ 是公比为 $\dfrac{1}{2}$ 的等比级数,该级数收敛,且 $s = \dfrac{3}{1-\frac{1}{2}} = 6$;

而级数 $\sum\limits_{n=0}^{\infty} \left(\dfrac{3}{2}\right)^n$ 是公比为 $\dfrac{3}{2}$ 的等比级数,该级数发散.

【名师解析】

要学会正确识别所给级数是否为等比级数,对于等比级数能准确找出级数的公比,从而判断级数的收敛性,并且确定级数的首项,再代入求和公式求等比级数的和.

2. p 级数 $\sum\limits_{n=1}^{\infty} \dfrac{1}{n^p}$.

当 $p > 1$ 时,p 级数 $\sum\limits_{n=1}^{\infty} \dfrac{1}{n^p}$ 收敛;当 $p \leq 1$ 时,p 级数 $\sum\limits_{n=1}^{\infty} \dfrac{1}{n^p}$ 发散.

例如,$\sum\limits_{n=1}^{\infty} \dfrac{1}{n^2}$ 收敛,$\sum\limits_{n=1}^{\infty} \dfrac{1}{\sqrt{n^3}}$ 收敛,$\sum\limits_{n=1}^{\infty} \dfrac{1}{\sqrt{n}}$ 发散.

3. 调和级数 $\sum\limits_{n=1}^{\infty} \dfrac{1}{n}$.

$\sum\limits_{n=1}^{\infty} \dfrac{1}{n}$ 发散(调和级数即 $p = 1$ 的 p 级数).

4. 交错 p 级数 $\sum\limits_{n=1}^{\infty} \dfrac{(-1)^{n-1}}{n^p}$

当 $p > 1$ 时,级数 $\sum\limits_{n=1}^{\infty} \dfrac{(-1)^{n-1}}{n^p}$ 绝对收敛;当 $0 < p \leq 1$ 时,级数 $\sum\limits_{n=1}^{\infty} \dfrac{(-1)^{n-1}}{n^p}$ 条件收敛.

【名师解析】

以上四类级数的收敛性要熟练掌握,它们是判断其他级数收敛性的辅助工具.

四、正项级数及其收敛性判别法

1. 正项级数

每一项都是非负的级数称为**正项级数**,即若级数 $u_1 + u_2 + \cdots + u_n + \cdots$ 满足条件 $u_n \geq 0 (n = 1, 2\cdots)$,则称 $\sum\limits_{n=1}^{\infty} u_n$ 为**正项级数**.

2. 正项级数收敛的充要条件

正项级数 $\sum\limits_{n=1}^{\infty} u_n$ 收敛的充分必要条件:它的部分和数列 $\{s_n\}$ 有界.

【名师解析】

如果正项级数 $\sum\limits_{n=1}^{\infty} u_n$ 发散,那么它的部分和数列 $s_n \to +\infty (n \to \infty)$,即 $\sum\limits_{n=1}^{\infty} u_n = +\infty$.

3. 比较判别法

设正项级数 $\sum\limits_{n=1}^{\infty} u_n$ 与 $\sum\limits_{n=1}^{\infty} v_n$,满足 $u_n \leq v_n (n = 1, 2, 3, \cdots)$,则

(1) 若 $\sum\limits_{n=1}^{\infty} v_n$ 收敛,则 $\sum\limits_{n=1}^{\infty} u_n$ 也收敛;(2) 若 $\sum\limits_{n=1}^{\infty} u_n$ 发散,则 $\sum\limits_{n=1}^{\infty} v_n$ 也发散.

4. 比较判别法的极限形式

设正项级数 $\sum\limits_{n=1}^{\infty} u_n$ 与 $\sum\limits_{n=1}^{\infty} v_n$,满足 $\lim\limits_{n \to \infty} \dfrac{u_n}{v_n} = l (v_n \neq 0)$,则

(1) 当 $0 < l < +\infty$ 时,级数 $\sum\limits_{n=1}^{\infty} u_n$ 与 $\sum\limits_{n=1}^{\infty} v_n$ 具有相同的收敛性;

(2) 当 $l = 0$ 时,若 $\sum\limits_{n=1}^{\infty} v_n$ 收敛,则 $\sum\limits_{n=1}^{\infty} u_n$ 也收敛;

(3) 当 $l = +\infty$ 时,若 $\sum\limits_{n=1}^{\infty} v_n$ 发散,则 $\sum\limits_{n=1}^{\infty} u_n$ 也发散.

【名师解析】

比较判别法只能应用于正项级数,它有一般形式和极限形式两种形式.

(1) 如果级数的通项是分式形式,分式的分母上又含有常数项,经常通过去掉常数项将通项进行放大或者放小,然后利用放缩以后新级数的收敛性判断原级数收敛性;如果放缩以后利用比较判别法无法判断出原级数的收敛性,可以尝试比较判别法的极限形式,让原级数的通项与放缩以后的式子作比求极限,进而根据极限结果判断收敛性.

(2) 若级数的通项在 $n \to \infty$ 时有等价无穷小,也可以利用比较判别法的极限形式,让该级数的通项与它的等价无穷小或同阶无穷小作比求极限,此时极限为常数,通过该极限值判断级数的收敛性.

5. 比值判别法

设正项级数 $\sum\limits_{n=1}^{\infty} u_n$,如果 $\lim\limits_{n\to\infty} \dfrac{u_{n+1}}{u_n} = \rho$,则

(1) $\rho < 1$ 时,$\sum\limits_{n=1}^{\infty} u_n$ 收敛;

(2) $\rho > 1$ 时,$\sum\limits_{n=1}^{\infty} u_n$ 发散;

(3) $\rho = 1$ 时,不能断定(此法失效,改用它法).

注:一般来说,级数的通项中出现"n 次幂"或者"阶乘"时,首选比值判别法判断收敛性.

【名师解析】

比较判别法和比值判别法只适用于正项级数,因此在使用这两种判别方法之前要明确级数是否为正项级数.

利用比较判别法时需找到一个已知收敛性的正项级数来比较,一般利用不等式放缩法对原级数的通项进行变形,或者利用形式和原级数的通项比较接近的 p 级数、调和级数、等比级数等来进行比较;

比值判别法的应用要注意级数特点,只有通项中出现"n 次幂"或者"阶乘"时才有必要尝试使用该方法,当比值判别法失效时,应换用其他方法去判断收敛性.另外,级数收敛的必要条件的逆否命题(若 $\lim u_n \neq 0$,则 $\sum\limits_{n=1}^{\infty} u_n$ 必发散),也可以判断正项级数发散.

五、交错级数及其收敛性判别法

1. 交错级数

级数的各项是正负交错的,形如 $u_1 - u_2 + u_3 - u_4 + \cdots$,或者 $-u_1 + u_2 - u_3 + u_4 - \cdots$ 的形式,我们称之为**交错级数**,记作 $\sum\limits_{n=1}^{\infty} (-1)^{n-1} u_n$ 或者 $\sum\limits_{n=1}^{\infty} (-1)^n u_n (u_n > 0)$.

2. 莱布尼茨判别法

莱布尼茨判别法:若交错级数 $\sum\limits_{n=1}^{\infty} (-1)^n u_n$ 满足:(1) $u_n \geqslant u_{n+1}$;(2) $\lim\limits_{n\to\infty} u_n = 0$.则此级数收敛,且其和 $s \leqslant u_1$.

六、任意项级数收敛性判别

1. 任意项级数

级数的各项为任意实数的,称之为**任意项级数**.

2. 绝对收敛与条件收敛

若任意项级数 $\sum\limits_{n=1}^{\infty} u_n$ 各项的绝对值构成的正项级数 $\sum\limits_{n=1}^{\infty} |u_n|$ 收敛,则称级数 $\sum\limits_{n=1}^{\infty} u_n$ **绝对收敛**.若级数 $\sum\limits_{n=1}^{\infty} u_n$ 收敛,而级数 $\sum\limits_{n=1}^{\infty} |u_n|$ 发散,则称级数 $\sum\limits_{n=1}^{\infty} u_n$ **条件收敛**.

例如,$\sum\limits_{n=1}^{\infty} (-1)^n \dfrac{1}{n^2}$ 是绝对收敛的,而 $\sum\limits_{n=1}^{\infty} (-1)^n \dfrac{1}{n}$ 是条件收敛的.

【名师解析】

一般交错级数收敛性的判别,可以先判断其对应的绝对值级数 $\sum\limits_{n=1}^{\infty}|u_n|$ 的收敛性,若绝对值级数收敛,则该交错级数一定是绝对收敛;若绝对值级数 $\sum\limits_{n=1}^{\infty}|u_n|$ 发散,则该交错级数可能收敛,也可能发散,此时,可再用莱布尼茨判别法判断.

考点例题分析

考点一 数项级数的基本概念与性质

【考点分析】

利用级数的定义来判别级数的收敛性是基本题目,只要判断出来其部分和数列的极限是否存在就可以,在解题的过程中可以适当地化简和变形,多种方法灵活运用.

例1 利用级数收敛性定义可得级数 $\sum\limits_{n=1}^{n}\dfrac{1}{(2n-1)(2n+1)}$ 的和为_____.

A. $\dfrac{1}{2}$ B. $\dfrac{1}{3}$ C. 1 D. 0

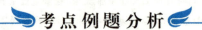

视频讲解
(扫码关注)

解 $s_n=\dfrac{1}{2}\left(\dfrac{1}{1}-\dfrac{1}{3}\right)+\dfrac{1}{2}\left(\dfrac{1}{3}-\dfrac{1}{5}\right)+\cdots+\dfrac{1}{2}\left(\dfrac{1}{2n-1}-\dfrac{1}{2n+1}\right)$

$=\dfrac{1}{2}\left(\dfrac{1}{1}-\dfrac{1}{3}+\dfrac{1}{3}-\dfrac{1}{5}+\dfrac{1}{5}-\cdots-\dfrac{1}{2n+1}\right)=\dfrac{1}{2}\left(1-\dfrac{1}{2n+1}\right)$,

故 $s=\lim\limits_{n\to\infty}s_n=\lim\limits_{n\to\infty}\dfrac{1}{2}\left(1-\dfrac{1}{2n+1}\right)=\dfrac{1}{2}$,从而原级数收敛,其和为 $\dfrac{1}{2}$.

故应选 A.

例2 讨论级数 $1+\dfrac{1}{1+2}+\dfrac{1}{1+2+3}+\cdots+\dfrac{1}{1+2+\cdots+n}+\cdots$ 的收敛性并求其和为_____.

A. 收敛,其和为 2 B. 收敛,其和为 1 C. 发散 D. 不确定

解 $u_n=\dfrac{1}{1+2+\cdots+n}=\dfrac{2}{n(n+1)}=2\left(\dfrac{1}{n}-\dfrac{1}{n+1}\right)$,

故 $s=2\left[\left(1-\dfrac{1}{2}\right)+\left(\dfrac{1}{2}-\dfrac{1}{3}\right)+\cdots+\left(\dfrac{1}{n}-\dfrac{1}{n+1}\right)\right]=2-\dfrac{2}{n+1}$,

所以 $\lim\limits_{n\to\infty}s_n=2$,从而级数收敛,其和为 2.

故应选 A.

【名师点评】

由级数收敛的定义,若级数的部分和数列的极限存在,则该级数收敛.在求级数部分和数列的极限时,若 $u_n=v_n-v_{n-1}$,则 $\sum\limits_{k=1}^{n}u_k=v_n-v_1$.即可利用裂项相消求和法将级数的部分和进行化简、变形后再求和.该类题目关键是将通项进行裂项、将部分和数列的通项合并整理成一个较为简单的表达式再求极限.

例3 $\lim\limits_{x\to\infty}u_n=0$ 是级数 $\sum\limits_{n=1}^{\infty}u_n$ 收敛的_____条件.

A. 必要 B. 充分 C. 充分必要 D. 不确定

解 由级数 $\sum\limits_{n=1}^{\infty}u_n$ 收敛可得 $\lim\limits_{n\to\infty}u_n=0$,但 $\lim\limits_{n\to\infty}u_n=0$ 时级数 $\sum\limits_{n=1}^{\infty}u_n$ 未必收敛.因此 $\lim\limits_{n\to\infty}u_n$ 仅是级数 $\sum\limits_{n=1}^{\infty}u_n$ 收敛的必要条件.

故应选 A.

【名师点评】

该题直接考查了级数收敛的必要条件.

例4 若级数 $\sum\limits_{n=1}^{\infty}a_n$ 收敛,下列结论正确的是_____.

A. $\sum\limits_{n=1}^{\infty}|a_n|$ 收敛　　　　B. $1+\sum\limits_{n=1}^{\infty}a_n$ 发散　　　　C. $\sum\limits_{n=1}^{\infty}(a_n+1)$ 收敛　　　　D. $\sum\limits_{n=1}^{\infty}\dfrac{a_n+a_{n+1}}{2}$ 收敛

解　选项 A,根据绝对收敛的概念,由 $\sum\limits_{n=1}^{\infty}|a_n|$ 收敛,可得 $\sum\limits_{n=1}^{\infty}a_n$ 收敛,但反之不成立;

选项 B,由级数的性质,增加有限项不改变级数的收敛性,因此若级数 $\sum\limits_{n=1}^{\infty}a_n$ 收敛,则 $1+\sum\limits_{n=1}^{\infty}a_n$ 收敛;

选项 C,因为级数 $\sum\limits_{n=1}^{\infty}a_n$ 收敛,所以 $\lim\limits_{n\to\infty}a_n=0$,而 $\lim\limits_{n\to\infty}(a_n+1)=\lim\limits_{n\to\infty}a_n+1=1\neq 0$,由级数收敛的必要条件的逆否命题得,原级数发散;

选项 D,由于 $\sum\limits_{n=1}^{\infty}a_n$ 收敛,故 $\sum\limits_{n=1}^{\infty}a_{n+1}$ 也收敛,根据级数收敛的性质可知,$\sum\limits_{n=1}^{\infty}\dfrac{a_n+a_{n+1}}{2}$ 收敛.

故应选 D.

例 5　下列结论正确的是_____.

A. 若级数 $\sum\limits_{n=1}^{\infty}a_n^2$,$\sum\limits_{n=1}^{\infty}b_n^2$ 均收敛,则级数 $\sum\limits_{n=1}^{\infty}(a_n+b_n)^2$ 收敛.　　B. 若级数 $\sum\limits_{n=1}^{\infty}|a_nb_n|$ 收敛,则级数 $\sum\limits_{n=1}^{\infty}a_n^2$,$\sum\limits_{n=1}^{\infty}b_n^2$ 均收敛.

C. 若级数 $\sum\limits_{n=1}^{\infty}a_n$ 发散,则 $a_n\geqslant\dfrac{1}{n}$.　　　　　　D. 若级数 $\sum\limits_{n=1}^{\infty}a_n$ 收敛,$a_n\geqslant b_n$,则级数 $\sum\limits_{n=1}^{\infty}b_n$ 收敛.

解　选项 A,因 $a_n^2+b_n^2\geqslant 2|a_nb_n|$,且 $\sum\limits_{n=1}^{\infty}(a_n^2+b_n^2)$ 收敛,故 $\sum\limits_{n=1}^{\infty}|a_nb_n|$ 收敛,所以根据绝对收敛的性质,$\sum\limits_{n=1}^{\infty}a_nb_n$ 也收敛,所以 $\sum\limits_{n=1}^{\infty}(a_n+b_n)^2$ 收敛. 选项 B,无法推出. 选项 C,若级数 $\sum\limits_{n=1}^{\infty}a_n=\sum\limits_{n=1}^{\infty}\dfrac{1}{2n}$,$\sum\limits_{n=1}^{\infty}\dfrac{1}{2n}$ 发散,但是 $\dfrac{1}{2n}<\dfrac{1}{n}$. 选项 D 必须为正项级数结论才正确,反例为:$a_n=\dfrac{1}{n^2}$,$b_n=-\dfrac{1}{n}$.

故应选 A.

【名师点评】

以上两题主要考查无穷级数的基本性质和正项级数的比较判别法,另外判断级数收敛性时,级数收敛的必要条件的逆否命题"若 $\lim\limits_{n\to\infty}u_n\neq 0$,则 $\sum\limits_{n=1}^{\infty}u_n$ 发散"也经常用到.

例 6　下列级数中收敛的是_____.

A. $\sum\limits_{n=1}^{\infty}\left(\dfrac{1}{\sqrt[3]{n^2}}+1\right)$　　　　B. $\sum\limits_{n=1}^{\infty}\left(\dfrac{1}{n^3}+1\right)$　　　　C. $\sum\limits_{n=1}^{\infty}(-1)^n\dfrac{n}{n+4}$　　　　D. $\sum\limits_{n=1}^{\infty}\left(\dfrac{1}{\sqrt{n^3}}+\dfrac{1}{3^n}\right)$

解　因为 $\lim\limits_{n\to\infty}\left(\dfrac{1}{\sqrt[3]{n^2}}+1\right)=1\neq 0$,由级数收敛的逆否命题得,选项 A 中 $\sum\limits_{n=1}^{\infty}\left(\dfrac{1}{\sqrt[3]{n^2}}+1\right)$ 发散,

同理 B,C 中 $\sum\limits_{n=1}^{\infty}\left(\dfrac{1}{n^3}+1\right)$ 和 $\sum\limits_{n=1}^{\infty}(-1)^n\dfrac{n}{n+4}$ 发散.

选项 D,$\sum\limits_{n=1}^{\infty}\left(\dfrac{1}{\sqrt{n^3}}+\dfrac{1}{3^n}\right)=\sum\limits_{n=1}^{\infty}\dfrac{1}{\sqrt{n^3}}+\sum\limits_{n=1}^{\infty}\dfrac{1}{3^n}$,$\sum\limits_{n=1}^{\infty}\dfrac{1}{\sqrt{n^3}}$ 和 $\sum\limits_{n=1}^{\infty}\dfrac{1}{3^n}$ 都收敛,所以 $\sum\limits_{n=1}^{\infty}\left(\dfrac{1}{\sqrt{n^3}}+\dfrac{1}{3^n}\right)$ 收敛.

故应选 D.

【名师点评】

首先根据级数收敛的必要条件的逆否命题"若 $\lim\limits_{n\to\infty}u_n\neq 0$,则级数 $\sum\limits_{n=1}^{\infty}u_n$ 发散",可判断选项 A,B,C 都是错误的. 其次根据级数的性质"若级数 $\sum\limits_{n=1}^{\infty}u_n$ 与 $\sum\limits_{n=1}^{\infty}v_n$ 收敛,则级数 $\sum\limits_{n=1}^{\infty}(u_n\pm v_n)$ 也收敛"以及 p 级数和等比级数收敛性的结论判断 D 是正确的.

例 7　判别级数 $\sum\limits_{n=1}^{\infty}\dfrac{2+(-1)^{n-1}}{3^n}$ 的收敛性,如果收敛求其和.

解　根据无穷级数的性质和等比级数的结论可得

$$\sum_{n=1}^{\infty}\dfrac{2+(-1)^{n-1}}{3^n}=\sum_{n=1}^{\infty}\dfrac{2}{3^n}+\sum_{n=1}^{\infty}\dfrac{(-1)^{n-1}}{3^n}=2\sum_{n=1}^{\infty}\dfrac{1}{3^n}-\sum_{n=1}^{\infty}\left(\dfrac{-1}{3}\right)^n,$$

视频讲解
(扫码 关注)

根据等比级数收敛性可知 $\sum\limits_{n=1}^{\infty}\dfrac{1}{3^n}$ 收敛,且其和为:$s_1=\dfrac{\dfrac{1}{3}}{1-\dfrac{1}{3}}=\dfrac{1}{2}$.

根据等比级数收敛性可知 $\sum\limits_{n=1}^{\infty}\left(\dfrac{-1}{3}\right)^n$ 收敛,且其和为:$s_2=\dfrac{-\dfrac{1}{3}}{1+\dfrac{1}{3}}=-\dfrac{1}{4}$.

根据无穷级数的性质可知级数 $\sum\limits_{n=1}^{\infty}\dfrac{2+(-1)^{n-1}}{3^n}$ 收敛,且 $\sum\limits_{n=1}^{\infty}\dfrac{2+(-1)^{n-1}}{3^n}=2s_1-s_2=1+\dfrac{1}{4}=\dfrac{5}{4}$.

【名师点评】

本题考查等比级数的收敛性和无穷级数的性质.

若级数 $\sum\limits_{n=1}^{\infty}u_n$ 与 $\sum\limits_{n=1}^{\infty}v_n$ 收敛,则级数 $\sum\limits_{n=1}^{\infty}(u_n\pm v_n)$ 也收敛;若级数 $\sum\limits_{n=1}^{\infty}u_n=s$,$\sum\limits_{n=1}^{\infty}v_n=\sigma$,则 $\sum\limits_{n=1}^{\infty}(u_n\pm v_n)=s\pm\sigma$.

考点二 判断正项级数的收敛性

【考点分析】

正项级数的收敛性判断在专升本考试中出现的频率较高,一般利用比较判别法或其极限形式和比值判别法来判断.

例 8 判别下列级数的收敛性

视频讲解
(扫码 关注)

(1) $\sum\limits_{n=1}^{\infty}\dfrac{1}{2n-1}$;　　(2) $\sum\limits_{n=1}^{\infty}\dfrac{1}{2n+1}$;　　(3) $\sum\limits_{n=1}^{\infty}\sin\dfrac{\pi}{n^2}$;

(4) $\sum\limits_{n=1}^{\infty}\tan\dfrac{\pi}{n}$;　　(5) $\sum\limits_{n=1}^{\infty}2^n\sin\dfrac{\pi}{3^n}$;　　(6) $\sum\limits_{n=1}^{\infty}\dfrac{1}{1+a^n}(a>0)$.

解 (1) $a_n=\dfrac{1}{2n-1}>\dfrac{1}{2n}$,因为 $\sum\limits_{n=1}^{\infty}\dfrac{1}{2n}$ 发散,根据比较判别法知,原级数发散.

(2) $a_n=\dfrac{1}{2n+1}<\dfrac{1}{2n}$,但 $\sum\limits_{n=1}^{\infty}\dfrac{1}{2n}$ 发散,无法用比较判别法直接判断 $\sum\limits_{n=1}^{\infty}\dfrac{1}{2n+1}$ 的收敛性,可换用比较判别法的极限

形式,得 $\lim\limits_{n\to\infty}\dfrac{\dfrac{1}{2n+1}}{\dfrac{1}{2n}}=1$,而 $\sum\limits_{n=1}^{\infty}\dfrac{1}{2n}$ 发散,所以 $\sum\limits_{n=1}^{\infty}\dfrac{1}{2n+1}$ 发散.

(3) 因为 $\lim\limits_{n\to\infty}\dfrac{\sin\dfrac{\pi}{n^2}}{\dfrac{\pi}{n^2}}=1$,而级数 $\sum\limits_{n=1}^{\infty}\dfrac{\pi}{n^2}$ 收敛,根据比较判别法极限形式知,原级数收敛.

(4) 因为 $\lim\limits_{n\to\infty}\dfrac{\tan\dfrac{\pi}{n}}{\dfrac{1}{n}}=\pi$,而调和级数 $\sum\limits_{n=1}^{\infty}\dfrac{1}{n}$ 发散,根据比较判别法极限形式知,原级数发散.

(5) 因为 $\lim\limits_{n\to\infty}\dfrac{2^n\sin\dfrac{\pi}{3^n}}{2^n\cdot\dfrac{\pi}{3^n}}=1$,而等比级数 $\sum\limits_{n=1}^{\infty}\pi\left(\dfrac{2}{3}\right)^n$ 收敛,根据比较判别法极限形式知,原级数收敛.

(6) 当 $0<a\leqslant 1$ 时,$\lim\limits_{n\to\infty}\dfrac{1}{1+a^n}=1\neq 0$,根据级数收敛的必要条件的递否命题,原级数发散.

当 $a>1$ 时,$\dfrac{1}{1+a^n}<\dfrac{1}{a^n}$,而级数 $\sum\limits_{n=1}^{\infty}\dfrac{1}{a^n}$ 收敛,故原级数收敛.

【名师点评】

该题目中的(1)利用了正项级数的比较判别法,(2)(3)(4)(5)利用了正项级数比较判别法的极限形式,(6)利用了级数的性质和正项级数的比较判别法.

例 9 判别下列级数的收敛性

$(1) \sum_{n=1}^{\infty} \frac{n^2}{3^n};$　　　$(2) \sum_{n=1}^{\infty} \frac{n!}{n^n};$　　　$(3) \sum_{n=1}^{\infty} \frac{n\cos^2 \frac{n\pi}{3}}{2^n}.$

视频讲解
（扫码 关注）

解　(1) 令 $u_n = \frac{n^2}{3^n}$，则 $\lim\limits_{n\to\infty} \frac{u_{n+1}}{u_n} = \lim\limits_{n\to\infty} \frac{(n+1)^2}{3^{n+1}} \cdot \frac{3^n}{n^2} = \frac{1}{3} < 1$，根据比值判别法知，原级数

收敛.

(2) 令 $u_n = \frac{n!}{n^n}$，则

$\lim\limits_{n\to\infty} \frac{u_{n+1}}{u_n} = \lim\limits_{n\to\infty} \frac{(n+1)!}{(n+1)^{n+1}} \cdot \frac{n^n}{n!} = \lim\limits_{n\to\infty} \frac{n^n}{(n+1)^n} = \lim\limits_{n\to\infty} \frac{1}{\left(1+\frac{1}{n}\right)^n} = \frac{1}{e} < 1.$ 根据比值判别法知，原级数收敛.

(3) 令 $u_n = \frac{n\cos^2 \frac{n\pi}{3}}{2^n}$，则 $u_n = \frac{n\cos^2 \frac{n\pi}{3}}{2^n} \leqslant \frac{n}{2^n} = v_n$，而 $\lim\limits_{n\to\infty} \frac{v_{n+1}}{v_n} = \lim\limits_{n\to\infty} \frac{(n+1)}{2^{n+1}} \cdot \frac{2^n}{n} = \frac{1}{2} < 1,$

所以根据比值判别法知，级数 $\sum_{n=1}^{\infty} \frac{n}{2^n}$ 收敛，另根据比较判别法，原级数收敛.

【名师点评】

该题目利用了正项级数的比值判别法，一般来说，正项级数的通项中出现"n 次幂"或者"阶乘"形式时，首选比值判别法判断收敛性.

例 10　设级数 $\sum_{n=1}^{\infty} \frac{2^n n!}{n^n}$ (1) 与级数 $\sum_{n=1}^{\infty} \frac{3^n n!}{n^n}$ (2)，则_____.

A. 级数 $(1)(2)$ 都收敛　　　　　　　　　　　　B. 级数 $(1)(2)$ 都发散

C. 级数 (1) 收敛,级数 (2) 发散　　　　　　　D. 级数 (1) 发散,级数 (2) 收敛

解　两个级数都用比值判别法，

对于级数 $\sum_{n=1}^{\infty} \frac{2^n n!}{n^n}$，因为 $\rho = \lim\limits_{n\to\infty} \frac{u_{n+1}}{u_n} = \lim\limits_{n\to\infty} \frac{2^{n+1}(n+1)!}{(n+1)^{n+1}} \cdot \frac{n^n}{2^n n!} = 2\lim\limits_{n\to\infty} \frac{n^n}{(n+1)^n}$

$= 2\lim\limits_{n\to\infty} \left(\frac{n}{n+1}\right)^n = \frac{2}{\lim\limits_{n\to\infty}\left(\frac{n+1}{n}\right)^n} = \frac{2}{\lim\limits_{n\to\infty}\left(1+\frac{1}{n}\right)^n} = \frac{2}{e} < 1$，故级数 $\sum_{n=1}^{\infty} \frac{2^n n!}{n^n}$ 收敛；

对级数 $\sum_{n=1}^{\infty} \frac{3^n n!}{n^n}$，$\rho = \lim\limits_{n\to\infty} \frac{u_{n+1}}{u_n} = \lim\limits_{n\to\infty} \frac{3^{n+1}(n+1)!}{(n+1)^{n+1}} \cdot \frac{n^n}{3^n n!} = 3\lim\limits_{n\to\infty} \frac{n^n}{(n+1)^n} = \frac{3}{e} > 1$，故级数 $\sum_{n=1}^{\infty} \frac{3^n n!}{n^n}$ 发散.

故应选 C.

【名师点评】

本题主要考查了正项级数比值判别法，一般来说，级数的通项中出现"n 次幂"或者"阶乘"形式时，首选比值判别法判断级数的收敛性.

例 11　下列级数中收敛的级数是_____.

A. $\sum_{n=1}^{\infty} \frac{1}{3^n}$　　　　　B. $\sum_{n=1}^{\infty} \frac{1}{n+1}$　　　　　C. $\sum_{n=1}^{\infty} \frac{3^n}{2^n}$　　　　　D. $\sum_{n=1}^{\infty} \frac{1}{\sqrt{n+1}}$

解　选项 A，$\sum_{n=1}^{\infty} \frac{1}{3^n}$ 是公比 $q = \frac{1}{3}$ 的等比级数，等比级数当 $|q| < 1$ 时收敛. 选项 C，是公比 $q = \frac{3}{2}$ 的等比级数，$\left|\frac{3}{2}\right| > 1$，所以发散.

选项 B，因为 $\lim\limits_{n\to\infty} \frac{\frac{1}{n+1}}{\frac{1}{n}} = \lim\limits_{n\to\infty} \frac{n}{n+1} = 1$，故根据正项级数的比较判别法的极限形式知 $\sum_{n=1}^{\infty} \frac{1}{n+1}$ 和 $\sum_{n=1}^{\infty} \frac{1}{n}$ 有相同的

收敛性，所以 $\sum_{n=1}^{\infty} \frac{1}{n+1}$ 是发散级数.

选项 D,因为 $\lim\limits_{n\to\infty}\dfrac{\frac{1}{\sqrt{n+1}}}{\frac{1}{\sqrt{n}}}=\lim\limits_{n\to\infty}\dfrac{\sqrt{n}}{\sqrt{n+1}}=1$,根据 p 级数:$\sum\limits_{n=1}^{\infty}\dfrac{1}{n^p}=\begin{cases}\text{当 } p>1 \text{ 时,收敛,}\\\text{当 } p\leqslant 1 \text{ 时,发散,}\end{cases}$ 知 $\sum\limits_{n=1}^{\infty}\dfrac{1}{\sqrt{n}}$ 发散,故由比较

判别法的极限形式知 $\sum\limits_{n=1}^{\infty}\dfrac{1}{\sqrt{n+1}}$ 发散.

故应选 A.

【名师点评】

本题主要考查级数的性质、等比级数、p 级数的收敛性和正项级数比较判别法的极限形式.

例 12 下列级数中,收敛的是 _____.

A. $\sum\limits_{n=1}^{\infty}\dfrac{n^2-1}{n^2+1}$

B. $\sum\limits_{n=1}^{\infty}\dfrac{1}{3n+1}$

C. $\sum\limits_{n=1}^{\infty}\dfrac{3^n}{(2n+1)!}$

D. $\sum\limits_{n=1}^{\infty}\dfrac{1}{\ln(n+1)}$

视频讲解
(扫码 关注)

解 选项 A 中,因为 $\lim\limits_{n\to\infty}\dfrac{n^2-1}{n^2+1}=1\neq 0$,所以级数 $\sum\limits_{n=1}^{\infty}\dfrac{n^2-1}{n^2+1}$ 发散;

选项 B 中,因为 $\lim\limits_{n\to\infty}\dfrac{\frac{1}{3n+1}}{\frac{1}{n}}=\dfrac{1}{3}$,且 $\sum\limits_{n=1}^{\infty}\dfrac{1}{n}$ 发散,根据比较判别法极限形式知,级数 $\sum\limits_{n=1}^{\infty}\dfrac{1}{3n+1}$ 发散;

选项 C 中,因为 $\lim\limits_{n\to\infty}\dfrac{u_{n+1}}{u_n}=\lim\limits_{n\to\infty}\dfrac{3^{n+1}}{(2n+3)!}\cdot\dfrac{(2n+1)!}{3^n}=\lim\limits_{n\to\infty}\dfrac{3}{(2n+3)(2n+2)}=0$,根据比值判别法判定级数

$\sum\limits_{n=1}^{\infty}\dfrac{3^n}{(2n+1)!}$ 收敛;

选项 D 中,因为 $\dfrac{1}{\ln(n+1)}>\dfrac{1}{n}$,而调和级数 $\sum\limits_{n=1}^{\infty}\dfrac{1}{n}$ 发散,根据比较判别法,级数 $\sum\limits_{n=1}^{\infty}\dfrac{1}{\ln(n+1)}$ 发散.

【名师点评】

该题首先要明确各选项的级数均为正项级数,而后可以利用级数的性质,级数收敛必要条件的逆否命题、正项级数的比较判别法,正项级数的比值判别法来判定各级数的收敛性.

考点 三 任意项级数收敛性判别

【考点分析】

对任意项级数的收敛性进行判断,是专升本考试中的常见题型,可以利用正项级数收敛性的判别法先判断其绝对值级数的收敛性.最常见的题目是判别交错级数是条件收敛还是绝对收敛.

例 13 判别下列级数是否收敛?若收敛,是绝对收敛还是条件收敛?

视频讲解
(扫码 关注)

(1) $\sum\limits_{n=1}^{\infty}(-1)^{n-1}\dfrac{n}{3^{n-1}}$;　(2) $\sum\limits_{n=1}^{\infty}(-1)^{n-1}\dfrac{\sin\frac{\pi}{n+1}}{\pi^{n+1}}$;　(3) $\sum\limits_{n=1}^{\infty}(-1)^n\ln\dfrac{n+1}{n}$.

解 (1) 令 $u_n=(-1)^{n-1}\dfrac{n}{3^{n-1}}$,则

$\lim\limits_{n\to\infty}\left|\dfrac{u_{n+1}}{u_n}\right|=\lim\limits_{n\to\infty}\dfrac{n+1}{3^n}\cdot\dfrac{3^{n-1}}{n}=\dfrac{1}{3}<1$,所以 $\sum\limits_{n=1}^{\infty}|u_n|$ 收敛,故原级数绝对收敛.

(2) 令 $u_n=(-1)^{n-1}\dfrac{\sin\frac{\pi}{n+1}}{\pi^{n+1}}$,因为 $|u_n|=\dfrac{\sin\frac{\pi}{n+1}}{\pi^{n+1}}<\dfrac{1}{\pi^{n+1}}$,而级数 $\sum\limits_{n=1}^{\infty}\dfrac{1}{\pi^{n+1}}$ 收敛,

所以 $\sum\limits_{n=1}^{\infty}|u_n|$ 收敛,故原级数绝对收敛.

(3) 令 $u_n=(-1)^n\ln\dfrac{n+1}{n}$，则 $\lim\limits_{n\to\infty}\dfrac{|u_n|}{\frac{1}{n}}=\lim\limits_{n\to\infty}\dfrac{\ln\dfrac{n+1}{n}}{\dfrac{1}{n}}=1$，而调和级数发散，根据比较判别法极限形式知，级数

$\sum\limits_{n=1}^{\infty}\ln\dfrac{n+1}{n}$ 发散. 又 $u_n=\ln\dfrac{n+1}{n}>\ln\dfrac{n+2}{n+1}=u_{n+1}$，$\lim\limits_{n\to\infty}\ln\dfrac{n+1}{n}=0$，由莱布尼茨判别法得原级数条件收敛.

【名师点评】

此类题目主要考查交错级数的绝对收敛和条件收敛的概念和关系. 对于交错级数，可以先判断其对应的绝对值级数的收敛性，若绝对值级数收敛，则该交错级数一定是绝对收敛，若绝对值级数发散，则该交错级数可能收敛，也可能发散，此时，可再用莱布尼茨判别法判断.

例 14 下列级数中为条件收敛的级数是 _____.

A. $\sum\limits_{n=1}^{\infty}(-1)^n\dfrac{n}{n+1}$ 　　　B. $\sum\limits_{n=1}^{\infty}(-1)^n\sqrt{n}$ 　　　C. $\sum\limits_{n=1}^{\infty}(-1)^n\dfrac{1}{n^2}$ 　　　D. $\sum\limits_{n=1}^{\infty}(-1)^n\dfrac{1}{\sqrt{n}}$

解 若一个级数的绝对值级数发散，但此级数本身收敛，则为条件收敛.

选项 A，因为 $\lim\limits_{n\to\infty}u_n=\lim\limits_{n\to\infty}(-1)^n\dfrac{n}{n+1}\neq0$，根据级数收敛的必要条件知发散. 同理可得选项 B 也发散.

对于选项 C，因为绝对值级数 $\sum\limits_{n=1}^{\infty}\dfrac{1}{n^2}$ 收敛，则级数 $\sum\limits_{n=1}^{\infty}(-1)^n\dfrac{1}{n^2}$ 是绝对收敛.

故应选 D.

【名师点评】

本题主要考查绝对收敛和条件收敛的定义以及莱布尼茨准则.

例 15 数项级数 $\sum\limits_{n=1}^{\infty}\dfrac{a}{n^2}\sin n\,(a\ 为常数)$ 是 _____.

A. 发散 　　　　　　　　　　　　　B. 条件收敛

C. 绝对收敛 　　　　　　　　　　　D. 收敛性根据 a 确定

视频讲解
（扫码 关注）

解 令 $u_n=\dfrac{a}{n^2}\sin n$，则 $|u_n|=\left|\dfrac{a}{n^2}\sin n\right|\leqslant\dfrac{|a|}{n^2}$，而 $\sum\limits_{n=1}^{\infty}\dfrac{|a|}{n^2}$ 收敛，故原级数绝对收敛.

故应选 C.

【名师点评】

判断任意项级数的收敛性，一般先利用正项级数的判别法判断其绝对值级数是否收敛，若绝对值级数收敛则原级数绝对收敛.

例 16 下列级数中绝对收敛的是 _____.

A. $\sum\limits_{n=1}^{\infty}(-1)^n\dfrac{1}{n}$ 　　B. $\sum\limits_{n=1}^{\infty}(-1)^n\dfrac{1}{\sqrt[3]{n}}$ 　　C. $\sum\limits_{n=1}^{\infty}\dfrac{\sin\dfrac{\pi}{n}}{n^2}$ 　　D. $\sum\limits_{n=1}^{\infty}(-1)^n\dfrac{n}{n+1}$.

解 根据莱布尼茨判别法可知，选项 A 和 B 中的级数是收敛的，但是一般项加绝对值后对应的级数分别是调和级数和 p 级数 $\left(p=\dfrac{1}{3}\right)$，故都是发散的，因此选项 A 和 B 中的原级数都是条件收敛.

选项 C 中，$|u_n|=\left|\dfrac{\sin\dfrac{\pi}{n}}{n^2}\right|\leqslant\dfrac{1}{n^2}$，而级数 $\sum\limits_{n=1}^{\infty}\dfrac{1}{n^2}$ 收敛，所以 $\sum\limits_{n=1}^{\infty}\dfrac{\sin\dfrac{\pi}{n}}{n^2}$ 绝对收敛，故 C 正确.

选项 D 中，因为 $\lim\limits_{n\to\infty}(-1)^n\dfrac{n}{n+1}\neq0$，所以原级数发散.

故应选 C.

【名师点评】

判断任意项级数的收敛性，一般先利用正项级数的判别法判断其绝对值级数是否收敛，若绝对值级数收敛则原级数绝对收敛；若绝对值级数发散，再结合莱布尼茨判别法以及级数的性质来判断是否条件收敛.

例 17 下列级数中为条件收敛的级数是 _____.

A. $\displaystyle\sum_{n=1}^{\infty}(-1)^{n}\frac{n}{n+1}$ B. $\displaystyle\sum_{n=1}^{\infty}(-1)^{n}\sqrt{n}$ C. $\displaystyle\sum_{n=1}^{\infty}(-1)^{n}\frac{1}{n^{2}}$ D. $\displaystyle\sum_{n=1}^{\infty}(-1)^{n}\frac{1}{\sqrt{n}}$

解 若一个级数的绝对值级数发散,但此级数本身收敛,则为条件收敛.

选项 A,因为 $\lim\limits_{n\to\infty}u_{n}=\lim\limits_{n\to\infty}(-1)^{n}\frac{n}{n+1}\neq 0$,根据级数收敛的必要条件知其发散.同理可得选项 B 也发散.

对于选项 C,因为绝对值级数 $\displaystyle\sum_{n=1}^{\infty}\frac{1}{n^{2}}$ 收敛,则级数 $\displaystyle\sum_{n=1}^{\infty}(-1)^{n}\frac{1}{n^{2}}$ 是绝对收敛.

故应选 D.

【名师点评】

本题主要考查绝对收敛和条件收敛的定义以及莱布尼茨准则.

例 18 设 α 为常数,则级数 $\displaystyle\sum_{n=1}^{\infty}\left(\frac{\sin n\alpha}{n^{2}}-\frac{1}{\sqrt{n}}\right)$ _____.

A. 绝对收敛   B. 条件收敛

C. 发散   D. 收敛性与 α 的取值有关.

解 由 $\left|\frac{\sin n\alpha}{n^{2}}\right|\leqslant\frac{1}{n^{2}}$,根据正项级数的比较判别法知 $\displaystyle\sum_{n=1}^{\infty}\frac{\sin n\alpha}{n^{2}}$ 绝对收敛,而 $\displaystyle\sum_{n=1}^{\infty}\frac{1}{\sqrt{n}}$ 发散,由无穷级数的性质知

$\displaystyle\sum_{n=1}^{\infty}\left(\frac{\sin n\alpha}{n^{2}}-\frac{1}{\sqrt{n}}\right)$ 发散.

故应选 C.

【名师点评】

本题考查无穷级数性质的推广,若级数 $\displaystyle\sum_{n=1}^{\infty}u_{n}$ 收敛、级数 $\displaystyle\sum_{n=1}^{\infty}v_{n}$ 发散,则级数 $\displaystyle\sum_{n=1}^{\infty}(u_{n}\pm v_{n})$ 发散.

例 19 判别级数 $\displaystyle\sum_{n=1}^{\infty}\frac{n\cos n\pi}{1+n^{2}}$ 的收敛性.

视频讲解
(扫码 关注)

解 $\displaystyle\sum_{n=1}^{\infty}\frac{n\cos n\pi}{1+n^{2}}=\sum_{n=1}^{\infty}(-1)^{n}\frac{n}{1+n^{2}}$,所以该级数为交错级数.

由于 $u_{n}=\frac{n}{1+n^{2}}>\frac{n+1}{1+(1+n)^{2}}=u_{n+1}$,且 $\lim\limits_{n\to\infty}u_{n}=\lim\limits_{n\to\infty}\frac{n}{1+n^{2}}=0$,根据莱布尼茨判别法,

$\displaystyle\sum_{n=1}^{\infty}(-1)^{n}\frac{n}{1+n^{2}}$ 收敛,故原级数收敛.

【名师点评】

由于 $\cos n\pi=\begin{cases}-1,n\text{ 为奇数,}\\ 1,\quad n\text{ 为偶数,}\end{cases}$ 即 $\cos n\pi=(-1)^{n}(n=1,2,3\cdots)$,所以本题首先明确该级数是交错级数,再按照交错

级数判断收敛性.一般来说,对于交错级数,可以先考查其绝对值级数的收敛性,但本题的绝对值级数 $\displaystyle\sum_{n=1}^{\infty}\frac{n}{1+n^{2}}$ 收敛性

的判断并不简单,所以直接运用莱布尼茨判别法.

例 20 判别级数 $\displaystyle\sum_{n=2}^{\infty}\frac{(-1)^{n}}{n-\ln n}$ 的收敛性.

解 (1) 因为 $0<n-\ln n<n$,所以 $\displaystyle\sum_{n=2}^{\infty}\left|\frac{(-1)^{n}}{n-\ln n}\right|=\sum_{n=2}^{\infty}\frac{1}{n-\ln n}>\sum_{n=2}^{\infty}\frac{1}{n}$,从而 $\displaystyle\sum_{n=2}^{\infty}\left|\frac{(-1)^{n}}{n-\ln n}\right|$ 发散.

(2) 莱布尼茨判别法.

① 由 $\ln\left(1+\frac{1}{n}\right)<1$ 得 $1>\ln(1+n)-\ln n$,从而 $1-\ln(1+n)>-\ln n$,

所以 $(n+1)-\ln(1+n)>n-\ln n$,即 $\frac{1}{(n+1)-\ln(n+1)}<\frac{1}{n-\ln n}$.

② $\lim\limits_{n\to+\infty}\frac{1}{n-\ln n}=\lim\limits_{n\to+\infty}\frac{\frac{1}{n}}{1-\frac{\ln n}{n}}=\frac{0}{1-0}=0$,所以 $\displaystyle\sum_{n=2}^{\infty}\frac{(-1)^{n}}{n-\ln n}$ 收敛.

由(1)(2)可得,级数 $\sum_{n=2}^{\infty} \frac{(-1)^n}{n-\ln n}$ 条件收敛.

【名师点评】

本题难度较大,由于原级数的绝对值级数发散,无法利用绝对值级数判断原级数的收敛性,所以选择莱布尼茨判别法,而判断 $u_n > u_{n+1}$ 是否成立的过程中,利用到了不等式的多步变形,此过程可以利用逆向思维去化简推导,从而说明条件成立.

考点真题解析

考点 一　数项级数的概念与性质

真题1 (2018.理工) 级数 $\sum_{n=1}^{\infty} \frac{1}{n(n+1)}$ 的前 n 项部分和 S_n 满足 $\lim_{n \to \infty} S_n =$ _____.

视频讲解
(扫码 关注)

A. 1　　　　　　B. ∞　　　　　　C. $\frac{1}{2}$　　　　　　D. 0

解　
$$\lim_{n \to \infty} S_n = \frac{1}{1 \times 2} + \frac{1}{2 \times 3} + \frac{1}{3 \times 4} + \frac{1}{4 \times 5} + \cdots + \frac{1}{n(n+1)}$$
$$= \lim_{n \to \infty}\left(1 - \frac{1}{2} + \frac{1}{2} - \frac{1}{3} + \frac{1}{3} + \cdots + \frac{1}{n} - \frac{1}{n+1}\right) = \lim_{n \to \infty}\left(1 - \frac{1}{n+1}\right) = 1.$$

故应选 A.

【名师点评】

对于无穷级数,通项分母若是因式乘积的形式,可以考虑用拆项相消的方法求其部分和的极限,从而用定义法判断该级数的收敛性.

真题2 (2018.理工) 利用级数收敛的必要条件证明极限 $\lim_{n \to \infty} \frac{n!}{n^n} = 0$.

证明　对于级数 $\sum_{n=1}^{\infty} \frac{n!}{n^n}$, 由于 $\lim_{n \to \infty} \frac{u_{n+1}}{u_n} = \lim_{n \to \infty} \frac{(n+1)!}{(n+1)^{n+1}} \cdot \frac{n^n}{n!} = \lim_{n \to \infty}\left(\frac{n}{n+1}\right)^n = \lim_{n \to \infty} \frac{1}{\left(1+\frac{1}{n}\right)^n} = \frac{1}{e} < 1.$

故级数 $\sum_{n=1}^{\infty} \frac{n!}{n^n}$ 收敛,由级数收敛的必要条件知 $\lim_{n \to \infty} \frac{n!}{n^n} = 0.$

【名师点评】

本题考查了两个考点,一个是级数性质中,级数收敛的必要条件:若级数 $\sum_{n=1}^{\infty} u_n$ 收敛,则 $\sum_{n=1}^{\infty} u_n = 0$;第二个是利用比值判别法判断正项级数 $\sum_{n=1}^{\infty} \frac{n!}{n^n}$ 的收敛性.

考点 二　判断正项级数的收敛性

真题3 (2020.高数 Ⅰ) 以下级数收敛的为 _____.

A. $\sum_{n=1}^{\infty} \frac{n^2-1}{n^3+2n^2}$　　　B. $\sum_{n=1}^{\infty} \sin\frac{n\pi}{3}$　　　C. $\sum_{n=1}^{\infty} \ln\left(1+\frac{1}{n^2}\right)$　　　D. $\sum_{n=1}^{\infty} \frac{3^n}{2n^2+1}$

解　因为 $\lim_{n \to \infty} \frac{\ln\left(1+\frac{1}{n^2}\right)}{\frac{1}{n^2}} = 1$, 而 $\sum_{n=1}^{\infty} \frac{1}{n^2}$ 收敛,所以由比较判别法的极限形式 $\sum_{n=1}^{\infty} \ln\left(1+\frac{1}{n^2}\right)$ 也收敛.

故应选 C.

【名师点评】

本题主要考查了正项级数比较判别法.

真题4 (2019.理工) 正项级数 $\sum_{n=1}^{\infty} a_n$ 收敛的一个充分条件是 _____.

A. $\sum\limits_{n=1}^{\infty} a_n^2$ 收敛
　　　　　　　　B. $\sum\limits_{n=1}^{\infty} (-1)^{n-1} a_n$ 收敛

C. $\sum\limits_{n=1}^{\infty} (a_{2n-1} + a_{2n})$ 收敛
　　　　　D. $\sum\limits_{n=1}^{\infty} (a_{2n-1} - a_{2n})$ 收敛

解　由 $\sum\limits_{n=1}^{\infty} \dfrac{1}{n^2}$ 收敛,但 $\sum\limits_{n=1}^{\infty} \dfrac{1}{n}$ 发散知,选项 A 错误;

由 $\sum\limits_{n=1}^{\infty} (-1)^{n-1} \dfrac{1}{n}$ 收敛,但 $\sum\limits_{n=1}^{\infty} \dfrac{1}{n}$ 发散知,选项 B 错误;

由 $\sum\limits_{n=1}^{\infty} (\dfrac{1}{2n-1} - \dfrac{1}{2n})$ 收敛,但 $\sum\limits_{n=1}^{\infty} \dfrac{1}{n}$ 发散知,选项 D 错误.

对于选项 C,当 $\sum\limits_{n=1}^{\infty} (a_{2n-1} + a_{2n})$ 收敛时,由正项级数收敛的充要条件可知,该级数的前 n 项和数列有界,即

$\sigma_n = (a_1 + a_2) + (a_3 + a_4) + \cdots + (a_{2n-1} + a_{2n}) = a_1 + a_2 + a_3 + a_4 + \cdots + a_{2n-1} + a_{2n}$ 有界,于是对于正项级数

$\sum\limits_{n=1}^{\infty} a_n$,前 n 项和数列 $s_n = a_1 + a_2 + a_3 + a_4 + \cdots + a_n \leqslant a_1 + a_2 + a_3 + a_4 + \cdots + a_{2n-1} + a_{2n} = \sigma_n$,

所以 s_n 有界,所以级数 $\sum\limits_{n=1}^{\infty} a_n$ 收敛. 选项 C 正确.

故应选 C.

【名师点评】

此题求已知正项级数收敛的充分条件,即找出四个选项中,利用哪个能推得正项级数 $\sum\limits_{n=1}^{\infty} a_n$ 收敛. 此题难度较大,可以利用排除法,通过举反例的方法进行说明.

真题 5　(2018. 理工) 判别级数 $\sum\limits_{n=1}^{\infty} \dfrac{n!}{10^n}$ 的收敛性.

解　因为 $\lim\limits_{n \to \infty} \dfrac{u_{n+1}}{u_n} = \lim\limits_{n \to \infty} \dfrac{\frac{(n+1)!}{10^{n+1}}}{\frac{n!}{10^n}} = \lim\limits_{n \to \infty} \dfrac{n+1}{10} = +\infty$,所以级数 $\sum\limits_{n=1}^{\infty} \dfrac{n!}{10^n}$ 发散.

真题 6　(2016. 公共) 当 $n \to \infty$ 时,$\lim n \sin \dfrac{1}{n} = 1$,根据比较收敛性判定方法,可以判定级数 $\sum\limits_{n=1}^{\infty} \sin \dfrac{1}{n}$ _____.

解　$\lim\limits_{n \to \infty} n \sin \dfrac{1}{n} = \lim\limits_{n \to \infty} \dfrac{\sin \frac{1}{n}}{\frac{1}{n}} = 1$,所以由比较判别法的极限形式,$\sum\limits_{n=1}^{\infty} \sin \dfrac{1}{n}$ 与 $\sum\limits_{n=1}^{\infty} \dfrac{1}{n}$ 有相同的收敛性,而 $\sum\limits_{n=1}^{\infty} \dfrac{1}{n}$ 发

散,所以 $\sum\limits_{n=1}^{\infty} \sin \dfrac{1}{n}$ 发散.

故应填发散.

【名师点评】

判断 $\sum\limits_{n=1}^{\infty} \sin \dfrac{1}{n}$ 的收敛性,要利用已知条件 $\lim\limits_{n \to \infty} n \sin \dfrac{1}{n} = 1$,所以考虑将极限变形后,利用正项级数比较判别法的极限形式进行判断.

真题 7　(2016. 土木) 判别级数的收敛性:级数 $\sum\limits_{n=1}^{\infty} \dfrac{2^n \cdot n!}{n^n}$ 是_____.

视频讲解
(扫码 关注)

解　令 $u_n = \dfrac{2^n \cdot n!}{n^n}$,利用正项级数的比值判别法,

$\lim\limits_{n \to \infty} \dfrac{u_{n+1}}{u_n} = \lim\limits_{n \to \infty} \dfrac{2^{n+1} \cdot (n+1)!}{(n+1)^{n+1}} \cdot \dfrac{n^n}{2^n \cdot n!} = \lim\limits_{n \to \infty} 2(\dfrac{n}{n+1})^n = \lim\limits_{n \to \infty} 2 \cdot \dfrac{1}{(1+\frac{1}{n})^n} = \dfrac{2}{e} < 1$,所以级数收敛.

故应填收敛.

【名师点评】

以上题目考查了正项级数收敛性的判断. 在专升本考试中,要根据通项的特点来选择合适的判别法,一般来讲若正

项级数的通项中出现"n 次幂"或者"阶乘"形式时,首选比值判别法判断收敛性.

考点 三　判断任意项级数的收敛性

真题8　(2024. 高数Ⅰ)以下级数绝对收敛的是 _____.

A. $\displaystyle\sum_{n=1}^{\infty}(-1)^n\frac{n}{2n+3}$ 　　　B. $\displaystyle\sum_{n=1}^{\infty}(-1)^n\frac{n}{n^2+1}$ 　　　C. $\displaystyle\sum_{n=1}^{\infty}(-1)^n\frac{2^n+1}{n^n}$ 　　　D. $\displaystyle\sum_{n=1}^{\infty}(-1)^n\frac{n}{1+\ln^3 n}$

解　选项A,$\displaystyle\sum_{n=1}^{\infty}|u_n|=\sum_{n=1}^{\infty}\left|(-1)^n\frac{n}{2n+3}\right|=\sum_{n=1}^{\infty}\frac{n}{2n+3}$,因为 $\displaystyle\lim_{n\to\infty}\frac{n}{2n+3}=\frac{1}{2}\neq 0$,所以 $\displaystyle\sum_{n=1}^{\infty}|u_n|$ 发散,$\displaystyle\sum_{n=1}^{\infty}u_n$ 不是绝对收敛.

选项B,$\displaystyle\sum_{n=1}^{\infty}|u_n|=\sum_{n=1}^{\infty}\left|(-1)^n\frac{n}{n^2+1}\right|=\sum_{n=1}^{\infty}\frac{n}{n^2+1}$,因为 $\displaystyle\lim_{n\to\infty}\frac{\frac{n}{n^2+1}}{\frac{1}{n}}=\lim_{n\to\infty}\frac{n^2}{n^2+1}=1$,且 $\displaystyle\sum_{n=1}^{\infty}\frac{1}{n}$ 发散,由比较判

别法的极限形式可得 $\displaystyle\sum_{n=1}^{\infty}|u_n|$ 发散,所以 $\displaystyle\sum_{n=1}^{\infty}u_n$ 不是绝对收敛.

选项C,$\displaystyle\sum_{n=1}^{\infty}|u_n|=\sum_{n=1}^{\infty}\left|(-1)^n\frac{2^n+1}{n^n}\right|=\sum_{n=1}^{\infty}\frac{2^n+1}{n^n}$,因为 $\displaystyle\lim_{n\to\infty}\frac{\frac{2^{n+1}+1}{(n+1)^{n+1}}}{\frac{2^n+1}{n^n}}=2\lim_{n\to\infty}\left[\left(\frac{n}{n+1}\right)^n\cdot\frac{1}{n+1}\right]=0<1$,由

比值判别法得 $\displaystyle\sum_{n=1}^{\infty}|u_n|$ 收敛,故 $\displaystyle\sum_{n=1}^{\infty}(-1)^n\frac{2^n+1}{n^n}$ 为绝对收敛;

选项D,$\displaystyle\sum_{n=1}^{\infty}|u_n|=\sum_{n=1}^{\infty}\left|(-1)^n\frac{n}{1+\ln^3 n}\right|=\sum_{n=1}^{\infty}\frac{n}{1+\ln^3 n}$,且 $\displaystyle\lim_{n\to\infty}\frac{n}{1+\ln^3 n}=\infty$,所以 $\displaystyle\sum_{n=1}^{\infty}|u_n|$ 发散,因此 $\displaystyle\sum_{n=1}^{\infty}u_n$ 不是

绝对收敛.

故应选C.

真题9　(2023. 高数Ⅰ)已知级数 $\displaystyle\sum_{n=1}^{\infty}u_n$ 收敛,则以下级数收敛的是 _____.

A. $\displaystyle\sum_{n=1}^{\infty}|u_n|$ 　　　　　B. $\displaystyle\sum_{n=1}^{\infty}\left(u_n^2+\frac{1}{n^2}\right)$ 　　　　　C. $\displaystyle\sum_{n=1}^{\infty}(-1)^n u_n$ 　　　　　D. $\displaystyle\sum_{n=1}^{\infty}\left(u_n+\frac{1}{n^2}\right)$

解　已知级数 $\displaystyle\sum_{n=1}^{\infty}u_n$ 收敛,选项A中 $\displaystyle\sum_{n=1}^{\infty}|u_n|$ 不一定收敛,例如若 $\displaystyle\sum_{n=1}^{\infty}u_n$ 条件收敛时,$\displaystyle\sum_{n=1}^{\infty}|u_n|$ 发散;选项B中

$\displaystyle\sum_{n=1}^{\infty}\left(u_n^2+\frac{1}{n^2}\right)=\sum_{n=1}^{\infty}u_n^2+\sum_{n=1}^{\infty}\frac{1}{n^2}$ 不一定收敛,例如 $\displaystyle\sum_{n=1}^{\infty}u_n=\sum_{n=1}^{\infty}(-1)^n\frac{1}{\sqrt{n}}$ 收敛,但 $\displaystyle\sum_{n=1}^{\infty}u_n^2=\sum_{n=1}^{\infty}\frac{1}{n}$ 发散,又 $\displaystyle\sum_{n=1}^{\infty}\frac{1}{n^2}$ 收敛,

所以 $\displaystyle\sum_{n=1}^{\infty}\left(u_n^2+\frac{1}{n^2}\right)$ 发散;选项C中 $\displaystyle\sum_{n=1}^{\infty}(-1)^n u_n$ 不一定收敛,例如 $\displaystyle\sum_{n=1}^{\infty}u_n=\sum_{n=1}^{\infty}(-1)^n\frac{1}{n}$ 收敛,但 $\displaystyle\sum_{n=1}^{\infty}(-1)^n u_n=\sum_{n=1}^{\infty}\frac{1}{n}$

发散;选项D一定收敛,因为 $\displaystyle\sum_{n=1}^{\infty}\left(u_n+\frac{1}{n^2}\right)=\sum_{n=1}^{\infty}u_n+\sum_{n=1}^{\infty}\frac{1}{n^2}$,$\displaystyle\sum_{n=1}^{\infty}u_n$ 和 $\displaystyle\sum_{n=1}^{\infty}\frac{1}{n^2}$ 均收敛,故 $\displaystyle\sum_{n=1}^{\infty}\left(u_n+\frac{1}{n^2}\right)$ 必收敛.

故应选D.

【名师点评】

考生需要掌握任意项级数敛散性的判别方法.

真题10　(2022. 高数Ⅰ)以下级数发散的是 _____.

A. $\displaystyle\sum_{n=1}^{\infty}\frac{1}{n^2+2}$ 　　　　B. $\displaystyle\sum_{n=1}^{\infty}\ln\left(1+\frac{1}{n}\right)$ 　　　　C. $\displaystyle\sum_{n=1}^{\infty}(-1)^n\frac{1}{\sqrt{n}}$ 　　　　D. $\displaystyle\sum_{n=1}^{\infty}\frac{1}{3^n}$

解　因为 $\displaystyle\lim_{n\to\infty}\frac{\ln\left(1+\frac{1}{n}\right)}{\frac{1}{n}}=1$,由正项级数的比较判别法得,级数 $\displaystyle\sum_{n=1}^{\infty}\ln\left(1+\frac{1}{n}\right)$ 与 $\displaystyle\sum_{n=1}^{\infty}\frac{1}{n}$ 具有相同的敛散性,又因

为调和级数 $\displaystyle\sum_{n=1}^{\infty}\frac{1}{n}$ 发散,所以级数 $\displaystyle\sum_{n=1}^{\infty}\ln\left(1+\frac{1}{n}\right)$ 发散.

故应选 B.

【名师点评】

判断任意项级数的收敛性,一般先利用正项级数的判别法判断其绝对值级数是否收敛.

真题 11 (2021.高数Ⅰ)以下级数条件收敛的是 _____.

A. $\sum\limits_{n=1}^{\infty}\dfrac{\sin n}{n^2}$ B. $\sum\limits_{n=1}^{\infty}(-1)^n\dfrac{1}{\sqrt[3]{n^2}}$ C. $\sum\limits_{n=1}^{\infty}\left(-\dfrac{2}{3}\right)^n$ D. $\sum\limits_{n=1}^{\infty}\left(-\dfrac{3}{2}\right)^n$

解 A选项,因为 $\left|\dfrac{\sin n}{n^2}\right|=\dfrac{|\sin n|}{n^2}\leqslant\dfrac{1}{n^2}$,且 $\sum\limits_{n=1}^{\infty}\dfrac{1}{n^2}$ 收敛,因此绝对值级数 $\sum\limits_{n=1}^{\infty}\left|\dfrac{\sin n}{n^2}\right|$ 收敛,故原级数绝对收敛;B选项,该交错级数的绝对值级数 $\sum\limits_{n=1}^{\infty}\left|(-1)^n\dfrac{1}{\sqrt[3]{n^2}}\right|=\sum\limits_{n=1}^{\infty}\dfrac{1}{n^{\frac{2}{3}}}$ 发散,但利用莱布尼茨判别法,该交错级数收敛,故 $\sum\limits_{n=1}^{\infty}(-1)^n\dfrac{1}{\sqrt[3]{n^2}}$ 为条件收敛;C选项,绝对值级数 $\sum\limits_{n=1}^{\infty}\left|\left(-\dfrac{2}{3}\right)^n\right|=\sum\limits_{n=1}^{\infty}\left(\dfrac{2}{3}\right)^n$,为公比为 $\dfrac{2}{3}$ 的等比级数,所以绝对值级数收敛,原级数绝对收敛;D选项,$\sum\limits_{n=1}^{\infty}\left(-\dfrac{3}{2}\right)^n$ 为公比为 $-\dfrac{3}{2}$ 的等比级数,$\left|-\dfrac{3}{2}\right|>1$,所以该级数发散.

故应选 B.

【名师点评】

本题主要考查绝对收敛和条件收敛的定义以及莱布尼茨准则.

真题 12 (2019.理工)设 $\lim\limits_{n\to\infty}\left|\dfrac{u_{n+1}}{u_n}\right|=\rho$,若 $\rho<1$,则级数 $\sum\limits_{n=1}^{\infty}u_n$ _____.

解 因为 $\lim\limits_{n\to\infty}\left|\dfrac{u_{n+1}}{u_n}\right|=\rho<1$,由正项级数的比值判别法知 $\sum\limits_{n=1}^{\infty}|u_n|$ 收敛,从而 $\sum\limits_{n=1}^{\infty}u_n$ 绝对收敛.

故应填绝对收敛.

真题 13 (2019.理工)证明级数 $\sum\limits_{n=1}^{\infty}\dfrac{\sin n\alpha}{n^4}$ 绝对收敛.

证明 因为 $\left|\dfrac{\sin n\alpha}{n^4}\right|\leqslant\dfrac{1}{n^4}$,而级数 $\sum\limits_{n=1}^{\infty}\dfrac{1}{n^4}$ 是收敛的,所以级数 $\sum\limits_{n=1}^{\infty}\left|\dfrac{\sin n\alpha}{n^4}\right|$ 也是收敛的.因此级数 $\sum\limits_{n=1}^{\infty}\dfrac{\sin n\alpha}{n^4}$ 绝对收敛.

【名师点评】

欲证明级数绝对收敛,证明其绝对值级数收敛即可.一般地,正弦函数或者余弦函数取绝对值后都可以放缩成 1,即 $|\sin\varphi(x)|\leqslant1$,$|\cos\varphi(x)|\leqslant1$.因此对于绝对值函数可以将通项进行不等式放缩以后,利用比较判别法判断其收敛性.

◈ 考点方法综述

序号	本单元考点与方法总结
1	数项级数收敛、发散以及收敛级数的和 对于数项级数:$\sum\limits_{n=1}^{\infty}u_n=u_1+u_2+\cdots+u_n+\cdots$ (1) 求出部分和:$s_n=\sum\limits_{n=1}^{n}u_n=u_1+u_2+\cdots+u_n$. 若 $\lim\limits_{n\to\infty}s_n=s$,则级数(1)收敛,且 $\sum\limits_{n=1}^{\infty}u_n=s$(级数收敛于 s,s 即为级数的和); 若 $\lim\limits_{n\to\infty}s_n$ 不存在,级数(1)发散.

（续表）

序号	本单元考点与方法总结
2	如何判断绝对收敛与条件收敛 当级数 $\sum_{n=1}^{\infty}\lvert u_n\rvert$ 收敛,则称级数 $\sum_{n=1}^{\infty}u_n$ 绝对收敛. 若级数 $\sum_{n=1}^{\infty}\lvert u_n\rvert$ 发散,而级数 $\sum_{n=1}^{\infty}u_n$ 收敛,则称级数 $\sum_{n=1}^{\infty}u_n$ 条件收敛.
3	判断数项级数敛散性的常用结论(常解决填空选择问题) (1) 级数 $\sum_{n=1}^{\infty}u_n$ 与 $\sum_{n=1}^{\infty}cu_n$ 有相同的收敛性, $\sum_{n=1}^{\infty}cu_n=c\sum_{n=1}^{\infty}u_n(c\neq 0)$. (2) 若级数 $\sum_{n=1}^{\infty}u_n$ 与 $\sum_{n=1}^{\infty}v_n$ 收敛,则级数 $\sum_{n=1}^{\infty}(u_n\pm v_n)$ 也收敛. 且若级数 $\sum_{n=1}^{\infty}u_n=s$, $\sum_{n=1}^{\infty}v_n=\sigma$,则 $\sum_{n=1}^{\infty}(u_n\pm v_n)=s\pm\sigma$. (3) 增加、去掉或改变级数的有限项,级数的收敛性不变. (4) 若级数 $\sum_{n=1}^{\infty}u_n$ 收敛,则 $\lim_{n\to\infty}u_n=0$(级数收敛的必要条件). (5) 若 $\lim_{n\to\infty}u_n\neq 0$,则 $\sum_{n=1}^{\infty}u_n$ 必发散.
4	正项级数收敛性的判别法 (1) 比较判别法:设正项级数 $\sum_{n=1}^{\infty}u_n$ 与 $\sum_{n=1}^{\infty}v_n$,满足 $u_n\leqslant v_n(n=1,2,3\cdots)$,则 ① 若 $\sum_{n=1}^{\infty}v_n$ 收敛,则 $\sum_{n=1}^{\infty}u_n$ 也收敛; ② 若 $\sum_{n=1}^{\infty}u_n$ 发散,则 $\sum_{n=1}^{\infty}v_n$ 也发散. (2) 比较判别法的极限形式 设正项级数 $\sum_{n=1}^{\infty}u_n$ 与 $\sum_{n=1}^{\infty}v_n$,满足: $\lim_{n\to\infty}\dfrac{u_n}{v_n}=l(v_n\neq 0)$,则 ① 当 $0<l<+\infty$ 时,　级数 $\sum_{n=1}^{\infty}u_n$ 与 $\sum_{n=1}^{\infty}v_n$ 具有相同的收敛性; ② 当 $l=0$ 时,　　　若 $\sum_{n=1}^{\infty}v_n$ 收敛,则 $\sum_{n=1}^{\infty}u_n$ 也收敛; ③ 当 $l=+\infty$ 时,　　若 $\sum_{n=1}^{\infty}v_n$ 发散,则 $\sum_{n=1}^{\infty}u_n$ 也发散. (3) 比值判别法:设正项级数 $\sum_{n=1}^{\infty}u_n$,如果 $\lim_{n\to\infty}\dfrac{u_{n+1}}{u_n}=\rho$ 则 ① $\rho<1$ 时, $\sum_{n=1}^{\infty}u_n$ 收敛; ② $\rho>1$ 时, $\sum_{n=1}^{\infty}u_n$ 发散; ③ $\rho=1$ 时,不能断定(此法失效,改用其他方法). 注:一般来说,级数的通项中出现 n 次幂或者阶乘形式时,首选比值判别法判断收敛性.

(续表)

序号	本单元考点与方法总结
5	交错级数收敛性的判别 莱布尼茨判别法:若交错级数 $\sum_{n=1}^{\infty}(-1)^{n-1}u_n$ 满足:(1) $u_n \geqslant u_{n+1}$;(2) $\lim\limits_{n\to\infty}u_n=0.$ 则此级数收敛,且其和 $s \leqslant u_1.$

第二单元　幂级数

❖ 考纲内容解读

新大纲基本要求	新大纲名师解读
1. 理解幂级数的概念,会求幂级数的收敛半径、收敛区间和收敛域. 2. 掌握幂级数在其收敛区间内的性质(和、差、逐项求导与逐项积分). 3. 掌握幂级数的和函数在其收敛域上的性质. 4. 会利用逐项求导和逐项积分求幂级数的和函数. 5. 熟记 e^x ,$\sin x$,$\cos x$,$\ln(1+x)$,$\frac{1}{1-x}$ 的麦克劳林级数,会将一些简单的初等函数展开为 $x-x_0$ 的幂级数.	根据考试大纲的要求,本单元的重点是掌握幂级数的收敛半径、收敛区间和收敛域等的计算;了解幂级数和函数的性质,会计算幂级数的和函数;大纲新增会运用几个常用的幂级数展开式展开成 $x-x_0$ 的幂级数,新增内容值得注意.

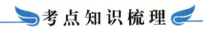

考 点 知 识 梳 理

一、幂级数

1. 幂级数定义

形如 $\sum_{n=0}^{\infty}a_n(x-x_0)^n=a_0+a_1(x-x_0)+a_2(x-x_0)^2+\cdots+a_n(x-x_0)^n+\cdots$ 的**函数项级数**,称为 $(x-x_0)$ 的**幂级数**,其中 $a_0,a_1,\cdots,a_n,\cdots$ 称为幂级数的系数.

当 $x_0=0$ 时,幂级数为 $\sum_{n=0}^{\infty}a_nx^n=a_0+a_1x+a_2x^2+\cdots+a_nx^n+\cdots$

2. 收敛点、发散点、收敛域

(1) **收敛点**:将函数项中的 x 取 x_0 ,函数项级数就变成了一个数项级数,若此数项级数收敛,则 $x=x_0$ 为函数项级数的**收敛点**.

(2) **发散点**:将函数项中的 x 取 x_0 ,函数项级数就变成了一个数项级数,若此数项级数发散,则 $x=x_0$ 为函数项级数的**发散点**.

(3) **收敛域**:函数项级数收敛点的集合,称为其**收敛域**,可以用区间表示.

3. 相关定理

定理:若 $\sum_{n=0}^{\infty}a_nx^n$ 在 x_0 处收敛(即 $\sum_{n=0}^{\infty}a_nx_0^n$ 收敛),则对 $|x|<|x_0|$ 的点绝对收敛;

若 $\sum_{n=0}^{\infty}a_nx^n$ 在 x_0 处发散(即 $\sum_{n=0}^{\infty}a_nx_0^n$ 发散),则对 $|x|>|x_0|$ 的点也发散.

【名师解析】

判断幂级数在某一点是收敛还是发散,将 $x = x_0$ 代入幂级数即可得到一个数项级数,可利用上一节数项级数的收敛性判别方法进行判断.

4.幂级数的收敛半径、收敛区间和收敛域

(1) 收敛半径的两种计算公式:

①$R = \lim\limits_{n \to \infty} \left| \dfrac{a_n}{a_{n+1}} \right|$; ②$R = \lim\limits_{n \to \infty} \sqrt[n]{|a_n|}$;

(2) 幂级数 $\sum\limits_{n=0}^{\infty} a_n x^n$ 的收敛区间:$(-R, R)$.

(3) 幂级数 $\sum\limits_{n=0}^{\infty} a_n x^n$ 的收敛域:$(-R, R)\,[-R, R)\,(-R, R]\,[-R, R]$ 其中之一. 即在收敛区间的基础上考查左右端点的收敛性,若收敛,端点包含在收敛域内.

(4) 幂级数 $\sum\limits_{n=0}^{\infty} a_n (x - x_0)^n$ 的收敛半径:$R = \lim\limits_{n \to \infty} \left| \dfrac{a_n}{a_{n+1}} \right|$;由 $-R < x - x_0 < R$ 知,收敛区间为 $(x_0 - R, x_0 + R)$.

【名师解析】

会求幂级数 $\sum\limits_{n=0}^{\infty} a_n x^n$ 的收敛半径R,进而得到收敛区间$(-R, R)$,再判断收敛区间的两端点$-R, R$处的收敛性,可求得其收敛域. 对于幂级数 $\sum\limits_{n=0}^{\infty} a_n (x - x_0)^n$,通过换元化为 $\sum\limits_{n=0}^{\infty} a_n x^n$ 来求.

5.幂级数的和函数

幂级数在收敛域内收敛于它的和函数 $s(x)$. 记为:$s(x) = \sum\limits_{n=0}^{\infty} a_n x^n, x \in D, D$ 为幂级数的收敛域.

6.幂级数和函数的性质

(1) 若幂级数 $\sum\limits_{n=0}^{\infty} a_n x^n$ 和 $\sum\limits_{n=0}^{\infty} b_n x^n$ 的收敛半径分别为$R_1, R_2, R = \min\{R_1, R_2\}$,则在$(-R, R)$ 内,幂级数 $\sum\limits_{n=0}^{\infty} (a_n \pm b_n) x^n$ 收敛,且有 $\sum\limits_{n=0}^{\infty} (a_n \pm b_n) x^n = \sum\limits_{n=0}^{\infty} a_n x^n \pm \sum\limits_{n=0}^{\infty} b_n x^n$

(2) 幂级数的和函数 $s(x)$ 在其收敛区间内连续、可导且可逐项求导、可积且可逐项积分,即

$$s'(x) = \left(\sum\limits_{n=0}^{\infty} a_n x^n \right)' = \sum\limits_{n=0}^{\infty} (a_n x^n)' = \sum\limits_{n=1}^{\infty} n a_n x^{n-1},$$

$$\int_0^x s(x) \mathrm{d}x = \int_0^x \left(\sum\limits_{n=0}^{\infty} a_n x^n \right) \mathrm{d}x = \sum\limits_{n=0}^{\infty} \left(\int_0^x a_n x^n \mathrm{d}x \right) = \sum\limits_{n=0}^{\infty} \frac{a_n}{n+1} x^{n+1}.$$

【名师解析】

幂级数和函数的性质主要用来求幂级数的和函数.

7.幂级数和函数的求法

(1) 当幂级数的一般项为 $\dfrac{x^n}{n}, \dfrac{x^{n+1}}{n+1}$ 等时,可用先求导后积分的方法求其和函数;

(2) 当幂级数的一般项为 $(2n+1)x^{2n}, n x^{n-1}$ 等时,可用先求积分后求导的方法求其和函数.

【名师解析】

在求幂级数的和函数时需要分析是先求导还是先积分.

二、常用的幂级数展开式

1. $\dfrac{1}{1-x} = \sum\limits_{n=0}^{\infty} x^n$ $(-1 < x < 1)$.

2. $\dfrac{1}{1+x} = \sum\limits_{n=0}^{\infty} (-1)^n x^n$ $(-1 < x < 1)$.

3. $\mathrm{e}^x = \sum\limits_{n=0}^{\infty} \dfrac{x^n}{n!}$ $(-\infty < x < +\infty)$.

4. $\sin x = \sum_{n=0}^{\infty} (-1)^n \dfrac{x^{2n+1}}{(2n+1)!}$ $\qquad(-\infty < x < +\infty).$

5. $\cos x = \sum_{n=0}^{\infty} (-1)^n \dfrac{x^{2n}}{(2n)!}$ $\qquad(-\infty < x < +\infty).$

6. $\ln(1+x) = \sum_{n=0}^{\infty} (-1)^n \dfrac{x^{n+1}}{n+1}$ $\qquad(-1 < x \leqslant 1).$

【名师解析】

利用这些常用的幂级数展开式,可以利用间接展开法把一个函数展开成幂级数.

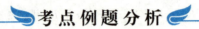

考点例题分析

考点一　求幂级数的收敛半径、收敛区间和收敛域

【考点分析】

幂级数的收敛半径、收敛区间和收敛域是专升本考试中出现频率特别高的知识点,对于标准形式和非标准形式的幂级数都要会求其收敛半径进而得到收敛区间,再判断两端点处是否收敛得其收敛域.

例 21 确定下列幂级数的收敛半径,收敛区间,收敛域.

(1) $\sum_{n=1}^{\infty} \dfrac{x^n}{n \cdot 2^n}$；　　　(2) $\sum_{n=1}^{\infty} \dfrac{x^n}{n!}$；　　　(3) $\sum_{n=1}^{\infty} (-1)^{n-1} \dfrac{x^n}{n}$.

解　(1) 收敛半径 $R = \lim_{n\to\infty} \left| \dfrac{a_n}{a_{n+1}} \right| = \lim_{n\to\infty} \dfrac{(n+1)\cdot 2^{n+1}}{n \cdot 2^n} = 2$,则收敛区间为 $(-2,2)$.

在 $x = -2$ 处,级数 $\sum_{n=1}^{\infty} \dfrac{(-2)^n}{n\cdot 2^n} = \sum_{n=1}^{\infty} \dfrac{(-1)^n}{n}$ 收敛；在 $x = 2$ 处,级数 $\sum_{n=1}^{\infty} \dfrac{2^n}{n\cdot 2^n} = \sum_{n=1}^{\infty} \dfrac{1}{n}$ 发散,故收敛区域为 $[-2,2)$.

(2) 收敛半径 $R = \lim_{n\to\infty} \left| \dfrac{a_n}{a_{n+1}} \right| = \lim_{n\to\infty} \dfrac{(n+1)!}{n!} = \lim_{n\to\infty}(n+1) = \infty$,故收敛区间和收敛域均为 $(-\infty, +\infty)$.

(3) 收敛半径 $R = \lim_{n\to\infty} \left| \dfrac{a_n}{a_{n+1}} \right| = \lim_{n\to\infty} \dfrac{n+1}{n} = 1$,收敛区间为 $(-1,1)$,

在 $x = -1$ 处,级数 $\sum_{n=1}^{\infty} (-1)^{n-1} \dfrac{(-1)^n}{n} = \sum_{n=1}^{\infty} \dfrac{-1}{n}$ 发散；

在 $x = 1$ 处,级数 $\sum_{n=1}^{\infty} (-1)^{n-1} \dfrac{1}{n}$ 收敛,故收敛域为 $(-1,1]$

【名师点评】

该题目主要考查标准形式的幂级数的收敛半径、收敛区间及收敛域的求法.

例 22　求幂级数 $\sum_{n=1}^{\infty} \dfrac{(x-3)^n}{\sqrt{n}}$ 的收敛域.

视频讲解
（扫码 关注）

解　令 $x - 3 = t$,则原级数变为 $\sum_{n=1}^{\infty} \dfrac{t^n}{\sqrt{n}}$,其收敛半径 $R = \lim_{n\to\infty} \left| \dfrac{a_n}{a_{n+1}} \right| = \lim_{n\to\infty} \dfrac{\sqrt{n+1}}{\sqrt{n}} = 1$,

在 $t = -1$ 处,$\sum_{n=1}^{\infty} \dfrac{(-1)^n}{\sqrt{n}}$ 收敛；在 $t = 1$ 处,$\sum_{n=1}^{\infty} \dfrac{1}{\sqrt{n}}$ 发散.

所以 $-1 \leqslant t < 1$,即 $-1 \leqslant x - 3 < 1$,因此 $\sum_{n=1}^{\infty} \dfrac{(x-3)^n}{\sqrt{n}}$ 的收敛域为 $[2,4)$.

【名师点评】

该题目主要运用换元思想,将 $(x-3)$ 的幂级数转换为 t 的幂级数.需要注意的是,收敛区间和收敛域都是求的 x 的范围,而不是 t 的范围.

例 23　求 $\sum_{n=1}^{\infty} (-1)^n \dfrac{x^{2n+1}}{2n+1}$ 的收敛域.

解　此幂级数缺项,所以不能直接用收敛半径的计算公式,故将此级数看作任意项级数判定.

$\lim\limits_{n\to\infty}\left|\dfrac{u_{n+1}}{u_n}\right|=\lim\limits_{n\to\infty}\left|\dfrac{x^{2n+3}}{2n+3}\cdot\dfrac{2n+1}{x^{2n+1}}\right|=x^2$,由比值判别法得,当 $x^2<1$ 时,级数收敛,

即 $-1<x<1$ 时级数收敛,所以收敛半径为 $R=1$,则收敛区间为 $(-1,1)$.

在 $x=-1$ 处,级数 $\sum\limits_{n=1}^{\infty}(-1)^n\dfrac{(-1)^{2n+1}}{2n+1}=\sum\limits_{n=1}^{\infty}\dfrac{(-1)^{n+1}}{2n+1}$ 收敛;在 $x=1$ 处,级数 $\sum\limits_{n=1}^{\infty}(-1)^n\dfrac{1}{2n+1}$ 收敛.

故收敛域为 $[-1,1]$.

【名师点评】

该题目主要考查缺项的非标准形式的幂级数如何求收敛域:一般令 $\lim\limits_{n\to\infty}\left|\dfrac{u_{n+1}(x)}{u_n(x)}\right|<1$,得到 x 的范围,即该级数的收敛区间;然后再求 x 的两个边界值所对应的常数项级的收敛性,从而确定收敛域.

考点 二　幂级数求和函数

【考点分析】

幂级数求和函数需先求其收敛域,再利用"先导后积"或"先积后导"的方法求得幂级数的和函数.

例 24　求级数 $\sum\limits_{n=1}^{\infty}nx^{n-1}$ 的和函数.

解　先求收敛域:$R=\lim\limits_{n\to\infty}\left|\dfrac{a_n}{a_{n+1}}\right|=\lim\limits_{n\to\infty}\left|\dfrac{n}{n+1}\right|=1$,所以收敛区间为 $(-1,1)$.

当 $x=-1$ 时,级数为 $\sum\limits_{n=1}^{\infty}(-1)^{n-1}n$,发散;当 $x=1$ 时,级数为 $\sum\limits_{n=1}^{\infty}n$,也发散.所以收敛域为 $(-1,1)$.

再求和函数:设和函数 $s(x)=\sum\limits_{n=1}^{\infty}nx^{n-1}$,则

$$\int_0^x s(x)\mathrm{d}x=\int_0^x\sum\limits_{n=1}^{\infty}nx^{n-1}\mathrm{d}x=\sum\limits_{n=1}^{\infty}\int_0^x nx^{n-1}\mathrm{d}x=\sum\limits_{n=1}^{\infty}x^n=\dfrac{x}{1-x},x\in(-1,1),$$

$$s(x)=\left(\int_0^x s(x)\mathrm{d}x\right)'=\left(\dfrac{x}{1-x}\right)'=\dfrac{1}{(1-x)^2},\ x\in(-1,1).$$

【名师点评】

幂级数的和函数的求法,"先导后积"或"先积后导".当幂级数的通项形如 $nx^{n-1},(2n+1)x^{2n}$ 等时,可用先积分后求导方法求和函数.另注意,求和函数要先求收敛域,并且在求出的和函数后注明收敛域.

例 25　求级数 $\sum\limits_{n=1}^{\infty}(-1)^{n-1}\dfrac{x^{2n-1}}{2n-1}$ 的和函数.

解　令 $u_n=(-1)^{n-1}\dfrac{x^{2n-1}}{2n-1}$,则 $\lim\limits_{n\to\infty}\left|\dfrac{u_{n+1}}{u_n}\right|=\lim\limits_{n\to\infty}\left|\dfrac{x^{2n+1}}{2n+1}\cdot\dfrac{2n-1}{x^{2n-1}}\right|=x^2<1$,可得收敛区间 $(-1,1)$,

当 $x=-1$ 时,级数为 $\sum\limits_{n=1}^{\infty}(-1)^n\dfrac{1}{2n-1}$,收敛;

当 $x=1$ 时,级数为 $\sum\limits_{n=1}^{\infty}(-1)^{n-1}\dfrac{1}{2n-1}$,也收敛,所以收敛域为 $[-1,1]$.

设和函数 $s(x)=\sum\limits_{n=1}^{\infty}(-1)^{n-1}\dfrac{x^{2n-1}}{2n-1},x\in[-1,1]$,则

$$s'(x)=\left(\sum\limits_{n=1}^{\infty}(-1)^{n-1}\dfrac{x^{2n-1}}{2n-1}\right)'=\sum\limits_{n=1}^{\infty}(-1)^{n-1}x^{2n-2}=1-x^2+x^4-\cdots+(-1)^{n-1}x^{2n-2}+\cdots=\dfrac{1}{1+x^2},$$

故 $s(x)=\int_0^x\dfrac{1}{1+x^2}\mathrm{d}x=\arctan x\Big|_0^x=\arctan x,\ x\in[-1,1]$.

【名师点评】

幂级数的和函数的求法,"先导后积"或"先积后导".当幂级数的通项形如 $\dfrac{x^n}{n},\dfrac{x^{n+1}}{n+1}$ 等时,可用先求导后积分方法求其和函数.另外,求和函数要先求收敛域,并且求出函数后要在其后注意收敛域.

例 26 求级数 $\displaystyle\sum_{n=0}^{\infty}\frac{(-1)^n}{n+1}$ 的和.

解 级数 $\displaystyle\sum_{n=0}^{\infty}\frac{(-1)^n}{n+1}$ 的和即为幂级数 $\displaystyle\sum_{n=0}^{\infty}\frac{1}{n+1}x^n$ 的和函数在 $x=-1$ 处的值.

对于幂级数 $\displaystyle\sum_{n=0}^{\infty}\frac{1}{n+1}x^n$,可求得此级数在 $[-1,1)$ 上收敛.

设其和函数为 $s(x)=\displaystyle\sum_{n=0}^{\infty}\frac{1}{n+1}x^n$,则 $s(-1)=\displaystyle\sum_{n=0}^{\infty}\frac{(-1)^n}{n+1}$.

因为 $xs(x)=\displaystyle\sum_{n=0}^{\infty}\frac{1}{n+1}x^{n+1}=\int_0^x\left(\sum_{n=0}^{\infty}\frac{1}{n+1}x^{n+1}\right)'\mathrm{d}x=\int_0^x\sum_{n=0}^{\infty}x^n\mathrm{d}x=\int_0^x\frac{1}{1-x}\mathrm{d}x=-\ln(1-x)$

令 $x=-1$,于是 $-s(-1)=-\ln2$, $s(-1)=\ln2$,即 $\displaystyle\sum_{n=0}^{\infty}\frac{(-1)^n}{n+1}=\ln2$.

【名师点评】

此题虽然是数项级数求和,但是借助了幂级数的和函数来求解,学会这种转换思想很重要.

考点 三 函数展开成幂级数

【考点分析】

函数展开成幂级数主要利用一些已知的函数幂级数展开式,通过幂级数的性质运算,将所给函数展开成幂级数.

例 27 将下列函数展开成 x 的幂级数(或展开成麦克劳林级数).

$(1)f(x)=\dfrac{1}{3-x}$;　　$(2)f(x)=\dfrac{1}{3+2x}$.

解 (1) 函数的分母为一次函数,分子为常数,运用 $\dfrac{1}{1-x}$ 的展开式 $\dfrac{1}{1-x}=\displaystyle\sum_{n=0}^{\infty}x^n$ 将函数展开成幂级数.

$$f(x)=\frac{1}{3-x}=\frac{1}{3}\cdot\frac{1}{1-\frac{x}{3}}=\frac{1}{3}\sum_{n=0}^{\infty}\left(\frac{x}{3}\right)^n=\sum_{n=0}^{\infty}\frac{x^n}{3^{n+1}},\ 此时,-1<\frac{x}{3}<1,即-3<x<3.$$

(2) 函数的分母为一次函数,分子为常数,运用 $\dfrac{1}{1+x}$ 的展开式 $\dfrac{1}{1+x}=\displaystyle\sum_{n=0}^{\infty}(-1)^nx^n$ 将函数展开成幂级数.

$$f(x)=\frac{1}{3+2x}=\frac{1}{3}\cdot\frac{1}{1+\frac{2x}{3}}=\frac{1}{3}\sum_{n=0}^{\infty}(-1)^n\left(\frac{2x}{3}\right)^n=\sum_{n=0}^{\infty}(-1)^n\frac{2^n}{3^{n+1}}x^n,\ 此时,-1<\frac{2x}{3}<1.即-\frac{3}{2}<x<\frac{3}{2}.$$

【名师点评】

该题中给出的两个函数,都需要先恒等变形,然后利用已知的函数幂级数展开公式:

$$\frac{1}{1-x}=\sum_{n=0}^{\infty}x^n(-1<x<1),\frac{1}{1+x}=\sum_{n=0}^{\infty}(-1)^nx^n(-1<x<1),$$

通过换元的方法和幂级数的性质运算,将所给函数展开成幂级数,并改写成幂级数的标准形式.

例 28 将函数 $f(x)=\dfrac{1}{x}$ 展开成 $(x+3)$ 的幂级数.

视频讲解
(扫码 关注)

解 $f(x)=\dfrac{1}{x}=\dfrac{1}{-3+(x+3)}=-\dfrac{1}{3}\cdot\dfrac{1}{1-\frac{x+3}{3}}=-\dfrac{1}{3}\displaystyle\sum_{n=0}^{\infty}\left(\frac{x+3}{3}\right)^n$

$$=-\sum_{n=0}^{\infty}\frac{(x+3)^n}{3^{n+1}},$$

由 $-1<\dfrac{x+3}{3}<1$,得 $-6<x<0$.

【名师点评】

像此类问题,将函数展开成 $(x-x_0)$ 的幂级数,一定要先将函数改写成关于 $(x-x_0)$ 的表达式,再根据函数形式,进行恒等变形,以便能够应用已有公式进行幂级数展开,在这个过程中,需要注意系数和符号的配平.

例 29 将函数 $f(x) = \dfrac{1}{x^2 + 3x + 2}$ 展开成 $(x + 4)$ 的幂级数.

解 $f(x) = \dfrac{1}{(x+1)(x+2)} = \dfrac{1}{x+1} - \dfrac{1}{x+2} = \dfrac{1}{-3+(x+4)} - \dfrac{1}{-2+(x+4)}$

$\qquad = \dfrac{1}{2} \dfrac{1}{1 - \dfrac{x+4}{2}} - \dfrac{1}{3} \dfrac{1}{1 - \dfrac{x+4}{3}} = \dfrac{1}{2} \sum_{n=0}^{\infty} \left(\dfrac{x+4}{2}\right)^n - \dfrac{1}{3} \sum_{n=0}^{\infty} \left(\dfrac{x+4}{3}\right)^n$

$\qquad = \sum_{n=0}^{\infty} \left(\dfrac{1}{2^{n+1}} - \dfrac{1}{3^{n+1}}\right)(x+4)^n$,

由 $-1 < \dfrac{x+4}{2} < 1$ 及 $-1 < \dfrac{x+4}{3} < 1$, 得 $-6 < x < -2$.

【名师点评】

如果给出的函数分子为 1, 分母是二次函数, 则可以将该分式分母进行因式分解, 分式裂项后再对两个函数分别进行展开, 最终级数的收敛域取两级数收敛域的交集.

例 30 将函数 $f(x) = \ln x$ 展开为 $(x - 1)$ 的幂级数.

解 因为 $\ln(1+x) = \sum_{n=0}^{\infty} (-1)^n \dfrac{x^{n+1}}{(n+1)}$ $(-1 < x \leqslant 1)$,

所以 $\ln x = \ln[1 + (x - 1)] = \sum_{n=0}^{\infty} (-1)^n \dfrac{(x-1)^{n+1}}{(n+1)}$, 其中 $-1 < x - 1 \leqslant 1$, 即 $0 < x \leqslant 2$.

【名师点评】

此题主要利用了 $\ln(1+x) = \sum_{n=0}^{\infty} (-1)^n \dfrac{x^{n+1}}{(n+1)}$ $(-1 < x \leqslant 1)$ 展开式.

考点真题解析

考点一　求幂级数的收敛半径和收敛域

真题 14 (2024. 高数 Ⅰ) 幂级数 $\sum_{n=0}^{\infty} (-1)^n \dfrac{(x-1)^n}{(2n+1)3^n}$ 的收敛半径是 _____.

解 $R = \lim_{n \to \infty} \left|\dfrac{a_n}{a_{n+1}}\right| = \lim_{n \to \infty} \left|\dfrac{\dfrac{1}{(2n+1)3^n}}{\dfrac{1}{(2n+3)3^{n+1}}}\right| = 3\lim_{n \to \infty} \dfrac{2n+3}{2n+1} = 3$.

故应填 3.

真题 15 (2021. 高数 Ⅰ) 幂级数 $\sum_{n=1}^{\infty} \dfrac{3^n}{n(n+1)} x^n$ 的收敛半径是 _____.

解 $R = \lim_{n \to \infty} \left|\dfrac{a_n}{a_{n+1}}\right| = \lim_{n \to \infty} \left|\dfrac{3^n}{n(n+1)} \cdot \dfrac{(n+1)(n+2)}{3^{n+1}}\right| = \lim_{n \to \infty} \dfrac{n+2}{3n} = \dfrac{1}{3}$.

故应填 $\dfrac{1}{3}$.

【名师点评】

该题目主要考查标准形式的幂级数的收敛半径的求法.

真题 16 (2017. 公共) 求幂级数 $\sum_{n=0}^{\infty} (-1)^n \dfrac{x^n}{\sqrt{n}}$ 的收敛域.

解 令 $a_n = (-1)^n \dfrac{x^n}{\sqrt{n}}$, 则收敛半径为

$R = \lim_{n \to \infty} \left|\dfrac{a_n}{a_{n+1}}\right| = \lim_{n \to \infty} \left|\dfrac{(-1)^n \dfrac{1}{\sqrt{n}}}{(-1)^{n+1} \dfrac{1}{\sqrt{n+1}}}\right| = \lim_{n \to \infty} \dfrac{\sqrt{n+1}}{\sqrt{n}} = 1$.

当 $x = -1$ 时, $\sum_{n=0}^{\infty} (-1)^n \frac{(-1)^n}{\sqrt{n}} = \sum_{n=0}^{\infty} \frac{1}{\sqrt{n}}$ 发散, 当 $x = 1$ 时, $\sum_{n=0}^{\infty} \frac{(-1)^n}{\sqrt{n}}$ 收敛.

故收敛域为 $(-1, 1]$.

【名师点评】

注意求收敛域时, 需要对级数在端点处的收敛性进行讨论.

视频讲解
(扫码 关注)

真题 17 (2017.土木) 幂级数 $\sum_{n=1}^{\infty} \frac{x^n}{n^2 + 2n}$ 的收敛半径_____.

解 因为 $a_n = \frac{1}{n^2 + 2n}$, 所以收敛半径

$$R = \lim_{n \to \infty} \left| \frac{a_n}{a_{n+1}} \right| = \lim_{n \to \infty} \left| \frac{\frac{1}{n^2 + 2n}}{\frac{1}{(n+1)^2 + 2(n+1)}} \right| = \lim_{n \to \infty} \left| \frac{(n+1)^2 + 2(n+1)}{n^2 + 2n} \right| = 1.$$

故应填 1.

真题 18 (2018.公共) 求幂级数 $\sum_{n=1}^{\infty} \frac{(x-5)^n}{\sqrt{n}}$ 的收敛域.

解 令 $x - 5 = t$, 则原级数变为 $\sum_{n=1}^{\infty} \frac{t^n}{\sqrt{n}}$. 收敛半径 $R = \lim_{n \to \infty} \frac{|a_n|}{|a_{n+1}|} = \lim_{n \to \infty} \left| \frac{\frac{1}{\sqrt{n}}}{\frac{1}{\sqrt{n+1}}} \right| = 1$,

所以 $-1 < t < 1$ 时该级数收敛, 即 $-1 < x - 5 < 1$ 时级数收敛, 即 $4 < x < 6$.

又当 $x = 4$ 时, $\sum_{n=1}^{\infty} \frac{(-1)^n}{\sqrt{n}}$ 收敛, 当 $x = 6$ 时, $\sum_{n=1}^{\infty} \frac{1}{\sqrt{n}}$ 发散,

故该级数的收敛域为 $[4, 6)$.

【名师点评】

该题目主要考查非标准形式的幂级数通过换元化为标准形式再来求收敛域的方法.

真题 19 (2016.土木) 求幂级数 $\sum_{n=1}^{\infty} \frac{(x-1)^n}{2^n \cdot n}$ 的收敛区间.

解 令 $t = x - 1$, 级数变为 $\sum_{n=1}^{\infty} \frac{t^n}{2^n \cdot n}$, 因为 $R = \lim_{n \to \infty} \left| \frac{a_n}{a_{n+1}} \right| = \lim_{n \to \infty} \frac{2^{n+1}(n+1)}{2^n \cdot n} = 2$,

所以收敛半径 $R = 2$. 所以 $-2 < t < 2$, 则 $-2 < x - 1 < 2$, 即 $-1 < x < 3$, 所以原级数的收敛区间为 $(-1, 3)$.

【名师点评】

以上两题主要考查幂级数 $\sum_{n=0}^{\infty} a_n(x - x_0)^n$ 的收敛半径和收敛区间的求法. 注意求出收敛半径后, 要根据 $-R < x - x_0 < R$, 解出 x 的范围, 才是该级数的收敛区间.

收敛半径: $R = \lim_{n \to \infty} \left| \frac{a_n}{a_{n+1}} \right|$; 由 $-R < x - x_0 < R$ 知, 收敛区间为 $(x_0 - R, x_0 + R)$.

真题 20 (2016.公共) 幂级数 $\sum_{n=1}^{\infty} \frac{x^n}{n!}$ 的收敛区间为_____.

解 因为 $a_n = \frac{1}{n!}$, 收敛半径为: $R = \lim_{n \to \infty} \frac{|a_n|}{|a_{n+1}|} = \lim_{n \to \infty} \frac{(n+1)!}{n!} = \lim_{n \to \infty} (n+1) = \infty$,

收敛区间为 $(-\infty, +\infty)$.

故应填 $(-\infty, +\infty)$.

真题 21 (2015.公共) 证明: 级数 $\sum_{n=1}^{\infty} \frac{n^4}{n!} x^n$ 对于任意的 $x \in (-\infty, \infty)$ 都是收敛的.

证明 因为 $a_n = \frac{n^4}{n!}$, 收敛半径: $R = \lim_{n \to \infty} \left| \frac{a_n}{a_{n+1}} \right| = \lim_{n \to \infty} \left| \frac{n^4}{n!} \cdot \frac{(n+1)!}{(n+1)^4} \right| = \lim_{n \to \infty} \frac{n^4}{(n+1)^3} = +\infty$.

所以 $\sum_{n=1}^{\infty} \frac{n^4}{n!} x^n$ 的收敛域是 $(-\infty, +\infty)$, 则级数 $\sum_{n=1}^{\infty} \frac{n^4}{n!} x^n$ 对于任意的 $x \in (-\infty, +\infty)$ 都收敛.

【名师点评】

幂级数 $\sum\limits_{n=0}^{\infty} a_n x^n$ 的收敛半径若为 "$+\infty$",则其收敛区间为 $(-\infty, +\infty)$,即该级数在任意点处均收敛.

考点 二　幂级数求和函数

真题22 (2023. 高数 I) 求幂级数 $\sum\limits_{n=0}^{\infty} \dfrac{x^{n+2}}{(n+2)n!}$ 的收敛域及和函数.

解　因为 $\lim\limits_{n\to\infty} \left| \dfrac{a_{n+1}}{a_n} \right| = \lim\limits_{n\to\infty} \dfrac{(n+2)n!}{(n+3)(n+1)!} = 0$,所以幂级数的收敛域为 $(-\infty, +\infty)$.

令 $S(x) = \sum\limits_{n=0}^{\infty} \dfrac{x^{n+2}}{(n+2)n!}$,则 $S(0) = 0$,

且 $S'(x) = \left(\sum\limits_{n=0}^{\infty} \dfrac{x^{n+2}}{(n+2)n!} \right)' = \sum\limits_{n=0}^{\infty} \left[\dfrac{x^{n+2}}{(n+2)n!} \right]' = \sum\limits_{n=0}^{\infty} \dfrac{x^{n+1}}{n!} = x \sum\limits_{n=0}^{\infty} \dfrac{x^n}{n!} = x e^x$,

所以 $S(x) = \int_0^x t e^t dt = x e^x - e^x + 1$.

【名师点评】

该题目主要考查幂级数的收敛域及和函数的求法,要牢记 $e^x = \sum\limits_{n=0}^{\infty} \dfrac{x^n}{n!}, x \in (-\infty, +\infty)$.

真题23 (2020. 高数 I) 求幂级数 $\sum\limits_{n=0}^{\infty} \dfrac{x^{n+2}}{n+1}$ 的收敛域及和函数.

视频讲解
（扫码 关注）

解　由已知 $a_n = \dfrac{1}{n+1}$,收敛半径 $R = \lim\limits_{n\to\infty} \left| \dfrac{a_n}{a_{n+1}} \right| = \lim\limits_{n\to\infty} \dfrac{n+2}{n+1} = 1$,

当 $x = -1$ 时,级数 $\sum\limits_{n=0}^{\infty} \dfrac{(-1)^{n+2}}{n+1} = \sum\limits_{n=0}^{\infty} (-1)^n \dfrac{1}{n+1}$,收敛;

当 $x = 1$ 时,级数 $\sum\limits_{n=0}^{\infty} \dfrac{1^{n+2}}{n+1} = \sum\limits_{n=0}^{\infty} \dfrac{1}{n+1}$,发散. 所以收敛域为 $[-1, 1)$.

设 $s(x) = \sum\limits_{n=0}^{\infty} \dfrac{x^{n+2}}{n+1}, g(x) = \sum\limits_{n=0}^{\infty} \dfrac{x^{n+1}}{n+1}, x \in [-1, 1)$,则 $s(x) = xg(x)$

当 $x \in (-1, 1)$ 时,$g'(x) = \sum\limits_{n=0}^{\infty} \left(\dfrac{x^{n+1}}{n+1} \right)' = \sum\limits_{n=0}^{\infty} x^n = \dfrac{1}{1-x}$,

则 $g(x) = \int_0^x \dfrac{1}{1-t} dt = -\ln(1-x), x \in [-1, 1)$,从而 $s(x) = xg(x) = -x\ln(1-x), x \in [-1, 1)$.

【名师点评】

该题与上题类似,不能直接用"先导后积"或者是"先积后导"的方法求和函数. 对原级数要先进行变形,提出 x 后,对新级数才能用先导后积的方法求其和函数 $g(x)$,然后再进一步求 $s(x)$.

真题24 (2016. 理工) 求幂级数 $\sum\limits_{n=1}^{\infty} n(x-1)^n$ 的收敛区间与和函数.

解　令 $x - 1 = t$,则原级数为 $\sum\limits_{n=1}^{\infty} nt^n$,令 $a_n = n$. 收敛半径 $R = \lim\limits_{n\to\infty} \left| \dfrac{a_n}{a_{n+1}} \right| = \lim\limits_{n\to\infty} \left| \dfrac{n}{n+1} \right| = 1$,

所以 $-1 < t < 1$,即 $-1 < x - 1 < 1$ 时,级数 $\sum\limits_{n=1}^{\infty} n(x-1)^n$ 收敛,收敛区间为 $(0, 2)$.

当 $x = 0$ 时,级数 $\sum\limits_{n=1}^{\infty} (-1)^n n$ 发散,当 $x = 2$ 时,级数 $\sum\limits_{n=1}^{\infty} n$ 发散,所以收敛域为 $(0, 2)$.

设 $s(t) = \sum\limits_{n=1}^{\infty} nt^n = t \sum\limits_{n=1}^{\infty} nt^{n-1} = t \sum\limits_{n=1}^{\infty} (t^n)' = t \left(\sum\limits_{n=1}^{\infty} t^n \right)' = t \left(\dfrac{t}{1-t} \right)' = \dfrac{t}{(1-t)^2}, -1 < t < 1$,

将 $x - 1 = t$ 回代得,$\sum\limits_{n=1}^{\infty} n(x-1)^n = \dfrac{x-1}{[1-(x-1)]^2} = \dfrac{x-1}{(2-x)^2}, x \in (0, 2)$.

【名师点评】

求级数的和函数首先要确定级数的收敛域,本题求和函数是难点,需要变形后再利用"先积后导"的方法求出和函数,此题求解省略了先积分求原函数的过程,而变形后直接将通项改写成了原函数的导数形式,再求和.

考点 三 函数展开成幂级数

真题 25 (2022.高数 Ⅰ) $|x| < \dfrac{1}{2}$ 时,函数 $f(x) = \dfrac{1}{1-2x}$ 在 $x = 0$ 处的幂级数展开式为 _____

解 由公式 $\dfrac{1}{1-x} = \sum\limits_{n=0}^{\infty} x^n, x \in (-1, 1)$,得 $f(x) = \dfrac{1}{1-2x} = \sum\limits_{n=0}^{\infty} (2x)^n = \sum\limits_{n=0}^{\infty} 2^n x^n$.

故应填 $\sum\limits_{n=0}^{\infty} 2^n x^n$.

真题 26 (2009.交通) 把 $y = \dfrac{1}{2-x}$ 展开为 x 的幂级数.

解 因为 $\dfrac{1}{1-x} = \sum\limits_{n=0}^{\infty} x^n \ (-1 < x < 1)$,

所以 $y = \dfrac{1}{2-x} = \dfrac{1}{2} \dfrac{1}{1-\dfrac{x}{2}} = \dfrac{1}{2} \sum\limits_{n=0}^{\infty} \left(\dfrac{x}{2}\right)^n = \sum\limits_{n=0}^{\infty} \dfrac{1}{2^{n+1}} x^n$,其中 $-1 < \dfrac{x}{2} < 1$,即 $-2 < x < 2$.

【名师点评】

本题考查利用一些已知的函数幂级数展开式: $\dfrac{1}{1-x} = \sum\limits_{n=0}^{\infty} x^n \ (-1 < x < 1)$

通过间接展开法,将所给函数展开成幂级数.此类题一般需要先将函数根据所利用的公式进行恒等变形,然后用换元的方法写出幂级数的展开式.

◈ 考点方法综述

序号	本单元考点与方法总结
1	会求幂级数的收敛点、发散点以及收敛域 对于幂级数,可以将函数项中的 x 取 x_0,函数项级数就变成了一个数项级数,若此数项级数收敛,则 $x = x_0$ 为函数项级数的收敛点.反之,为发散点.函数项级数收敛点的集合称为其收敛域,可以用区间表示.
2	会求幂级数 $\sum\limits_{n=0}^{\infty} a_n x^n$ 的收敛半径、收敛区间和收敛域 收敛半径: $R = \lim\limits_{n \to \infty} \left| \dfrac{a_n}{a_{n+1}} \right|$;收敛区间: $(-R, R)$. 收敛区域: $(-R, R) \ [-R, R) \ (-R, R] \ [-R, R]$ 其中之一.即在收敛区间的基础上考查左、右端点的收敛性,若收敛,端点包含在收敛域内.
3	求幂级数的和函数的方法 幂级数在收敛域内收敛于它的和函数 $s(x)$. 记为: $s(x) = \sum\limits_{n=0}^{\infty} a_n x^n, x \in D, D$ 为幂级数的收敛域.

(续表)

序号	本单元考点与方法总结
4	幂级数的性质 (1) 若幂级数 $\sum\limits_{n=0}^{\infty}a_n x^n$ 和 $\sum\limits_{n=0}^{\infty}b_n x^n$ 的收敛半径分别为 $R_1,R_2,R=\min\{R_1,R_2\}$,则在 $(-R,R)$ 内,幂级数 $\sum\limits_{n=0}^{\infty}(a_n\pm b_n)x^n$ 收敛,且有 $\sum\limits_{n=0}^{\infty}(a_n\pm b_n)x^n=\sum\limits_{n=0}^{\infty}a_n x^n\pm\sum\limits_{n=0}^{\infty}b_n x^n$. (2) 幂级数的和函数 $s(x)$ 在其收敛区间内连续、可导且可逐项求导、可积且可逐项积分. 即: $s'(x)=(\sum\limits_{n=0}^{\infty}a_n x^n)'=\sum\limits_{n=0}^{\infty}(a_n x^n)'=\sum\limits_{n=1}^{\infty}na_n x^{n-1}$, $\int_0^x s(x)\mathrm{d}x=\int_0^x(\sum\limits_{n=0}^{\infty}a_n x^n)\mathrm{d}x=\sum\limits_{n=0}^{\infty}(\int_o^x a_n x^n\mathrm{d}x)=\sum\limits_{n=0}^{\infty}\dfrac{a_n}{n+1}x^{n+1}$
5	将函数展开成幂级数的方法 将函数展开成幂级数有两种方法:一种是可以利用定义采用直接展开法,该方法计算量比较大,较繁琐;另一种方法是间接展开法.这里要求同学们熟记一些常用函数的幂级数展开公式,通过幂级数的性质运算,将所给函数展开成幂级数,如: $\dfrac{1}{1-x}=\sum\limits_{n=0}^{\infty}x^n\ (-1<x<1)$;　　　　$\mathrm{e}^x=\sum\limits_{n=0}^{\infty}\dfrac{x^n}{n!}\ (-\infty<x<+\infty)$; $\sin x=\sum\limits_{n=0}^{\infty}(-1)^n\dfrac{x^{2n+1}}{(2n+1)!}\ (-\infty<x<+\infty)$;　　$\cos x=\sum\limits_{n=0}^{\infty}(-1)^n\dfrac{x^{2n}}{(2n)!}\ (-\infty<x<+\infty)$; $\ln(1+x)=\sum\limits_{n=0}^{\infty}(-1)^n\dfrac{x^{n+1}}{(n+1)}\ (-1<x\leqslant 1)$.

本章检测训练

第九章检测训练 A

一、选择题

1. 数项级数 $\sum\limits_{n=1}^{\infty}(\sqrt{n+2}-\sqrt{n+1})$ 是_____.

A. 条件收敛　　　　　　B. 发散的　　　　　　C. 绝对收敛的　　　　　　D. 敛散性无法确定

2. 级数 $\sum\limits_{n=1}^{\infty}\dfrac{1}{n^{\sqrt{3}}}$ 的敛散性为_____.

A. 收敛　　　　　　B. 发散　　　　　　C. 条件收敛　　　　　　D. 无法确定

3. 若级数 $\sum\limits_{n=1}^{\infty}(a_n+b_n)$ 收敛,则必有_____.

A. $\sum\limits_{n=1}^{\infty}a_n,\sum\limits_{n=1}^{\infty}b_n$ 均收敛

B. $\sum\limits_{n=1}^{\infty}a_n,\sum\limits_{n=1}^{\infty}b_n$ 至少有一个收敛

C. $\sum\limits_{n=1}^{\infty}a_n,\sum\limits_{n=1}^{\infty}b_n$ 不一定收敛

D. $\sum\limits_{n=1}^{\infty}|a_n+b_n|$ 收敛

4. 设 $u_n\neq 0$,且 $\sum\limits_{n=1}^{\infty}u_n$ 收敛,则 $\sum\limits_{n=1}^{\infty}\dfrac{1}{u_n}$ 的敛散性为_____.

A. 发散

B. 条件收敛

C. 绝对收敛

D. 不能确定

5.设 $u_n = (-1)^n \ln\left(1 + \frac{1}{\sqrt{n}}\right)$,则级数 _____.

    A. $\sum_{n=1}^{\infty} u_n$ 与 $\sum_{n=1}^{\infty} u_n^2$ 都收敛   B. $\sum_{n=1}^{\infty} u_n$ 与 $\sum_{n=1}^{\infty} u_n^2$ 都发散

    C. $\sum_{n=1}^{\infty} u_n$ 收敛, $\sum_{n=1}^{\infty} u_n^2$ 发散   D. $\sum_{n=1}^{\infty} u_n$ 发散, $\sum_{n=1}^{\infty} u_n^2$ 收敛

6.幂级数 $\sum_{n=1}^{\infty} \frac{n}{2^n + (-3)^n} x^{2n-1}$ 的收敛半径 R _____.

    A. 1   B. 2   C. $\sqrt{2}$ D. $\sqrt{3}$

7.已知 $u_n(x) = n! \, x^{n^2}$,则 $\sum_{n=1}^{\infty} u_n(x)$ 的收敛域为 _____.

    A. $(-1, 1)$ B. 仅在 $x = 0$ 处收敛

    C. $(-\infty, \infty)$ D. 无法判定

8. $f(x) = \frac{1}{1+x}$ 的麦克劳林级数为 _____.

    A. $\sum_{n=0}^{\infty} (-1)^n x^n, x \in (-1, 1)$ B. $\sum_{n=0}^{\infty} x^n, x \in (-1, 1)$

    C. $\sum_{n=0}^{\infty} (-1)^n x^n, x \in [-1, 1]$ D. $\sum_{n=0}^{\infty} x^n, x \in [-1, 1]$

9.若 $\sum_{n=1}^{\infty} a_n (x-1)^n$ 在 $x = -1$ 处收敛,则此级数在 $x = 2$ 处 _____.

    A. 条件收敛   B. 绝对收敛   C. 发散   D. 无法确定

10.设有级数 $\sum_{n=0}^{\infty} a_n \left(\frac{x+1}{2}\right)^n$,若 $\lim_{n \to \infty} \left|\frac{a_n}{a_{n+1}}\right| = \frac{1}{3}$,则该幂级数的收敛半径为 _____.

    A. $\frac{2}{3}$ B. $\frac{1}{3}$ C. $\frac{1}{2}$ D. $\sqrt{3}$

二、填空题

1. $\lim_{n \to \infty} u_n = 0$ 是级数 $\sum_{n=1}^{\infty} u_n$ 收敛的 _____ 条件.

2.级数 $\sum_{n=1}^{\infty} \frac{n}{3^n}$ 的和为 _____.

3.若级数 $\sum_{n=1}^{\infty} a_n$ 收敛,则级数 $\sum_{n=1}^{\infty} \frac{a_n + a_{n+1}}{2}$ 的敛散性是 _____.

4.若级数 $\sum_{n=1}^{\infty} \frac{(-1)^n + a}{n}$ 收敛,则 $a =$ _____.

5.若级数 $\sum_{n=1}^{\infty} u_n$ 的部分和数列为 $s_n = \frac{2n}{n+1}$,则 $u_n =$ _____, $\sum_{n=1}^{\infty} u_n =$ _____.

6.级数 $\sum_{n=0}^{\infty} \frac{(\ln 3)^n}{2^n}$ 的和为 _____.

7.设 α 为常数,则级数 $\sum_{n=1}^{\infty} \left[\frac{\sin(n\alpha)}{n^2} - \frac{1}{\sqrt{n}}\right]$ _____.

8.若幂级数 $\sum_{n=1}^{\infty} a_n x_n$ 的收敛域为 $(-8, 8]$,则 $\sum_{n=1}^{\infty} \frac{a_n}{n(n-1)} x_n$ 的收敛半径为 _____.

9.将函数 $f(x) = \frac{1}{1+x^2}$ 展开成 x 的幂级数为 _____.

10.函数 $f(x) = e^{x^2}$ 展开成 x 的幂级数为 _____.

三、解答题

1.判定下列级数的敛散性:

    (1) $\sum_{n=1}^{\infty} \left(\frac{1}{n^2} + \frac{1}{n}\right)$;   (2) $\sum_{n=1}^{\infty} \frac{5}{6^n}$;   (3) $\sum_{n=1}^{\infty} \left(\frac{n+1}{n}\right)^n$;

(4) $\sum\limits_{n=1}^{\infty}\left[\dfrac{1}{2^n}+\dfrac{3}{n(n+1)}\right]$；　　　　(5) $\sum\limits_{n=1}^{\infty}\dfrac{3^n}{n\cdot 2^n}$；　　　　(6) $\sum\limits_{n=1}^{\infty}\dfrac{n}{3^n}$.

2. 判别级数 $\sum\limits_{n=1}^{\infty}\dfrac{1}{\left(1+\dfrac{1}{n}\right)^n}$ 的收敛性.

3. 判断 $\sum\limits_{n=1}^{\infty}\dfrac{n\sin^2\dfrac{n}{3}\pi}{3^n}$ 收敛性.

4. 判断 $\sum\limits_{n=1}^{\infty}\dfrac{(n!)^2 2^n}{3^{n^2}}$ 收敛性.

5. 判断以下级数的敛散性,若收敛,判断是绝对收敛还是条件收敛.

(1) $\sum\limits_{n=1}^{\infty}\dfrac{\sin n}{3^n}$ 　　　　(2) $\sum\limits_{n=1}^{\infty}(-1)^n\dfrac{1}{n-\ln n}$

6. 求幂级数 $\sum\limits_{n=1}^{\infty}\dfrac{(-1)^{n-1}}{n^2}x^n$ 的收敛域.

7. 求幂级数 $\sum\limits_{n=1}^{\infty}\dfrac{(x-2)^n}{n\cdot 5^n}$ 的收敛域.

8. 求幂级数 $\sum\limits_{n=1}^{\infty}(-1)^n\dfrac{x^{2n}}{2n}$ 的收敛域.

9. 求幂级数 $\sum\limits_{n=1}^{\infty}(-1)^{n-1}\dfrac{2n+1}{n}x^{2n}$ 的收敛域及和函数.

10. 将函数 $f(x)=\ln(1+x)$ 展开成 x 的幂级数.

第九章检测训练 B

一、选择题

1. 级数 $\sum\limits_{n=1}^{\infty}(\sqrt{n+2}-2\sqrt{n+1}+\sqrt{n})$ 的和是 _____.

A. $1-\sqrt{2}$ 　　　　　B. $1+\sqrt{2}$ 　　　　　C. 1 　　　　　D. -1

2. 设级数 $\sum\limits_{n=1}^{\infty}|a_n|$ 收敛,则 $\sum\limits_{n=1}^{\infty}a_n$ 是 _____.

A. 必收敛且与 $\sum\limits_{n=1}^{\infty}|a_n|$ 的和相同　　　　　B. 必收敛且与 $\sum\limits_{n=1}^{\infty}|a_n|$ 的和不一定相同

C. 一定发散　　　　　D. 以上判断均不对

3. 数项级数 $\sum\limits_{n=1}^{\infty}\dfrac{2n+3}{n(n+3)}$ 是 _____.

A. 条件收敛的　　　　　B. 收敛的　　　　　C. 发散的　　　　　D. 敛散性无法确定

4. 下列级数中,收敛的是 _____.

A. $\sum\limits_{n=1}^{+\infty}\left(\dfrac{1}{\sqrt[3]{n^2}}+1\right)$ 　　　　　B. $\sum\limits_{n=1}^{+\infty}\left(\dfrac{1}{n^3}+1\right)$

C. $\sum\limits_{n=1}^{+\infty}(-1)^n\dfrac{n}{n+4}$ 　　　　　D. $\sum\limits_{n=1}^{+\infty}\left(\dfrac{1}{\sqrt{n^3}}+\dfrac{1}{3^n}\right)$

5. 正项级数 $\sum\limits_{n=1}^{\infty}u_n$ 满足下列哪一个条件时必收敛 _____?

A. $\lim\limits_{n\to\infty}u_n=0$ 　　　　　B. $\lim\limits_{n\to\infty}\dfrac{u_n}{u_{n+1}}<1$

C. $\lim\limits_{n\to\infty}\dfrac{u_n}{u_{n+1}}>1$ 　　　　　D. $\lim\limits_{n\to\infty}\dfrac{u_n}{u_{n+1}}=1$

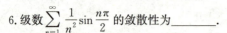

6. 级数 $\sum_{n=1}^{\infty} \frac{1}{n^2} \sin \frac{n\pi}{2}$ 的敛散性为_____.

   A. 绝对收敛   B. 条件收敛

   C. 发散   D. 不能确定

7. 级数 $\sum_{n=1}^{\infty} \frac{1}{(2n-1)(2n+1)}$ 的和 $S =$ _____.

   A. 1   B. $\frac{1}{3}$ C. $\frac{3}{2}$ D. $\frac{1}{2}$

8. 下列级数中，条件收敛的是_____.

   A. $\sum_{n=1}^{\infty} (-1)^n \frac{n}{n+1}$ B. $\sum_{n=1}^{\infty} \frac{(-1)^n}{n^2}$ C. $\sum_{n=1}^{\infty} \frac{(-1)^n}{\sqrt{n}}$ D. $\sum_{n=1}^{\infty} (-1)^n \sqrt{n}$

9. 数项级数 $\sum_{n=1}^{\infty} (-1)^n \left(1 - \cos \frac{\alpha}{n}\right)$（其中 α 为常数）_____.

   A. 绝对收敛   B. 条件收敛

   C. 发散   D. 敛散性根据 α 决定

10. 幂级数 $\sum_{n=0}^{\infty} \frac{2n+1}{n!} x^n$ 的收敛区间是_____.

   A. $[-2, 2]$ B. $\left[-\frac{1}{2}, \frac{1}{2}\right]$

   C. $(-\infty, +\infty)$ D. $[-1, 1]$

二、填空题

1. 设 a 为常数，若级数 $\sum_{n=1}^{\infty} (u_n - a)$ 收敛，则 $\lim_{n \to \infty} u_n =$ _____.

2. 用比较法判别级数 $\sum_{n=1}^{\infty} \frac{n-2}{2n^2+1}$ 的敛散性为_____.

3. 若 $\sum_{n=1}^{\infty} \left(1 - \frac{u_n}{1+u_n}\right)$ 收敛，则 $\lim_{n \to \infty} u_n =$ _____.

4. 级数 $\sum_{n=1}^{\infty} n \sin \frac{\pi}{n}$ 的敛散性为_____.

5. 交错级数 $\sum_{n=1}^{\infty} (-1)^n \frac{3^n}{n!}$ 的敛散性为_____.

6. 若级数 $\sum_{n=1}^{\infty} n^{\ln x}$ 收敛，则 x 的取值范围是_____.

7. 设幂级数 $\sum_{n=1}^{\infty} a_n x^n$ 的收敛半径为 2，则级数 $\sum_{n=1}^{\infty} n a_n (x+1)^n$ 的收敛区间为_____.

8. 设幂级数 $\sum_{n=1}^{\infty} a_n x^n$ 与 $\sum_{n=1}^{\infty} b_n x^n$ 的收敛半径分别为 $\frac{\sqrt{5}}{3}$ 与 $\frac{1}{3}$，则幂级数 $\sum_{n=1}^{\infty} \frac{a_n^2}{b_n^2} x^n$ 的收敛半径为_____.

9. 幂级数 $\sum_{n=1}^{\infty} (-1)^{n-1} \frac{2^n x^n}{n}$ 的收敛半径为_____，收敛域为_____.

10. $\cos x$ 展开成 x 的幂级数为_____.

三、计算题

1. 判别级数 $\sum_{n=1}^{\infty} \frac{2^n + (-3)^n}{5^n}$ 的收敛性，若收敛求和.

2. 判定级数 $\sum_{n=1}^{\infty} (-1)^n \frac{n!}{n^n}$ 是绝对收敛还是条件收敛.

3. 判定级数 $\sum_{n=1}^{\infty} \frac{n}{3^n} \cos^2 \frac{n\pi}{2}$ 的敛散性.

4. 求幂级数 $\sum_{n=1}^{\infty} \frac{x^{n-1}}{3^{n-1} n}$ 的收敛域.

5.求级数 $\displaystyle\sum_{n=1}^{\infty}\frac{(x-1)^n}{3^n n}$ 的收敛域.

6.求幂级数 $\displaystyle\sum_{n=1}^{\infty}\frac{1}{2^n}(x+1)^{2n}$ 的收敛区间.

7.求幂级数 $\displaystyle\sum_{n=0}^{\infty}(n+1)x^n$ 的收敛域与和函数.

8.将函数 $f(x)=\dfrac{1}{3-x}$ 展开为 $x-1$ 的幂级数并写出其收敛域.

9.将函数 $f(x)=\dfrac{1}{x^2-3x+2}$ 展开成 $(x-4)$ 的幂级数.

四、证明题

已知级数 $\displaystyle\sum_{n=1}^{\infty}a_n^2$ 收敛,试证明 $\displaystyle\sum_{n=1}^{\infty}\frac{a_n}{n}$ 绝对收敛.

附 录

附录一 山东省 2024 年普通高等教育专科升本科招生 高等数学 Ⅰ 考试要求

Ⅰ. 考试内容与要求

本科目考试要求考生掌握高等数学的基本概念、基本理论和基本方法,主要考查考生识记、理解、计算、推理和应用能力,为进一步学习奠定基础. 具体内容与要求如下:

一、函数、极限与连续

(一) 函数

1. 理解函数的概念,会求函数的定义域、表达式及函数值,会建立应用问题的函数关系.

2. 掌握函数的有界性、单调性、周期性和奇偶性.

3. 理解分段函数、反函数和复合函数的概念.

4. 掌握函数的四则运算与复合运算.

5. 掌握基本初等函数的性质及其图形,理解初等函数的概念.

(二) 极限

1. 理解数列极限和函数极限(包括左极限和右极限)的概念. 理解函数极限存在与左极限、右极限存在之间的关系.

2. 理解数列极限和函数极限的性质. 了解数列极限和函数极限存在的两个收敛准则(夹逼准则与单调有界准则). 熟练掌握数列极限和函数极限的运算法则.

3. 熟练掌握两个重要极限 $\lim\limits_{x \to 0} \dfrac{\sin x}{x} = 1, \lim\limits_{x \to \infty}\left(1 + \dfrac{1}{x}\right)^x = e$,并会用它们求极限.

4. 理解无穷小量、无穷大量的概念,掌握无穷小量的性质、无穷小量与无穷大量的关系. 会比较无穷小量的阶(高阶、低阶、同阶和等价). 会用等价无穷小量求极限.

(三) 连续

1. 理解函数连续性(包括左连续和右连续)的概念,掌握函数连续与左连续、右连续之间的关系. 会求函数的间断点并判断其类型.

2. 掌握连续函数的四则运算和复合运算. 理解初等函数在其定义区间内的连续性.

3. 会利用连续性求极限.

4. 掌握闭区间上连续函数的性质(有界性定理、最大值和最小值定理、介值定理、零点定理),并会应用这些性质解决相关问题.

二、一元函数微分学

(一) 导数与微分

1. 理解导数的概念及几何意义,会用定义求函数在一点处的导数(包括左导数和右导数). 会求平面曲线的切线方程和法线方程. 理解函数的可导性与连续性之间的关系.

2. 熟练掌握导数的四则运算法则和复合函数的求导法则,熟练掌握基本初等函数的导数公式.

3. 掌握隐函数求导法、对数求导法以及由参数方程所确定的函数的求导法,会求分段函数的导数.

4. 理解高阶导数的概念,会求函数的高阶导数.

5. 理解微分的概念,理解导数与微分的关系,掌握微分运算法则,会求函数的一阶微分.

(二) 中值定理及导数的应用

1. 理解罗尔定理、拉格朗日中值定理,了解柯西中值定理和泰勒中值定理. 会用罗尔定理和拉格朗日中值定理解决相关问题.

2.熟练掌握洛必达法则,会用洛必达法则求"$\frac{0}{0}$""$\frac{\infty}{\infty}$""$0 \cdot \infty$""$\infty - \infty$""1^{∞}""0^{0}"和"∞^{0}"型未定式的极限.

3.理解驻点、极值点和极值的概念,掌握用导数判断函数的单调性和求函数极值的方法,会利用函数的单调性证明不等式,掌握函数最大值和最小值的求法及其应用.

4.会用导数判断曲线的凹凸性,会求曲线的拐点以及水平渐近线与垂直渐近线.

三、一元函数积分学

(一) 不定积分

1.理解原函数与不定积分的概念,了解原函数存在定理,掌握不定积分的性质.

2.熟练掌握不定积分的基本公式.

3.熟练掌握不定积分的换元积分法和分部积分法.

4.掌握简单有理函数的不定积分的求法.

(二) 定积分

1.理解定积分的概念及几何意义,了解可积的条件.

2.掌握定积分的性质及其应用.

3.理解积分上限的函数,会求它的导数,掌握牛顿－莱布尼茨公式.

4.熟练掌握定积分的换元积分法与分部积分法.

5.会用定积分表达和计算平面图形的面积、旋转体的体积.

6.了解反常积分的概念.

四、向量代数与空间解析几何

(一) 向量代数

1.理解空间直角坐标系,理解向量的概念及其表示法,会求单位向量、方向余弦、向量在坐标轴上的投影.

2.掌握向量的线性运算,会求向量的数量积与向量积.

3.会求两个非零向量的夹角,掌握两个向量平行、垂直的条件.

(二) 平面与直线

1.会求平面的点法式方程、一般式方程.会判断两平面的位置关系(垂直、平行).

2.会求点到平面的距离.

3.会求直线的对称式方程、一般式方程、参数式方程.会判断两直线 的位置关系(平行、垂直).

4.会判断直线与平面的位置关系(垂直、平行、直线在平面上).

五、多元函数微积分学

(一) 多元函数微分学

1.理解二元函数的概念、几何意义及二元函数的极限与连续的概念,会求二元函数的定义域.

2.理解二元函数偏导数和全微分的概念,理解全微分存在的必要条件和充分条件.掌握二元函数的一阶、二阶偏导数的求法,会求二元函数的全微分.

3.掌握复合函数一阶、二阶偏导数的求法.

4.掌握由方程 $F(x,y,z)=0$ 所确定的隐函数 $z=z(x,y)$ 的一阶偏导数的计算方法.

5.会求二元函数的无条件极值.

(二) 二重积分

1.理解二重积分的概念、性质及其几何意义.

2.掌握二重积分在直角坐标系及极坐标系下的计算方法.

六、无穷级数

(一) 数项级数

1.理解数项级数收敛、发散的概念.掌握收敛级数的基本性质,掌握级数收敛的必要条件.

2.掌握几何级数、调和级数与 p 级数的敛散性.

3.掌握正项级数收敛性的比较判别法和比值判别法.

4.掌握交错级数收敛性的莱布尼茨判别法.

5.理解任意项级数绝对收敛与条件收敛的概念.

(二) 幂级数

1.理解幂级数的概念,会求幂级数的收敛半径、收敛区间和收敛域.

2.掌握幂级数在其收敛区间内的性质(和、差、逐项求导与逐项积分).

3.掌握幂级数的和函数在其收敛域上的性质.

4.会利用逐项求导和逐项积分求幂级数的和函数.

5.熟记 e^x,$\sin x$,$\cos x$,$\dfrac{1}{1-x}$,$\ln(1+x)$ 的麦克劳林级数,会将一些简单的初等函数展开为 $x=x_0$ 的幂级数.

七、常微分方程

(一) 一阶微分方程

1.理解微分方程的定义,理解微分方程的阶、解、通解、初始条件和特解等概念.

2.掌握可分离变量微分方程的解法.

3.掌握一阶线性微分方程的解法.

(二) 二阶线性微分方程

1.理解二阶线性微分方程解的结构.

2.掌握二阶常系数齐次线性微分方程的解法.

Ⅱ. 考试形式与题型范围

一、考试形式

考试采用闭卷、笔试形式.试卷满分 100 分,考试时间 120 分钟.

二、题型范围

选择题、填空题、判断题、计算题、解答题、证明题、应用题.

附录二　高等数学Ⅰ各章历年真题分数统计表

山东专升本高等数学Ⅰ近年真题分数统计表					
内容	2024年	2023年	2022年	2021年	2020年
一、函数、极限和连续	21	23	22	24	25
二、导数与微分	6	6	3	3	3
三、微分中值定理及导数的应用	18	11	19	16	10
四、不定积分	6	6	6	6	6
五、定积分	16	12	8	9	10
六、常微分方程	9	9	9	9	9
七、向量代数与空间解析几何	9	9	12	12	12
八、多元函数微积分	9	15	15	15	15
九、无穷级数	6	9	6	6	10

附录三　山东省2024年普通高等教育专科升本科招生考试

高等数学 Ⅰ 试题

（100分）

一、单项选择题（本大题共5小题，每小题3分，共15分）

1. 以下函数是偶函数的是 _____.

　　A. $\tan x$ 　　　　　　B. $\cos x$ 　　　　　　C. x^3 　　　　　　D. 3^x

2. 点 $x=1$ 是函数 $f(x)=\begin{cases}4x+5, & x<1,\\2-x^2, & x\geqslant 1\end{cases}$ 的 _____.

　　A. 连续点 　　　　B. 可去间断点 　　　　C. 跳跃间断点 　　　　D. 无穷间断点

3. 曲线 $y=x^2(2\ln x-5)$ 的拐点是 _____.

　　A. (e^2, e^4) 　　　　B. $(e^2, -e^4)$ 　　　　C. $(e, 3e^2)$ 　　　　D. $(e, -3e^2)$

4. 函数 $z=\arctan(x^2 y)$ 在点 $(1,1)$ 处的全微分是 _____.

　　A. $\mathrm{d}x+\dfrac{1}{2}\mathrm{d}y$ 　　B. $\dfrac{1}{2}\mathrm{d}x+\dfrac{1}{2}\mathrm{d}y$ 　　C. $\dfrac{1}{2}\mathrm{d}x+\mathrm{d}y$ 　　D. $2\mathrm{d}x+\mathrm{d}y$

5. 以下级数绝对收敛的是 _____.

　　A. $\displaystyle\sum_{n=1}^{\infty}(-1)^n\frac{n}{2n+3}$ 　　B. $\displaystyle\sum_{n=1}^{\infty}(-1)^n\frac{n}{n^2+1}$ 　　C. $\displaystyle\sum_{n=1}^{\infty}(-1)^n\frac{2^n+1}{n^n}$ 　　D. $\displaystyle\sum_{n=1}^{\infty}(-1)^n\frac{n}{1+\ln^3 n}$

二、填空题（本大题共5小题，每小题3分，共15分）

6. 极限 $\displaystyle\lim_{x\to 0}\left(1+\sin\frac{x}{2}\right)^{\frac{1}{x}}=$ _____.

7. 向量 $\boldsymbol{a}=(3,0,4)$ 与 $\boldsymbol{b}=(2,2,1)$ 的夹角的余弦是 _____.

8. 微分方程 $16y''-8y'+y=0$ 的通解是 _____.

9. 幂级数 $\displaystyle\sum_{n=0}^{\infty}(-1)^n\frac{(x-1)^n}{(2n+1)3^n}$ 的收敛半径是 _____.

10. 已知函数 $f(x)$ 在 **R** 上有连续的导数，$f(0)=f(1)$，且 $\displaystyle\int_0^1 tf(x-t)\mathrm{d}t=2x+1$，则 $\displaystyle\int_0^1 xf'(x)\mathrm{d}x=$ _____.

三、计算题（本大题共8小题，每小题6分，共48分）

11. 求极限 $\displaystyle\lim_{x\to 3}\left(\frac{x}{x-3}-\frac{9}{x^2-3x}\right)$.

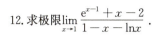

12.求极限$\lim\limits_{x\to1}\dfrac{e^{x-1}+x-2}{1-x-\ln x}$.

13.求曲线$e^{x-y}+x^2-y=1$在点$(1,1)$处的切线方程.

14.求不定积分$\displaystyle\int\dfrac{x^2+5x+2}{x^2+4}\,dx$.

15.求定积分 $\int_0^1 x\, \mathrm{e}^{\sqrt{1-x^2}}\,\mathrm{d}x$.

16.已知平面 II 过点 $(1,0,2)$ 且垂直于直线 $\begin{cases} x-y+z+2=0, \\ x-3y+2z+1=0. \end{cases}$ 求原点到平面 II 的距离.

17.求微分方程 $x\,\mathrm{d}y-(1+y^2)\ln x\,\mathrm{d}x=0$ 的通解.

18.计算二重积分 $\iint\limits_{D}(x^2+y^2)^{-\frac{5}{2}}dxdy$,其中 D 是由曲线 $y=\sqrt{1-x^2}$ 与直线 $y=x$,$x=1$ 所围成的闭区域.

四、应用题(本大题共 2 小题,每小题 7 分,共 14 分)

19.求曲线 $y=\begin{cases}3x, & x\leqslant 0, \\ x^2-2x, & x>0\end{cases}$ 与 $y=-x^2+4$ 所围成的图形的面积.

20.求函数 $f(x,y) = x^2 - 4xy + 2y^2 + 2y^3$ 的极值,并判断是极大值还是极小值.

五、证明题(本大题共 1 小题,共 8 分)

21.已知函数 $f(x)$ 在 $[0,1]$ 上连续,在 $(0,1)$ 内可导,且 $f(0) = f(1) = 0$. 设 $f(x)$ 在 $[0,1]$ 上的最大值为 $M(M > 0)$.

证明:在 $(0,1)$ 内存在两个不同的点 ξ, η,使得 $|f'(\xi)| + |f'(\eta)| \geqslant 4M$.

附录四　检测训练题、真题答案及详解

目　　录

检测训练题答案及详解 ·· 2

　第一章检测训练 A ·· 2

　第一章检测训练 B ·· 4

　第二章检测训练 A ·· 6

　第二章检测训练 B ·· 8

　第三章检测训练 A ·· 10

　第三章检测训练 B ·· 13

　第四章检测训练 A ·· 17

　第四章检测训练 B ·· 19

　第五章检测训练 A ·· 21

　第五章检测训练 B ·· 25

　第六章检测训练 A ·· 29

　第六章检测训练 B ·· 32

　第七章检测训练 A ·· 35

　第七章检测训练 B ·· 37

　第八章检测训练 A ·· 39

　第八章检测训练 B ·· 42

　第九章检测训练 A ·· 46

　第九章检测训练 B ·· 49

山东省 2024 年普通高等教育专科升本科招生考试高等数学 I 参考答案及详解 ················ 52

检测训练题、真题答案及详解

检测训练题答案及详解

第一章检测训练 A

一、单选题

1. C. 解 由已知得 $\begin{cases} -1 \leqslant x-1 \leqslant 1, \\ |x|-1>0, \end{cases}$ 即 $\begin{cases} 0 \leqslant x \leqslant 2, \\ x>1 \text{ 或 } x<-1, \end{cases}$ 求交集解得定义域为 $(1,2]$.

2. B. 解 作为单项选择题,此类题目先选择最容易判断的性质进行判断,奇偶性判断起来相对比较简单. 因为 $f(x)=|x\cos x|$,所以 $f(-x)=|-x\cos(-x)|=|x\cos x|=f(x)$,因此该函数为偶函数.

3. D. 解 因为 $f(x+\frac{1}{x})=x^2+\frac{1}{x^2}=(x+\frac{1}{x})^2-2$,所以 $f(x)=x^2-2$.

4. D. 解 $\lim\limits_{x\to x_0} f(x)$ 存在与否与 $f(x)$ 在 x_0 点有无定义没有直接关系,但由极限的局部有界性可得,若 $\lim\limits_{x\to x_0} f(x)$ 存在,则 $f(x)$ 在 x_0 的某空心邻域内有界.

5. B. 解 $\lim\limits_{x\to 0}\frac{x-\sin x}{x^2}=\lim\limits_{x\to 0}\frac{1-\cos x}{2x}=\lim\limits_{x\to 0}\frac{\sin x}{2}=0$,所以当 $x\to 0$ 时,$x-\sin x$ 是比 x^2 较高阶的无穷小.

6. B. 解 因为 $\lim\limits_{x\to 1}\frac{\sqrt[3]{x}-1}{x-1}=\frac{1}{3}\lim\limits_{x\to 1}x^{-\frac{2}{3}}=\frac{1}{3}$,所以 $x=1$ 是函数 y 的第一类可去间断点.

7. C. 解 $\lim\limits_{x\to 0}(x\sin\frac{1}{x}-\frac{1}{x}\sin x)=\lim\limits_{x\to 0}x\sin\frac{1}{x}-\lim\limits_{x\to 0}\frac{\sin x}{x}=0-1=-1$.

8. D. 解 当 $x\to 1^-$ 时,$\frac{1}{x-1}\to -\infty$,$\lim\limits_{x\to 1^-}e^{\frac{1}{x-1}}=0$;当 $x\to 1^+$ 时,$\frac{1}{x-1}\to +\infty$, $\lim\limits_{x\to 1^+}e^{\frac{1}{x-1}}=+\infty$,故 $\lim\limits_{x\to 1}e^{\frac{1}{x-1}}$ 不存在.

9. B. 解 因为 $\lim\limits_{x\to 2}\frac{x^2-ax+b}{x^2-x-2}=2$,所以 $\lim\limits_{x\to 2}(x^2-ax+b)=4-2a+b=0$,根据洛必达法则, $\lim\limits_{x\to 2}\frac{x^2-ax+b}{x^2-x-2}=\lim\limits_{x\to 2}\frac{2x-a}{2x-1}=\frac{4-a}{3}=2$,$a=-2$. 所以 $a=-2,b=-8$.

10. A. 解 $\lim\limits_{n\to\infty}\frac{3^{n+1}+(-2)^{n+1}}{2^n+3^n}=\lim\limits_{n\to\infty}\frac{3\cdot 3^n+(-2)\cdot(-2)^n}{2^n+3^n}=\lim\limits_{n\to\infty}\frac{3+(-2)\left(-\frac{2}{3}\right)^n}{\left(\frac{2}{3}\right)^n+1}=3$.

二、填空题

1. $\{x\mid 0\leqslant x<1\}$. 解 由已知得 $\begin{cases} -1\leqslant 1-x\leqslant 1, \\ \frac{1+x}{1-x}>0, \end{cases}$ 即 $\begin{cases} 0\leqslant x\leqslant 2, \\ -1<x<1, \end{cases}$ 解得定义域为 $\{x\mid 0\leqslant x<1\}$.

2. $\ln x$. 解 设 $e^x=t$,则 $x=\ln t$,则 $f(t)=\ln t$,所以 $f(x)=\ln x$.

3. 1. 解 因为 $|\sin x|\leqslant 1$,则由已知可得 $f(\sin x)=1$.

4. e^{-1} $\lim\limits_{x\to\infty}\left(\dfrac{x+1}{x}\right)^{-x}=\lim\limits_{x\to\infty}\left(1+\dfrac{1}{x}\right)^{x\cdot(-1)}=\lim\limits_{x\to\infty}\left[\left(1+\dfrac{1}{x}\right)^{x}\right]^{-1}=e^{-1}$.

5. $\dfrac{1}{4}$. 解 $\lim\limits_{x\to2}\dfrac{\sin(x-2)}{x^2-4}=\lim\limits_{x\to2}\dfrac{x-2}{x^2-4}=\lim\limits_{x\to2}\dfrac{1}{x+2}=\dfrac{1}{4}$.

6. e^6. 解 $\lim\limits_{x\to0}(1+3x)^{\frac{2}{\sin x}}=\lim\limits_{x\to0}(1+3x)^{\frac{1}{3x}\cdot\frac{6x}{\sin x}}=\lim\limits_{x\to0}[(1+3x)^{\frac{1}{3x}}]^{\lim\limits_{x\to0}\frac{6x}{\sin x}}=e^6$

7. $\dfrac{3}{2}$. 解 $\lim\limits_{x\to1}\left(\dfrac{x}{x-1}-\dfrac{2}{x^2-1}\right)=\lim\limits_{x\to1}\dfrac{x^2+x-2}{x^2-1}=\lim\limits_{x\to1}\dfrac{2x+1}{2x}=\dfrac{3}{2}$

8. 1. 解 $\lim\limits_{x\to0^-}f(x)=\lim\limits_{x\to0^-}e^x=1$，$\lim\limits_{x\to0^+}f(x)=\lim\limits_{x\to0^+}(ax^2+b)=b$，因为 $f(x)$ 在 $x=0$ 点连续,所以 $b=1$.

9. $x=0$. 解 $f(x)=\dfrac{1}{\ln x^2}$ 的间断点有 $x=0, x=\pm1$,分别求极限:

$\lim\limits_{x\to0}\dfrac{1}{\ln x^2}=0$，$\lim\limits_{x\to\pm1}\dfrac{1}{\ln x^2}=\infty$. 所以函数的第一类间断点为 $x=0$.

10. 第一类可去. 解 $\lim\limits_{x\to1}\dfrac{\arcsin(x-1)}{x^2-1}=\lim\limits_{x\to1}\dfrac{x-1}{x^2-1}=\lim\limits_{x\to1}\dfrac{1}{2x}=\dfrac{1}{2}$,极限存在且左右极限肯定相等,所以是第一类可

去间断点.

三、计算题

1. 解 $\lim\limits_{x\to1}\dfrac{x^3-3x+2}{x^3-x^2-x+1}=\lim\limits_{x\to1}\dfrac{3x^2-3}{3x^2-2x-1}=\lim\limits_{x\to1}\dfrac{6x}{6x-2}=\dfrac{3}{2}$.

2. 解 $\lim\limits_{x\to0}\dfrac{\ln(1+2x)}{\sqrt{1-3x}-1}=\lim\limits_{x\to0}\dfrac{2x}{\dfrac{1}{2}\cdot(-3x)}=-\dfrac{4}{3}$.

3. 解 $\lim\limits_{x\to+\infty}\dfrac{\dfrac{\pi}{2}-\arctan x}{\dfrac{1}{x}}=\lim\limits_{x\to+\infty}\dfrac{-\dfrac{1}{1+x^2}}{-\dfrac{1}{x^2}}=\lim\limits_{x\to+\infty}\dfrac{x^2}{1+x^2}=1$.

4. 解 $\lim\limits_{x\to0}(1-\sin x)^{2\csc x}=\lim\limits_{x\to0}[1+(-\sin x)]^{\frac{1}{-\sin x}\cdot(-2)}=e^{-2}$.

5. 解 $\lim\limits_{x\to0}\dfrac{x-\tan x}{x^2(e^x-1)}=\lim\limits_{x\to0}\dfrac{x-\tan x}{x^3}=\lim\limits_{x\to0}\dfrac{1-\sec^2 x}{3x^2}=\lim\limits_{x\to0}\dfrac{-2\sec^2 x\tan x}{6x}=-\dfrac{1}{3}$.

6. 解 $\lim\limits_{x\to0}\dfrac{e^x-e^{\sin x}}{x^3}=\lim\limits_{x\to0}\dfrac{e^{\sin x}(e^{x-\sin x}-1)}{x^3}=\lim\limits_{x\to0}e^{\sin x}\cdot\lim\limits_{x\to0}\dfrac{e^{x-\sin x}-1}{x^3}$

$=\lim\limits_{x\to0}\dfrac{x-\sin x}{x^3}=\lim\limits_{x\to0}\dfrac{1-\cos x}{3x^2}=\lim\limits_{x\to0}\dfrac{\dfrac{1}{2}x^2}{3x^2}=\dfrac{1}{6}$.

7. 解 $\lim\limits_{x\to-1}\left(\dfrac{3}{x^3+1}-\dfrac{1}{x+1}\right)=\lim\limits_{x\to-1}\left[\dfrac{3}{(x+1)(x^2-x+1)}-\dfrac{1}{x+1}\right]=\lim\limits_{x\to-1}\dfrac{3-(x^2-x+1)}{(x+1)(x^2-x+1)}$

$=\lim\limits_{x\to-1}\dfrac{-x^2+x+2}{(x+1)(x^2-x+1)}=-\lim\limits_{x\to-1}\dfrac{(x-2)(x+1)}{(x+1)(x^2-x+1)}=-\lim\limits_{x\to-1}\dfrac{x-2}{x^2-x+1}=1$.

8. 解 $\lim\limits_{x\to\infty}\dfrac{x+\sin x}{1+x}=\lim\limits_{x\to\infty}\dfrac{x}{1+x}+\lim\limits_{x\to\infty}\dfrac{1}{1+x}\sin x=1+0=1$.

9. 解 $\lim\limits_{n\to\infty}\left(\dfrac{1}{n^2+1}+\dfrac{2}{n^2+1}+\cdots+\dfrac{n}{n^2+1}\right)=\lim\limits_{n\to\infty}\dfrac{n(n+1)}{2(n^2+1)}=\dfrac{1}{2}\lim\limits_{n\to\infty}\dfrac{n^2+n}{n^2+1}=\dfrac{1}{2}$.

10. 解 $\lim\limits_{n\to\infty}\dfrac{1}{n^2}\ln[f(1)f(2)\cdots f(n)]=\lim\limits_{n\to\infty}\dfrac{1}{n^2}\ln(e\cdot e^2\cdots e^n)=\lim\limits_{n\to\infty}\dfrac{1}{n^2}\ln e^{1+2+\cdots+n}$

$=\lim\limits_{n\to\infty}\dfrac{1}{n^2}\ln e^{\frac{(1+n)n}{2}}=\lim\limits_{n\to\infty}\dfrac{1}{n^2}\cdot\dfrac{n(n+1)}{2}=\dfrac{1}{2}$.

四、证明题

1. 证 设 $f(x)=x^3-2x-1$,则 $f(x)$ 在 $[1,2]$ 上连续. 又因为 $f(1)=-2$，$f(2)=3$,则 $f(1)\cdot f(2)<0$,所以由零

3

点定理得,至少存在一点 $\xi \in (1,2)$,使得 $f(\xi) = 0$,即方程 $x^3 - 2x = 1$ 至少有一个根介于 1 和 2 之间.

2. 证 　设 $f(x) = x \cdot 2^x - 1$,则 $f(x)$ 在 $[0,1]$ 上连续. 又因为 $f(0) = -1 < 0, f(1) = 1 > 0$,根据零点定理得,至少存在一点 $\xi \in (0,1)$,使得 $f(\xi) = 0$,即方程 $x \cdot 2^x = 1$ 至少有一个小于 1 的正根.

第一章检测训练 B

一、单选题

1. D. 　解 　此题根据选项,最适合用排除法,只要验证 $0, \dfrac{1}{2}, -1$ 这三个点是否在定义域内即可.

2. D. 　解 　$f(x) = x^2 + \ln\dfrac{1-x}{1+x}, f(-x) = x^2 + \ln\dfrac{1+x}{1-x} = x^2 + \ln\left(\dfrac{1-x}{1+x}\right)^{-1} = x^2 - \ln\dfrac{1-x}{1+x}$,所以该函数是非奇非偶函数.

3. B. 　解 　由图像可知,$y = \arctan x$ 是单调增加且有界的,所以 $y = 1 - \arctan x = -\arctan x + 1$ 是单调减少且有界的.

4. C. 　解 　若函数 $f(x)$ 在某点 x_0 极限存在,则极限值和 x_0 点的函数值没有必然关系,此时 $f(x)$ 在 x_0 的函数值可以不存在,存在的话极限值也不一定相等.

5. A. 　解 　根据极限的有界性,数列有极限一定有界,但数列有界却不一定有极限. 例如,数列 $\{(-1)^n\}$.

6. C. 　解 　选项 A,$\lim\limits_{x \to 0}\dfrac{\sin x^2}{x} = \lim\dfrac{x^2}{x} = \lim x = 0$; 　选项 B,$\lim\limits_{x \to 0}\dfrac{\sin x}{x^2} = \lim\dfrac{x}{x^2} = \lim\limits_{x \to 0}\dfrac{1}{x} = \infty$; 　选项 C,$\lim\limits_{x \to 0}\dfrac{\sin x^2}{x^2} = 1$ 是运用第一重要极限,正确; 　选项 D,$\lim\limits_{x \to \infty}\dfrac{\sin x}{x} = \lim\limits_{x \to \infty}\dfrac{1}{x}\sin x = 0$.

7. C. 　解 　$\lim\limits_{x \to 0}\dfrac{\sqrt{1+x} - \sqrt{1-x}}{2x} = \lim\limits_{x \to 0}\dfrac{(\sqrt{1+x} - \sqrt{1-x})(\sqrt{1+x} + \sqrt{1-x})}{2x(\sqrt{1+x} + \sqrt{1-x})} = \lim\limits_{x \to 0}\dfrac{1}{\sqrt{1+x} + \sqrt{1-x}} = \dfrac{1}{2}$,因此 $\sqrt{1+x} - \sqrt{1-x}$ 与 $2x$ 是同阶非等价无穷小.

8. A. 　解 　$\lim\limits_{x \to 0}\dfrac{(1+ax^2)^{\frac{1}{3}} - 1}{\cos x - 1} = \lim\limits_{x \to 0}\dfrac{\sqrt[3]{1+ax^2} - 1}{\cos x - 1} = \lim\limits_{x \to 0}\dfrac{\dfrac{1}{3}ax^2}{-\dfrac{1}{2}x^2} = -\dfrac{2}{3}a$,因为二者是等价无穷小,所以 $-\dfrac{2}{3}a = 1$,因此 $a = -\dfrac{3}{2}$.

9. D. 　解 　$\lim\limits_{x \to 0^+}e^{\frac{1}{x}} = \infty, \lim\limits_{x \to 0^-}e^{\frac{1}{x}} = 0$,所以点 $x = 0$ 是函数 $y = e^{\frac{1}{x}}$ 的第二类间断点.

10. C. 　解 　$y = \dfrac{e^x - e^{-x}}{e^x + e^{-x}} = \dfrac{(e^x)^2 - 1}{(e^x)^2 + 1}$,令 $e^x = t$,则 $y = \dfrac{t^2 - 1}{t^2 + 1}$,解得 $t^2 = \dfrac{1+y}{1-y}$,即 $t = \sqrt{\dfrac{1+y}{1-y}}$,所以 $e^x = \sqrt{\dfrac{1+y}{1-y}}$,$x = \ln\sqrt{\dfrac{1+y}{1-y}} = \dfrac{1}{2}\ln(1+y) - \dfrac{1}{2}\ln(1-y)$,所以 $y = \dfrac{e^x - e^{-x}}{e^x + e^{-x}}$ 的反函数为 $y = \ln\sqrt{\dfrac{1+x}{1-x}} = \dfrac{1}{2}\ln(1+x) - \dfrac{1}{2}\ln(1-x)$,$x \in (-1,1)$.

二、填空题

1. $\{x \mid x = 0\}$. 　解 　因为 $f(x)$ 的定义域是 $[0,1]$,则 $0 \leqslant x^2 + 1 \leqslant 1$,所以满足条件的 x 只有一个值 0,因此函数的定义域为 $\{x \mid x = 0\}$.

2. 2.5. 　解 　$f(3.5) = 4 - 3.5 = 0.5, f[f(3.5)] = 2 + 0.5 = 2.5$.

3. $x^2 - x + 3$. 　解 　由已知得 $f(x+1) = x^2 + 2x + 1 + (x+1) + 3 = (x+1)^2 + (x+1) + 3$,所以方程两端用 $x-1$ 整体代换 $x+1$,即得 $f(x-1) = (x-1)^2 + (x-1) + 3 = x^2 - x + 3$.

4. e^2. 　解 　$\lim\limits_{x \to 0}(1+\sin x)^{\frac{2}{x}} = \lim\limits_{x \to 0}(1+\sin x)^{\frac{1}{\sin x} \cdot \frac{2\sin x}{x}} = \lim\limits_{x \to 0}[(1+\sin x)^{\frac{1}{\sin x}}]^{\lim\limits_{x \to 0}\frac{2\sin x}{x}} = e^2$.

5. $\dfrac{2}{3}$. 　解 　$\lim\limits_{x \to 1}\dfrac{\sqrt[3]{x} - 1}{\sqrt{x} - 1} = \lim\limits_{x \to 1}\dfrac{\dfrac{1}{3}x^{-\frac{2}{3}}}{\dfrac{1}{2}x^{-\frac{1}{2}}} = \lim\limits_{x \to 1}\dfrac{2}{3}x^{-\frac{1}{6}} = \dfrac{2}{3}$.

6. $\dfrac{1}{6}$.　解　$\lim\limits_{x\to 0}\dfrac{x-\sin x}{x^2(e^x-1)}=\lim\limits_{x\to 0}\dfrac{x-\sin x}{x^3}=\lim\limits_{x\to 0}\dfrac{1-\cos x}{3x^2}=\lim\limits_{x\to 0}\dfrac{\frac{1}{2}x^2}{3x^2}=\dfrac{1}{6}$.

7. $\dfrac{6}{5}$.　解　$\lim\limits_{x\to\infty}\dfrac{3x^2+5}{5x+6}\sin\dfrac{2}{x}=\lim\limits_{x\to\infty}\dfrac{3x^2+5}{5x+6}\cdot\dfrac{2}{x}=2\lim\limits_{x\to\infty}\dfrac{3x^2+5}{5x^2+6x}=\dfrac{6}{5}$.

8. $-1,-2$.　解　因为 $\lim\limits_{x\to\infty}\dfrac{(1+a)x^4+bx^3+2}{x^3+x+1}=-2$, 所以由 "$\dfrac{\infty}{\infty}$" 型有理分式极限的结论可得 $\begin{cases}1+a=0,\\ b=-2,\end{cases}$ 解

得 $\begin{cases}a=-1,\\ b=-2.\end{cases}$

9. $\dfrac{1}{3}$.　解　因为 $f(x)$ 在 $(-\infty,+\infty)$ 上是连续函数, 所以 $f(x)$ 在 $x=0$ 连续, $\lim\limits_{x\to 0}\dfrac{1}{x}\sin\dfrac{x}{3}=\lim\limits_{x\to 0}\dfrac{1}{x}\cdot\dfrac{x}{3}=\dfrac{1}{3}$,

$f(0)=a$, 所以 $a=\dfrac{1}{3}$.

10. $x=\pm\sqrt{\mathrm e}$.　解　$f(x)=\dfrac{1}{1-\ln x^2}$ 的间断点有 $x=0,x=\pm\sqrt{\mathrm e}$, 分别考察几个间断点的极限 $\lim\limits_{x\to 0}\dfrac{1}{1-\ln x^2}=0$,

$\lim\limits_{x\to\pm\sqrt{\mathrm e}}\dfrac{1}{1-\ln x^2}=\infty$. 因此 $x=\pm\sqrt{\mathrm e}$ 为第二类间断点.

三、计算题

1. 解　$\lim\limits_{x\to\infty}\left(\dfrac{\sin x}{x}+x\sin\dfrac{1}{x}\right)=\lim\limits_{x\to\infty}\dfrac{1}{x}\sin x+\lim\limits_{x\to\infty}\dfrac{\sin\frac{1}{x}}{\frac{1}{x}}=0+1=1$.

2. 解　$\lim\limits_{x\to\infty}\dfrac{2x^2-x+1}{4x^2-2}=\lim\limits_{x\to\infty}\dfrac{2-\frac{1}{x}+\frac{1}{x^2}}{4-\frac{2}{x^2}}=\dfrac{1}{2}$.

3. 解　$\lim\limits_{x\to 0}\dfrac{x-\arctan x}{\ln(1+x^3)}=\lim\limits_{x\to 0}\dfrac{x-\arctan x}{x^3}=\lim\limits_{x\to 0}\dfrac{1-\frac{1}{1+x^2}}{3x^2}=\lim\limits_{x\to 0}\dfrac{1}{3(1+x^2)}=\dfrac{1}{3}$.

4. 解　$\lim\limits_{x\to 4}\dfrac{\sqrt{1+2x}-3}{\sqrt{x}-2}=\lim\limits_{x\to 4}\dfrac{\frac{2}{2\sqrt{1+2x}}}{\frac{1}{2\sqrt{x}}}=\lim\limits_{x\to 4}\dfrac{2\sqrt{x}}{\sqrt{1+2x}}=\dfrac{4}{3}$.

5. 解　$\lim\limits_{x\to 0}\dfrac{x-\sin x}{x(e^{x^2}-1)}=\lim\limits_{x\to 0}\dfrac{x-\sin x}{x^3}=\lim\limits_{x\to 0}\dfrac{1-\cos x}{3x^2}=\dfrac{1}{6}$.

6. 解　方法一　$\lim\limits_{x\to\infty}\left(\dfrac{x-1}{x+1}\right)^{x+1}=\lim\limits_{x\to\infty}\left(\dfrac{x+1-2}{x+1}\right)^{x+1}=\lim\limits_{x\to\infty}\left(1+\dfrac{-2}{x+1}\right)^{\frac{x+1}{-2}\cdot(-2)}=\mathrm e^{-2}$.

方法二　$\lim\limits_{x\to\infty}\left(\dfrac{x-1}{x+1}\right)^{x+1}=\lim\limits_{x\to\infty}\left(\dfrac{x-1}{x+1}\right)^{x}\cdot\lim\limits_{x\to\infty}\left(\dfrac{x-1}{x+1}\right)^{1}=\lim\limits_{x\to\infty}\left(\dfrac{1-\frac{1}{x}}{1+\frac{1}{x}}\right)^{x}\cdot 1$

$=\dfrac{\lim\limits_{x\to\infty}\left(1+\frac{1}{-x}\right)^{(-x)(-1)}}{\lim\limits_{x\to\infty}\left(1+\frac{1}{x}\right)^{x}}=\dfrac{\mathrm e^{-1}}{\mathrm e}=\mathrm e^{-2}$.

7. 解　$\lim\limits_{x\to 0}\left[\dfrac{\mathrm e^{7x}-\mathrm e^{-x}}{8\sin 3x}-(\mathrm e^x-1)\cos\dfrac{1}{x}\right]=\lim\limits_{x\to 0}\dfrac{\mathrm e^{-x}(\mathrm e^{8x}-1)}{8\sin 3x}-\lim\limits_{x\to 0}(\mathrm e^x-1)\cos\dfrac{1}{x}$

$=\lim\limits_{x\to 0}\dfrac{\mathrm e^{-x}\cdot 8x}{8\cdot 3x}-\lim\limits_{x\to 0}x\cdot\cos\dfrac{1}{x}=\lim\limits_{x\to 0}\dfrac{\mathrm e^{-x}}{3}=\dfrac{1}{3}$.

8. 解　$\lim\limits_{x\to 0}\left(\dfrac{1}{\sin x}-\dfrac{1}{\mathrm e^x-1}\right)=\lim\limits_{x\to 0}\dfrac{\mathrm e^x-1-\sin x}{\sin x(\mathrm e^x-1)}=\lim\limits_{x\to 0}\dfrac{\mathrm e^x-1-\sin x}{x^2}=\lim\limits_{x\to 0}\dfrac{\mathrm e^x-\cos x}{2x}=\lim\limits_{x\to 0}\dfrac{\mathrm e^x+\sin x}{2}=\dfrac{1}{2}$.

9. 解
$$\lim_{n\to\infty}(\sqrt{n+\sqrt{n}}-\sqrt{n-\sqrt{n}})=\lim_{n\to\infty}\frac{(\sqrt{n+\sqrt{n}}-\sqrt{n-\sqrt{n}})\cdot(\sqrt{n+\sqrt{n}}+\sqrt{n-\sqrt{n}})}{\sqrt{n+\sqrt{n}}+\sqrt{n-\sqrt{n}}}$$

$$=\lim_{n\to\infty}\frac{2\sqrt{n}}{\sqrt{n+\sqrt{n}}+\sqrt{n-\sqrt{n}}}=\lim_{n\to\infty}\frac{2}{\sqrt{1+\sqrt{\frac{1}{n}}}+\sqrt{1-\sqrt{\frac{1}{n}}}}=\frac{2}{\sqrt{1+0}+\sqrt{1-0}}=1.$$

10. 解 因为 $\dfrac{n}{\sqrt{n^2+n}}\leqslant\dfrac{1}{\sqrt{n^2+1}}+\dfrac{1}{\sqrt{n^2+2}}+\cdots+\dfrac{1}{\sqrt{n^2+n}}\leqslant\dfrac{n}{\sqrt{n^2+1}}$,

而且 $\lim\limits_{n\to\infty}\dfrac{n}{\sqrt{n^2+1}}=1,\lim\limits_{n\to\infty}\dfrac{n}{\sqrt{n^2+n}}=1$.

所以,由夹逼准则得 $\lim\limits_{n\to\infty}\left(\dfrac{1}{\sqrt{n^2+1}}+\dfrac{1}{\sqrt{n^2+2}}+\cdots+\dfrac{1}{\sqrt{n^2+n}}\right)=1.$

四、解答题

解 $f(x)=\lim\limits_{n\to\infty}\dfrac{1-x^{2n}}{1+x^{2n}}x=\begin{cases}x, & |x|<1\\0, & |x|=1\\-x, & |x|>1\end{cases}=\begin{cases}x, & -1<x<1,\\0, & x=\pm 1,\\-x, & x>1\text{ 或 }x<-1,\end{cases}$

在 $x=1$ 处,$\lim\limits_{x\to 1^+}f(x)=\lim\limits_{x\to 1^+}(-x)=-1,\lim\limits_{x\to 1^-}f(x)=\lim\limits_{x\to 1^-}x=1$,所以 $x=1$ 是 $f(x)$ 的跳跃间断点.

在 $x=-1$ 处,$\lim\limits_{x\to-1^+}f(x)=\lim\limits_{x\to-1^+}x=-1,\lim\limits_{x\to-1^-}f(x)=\lim\limits_{x\to-1^-}(-x)=1$,所以 $x=-1$ 是 $f(x)$ 的跳跃间断点.

五、证明题

证 设 $F(x)=2x-\int_0^x f(t)\mathrm{d}t-1,x\in[0,1]$,则 $F(x)$ 在 $[0,1]$ 上连续,且 $F(0)=-1,F(1)=1-\int_0^1 f(t)\mathrm{d}t$. 因为 $f(x)<1$,所以 $\int_0^1 f(t)\mathrm{d}t<\int_0^1 1\mathrm{d}t=1$,即 $F(1)=1-\int_0^1 f(t)\mathrm{d}t>0$. 由零点定理得:至少存在一点 $\xi\in(0,1)$,使得 $F(\xi)=0$,即该方程至少有一个实根;又 $F'(x)=2-f(x)>0$,故 $F(x)$ 单调增加,所以该方程至多有一个实根.

综上,方程 $2x-\int_0^x f(t)\mathrm{d}t=1$ 在区间 $(0,1)$ 内有且仅有一个实根.

第二章检测训练 A

一、单选题

1. C. 解 连续性:$\lim\limits_{x\to 1^-}f(x)=\lim\limits_{x\to 1^-}(x+2)=3,\lim\limits_{x\to 1^+}f(x)=\lim\limits_{x\to 1^+}(3x-1)=2$,因此函数在点 $x=1$ 处不连续,不连续一定不可导.

2. C. 解 设 M 的坐标 (x_0,y_0),由题意得 $y'(x_0)=-\dfrac{2x_0}{(1+x_0^2)^2}=0$,解得 $x_0=0$,代入曲线方程,解得 $y_0=1$,所以 M 的坐标为 $(0,1)$.

3. B. 解 $\lim\limits_{h\to 0}\dfrac{f(x_0-h)-f(x_0+h)}{h}=-2\lim\limits_{h\to 0}\dfrac{f(x_0-h)-f(x_0+h)}{-2h}=-2f'(x_0)=2.$

4. B. 解 $y'=3\tan^2(2x)\cdot\sec^2 2x\cdot 2=6\tan^2 2x\sec^2 2x.$

5. A. 解 $f'(x)=3x^2-6x,f''(x)=6x-6,f''(1)=0.$

6. A. 解 $f'(x)=\dfrac{\mathrm{e}^x}{1+(\mathrm{e}^x)^2}=\dfrac{\mathrm{e}^x}{1+\mathrm{e}^{2x}}.$

7. A. 解 $\dfrac{\mathrm{d}y}{\mathrm{d}x}=\dfrac{\left(\dfrac{2t}{1+t^2}\right)'}{\left(\dfrac{1-t^2}{1+t^2}\right)'}=\dfrac{t^2-1}{2t}.$

8. B. 解 $y'=1+\mathrm{e}^x,y'(0)=1+\mathrm{e}^0=2$,所以过点 $(0,1)$ 处的切线方程为 $y=2x+1.$

9. C. 解 一元函数在一点可导是在该点处可微的充要条件.

10. D. 解 $f'(0) = \lim\limits_{x \to 0} \dfrac{f(2x) - f(0)}{2x} = \dfrac{1}{2} \lim\limits_{x \to 0} \dfrac{f(2x) - f(0)}{x} = \dfrac{1}{2} \times \dfrac{1}{2} = \dfrac{1}{4}$.

二、填空题

1. $e^x - \sin x$. 解 $f(x) = (e^x + \sin x)' = e^x + \cos x$, $f'(x) = (e^x + \cos x)' = e^x - \sin x$.

2. $y = -\dfrac{1}{2}x$. 解 $y' = \dfrac{2}{1 + 4x^2}$, $y'(0) = 2$, 所以法线的斜率为 $-\dfrac{1}{2}$, 法线方程为 $y = -\dfrac{1}{2}x$.

3. $-2\cos 2x$. 解 $y' = -2\cos x \sin x = -\sin 2x$, $y'' = -2\cos 2x$.

4. $y = x - \sqrt{2}$. 解 $y' = \dfrac{1}{2} + \dfrac{1}{x^2}$, $y'(\sqrt{2}) = \dfrac{1}{2} + \dfrac{1}{2} = 1$, 所以曲线 $y = \dfrac{1}{2}x - \dfrac{1}{x}$ 在点 $(\sqrt{2}, 0)$ 处的切线方程

为 $y = x - \sqrt{2}$.

5. $\dfrac{6}{x}$. 解 $y' = 3x^2 \ln x + x^3 \cdot \dfrac{1}{x} = 3x^2 \ln x + x^2$, $y'' = 6x \ln x + 3x^2 \cdot \dfrac{1}{x} + 2x = 6x \ln x + 5x$,

$y''' = 6\ln x + 11$, $y^{(4)} = \dfrac{6}{x}$.

6. $\dfrac{2}{e}dx$. 解 $y' = \dfrac{1}{\ln^2 x} \cdot 2\ln x \cdot \dfrac{1}{x} = \dfrac{2}{x\ln x}$, $y'(e) = \dfrac{2}{e\ln e} = \dfrac{2}{e}$, 所以 $dy\big|_{x=e} = \dfrac{2}{e}dx$.

7. $\dfrac{11}{4}$. 解 $f'(x) = \dfrac{1}{2\sqrt{1+x}}$, $f(3) + 3f'(3) = 2 + 3 \times \dfrac{1}{4} = \dfrac{11}{4}$.

8. $y = \dfrac{-9x\arcsin 3x}{\sqrt{1 - 9x^2}} + 3$. 解 $y' = \dfrac{-18x}{2\sqrt{1 - 9x^2}}\arcsin 3x + \sqrt{1 - 9x^2} \cdot \dfrac{3}{\sqrt{1 - 9x^2}} = \dfrac{-9x\arcsin 3x}{\sqrt{1 - 9x^2}} + 3$.

9. $-e^{-\frac{x}{2}}\left(\dfrac{1}{2}\cos 3x + 3\sin 3x\right)dx$. 解 $y' = -\dfrac{1}{2}e^{-\frac{x}{2}}\cos 3x - e^{-\frac{x}{2}}3\sin 3x$, $dy = -e^{-\frac{x}{2}}\left(\dfrac{1}{2}\cos 3x + 3\sin 3x\right)dx$.

10. $e^x[f'(e^x) + e^x f''(e^x)]$. 解 $y' = f'(e^x)e^x$, $y'' = f''(e^x)(e^x)^2 + f'(e^x)e^x = e^x[f''(e^x)e^x + f'(e^x)]$.

三、计算题

1. 解 $y' = (x\arctan x)' - \left[\dfrac{1}{2}\ln(1 + x^2)\right]' = \arctan x + \dfrac{x}{1 + x^2} - \dfrac{1}{2} \cdot \dfrac{2x}{1 + x^2} = \arctan x$.

2. 解 $y' = (\sqrt{x}\sin x)' = (\sqrt{x})'\sin x + \sqrt{x}(\sin x)' = \dfrac{1}{2\sqrt{x}} \cdot \sin x + \sqrt{x}\cos x = \dfrac{\sin x + 2x\cos x}{2\sqrt{x}}$.

3. 解 $\dfrac{dy}{dx} = [\ln\cos(e^x)]' = \dfrac{1}{\cos(e^x)} \cdot [-\sin(e^x)] \cdot e^x = -e^x\tan(e^x)$.

4. 解 $y' = (\cos e^x)' \cdot \ln(1 + x) + (\cos e^x) \cdot [\ln(1 + x)]' = -e^x\sin e^x \cdot \ln(1 + x) + \dfrac{\cos e^x}{1 + x}$.

5. 解 $dy = \left(\dfrac{x^2\sin x}{1 - \sqrt{x}}\right)'dx = \dfrac{(2x\sin x + x^2\cos x)(1 - \sqrt{x}) - x^2\sin x \cdot \left(-\dfrac{1}{2\sqrt{x}}\right)}{(1 - \sqrt{x})^2}dx$

$= \left[\dfrac{2x\sin x + x^2\cos x}{1 - \sqrt{x}} + \dfrac{x^2\sin x}{2\sqrt{x}(1 - \sqrt{x})^2}\right]dx$.

6. 解 $f'(x) = \sqrt{x^2 - 16} + \dfrac{x^2}{\sqrt{x^2 - 16}} = \dfrac{2x^2 - 16}{\sqrt{x^2 - 16}}$,

$f''(x) = \dfrac{4x\sqrt{x^2 - 16} - (2x^2 - 16)\dfrac{x}{\sqrt{x^2 - 16}}}{x^2 - 16}$, $f''(5) = \dfrac{10}{27}$.

7. 解 函数 $y = x^x$ $(x > 0)$ 两边同时取对数, 得 $\ln y = x\ln x$,

两边同时对 x 求导数, 得 $\dfrac{1}{y} \cdot y' = \ln x + 1$, 解得 $y' = x^x(\ln x + 1)$, 所以 $dy = x^x(\ln x + 1)dx$.

8. 解 方程两边同时对 x 求导数, 得 $2y \cdot y' + \cos(2x - y)(2 - y') = 1$,

整理,得 $[2y-\cos(2x-y)]y'=1-2\cos(2x-y)$,解得 $y'=\dfrac{1-2\cos(2x-y)}{2y-\cos(2x-y)}$.

9.解　 $y'=\dfrac{1}{1+\left(\dfrac{1-x}{1+x}\right)^2}\left(\dfrac{1-x}{1+x}\right)'=\dfrac{(1+x)^2}{(1+x)^2+(1-x)^2}\cdot\dfrac{-(1+x)-(1-x)}{(1+x)^2}=\dfrac{-2}{2(1+x^2)}=\dfrac{-1}{1+x^2}$,

$y''=[-(1+x^2)^{-1}]'=\dfrac{2x}{(1+x^2)^2}$.

10.解　 由于 $y'=\dfrac{-18x}{2\sqrt{1-9x^2}}\arcsin 3x+\sqrt{1-9x^2}\cdot\dfrac{3}{\sqrt{1-9x^2}}=3-\dfrac{9x\arcsin 3x}{\sqrt{1-9x^2}}$,

故 $\mathrm{d}y=\left(3-\dfrac{9x\arcsin 3x}{\sqrt{1-9x^2}}\right)\mathrm{d}x$.

第二章检测训练 B

一、单选题

1.A.　解　 对于曲线 $y=\dfrac{1}{x}$,$y'(2)=-\dfrac{1}{4}$,$y'(2)=-\dfrac{1}{4}$,对于 $y=ax^2+b$,$y'(2)=4a$,因为两曲线相切于 $\left(2,\dfrac{1}{2}\right)$

点,所以在该点有公共切线,因此 $4a=-\dfrac{1}{4}$,即 $a=-\dfrac{1}{16}$.由于切点满足曲线方程 $y=-\dfrac{1}{16}x^2+b$,代入解得 $b=\dfrac{3}{4}$.

2.D.　解　 $y'=x'f(-2x)+x[f(-2x)]'=f(-2x)-2xf'(-2x)$.

3.A.　解　 $\lim\limits_{h\to 0}\dfrac{f(x_0+2h)-f(x_0)}{h}=2\lim\limits_{h\to 0}\dfrac{f(x_0+2h)-f(x_0)}{2h}=2f'(x_0)$,因为 $f(x)$ 可导,且 $f(x_0)$ 为 $f(x)$ 的

极大值,所以 $f'(x_0)=0$,　$\lim\limits_{h\to 0}\dfrac{f(x_0+2h)-f(x_0)}{h}=2f'(x_0)=0$.

4.A.　解　 因为 $f(x)=x^2$,所以 $f'(x)=2x$,

根据导数的定义知,$\lim\limits_{\Delta x\to 0}\dfrac{f(a)-f(a-\Delta x)}{\Delta x}=\lim\limits_{\Delta x\to 0}\dfrac{f[a+(-\Delta x)]-f(a)}{-\Delta x}=f'(a)=2a$.

【说明】 除了用导数的定义求该极限以外,题目中还给了函数的具体表达式,因此可以直接代入函数表达式求极限.

$\lim\limits_{\Delta x\to 0}\dfrac{f(a)-f(a-\Delta x)}{\Delta x}=\lim\limits_{\Delta x\to 0}\dfrac{a^2-(a-\Delta x)^2}{\Delta x}=\lim\limits_{\Delta x\to 0}(2a-\Delta x)=2a$.

5.B.　解　 当 $x=0$ 时,$y=1$,方程两边同时对 x 求导,$2^{xy}\ln 2(y+y'x)=1+y'$,整理得 $y'=\dfrac{1-2^{xy}y\ln 2}{2^{xy}x\ln 2-1}$,所以

$y'|=\dfrac{1-\ln 2}{-1}=\ln 2-1$,因此 $\mathrm{d}y\big|_{x=0}=(\ln 2-1)\mathrm{d}x$.

6.A.　解　 $f'(x)=x^2+x+6$,$f'(0)=6$,切线方程为 $y-1=6x$,令 $y=0$,解得 $x=-\dfrac{1}{6}$,所以与 x 轴交点坐标

是 $\left(-\dfrac{1}{6},0\right)$.

7.D.　解　 $\lim\limits_{x\to 0}\dfrac{f(1)-f(1-x)}{2x}=\dfrac{1}{2}\lim\limits_{x\to 0}\dfrac{f(1)-f(1-x)}{x}=\dfrac{1}{2}f'(1)=-1$,所以 $k=f'(1)=-2$.

8.B.　解　 若 $f(x)$ 为 $(-l,l)$ 内的可导奇函数,则 $f(-x)=-f(x)$,方程两边同时对 x 求导,得 $-f'(-x)=-f'(x)$,

即 $f'(-x)=f'(x)$,所以 $f'(x)$ 为可导的偶函数.

9.B.　解　 $\dfrac{\mathrm{d}u}{\mathrm{d}v}=\dfrac{\mathrm{d}u/\mathrm{d}x}{\mathrm{d}v/\mathrm{d}x}=\dfrac{(\ln x)'}{(\sqrt{x})'}=\dfrac{\dfrac{1}{x}}{\dfrac{1}{2\sqrt{x}}}=\dfrac{2}{\sqrt{x}}$.

10.A.　解　 $f(x)$ 在点 $x=1$ 处可导,则该点处也连续.

连续性:$\lim\limits_{x\to 1^-}f(x)=\lim\limits_{x\to 1^-}(x^2+3)=4$,$\lim\limits_{x\to 1^+}f(x)=\lim\limits_{x\to 1^+}(ax+b)=a+b$,所以 $a+b=4$.

可导性：$f'_-(1) = \lim\limits_{x \to 1^-} \dfrac{f(x) - f(1)}{x - 1} = \lim\limits_{x \to 1^-} \dfrac{x^2 + 3 - (a + b)}{x - 1} = 2$,

$f'_+(1) = \lim\limits_{x \to 1^+} \dfrac{f(x) - f(1)}{x - 1} = \lim\limits_{x \to 1^+} \dfrac{ax + b - (a + b)}{x - 1} = a$, 所以 $a = 2$,

进一步解得 $b = 2$.

二、填空题

1. $\left[\dfrac{\mathrm{e}^{f(x)} f'(\ln x)}{x} + f(\ln x) \mathrm{e}^{f(x)} f'(x) \right] \mathrm{d}x$.　解　$y' = f'(\ln x) \dfrac{1}{x} \mathrm{e}^{f(x)} + f(\ln x) \mathrm{e}^{f(x)} f'(x)$,

所以 $\mathrm{d}y = \left[\dfrac{\mathrm{e}^{f(x)} f'(\ln x)}{x} + f(\ln x) \mathrm{e}^{f(x)} f'(x) \right] \mathrm{d}x$.

2. $y = x + 4$.　解　$y' = \sqrt[3]{3 - x} - \dfrac{1}{3}(3 - x)^{-\frac{2}{3}}(x + 4)$, $y'(2) = -1$, 所以法线的斜率为 1,

因此法线方程为 $y - 6 = x - 2$, 即 $y = x + 4$.

3. $\dfrac{1}{(2x + 1)^2}$.　解　$g(x) = f[f(x)] = \dfrac{f(x)}{f(x) + 1} = \dfrac{\dfrac{x}{x + 1}}{\dfrac{x}{x + 1} + 1} = \dfrac{x}{2x + 1}$,

$$g'(x) = \left(\dfrac{x}{2x + 1} \right)' = \dfrac{(2x + 1) - 2x}{(2x + 1)^2} = \dfrac{1}{(2x + 1)^2}.$$

4. $-1, -1, 1$.　解　$\begin{cases} f(-1) = -1 - a = 0, \\ g(-1) = b + c = 0, \\ f'(-1) = g'(-1), \end{cases}$ 即 $\begin{cases} a = -1, \\ b + c = 0, \\ 3 + a = -2b, \end{cases}$ 解得 $\begin{cases} a = -1, \\ b = -1, \\ c = 1. \end{cases}$

5. $2x \cdot f'(\sin x^2) \cdot \cos x^2$.　解　此复合函数是三层复合, 直接利用复合函数求导法则 $y' = f'(\sin x^2) \cdot \cos x^2 \cdot 2x$.

6. $\dfrac{-3^{-x} \ln 3}{1 + 3^{-x}} \mathrm{d}x$.　解　$y' = \dfrac{1}{1 + 3^{-x}}(1 + 3^{-x})' = \dfrac{-3^{-x} \ln 3}{1 + 3^{-x}}$, $\mathrm{d}y = \dfrac{-3^{-x} \ln 3}{1 + 3^{-x}} \mathrm{d}x$.

7. $2020!$.　解　方法一　根据导数的定义可知,

$f'(0) = \lim\limits_{x \to 0} \dfrac{f(x) - f(0)}{x - 0} = \lim\limits_{x \to 0} \dfrac{x(x - 1)(x - 2) \cdots (x - 2020)}{x} = \lim\limits_{x \to 0}(x - 1)(x - 2) \cdots (x - 2020) = 2020!$

方法二　$f'(x) = x'[(x - 1)(x - 2) \cdots (x - 2020)] + x[(x - 1)(x - 2) \cdots (x - 2020)]'$

$\qquad\qquad = (x - 1)(x - 2) \cdots (x - 2020) + x[(x - 1)(x - 2) \cdots (x - 2020)]'$

$f'(0) = (0 - 1)(0 - 2) \cdots (0 - 2020) + 0[(x - 1)(x - 2) \cdots (x - 2020)]' = 2020!$

8. $\dfrac{3}{2}$.　解　由已知得此极限为 "$\dfrac{0}{0}$" 型, 利用洛必达法则 $\lim\limits_{x \to 0} \dfrac{f(x) - x}{x^2} = \lim\limits_{x \to 0} \dfrac{f'(x) - 1}{2x} = \lim\limits_{x \to 0} \dfrac{f''(x)}{2} = \dfrac{3}{2}$.

9. $-3 f'(x_0)$.　解　$\lim\limits_{h \to \infty} h f(x_0 - \dfrac{3}{h}) = -3 \lim\limits_{h \to \infty} \dfrac{f(x_0 - \dfrac{3}{h}) - f(x_0)}{-\dfrac{3}{h}} = -3 f'(x_0)$.

10. $\dfrac{1}{2}$.　解　$f'(0) = \lim\limits_{x \to 0} \dfrac{f(x) - f(0)}{x - 0} = \lim\limits_{x \to 0} \dfrac{\dfrac{\mathrm{e}^x - 1}{x} - 1}{x} = \lim\limits_{x \to 0} \dfrac{\mathrm{e}^x - 1 - x}{x^2} = \lim\limits_{x \to 0} \dfrac{\mathrm{e}^x - 1}{2x} = \dfrac{1}{2}$.

三、计算题

1. 解　$y' = \left[\dfrac{1}{2} \ln(1 + \mathrm{e}^{2x}) \right]' - x' + [\mathrm{e}^{-x} \arctan(\mathrm{e}^x)]'$

$\qquad = \dfrac{1}{2} \dfrac{2\mathrm{e}^{2x}}{1 + \mathrm{e}^{2x}} - 1 - \mathrm{e}^{-x} \arctan(\mathrm{e}^x) + \dfrac{1}{1 + \mathrm{e}^{2x}} = -\mathrm{e}^{-x} \arctan(\mathrm{e}^x)$.

2. 解　因为 $\lim\limits_{x \to 0} f(x) = \lim\limits_{x \to 0} x^2 \arctan \dfrac{1}{x} = 0 = f(0)$, 所以 $f(x)$ 在点 $x = 0$ 处连续.

又因为 $f'(0) = \lim\limits_{x \to 0} \dfrac{f(x) - f(0)}{x - 0} = \lim\limits_{x \to 0} \dfrac{x^2 \arctan \dfrac{1}{x} - 0}{x} = \lim\limits_{x \to 0} x \arctan \dfrac{1}{x} = 0$,

所以 $f(x)$ 在点 $x=0$ 处连续且可导.

3.解　$\dfrac{\mathrm{d}y}{\mathrm{d}x}=\dfrac{(a\sin^3 t)'}{a\cos^3 t}=\dfrac{3a\sin^2 t\cdot\cos t}{3a\cos^2 t\cdot(-\sin t)}=-\tan t,$

$\dfrac{\mathrm{d}^2 y}{\mathrm{d}x^2}=\dfrac{(-\tan t)'}{(a\cos^3 t)'}=\dfrac{-\sec^2 t}{3a\cos^2 t\cdot(-\sin t)}=\dfrac{1}{3a\cos^4 t\sin t}.$

4.解　设所求切线的切点为 (x_0,y_0),直线 PQ 的方程为 $y=2x+2$,因为切线与直线 PQ 平行,

所以切线斜率 $k=y'(x_0)=2x_0-2=2$,可得 $x_0=2$,$y_0=x_0^2-2x_0+5=5$,

所以切线方程为 $y-5=2(x-2)$,即 $y=2x+1$.

5.解法一　方程 $\mathrm{e}^{xy}+\tan(xy)=y$ 两边同时对 x 求导数,得
$$\mathrm{e}^{xy}(y+xy')+\sec^2(xy)(y+xy')=y',$$

整理,得 $[1-x\mathrm{e}^{xy}-x\sec^2(xy)]y'=y[\mathrm{e}^{xy}+\sec^2(xy)]$,所以 $y'=\dfrac{y[\mathrm{e}^{xy}+\sec^2(xy)]}{1-x\mathrm{e}^{xy}-x\sec^2(xy)}.$

解法二　令 $F(x,y)=\mathrm{e}^{xy}+\tan(xy)-y$,则

$F'_x=y\mathrm{e}^{xy}+y\sec^2(xy)=y[\mathrm{e}^{xy}+\sec^2(xy)]$,$F'_y=x\mathrm{e}^{xy}+x\sec^2(xy)-1$,

于是 $\dfrac{\mathrm{d}y}{\mathrm{d}x}=-\dfrac{F'_x}{F'_y}=\dfrac{y[\mathrm{e}^{xy}+\sec^2(xy)]}{1-x\mathrm{e}^{xy}-x\sec^2(xy)}.$

6.解　两边同时取对数,得 $\ln y=x[\ln x-\ln(1+x)]$,

两边同时对 x 求导数,得 $\dfrac{1}{y}y'=\ln\left(\dfrac{x}{1+x}\right)+x\left(\dfrac{1}{x}-\dfrac{1}{1+x}\right)=\ln\left(\dfrac{x}{1+x}\right)+\dfrac{1}{1+x}$,

所以 $\dfrac{\mathrm{d}y}{\mathrm{d}x}=\left(\dfrac{x}{1+x}\right)^x\left[\ln\left(\dfrac{x}{1+x}\right)+\dfrac{1}{1+x}\right].$

7.解　$y'=\ln(x+\sqrt{x^2+a^2})+x\cdot\dfrac{1}{x+\sqrt{x^2+a^2}}\cdot\left(1+\dfrac{2x}{2\sqrt{x^2+a^2}}\right)-\dfrac{2x}{2\sqrt{x^2+a^2}}=\ln(x+\sqrt{x^2+a^2}),$

$y''=\dfrac{1}{x+\sqrt{x^2+a^2}}\cdot\left(1+\dfrac{2x}{2\sqrt{x^2+a^2}}\right)=\dfrac{1}{\sqrt{x^2+a^2}}.$

8.解　利用对数求导法,方程两边同取对数,得 $\ln y=\ln x+\dfrac{1}{2}\ln(1-x)-\dfrac{1}{2}\ln(1+x)$,

两边同时对 x 求导数得 $\dfrac{1}{y}y'=\dfrac{1}{x}-\dfrac{1}{2(1-x)}-\dfrac{1}{2(1+x)}$,

即 $y'=y\left[\dfrac{1}{x}-\dfrac{1}{2(1-x)}-\dfrac{1}{2(1+x)}\right]=\dfrac{1-x-x^2}{1-x^2}\sqrt{\dfrac{1-x}{1+x}}$. 所以 $\mathrm{d}y=y'\mathrm{d}x=\dfrac{1-x-x^2}{1-x^2}\sqrt{\dfrac{1-x}{1+x}}\,\mathrm{d}x.$

四、证明题

1.证　因为 $f(x)$ 在 $(-l,l)$ 上为奇函数且可导,所以 $f(-x)=-f(x)$.两边同时对 x 求导,得 $f'(-x)\cdot(-1)=-f'(x)$,

即 $f'(-x)=f'(x)$.因此 $f'(x)$ 在 $(-l,l)$ 上为偶函数.

2.证　因为 $y'=-\dfrac{1}{x^2}$,则曲线上任意一点 $\left(x_0,\dfrac{1}{x_0}\right)$ 处的切线斜率 $k=-\dfrac{1}{x_0^2}$,切线方程为 $y-\dfrac{1}{x_0}=-\dfrac{1}{x_0^2}(x-x_0)$,

令 $y=0$,得 $x=2x_0$,令 $x=0$,得 $y=\dfrac{2}{x_0}$,则面积 $S=\dfrac{1}{2}\mid 2x_0\mid\cdot\left|\dfrac{2}{x_0}\right|=2$ 为定值,故题设命题成立.

第三章检测训练 A

一、单选题

1.D.　解　因为 $y=\dfrac{1}{x^2}$ 在点 $x=0$ 处间断,$y=x^{\frac{1}{2}}$ 在 $[-1,0)$ 没有定义,$y=x\mid x\mid$ 在区间端点处函数值不相等,所

以选项 A,B,C 都不满足罗尔定理.

2.D.　解　函数 $f(x)=x(x+1)(x-2)$ 在区间 $[-1,0]$,$[0,2]$ 上都满足罗尔定理,且 $f(x)$ 在这两个区间内单调,

所以 $f'(x)=0$ 在 $[-1,0]$,$[0,2]$ 内各有且仅有一个实根.

3. B. 解 因为 $f(x)=1-\sqrt[3]{x^2}$ 在 $x=0$ 处不可导,$f(x)=\dfrac{1}{x}$ 在 $x=0$ 处间断,$f(x)=\dfrac{1}{x-1}$ 在 $x=1$ 处不连续,所以选项 A,C,D 都不满足拉格朗日中值定理.

4. D. 解 因为函数 $f(x)$ 的极值点为驻点或导数不存在的点,此题题设部分没有说 $f(x)$ 在点 x_0 处可导,不能选 C.

5. D. 解 因为 $(3-x)'=-1<0$ 在 $(-\infty,+\infty)$ 上恒成立,所以函数 $y=3-x$ 在 $(-\infty,+\infty)$ 上单调递减.

6. A. 解 因为 $y'=2x\ln x+x=x(2\ln x+1)$,因为在 $[1,e]$ 上 $y'>0$,所以 $y=x^2\ln x$ 在 $[1,e]$ 上单调递增,最大值为 $f(e)=e^2$.

7. C. 解 因为 $y'=4x^3-18x^2+24x$,$y''=12x^2-36x+24=12(x^2-3x+2)$,令 $y''=0$ 得,$x=1$ 或 $x=2$,且 y'' 在点 $x=1$ 或 $x=2$ 两侧变号,所以该曲线有 2 个拐点.

8. A. 解 当 $x>0$ 时,$f'(x)=e^x-1>0$,$f''(x)=e^x>0$,所以曲线 $f(x)=e^x-x$ 在区间 $(0,+\infty)$ 内是单调递增且凹的.

9. B. 解 在区间 $\left(\dfrac{1}{2},1\right)$ 内,$f'(x)=(x-1)(2x+1)<0$,$f''(x)=4x-1>0$,所以 $f(x)$ 单调减少且曲线是凹的.

10. A. 解 在区间 $[0,4]$ 上,$f'(x)=x^2-6x+9=(x-3)^2\geqslant 0$,所以 $f(x)$ 在区间 $[0,4]$ 上单调增加,所以在区间右端点 $x=4$ 处取得最大值.

二、填空题

1. 1. 解 由拉格朗日中值定理得 $f'(\xi)=\dfrac{f(3)-f(-1)}{3-(-1)}=\dfrac{-8-0}{4}=-2$,由 $y=1-x^2$ 得,$f'(\xi)=-2\xi$,于是 $\xi=1$.

2. $x=2$. 解 令 $y'=3(x-2)^2=0$ 得 $x=2$,所以函数 $y=(x-2)^3$ 的驻点是 $x=2$,故填 $x=2$.

3. 0. 解 由极值存在的必要条件知,可导的极值点必为驻点,故填 0.

4. -4. 解 $y'=4x+a$,因为 $y=2x^2+ax+3$ 在点 $x=1$ 处取得极小值,所以 $y'(1)=4+a=0$,$a=-4$.

5. $x=\dfrac{3}{2}$. 解 令 $f'(x)=3-2x=0$ 得 $x=\dfrac{3}{2}$,且 $f'\left(\dfrac{3}{2}\right)=-2<0$,所以 $x=\dfrac{3}{2}$ 为极大值点.

6. $\left(0,\dfrac{1}{2}\right)$. 解 函数 $y=2x^2-\ln x$ 的定义域为 $(0,+\infty)$. 令 $y'=4x-\dfrac{1}{x}=\dfrac{4x^2-1}{x}<0$,得 $-\dfrac{1}{2}<x<\dfrac{1}{2}$,与定义域取交集得递减区间为 $\left(0,\dfrac{1}{2}\right)$.

7. $(\pi,0)$. 解 $y'=\cos x$,$y''=-\sin x$,由 $y''=0$ 得在 $(0,2\pi)$ 内的根为 $x=\pi$,所以曲线 $y=\sin x$ 在 $(0,2\pi)$ 内的拐点是 $(\pi,0)$.

8. $(-\infty,+\infty)$. 解 函数 $f(x)=x^{\frac{4}{3}}$ 的定义域为 $(-\infty,+\infty)$,$f'(x)=\dfrac{4}{3}x^{\frac{1}{3}}$,$f''(x)=\dfrac{4}{9}x^{-\frac{2}{3}}=\dfrac{4}{9\sqrt[3]{x^2}}$,

$x=0$ 是二阶不可导点,但在点 $x=0$ 左右两边 $f''(x)>0$,所以函数 $f(x)=x^{\frac{4}{3}}$ 在定义域 $(-\infty,+\infty)$ 内都是凹的.

9. 单调递增. 解 $f'(x)=1-\cos x>0$,$x\in(0,\pi)$,所以函数 $f(x)=x-\sin x$ 在区间 $(0,\pi)$ 上单调递增.

10. $x=1$. 解 $y'=6x^2-18x+12=6(x^2-3x+2)$,令 $y'=0$ 得 $x=1$,$x=2$,而 $y(0)=1$,$y(1)=6$,$y(2)=5$,所以 $y=2x^3-9x^2+12x+1$ 在区间 $[0,2]$ 上的最大值点是 $x=1$.

三、计算题

1. 解 函数的定义域为 $(-1,+\infty)$,令 $y'=1-\dfrac{1}{x+1}=\dfrac{x}{x+1}=0$,得驻点 $x=0$,定义域内没有导数不存在的点. 列表得

x	$(-1,0)$	0	$(0,+\infty)$
y'	$-$	0	$+$
y	↘	极小值 0	↗

11

由上表知,函数的单调增区间为$(0,+\infty)$,单调减区间为$(-1,0)$,极小值为$y(0)=0$.

2.解 函数的定义域为$(-\infty,+\infty)$,

$$y'=\frac{(1+x^2)-2x^2}{(1+x^2)^2}=\frac{1-x^2}{(1+x^2)^2},\quad y''=\frac{-2x(1+x^2)^2-4x(1-x^2)(1+x^2)}{(1+x^2)^4}=\frac{2x(x^2-3)}{(1+x^2)^3},$$

令$y''=0$,得$x_1=0,x_2=-\sqrt{3},x_3=\sqrt{3}$,列表得

x	$(-\infty,-\sqrt{3})$	$-\sqrt{3}$	$(-\sqrt{3},0)$	0	$(0,\sqrt{3})$	$\sqrt{3}$	$(\sqrt{3},+\infty)$
y''	$-$	0	$+$	0	$-$	0	$+$
y	凸	拐点	凹	拐点	凸	拐点	凹

由上表知,函数的凹区间为$(-\sqrt{3},0)$和$(\sqrt{3},+\infty)$,凸区间为$(-\infty,-\sqrt{3})$和$(0,\sqrt{3})$,拐点为$\left(-\sqrt{3},-\frac{\sqrt{3}}{4}\right),(0,0)$和

$\left(\sqrt{3},\frac{\sqrt{3}}{4}\right)$.

3.解 函数的定义域为$\mathbf{R}$,$y'=(x+1)\mathrm{e}^x$,令$y'=0$,得$x=-1$,

$y''=(x+2)\mathrm{e}^x$,令$y''=0$,得$x=-2$,列表得

x	$(-\infty,-1)$	-1	$(-1,+\infty)$
y'	$-$	0	$+$
y	↘	极小值$-\mathrm{e}^{-1}$	↗

x	$(-\infty,-2)$	(-2)	$(-2,+\infty)$
y''	$-$	0	$+$
y	凸	拐点$(-2,-2\mathrm{e}^{-2})$	凹

由上表知,函数的单调减区间为$(-\infty,-1)$,单调增区间为$(-1,+\infty)$;极小值$y(-1)=-\mathrm{e}^{-1}$;凹区间为$(-2,+\infty)$,凸区间为$(-\infty,-2)$;拐点为$(-2,-2\mathrm{e}^{-2})$.

四、证明题

1.证 当$a=b$时,显然成立.当$a\neq b$时,取函数$f(x)=\arctan x$,$f(x)$在$[a,b]$或$[b,a]$上连续,在(a,b)或(b,a)内可导,由拉格朗日中值定理知,至少存在一点$\xi\in(a,b)$或(b,a),使$f(a)-f(b)=f'(\xi)(a-b)$,即

$$\arctan a-\arctan b=\frac{1}{1+\xi^2}(a-b),\text{故}|\arctan a-\arctan b|=\frac{1}{1+\xi^2}|a-b|\leqslant|a-b|.$$

2.证 令$f(x)=(x+1)\ln x-x+1$,则$f(1)=0$,$f(x)$在$[1,+\infty)$内连续,且$f'(x)=\ln x+\frac{1}{x}$.当$x>1$时,$f'(x)>0$,

所以$f(x)$在$(1,+\infty)$内单调递增,$f(x)>f(1)=0$,即$(x+1)\ln x>x-1$,所以$x>1$时,$(x^2-1)\ln x>(x-1)^2$.

3.证 因为在区间$[0,1]$上$f'(x)=3x^2-3=3(x^2-1)<0$,所以函数$f(x)$在$[0,1]$上单调递减,

所以$f(x)=x^3-3x+a$在$[0,1]$上不可能有两个零点.

又因为$f(x)=x^3-3x+a$在$[0,1]$上连续,若$f(0)=a>0$,$f(1)=a-2<0$,即$0<a<2$时,由零点定理知,

$f(x)=x^3-3x+a$在$(0,1)$内必有零点.

4.证 令$F(x)=x^2 f(x)$,因为$f(x)$在$[0,1]$上连续,在$(0,1)$内可导,

所以$F(x)$在$[0,1]$上连续,在$(0,1)$内可导,因为且$f(1)=0$,所以$F(0)=F(1)=0$,由罗尔定理得,至少存在一点

$\xi\in(0,1)$,使得$F'(\xi)=0$,即$f'(\xi)=-\frac{2f(\xi)}{\xi}$.

5.证 因为$f(x)$在区间$[0,1]$上连续,在区间$(0,1)$内可导,

在$\left[0,\frac{1}{2}\right]$上由拉格朗日中值定理知,存在一点$\xi_1\in\left(0,\frac{1}{2}\right)$,使得

$$f'(\xi_1) = \frac{f\left(\frac{1}{2}\right) - f(0)}{\frac{1}{2} - 0} = \frac{f\left(\frac{1}{2}\right) - 0}{\frac{1}{2}} = 2f\left(\frac{1}{2}\right) \qquad (1)$$

在 $\left[\frac{1}{2}, 1\right]$ 上由拉格朗日中值定理知, 存在一点 $\xi_2 \in \left(\frac{1}{2}, 1\right)$, 使得

$$f'(\xi_2) = \frac{f(1) - f\left(\frac{1}{2}\right)}{1 - \frac{1}{2}} = \frac{\frac{1}{2} - f\left(\frac{1}{2}\right)}{\frac{1}{2}} = 1 - 2f\left(\frac{1}{2}\right) \qquad (2)$$

将(1)、(2)式两边分别相加, 得 $f'(\xi_1) + f'(\xi_2) = 2f\left(\frac{1}{2}\right) + 1 - 2f\left(\frac{1}{2}\right) = 1$,

故存在两个不同的点 $\xi_1, \xi_2 \in (0,1)$, 使得 $f'(\xi_1) + f'(\xi_2) = 1$ 成立.

6. 证 (1) 因为函数 $f(x)$ 在 $[2,3]$ 上连续, 则在该区间上存在最大值 M 和最小值 m, 所以 $m \leqslant \frac{1}{2}[f(2) + f(3)] \leqslant M$,

由介值定理得, 存在 $\eta_1 \in [2,3]$, 使得

$$f(\eta_1) = \frac{1}{2}[f(2) + f(3)]. \ 又由已知 \ 2f(0) = \frac{1}{2}[f(2) + f(3)] \ 得, f(\eta_1) = f(0);$$

(2) 因为函数 $f(x)$ 在 $[0,2]$ 上连续, 由积分中值定理得, 存在 $\eta_2 \in [0,2]$, 使得 $\int_0^2 f(x)\mathrm{d}x = 2f(\eta_2)$.

又由已知 $2f(0) = \int_0^2 f(x)\mathrm{d}x$ 得, $f(\eta_2) = f(0)$;

(3) 由(1)(2)可知, $f(\eta_1) = f(\eta_2) = f(0)$, 分别在 $[0, \eta_2], [\eta_2, \eta_1]$ 上应用罗尔定理得, 存在 $\xi_1 \in (0, \eta_2), \xi_2 \in (\eta_2, \eta_1)$, 使得 $f'(\xi_1) = f'(\xi_2) = 0$. 对 $f'(x)$ 在 $[\xi_1, \xi_2]$ 上使用罗尔定理得, 存在 $\xi \in (\xi_1, \xi_2) \subset (0,3)$, 使得 $f''(\xi) = 0$.

五、应用题

1. 解 设围成正方形的铁丝长为 x, 则正方形与圆的面积之和 $y = \frac{x^2}{16} + \frac{(l-x)^2}{4\pi} (0 < x < l)$,

$y' = \frac{x}{8} - \frac{l-x}{2\pi} = \frac{(\pi+4)x - 4l}{8\pi}$, 令 $y' = 0$, 得 $x_0 = \frac{4l}{\pi+4}$, 又因为该问题最值一直存在,

所以开区间内在唯一的驻点 $x_0 = \frac{4l}{\pi+4}$ 处取得面积和的最小值. 即围成正方形的铁丝长 $\frac{4l}{\pi+4}$, 围成圆的铁丝长 $\frac{\pi l}{\pi+4}$

时, 正方形的面积与圆的面积之和最小.

2. 解 设堆料场靠墙一侧的边长为 x, 则新砌墙壁的长度 $y = x + \frac{1024}{x}(x > 0)$, 令 $y' = 1 - \frac{1024}{x^2} = 0$, 得 $x = 32$.

因为 $x = 32$ 是开区间 $(0, +\infty)$ 内唯一可能极值点, 所以在该点处取得函数最小值. 即堆料场的长为 32m, 宽为 16m

时, 才能使砌墙所用的材料最省.

第三章检测训练 B

一、单选题

1. C. 解 因为 $\ln x^2$ 在点 $x = 0$ 处不连续, $|x|$ 在点 $x = 0$ 处不可导, $\frac{1}{x+1}$ 在点 $x = -1$ 处无定义, 所以选项 A, B,

D 不满足罗尔定理条件.

2. B. 解 由拉格朗日中值定理得, $f'(\xi) = \frac{f(1) - f(0)}{1 - 0} = \frac{9 - 8}{1} = 1$, 又由 $f(x) = x^3 + 8$ 得 $f'(x) = 3\xi^2$, 所以

$3\xi^2 = 1, \xi = \frac{1}{\sqrt{3}}$.

3. B. 解 令 $f(x) = e^x - x - 1$, 则 $f'(x) = e^x - 1$, 令 $f'(x) = 0$ 得唯一驻点 $x = 0$, 而 $f''(0) = e^0 = 1 > 0$, 所以 $f(0) =$

0 为函数 $f(x) = e^x - x - 1$ 的极小值点, 也是最小值点, 于是 方程 $e^x - x - 1 = 0$ 有且仅有一个实根 $x = 0$.

4. D. 解 $f'(x_0)=0$ 且 $f''(x_0)<0$ 是函数 $y=f(x)$ 在点 x_0 处取得极大值的充分条件,但不是必要条件,当 $f'(x_0)=0$ 且 $f''(x_0)=0$ 时,函数 $y=f(x)$ 在点 x_0 处也可能取得极大值,例如 $f(x)=-x^4$.

5. A. 解 $f'(x)=3x^2+12x+11,f''(x)=6x+12$ 有且仅有一个零点,所以方程 $f''(x)=0$ 有且仅有一个实根.

6. B. 解 由 $\lim\limits_{x\to a}\dfrac{f'(x)}{x-a}=-1$ 得 $\lim\limits_{x\to a}f'(x)=\lim\limits_{x\to a}\dfrac{f'(x)}{x-a}\cdot(x-a)=(-1)\cdot 0=0$,$f'(x)$ 在 $x=a$ 处连续,则 $f'(a)=\lim\limits_{x\to a}f'(x)=0$,于是 $\lim\limits_{x\to a}\dfrac{f'(x)}{x-a}=\lim\limits_{x\to a}\dfrac{f'(x)-f'(a)}{x-a}=f''(a)=-1<0$,由极值存在的第二充分条件得,$x=a$ 是 $f(x)$ 的极大值点.

7. B. 解 $f'(x)=\mathrm{e}^{-x}-x\mathrm{e}^{-x}=(1-x)\mathrm{e}^{-x},f''(x)=-\mathrm{e}^{-x}-(1-x)\mathrm{e}^{-x}=(x-2)\mathrm{e}^{-x}$,当 $x>2$ 时 $f''(x)>0$,当 $x<2$ 时 $f''(x)<0$,所以 $f(x)=x\mathrm{e}^{-x}$ 在 $(-\infty,2)$ 上是凸的,在 $(2,+\infty)$ 上是凹的.

8. B. 解 因为 $f(x)=|x^{\frac{1}{3}}|\geqslant 0$,所以点 $x=0$ 是 $f(x)$ 的极小值点.

9. B. 解 $F'(x)=G'(x)$,由拉格朗日中值定理推论得,$F(x)=G(x)+C$.

10. B. 解 $\lim\limits_{x\to 0}\dfrac{f'(x)}{\sin x}=\lim\limits_{x\to 0}\dfrac{f'(x)-f'(0)}{x-0}\cdot\dfrac{x}{\sin x}=\lim\limits_{x\to 0}\dfrac{f'(x)-f'(0)}{x-0}\cdot\lim\limits_{x\to 0}\dfrac{x}{\sin x}$

$=f''(0)=\dfrac{1}{2}>0$,且 $f'(0)=0$,

由极值存在的第二充分条件得,$f(0)$ 是 $f(x)$ 的一个极小值.

二、填空题

1. $(-\infty,-2)$ 和 $(1,+\infty)$. 解 $y'=6x^2+6x-12=6(x^2+x-2)$,令 $y'>0$,得 $x<-2$ 或 $x>1$,所以函数 $y=2x^3+3x^2-12x+1$ 的单调递增区间为 $(-\infty,-2)$ 和 $(1,+\infty)$.

2. 3. 解 $y'=15x^4-15x^2,y''=60x^3-30x=30x(2x^2-1)$,令 $y''=0$,得 $x=0,x=\pm\dfrac{\sqrt{2}}{2}$,且 y'' 在点 $x=0$ 和 $x=\pm\dfrac{\sqrt{2}}{2}$ 左右两边都变号,所以曲线 $y=3x^5-5x^3$ 有 3 个拐点.

3. $\left(-\infty,\dfrac{2}{\ln 2}\right)$. 解 $y'=2^{-x}-x\cdot 2^{-x}\ln 2=(1-x\ln 2)\cdot 2^{-x},y''=-\ln 2\cdot 2^{-x}-(1-x\ln 2)\cdot 2^{-x}\ln 2=(x\ln 2-2)\cdot 2^{-x}\ln 2$,令 $y''<0$,得 $x<\dfrac{2}{\ln 2}$,所以曲线 $y=x\cdot 2^{-x}$ 的凸区间为 $\left(-\infty,\dfrac{2}{\ln 2}\right)$.

4. 2. 解 $f'(x)=a\cos x+\cos 3x$,因为 $x=\dfrac{\pi}{3}$ 是函数的驻点,所以 $f'\left(\dfrac{\pi}{3}\right)=a\cos\dfrac{\pi}{3}+\cos\pi=\dfrac{a}{2}-1=0$,所以 $a=2$.

5. $\dfrac{\pi}{6}+\sqrt{3}$. 解 $y'=1-2\sin x$,令 $y'=0$ 得函数在 $\left[0,\dfrac{\pi}{2}\right]$ 内的驻点为 $x=\dfrac{\pi}{6}$,由 $f(0)=2,f\left(\dfrac{\pi}{6}\right)=\dfrac{\pi}{6}+\sqrt{3}\approx 2.25$,$f\left(\dfrac{\pi}{2}\right)=\dfrac{\pi}{2}\approx 1.57$,所以 $y=x+2\cos x$ 在区间 $\left[0,\dfrac{\pi}{2}\right]$ 上的最大值是 $\dfrac{\pi}{6}+\sqrt{3}$.

6. $x^3-\dfrac{3}{2}x^2-6x+2$. 解 由曲线 $y=f(x)$ 上任意点的切线斜率为 $3x^2-3x-6$ 得 $y'=3x^2-3x-6$,所以 $y=x^3-\dfrac{3}{2}x^2-6x+C$,把 $f(-1)=\dfrac{11}{2}$ 代入,得 $C=2$.

7. 1. 解 $\lim\limits_{x\to 0}\dfrac{g(x)-1}{\ln g(x)}=\lim\limits_{x\to 0}\dfrac{g'(x)}{\dfrac{g'(x)}{g(x)}}=\lim\limits_{x\to 0}g(x)=g(0)=1.$

8. $1,-3$. 解 把 $(1,0)$ 代入 $y=ax^3+bx^2+2$ 得 $a+b+2=0,y'=3ax^2+2bx,y''=6ax+2b$,因为点 $(1,0)$ 是曲线 $y=ax^3+bx^2+2$ 的拐点,故 $y''(1)=6a+2b=0$,解方程组得,$a=1,b=-3$.

9. $x=1$. 解 因为 $\lim\limits_{x\to 1}\dfrac{x^2-2x+2}{x-1}=\infty$,所以曲线 $y=\dfrac{x^2-2x+2}{x-1}$ 的垂直渐近线的方程是 $x=1$.

10. $y=1,x=1$. 解 因为 $\lim\limits_{x\to\infty}\left[1+\dfrac{2x}{(x-1)^2}\right]=1$,所以曲线 $f(x)=1+\dfrac{2x}{(x-1)^2}$ 的水平渐近线为 $y=1$;又因为

14

$\lim\limits_{x \to 1}\left[1 + \dfrac{2x}{(x-1)^2}\right] = \infty$，所以曲线 $f(x) = 1 + \dfrac{2x}{(x-1)^2}$ 的垂直渐近线为 $x = 1$.

三、计算题

1.解　函数的定义域为 $\mathbf{R}$，$f'(x) = x^{\frac{2}{3}} + \dfrac{2}{3}(x-1)x^{-\frac{1}{3}} = \dfrac{5x-2}{3\sqrt[3]{x}}$ 令 $y' = 0$，得驻点 $x = \dfrac{2}{5}$；

$x = 0$ 是函数的一阶导数不存在的点. 列表得

x	$(-\infty, 0)$	0	$\left(0, \dfrac{2}{5}\right)$	$\dfrac{2}{5}$	$\left(\dfrac{2}{5}, +\infty\right)$
y'	$+$	不存在	$-$	0	$+$
y	↗	极大值 $y(0) = 0$	↘	极小值 $y\left(\dfrac{2}{5}\right) = -\dfrac{3}{5}\sqrt[3]{\dfrac{4}{25}}$	↗

由上表知，函数的单调增区间是 $(-\infty, 0)$ 与 $\left(\dfrac{2}{5}, +\infty\right)$；单调减区间是 $\left(0, \dfrac{2}{5}\right)$；极大值 $y(0) = 0$；极小值 $y\left(\dfrac{2}{5}\right) = -\dfrac{3}{5}\sqrt[3]{\dfrac{4}{25}}$.

2.解　函数的定义域为 $\mathbf{R}$，$y' = \dfrac{2x}{1+x^2}$，$y'' = \dfrac{2(1+x^2) - 2x \cdot 2x}{(1+x^2)^2} = \dfrac{2 - 2x^2}{(1+x^2)^2}$.

令 $y'' = 0$，得 $x = \pm 1$，列表得

x	$(-\infty, -1)$	-1	$(-1, 1)$	1	$(1, +\infty)$
y''	$-$	0	$+$	0	$-$
y	凸	拐点	凹	拐点	凸

由上表知，函数的凸区间为 $(-\infty, -1)$ 和 $(1, +\infty)$，凹区间为 $(-1, 1)$，拐点为 $(-1, \ln 2)$ 和 $(1, \ln 2)$.

3.解　函数的定义域为 $(-\infty, 1) \bigcup (1, +\infty)$，

$y' = \dfrac{3x^2(x-1) - 2x^3}{(x-1)^3} = \dfrac{x^3 - 3x^2}{(x-1)^3}$，令 $y' = 0$，得 $x_1 = 0, x_2 = 3$，

$y'' = \dfrac{(3x^2 - 6x)(x-1) - 3(x^3 - 3x^2)}{(x-1)^4} = \dfrac{6x}{(x-1)^4}$，令 $y'' = 0$，得 $x = 0$，

列表得

x	$(-\infty, 0)$	0	$(0, 1)$	$(1, 3)$	3	$(3, +\infty)$
y'	$+$	0	$+$	$-$	0	$+$
y''	$-$	0	$+$	$+$	$+$	$+$
y	增、凸	拐点 $(0,0)$	增、凹	减、凹	极小值 $\dfrac{27}{4}$	增、凹

由上表知，函数的增区间为 $(-\infty, 1)$ 和 $(3, +\infty)$，减区间为 $(1, 3)$；极小值为 $y(3) = \dfrac{27}{4}$；

凹区间为 $(0, 1)$ 和 $(1, +\infty)$，凸区间为 $(-\infty, 0)$；拐点为 $(0, 0)$.

四、证明题

1.证　取函数 $f(x) = a_0 x^n + a_1 x^{n-1} + \cdots + a_{n-1}x$，则 $f(x)$ 在 $[0, x_0]$ 上连续，在 $(0, x_0)$ 内可导，且 $f(0) = f(x_0) = 0$，由罗尔定理可知至少存在一点 $\xi \in (0, x_0)$，使 $f'(\xi) = 0$，即方程 $a_0 n x^{n-1} + a_1(n-1)x^{n-2} + \cdots + a_{n-1} = 0$ 必有一个小于 x_0 的正根.

2.证　取函数 $f(x) = 1 + x\ln(x + \sqrt{1+x^2}) - \sqrt{1+x^2}$ 则

$$f'(x) = \ln(x + \sqrt{1+x^2}) + \frac{x}{\sqrt{1+x^2}} - \frac{x}{\sqrt{1+x^2}} = \ln(x + \sqrt{1+x^2}),$$

当 $x > 0$ 时,$f'(x) > 0$,因此 $f(x)$ 在 $[0, +\infty)$ 内单调递增.

故当 $x > 0$ 时,$f(x) > f(0) = 0$,即 $1 + x\ln(x + \sqrt{1+x^2}) > \sqrt{1+x^2}$ $(x > 0)$.

3. 证 令 $F(x) = f(x) \cdot g^2(x)$,因为 $f(x), g(x)$ 均在 $[a, b]$ 上连续,在 (a, b) 内可导,所以 $F(x)$ 在 $[a, b]$ 上连续,在 (a, b) 内可导,且 $F'(x) = f'(x)g^2(x) + f(x) \cdot 2g(x)g'(x)$.

又 $f(a) = g(b) = 0$,则 $F(a) = F(b) = 0$,由罗尔定理得,在 (a, b) 内至少存在一点 ξ,使 $F'(\xi) = 0$,即 $f'(\xi)g^2(\xi)$ $+ f(\xi) \cdot 2g'(\xi)g(\xi) = 0$,

又因为 $g(x) \neq 0$,所以 $g(\xi) \neq 0$,两边同除以 $g(\xi)$,得 $f'(\xi)g(\xi) + 2f(\xi)g'(\xi) = 0$.

4. 证 令 $F(x) = xf(x)$,因为函数 $f(x)$ 在 $[1, 3]$ 上连续,由积分中值定理知,在 $[2, 3]$ 上至少有一点 η,使得 $f(1) = \int_2^3 xf(x)\mathrm{d}x = \eta f(\eta) = F(\eta)$.

由题可知,$F(x)$ 在 $[1, \eta]$ 上连续,在 $(1, \eta)$ 内可导,且 $F(1) = f(1) = F(\eta)$,由罗尔中值定理知,存在 $c \in (1, \eta) \subset$ $(1, 3)$,使得 $F'(c) = f(c) + cf'(c) = 0$,即 $f(c) = -cf'(c)$.

5. 证 由已知得,存在 $c \in (a, b)$,使得 $f(c)$ 为 $f(x)$ 在 (a, b) 内的极小值,由极值存在的必要条件得 $f'(c) = 0$.因为函数 $f(x)$ 在 $[a, b]$ 上二阶可导,所以 $f'(x)$ 在 $[a, c]$,$[c, b]$ 上满足拉格朗日中值定理,存在 $\xi_1 \in (a, c)$,$\xi_2 \in$ (c, b),使得

$$f'(c) - f'(a) = f''(\xi_1)(c - a),\text{则} \mid f'(c) - f'(a) \mid = \mid f'(a) \mid \leqslant 2(c - a),$$
$$f'(b) - f'(c) = f''(\xi_2)(b - c),\text{则} \mid f'(b) - f'(c) \mid = \mid f'(b) \mid \leqslant 2(b - c),$$

两式相加,得 $\mid f'(a) \mid + \mid f'(b) \mid \leqslant 2(b - a)$.

6. 证 (1) 令 $F(x) = f(x) + x - 1$,由已知得 $F(x)$ 在 $[0, 1]$ 上连续,在 $(0, 1)$ 内可导,且 $F(0) = -1 < 0$,$F(1) =$ $1 > 0$,由零点定理得,存在 $\xi \in (0, 1)$,使得 $F(\xi) = 0$,即 $f(\xi) = 1 - \xi$.

(2) $F(x)$ 在 $[0, \xi]$,$[\xi, 1]$ 上连续,在 $(0, \xi)$,$(\xi, 1)$ 内可导,由拉格朗日中值定理得,存在 $\mu \in (0, \xi)$,$\eta \in (\xi, 1)$,使得 $f'(\mu) = \frac{f(\xi) - f(0)}{\xi - 0} = \frac{1 - \xi}{\xi}$,$f'(\eta) = \frac{f(1) - f(\xi)}{1 - \xi} = \frac{\xi}{1 - \xi}$.

两式相乘,存在两个不同的点 $\eta, \mu \in (0, 1)$,使得 $f'(\eta)f'(\mu) = 1$.

五、综合题

1. 解 把 $f(1) = -12$ 带入 $f(x) = 4x^3 + ax^2 + bx + 5$ 得 $a + b = -21$,$f'(x) = 12x^2 + 2ax + b$,因为在点 $x = 1$ 处切线斜率为 -12,故 $f'(1) = 12 + 2a + b = -12$.由上面两个方程求得 $a = -3$,$b = -18$,所以 $f(x) = 4x^3 - 3x^2 - 18x + 5$.

令 $f'(x) = 12x^2 - 6x - 18 = 6(x + 1)(2x - 3) = 0$,得 $x = -1$,$x = \frac{3}{2}$(舍去),$f(-2) = -3$,$f(-1) = 16$,$f(1) = -12$,

所以函数 $f(x)$ 在 $[-2, 1]$ 上的最大值为 $f(-1) = 16$,最小值为 $f(1) = -12$.

2. 解 把 $x = -1$ 带入切线方程,得 $y = 1$,故切点为 $(-1, 1)$.把点 $(-1, 1)$,$(0, 2)$ 分别代入 $f(x)$,得 $b - c + d = 2$,$d = 2$,$f'(x) = 3x^2 + 2bx + c$,由导数的几何意义得 $f'(-1) = 3 - 2b + c = 6$,从而可得 $b = -3$,$c = -3$,$d = 2$,

所以 $f(x) = x^3 - 3x^2 - 3x + 2$.$x \in \mathbf{R}$.令 $f'(x) = 3x^2 - 6x - 3 = 0$,得驻点 $x_1 = 1 + \sqrt{2}$,$x_2 = 1 - \sqrt{2}$,无不可导点.

列表,得

x	$(-\infty, 1-\sqrt{2})$	$1-\sqrt{2}$	$(1-\sqrt{2}, 1+\sqrt{2})$	$1+\sqrt{2}$	$(1+\sqrt{2}, +\infty)$
$f'(x)$	$+$	0	$-$	0	$+$
$f(x)$	↗	极大值	↘	极小值	↗

所以,$f(x)$ 的单调增区间为 $(-\infty, 1-\sqrt{2})$ 和 $(1+\sqrt{2}, +\infty)$,单调减区间为 $(1-\sqrt{2}, 1+\sqrt{2})$.

一、选择题

1. B 解 由题意知,$\int f(x)\mathrm{d}x = \sin x + C$,则 $f(x) = (\sin x + C)' = \cos x$,而 $\int f'(x)\mathrm{d}x = f(x) + C = \cos x + C$.

2. D 解 由 $\int f(x)\mathrm{d}x = x^2 + C$ 知,于是 $\int xf(1-x^2)\mathrm{d}x = -\dfrac{1}{2}\int f(1-x^2)\mathrm{d}(1-x^2) = -\dfrac{1}{2}(1-x^2)^2 + C$.

3. B 解 由凑微分法得,$\int \dfrac{\ln x}{x}\mathrm{d}x = \int \ln x \,\mathrm{d}\ln x = \dfrac{1}{2}\ln^2 x + C$.

4. C 解 由 $\int f(x)\mathrm{d} = F(x) + C$,则 $\int \mathrm{e}^{-x}f(\mathrm{e}^{-x})\mathrm{d}x = -\int f(\mathrm{e}^{-x})\mathrm{d}\mathrm{e}^{-x} = -F(\mathrm{e}^{-x}) + C$.

5. D 解 根据不定积分的定义有 $f(x) = (x^2\mathrm{e}^{2x} + C)' = 2x\mathrm{e}^{2x} + 2x^2\mathrm{e}^{2x} = 2x\mathrm{e}^{2x}(1+x)$.

6. B 解 由凑微分法 $\int \mathrm{e}^{3x+5}\mathrm{d}x = \dfrac{1}{3}\int \mathrm{e}^{3x+5}\mathrm{d}(3x+5) = \dfrac{1}{3}\mathrm{e}^{3x+5} + C$.

7. C 解 $\int \mathrm{d}\arctan\sqrt{x} = \int (\arctan\sqrt{x})'\mathrm{d}x = \arctan\sqrt{x} + C$.

8. D 解 由不定积分的定义有,$\int f(x)\mathrm{d}x = F(x) + C$,则 $\mathrm{d}\int f(x)\mathrm{d}x = \mathrm{d}[F(x) + C] = f(x)\mathrm{d}x$.

9. D 解 由 $\int f(x)\sin x\,\mathrm{d}x = f(x) + C$,知 $f'(x) = (f(x) + C)' = f(x)\sin x$,于是 $\dfrac{f'(x)}{f(x)} = \sin x$,

则 $\int \dfrac{f'(x)}{f(x)}\mathrm{d}x = \int \dfrac{1}{f(x)}\mathrm{d}f(x) = \ln|f(x)| + C = \int \sin x\,\mathrm{d}x = -\cos x + C$,即 $f(x) = C\mathrm{e}^{-\cos x}$.

10. D 解 根据不定积分的定义,$f(x) = \left(\dfrac{1}{x}\right)' = -\dfrac{1}{x^2}$,则 $f'(x) = \left(\dfrac{1}{x}\right)' = \left(-\dfrac{1}{x^2}\right)' = \dfrac{2}{x^3}$.

二、填空题

1. $(1+x)\mathrm{e}^x$ 解 根据不定积分的性质,$f(x) = \left[\int f(x)\mathrm{d}x\right]' = (x\mathrm{e}^x + C)' = (1+x)\mathrm{e}^x$.

2. $x^2 + x + 1$ 解 由 $f'(\ln x) = 1 + 2\ln x$ 得,$f'(x) = 1 + 2x$,则根据不定积分的性质有
$$f(x) = \int f'(x)\mathrm{d}x = \int (1+2x)\mathrm{d}x = x + x^2 + C,$$
又知 $f(0) = 1$,得 $C = 1$. 所以 $f(x) = x^2 + x + 1$.

3. $\dfrac{1}{x} + C$ 解 根据不定积分的性质 $\int f'(x)\mathrm{d}x = f(x) + C = \dfrac{1}{x} + C$.

4. $\ln F(x) + C$ 解 $\int f(x)\mathrm{d}x = F(x) + C$,推得 $f(x) = [F(x) + C]' = F'(x)$,

则 $\int \dfrac{f(x)}{F(x)}\mathrm{d}x = \int \dfrac{F'(x)}{F(x)}\mathrm{d}x = \int \dfrac{1}{F(x)}\mathrm{d}F(x) = \ln|F(x)| + C = \ln F(x) + C$.

5. $\dfrac{1}{8}x - \dfrac{1}{32}\sin 4x + C$ 解 $\int \sin^2 x\cos^2 x\,\mathrm{d}x = \int \left(\dfrac{1}{2}\sin 2x\right)^2\mathrm{d}x = \dfrac{1}{4}\int \sin^2 2x\,\mathrm{d}x$
$$= \dfrac{1}{8}\int (1 - \cos 4x)\,\mathrm{d}x = \dfrac{1}{8}x - \dfrac{1}{32}\sin 4x + C.$$

6. $f(x) + C$ 解 根据不定积分的性质,$\int f'(x)\mathrm{d}x = f(x) + C$.

7. $\dfrac{1}{3}\arctan 3x + C$ 解 $\int \dfrac{\mathrm{d}x}{1+9x^2} = \dfrac{1}{3}\int \dfrac{1}{1+(3x)^2}\mathrm{d}3x = \dfrac{1}{3}\arctan 3x + C$.

8. $-\dfrac{1}{4}\ln|3-4x| + C$ 解 $\int \dfrac{\mathrm{d}x}{3-4x} = -\dfrac{1}{4}\int \dfrac{\mathrm{d}(3-4x)}{3-4x} = -\dfrac{1}{4}\ln|3-4x| + C$.

9. $f(x) + C$ 解 由不定积分的性质,知 $\int \mathrm{d}f(x) = f(x) + C$,于是 $\mathrm{d}\int \mathrm{d}f(x) = \mathrm{d}f(x)$,

从而 $\int \mathrm{d}\int \mathrm{d}f(x) = \int \mathrm{d}f(x) = \int f'(x)\mathrm{d}x = f(x) + C$.

10. $e^{x^2}(2x^2-1)+C$　**解**　由 $f(x)$ 的一个原函数为 e^{x^2} 知 $f(x)=(e^{x^2})'=2xe^{x^2}$，

根据分部积分法有 $\int xf'(x)\mathrm{d}x=\int x\mathrm{d}f(x)=xf(x)-\int f(x)\mathrm{d}x=e^{x^2}(2x^2-1)+C$.

三、计算题

1. **解**　$\displaystyle\int \tan^2 x\,\mathrm{d}x=\int(\sec^2 x-1)\mathrm{d}x=\int\sec^2 x\,\mathrm{d}x-\int\mathrm{d}x=\tan x-x+C.$

2. **解**　$\displaystyle\int\frac{1}{9-4x^2}\mathrm{d}x=\int\frac{1}{(3-2x)(3+2x)}\mathrm{d}x=\frac{1}{6}\Big(\int\frac{1}{3-2x}\mathrm{d}x+\int\frac{1}{3+2x}\mathrm{d}x\Big)$

$\displaystyle=-\frac{1}{12}\ln|3-2x|+\frac{1}{12}\ln|3+2x|+C=\frac{1}{12}\ln\left|\frac{3+2x}{3-2x}\right|+C.$

3. **解**　$\displaystyle\int\sin^3 x\,\mathrm{d}x=\int\sin x\cdot\sin^2 x\,\mathrm{d}x=\int\sin x(1-\cos^2 x)\mathrm{d}x=\int\sin x\,\mathrm{d}x-\int\sin x\cdot\cos^2 x\,\mathrm{d}x=-\cos x+\int\cos^2 x\,\mathrm{d}\cos x$

$\displaystyle=-\cos x+\frac{1}{3}\cos^3 x+C.$

4. **解**　令 $t=\sqrt[6]{x+1}$，得

$\displaystyle\int\frac{1}{\sqrt{x+1}+\sqrt[3]{x+1}}\mathrm{d}x=\int\frac{6t^5}{t^3+t^2}\mathrm{d}t=6\int\frac{t^3}{t+1}\mathrm{d}t=6\int\frac{t^3+1-1}{t+1}\mathrm{d}t$

$\displaystyle=6\int\Big(t^2-t+1-\frac{1}{t+1}\Big)\mathrm{d}t=6\Big(\int t^2\mathrm{d}t-\int t\,\mathrm{d}t+\int\mathrm{d}t-\int\frac{1}{t+1}\mathrm{d}t\Big)$

$\displaystyle=2t^3-3t^2+6t-6\ln|t+1|+C$

$\displaystyle=2\sqrt{x+1}-3\sqrt[3]{x+1}+6\sqrt[6]{x+1}-6\ln(1+\sqrt[6]{x+1})+C.$

5. **解**　令 $\sqrt{x-4}=t$，则 $x=4+t^2$，$\mathrm{d}x=2t\,\mathrm{d}t$.

$\displaystyle\int\frac{\sqrt{x-4}}{x}\mathrm{d}x=\int\frac{t}{4+t^2}\cdot 2t\,\mathrm{d}t=2\int\frac{4+t^2-4}{4+t^2}\mathrm{d}t=2t-8\int\frac{1}{4+t^2}\mathrm{d}t=2t-4\arctan\frac{t}{2}+C$

$\displaystyle=2\sqrt{x-4}-4\arctan\frac{\sqrt{x-4}}{2}+C$

6. **解**　$\displaystyle\int\ln(2+x)\mathrm{d}x=x\cdot\ln(2+x)-\int x\,\mathrm{d}\ln(2+x)=x\cdot\ln(2+x)-\int\frac{x+2-2}{x+2}\mathrm{d}x$

$\displaystyle=x\cdot\ln(2+x)-\int\Big(1-\frac{2}{x+2}\Big)\mathrm{d}x=x\cdot\ln(2+x)-\int\mathrm{d}x+2\int\frac{1}{x+2}\mathrm{d}(x+2)$

$\displaystyle=x\cdot\ln(2+x)-x+2\ln|x+2|+C.$

7. **解**　$\displaystyle\int\Big(5a^x-\frac{3}{x}+e^x\Big)\mathrm{d}x=\frac{5}{\ln a}a^x-3\ln|x|+e^x+C.$

8. **解**　$\displaystyle\int\frac{\ln^2 x-1}{x}\mathrm{d}x=\int\frac{\ln^2 x}{x}\mathrm{d}x-\int\frac{1}{x}\mathrm{d}x=\int\ln^2 x\,\mathrm{d}\ln x-\ln x+C=\frac{1}{3}\ln^3 x-\ln x+C.$

9. **解**　$\displaystyle\int\tan x\,\mathrm{d}x=\int\frac{\sin x}{\cos x}\mathrm{d}x=-\int\frac{1}{\cos x}\mathrm{d}\cos x=-\ln|\cos x|+C.$

10. **解**　$\displaystyle\int\frac{1}{1+\sin x}\mathrm{d}x=\int\frac{1-\sin x}{(1+\sin x)(1-\sin x)}\mathrm{d}x=\int\frac{1-\sin x}{\cos^2 x}\mathrm{d}x$

$\displaystyle=\tan x+\int\frac{1}{\cos^2 x}\mathrm{d}\cos x+C=\tan x-\sec x+C.$

11. **解**　$\displaystyle\int x^2\ln x\,\mathrm{d}x=\frac{1}{3}\int\ln x\,\mathrm{d}x^3=\frac{1}{3}x^3\ln x-\frac{1}{3}\int x^2\mathrm{d}x=\frac{1}{3}x^3\ln x-\frac{1}{9}x^3+C.$

12. **解**　$\displaystyle\int x^2 e^{-x}\mathrm{d}x=-\int x^2\mathrm{d}e^{-x}=-x^2 e^{-x}+\int e^{-x}\mathrm{d}x^2=-x^2 e^{-x}+2\int e^{-x}x\,\mathrm{d}x$

$\displaystyle=-x^2 e^{-x}-2xe^{-x}+2\int e^{-x}\mathrm{d}x+C=-e^{-x}(x^2+2x+2)+C.$

13. **解**　$\displaystyle\int 2\cos^2\frac{x}{2}\mathrm{d}x=\int(\cos x+1)\mathrm{d}x=x+\sin x+C.$

14. 解 $\int \sqrt{x\sqrt{x\sqrt{x}}}\,\mathrm{d}x = \int x^{\frac{7}{8}}\,\mathrm{d}x = \frac{8}{15}x^{\frac{15}{8}} + C.$

15. 解 $\int \dfrac{1}{(1+x^5)x}\,\mathrm{d}x = \int \dfrac{(1+x^5)-x^5}{(1+x^5)x}\,\mathrm{d}x = \int\left(\dfrac{1}{x} - \dfrac{x^4}{1+x^5}\right)\mathrm{d}x = \ln|x| - \dfrac{1}{5}\int \dfrac{1}{1+x^5}\mathrm{d}(1+x^5)$

$$= \ln|x| - \frac{1}{5}\ln(1+x^5) + C.$$

16. 解 令 $x = 3\sin t, t\in\left(-\dfrac{\pi}{2},\dfrac{\pi}{2}\right)$, 则

$$\int \frac{\mathrm{d}x}{x\sqrt{9-x^2}} = \int \frac{1}{9\cos t\sin t}\mathrm{d}3\sin t = \frac{1}{3}\int\frac{1}{\sin t}\mathrm{d}t = \frac{1}{3}\int \csc t\,\mathrm{d}t$$

$$= \frac{1}{3}\ln|\csc t - \cot t| + C = \frac{1}{3}\ln\left|\frac{3}{x} - \frac{\sqrt{9-x^2}}{x}\right| + C = \frac{1}{3}\ln|3-\sqrt{9-x^2}| - \frac{1}{3}\ln|x| + C.$$

17. 解 $f(x) = (\ln^2 x)' = \dfrac{2\ln x}{x}, \int xf'(x)\mathrm{d}x = \int x\,\mathrm{d}f(x) = xf(x) - \int f(x)\mathrm{d}x = 2\ln x - \ln^2 x + C.$

第四章检测训练 B

一、选择题

1. D. 解 已知 $f(x)$ 的一个原函数是 e^{-x}, 得 $\int f(x)\mathrm{d}x = \mathrm{e}^{-x} + C$,

则 $\int\dfrac{f(\ln x)}{x}\mathrm{d}x = \int f(\ln x)\mathrm{d}\ln x = \mathrm{e}^{-\ln x} + C = \dfrac{1}{x} + C.$

2. B. 解 $\int xf(x^2)\mathrm{d}x = \dfrac{1}{2}\int f(x^2)\mathrm{d}x^2 = \dfrac{1}{2}F(x^2) + C.$

3. A. 解 根据不定积分的性质, 有 $\left[\int f(x)\mathrm{d}x\right]' = f(x).$

4. D. 解 $\int xf(1-x^2)\mathrm{d}x = -\dfrac{1}{2}\int f(1-x^2)\mathrm{d}(1-x^2) = -\dfrac{1}{2}(1-x^2)^3 + C.$

5. A. 解 要判断两个函数是否具有相同的原函数, 即看二者的导数是否相同.

选项 A: $\left(\dfrac{1}{2}\sin^2 x\right)' = \sin x\cdot\cos x, \left(-\dfrac{1}{4}\cos 2x\right)' = \dfrac{1}{2}\sin 2x = \sin x\cdot\cos x.$

6. A. 解 $\int\cos^2 x\,\mathrm{d}x = \dfrac{1}{2}\int(1+\cos 2x)\mathrm{d}x = \dfrac{1}{2}\int\mathrm{d}x + \dfrac{1}{4}\int\cos 2x\,\mathrm{d}2x = \dfrac{1}{2}x + \dfrac{1}{4}\sin 2x + C.$

7. B. 解 对于 A: $a\,\mathrm{d}x = \mathrm{d}(ax+b)$, 对于 C: $\dfrac{1}{\sqrt{x}}\mathrm{d}x = 2\mathrm{d}\sqrt{x}$, 对于 D: $\ln x\,\mathrm{d}x = \mathrm{d}(\dfrac{1}{x})$ 是错误的.

8. B. 解 $\int\sin 2x\,\mathrm{d}x = \dfrac{1}{2}\int\sin 2x\,\mathrm{d}2x = -\dfrac{1}{2}\cos 2x + C.$

9. C. 解 根据分部积分法, C 是正确的.

10. B. 解 根据导数的几何意义, $f'(x) = \dfrac{1}{x}$, 则 $y = f(x) = \int\dfrac{1}{x}\mathrm{d}x = \ln x + C(x>0)$, 曲线过 $(\mathrm{e}^2,3)$, 则 $C = 1$,

即 $f(x) = \ln x + 1.$

二、填空题

1. $(1+x)\mathrm{e}^x.$ 解 根据不定积分的定义有, $(x\mathrm{e}^x + C)' = (1+x)\mathrm{e}^x.$

2. $x - \ln|x| + C.$ 解 由 $f(x+1) = \dfrac{x}{x+1} = \dfrac{x+1-1}{x+1}$, 即 $f(x) = \dfrac{x-1}{x} = 1 - \dfrac{1}{x}$,

即 $\int f(x)\mathrm{d}x = \int(1-\dfrac{1}{x})\mathrm{d}x = x - \ln|x| + C.$

3. $\mathrm{e}^{\cos x}(\sin^2 x - \cos x).$ 解 根据不定积分的性质, 有 $f(x) = (\mathrm{e}^{\cos x} + C)' = -\sin x\cdot\mathrm{e}^{\cos x}.$

则 $f'(x) = -\cos x \cdot \mathrm{e}^{\cos x} + \sin^2 x \cdot \mathrm{e}^{\cos x} = \mathrm{e}^{\cos x}(\sin^2 x - \cos x)$.

4. $x\sin x - \cos x + C$.　解　根据分部积分的公式, $\int uv'\mathrm{d}x = \int u\mathrm{d}v = uv - \int v\mathrm{d}u = x\sin x - \cos x + C$.

5. $\sin x + \cos x + C$.　解　$\displaystyle\int \frac{\cos 2x}{\cos x + \sin x}\mathrm{d}x = \int \frac{\cos^2 x - \sin^2 x}{\cos x + \sin x}\mathrm{d}x = \int (\cos x - \sin x)\mathrm{d}x = \sin x + \cos x + C$.

6. $\sqrt{2x-3} + \ln|\sqrt{2x-3}+1| + C$.　解　用换元积分法, 令 $t = \sqrt{2x-3}$, 则 $x = \frac{1}{2}(t^2+3), \mathrm{d}x = \frac{1}{2}\mathrm{d}(t^2+3) = t\mathrm{d}t$,

$$\int \frac{1}{\sqrt{2x-3}+1}\mathrm{d}x = \int \frac{t}{t+1}\mathrm{d}t = \int \frac{t+1-1}{t+1}\mathrm{d}t = \int \mathrm{d}t - \int \frac{1}{t+1}\mathrm{d}(t+1)$$

$$= t - \ln|t| + C = \sqrt{2x-3} + \ln(\sqrt{2x-3}+1) + C.$$

7. $\frac{1}{4}f^2(x^2) + C$.　解　$\displaystyle\int xf(x^2)f'(x^2)\mathrm{d}x = \frac{1}{2}\int f(x^2)\mathrm{d}f(x^2) = \frac{1}{4}f^2(x^2) + C$.

8. $\ln|x+\cos x| + C$.　解　$\displaystyle\int \frac{1-\sin x}{x+\cos x}\mathrm{d}x = \int \frac{1}{x+\cos x}\mathrm{d}(x+\cos x) = \ln|x+\cos x| + C$.

9. $x\mathrm{e}^x$.　解　由 $\int f(x+1)\mathrm{d}x = x\mathrm{e}^{x+1} + C_1$, 得 $\int f(x)\mathrm{d}x = (x-1)\mathrm{e}^x + C$,

则 $f(x) = [(x-1)\mathrm{e}^x]' = \mathrm{e}^x + (x-1)\mathrm{e}^x = x\mathrm{e}^x$.

10. $x - \frac{1}{2}x^2$.　解: 由 $f'(\cos^2 x) = \sin^2 x$, 知 $f'(\cos^2 x) = 1 - \cos^2 x$, 即 $f'(x) = 1 - x$,

则 $f(x) = \int f'(x)\mathrm{d}x = \int (1-x)\mathrm{d}x = x - \frac{1}{2}x^2 + C$, 又知 $f(0) = 0$, 则 $C = 0$, 所以 $f(x) = x - \frac{1}{2}x^2$.

三、计算题

1. 解　$\displaystyle\int \frac{(2x-1)(\sqrt{x}+1)}{\sqrt{x}}\mathrm{d}x = \int \frac{2x^{\frac{3}{2}} + 2x - x^{\frac{1}{2}} - 1}{x^{\frac{1}{2}}} = \int (2x + 2x^{\frac{1}{2}} - 1 - x^{-\frac{1}{2}})\mathrm{d}x$.

$$= x^2 + \frac{4}{3}x^{\frac{3}{2}} - x - 2x^{\frac{1}{2}} + C.$$

2. 解　$\displaystyle\int \frac{1+3x^2}{2x^2(1+x^2)}\mathrm{d}x = \int \frac{2x^2 + (1+x^2)}{2x^2(1+x^2)}\mathrm{d}x = \int \frac{1}{1+x^2}\mathrm{d}x + \int \frac{1}{2x^2}\mathrm{d}x = \arctan x - \frac{1}{2x} + C$.

3. 解　$\displaystyle\int x\sqrt{x^2-3}\,\mathrm{d}x = \frac{1}{2}\int \sqrt{x^2-3}\,\mathrm{d}(x^2-3) = \frac{1}{3}(x^2-3)^{\frac{3}{2}} + C$.

4. 解　$\displaystyle\int \mathrm{e}^x\sqrt{3+2\mathrm{e}^x}\,\mathrm{d}x = \frac{1}{2}\int \sqrt{3+2\mathrm{e}^x}\,\mathrm{d}(3+2\mathrm{e}^x) = \frac{1}{3}(3+2\mathrm{e}^x)^{\frac{3}{2}} + C$.

5. 解　$\displaystyle\int \sin^2 x\cos^3 x\,\mathrm{d}x = \int \sin^2 x\cos^2 x\,\mathrm{d}\sin x = \int \sin^2 x \cdot (1-\sin^2 x)\mathrm{d}\sin x$

$$\underset{\text{令 } t = \sin x}{=\!=\!=\!=\!=\!=} \int (t^2 - t^4)\mathrm{d}t = \frac{1}{3}t^3 - \frac{1}{5}t^5 + C = \frac{1}{3}\sin^3 x - \frac{1}{5}\sin^5 x + C.$$

6. 解　$\displaystyle\int \frac{2^{\arcsin x}}{\sqrt{1-x^2}}\mathrm{d}x = \int 2^{\arcsin x}\,\mathrm{d}\arcsin x = \frac{2^{\arcsin x}}{\ln 2} + C$.

7. 解　令 $t = \sqrt{2x-1}$, 则 $x = \frac{t^2+1}{2}$,

$$\int \mathrm{e}^{\sqrt{2x-1}}\mathrm{d}x = \int t\mathrm{e}^t\mathrm{d}t = t\mathrm{e}^t - \int \mathrm{e}^t\mathrm{d}t = t\mathrm{e}^t - \mathrm{e}^t + C = \mathrm{e}^{\sqrt{2x-1}}\sqrt{2x-1} - \mathrm{e}^{\sqrt{2x-1}} + C.$$

8. 解　$\displaystyle\int \frac{\mathrm{d}x}{x(1+\ln x)} = \int \frac{1}{1+\ln x}\mathrm{d}(\ln x + 1) = \ln|\ln x + 1| + C$.

9. 解　$\displaystyle\int x\ln x\,\mathrm{d}x = \frac{1}{2}\int \ln x\,\mathrm{d}x^2 = \frac{1}{2}x^2\ln x - \frac{1}{2}\int x\,\mathrm{d}x + C = \frac{1}{2}x^2\ln x - \frac{1}{4}x^2 + C$.

10. 解　令 $t = \sqrt{x}$, 则 $x = t^2$,

$$\int \arctan\sqrt{x}\,\mathrm{d}x = \int \arctan t\,\mathrm{d}t^2 = t^2\arctan t - \int t^2\,\mathrm{d}\arctan t = t^2\arctan t - \int \frac{1+t^2-1}{1+t^2}\mathrm{d}t$$

$$= t^2 \arctan t - t + \int \frac{1}{1+t^2} dt = t^2 \arctan t - t + \arctan t + C$$

$$= x \arctan \sqrt{x} - \sqrt{x} + \arctan \sqrt{x} + C.$$

11. 解 $\int \frac{\arctan \sqrt{x}}{\sqrt{x}(1+x)} dx = 2 \int \frac{\arctan \sqrt{x}}{1+x} d\sqrt{x} = 2 \int \frac{\arctan \sqrt{x}}{1+(\sqrt{x})^2} d\sqrt{x}$

$$= 2 \int \arctan \sqrt{x} \, d\arctan \sqrt{x} = \arctan^2 \sqrt{x} + C.$$

12. 解 $\int \left(\sqrt{\frac{1-x}{1+x}} + \sqrt{\frac{1+x}{1-x}} \right) dx = \int \left(\frac{1-x}{\sqrt{1-x^2}} + \frac{1+x}{\sqrt{1-x^2}} \right) dx = 2 \int \frac{1}{\sqrt{1-x^2}} dx = 2\arcsin x + C.$

第五章检测训练 A

一、选择题

1. A 解 由定积分对于积分区间的可加性,得 $\int_0^3 f(x)dx = \int_0^2 f(x)dx + \int_2^3 f(x)dx$,其余选项均有不在可积区间$[0,4]$内的部分.

2. C. 解 $\int_0^x f(t+a)dt = \int_0^x f(t+a)d(t+a) = F(t+a) \Big|_0^x = F(x+a) - F(a).$

3. B. 解 $\int_{-\infty}^{+\infty} \frac{dx}{1+x^2} = (\arctan x) \Big|_{-\infty}^{+\infty} = \lim_{x \to +\infty} \arctan x - \lim_{x \to -\infty} \arctan x = \frac{\pi}{2} - \left(-\frac{\pi}{2} \right) = \pi.$

4. B. 解 本题为 "$\frac{0}{0}$" 型未定式的极限,由洛必达法则和变上限积分的导数公式,得

$$\lim_{x \to 0} \frac{\int_0^x \sin t^2 dt}{x^2} = \lim_{x \to 0} \frac{\sin(x^2)}{2x} = \lim_{x \to 0} \frac{x^2}{2x} = \lim_{x \to 0} \frac{x}{2} = 0.$$

5. D. 解 $q = 1$ 时,$\int_0^1 x^{-1}dx = \int_0^1 \frac{1}{x}dx = (\ln x) \Big|_0^1 = +\infty$,该积分发散;

$$q \neq 1 \text{ 时},\int_0^1 x^{-q}dx = \left(\frac{x^{1-q}}{1-q} \right) \Big|_0^1 = \begin{cases} \frac{1}{1-q}, & q < 1, \\ \infty, & q > 1, \end{cases} \text{ 故 } q < 1 \text{ 时该积分收敛}.$$

6. D. 解 由定积分的几何意义,得 $I_1 = \int_0^1 x dx < \int_1^2 x dx$;又 $x \in [1,2]$ 时,$x < x^2$,由定积分的比较性质,得

$$\int_1^2 x dx < \int_1^2 x^2 dx = I_2;\text{因此},I_1 < I_2.$$

7. D. 解 $\int_2^{+\infty} \frac{dx}{x^2} = \left(-\frac{1}{x} \right) \Big|_2^{+\infty} = \lim_{x \to +\infty} \left(-\frac{1}{x} \right) - \left(-\frac{1}{2} \right) = 0 + \frac{1}{2} = \frac{1}{2}.$

8. D. 解 $\int_0^4 dx = x \Big|_0^4 = 4 - 0 = 4.$

9. A. 解 由变上限积分的导数性质,得 $\frac{d}{dx} \int_0^x \cos t^2 dt = \cos x^2.$

10. B. 解 设 $f(x) = x \sin x^2$,则 $f(-x) = (-x)\sin(-x)^2 = -x \sin x^2 = -f(x)$,所以 $f(x)$ 为奇函数;由定积分的几何意义,奇函数在对称区间内的定积分等于零,即 $\int_{-1}^1 x \sin x^2 dx = 0.$

11. A. 解 $\int_a^b \arcsin x dx$ 是定积分,其值为常数,常数的导数为零,即 $\frac{d}{dx} \int_a^b \arcsin x dx = 0.$

12. B. 解 当 $x \in [0,1]$ 时,$x^2 \geqslant x^3$,由定积分的比较性质,得 $\int_0^1 x^2 dx \geqslant \int_0^1 x^3 dx$,故 B 项正确,A 项错误;又当 $x \in [1,2]$ 时,$x^3 \geqslant x^2$,$x \leqslant x^2$,由定积分的比较性质,得 $\int_1^2 x^3 dx \geqslant \int_1^2 x^2 dx$,$\int_1^2 x dx \leqslant \int_1^2 x^2 dx$,故 C 项错误,D 项错误.

13. D. 解 $\int_0^x f(t)\mathrm{d}t = a^{2x}$，两边对 x 求导，得 $f(x)=2a^{2x}\ln a$.

14. D. 解 由 $f\left(\dfrac{1}{x}\right)=\dfrac{x}{x+1}=\dfrac{1}{1+\dfrac{1}{x}}$，得 $f(x)=\dfrac{1}{1+x}$，则

$$\int_0^1 f(x)\mathrm{d}x = \int_0^1 \frac{1}{1+x}\mathrm{d}x = \int_0^1 \frac{1}{1+x}\mathrm{d}(1+x) = \ln(1+x)\Big|_0^1 = \ln 2.$$

二、填空题

1. $2b$. 解 本题利用定积分的几何意义求解. $x\cos x$ 为奇函数，其在对称区间上的定积分为零；$x\sin x$ 为偶函数，其在对称区间上的定积分等于在半个区间上定积分值的 2 倍.

因此，$\displaystyle\int_{-a}^{a} x(\sin x + \cos x)\mathrm{d}x = \int_{-a}^{a} x\sin x\,\mathrm{d}x + \int_{-a}^{a} x\cos x\,\mathrm{d}x = 2\int_0^a x\sin x\,\mathrm{d}x = 2b.$

2. -2. 解 由定积分的性质及几何意义，得 $\displaystyle\int_{-a}^{a}(2x-1)\mathrm{d}x = \int_{-a}^{a} 2x\,\mathrm{d}x - \int_{-a}^{a}\mathrm{d}x = 0 - 2a = 4$，故 $a=-2$.

3. 0. 解 由定积分的性质及几何意义，得 $\displaystyle\int_{-1}^{1} x\,|\,x\,|\,\mathrm{d}x = \int_{-1}^{0}-x^2\,\mathrm{d}x + \int_0^1 x^2\,\mathrm{d}x = 0.$

4. 单位圆. 解 由定积分的几何意义，$\displaystyle\int_0^1 \sqrt{1-x^2}\,\mathrm{d}x$ 表示单位圆（以原点为圆心、半径为1的圆）在第一象限的图形的面积，即单位圆面积的 $\dfrac{1}{4}$，故 $4\displaystyle\int_0^1 \sqrt{1-x^2}\,\mathrm{d}x$ 表示单位圆的面积.

5. $\dfrac{1}{\pi}$. 解 因为 $\displaystyle\int_{-\infty}^{+\infty}\frac{\mathrm{d}x}{1+x^2} = (\arctan x)\Big|_{-\infty}^{+\infty} = \lim_{x\to+\infty}\arctan x - \lim_{x\to-\infty}\arctan x = \frac{\pi}{2}-\left(-\frac{\pi}{2}\right) = \pi,$

所以，$\displaystyle\int_{-\infty}^{+\infty}\frac{A}{1+x^2}\mathrm{d}x = A\int_{-\infty}^{+\infty}\frac{1}{1+x^2}\mathrm{d}x = A\pi = 1$，故 $A=\dfrac{1}{\pi}$.

6. $F(x+a)-F(2a)$. 解 $F'(x)=f(x)$，即 $F(x)$ 是 $f(x)$ 的一个原函数，因此

$$\int_a^x f(t+a)\mathrm{d}t = \int_a^x f(t+a)\mathrm{d}(t+a) = F(t+a)\Big|_a^x = F(x+a)-F(2a).$$

7. $\dfrac{9}{14}$. 解 由定积分中值定理，得函数 $y=\dfrac{1}{\sqrt[3]{x}}$ 在区间 $[1,8]$ 上的平均值为

$$\bar{y} = \frac{\displaystyle\int_1^8 \frac{1}{\sqrt[3]{x}}\mathrm{d}x}{8-1} = \frac{1}{7}\int_1^8 x^{-\frac{1}{3}}\mathrm{d}x = \frac{1}{7}\cdot\frac{3}{2}x^{\frac{2}{3}}\Big|_1^8 = \frac{1}{7}\cdot\frac{3}{2}(4-1) = \frac{9}{14}.$$

8. $-2xf(x^2)$. 解 由定积分的性质和变上限积分的导数的性质，得

$$\frac{\mathrm{d}}{\mathrm{d}x}\int_{x^2}^1 f(t)\mathrm{d}t = -\frac{\mathrm{d}}{\mathrm{d}x}\int_1^{x^2} f(t)\mathrm{d}t = -f(x^2)\cdot(x^2)' = -2xf(x^2).$$

9. $\dfrac{4}{3}$. 解 本题为 "$\dfrac{0}{0}$" 型未定式的极限，由洛必达法则和变上限积分的导数性质，得

$$\lim_{x\to 0}\frac{\displaystyle\int_0^x \sin^2 2t\,\mathrm{d}t}{x^3} = \lim_{x\to 0}\frac{\sin^2 2x}{3x^2} = \lim_{x\to 0}\frac{(2x)^2}{3x^2} = \lim_{x\to 0}\frac{4x^2}{3x^2} = \frac{4}{3}.$$

10. 0. 解 被积函数 $x^4\sin^3 x$ 为奇函数，由定积分的几何意义，奇函数在对称区间上的定积分等于零，则 $\displaystyle\int_{-2}^2 x^4\sin^3 x\,\mathrm{d}x = 0.$

11. $\dfrac{\pi}{4}$. 解 $\displaystyle\int_1^{+\infty}\frac{1}{1+x^2}\mathrm{d}x = (\arctan x)\Big|_1^{+\infty} = \lim_{x\to+\infty}\arctan x - \arctan 1 = \frac{\pi}{2}-\frac{\pi}{4} = \frac{\pi}{4}.$

三、计算题

1. 解 $\displaystyle\int_1^e \frac{\mathrm{d}x}{x(2x+1)} = \int_1^e\left(\frac{1}{x}-\frac{2}{2x+1}\right)\mathrm{d}x = \int_1^e\frac{\mathrm{d}x}{x}-\int_1^e\frac{1}{2x+1}\mathrm{d}(2x+1) = \ln x\Big|_1^e - \ln(2x+1)\Big|_1^e = 1-\ln\frac{2e+1}{3}.$

2. 解 $\displaystyle\int_0^1\frac{2x+3}{1+x^2}\mathrm{d}x = \int_0^1\frac{2x}{1+x^2}\mathrm{d}x + \int_0^1\frac{3}{1+x^2}\mathrm{d}x = \int_0^1\frac{1}{1+x^2}\mathrm{d}x^2 + 3\arctan x\Big|_0^1$

$$= \ln(1+x^2)\Big|_0^1 + 3\arctan x\Big|_0^1 = \ln 2 + \frac{3}{4}\pi.$$

3.解 令 $x = \sin t$，则

$$\int_0^1 \frac{x\,\mathrm{d}x}{(2-x^2)\sqrt{1-x^2}} = \int_0^{\frac{\pi}{2}} \frac{\sin t}{(2-\sin^2 t)\sqrt{1-\sin^2 t}}\mathrm{d}\sin t = \int_0^{\frac{\pi}{2}} \frac{\sin t}{2-\sin^2 t}\mathrm{d}t$$

$$= -\int_0^{\frac{\pi}{2}} \frac{1}{1+\cos^2 t}\mathrm{d}\cos t = -\arctan\cos t \Big|_0^{\frac{\pi}{2}} = \frac{\pi}{4}.$$

4.解 $\int_0^{\pi} \sqrt{\frac{1+\cos 2x}{2}}\mathrm{d}x = \int_0^{\pi} \sqrt{\frac{1+2\cos^2 x - 1}{2}}\mathrm{d}x = \int_0^{\pi} |\cos x|\,\mathrm{d}x = \int_0^{\frac{\pi}{2}} \cos x\,\mathrm{d}x - \int_{\frac{\pi}{2}}^{\pi} \cos x\,\mathrm{d}x = 2.$

5.解 $\int_1^2 x^2 \ln x\,\mathrm{d}x = \frac{1}{3}\int_1^2 \ln x\,\mathrm{d}x^3 = \frac{1}{3}x^3 \ln x \Big|_1^2 - \frac{1}{3}\int_1^2 x^3 \mathrm{d}\ln x$

$$= \frac{1}{3}x^3 \ln x \Big|_1^2 - \frac{1}{3}\int_1^2 x^2\,\mathrm{d}x = \left(\frac{1}{3}x^3 \ln x - \frac{1}{9}x^3\right)\Big|_1^2 = \frac{8}{3}\ln 2 - \frac{7}{9}.$$

6.解 $\int_0^2 x^3 \mathrm{e}^{-x^2}\,\mathrm{d}x = -\frac{1}{2}\int_0^2 x^2(-2x)\mathrm{e}^{-x^2}\,\mathrm{d}x = -\frac{1}{2}\int_0^2 x^2 \mathrm{d}\mathrm{e}^{-x^2} = -\frac{1}{2}x^2 \mathrm{e}^{-x^2}\Big|_0^2 + \frac{1}{2}\int_0^2 \mathrm{e}^{-x^2}\,\mathrm{d}x^2$

$$= \left(-\frac{1}{2}x^2 \mathrm{e}^{-x^2} - \frac{1}{2}\mathrm{e}^{-x^2}\right)\Big|_0^2 = \frac{1-5\mathrm{e}^{-4}}{2}.$$

7.解 $\int_0^{\frac{\pi}{2}} x^2 \sin x\,\mathrm{d}x = -\int_0^{\frac{\pi}{2}} x^2 \mathrm{d}\cos x = -x^2 \cos x \Big|_0^{\frac{\pi}{2}} + \int_0^{\frac{\pi}{2}} \cos x\,\mathrm{d}x^2 = -x^2 \cos x \Big|_0^{\frac{\pi}{2}} + 2\int_0^{\frac{\pi}{2}} x\,\mathrm{d}\sin x$

$$= (-x^2 \cos x + 2x\sin x + 2\cos x)\Big|_0^{\frac{\pi}{2}} = \pi - 2.$$

8.解 $\displaystyle\lim_{x\to 0} \frac{\int_0^x \frac{\sin t^2}{t}\mathrm{d}t}{x^2} = \lim_{x\to 0} \frac{\frac{\sin x^2}{x}}{2x} = \lim_{x\to 0} \frac{\frac{x^2}{x}}{2x} = \frac{1}{2}.$

9.解 令 $t = \sqrt{x}$，则 $x = t^2$，

原式 $= \int_1^2 \mathrm{e}^t\,\mathrm{d}t^2 = 2\int_1^2 t\mathrm{e}^t\,\mathrm{d}t = 2\int_1^2 t\,\mathrm{d}\mathrm{e}^t = (2t\mathrm{e}^t - 2\mathrm{e}^t)\Big|_1^2 = 2\mathrm{e}^2.$

10.解 令 $x = \sin t$，当 $x = 1$ 时，$t = \frac{\pi}{2}$；当 $x = 0$ 时，$t = 0$. 则

原式 $= \int_0^{\frac{\pi}{2}} \sin^2 t\cos t\,\mathrm{d}\sin t = \int_0^{\frac{\pi}{2}} \sin^2 t\cos^2 t\,\mathrm{d}t = \frac{1}{4}\int_0^{\frac{\pi}{2}} \sin^2 2t\,\mathrm{d}t$

$$= \frac{1}{4}\int_0^{\frac{\pi}{2}} \frac{1-\cos 4t}{2}\mathrm{d}t = \frac{1}{8}\left(\int_0^{\frac{\pi}{2}} \mathrm{d}t - \int_0^{\frac{\pi}{2}} \cos 4t\,\mathrm{d}t\right) = \frac{1}{8}t\Big|_0^{\frac{\pi}{2}} - \frac{1}{32}\int_0^{\frac{\pi}{2}} \cos 4t\,\mathrm{d}4t = \frac{\pi}{16}.$$

四、解答题

1.解 $A = \int_0^{\frac{2}{3}} \left(2x - \frac{1}{2}x\right)\mathrm{d}x + \int_{\frac{2}{3}}^{\frac{4}{3}} \left[(2-x) - \frac{1}{2}x\right]\mathrm{d}x = \frac{3}{4}x^2\Big|_0^{\frac{2}{3}} + \left(2x - \frac{3}{4}x^2\right)\Big|_{\frac{2}{3}}^{\frac{4}{3}} = \frac{2}{3}.$

2.解 联立两个方程 $\begin{cases} y = 2 - x^2 \\ y = 2x + 2 \end{cases}$，得，交点坐标为 $(0,2)$，$(-2,-2)$，则所求图形的面积为

$$A = \int_{-2}^0 (2 - x^2 - 2x - 2)\mathrm{d}x = \int_{-2}^0 (-x^2 - 2x)\mathrm{d}x = \left(-\frac{1}{3}x^3 - x^2\right)\Big|_{-2}^0 = \frac{4}{3}.$$

3.解 曲线 $y = \frac{1}{x}$ 和直线 $y = 4x$ 的交点坐标为 $\left(\frac{1}{2}, 2\right)$；曲线 $y = \frac{1}{x}$ 和直线 $x = 2$ 的交点坐标为 $\left(2, \frac{1}{2}\right)$，则所求图形的面积为

$$A = \left(\frac{1}{2} \times 2 \times \frac{1}{2}\right) + \int_{\frac{1}{2}}^2 \frac{1}{x}\mathrm{d}x = \frac{1}{2} + \left(\ln 2 - \ln\frac{1}{2}\right) = \frac{1}{2} + 2\ln 2.$$

旋转体的体积为

$$V = \frac{1}{3}\pi \times 2^2 \times \frac{1}{2} + \int_{\frac{1}{2}}^2 \pi\left(\frac{1}{x}\right)^2\mathrm{d}x = \frac{2\pi}{3} - \frac{\pi}{2} + 2\pi = \frac{13}{6}\pi.$$

4.解 (1)两条直线与抛物线的交点坐标为 $(1,1)$，$(2,4)$ 则所围成的面积为

$$A = \int_0^1 (2x - x)\mathrm{d}x - \int_1^2 (2x - x^2)\mathrm{d}x = \frac{1}{2} + 4 - \frac{8}{3} - 1 + \frac{1}{3} = \frac{7}{6}.$$

（2）所求旋转体的体积为

$$V = \frac{1}{3}\pi \times 4^2 \times 2 - \frac{1}{3}\pi \times 1^2 \times 1 - \int_1^2 \pi (x^2)^2 \mathrm{d}x = \frac{31\pi}{3} - \frac{31\pi}{5} = \frac{62}{15}\pi.$$

5．解　先求出 $y = \ln(x+1)$ 在点 $(0,0)$ 处的切线．斜率 $k = y' \big|_{x=0} = \frac{1}{x+1}\big|_{x=0} = 1$，则切线方程为 $y = x$．联立方程

$\begin{cases} y = x, \\ y = x^2 - 2 \end{cases}$ 得，交点坐标为 $(2,2),(-1,-1)$，则所求图形的面积为

$$A = \int_{-1}^2 (x - x^2 + 2)\mathrm{d}x = \left(\frac{1}{2}x^2 - \frac{1}{3}x^3 + 2x\right)\Big|_{-1}^2 = \frac{9}{2}.$$

6．解　当 $x = 2$ 时，$y = 1$；当 $x = 4$ 时，$y = 4$，由此可得，直线的方程为 $y = \frac{3}{2}x - 2$，

则所围成图形的面积为

$$A = \int_2^4 \left(\frac{3}{2}x - 2 - \frac{1}{4}x^2\right)\mathrm{d}x = \left(\frac{3}{4}x^2 - 2x - \frac{1}{12}x^3\right)\Big|_2^4 = \frac{1}{3}.$$

7．解　由已知条件可得，横坐标等于 3 点处的切点坐标为 $(3,\pm 2)$，

对函数 $y^2 = 2(x-1)$ 求导得，$2yy' = 2$，即 $y' = \frac{1}{y}$，所以切线的斜率为 $k = \pm\frac{1}{2}$，故

切线方程为 $y - 2 = \frac{1}{2}(x-3)$ 或 $y + 2 = -\frac{1}{2}(x-3)$，它们与 x 轴的交点为 $(-1,0)$，则

所求旋转体的体积为

$$V = \frac{\pi}{3} \times 2^2 \times 4 - \int_1^3 2\pi(x-1)\mathrm{d}x = \frac{16\pi}{3} - (\pi x^2 - 2\pi x)\Big|_1^3 = \frac{4}{3}\pi.$$

8．解　对函数 $f(x)$ 求导得 $f'(x) = \frac{x+2}{x^2+2x+2} = \frac{x+2}{(x+1)^2+1}, x \in (0,1)$．则当 $x \in (0,1)$ 时，$f'(x) > 0$，所以

$f(x)$ 为单调递增函数，从而最小值为 $f(0) = 0$，最大值为 $f(1) = \int_0^1 \frac{t+2}{t^2+2t+2}\mathrm{d}t$，即

$$f(1) = \int_0^1 \frac{t+1+1}{(t+1)^2+1}\mathrm{d}t = \int_0^1 \frac{t+1}{(t+1)^2+1}\mathrm{d}t + \int_0^1 \frac{1}{(t+1)^2+1}\mathrm{d}t$$

$$= \frac{1}{2}\int_0^1 \frac{1}{(t+1)^2+1}\mathrm{d}[(t+1)^2+1] + \int_0^1 \frac{1}{(t+1)^2+1}\mathrm{d}(t+1)$$

$$= \left(\frac{1}{2}\ln|1+(t+1)^2| + \arctan(t+1)\right)\Big|_0^1 = \frac{1}{2}(\ln 5 - \ln 2) + \arctan 2 - \frac{\pi}{4}.$$

五、证明题

1．证明　因为 $\frac{\sin x}{x}$ 在 $[n, n+p]$ 上连续，所以存在 $\xi_n[n, n+p]$，使 $\int_n^{n+p} \frac{\sin x}{x}\mathrm{d}x = \frac{\sin\xi_n}{\xi_n} \cdot (n+p-n) = \frac{\sin\xi_n}{\xi_n} \cdot p$，

由积分中值定理，有

因此 $\lim\limits_{n\to\infty}\int_n^{n+p} \frac{\sin x}{x}\mathrm{d}x = \lim\limits_{n\to\infty} \frac{\sin\xi_n}{\xi_n} \cdot p = \lim\limits_{\xi_n\to\infty} \frac{\sin\xi_n}{\xi_n} \cdot p = 0$，

其中 ξ_n 在 n 与 $n+p$ 之间．

2．证明　$F'(x) = \frac{1}{(x-a)^2}\left[(x-a)f(x) - \int_a^x f(t)\mathrm{d}t\right]$

$$= \frac{1}{(x-a)^2} \cdot \left[(x-a)f(x) - (x-a)f(\xi)\right] = \frac{x-\xi}{x-a}f'(\eta).$$

其中 $\xi \in [a,x] \subset [a,b], \eta \in (\xi,x) \subset (a,b)$，由条件可知结论成立．

3．证明　（1）$\int_{-a}^a f(x)\mathrm{d}x = \int_{-a}^0 f(x)\mathrm{d}x + \int_0^a f(x)\mathrm{d}x$，第一个定积分中令 $x = -t$，有

$$\int_{-a}^{0} f(x)\,\mathrm{d}x = \int_{a}^{0} f(-t)\,\mathrm{d}(-t) = \int_{0}^{a} f(-t)\,\mathrm{d}t = \int_{0}^{a} f(-x)\,\mathrm{d}x,$$

所以 $\int_{-a}^{a} f(x)\,\mathrm{d}x = \int_{0}^{a} f(-x)\,\mathrm{d}x + \int_{0}^{a} f(x)\,\mathrm{d}x = \int_{0}^{a}[f(x)+f(-x)]\,\mathrm{d}x$, 结论得证.

$$(2)\int_{-\frac{\pi}{4}}^{\frac{\pi}{4}} \frac{\cos^2 x}{1+e^{-x}}\,\mathrm{d}x = \int_{0}^{\frac{\pi}{4}}\left[\frac{\cos^2 x}{1+e^{-x}} + \frac{\cos^2(-x)}{1+e^{x}}\right]\mathrm{d}x = \int_{0}^{\frac{\pi}{4}}\left[\frac{e^x\cos^2 x}{1+e^{x}} + \frac{\cos^2 x}{1+e^{x}}\right]\mathrm{d}x$$

$$= \int_{0}^{\frac{\pi}{4}} \cos^2 x\,\mathrm{d}x = \frac{1}{2}\int_{0}^{\frac{\pi}{4}}(1+\cos 2x)\,\mathrm{d}x = \left(\frac{1}{2}x + \frac{1}{4}\sin 2x\right)\Big|_{0}^{\frac{\pi}{4}} = \frac{\pi}{8} + \frac{1}{4}.$$

第五章检测训练 B

一、选择题

1. B. 解 定积分的实质是乘积之和的极限, 即 $\int_{a}^{b} f(x)\,\mathrm{d}x = \lim\limits_{\lambda\to 0}\sum\limits_{i=1}^{n} f(\xi_i)\Delta x_i$; 因为 $f(x)$ 在 $[a,b]$ 上可积, 则上述极限存在, 根据函数极限的局部有界性, 得 $f(x)$ 在 $[a,b]$ 上有界.

2. C. 解 $f(x)$ 在 $[a,b]$ 上连续, 且 $\int_{a}^{b} f(x)\,\mathrm{d}x = 0$, 由积分中值定理得, 在 $[a,b]$ 内至少存在一点 x, 使得 $f(x) = 0$.

3. B. 解 当 $x \in [0,1]$ 时, $x > x^2$, $e^x > e^{x^2}$, 由定积分的比较性, 得 $\int_{0}^{1} e^x\,\mathrm{d}x > \int_{0}^{1} e^{x^2}\,\mathrm{d}x$.

4. D. 解 $\int_{a}^{x} f'(2t)\,\mathrm{d}t = \frac{1}{2}\int_{a}^{x} f'(2t)\,\mathrm{d}(2t) = \frac{1}{2} f(2t)\Big|_{a}^{x} = \frac{1}{2}[f(2x) - f(2a)]$.

5. C. 解 由定积分对于积分区间的可加性, 得 $\int_{-1}^{1} f(x)\,\mathrm{d}x = \int_{-1}^{0} f(x)\,\mathrm{d}x + \int_{0}^{1} f(x)\,\mathrm{d}x = \int_{-1}^{0} x\,\mathrm{d}x + \int_{0}^{1} x^2\,\mathrm{d}x$.

6. A. 解 $f(x)$ 在 $[a,b]$ 上连续, $\varphi(x) = \int_{a}^{x} f(t)\,\mathrm{d}t$, 两边对 x 求导, 由变上限积分的导数性质,

得 $\varphi'(x) = \left[\int_{a}^{x} f(t)\,\mathrm{d}t\right]' = f(x)$, 因此 $\varphi(x)$ 是 $f(x)$ 在 $[a,b]$ 上的一个原函数.

7. B. 解 函数 $f(x)$ 在 $x = 0$ 处的导数为 $f'(0) = \lim\limits_{\Delta x\to 0}\frac{f(0+\Delta x) - f(0)}{\Delta x} = \lim\limits_{\Delta x\to 0}\frac{f(\Delta x)}{\Delta x}$; 而 $\Phi(x)$ 在 $x = 0$ 处的导

数为 $\Phi'(0) = \lim\limits_{\Delta x\to 0}\frac{\Phi(0+\Delta x) - \Phi(0)}{\Delta x} = \lim\limits_{\Delta x\to 0}\frac{\Phi(\Delta x) - 0}{\Delta x} = \lim\limits_{\Delta x\to 0}\frac{\Phi(\Delta x)}{\Delta x}$;

则 $\Phi'(0) = \lim\limits_{\Delta x\to 0}\dfrac{\int_{0}^{\Delta x} t f(t)\,\mathrm{d}t}{(\Delta x)^2}{\Delta x} = \lim\limits_{\Delta x\to 0}\dfrac{\int_{0}^{\Delta x} t f(t)\,\mathrm{d}t}{(\Delta x)^3} = \lim\limits_{\Delta x\to 0}\frac{\Delta x \cdot f(\Delta x)}{3(\Delta x)^2} = \lim\limits_{\Delta x\to 0}\frac{f(\Delta x)}{3\Delta x} = \frac{1}{3}\lim\limits_{\Delta x\to 0}\frac{f(\Delta x)}{\Delta x}$;

因此, $\Phi'(0) = \frac{1}{3}\lim\limits_{\Delta x\to 0}\frac{f(\Delta x)}{\Delta x} = \frac{1}{3}f'(0)$.

8. B. 解 由 $0 \leqslant t^2 \leqslant l^2$, 得 $-l \leqslant t \leqslant l$; 设 $G(x)$ 是 $f(x)$ 的一个原函数, 则 $G'(x) = f(x)$; 由题意, 得

$F(x) = \int_{0}^{x} t f(t^2)\,\mathrm{d}t = \frac{1}{2}\int_{0}^{x} f(t^2)\,\mathrm{d}t^2 = \frac{1}{2}G(t^2)\Big|_{0}^{x} = \frac{1}{2}[G(x^2) - G(0)]$, $F(-x) = \frac{1}{2}[G(x^2) - G(0)] = F(x)$,

因此 $F(x)$ 在 $(-l,l)$ 上为偶函数.

9. D. 解 由定积分的几何意义, 得 $\int_{-\frac{\pi}{2}}^{\frac{\pi}{2}} |\sin x|\,\mathrm{d}x = 2\int_{0}^{\frac{\pi}{2}} |\sin x|\,\mathrm{d}x = 2\int_{0}^{\frac{\pi}{2}} \sin x\,\mathrm{d}x = -2(\cos x)\Big|_{0}^{\frac{\pi}{2}} = -2(\cos\frac{\pi}{2} - \cos 0) = 2$.

10. A. 解 $\int_{0}^{x} f(t)\,\mathrm{d}t = \frac{x^4}{2}$, 两边对 x 求导, 得 $f(x) = \left[\int_{0}^{x} f(t)\,\mathrm{d}t\right]' = \frac{4x^3}{2} = 2x^3$; $\int_{0}^{4} \frac{1}{\sqrt{x}} f(\sqrt{x})\,\mathrm{d}x = 2\int_{0}^{4} f(\sqrt{x})\,\mathrm{d}\sqrt{x}$,

令 $u = \sqrt{x}$, $x \in [0,4]$, 则 $u \in [0,2]$, 故 $\int_{0}^{4} \frac{1}{\sqrt{x}} f(\sqrt{x})\,\mathrm{d}x = 2\int_{0}^{2} f(u)\,\mathrm{d}u = 2\int_{0}^{2} 2u^3\,\mathrm{d}u = 4 \cdot \frac{1}{4}u^4\Big|_{0}^{2} = 2^4 - 0 = 16$.

11. D. 解 被积函数 $\frac{1}{x^2}$ 在积分区间 $[-1,1]$ 上除 $x = 0$ 外连续, 且 $\lim\limits_{x\to 0}\frac{1}{x^2} = \infty$, 则 $\int_{-1}^{1}\frac{1}{x^2}\,\mathrm{d}x = \int_{-1}^{0}\frac{1}{x^2}\,\mathrm{d}x + \int_{0}^{1}\frac{1}{x^2}\,\mathrm{d}x$,

其中，反常积分 $\int_{-1}^{0} \frac{1}{x^2}\mathrm{d}x = \left(-\frac{1}{x}\right)\Big|_{-1}^{0} = +\infty$ 是发散的，$\int_{0}^{1} \frac{1}{x^2}\mathrm{d}x = \left(-\frac{1}{x}\right)\Big|_{0}^{1} = +\infty$ 也是发散的，因此，反常积

分 $\int_{-1}^{1} \frac{1}{x^2}\mathrm{d}x$ 发散.

12. D. 解 由 $\begin{cases} x^2+y^2=8, \\ y^2=2x \end{cases}$ 得，两曲线交点为 $(2,\pm 2)$，圆周 $x^2+y^2=8$ 与 x 轴的交点为 $(\sqrt{8},0)$；则所求图形的面

积为 $A = \int_{0}^{2}\big[\sqrt{2x}-(-\sqrt{2x})\big]\mathrm{d}x + \int_{2}^{\sqrt{8}}\big[\sqrt{8-x^2}-(-\sqrt{8-x^2})\big]\mathrm{d}x$，即

$$A = \int_{0}^{2}2\sqrt{2x}\,\mathrm{d}x + \int_{2}^{\sqrt{8}}2\sqrt{8-x^2}\,\mathrm{d}x = 2\left(\int_{0}^{2}\sqrt{2x}\,\mathrm{d}x + \int_{2}^{\sqrt{8}}\sqrt{8-x^2}\,\mathrm{d}x\right).$$

二、填空题

1. $\frac{8}{3}$. 解 由定积分对于积分区间的可加性，得 $\int_{0}^{2}f(x)\mathrm{d}x = \int_{0}^{1}f(x)\mathrm{d}x + \int_{1}^{2}f(x)\mathrm{d}x = \int_{0}^{1}(x+1)\mathrm{d}x + \int_{1}^{2}\frac{1}{2}x^2\mathrm{d}x$

$$= \left(\frac{1}{2}x^2+x\right)\Big|_{0}^{1} + \frac{1}{2}\cdot\frac{1}{3}x^3\Big|_{1}^{2} = \frac{1}{2}+1+\frac{1}{6}(8-1) = \frac{8}{3}.$$

2. 0. 解 $\int_{a}^{b}\arctan^2 x\,\mathrm{d}x$ 是定积分，其值为常数，常数的导数为零，即 $\frac{\mathrm{d}}{\mathrm{d}x}\int_{a}^{b}\arctan^2 x\,\mathrm{d}x = 0.$

3. $\pm\frac{\sqrt{2}}{8}$. 解 $\int_{0}^{x^2-1}f(t)\mathrm{d}t = x$，两边对 x 求导，得 $\left[\int_{0}^{x^2-1}f(t)\mathrm{d}t\right]' = 2x\cdot f(x^2-1) = 1$，即 $f(x^2-1) = \frac{1}{2x}$；

令 $x^2-1=7$，得 $x=\pm 2\sqrt{2}$，代入得 $f(7) = \frac{1}{\pm 2\cdot 2\sqrt{2}} = \pm\frac{\sqrt{2}}{8}.$

4. $\frac{3x^2}{\sqrt{1+x^{12}}} - \frac{2x}{\sqrt{1+x^8}}$. 解 $\frac{\mathrm{d}}{\mathrm{d}x}\int_{x^2}^{x^3}\frac{\mathrm{d}t}{\sqrt{1+t^4}} = \frac{\mathrm{d}}{\mathrm{d}x}\int_{a}^{x^3}\frac{\mathrm{d}t}{\sqrt{1+t^4}} + \frac{\mathrm{d}}{\mathrm{d}x}\int_{x^2}^{a}\frac{\mathrm{d}t}{\sqrt{1+t^4}} = -\frac{\mathrm{d}}{\mathrm{d}x}\int_{a}^{x^2}\frac{\mathrm{d}t}{\sqrt{1+t^4}} + \frac{\mathrm{d}}{\mathrm{d}x}\int_{a}^{x^3}\frac{\mathrm{d}t}{\sqrt{1+t^4}}$

$$= -\frac{2x}{\sqrt{1+(x^2)^4}} + \frac{3x^2}{\sqrt{1+(x^3)^4}} = \frac{3x^2}{\sqrt{1+x^{12}}} - \frac{2x}{\sqrt{1+x^8}}.$$

5. 4. 解 $\int_{\frac{1}{e}}^{e^3}\frac{1}{x\sqrt{1+\ln x}}\mathrm{d}x = \int_{\frac{1}{e}}^{e^3}\frac{1}{\sqrt{1+\ln x}}\mathrm{d}\ln x = \int_{\frac{1}{e}}^{e^3}\frac{1}{\sqrt{1+\ln x}}\mathrm{d}(1+\ln x) = 2\sqrt{1+\ln x}\Big|_{\frac{1}{e}}^{e^3}$

$$= 2\left(\sqrt{1+\ln e^3} - \sqrt{1+\ln\frac{1}{e}}\right) = 2(2-0) = 4.$$

6. $\frac{25}{2} - \frac{1}{2}\ln 26$. 解 $\int_{0}^{5}\frac{x^3}{x^2+1}\mathrm{d}x = \int_{0}^{5}\frac{x(x^2+1)-x}{x^2+1}\mathrm{d}x = \int_{0}^{5}x\,\mathrm{d}x - \int_{0}^{5}\frac{x}{x^2+1}\mathrm{d}x = \int_{0}^{5}x\,\mathrm{d}x - \frac{1}{2}\int_{0}^{5}\frac{\mathrm{d}(x^2+1)}{x^2+1}$

$$= \frac{1}{2}x^2\Big|_{0}^{5} - \frac{1}{2}\ln(x^2+1)\Big|_{0}^{5} = \frac{25-0}{2} - \frac{\ln 26 - 0}{2} = \frac{25}{2} - \frac{1}{2}\ln 26.$$

7. 0. 解 设被积函数为：$F(x) = x^2[f(x)-f(-x)]$，则 $F(-x) = (-x)^2[f(-x)-f(x)] = -x^2[f(x)-f(-x)] = -F(x)$，

则被积函数 $F(x)$ 为奇函数；由定积分的几何意义，奇函数在对称区间上的定积分等于零，得 $\int_{-a}^{a}x^2[f(x)-f(-x)]\mathrm{d}x = 0.$

8. $-\frac{1}{e}$. 解 $x\mathrm{e}^{-x}$ 为 $f(x)$ 的一个原函数，则 $f(x) = (x\mathrm{e}^{-x})' = (1-x)\mathrm{e}^{-x}$；由分部积分法，得

$$\int_{0}^{1}xf'(x)\mathrm{d}x = \int_{0}^{1}x\,\mathrm{d}f(x) = [xf(x)]\Big|_{0}^{1} - \int_{0}^{1}f(x)\mathrm{d}x = [x(1-x)\mathrm{e}^{-x}]\Big|_{0}^{1} - (x\mathrm{e}^{-x})\Big|_{0}^{1} = 0 - \mathrm{e}^{-1} = -\frac{1}{e}.$$

9. $\frac{1}{2} + \frac{\sqrt{3}}{12}\pi$. 解 $\int_{0}^{\frac{\sqrt{3}}{2}}\arccos x\,\mathrm{d}x = (x\arccos x)\Big|_{0}^{\frac{\sqrt{3}}{2}} - \int_{0}^{\frac{\sqrt{3}}{2}}x\,\mathrm{d}\arccos x = \frac{\sqrt{3}}{2}\cdot\frac{\pi}{6} + \int_{0}^{\frac{\sqrt{3}}{2}}\frac{x}{\sqrt{1-x^2}}\mathrm{d}x$

$$= \frac{\sqrt{3}\pi}{12} - \frac{1}{2}\int_{0}^{\frac{\sqrt{3}}{2}}\frac{1}{\sqrt{1-x^2}}\mathrm{d}(1-x^2) = \frac{\sqrt{3}\pi}{12} - \sqrt{1-x^2}\Big|_{0}^{\frac{\sqrt{3}}{2}}$$

$$= \frac{\sqrt{3}\pi}{12} - \left(\frac{1}{2}-1\right) = \frac{1}{2} + \frac{\sqrt{3}\pi}{12}.$$

10. $\frac{3}{4}$. 解 取 y 为积分变量，由 $y=x^3$，得 $x=y^{\frac{1}{3}}$，则所求围成的图形面积为 $A = \int_{0}^{1}x\,\mathrm{d}y = \int_{0}^{1}y^{\frac{1}{3}}\mathrm{d}y = \frac{3}{4}y^{\frac{4}{3}}\Big|_{0}^{1} = \frac{3}{4}.$

三、计算题

1.解 $\lim\limits_{x\to 0}\dfrac{\int_0^x(\arcsin t-t)\mathrm{d}t}{x(\mathrm{e}^x-1)^3}=\lim\limits_{x\to 0}\dfrac{\int_0^x(\arcsin t-t)\mathrm{d}t}{x^4}=\lim\limits_{x\to 0}\dfrac{\arcsin x-x}{4x^3}=\lim\limits_{x\to 0}\dfrac{\dfrac{1}{\sqrt{1-x^2}}-1}{12x^2}=\lim\limits_{x\to 0}\dfrac{1-\sqrt{1-x^2}}{12x^2\sqrt{1-x^2}}$

$$=\lim\limits_{x\to 0}\dfrac{\dfrac{1}{2}x^2}{12x^2\sqrt{1-x^2}}=\dfrac{1}{24}.$$

2.解 $\displaystyle\int_0^{\frac{\pi}{4}}\dfrac{\sec^2 x}{(1+\tan x)^2}\mathrm{d}x=\int_0^{\frac{\pi}{4}}\dfrac{1}{(1+\tan x)^2}\mathrm{d}\tan x=\left(-\dfrac{1}{1+\tan x}\right)\Big|_0^{\frac{\pi}{4}}=\dfrac{1}{2}.$

3.解 $\displaystyle\int_{-2}^1\dfrac{1}{(11+5x)^3}\mathrm{d}x=\dfrac{1}{5}\int_{-2}^1\dfrac{1}{(11+5x)^3}\mathrm{d}(11+5x)=-\dfrac{1}{10(11+5x)^2}\Big|_{-2}^1=\dfrac{51}{512}.$

4.解 令 $t=\sqrt{\mathrm{e}^x-1}$，则 $x=\ln(t^2+1)$，当 $x=\ln 2$ 时，$t=1$. 则

$$\int_0^{\ln 2}\sqrt{\mathrm{e}^x-1}\,\mathrm{d}x=\int_0^1\dfrac{2t^2}{t^2+1}\mathrm{d}t=\int_0^1 2\mathrm{d}t-2\int_0^1\dfrac{1}{t^2+1}\mathrm{d}t=(2t-2\arctan t)\Big|_0^1=2-\dfrac{\pi}{2}.$$

5.解 令 $t=\sqrt{x}$，则 $x=t^2$，当 $x=4$ 时，$t=2$，则

$$\int_1^4\dfrac{1}{x(1+\sqrt{x})}\mathrm{d}x=\int_1^2\dfrac{2t}{t^2+t^3}\mathrm{d}t=2\int_1^2\left(\dfrac{1}{t}-\dfrac{1}{1+t}\right)\mathrm{d}t=2[\ln t-\ln(1+t)]\Big|_1^2=2\ln\dfrac{t}{t+1}\Big|_1^2=2(2\ln 2-\ln 3).$$

6.解 $\displaystyle\int_{-\frac{\pi}{2}}^{\frac{\pi}{2}}\sqrt{\cos x-\cos^3 x}\,\mathrm{d}x=2\int_0^{\frac{\pi}{2}}\sqrt{\cos x-\cos^3 x}\,\mathrm{d}x=2\int_0^{\frac{\pi}{2}}\sin x\sqrt{\cos x}\,\mathrm{d}x$

$$=-2\int_0^{\frac{\pi}{2}}\sqrt{\cos x}\,\mathrm{d}\cos x=-\dfrac{4}{3}\cos^{\frac{3}{2}}x\Big|_0^{\frac{\pi}{2}}=\dfrac{4}{3}.$$

7.解 根据对称性可得

$$\int_{-2}^2(\mid x\mid+x)\mathrm{e}^{-\mid x\mid}\mathrm{d}x=2\int_0^2\mid x\mid\mathrm{e}^{-\mid x\mid}\mathrm{d}x=2\int_0^2 x\mathrm{e}^{-x}\mathrm{d}x=-2\int_0^2 x\mathrm{d}\mathrm{e}^{-x}=-2x\mathrm{e}^{-x}\Big|_0^2+2\int_0^2\mathrm{e}^{-x}\mathrm{d}x$$

$$=(-2x\mathrm{e}^{-x}-2\mathrm{e}^{-x})\Big|_0^2=-6\mathrm{e}^{-2}+2.$$

8.解 将被积函数展开后,利用对称性可得

$$\int_{-1}^1\left(\sqrt{1+x^2}+x\right)^2\mathrm{d}x=\int_{-1}^1(1+2x^2+2x\sqrt{1+x^2})\mathrm{d}x=\int_{-1}^1(1+2x^2)\mathrm{d}x+\int_{-1}^1 2x\sqrt{1+x^2}\,\mathrm{d}x$$

$$=\int_{-1}^1(1+2x^2)\mathrm{d}x=\left(x+\dfrac{2}{3}x^3\right)\Big|_{-1}^1=\dfrac{10}{3}.$$

9.解 令 $x=\tan t$，当 $x=\sqrt{3}$ 时，$t=\dfrac{\pi}{3}$，当 $x=1$ 时，$t=\dfrac{\pi}{4}$，则

$$\int_1^{\sqrt{3}}\dfrac{1}{x^2\sqrt{1+x^2}}\mathrm{d}x=\int_{\frac{\pi}{4}}^{\frac{\pi}{3}}\dfrac{\cos t}{\sin^2 t}\mathrm{d}t=-\dfrac{1}{\sin t}\Big|_{\frac{\pi}{4}}^{\frac{\pi}{3}}=\dfrac{3\sqrt{2}-2\sqrt{3}}{3}.$$

10.解 令 $t=\ln x$，当 $x=\mathrm{e}$ 时，$t=1$，当 $x=1$ 时，$t=0$.

$$\int_1^{\mathrm{e}}\cos(\ln x)\mathrm{d}x=\int_0^1\mathrm{e}^t\mathrm{d}\sin t=\mathrm{e}^t\sin t\Big|_0^1-\int_0^1\sin t\,\mathrm{d}\mathrm{e}^t=\mathrm{e}^t\sin t\Big|_0^1+\int_0^1\mathrm{e}^t\mathrm{d}\cos t=(\mathrm{e}^t\sin t+\mathrm{e}^t\cos t)\Big|_0^1-\int_0^1\cos t\,\mathrm{d}\mathrm{e}^t,$$

所以 $\displaystyle\int_0^1\cos t\,\mathrm{d}\mathrm{e}^t=\dfrac{\mathrm{e}^t\sin t+\mathrm{e}^t\cos t}{2}\Big|_0^1=\dfrac{\mathrm{e}\sin 1+\mathrm{e}\cos 1}{2}-\dfrac{1}{2}.$

11.解 令 $t=\sqrt{x}$，则

$$\int_0^1\ln(1+\sqrt{x})\mathrm{d}x=\int_0^1\ln(1+t)\mathrm{d}t^2=t^2\ln(1+t)\Big|_0^1-\int_0^1\dfrac{t^2-1+1}{t+1}\mathrm{d}t$$

$$=t^2\ln(1+t)\Big|_0^1-\int_0^1\left(t-1+\dfrac{1}{t+1}\right)\mathrm{d}t=\left[t^2\ln(1+t)-\dfrac{1}{2}t^2+t-\ln(t+1)\right]\Big|_0^1=\dfrac{1}{2}.$$

四、解答题

1．解　方程两边同时对 x 求导得 $y'\mathrm{e}^{y^2}+\dfrac{\sin x^2}{x^2}\cdot 2x=0$，从而 $\dfrac{\mathrm{d}y}{\mathrm{d}x}=-\dfrac{2\sin x^2}{x\mathrm{e}^{y^2}}$．

2．解　当 $0\leqslant x\leqslant 1$ 时，$F(x)=\displaystyle\int_0^x\sin t\,\mathrm{d}t=1-\cos x$；

当 $1<x\leqslant 2$ 时，$F(x)=\displaystyle\int_0^1\sin t\,\mathrm{d}t+\int_1^x t\,\mathrm{d}t=1-\cos 1+\dfrac{x^2}{2}-\dfrac{1}{2}=\dfrac{1+x^2}{2}-\cos 1$；

当 $x>2$ 时，$F(x)=\displaystyle\int_0^1\sin t\,\mathrm{d}t+\int_1^2 t\,\mathrm{d}t+\int_2^x 2\,\mathrm{d}t=1-\cos 1+\dfrac{2^2}{2}-\dfrac{1}{2}+2(x-2)=2x-\dfrac{3}{2}-\cos 1$．

3．解　联立方程 $\begin{cases} y=x^2,\\ y=2-x^2,\end{cases}$ 得交点坐标 $(-1,1),(1,1)$，则所求图形的面积为

$$A=2\int_0^1\left[(2-x^2)-x^2\right]\mathrm{d}x=2\int_0^1(2-2x^2)\mathrm{d}x=\dfrac{8}{3}.$$

4．解　设所求点的坐标为 (x_0,x_0^2)，由于 $y'=2x$，则切线斜率 $k=2x_0$，从而切线方程为 $y-x_0^2=2x_0(x-x_0)$．

令 $y=0$ 得 $x=\dfrac{x_0}{2}$，则切线、曲线及 x 轴所围成图形的面积为

$A=\displaystyle\int_0^{x_0}x^2\,\mathrm{d}x-\dfrac{1}{2}\cdot\dfrac{x_0}{2}\cdot x_0^2=\dfrac{1}{12}$，即 $\dfrac{1}{3}x_0^3-\dfrac{1}{4}x_0^3=\dfrac{1}{12}$，解得 $x_0=1$，

故所求点的坐标为 $(1,1)$．

5．解　设切点为 (x_0,y_0)，则 $y_0=\sqrt{x_0}$，因为 $y'=\dfrac{1}{2\sqrt{x}}$，所以 $y'(x_0)=\dfrac{1}{2\sqrt{x_0}}$，

所以切线方程为 $y-\sqrt{x_0}=\dfrac{1}{2\sqrt{x_0}}(x-x_0)$，即 $y=\dfrac{\sqrt{x_0}}{2}+\dfrac{x}{2\sqrt{x_0}}$．故所围图形的面积为

$A=\displaystyle\int_0^2\left(\dfrac{\sqrt{x_0}}{2}+\dfrac{x}{2\sqrt{x_0}}-\sqrt{x}\right)\mathrm{d}x=\left(\dfrac{\sqrt{x_0}}{2}x+\dfrac{x^2}{4\sqrt{x_0}}-\dfrac{2}{3}x^{\frac{3}{2}}\right)\Big|_0^2=\sqrt{x_0}+\dfrac{1}{\sqrt{x_0}}-\dfrac{4}{3}\sqrt{2}$，

令 $A'=0$，解得 $x_0=1$，唯一的驻点即为最值点，即当 $x_0=1$，$y_0=1$ 时面积取得最小值．

因此，所求直线 L 的方程为 $y-1=\dfrac{1}{2}(x-1)$　即 $y=\dfrac{1}{2}x+\dfrac{1}{2}$．

6．解　联立 $\begin{cases} y=\dfrac{1}{2}x^2,\\ x^2+y^2=8,\end{cases}$ 得 $x=\pm 2$，从而面积

$A_1=2\displaystyle\int_0^2\left(\sqrt{8-x^2}-\dfrac{1}{2}x^2\right)\mathrm{d}x=2\int_0^2\sqrt{8-x^2}\,\mathrm{d}x-\int_0^2 x^2\,\mathrm{d}x$

$=\displaystyle\int_0^{\frac{\pi}{4}}\sqrt{8}\cos t\,\mathrm{d}\sqrt{8}\sin t-\int_0^2 x^2\,\mathrm{d}x=2\pi+4-\dfrac{8}{3}=2\pi+\dfrac{4}{3}$．

另一部分面积 $A_2=8\pi-A_1=6\pi-\dfrac{4}{3}$．

7．解　因为点 P 在抛物线上，设 $P(k,k^2)(0\leqslant k\leqslant 1)$，

$A=\displaystyle\int_0^k(k^2-x^2)\mathrm{d}x+\int_k^1(x^2-k^2)\mathrm{d}x=\left(k^2x-\dfrac{1}{3}x^3\right)\Big|_0^k+\left(\dfrac{1}{3}x^3-k^2x\right)\Big|_k^1$

$=k^3-\dfrac{1}{3}k^3+\dfrac{1}{3}-k^2-\dfrac{1}{3}k^3+k^3=\dfrac{4}{3}k^3-k^2+\dfrac{1}{3},\,(0\leqslant k\leqslant 1)$

令 $A'=0$，则 $k=0,k=\dfrac{1}{2}$，而 $A(0)=\dfrac{1}{3}$，$A\left(\dfrac{1}{2}\right)=\dfrac{1}{4}$，$A(1)=\dfrac{2}{3}$，所以 $k=\dfrac{1}{2}$ 时，所求面积最小．因此，所求点

P 的坐标为 $\left(\dfrac{1}{2},\dfrac{1}{4}\right)$．

8．解　如右图：设切点为 $(x_0,\sqrt{x_0-1})$，则通过原点的切线方程 $y=\dfrac{1}{2\sqrt{x_0-1}}x$，再代入切点

$(x_0, \sqrt{x_0-1})$ 得 $x_0 = 2, y_0 = 1$,所以切线方程 $y = \frac{1}{2}x$. 曲线 $y = \sqrt{x-1}, y = 0, x = 2$

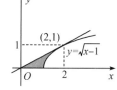

所围图形绕 x 轴旋转一周得旋转体的体积 $V_1 = \int_1^2 \pi(\sqrt{x-1})^2 \mathrm{d}x = \frac{\pi}{2}$,

直线 $y = \frac{1}{2}x, y = 0, x = 2$ 所围图形绕 x 旋转一周得旋转体的体积 $V_2 = \int_0^2 \pi\left(\frac{1}{2}x\right)^2 \mathrm{d}x = \frac{2\pi}{3}$,

所求旋转体的体积 $V = V_2 - V_1 = \frac{2}{3}\pi - \frac{\pi}{2} = \frac{\pi}{6}$.

五、证明题

1.证　令 $t = 1-x$,则 $\mathrm{d}t = -\mathrm{d}x$,则

$$\int_0^1 x^m(1-x)^n \mathrm{d}x = \int_1^0 (1-t)^m t^n(-\mathrm{d}t) = \int_0^1 (1-t)^m t^n \mathrm{d}t = \int_0^1 x^n(1-x)^m \mathrm{d}x.$$

2.证一　因为 $F(x) = x\int_0^x f(t)\mathrm{d}t - \int_0^x 2tf(t)\mathrm{d}t$,所以

$$F'(x) = \int_0^x f(t)\mathrm{d}t + xf(x) - 2xf(x) = \int_0^x f(t)\mathrm{d}t - \int_0^x f(x)\mathrm{d}t = \int_0^x [f(t)-f(x)]\mathrm{d}t,$$

由题设,得如下讨论,

若 $x > 0$ 时,$0 < t < x$,$f(t) \geqslant f(x)$ 即 $f(t) - f(x) \geqslant 0$,则 $F'(x) \geqslant 0$;

若 $x < 0$ 时,$x < t < 0$,$f(x) \geqslant f(t)$ 即 $f(x) - f(t) \geqslant 0$,则 $F'(x) = -\int_x^0 [f(t)-f(x)]\mathrm{d}t \geqslant 0$;

所以,总有 $F'(x) \geqslant 0$,故 $F(x)$ 单调增加.

证二　由积分中值定理

$$F'(x) = \int_0^x f(t)\mathrm{d}t - xf(x) = xf(\xi) - xf(x) = x[f(\xi)-f(x)] \quad \xi 介于 0 与 x 之间.$$

若 $x > 0$ 时,$0 < \xi < x$,$f(\xi) \geqslant f(x)$ 即 $f(\xi) - f(x) \geqslant 0$,则 $F'(x) \geqslant 0$;

若 $x < 0$ 时,$x < \xi < 0$,$f(\xi) \leqslant f(x)$ 即 $f(\xi) - f(x) \leqslant 0$,则 $F'(x) \geqslant 0$.

所以,总有 $F'(x) \geqslant 0$,故 $F(x)$ 单调增加.

3.证　令 $F(x) = xf(x)$,则 $F(x)$ 在 $\left[0, \frac{1}{2}\right]$ 上连续,由积分中值定理知,至少存在一点 $\eta \in \left[0, \frac{1}{2}\right]$,使

$$\int_0^{\frac{1}{2}} xf(x)\mathrm{d}x = \frac{1}{2}F(\eta). 所以 F(1) = f(1) = 2\int_0^{\frac{1}{2}} xf(x)\mathrm{d}x = F(\eta),$$

又因为 $F(x)$ 在 $[\eta, 1] \subset [0,1]$ 上连续,在 $(\eta, 1)$ 内可导,由罗尔定理知,至少存在一点 $\xi \in (\eta, 1) \subset (0,1)$,使得 $F'(\xi) = 0$,即 $f(\xi) + \xi f'(\xi) = 0$.

第六章检测训练 A

一、单选题

1.B.　解　微分方程的阶数指未知函数的最高阶导数的阶数,方程中 y 的最高阶导数为二阶导数 y'',故该微分方程的阶数为二阶.

2.B.　解　方程可以变形为 $\frac{1+y}{y}\mathrm{d}y = \frac{x-1}{x}\mathrm{d}x$,因此该方程为可分离变量的微分方程.

3.B.　解　方程两边积分,得 $\int \cos y\mathrm{d}y = \int \sin x\mathrm{d}x$,即,$\sin y = -\cos x + C$,移项,得 $\cos x + \sin y = C$.

4.B.　解　方程 $y' + P(x)y = Q(x)$ 的通解形式为 $y = \mathrm{e}^{-\int P(x)\mathrm{d}x}\left[\int Q(x)\mathrm{e}^{\int P(x)\mathrm{d}x}\mathrm{d}x + C\right]$.

5.C.　解　$y'' + 2y' + y = 0$ 是二阶常系数齐次线性微分方程,其特征方程为 $r^2 + 2r + 1 = 0$,特征根为 $r_1 = r_2 = -1$(二重根),故原方程的通解为 $y = (C_1 + C_2 x)\mathrm{e}^{-x} = C_1\mathrm{e}^{-x} + C_2 x\mathrm{e}^{-x}$.

6.C.　解　$y' - y = 1$ 是一阶线性非齐次微分方程,$P(x) = -1, Q(x) = 1$,代入通解形式,得

$$y = e^{-\int -dx}\left[\int e^{\int -dx}\,dx + C\right] = e^{x}\left[\int e^{-x}\,dx + C\right] = e^{x}(-e^{-x}+C) = Ce^{x}-1.$$

7. B. 解 方程 $x\dfrac{dy}{dx} = y + x^3$ 可以变形为 $\dfrac{dy}{dx} - \dfrac{y}{x} = x^2$,是一阶线性非齐次微分方程,$P(x) = -\dfrac{1}{x}$,$Q(x) = x^2$,

代入通解形式,得:$y = e^{-\int -\frac{1}{x}dx}\left[\int x^2 e^{\int -\frac{1}{x}dx}\,dx + C\right]$

$$= e^{\ln x}\left[\int x^2 e^{-\ln x}\,dx + C\right] = x\left(\int x\,dx + C\right) = x\left(\frac{1}{2}x^2 + C\right) = \frac{x^3}{2} + Cx.$$

8. D. 解 该微分方程为二阶方程,其通解中应包含的任意常数的个数等于方程的阶数,故应包含两个任意常数;A,B 选项中只含有一个任意常数,故错误;C 选项中,令 $C = C_1 + C_2$,表面上看似乎是含有两个任意常数,实质却是只含有一个任意常数,故错误;D 选项含有两个任意常数,正确.

9. B. 解 由 $r_1 = 0$,$r_2 = 4$ 是特征方程的两个根,得:$r(r-4) = 0$,即 $r^2 - 4r = 0$,故该微分方程为 $y'' - 4y' = 0$.

10. C. 解 判断两个函数是否线性相关,只要看它们的比值是否为常数;如果比值为常数,则它们线性相关,否则就线性无关. 对于选项 A,$\dfrac{\sin^2 x}{\cos^2 x - 1} = \dfrac{1 - \cos^2 x}{\cos^2 x - 1} = -1$,比值为常数,故它们线性相关;对于选项 B,

$\dfrac{\tan^2 x}{\sec^2 x - 1} = \dfrac{\tan^2 x}{1 + \tan^2 x - 1} = 1$,比值为常数,故它们线性相关;对于选项 C,$\dfrac{\tan x}{\cot x} = \tan x \cdot \tan x = \tan^2 x$,比值不为常

数,故它们线性无关;对于选项 D,$\dfrac{\sin 2x}{\sin x \cos x} = \dfrac{2\sin x \cos x}{\sin x \cos x} = 2$,比值为常数,故它们线性相关.

二、填空题

1. $y^2 = Cx$. 解 原方程分离变量,得 $\dfrac{2}{y}dy = \dfrac{1}{x}dx$;两边积分,得 $\displaystyle\int \dfrac{2}{y}dy = \int \dfrac{1}{x}dx$,即 $2\ln|y| = \ln|x| + \ln|C|$,

因此 $y^2 = Cx$.

2. $y = 2x - \sin x$. 解 原方程两边积分,得 $y' = \displaystyle\int \sin x\,dx = -\cos x + C_1$;再次积分,得原方程的通解为

$$y = \int (-\cos x + C_1)\,dx = -\sin x + C_1 x + C_2;$$

代入初始条件,得 $\begin{cases} C_2 = 0, \\ 1 = -1 + C_1, \end{cases}$ 即 $\begin{cases} C_1 = 2, \\ C_2 = 0. \end{cases}$ 故所求特解为 $y = -\sin x + 2x = 2x - \sin x$.

3. 一阶线性非齐次微分方程,$y = -x\cos x + Cx$. 解 原方程可变形为 $\dfrac{dy}{dx} - \dfrac{y}{x} = x\sin x$,是一阶线性非齐次微分方

程,其中,$P(x) = -\dfrac{1}{x}$,$Q(x) = x\sin x$;代入通解形式,得

$$y = e^{-\int -\frac{1}{x}dx}\left[\int x\sin x \cdot e^{\int -\frac{1}{x}dx}\,dx + C\right] = e^{\ln x}\left[\int x\sin x \cdot e^{-\ln x}\,dx + C\right] = x\left(\int \sin x\,dx + C\right) = x(-\cos x + C) =$$

$-x\cos x + Cx$.

4. $y = C_1\cos x + C_2\sin x$. 解 $y'' + y = 0$ 是二阶常系数齐次线性微分方程,其特征方程为 $r^2 + 1 = 0$,特征根为 $r_{1,2} = \pm i$(一对共轭复根),故原方程的通解为 $y = C_1\cos x + C_2\sin x$.

5. $y = C_1 e^{-2x} + C_2 e^{x}$. 解 $y'' + y' - 2y = 0$ 是二阶常系数齐次线性微分方程,其特征方程为 $r^2 + r - 2 = 0$,

即 $(r+2)(r-1) = 0$,特征根为 $r_1 = -2$,$r_2 = 1$,故原方程的通解为 $y = C_1 e^{-2x} + C_2 e^{x}$.

6. $y = Ce^{x^2}$. 解 原方程即为 $\dfrac{dy}{dx} = 2xy$,是可分离变量的微分方程,分离变量,得 $\dfrac{dy}{y} = 2x\,dx$,两边积分,$\displaystyle\int \dfrac{dy}{y} = \int 2x\,dx$,

得 $\ln|y| = x^2 + C_1$,从而 $y = \pm e^{x^2 + C_1} = \pm e^{C_1}e^{x^2}$;因为 $\pm e^{C_1}$ 是任意非零常数,又 $y \equiv 0$ 也是方程的解,故原方程的

通解为 $y = Ce^{x^2}$.

7. $y = (C_1 + C_2 x)e^{-2x}$. 解 方程的特征方程为 $r^2 + 4r + 4 = 0$,解得特征根为 $r_1 = r_2 = -2$;所以原方程的通解为

$y = (C_1 + C_2 x)e^{-2x}$.

8. $y = e^{x}(C_1\cos 2x + C_2\sin 2x)$. 解 方程的特征方程为 $r^2 - 2r + 5 = 0$,解得特征根为 $r_{1,2} = 1 \pm 2i$;所以原方程的

通解为 $y = \mathrm{e}^x (C_1 \cos 2x + C_2 \sin 2x)$.

9. $y = C_1 \cos\omega x + C_2 \sin\omega x$. **解** 由题意得,原方程的两个解的比值为 $\dfrac{y_1}{y_2} = \dfrac{\cos\omega x}{\sin\omega x} = \cot\omega x$,其比值不为常数,因此

y_1, y_2 线性无关,故原方程的通解为 $y = C_1 \cos\omega x + C_2 \sin\omega x$.

10. $\arcsin y = \arctan x + C$. **解** 原方程分离变量得:$\dfrac{1}{\sqrt{1-y^2}}\mathrm{d}y = \dfrac{1}{1+x^2}\mathrm{d}x$.

方程两边同取不定积分:$\displaystyle\int \dfrac{1}{\sqrt{1-y^2}}\mathrm{d}y = \int \dfrac{1}{1+x^2}\mathrm{d}X$

所以原方程的通解为 $\arcsin y = \arctan x + C$.

三、求下列可分离变量的微分方程的通解

1. **解** $\displaystyle\int \dfrac{y}{y^2-1}\mathrm{d}y = -\int \dfrac{x}{x^2-1}\mathrm{d}x$,$\dfrac{1}{2}\ln(y^2-1) = -\dfrac{1}{2}\ln(x^2-1) + \dfrac{1}{2}\ln C$,

$\ln(y^2-1) + \ln(x^2-1) = \ln C$,$(y^2-1)(x^2-1) = C$.

2. **解** $\dfrac{\mathrm{d}y}{\mathrm{d}x} = \dfrac{\mathrm{e}^{2x}}{\mathrm{e}^y}$;$\displaystyle\int \mathrm{e}^y \mathrm{d}y = \int \mathrm{e}^{2x}\mathrm{d}x$,$\mathrm{e}^y = \dfrac{1}{2}\mathrm{e}^{2x} + C$.

3. **解** $\displaystyle\int \dfrac{2y}{1+y^2}\mathrm{d}y = -\int \dfrac{1+x^2}{x}\mathrm{d}x$,$\ln(1+y^2) = -\ln x - \dfrac{1}{2}x^2 + C_1$

$\ln[x(1+y^2)] = -\dfrac{1}{2}x^2 + C_1$,$x(1+y^2) = \mathrm{e}^{-\frac{1}{2}x^2 + C_1}$

$x(1+y^2) = C\mathrm{e}^{-\frac{1}{2}x^2} \ (C = \mathrm{e}^{C_1})$.

4. **解** $\displaystyle\int \dfrac{1}{x+1}\mathrm{d}x = \int \dfrac{1}{2\mathrm{e}^{-y}-1}\mathrm{d}y$,$\displaystyle\int \dfrac{1}{x+1}\mathrm{d}x = \int \dfrac{\mathrm{e}^y}{2-\mathrm{e}^y}\mathrm{d}y$,$\ln(x+1) = -\ln(2-\mathrm{e}^y) + \ln C$,

$(x+1)(2-\mathrm{e}^y) = C$.

5. **解** $x(y^2+1)\mathrm{d}x = -y(1-x^2)\mathrm{d}y$,

$\displaystyle\int \dfrac{y}{y^2+1}\mathrm{d}y = -\int \dfrac{x}{1-x^2}\mathrm{d}x$,$\dfrac{1}{2}\ln(y^2+1) = \dfrac{1}{2}\ln(1-x^2) + \dfrac{1}{2}\ln C$,

$\dfrac{1+y^2}{1-x^2} = C$.

四、求下列一阶线性微分方程的通解或满足初始条件的特解

1. **解** $y = \mathrm{e}^{-\int \mathrm{d}x}\left[\displaystyle\int \mathrm{e}^{-x}\cdot \mathrm{e}^{\int \mathrm{d}x}\mathrm{d}x + c\right] = \mathrm{e}^{-x}\cdot \left(\displaystyle\int \mathrm{e}^{-x}\cdot \mathrm{e}^x \mathrm{d}x + C\right) = \mathrm{e}^{-x}(x+C)$.

2. **解** 变形得 $y' - \dfrac{y}{x} = x^2 + x$

$y = \mathrm{e}^{\int \frac{1}{x}\mathrm{d}x}\left[\displaystyle\int (x^2+x)\cdot \mathrm{e}^{-\int \frac{1}{x}\mathrm{d}x}\mathrm{d}x + c\right] = \mathrm{e}^{\ln x}\left[\displaystyle\int (x^2+x)\mathrm{e}^{-\ln x}\mathrm{d}x + C\right] = x\left[\displaystyle\int (x^2+x)\dfrac{1}{x}\mathrm{d}x + C\right]$

$= x\cdot \left(\dfrac{1}{2}x^2 + x + C\right) = \dfrac{1}{2}x^3 + x^2 + Cx$.

3. **解** 变形得 $y' - \dfrac{y}{x} = -x$

$y = \mathrm{e}^{\int \frac{1}{x}\mathrm{d}x}\left[\displaystyle\int (-x)\cdot \mathrm{e}^{-\int \frac{1}{x}\mathrm{d}x}\mathrm{d}x + C\right] = \mathrm{e}^{\ln x}\left[\displaystyle\int (-x)\cdot \mathrm{e}^{-\ln x}\mathrm{d}x + C\right] = x\cdot \left[-\displaystyle\int \mathrm{d}x + C\right] = x(-x + C)$.

代入初始条件,$y\big|_{x=1} = -1 + C = 0$,解得 $C = 1$,所以原方程的特解为 $y = x - x^2$.

五、求下列二阶常系数齐次微分方程满足初始条件的特解

1. **解** 原方程的特征方程为 $4r^2 - 4r + 1 = 0$,解得特征根 $r_1 = r_2 = \dfrac{1}{2}$,原方程的通解为 $y = (C_1 + C_2 x)\mathrm{e}^{\frac{1}{2}x}$,

则 $y' = C_2 \cdot \mathrm{e}^{\frac{1}{2}x} + \dfrac{1}{2}(C_1 + C_2 x)\mathrm{e}^{\frac{1}{2}x}$,将初始条件代入上两式得

31

$$\begin{cases} y\big|_{x=0}=C_1=2, \\ y'\big|_{x=0}=C_2+\dfrac{1}{2}(C_1+0)\cdot 1=0, \end{cases} \text{解得} \begin{cases} C_1=2, \\ C_2=-1, \end{cases} \text{原方程的特解为} y=(2-x)\mathrm{e}^{\frac{1}{2}x}.$$

2.解　原方程的特征方程为 $r^2+3r=0$,解得特征根 $r_1=0,r_2=-3$,原方程通解为 $y=C_1+C_2\mathrm{e}^{-3x}$,则 $y'=-3C_2\mathrm{e}^{-3x}$,

将上两式代入初始条件解得 $C_1=\dfrac{2}{3},C_2=\dfrac{1}{3}$,所以原方程的特解为 $y=\dfrac{2}{3}+\dfrac{1}{3}\mathrm{e}^{-3x}$.

3.解　原方程的特征方程为 $r^2+2r+3=0$,解得特征根为 $r=-1\pm\sqrt{2}\,\mathrm{i}$,所以原方程的通解为

$$y=\mathrm{e}^{-x}(C_1\cos\sqrt{2}\,x+C_2\sin\sqrt{2}\,x),$$

$$y'=-\mathrm{e}^{-x}(C_1\cos\sqrt{2}\,x+C_2\sin\sqrt{2}\,x)+\mathrm{e}^{-x}(-\sqrt{2}C_1\sin\sqrt{2}\,x+\sqrt{2}C_2\cos\sqrt{2}\,x),$$

代入初始条件,解得 $C_1=1,C_2=\sqrt{2}$,所以原方程的特解为 $y=\mathrm{e}^{-x}(\cos\sqrt{2}\,x+\sqrt{2}\sin\sqrt{2}\,x)$.

第六章检测训练 B

一、单选题

1.C.　解　线性方程是指对于未知函数 y 及其导数 y',y'' 均为一次幂的方程,而 C 选项中的未知函数 y 是二次幂,故不是线性方程.

2.B.　解　方程的阶数指未知函数的最高阶导数或微分的阶数,方程中 y 的最高阶导数为二阶导数 y'',故为二阶方程;线性方程是指对于未知函数 y 及其导数 y',y'' 均为一次幂的方程,而该方程中 y'' 是二次幂,故为非线性方程.因此,原方程是二阶非线性微分方程.

3.C.　解　方程两边积分,得 $y'=\displaystyle\int(x+\mathrm{e}^{-x})\mathrm{d}x=\dfrac{1}{2}x^2-\mathrm{e}^{-x}+C_1$;再次积分,得原方程的通解为

$$y=\int\left(\dfrac{1}{2}x^2-\mathrm{e}^{-x}+C_1\right)\mathrm{d}x=\dfrac{1}{6}x^3+\mathrm{e}^{-x}+C_1x+C_2;\text{令 }C_1=C_2=0,\text{得原方程的一个特解为 }y=\dfrac{1}{6}x^3+\mathrm{e}^{-x}.$$

4.C.　解　本题考查二阶常系数齐次线性微分方程的通解:

对选项 A,特征方程为 $r^2-r=0$,特征根为 $r_1=0,r_2=1$,故通解为 $y=C_1+C_2\mathrm{e}^x$;

对选项 B,特征方程为 $r^2+r=0$,特征根为 $r_1=0,r_2=-1$,故通解为 $y=C_1+C_2\mathrm{e}^{-x}$;

对选项 C,特征方程为 $r^2+1=0$,特征根为 $r_{1,2}=\pm\mathrm{i}$,故通解为 $y=C_1\cos x+C_2\sin x$;

对选项 D,特征方程为 $r^2-1=0$,特征根为 $r_1=1,r_2=-1$,故通解为 $y=C_1\mathrm{e}^x+C_2\mathrm{e}^{-x}$.

5.C.　解　原方程 $y''-4y'+3y=0$ 是二阶常系数齐次线性微分方程,其特征方程为 $r^2-4r+3=0$,特征根为 $r_1=1,r_2=3$,故原方程的通解为 $y=C_1\mathrm{e}^x+C_2\mathrm{e}^{3x}$,$y'=C_1\mathrm{e}^x+3C_2\mathrm{e}^{3x}$,代入初始条件,得 $\begin{cases} C_1+C_2=6, \\ C_1+3C_2=10, \end{cases}$ 解得 $\begin{cases} C_1=4, \\ C_2=2. \end{cases}$ 故原方程的特解为 $y=4\mathrm{e}^x+2\mathrm{e}^{3x}$.

6.C.　解　原方程可变形为 $y'+\sec^2x\cdot y=\sec^2x\tan x$,是一阶非齐次线性微分方程,$P(x)=\sec^2x$,$Q(x)=\sec^2x\tan x$,代入通解形式,得

$$y=\mathrm{e}^{-\int P(x)\mathrm{d}x}\left[\int Q(x)\mathrm{e}^{\int P(x)\mathrm{d}x}\mathrm{d}x+C\right]=\mathrm{e}^{-\int\sec^2x\,\mathrm{d}x}\left[\int\sec^2x\tan x\cdot\mathrm{e}^{\int\sec^2x\,\mathrm{d}x}\mathrm{d}x+C\right]$$

$$=\mathrm{e}^{-\tan x}\left[\int\sec^2x\tan x\cdot\mathrm{e}^{\tan x}\mathrm{d}x+C\right]=\mathrm{e}^{-\tan x}\left[\int\tan x\cdot\mathrm{e}^{\tan x}\mathrm{d}(\tan x)+C\right].$$

令 $u=\tan x$,则 $y=\mathrm{e}^{-u}\left[\int u\cdot\mathrm{e}^u\mathrm{d}u+C\right]=\mathrm{e}^{-u}\left[\int u\mathrm{d}\mathrm{e}^u+C\right]=\mathrm{e}^{-u}\left[u\mathrm{e}^u-\int\mathrm{e}^u\mathrm{d}u+C\right]$

$$=\mathrm{e}^{-u}(u\mathrm{e}^u-\mathrm{e}^u+C)=u-1+C\mathrm{e}^{-u}=\tan x-1+C\mathrm{e}^{-\tan x},$$

即为原方程的通解;当 $x=\dfrac{\pi}{4}$ 时,$y=0$,代入通解,得 $0=1-1+C\mathrm{e}^{-1}$,故 $C=0$;当 $x=0$ 时,$y=\tan 0-1=-1$.

7.C.　解　方程 $2y''+2y'+y=0$ 是二阶常系数齐次线性微分方程,其特征方程为 $2r^2+2r+1=0$,特征根为

$r_{1,2} = -\dfrac{1}{2} \pm \dfrac{1}{2}\mathrm{i}$,故其通解为 $y = \mathrm{e}^{-\frac{x}{2}}(C_1 \cos\dfrac{x}{2} + C_2 \sin\dfrac{x}{2})$.

8. C. 解　微分方程的阶数指的是方程中未知函数的最高阶导数的阶数,因此,方程 $xy''' - (y'')^2 + xy' - y^2 = 0$ 中 y 的最高阶导数为三阶 y''',故该微分方程的阶数为三阶.

9. D. 解　原方程为可分离变量的微分方程,分离变量,得 $y\,\mathrm{d}y = -x\,\mathrm{d}x$,两边积分,有 $\displaystyle\int y\,\mathrm{d}y = -\int x\,\mathrm{d}x$,得原方程的通解为 $\dfrac{1}{2}y^2 = -\dfrac{1}{2}x^2 + C$;代入初值条件 $y\big|_{x=1} = 1$,有 $\dfrac{1}{2} = -\dfrac{1}{2} + C$,解得:$C = 1$;因此,原方程的特解为 $\dfrac{1}{2}y^2 = -\dfrac{1}{2}x^2 + 1$, 即 $x^2 + y^2 = 2$.

10. A. 解　判断两个函数是否线性相关,只要看它们的比值是否为常数;如果比值为常数,则它们线性相关,否则就线性无关. 对选项 A,$\dfrac{\mathrm{e}^{2x}}{3\mathrm{e}^{2x}} = \dfrac{1}{3}$,比值为常数,故它们线性相关;对选项 B,$\dfrac{\ln x}{x\ln x} = \dfrac{1}{x}$,比值不为常数,故它们线性无关; 对选项 C,$\dfrac{\mathrm{e}^x \cos 2x}{\mathrm{e}^x \sin 2x} = \cot 2x$,比值不为常数,故它们线性无关;对选项 D,$\dfrac{\mathrm{e}^{x^2}}{x\mathrm{e}^{x^2}} = \dfrac{1}{x}$,比值不为常数,故它们线性无关.

二、填空题

1. $y = C\mathrm{e}^{\frac{x}{2}} + \mathrm{e}^x$. 解　原方程可变形为 $y' - \dfrac{1}{2}y = \dfrac{1}{2}\mathrm{e}^x$,是一阶线性非齐次微分方程,其中 $P(x) = -\dfrac{1}{2}$,$Q(x) = \dfrac{1}{2}\mathrm{e}^x$, 代入通解形式,得 $y = \mathrm{e}^{-\int -\frac{1}{2}\mathrm{d}x}\left[\displaystyle\int \dfrac{1}{2}\mathrm{e}^x \mathrm{e}^{\int -\frac{1}{2}\mathrm{d}x}\,\mathrm{d}x + C\right] = \mathrm{e}^{\frac{1}{2}x}\left[\displaystyle\int \dfrac{1}{2}\mathrm{e}^x \mathrm{e}^{-\frac{1}{2}x}\,\mathrm{d}x + C\right]$

$$= \mathrm{e}^{\frac{1}{2}x}\left[\int \mathrm{e}^{\frac{1}{2}x}\mathrm{d}(\dfrac{1}{2}x) + C\right] = \mathrm{e}^{\frac{1}{2}x}(\mathrm{e}^{\frac{1}{2}x} + C) = C\mathrm{e}^{\frac{x}{2}} + \mathrm{e}^x.$$

2. $x^2 + y^2 = 2\ln x + C$. 解　分离变量,得 $y\,\mathrm{d}y = \dfrac{1-x^2}{x}\mathrm{d}x = \left(\dfrac{1}{x} - x\right)\mathrm{d}x$,两边积分,得 $\displaystyle\int y\,\mathrm{d}y = \int \left(\dfrac{1}{x} - x\right)\mathrm{d}x$,即 $\dfrac{1}{2}y^2 = \ln x - \dfrac{1}{2}x^2 + \dfrac{1}{2}C$,整理,得原方程的通解为 $x^2 + y^2 = 2\ln x + C$.

3. $y = C_1 y_1(x) + C_2 y_2(x)$,$C_1$,$C_2$ 为任意常数. 解　$y_1(x)$,$y_2(x)$ 是方程 $y'' + py' + qy = 0$ 的两个线性无关的特解,则原方程的通解为 $y = C_1 y_1(x) + C_2 y_2(x)$,其中 C_1,C_2 为任意常数. 故应填 $y = C_1 y_1(x) + C_2 y_2(x)$,$C_1$,$C_2$ 为任意常数.

4. $y^2 = 5x^2 + 4$. 解　原方程分离变量,得 $\dfrac{y\,\mathrm{d}y}{1+y^2} = \dfrac{x\,\mathrm{d}x}{1+x^2}$,两边积分,得 $\displaystyle\int \dfrac{y\,\mathrm{d}y}{1+y^2} = \int \dfrac{x\,\mathrm{d}x}{1+x^2}$, 即 $\dfrac{1}{2}\displaystyle\int \dfrac{\mathrm{d}(1+y^2)}{1+y^2} = \dfrac{1}{2}\int \dfrac{\mathrm{d}(1+x^2)}{1+x^2}$,则 $\ln(1+y^2) = \ln(1+x^2) + \ln C$,故原方程的通解为 $1+y^2 = C(1+x^2)$; 代入初始条件,得 $1 + 2^2 = C$,故 $C = 5$,则所求特解为 $1 + y^2 = 5(1+x^2)$,整理,得 $y^2 = 5x^2 + 4$.

5. $y = \mathrm{e}^{-2x}(C_1 \cos x + C_2 \sin x)$. 解　$y'' + 4y' + 5y = 0$ 是二阶常系数齐次线性微分方程,特征方程为 $r^2 + 4r + 5 = 0$, 特征根为 $r_{1,2} = -2 \pm \mathrm{i}$,故原方程的通解为 $y = \mathrm{e}^{-2x}(C_1 \cos x + C_2 \sin x)$.

6. $y = \dfrac{1}{8}\mathrm{e}^{2x} + \sin x + C_1 x^2 + C_2 x + C_3$. 解　$y''' = \mathrm{e}^{2x} - \cos x$ 为三阶微分方程,对其接连积分三次,得

$$y'' = \dfrac{1}{2}\mathrm{e}^{2x} - \sin x + C,\quad y' = \dfrac{1}{4}\mathrm{e}^{2x} + \cos x + Cx + C_2,\quad y = \dfrac{1}{8}\mathrm{e}^{2x} + \sin x + \dfrac{1}{2}Cx^2 + C_2 x + C_3;$$

令 $C_1 = \dfrac{1}{2}C$,则原方程的通解为 $y = \dfrac{1}{8}\mathrm{e}^{2x} + \sin x + C_1 x^2 + C_2 x + C_3$.

7. $y = C_1 \mathrm{e}^{-6x} + C_2 \mathrm{e}^{2x}$. 解　$y'' + 4y' - 12y = 0$ 的特征方程为 $r^2 + 4r - 12 = 0$,解得特征根为 $r_1 = -6$,$r_2 = 2$;所以原方程的通解为 $y = C_1 \mathrm{e}^{-6x} + C_2 \mathrm{e}^{2x}$.

8. $y = -\mathrm{e}^x + 4\mathrm{e}^{2x}$. 解　方程为二阶常系数齐次线性微分方程,特征方程为 $r^2 - 3r + 2 = 0$,解得特征根为 $r_1 = 1$, $r_2 = 2$,故原方程的通解为 $y = C_1 \mathrm{e}^x + C_2 \mathrm{e}^{2x}$;则 $y' = C_1 \mathrm{e}^x + 2C_2 \mathrm{e}^{2x}$,代入初值条件,得 $\begin{cases} C_1 + C_2 = 1, \\ C_1 + 2C_2 = 3, \end{cases}$ 解得 $\begin{cases} C_1 = -1, \\ C_2 = 2. \end{cases}$ 故满足初值条件的原方程的特解为 $y = -\mathrm{e}^x + 4\mathrm{e}^{2x}$.

9. $y=(C_1+C_2x)\mathrm{e}^{x^2}$. **解** 由题意,得原方程的两个解的比值为 $\dfrac{y_1}{y_2}=\dfrac{\mathrm{e}^{x^2}}{x\mathrm{e}^{x^2}}=\dfrac{1}{x}$,其比值不为常数,因此 y_1,y_2 线性

无关,故原方程的通解为 $y=C_1\mathrm{e}^{x^2}+C_2x\mathrm{e}^{x^2}=(C_1+C_2x)\mathrm{e}^{x^2}$.

10. $y=2(\mathrm{e}^x-x-1)$. **解** 设所求曲线的方程为 $y=y(x)$,由题意,得 $\begin{cases}y'=2x+y,\\ y(0)=0,\end{cases}$ 该微分方程可变形为 $y'-y=2x$,

故该方程为一阶线性非齐次微分方程,其中 $P(x)=-1,Q(x)=2x$;代入方程通解的形式,得:

$$y=\mathrm{e}^{-\int P(x)\mathrm{d}x}\left[\int Q(x)\mathrm{e}^{\int P(x)\mathrm{d}x}\mathrm{d}x+C\right]=\mathrm{e}^{-\int -\mathrm{d}x}\left[\int 2x\mathrm{e}^{\int -x\mathrm{d}x}\mathrm{d}x+C\right]=\mathrm{e}^x\left[\int 2x\mathrm{e}^{-x}\mathrm{d}x+C\right]=\mathrm{e}^x\left[-\int 2x\mathrm{d}(\mathrm{e}^{-x})+C\right]$$

$$=\mathrm{e}^x\left[-2x\mathrm{e}^{-x}+\int \mathrm{e}^{-x}\mathrm{d}(2x)+C\right]=\mathrm{e}^x\left(-2x\mathrm{e}^{-x}+2\int \mathrm{e}^{-x}\mathrm{d}x+C\right)=\mathrm{e}^x(-2x\mathrm{e}^{-x}-2\mathrm{e}^{-x}+C)=-2x-2+C\mathrm{e}^x,$$

代入初值条件,得 $-2+C=0$,所以 $C=2$,故所求曲线方程为 $y=-2x-2+2\mathrm{e}^x=2(\mathrm{e}^x-x-1)$.

三、求下列可分离变量的微分方程的通解

1. **解** $\dfrac{\mathrm{d}y}{\mathrm{d}x}=1-x+y^2(1-x)=(1-x)(1+y^2)$,

$\displaystyle\int\dfrac{1}{1+y^2}\mathrm{d}y=\int(1-x)\mathrm{d}x$, $\arctan y=x-\dfrac{1}{2}x^2+C$.

2. **解** $\displaystyle\int\dfrac{\cos y}{\sin y}\mathrm{d}y=-\int\dfrac{2x}{x^2+3}\mathrm{d}x$

$\ln\sin y=-\ln(x^2+3)+\ln C$, $\ln(x^2+3)+\ln\sin y=\ln C$, $\sin y(x^2+3)=C$, $\sin y=\dfrac{C}{x^2+3}$.

3. **解** $\displaystyle\int\dfrac{1}{y^2}\mathrm{d}y=\int\cos x\,\mathrm{d}x$, $-\dfrac{1}{y}=\sin x+C_1$, $y=\dfrac{1}{-\sin x+C}$ $(C=-C_1)$.

4. **解** $\displaystyle\int\dfrac{\sec^2 y}{\tan y}\mathrm{d}y=-\int\dfrac{\sec^2 x}{\tan x}\mathrm{d}x$, $\displaystyle\int\dfrac{1}{\tan y}\mathrm{d}\tan y=-\int\dfrac{1}{\tan x}\mathrm{d}\tan x$, $\ln\tan y=-\ln\tan x+\ln C$, $\ln\tan y+\ln\tan x$

$=\ln C$, $\tan x\cdot\tan y=C$.

5. **解** $\displaystyle\int\dfrac{y}{1+y^2}\mathrm{d}y=\int\left(\dfrac{1}{x^2}-\dfrac{1}{1+x^2}\right)\mathrm{d}x$, $\dfrac{1}{2}\ln(1+y^2)=-\dfrac{1}{x}-\arctan x+C$,

$\dfrac{1}{x}+\arctan x+\dfrac{1}{2}\ln(1+y^2)=C$.

四、求下列一阶线性微分方程的通解或满足初始条件的特解

1. **解** $y=\mathrm{e}^{\int\cos x\mathrm{d}x}\left(\int\mathrm{e}^{-\sin x}\cdot\mathrm{e}^{\int\cos x\mathrm{d}x}\mathrm{d}x+C\right)=\mathrm{e}^{-\sin x}\left(\int\mathrm{e}^{-\sin x}\cdot\mathrm{e}^{\sin x}\mathrm{d}x+C\right)=\mathrm{e}^{-\sin x}\left(\int\mathrm{d}x+C\right)=\mathrm{e}^{-\sin x}(x+C)$.

2. **解** $y'+\left(\dfrac{1}{x^2}-\dfrac{2}{x}\right)y=2$

$$y=\mathrm{e}^{-\int(\frac{1}{x^2}-\frac{2}{x})\mathrm{d}x}\left[\int 2\cdot\mathrm{e}^{\int(\frac{1}{x^2}-\frac{2}{x})\mathrm{d}x}\mathrm{d}x+C\right]=\mathrm{e}^{2\ln x+\frac{1}{x}}\left[\int 2\mathrm{e}^{-\frac{1}{x}-2\ln x}\mathrm{d}x+C\right]=x^2\cdot\mathrm{e}^{\frac{1}{x}}\left[\int 2\mathrm{e}^{-\frac{1}{x}}\cdot\dfrac{1}{x^2}\mathrm{d}x+C\right]$$

$$=x^2\cdot\mathrm{e}^{\frac{1}{x}}\left[\int 2\mathrm{e}^{-\frac{1}{x}}\cdot\mathrm{d}\left(-\dfrac{1}{x}\right)+C\right]=x^2\cdot\mathrm{e}^{\frac{1}{x}}(2\mathrm{e}^{-\frac{1}{x}}+C)=x^2(2+C\mathrm{e}^{\frac{1}{x}}).$$

3. **解** $y=\mathrm{e}^{-\int\cos x\mathrm{d}x}\left(\int\cos x\cdot\mathrm{e}^{\int\cos x\mathrm{d}x}\mathrm{d}x+C\right)=\mathrm{e}^{-\sin x}\left(\int\cos x\cdot\mathrm{e}^{\sin x}\mathrm{d}x+C\right)=\mathrm{e}^{-\sin x}(\mathrm{e}^{\sin x}+C)$

代入初始条件 $y|_{x=0}=1+C=1$,解得 $C=0$,所以原方程的特解为 $y=1$.

五、综合题

由于 $f(x)$ 为连续函数,故 $\displaystyle\int_0^x tf(t)\,\mathrm{d}t$ 可导,对方程两边同时求导得 $xf(x)=2x+f'(x)$.令 $y=f(x)$,则上式可化

为 $y'-xy=-2x$,此为一阶线性微分方程,利用通解公式求得

$$y=\mathrm{e}^{\int x\mathrm{d}x}\left[\int(-2x)\mathrm{e}^{-\int x\mathrm{d}x}\mathrm{d}x+C\right]=\mathrm{e}^{\frac{1}{2}x^2}\left(2\mathrm{e}^{-\frac{1}{2}x^2}+C\right)=C\mathrm{e}^{\frac{1}{2}x^2}+2,$$

又由所给方程可知,当 $x=0$ 时,有 $\displaystyle\int_0^0 tf(t)\,\mathrm{d}t=0^2+f(0)$,从而 $y(0)=0$,代入通解可得 $C=-2$.

34

所以 $y=f(x)=-2\mathrm{e}^{\frac{1}{2}x^2}+2$.

第七章检测训练 A

一、选择题

1. C.　解　单位向量是指模为 1 的向量;对选项 A,$|\{1,1,1\}|=\sqrt{1^2+1^2+1^2}=\sqrt{3}$,错误;对选项 B,

$\left|\left\{\frac{1}{3},\frac{1}{3},\frac{1}{3}\right\}\right|=\left|\frac{1}{3}\{1,1,1\}\right|=\frac{\sqrt{3}}{3}$,错误;对选项 C,$|\{0,-1,0\}|=\sqrt{0^2+(-1)^2+0^2}=1$,正确;对选项 D,

$\left|\left\{\frac{1}{2},0,\frac{1}{2}\right\}\right|=\left|\frac{1}{2}\{1,0,1\}\right|=\frac{1}{2}\sqrt{1^2+0^2+1^2}=\frac{\sqrt{2}}{2}$,错误.

2. D.　解　平面方程可以变形为 $\frac{x}{2}+\frac{y}{6}+\frac{z}{6}=1$,此为平面的截距式方程,故该平面在三条坐标轴上的截距分别为 2,

6,6.

3. C.　解　两边平方,得 $|\boldsymbol{a}-\boldsymbol{b}|^2=|\boldsymbol{a}+\boldsymbol{b}|^2$,即 $(\boldsymbol{a}-\boldsymbol{b})\cdot(\boldsymbol{a}-\boldsymbol{b})=(\boldsymbol{a}+\boldsymbol{b})\cdot(\boldsymbol{a}+\boldsymbol{b})$,展开,得

$|\boldsymbol{a}|^2+|\boldsymbol{b}|^2-2\boldsymbol{a}\cdot\boldsymbol{b}=|\boldsymbol{a}|^2+|\boldsymbol{b}|^2+2\boldsymbol{a}\cdot\boldsymbol{b}$,移项,得 $\boldsymbol{a}\cdot\boldsymbol{b}=0$.

4. A.　解　直线 $\frac{x-1}{2}=\frac{y}{1}=\frac{z-1}{-1}$ 的方向向量为 $\boldsymbol{s}=\{2,1,-1\}$,平面 $x-y+z=1$ 的法线向量为 $\boldsymbol{n}=\{1,-1,1\}$;

由 $\boldsymbol{s}\cdot\boldsymbol{n}=2\times1-1\times1-1\times1=0$,得 $\boldsymbol{s}\perp\boldsymbol{n}$;又直线过点 $(1,0,1)$,但该点坐标不满足平面方程,即直线不在平面内,

故直线与平面平行.

5. C.　解　$|\boldsymbol{a}+\boldsymbol{b}|^2=(\boldsymbol{a}+\boldsymbol{b})\cdot(\boldsymbol{a}+\boldsymbol{b})=|\boldsymbol{a}|^2+|\boldsymbol{b}|^2+2\boldsymbol{a}\cdot\boldsymbol{b}=2^2+(\sqrt{3})^2+2\times\sqrt{3}=7+2\sqrt{3}$,

故 $|\boldsymbol{a}+\boldsymbol{b}|=\sqrt{7+2\sqrt{3}}$.

6. A.　解　$\boldsymbol{b}=\{2,2,-2\}=-2\{-1,-1,1\}=-2\boldsymbol{a}$,即 $\frac{2}{-1}=\frac{2}{-1}=\frac{-2}{1}$,故 $\boldsymbol{a}//\boldsymbol{b}$.

7. B.　解　由直线的对称式方程,得直线过点 $(1,0,-2)$,且其方向向量为 $\boldsymbol{s}=\{2,0,-3\}$,该直线在 xOz 平面内,即垂

直于 y 轴.

8. B.　解　过点 $M(4,-3,5)$ 作 x 轴的垂线,垂足坐标为 $N(4,0,0)$,则该点到 x 轴的距离为

$$d=|MN|=\sqrt{(4-4)^2+(-3-0)^2+(5-0)^2}=\sqrt{(-3)^2+5^2}.$$

9. D.　解　由平面的点法式方程,得过点 $(1,2,-1)$ 并且法向量是 $\boldsymbol{n}=\{1,2,-1\}$ 的平面方程为

$(x-1)+2(y-2)-(z+1)=0$,化简,得 $x+2y-z-6=0$,即 $x+2y-z=6$.

10. C.　解　平面 $\pi_1:x-y+2z=6$ 的法向量为 $\boldsymbol{n}_1=\{1,-1,2\}$,平面 $\pi_2:2x+y+z=5$ 的法向量为 $\boldsymbol{n}_2=\{2,1,1\}$,

则两平面夹角的余弦值为 $\cos\theta=\frac{|1\times2+(-1)\times1+2\times1|}{\sqrt{1^2+(-1)^2+2^2}\cdot\sqrt{2^2+1^2+1^2}}=\frac{3}{\sqrt{6}\cdot\sqrt{6}}=\frac{1}{2}$,故两平面的夹角为 $\theta=\frac{\pi}{3}$,

即两平面的位置关系为:相交,但不垂直.

二、填空题

1. $\arccos\frac{1}{2\sqrt{3}}$.　解　$\cos\theta=\frac{\boldsymbol{a}\cdot\boldsymbol{b}}{|\boldsymbol{a}||\boldsymbol{b}|}=\frac{1\times0-1\times1+2\times1}{\sqrt{1^2+(-1)^2+2^2}\sqrt{0^2+1^2+1^2}}=\frac{1}{\sqrt{6}\sqrt{2}}=\frac{1}{2\sqrt{3}}$,故两向量的夹角

为 $\theta=\arccos\frac{1}{2\sqrt{3}}$.

2. $\frac{2}{3}$.　解　点 $(-1,2,-1)$ 到平面 $x+2y+2z-3=0$ 的距离 d 为

$$d=\frac{|-1+2\times2+2\times(-1)-3|}{\sqrt{1^2+2^2+2^2}}=\frac{|-2|}{3}=\frac{2}{3}.$$

3. -1.　解　$\boldsymbol{a}//\boldsymbol{b}$,则有 $\frac{-2}{n}=\frac{3}{-6}=\frac{m}{2}$,解得 $m=-1,n=4$.

4. $\dfrac{x-3}{2}=\dfrac{y-2}{4}=\dfrac{z-1}{3}$. 解 所求直线的方向向量为 $\boldsymbol{s}=\{2,4,3\}$，又直线过点 $(3,2,1)$，则所求直线的对称式方程

为 $\dfrac{x-3}{2}=\dfrac{y-2}{4}=\dfrac{z-1}{3}$.

5. $\pm\dfrac{\sqrt{6}}{6}\{1,-1,2\}$. 解 平面 $x-y+2z-6=0$ 的法向量为 $\boldsymbol{n}=\{1,-1,2\}$，该向量与平面垂直，故所求单位向量

为 $\boldsymbol{e}_n=\pm\dfrac{\boldsymbol{n}}{|\boldsymbol{n}|}=\pm\dfrac{(1,-1,2)}{\sqrt{1^2+(-1)^2+2^2}}=\pm\dfrac{\sqrt{6}}{6}\{1,-1,2\}$.

6. $3y-2z=0$. 解 因为 π 过 Ox 轴，所以 $A=0$，$D=0$，$\pi:y+Cz=0$. 又因为 $2B+3C=0$，所以 $C=-\dfrac{2}{3}B$，

即 $3y-2z=0$. 故应填 $3y-2z=0$.

7. $10\boldsymbol{i}-8\boldsymbol{j}+3\boldsymbol{k}$ 或者 $\{10,-8,3\}$. 解 本题考查向量积（叉乘）的计算；由题意，得

$$\boldsymbol{n}\times\boldsymbol{m}=\begin{vmatrix} \boldsymbol{i} & \boldsymbol{j} & \boldsymbol{k} \\ 2 & 1 & -4 \\ 1 & 2 & 2 \end{vmatrix}=(2+8)\boldsymbol{i}-(4+4)\boldsymbol{j}+(4-1)\boldsymbol{k}=10\boldsymbol{i}-8\boldsymbol{j}+3\boldsymbol{k}=\{10,-8,3\}.$$

8. $(x-1)^2+(y-3)^2+(z+2)^2=14$ 或者 $x^2+y^2+z^2-2x-6y+4z=0$. 解 球心坐标为 $(1,3,-2)$，球面过

原点，则球面半径 $R=\sqrt{1^2+3^2+(-2)^2}=\sqrt{14}$，故所求球面方程为 $(x-1)^2+(y-3)^2+(z+2)^2=(\sqrt{14})^2=14$，

整理，得球面的一般方程为 $x^2+y^2+z^2-2x-6y+4z=0$.

9. $\sqrt{14}$. 解 由向量积（叉乘）的定义，可以得到三角形 ABC 的面积为

$$S_{\triangle ABC}=\dfrac{1}{2}|\overrightarrow{AB}||\overrightarrow{AC}|\sin\angle A=\dfrac{1}{2}|\overrightarrow{AB}\times\overrightarrow{AC}|,$$

其中 $\overrightarrow{AB}=(3,4,5)-(1,2,3)=2,2,2\}$，$\overrightarrow{AC}=(2,4,7)-(1,2,3)=\{1,2,4\}$，

因此 $\overrightarrow{AB}\times\overrightarrow{AC}=\begin{vmatrix} \boldsymbol{i} & \boldsymbol{j} & \boldsymbol{k} \\ 2 & 2 & 2 \\ 1 & 2 & 4 \end{vmatrix}=4\boldsymbol{i}-6\boldsymbol{j}+2\boldsymbol{k}$，于是 $S_{\triangle ABC}=\dfrac{1}{2}|\overrightarrow{AB}\times\overrightarrow{AC}|=\dfrac{1}{2}\sqrt{4^2+(-6)^2+2^2}=\dfrac{1}{2}\sqrt{56}=\sqrt{14}$.

10. $\begin{cases} x=1-2t, \\ y=1+t, \\ z=1+3t. \end{cases}$ 解 由直线的点向式方程，得直线必过点 $(1,1,1)$，且直线的方向向量为 $\boldsymbol{s}=\{-2,1,3\}$，故该直线的

参数方程为 $\begin{cases} x=1-2t, \\ y=1+t, \\ z=1+3t. \end{cases}$

三、计算题

1. 解 $(1)A(4,-7,1)\ B(6,2,z)$，$|\overrightarrow{AB}|=11$，

$|\overrightarrow{AB}|^2=(6-4)^2+(2+7)^2+(z-1)^2=121$，得 $z=7$ 或 -5.

$(2)A(2,3,4)\ B(x,-2,4)$，$|\overrightarrow{AB}|=5$

$|\overrightarrow{AB}|^2=(x-2)^2+(-2-3)^2+(4-4)^2=25$，得 $x=2$.

2. 解 同时垂直于 $\boldsymbol{a}，\boldsymbol{b}$ 的向量 $\boldsymbol{c}=\boldsymbol{a}\times\boldsymbol{b}=\begin{vmatrix} \boldsymbol{i} & \boldsymbol{j} & \boldsymbol{k} \\ 2 & -1 & -1 \\ 1 & 2 & -1 \end{vmatrix}=\{3,1,5\}$，

因此所求单位向量为 $\boldsymbol{c}^0=\pm\dfrac{\boldsymbol{c}}{|\boldsymbol{c}|}=\pm\dfrac{1}{\sqrt{35}}\{3,1,5\}$.

3. 解 $\boldsymbol{s}=\{3,2,-1\}，\boldsymbol{n}_1=\{1,2,-3\}，\boldsymbol{n}=\boldsymbol{s}\times\boldsymbol{n}_1=\begin{vmatrix} \boldsymbol{i} & \boldsymbol{j} & \boldsymbol{k} \\ 3 & 2 & -1 \\ 1 & 2 & -3 \end{vmatrix}=\{-4,8,4\}$，

由平面的点法式方程，所求平面方程为 $-(x-2)+2(y-1)+(z-1)=0$，即 $-x+2y+z-1=0$.

4. 解 作一平面通过点$(1,0,1)$且垂直于已知直线l,已知直线l的方向向量可以作为该平面的法向量,因此由点法式方程化简得 $x+y+z-2=0$ ①.

已知直线l的参数方程为 $\begin{cases} x=t+1, \\ y=t-1, \\ z=t+1, \end{cases}$ 代入①式,可求得直线l与所作平面的交点为$\left(\dfrac{4}{3}, -\dfrac{2}{3}, \dfrac{4}{3}\right)$,所求直线过点

$(1,0,1)$和交点$\left(\dfrac{4}{3}, -\dfrac{2}{3}, \dfrac{4}{3}\right)$,因此由这两点构造的向量即为所求直线的方向向量,即 $\boldsymbol{s}=\dfrac{1}{3}\{1,-2,1\}$,故所求直

线方程为$\dfrac{x-1}{1}=\dfrac{y}{-2}=\dfrac{z-1}{1}$.

5. 解 因为$\boldsymbol{s}\perp\{1,1,-2\}$,$\boldsymbol{s}\perp\{1,2,-1\}$,所以 $\boldsymbol{s}=\begin{vmatrix} \boldsymbol{i} & \boldsymbol{j} & \boldsymbol{k} \\ 1 & 1 & -2 \\ 1 & 2 & -1 \end{vmatrix}=\{3,-1,1\}$.

(2) 所求直线方程为:$\dfrac{x-1}{3}=\dfrac{y+2}{-1}=\dfrac{z-0}{1}$.

6. 解 因为$\boldsymbol{a}\perp\boldsymbol{b}$,$\boldsymbol{a}\perp\boldsymbol{i}$(垂直于$x$轴),故$\boldsymbol{a}$与向量$\boldsymbol{b}\times\boldsymbol{i}$平行.由两向量平行的充要条件,$\boldsymbol{a}$可写成 $\boldsymbol{a}=\lambda(\boldsymbol{b}\times\boldsymbol{i})$,即

$\boldsymbol{a}=\lambda\begin{vmatrix} \boldsymbol{i} & \boldsymbol{j} & \boldsymbol{k} \\ 3 & 6 & 8 \\ 1 & 0 & 0 \end{vmatrix}=\lambda(8\boldsymbol{j}-6\boldsymbol{k})$.

由题设$|\boldsymbol{a}|=2$,得$\sqrt{(8\lambda)^2+(-6\lambda)^2}=2$,所以$\lambda^2(8^2+6^2)=4$,解得$\lambda=\pm\dfrac{1}{5}$,

从而得 $\boldsymbol{a}=\dfrac{8}{5}\boldsymbol{j}-\dfrac{6}{5}\boldsymbol{k}$,或$\boldsymbol{a}=-\dfrac{8}{5}\boldsymbol{j}+\dfrac{6}{5}\boldsymbol{k}$.

第七章检测训练 B

一、单选题

1. A. 解 $\boldsymbol{a}=\boldsymbol{i}-2\boldsymbol{j}=\{1,-2,0\}$,$\boldsymbol{b}=\boldsymbol{j}+3\boldsymbol{k}=\{0,1,3\}$,则$\boldsymbol{a}\cdot\boldsymbol{b}=1\times0-2\times1+0\times3=-2$.

2. B. 解 平面的一般方程$Ax+By+Cz+D=0$中,$C=0$且$D\neq0$,则平面平行于z轴.

故应选 B.

3. B. 解 直线$\dfrac{x-1}{-1}=\dfrac{y-1}{0}=\dfrac{z-1}{1}$的方向向量为$\boldsymbol{s}=\{-1,0,1\}$,平面$2x+y-z-4=0$的法向量为

$\boldsymbol{n}=\{2,1,-1\}$,则直线与平面夹角的正弦值为

$$\sin\varphi=\dfrac{|\boldsymbol{s}\cdot\boldsymbol{n}|}{|\boldsymbol{s}||\boldsymbol{n}|}=\dfrac{|-1\times2+0\times1-1\times1|}{\sqrt{(-1)^2+0^2+1^2}\sqrt{2^2+1^2+(-1)^2}}=\dfrac{|-3|}{\sqrt{2}\sqrt{6}}=\dfrac{\sqrt{3}}{2},\text{故}\varphi=\dfrac{\pi}{3}.$$

4. C. 解 过点$P(3,-2,5)$作y轴的垂线,垂足坐标为$Q(0,-2,0)$,则该点到y轴的距离为

$$d=|PQ|=\sqrt{(3-0)^2+(-2+2)^2+(5-0)^2}=\sqrt{3^2+5^2}.$$

故应选 C.

5. B. 解 选项 A:过一点且垂直于已知直线的平面有且只有一个,可以唯一确定;选项 B:过一点且平行于已知直线的平面可以作无数个,不能唯一确定;选项 C:过一点且平行于已知平面的平面有且只有一个,可以唯一确定;选项 D:过已知直线和直线外一点,即不在同一直线上的三个点确定一个平面,可以唯一确定.

6. D. 解 平面的一般方程$Ax+By+Cz+D=0$中,过y轴必过原点,故$D=0$;平面过y轴,其法线向量必垂直于y轴,故$B=0$;因此满足条件的平面方程为$Ax+Cz=0$,只有 D 选项符合要求.

7. B. 解 平面π_1的法线向量为$\boldsymbol{n}_1=\{2,3,4\}$,平面$\pi_2$的法线向量为$\boldsymbol{n}_2=\{2,-3,4\}$,两平面的夹角的余弦值为

$$\cos\theta=\dfrac{|\boldsymbol{n}_1\cdot\boldsymbol{n}_2|}{|\boldsymbol{n}_1||\boldsymbol{n}_2|}=\dfrac{|2\times2-3\times3+4\times4|}{\sqrt{2^2+3^2+4^2}\sqrt{2^2+(-3)^2+4^2}}=\dfrac{11}{29},\theta\neq0,\pi\text{且}\theta\neq\dfrac{\pi}{2},$$

因此两平面的位置关系为相交但不重合不垂直.

8. A. 解 由直线的对称式方程 $\dfrac{x}{0}=\dfrac{y}{4}=\dfrac{z}{-3}$,得直线必过原点 $(0,0,0)$;又该直线的方向向量为 $\boldsymbol{s}=\{0,4,-3\}$,则该直线必垂直于 x 轴.

9. C. 解 由直线的一般方程,得该直线所在两个平面的法线向量分别为 $\boldsymbol{n}_1=\{1,-1,1\},\boldsymbol{n}_2=\{2,1,-1\}$,则直线的方向向量 $\boldsymbol{s}\perp\boldsymbol{n}_1,\boldsymbol{s}\perp\boldsymbol{n}_2$,故有

$$\boldsymbol{s}=\boldsymbol{n}_1\times\boldsymbol{n}_2=\begin{vmatrix} \boldsymbol{i} & \boldsymbol{j} & \boldsymbol{k} \\ 1 & -1 & 1 \\ 2 & 1 & -1 \end{vmatrix}=(1-1)\boldsymbol{i}-(-1-2)\boldsymbol{j}+(1+2)\boldsymbol{k}=3\boldsymbol{j}+3\boldsymbol{k}=\{0,3,3\}.$$

10. C. 解 $\boldsymbol{n}_1=\{1,k,-1\},\boldsymbol{n}_2=\{2,1,1\},\boldsymbol{n}_1\perp\boldsymbol{n}_2,\{1,k,-1\}\cdot\{2,1,1\}=0$,则 $2+k-1=0$,解得 $k=-1$.

二、填空题

1. $\boldsymbol{a}\ /\!/\ \boldsymbol{b}$. 解 由 $|\boldsymbol{a}\times\boldsymbol{b}|=0$,得 $\boldsymbol{a}\times\boldsymbol{b}=|\boldsymbol{a}|\,|\boldsymbol{b}|\sin\theta=0$,又 $\boldsymbol{a},\boldsymbol{b}$ 为非零向量,$|\boldsymbol{a}|\neq0,|\boldsymbol{b}|\neq0$,故 $\sin\theta=0,\theta=0$ 或者 $\theta=\pi$,因此 $\boldsymbol{a}\ /\!/\ \boldsymbol{b}$.

2. $(2,3,1)$,$\sqrt{13}$,$\sqrt{14}$. 解 点 $M(2,-3,-1)$ 关于 x 轴对称的点是 $M_0(2,3,1)$;过点 $M(2,-3,-1)$ 作 z 轴的垂线,垂足坐标为 $N(0,0,-1)$,则该点到 z 轴的距离为 $d=|\overrightarrow{MN}|=\sqrt{2^2+(-3)^2}=\sqrt{13}$;该点到坐标原点的距离为 $|\overrightarrow{OM}|=\sqrt{2^2+(-3)^2+(-1)^2}=\sqrt{14}$.

3. $\dfrac{x}{0}=\dfrac{y}{2}=\dfrac{z}{-1}$. 解 平面 $2y-z+2=0$ 的法线向量为 $\boldsymbol{n}=\{0,2,-1\}$,所求直线垂直于该平面,即直线的方向向量为 $\boldsymbol{s}=\{0,2,-1\}$,又直线过原点,故所求直线的对称式方程为 $\dfrac{x}{0}=\dfrac{y}{2}=\dfrac{z}{-1}$.

4. $\pm\dfrac{1}{\sqrt{6}}\{1,-1,2\}$. 解 平面 $x-y+2z+1=0$ 的法线向量为 $\boldsymbol{n}=\{1,-1,2\}$,该向量与平面垂直,故所求单位向量为 $\boldsymbol{e}_n=\pm\dfrac{\boldsymbol{n}}{|\boldsymbol{n}|}=\pm\dfrac{(1,-1,2)}{\sqrt{1^2+(-1)^2+2^2}}=\pm\dfrac{1}{\sqrt{6}}\{1,-1,2\}$.

5. $\sqrt{2}$,0. 解 $|\boldsymbol{a}\times\boldsymbol{b}|=|\boldsymbol{a}|\,|\boldsymbol{b}|\sin(\boldsymbol{a},\boldsymbol{b})=\sqrt{2}\sin\dfrac{\pi}{2}=\sqrt{2}$; $\boldsymbol{a}\cdot\boldsymbol{b}=|\boldsymbol{a}|\,|\boldsymbol{b}|\cos(\boldsymbol{a},\boldsymbol{b})=\sqrt{2}\cos\dfrac{\pi}{2}=0$.

6. $2\sqrt{3}$. 解 点 (x_0,y_0,z_0) 到平面 $Ax+By+Cz+D=0$ 的距离公式为 $d=\dfrac{|Ax_0+By_0+Cz_0+D|}{\sqrt{A^2+B^2+C^2}}$;故点 $(3,0,-1)$ 到平面 $x-y-z+2=0$ 的距离为 $d=\dfrac{|1\times3+(-1)\times0+(-1)\times(-1)+2|}{\sqrt{1^2+(-1)^2+(-1)^2}}=\dfrac{6}{\sqrt{3}}=2\sqrt{3}$.

7. $\dfrac{\pi}{6}$. 解 由题意得,直线的方向向量为 $\boldsymbol{s}=\{1,0,1\}$,平面的法线向量为 $\boldsymbol{n}=\{1,-1,0\}$,则直线与平面夹角的正弦值为 $\sin\varphi=\dfrac{|1\times1+0\times(-1)+1\times0|}{\sqrt{1^2+0^2+1^2}\,\sqrt{1^2+(-1)^2+0^2}}=\dfrac{1}{2}$,故夹角 $\varphi=\dfrac{\pi}{6}$.

8. $\dfrac{2}{3},-\dfrac{2}{3},\dfrac{1}{3}$. 解 设空间向量 $\boldsymbol{r}=2\boldsymbol{i}-2\boldsymbol{j}+\boldsymbol{k}$ 与三个坐标轴的夹角分别为 α,β,γ,该向量的模为 $|\boldsymbol{r}|=\sqrt{2^2+(-2)^2+1^2}=3$,故三个方向余弦分别为 $\cos\alpha=\dfrac{2}{|\boldsymbol{r}|}=\dfrac{2}{3},\cos\beta=\dfrac{-2}{|\boldsymbol{r}|}=-\dfrac{2}{3},\cos\gamma=\dfrac{1}{|\boldsymbol{r}|}=\dfrac{1}{3}$.

9. $3(x-1)-2(y-2)+(z+3)=0$ 或者 $3x-2y+z+4=0$. 解 由题意得直线的方向向量为 $\boldsymbol{s}=\{3,-2,1\}$,所求平面与直线垂直,故平面的法线向量为 $\boldsymbol{n}=\{3,-2,1\}$,则平面的点法式方程为 $3(x-1)-2(y-2)+(z+3)=0$;化为平面的一般式方程为 $3x-2y+z+4=0$.

10. $\dfrac{\pi}{3}$. 解 $\cos\theta=\dfrac{\{1,1,0\}\cdot\{1,0,1\}}{\sqrt{2}\cdot\sqrt{2}}=\dfrac{1}{2}$,所以 $\theta=\arccos\dfrac{1}{2}=\dfrac{\pi}{3}$.

三、计算题

1. 解 $\boldsymbol{a}=\{1,-2,1\},\boldsymbol{b}=\{1,1,2\}$,

$(1) \boldsymbol{a} \times \boldsymbol{b} = \begin{vmatrix} \boldsymbol{i} & \boldsymbol{j} & \boldsymbol{k} \\ 1 & -2 & 1 \\ 1 & 1 & 2 \end{vmatrix} = \{-5, -1, 3\}.$

$(2) 2\boldsymbol{a} \cdot \boldsymbol{b} = 2[1 \times 1 + (-2) \times 1 + 1 \times 2] = 2, \boldsymbol{a} + \boldsymbol{b} = \{2, -1, 3\},$

$(2\boldsymbol{a} \cdot \boldsymbol{b}) \cdot (\boldsymbol{a} + \boldsymbol{b}) = 2\{2, -1, 3\} = \{4, -2, 6\}.$

$(3) \boldsymbol{a} - \boldsymbol{b} = \{0, -3, -1\}, |\boldsymbol{a} - \boldsymbol{b}|^2 = \sqrt{0^2 + (-3)^2 + (-1)^2} = 10.$

2. 解 $\overrightarrow{M_1 M_2} = 3\{2, -2, 1\}$ 即为所求平面的法向量.

故由点法式方程,所求平面方程为 $2(x-2) - 2(y-1) + z - 2 = 0$,即 $2x - 2y + z - 8 = 0.$

3. 解 $\boldsymbol{n}_1 = \{1, 0, 2\}$, $\boldsymbol{n}_2 = \{0, 1, -3\}$, $\boldsymbol{s} = \boldsymbol{n}_1 \times \boldsymbol{n}_2 = \begin{vmatrix} \boldsymbol{i} & \boldsymbol{j} & \boldsymbol{k} \\ 1 & 0 & 2 \\ 0 & 1 & -3 \end{vmatrix} = \{-2, 3, 1\},$

故所求直线方程 $\dfrac{x}{-2} = \dfrac{y-2}{3} = \dfrac{z-4}{1}.$

4. 解 $\boldsymbol{n}_1 = \{4, 5, 6\}$, $\boldsymbol{n}_2 = \{7, 8, 9\}$, $\boldsymbol{s} = \boldsymbol{n}_1 \times \boldsymbol{n}_2 = \begin{vmatrix} \boldsymbol{i} & \boldsymbol{j} & \boldsymbol{k} \\ 4 & 5 & 6 \\ 7 & 8 & 9 \end{vmatrix} = -3\{1, -2, 1\},$

故所求直线方程 $\dfrac{x+1}{1} = \dfrac{y-2}{-2} = \dfrac{z-3}{1}.$

5. 解 利用平面的一般式方程. 设所求的平面方程为 $Ax + By + Cz + D = 0$,

由于平面平行于 y 轴,所以 $B = 0$,原方程变为 $Ax + Cz + D = 0$,又所求平面过点 $A(1, -5, 1)$ 与 $B(3, 2, -3)$,将 A,

B 的坐标代入上述方程,得 $\begin{cases} A + C + D = 0, \\ 3A - 3C + D = 0, \end{cases}$ 解之得 $A = 2C, D = -3C$,代入所设方程,故所求平面方程为

$2x + z - 3 = 0.$

6. 解 因为 $\boldsymbol{s} \perp \{1, 1, -2\}, \boldsymbol{s} \perp \{1, 2, -1\}$,所以 $\boldsymbol{s} = \begin{vmatrix} \boldsymbol{i} & \boldsymbol{j} & \boldsymbol{k} \\ 1 & 1 & -2 \\ 1 & 2 & -1 \end{vmatrix} = \{3, -1, 1\}.$

(2) 所求直线方程为:$\dfrac{x+1}{3} = \dfrac{y+2}{-1} = \dfrac{z-1}{1}.$

第八章检测训练 A

一、单选题

1. C 解 要使函数 $z = \dfrac{1}{\sqrt{\ln(x+y)}}$ 有意义,则 $\begin{cases} x + y > 0, \\ \ln(x+y) > 0, \end{cases}$ 解不等式组得该函数的定义域为 $\{(x, y) \mid x + y > 1\}.$

2. A 解 $f\left(\dfrac{y}{x}, 1\right) = \dfrac{\dfrac{y}{x} \cdot 1}{\left(\dfrac{y}{x}\right)^2 + 1^2} = \dfrac{xy}{x^2 + y^2}.$

3. A 解 $\dfrac{\partial z}{\partial x} = \dfrac{1}{1 + \left(\dfrac{x+y}{1-xy}\right)^2} \cdot \dfrac{1 - xy - (x+y) \cdot (-y)}{(1-xy)^2} = \dfrac{1 + y^2}{(1+x^2)(1+y^2)} = \dfrac{1}{1+x^2}, \dfrac{\partial^2 z}{\partial x \partial y} = 0.$

4. D 解 $\dfrac{\partial z}{\partial x} = \dfrac{(x-y) - (x+y)}{(x-y)^2} = \dfrac{-2y}{(x-y)^2}$, $\dfrac{\partial z}{\partial y} = \dfrac{(x-y) - (x+y) \cdot (-1)}{(x-y)^2} = \dfrac{2x}{(x-y)^2}$,

$\mathrm{d}z = \dfrac{\partial z}{\partial x}\mathrm{d}x + \dfrac{\partial z}{\partial y}\mathrm{d}y = \dfrac{2}{(x-y)^2}(x\mathrm{d}y - y\mathrm{d}x).$

5. A　解　由 $\ln \dfrac{z}{y}=x$ 得，$z=y\mathrm{e}^{x}$，于是 $\dfrac{\partial z}{\partial x}=y\mathrm{e}^{x}$.

6. D　解　二元函数连续与偏导数存在之间没有关系，二元函数连续和二元函数偏导数存在都是全微分存在的必要条件，而二元函数存在连续的偏导数是全微分存在的充分条件.

7. B　解　二元函数极值存在的必要条件与一元函数相类似，偏导数存在的极值点必为二元函数的驻点，即两个一阶偏导数同时为零的点.

8. A　解　由二重积分的性质可知，$\iint\limits_{D}\mathrm{d}\sigma=\sigma$，$\sigma$ 表示积分区域 D 的面积，由于积分区域 $D:\left\{(x,y)\left|\dfrac{x^{2}}{4}+y^{2}\leqslant1\right.\right\}$ 为椭圆，椭圆面积计算公式为 $S=\pi ab=2\pi$，所以 $\iint\limits_{D}\mathrm{d}\sigma=2\pi$.

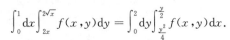

9. B　解　积分区域 D 如图检 8.1 所示，把 D 看作 Y 型区域，于是 $D:\begin{cases}\dfrac{y^{2}}{4}\leqslant x\leqslant\dfrac{y}{2},\\0\leqslant y\leqslant2.\end{cases}$

$$\int_{0}^{1}\mathrm{d}x\int_{2x}^{2\sqrt{x}}f(x,y)\mathrm{d}y=\int_{0}^{2}\mathrm{d}y\int_{\frac{y^{2}}{4}}^{\frac{y}{2}}f(x,y)\mathrm{d}x.$$

图检 8.1

10. C　解　积分区域 D 如图检 8.2 所示，因为积分区域为圆域且被积函数含有 $x^{2}+y^{2}$，则该二重积分适合在极坐标系下转化为二次积分，$D:\begin{cases}0\leqslant\theta\leqslant\pi,\\0\leqslant r\leqslant2\sin\theta.\end{cases}$

$$\iint\limits_{D}f(x^{2}+y^{2})\mathrm{d}x\mathrm{d}y=\int_{0}^{\pi}\mathrm{d}\theta\int_{0}^{2\sin\theta}f(r^{2})r\mathrm{d}r.$$

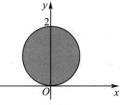

图检 8.2

二、填空题

1. $\{(x,y)\,|\,x^{2}-y\leqslant1\}$.　解　要使函数 $z=\sqrt{y-x^{2}+1}$ 有意义，则 $y-x^{2}+1\geqslant0$，所以该函数的定义域为 $\{(x,y)\,|\,x^{2}-y\leqslant1\}$.

2. $-\dfrac{y}{x^{2}+y^{2}}$.　解　$\dfrac{\partial z}{\partial x}=\dfrac{1}{1+\left(\dfrac{y}{x}\right)^{2}}\cdot\left(-\dfrac{y}{x^{2}}\right)=-\dfrac{y}{x^{2}+y^{2}}$.

3. $x^{y}y^{z}\ln x+z\cdot x^{y}y^{z-1}$.　解　$\dfrac{\partial f}{\partial y}=x^{y}\cdot\ln x\cdot y^{z}+x^{y}\cdot zy^{z-1}=x^{y}y^{z}\ln x+z\cdot x^{y}y^{z-1}$.

4. $-\dfrac{1}{z}(x\mathrm{d}x+y\mathrm{d}y)$.　解　设 $F(x,y,z)=x^{2}+y^{2}+z^{2}-1$，则 $F'_{x}=2x,F'_{y}=2y,F'_{z}=2z$，于是
$$\dfrac{\partial z}{\partial x}=-\dfrac{F'_{x}}{F'_{z}}=-\dfrac{x}{z},\dfrac{\partial z}{\partial y}=-\dfrac{F'_{z}}{F'_{z}}=-\dfrac{y}{z},\mathrm{d}z=-\dfrac{1}{z}(x\mathrm{d}x+y\mathrm{d}y).$$

5. $x^{\sin y}\cdot\ln x\cdot\cos y$.　解　z 对 y 求偏导数，把 x 看作常数，于是 $\dfrac{\partial z}{\partial y}=x^{\sin y}\cdot\ln x\cdot\cos y$.

6. 20.　解　令 $\begin{cases}z'_{x}=2y-6x=0,\\z'_{y}=2x-4y=0,\end{cases}$ 得驻点 $(0,0)$，由于为唯一驻点，故所求极值在该驻点处取得，$z(0,0)=20$.

7. $\int_{1}^{\mathrm{e}}\mathrm{d}x\int_{0}^{\ln x}f(x,y)\mathrm{d}y$.　解　积分区域 D 如图检 8.3 所示，把 D 看作 X 型区域，于是 $D:$
$\begin{cases}1\leqslant x\leqslant\mathrm{e},\\0\leqslant y\leqslant\ln x,\end{cases}$ $I=\int_{0}^{1}\mathrm{d}y\int_{\mathrm{e}^{y}}^{\mathrm{e}}f(x,y)\mathrm{d}x=\int_{1}^{\mathrm{e}}\mathrm{d}x\int_{0}^{\ln x}f(x,y)\mathrm{d}y.$

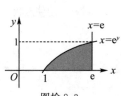

图检 8.3

8. $\dfrac{14}{3}$.　解　$\int_{0}^{2}\mathrm{d}y\int_{0}^{1}(x^{2}+2y)\mathrm{d}x=\int_{0}^{2}\left[\dfrac{1}{3}x^{3}\Big|_{0}^{1}+2yx\Big|_{0}^{1}\right]\mathrm{d}y$
$$=\int_{0}^{2}\left(\dfrac{1}{3}+2y\right)\mathrm{d}y=\dfrac{2}{3}+y^{2}\Big|_{0}^{2}=\dfrac{14}{3}.$$

9. $\pi(\mathrm{e}^{b^{2}}-\mathrm{e}^{a^{2}})$.　解　积分区域 D 如图检 8.4 所示，因为 D 为圆环型区域且被积函数含有 $x^{2}+y^{2}$，所以该二重积分适合在极坐标系下转化为二次积分，$D:\begin{cases}0\leqslant\theta\leqslant2\pi,\\a\leqslant r\leqslant b,\end{cases}$

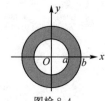

图检 8.4

$$\iint\limits_D e^{x^2+y^2}\,dx\,dy=\int_0^{2\pi}d\theta\int_a^b e^{r^2}r\,dr=2\pi\cdot\frac{1}{2}e^{r^2}\Big|_a^b=\pi(e^{b^2}-e^{a^2}).$$

10.$\sqrt[3]{\dfrac{3}{2}}$. 解 积分区域 D 如图检 8.5 所示,因为 D 为圆域且被积函数含有 x^2+y^2,所以该二重积分适合在极坐标

系下转化为二次积分,$D:\begin{cases}0\leqslant\theta\leqslant 2\pi,\\0\leqslant r\leqslant a,\end{cases}$

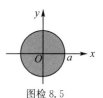

图检 8.5

$$\iint\limits_D\sqrt{x^2+y^2}\,dx\,dy=\int_0^{2\pi}d\theta\int_0^a r^2\,dr=2\pi\cdot\frac{1}{3}r^3\Big|_0^a=\frac{2}{3}\pi a^3=\pi,\text{解得 }a=\sqrt[3]{\frac{3}{2}}.$$

三、求下列函数的偏导数或全微分

1.解 $\dfrac{\partial z}{\partial x}=ye^{xy}\cos 2y,$

$$\frac{\partial^2 z}{\partial x\partial y}=\frac{\partial}{\partial y}\left(\frac{\partial z}{\partial x}\right)=(y)_y'e^{xy}\cos 2y+y(e^{xy})_y'\cos 2y+ye^{xy}(\cos 2y)_y'$$
$$=e^{xy}\cos 2y+xye^{xy}\cos 2y-2ye^{xy}\sin 2y=e^{xy}(\cos 2y+xy\cos 2y-2y\sin 2y).$$

2.解 因为 $\dfrac{\partial u}{\partial x}=y^2+2xz,\dfrac{\partial u}{\partial y}=z^2+2xy,\dfrac{\partial u}{\partial z}=x^2+2yz,$

所以 $du=\dfrac{\partial u}{\partial x}dx+\dfrac{\partial u}{\partial y}dy+\dfrac{\partial u}{\partial z}dz=(y^2+2xz)dx+(z^2+2xy)dy+(x^2+2yz)dz.$

3.解 因为 $\dfrac{\partial z}{\partial x}=\dfrac{3}{3x-2y},\dfrac{\partial z}{\partial y}=\dfrac{-2}{3x-2y},$

所以 $\dfrac{\partial z}{\partial x}\Big|_{(2,1)}=\dfrac{3}{4},\dfrac{\partial z}{\partial y}\Big|_{(2,1)}=-\dfrac{1}{2},$ 于是 $dz\Big|_{(2,1)}=\dfrac{3}{4}dx-\dfrac{1}{2}dy.$

4.解法一 把 $u=xy,v=x^2-y^2$ 带入到 $z=\ln(e^u+v)$ 中,得 $z=\ln(e^{xy}+x^2-y^2),$

所以 $\dfrac{\partial z}{\partial x}=\dfrac{1}{e^{xy}+x^2-y^2}(e^{xy}+x^2-y^2)'_x=\dfrac{ye^{xy}+2x}{e^{xy}+x^2-y^2},$

$$\frac{\partial z}{\partial y}=\frac{1}{e^{xy}+x^2-y^2}(e^{xy}+x^2-y^2)'_y=\frac{xe^{xy}-2y}{e^{xy}+x^2-y^2}.$$

解法二 由复合函数求导数的链式法则,得

$$\frac{\partial z}{\partial x}=\frac{\partial z}{\partial u}\cdot\frac{\partial u}{\partial x}+\frac{\partial z}{\partial v}\cdot\frac{\partial v}{\partial x}=\frac{e^u}{e^u+v}\cdot y+\frac{1}{e^u+v}\cdot 2x=\frac{ye^{xy}+2x}{e^{xy}+x^2-y^2},$$

$$\frac{\partial z}{\partial y}=\frac{\partial z}{\partial u}\cdot\frac{\partial u}{\partial y}+\frac{\partial z}{\partial v}\cdot\frac{\partial v}{\partial y}=\frac{e^u}{e^u+v}\cdot x+\frac{1}{e^u+v}\cdot(-2y)=\frac{xe^{xy}-2y}{e^{xy}+x^2-y^2}.$$

5.解 设 $F(x,y)=e^{xy}-xy^2-\sin y,$

则 $F_x'=ye^{xy}-y^2,F_y'=xe^{xy}-2xy-\cos y,$ 所以 $\dfrac{dy}{dx}=-\dfrac{F_x'}{F_y'}=\dfrac{y^2-ye^{xy}}{xe^{xy}-2xy-\cos y}.$

6.解 设 $F(x,y,z)=\cos xy-\arctan z+xyz,$

则 $F_x'=-y\sin xy+yz,F_y'=-x\sin xy+xz,F_z'=-\dfrac{1}{1+z^2}+xy=\dfrac{xy(1+z^2)-1}{1+z^2},$

所以 $\dfrac{\partial z}{\partial x}=-\dfrac{F_x'}{F_z'}=\dfrac{(y\sin xy-yz)(1+z^2)}{xy(1+z^2)-1},\dfrac{\partial z}{\partial y}=-\dfrac{F_y'}{F_z'}=\dfrac{(x\sin xy-xz)(1+z^2)}{xy(1+z^2)-1}.$

四、计算下列二重积分

1.解 如图检 8.6 所示,$D:\begin{cases}0\leqslant x\leqslant 2,\\0\leqslant y\leqslant 2-x,\end{cases}$

把二重积分转化为二次积分,得

$$\iint\limits_D(3x+2y)d\sigma=\int_0^2 dx\int_0^{2-x}(3x+2y)dy=\int_0^2(2x-2x^2+4)dx=\frac{20}{3}.$$

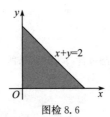

图检 8.6

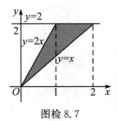

图检 8.7

2.解　如图检 8.7 所示，$D:\begin{cases}0\leqslant y\leqslant 2,\\ \dfrac{y}{2}\leqslant x\leqslant y,\end{cases}$

把二重积分转化为二次积分，得

$$\iint_D(x^2+y^2-x)\mathrm{d}\sigma=\int_0^2\mathrm{d}y\int_{\frac{y}{2}}^y(x^2+y^2-x)\mathrm{d}x=\int_0^2\left(\dfrac{19}{24}y^3-\dfrac{3}{8}y^2\right)\mathrm{d}y=\dfrac{13}{6}.$$

3.解　如图检 8.8 所示，$D:\{0\leqslant x\leqslant 2,0\leqslant y\leqslant 4-2x\}$.

把二重积分转化为二次积分，得

$$\iint_D(4-x^2)\mathrm{d}x\mathrm{d}y=\int_0^2\mathrm{d}x\int_0^{4-2x}(4-x^2)\mathrm{d}y=2\int_0^2(8-4x-2x^2+x^3)\mathrm{d}x=\dfrac{40}{3}$$

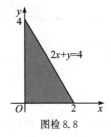

图检 8.8

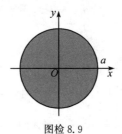

图检 8.9

4.解　如图检 8.9 所示，

积分区域是圆域，故 $D:\begin{cases}0\leqslant\theta\leqslant 2\pi,\\ 0\leqslant r\leqslant a,\end{cases}$

把二重积分转化为二次积分，得

$$\iint_D\mathrm{e}^{-x^2-y^2}\mathrm{d}x\mathrm{d}y=\iint_D\mathrm{e}^{-r^2}r\mathrm{d}r\mathrm{d}\theta=\int_0^{2\pi}\mathrm{d}\theta\int_0^a\mathrm{e}^{-r^2}r\mathrm{d}r=2\pi\cdot\left(-\dfrac{1}{2}\mathrm{e}^{-r^2}\right)\Big|_0^a.$$

5.解　如图检 8.10 所示，

积分区域是圆环域，故 $D:\begin{cases}0\leqslant\theta\leqslant 2\pi,\\ 1\leqslant r\leqslant 2,\end{cases}$

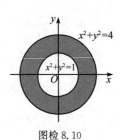

图检 8.10

把二重积分转化为二次积分，得

$$\iint_D\ln(x^2+y^2)\mathrm{d}x\mathrm{d}y=\int_0^{2\pi}\mathrm{d}\theta\int_1^2r\ln r^2\mathrm{d}r=\pi\int_1^2\ln r^2\mathrm{d}r^2\xlongequal{u=r^2}\pi\int_1^4\ln u\mathrm{d}u$$

$$=\pi\left(r\ln r\Big|_1^4-\int_1^4\ln\dfrac{1}{n}\mathrm{d}y\right)=\pi(8\ln2-3).$$

第八章检测训练 B

一、单选题

1.C.　解　令 $x+y=u,\dfrac{y}{x}=v$，则 $x=\dfrac{u}{1+v},y=\dfrac{uv}{1+v}$，

$$f(u,v)=\left(\dfrac{u}{1+v}\right)^2-\left(\dfrac{uv}{1+v}\right)^2=\dfrac{u^2(1-v^2)}{(1+v)^2}，即 f(x,y)=\dfrac{x^2(1-y^2)}{(1+y)^2}.$$

2.A.　解　由 $z(x,1)=x$ 得，$\varphi(x)=x-x^2-1$，

于是 $z(x,y) = x^2y + y^2 + x - x^2 - 1$, $\dfrac{\partial z}{\partial x} = 2xy + 1 - 2x$.

3. A.   解 $\dfrac{\partial z}{\partial x} = 2x\mathrm{e}^{x^2+y^2}$, $\dfrac{\partial z}{\partial y} = 2y\mathrm{e}^{x^2+y^2}$,

$\mathrm{d}z = \dfrac{\partial z}{\partial x}\mathrm{d}x + \dfrac{\partial z}{\partial y}\mathrm{d}y = 2x\mathrm{e}^{x^2+y^2}\mathrm{d}x + 2y\mathrm{e}^{x^2+y^2}\mathrm{d}y = 2\mathrm{e}^{x^2+y^2}(x\mathrm{d}x + y\mathrm{d}y)$.

4. C.   解   根据偏导数的定义可得函数 $f(x,y)$ 在点 (x_0,y_0) 处对 x 的偏导数为

$$f'_x(x_0,y_0) = \lim_{\Delta x \to 0} \frac{f(x_0 + \Delta x, y_0) - f(x_0, y_0)}{\Delta x}.$$

5. D.   解   如果点 (x_0,y_0) 为 $f(x,y)$ 的驻点且满足 $f''_{xy}{}^2(x_0,y_0) - f''_{xx}(x_0,y_0)f''_{yy}(x_0,y_0) < 0$,则由二元函数极值存在的充分条件可知,$f(x_0,y_0)$ 必为 $f(x,y)$ 的极值. 但题干部分并没有提及点 (x_0,y_0) 为 $f(x,y)$ 驻点,所以 $f(x_0,y_0)$ 不一定是 $f(x,y)$ 的极值.

6. D.   解   二元函数极限存在是二元函数连续的必要不充分条件,而二元函数连续是全微分存在的必要不充分条件,所以函数 $f(x,y)$ 在点 (x_0,y_0) 处极限存在,则 $f(x,y)$ 在 (x_0,y_0) 处不一定连续,也不一定可微.

7. D.   解   由二重积分的性质可知,$\iint\limits_D \mathrm{d}\sigma = \sigma$,$\sigma$ 表示积分区域 D 的面积,由于积分区域 D 如图检 8.11 所示,为三角形区域,其面积为 2,所以 $\iint\limits_D \mathrm{d}\sigma = 2$.

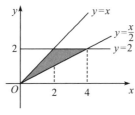

图检 8.11

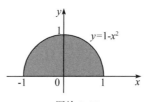

图检 8.12

8. C.   解   积分区域 D 如图检 8.12 所示,把 D 看作 X 型区域,$D:\begin{cases} -1 \leqslant x \leqslant 1, \\ 0 \leqslant y \leqslant 1-x^2, \end{cases}$

$$\int_0^1 \mathrm{d}y \int_{-\sqrt{1-y}}^{\sqrt{1-y}} 3x^2y^2\mathrm{d}x = \int_{-1}^1 \mathrm{d}x \int_0^{1-x^2} 3x^2y^2\mathrm{d}y.$$

9. C.   解   积分区域 D 如图检 8.13 所示,

把 D 看作 Y 型区域,$D:\begin{cases} \dfrac{1}{y} \leqslant x \leqslant y, \\ 1 \leqslant y \leqslant 2, \end{cases}$

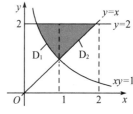

图检 8.13

把 D 看作 X 型区域,则 $D = D_1 + D_2$,$D_1:\begin{cases} \dfrac{1}{2} \leqslant x \leqslant 1, \\ \dfrac{1}{x} \leqslant y \leqslant 2, \end{cases}$ $D_2:\begin{cases} 1 \leqslant x \leqslant 2, \\ x \leqslant y \leqslant 2. \end{cases}$

所以 $I = \int_1^2 \mathrm{d}y \int_{\frac{1}{y}}^{y} f(x,y)\mathrm{d}x = \int_{\frac{1}{2}}^1 \mathrm{d}x \int_{\frac{1}{x}}^2 f(x,y)\mathrm{d}y + \int_1^2 \mathrm{d}x \int_x^2 f(x,y)\mathrm{d}y$.

10. C.   解   积分区域 D 如图检 8.14 所示,

在极坐标系下,$D:\begin{cases} -\dfrac{\pi}{2} \leqslant \theta \leqslant \dfrac{\pi}{2}, \\ 0 \leqslant r \leqslant 1, \end{cases}$

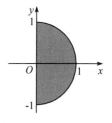

图检 8.14

所以 $I = \int_{-1}^1 \mathrm{d}y \int_0^{\sqrt{1-y^2}} f(x,y)\mathrm{d}x = \int_{-\frac{\pi}{2}}^{\frac{\pi}{2}} \mathrm{d}\theta \int_0^1 f(r\cos\theta, r\sin\theta)r\mathrm{d}r$.

二、填空题

1. $\{(x,y) \mid 4 < x^2 + y^2 \leqslant 9\}$.   解   要使二元函数 $z = \ln(x^2+y^2-4) + \sqrt{9-y^2-x^2}$ 有意义,则 $\begin{cases} x^2+y^2-4 > 0, \\ 9-y^2-x^2 \geqslant 0, \end{cases}$

于是得该函数定义域为 $\{(x,y)\mid 4 < x^2+y^2 \leqslant 9\}$.

2.-2　解　由二元函数偏导数定义得

$$\lim_{\Delta x \to 0}\frac{f(x_0-\Delta x,y_0)-f(x_0,y_0)}{\Delta x}=\lim_{\Delta x \to 0}\frac{f(x_0-\Delta x,y_0)-f(x_0,y_0)}{-\Delta x}\cdot(-1)=-f'_x(x_0,y_0)=-2.$$

3.$\dfrac{y}{1+x^2y^2}\cdot\dfrac{x}{1+x^2y^2}$.　解　对二元函数一个自变量求偏导数时,把另外一个变量看作常数,所以

$$\frac{\partial z}{\partial x}=\frac{1}{1+(xy)^2}\cdot y=\frac{y}{1+x^2y^2},\frac{\partial z}{\partial y}=\frac{1}{1+(xy)^2}\cdot x=\frac{x}{1+x^2y^2}.$$

4.$\dfrac{1}{2}$.　解　求二元函数在点 (x_0,y_0) 处的偏导数时,先求出偏导函数,再代值,所以

$$f'_y=\frac{1}{x+\dfrac{y}{2x}}\cdot\frac{1}{2x}=\frac{1}{2x^2+y},f'_y(1,0)=\frac{1}{2}.$$

5.-2.　解　因为 $f(xy,x+y)=x^2+y^2=(x+y)^2-2xy$,所以 $f(x,y)=y^2-2x$,于是 $f'_x(x,y)=-2$.

6.$2\ln2+1$.　解　函数 $z=(1+xy)^y$ 两边同时取对数,得 $\ln z=y\ln(1+xy)$,等式两边同时对 y 求偏导数,

得 $\dfrac{1}{z}\cdot\dfrac{\partial z}{\partial y}=\ln(1+xy)+\dfrac{xy}{1+xy}$,于是 $\dfrac{\partial z}{\partial y}=(1+xy)^y\left[\ln(1+xy)+\dfrac{xy}{1+xy}\right]$,从而 $\dfrac{\partial z}{\partial y}\Big|_{(1,1)}=2\ln2+1$.

7.$16\mathrm{d}x+12\mathrm{d}y$.　解　$f'_x(x,y)=2xy^3,f'_y(x,y)=3x^2y^2$,于是 $f'_x(1,2)=16,f'_y(1,2)=12$,从而

$$\mathrm{d}f\Big|_{\substack{x=1\\y=2}}=f'_x(1,2)\mathrm{d}x+f'_y(1,2)\mathrm{d}y=16\mathrm{d}x+12\mathrm{d}y.$$

8.0.　解　$\displaystyle\int_{-1}^{1}\mathrm{d}x\int_0^x f(y)\mathrm{d}y=\int_{-1}^{1}\frac{x}{1+x^2}\mathrm{d}x=0$　$\left(\dfrac{x}{1+x^2}\text{为}[-1,1]\text{上连续的奇函数}\right)$.

9.$\dfrac{16}{3}\pi$.　解　积分区域 D 如图检8.15所示,

在极坐标系下,D：$\begin{cases}0\leqslant\theta\leqslant2\pi,\\0\leqslant r\leqslant2,\end{cases}$

所以 $\displaystyle\iint\limits_{D}\sqrt{x^2+y^2}\,\mathrm{d}x\mathrm{d}y=\int_0^{2\pi}\mathrm{d}\theta\int_0^2 r^2\mathrm{d}r=2\pi\cdot\frac{1}{3}r^3\Big|_0^2=\frac{16}{3}\pi$.

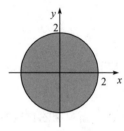

图检 8.15

10.$\displaystyle\int_0^1\mathrm{d}x\int_x^{\sqrt{x}}f(x,y)\mathrm{d}y$.　解　积分区域 D 如图检8.16所示,

把 D 看作 X 型区域,D：$\begin{cases}0\leqslant x\leqslant1,\\x\leqslant y\leqslant\sqrt{x},\end{cases}$

所以 $\displaystyle I=\int_0^1\mathrm{d}y\int_{y^2}^{y}f(x,y)\mathrm{d}x=\int_0^1\mathrm{d}x\int_x^{\sqrt{x}}f(x,y)\mathrm{d}y$.

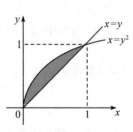

图检 8.16

三、求下列函数的偏导数或全微分

1.解　$\dfrac{\partial z}{\partial x}=\left[\arcsin(y\sqrt{x})\right]'_x=\dfrac{1}{\sqrt{1-xy^2}}(y\sqrt{x})'_x=\dfrac{y}{2\sqrt{x(1-xy^2)}}$,

$\dfrac{\partial z}{\partial y}=\left[\arcsin(y\sqrt{x})\right]'_y=\dfrac{1}{\sqrt{1-xy^2}}(y\sqrt{x})'_y=\dfrac{\sqrt{x}}{\sqrt{1-xy^2}}$.

2.解　$\dfrac{\partial z}{\partial x}=\dfrac{\sqrt{x^2+y^2}-x\cdot\dfrac{x}{\sqrt{x^2+y^2}}}{x^2+y^2}=\dfrac{y^2}{(x^2+y^2)^{\frac{3}{2}}}=y^2(x^2+y^2)^{-\frac{3}{2}}$,

$\dfrac{\partial z}{\partial y}=\dfrac{-x\cdot\dfrac{y}{\sqrt{x^2+y^2}}}{x^2+y^2}=\dfrac{-xy}{(x^2+y^2)^{\frac{3}{2}}}=-xy(x^2+y^2)^{-\frac{3}{2}}$,

$\dfrac{\partial^2 z}{\partial x^2}=y^2\cdot\left(-\dfrac{3}{2}\right)(x^2+y^2)^{-\frac{5}{2}}\cdot2x=-3xy^2(x^2+y^2)^{-\frac{5}{2}}$.

3. 解 $\dfrac{\partial u}{\partial x} = \sin\dfrac{y}{z} \cdot x^{\sin\frac{y}{z}-1}$, $\dfrac{\partial u}{\partial y} = x^{\sin\frac{y}{z}} \cdot \ln x \cdot \cos\dfrac{y}{z} \cdot \dfrac{1}{z}$, $\dfrac{\partial u}{\partial z} = -x^{\sin\frac{y}{z}} \cdot \ln x \cdot \cos\dfrac{y}{z} \cdot \dfrac{y}{z^2}$.

4. 解 函数可以变形为 $z = \ln\sqrt{1+x^2+y^2} = \dfrac{1}{2}\ln(1+x^2+y^2)$,

所以 $\dfrac{\partial z}{\partial x} = \dfrac{1}{2} \cdot \dfrac{1}{1+x^2+y^2} \cdot 2x = \dfrac{x}{1+x^2+y^2}$, $\dfrac{\partial z}{\partial y} = \dfrac{1}{2} \cdot \dfrac{1}{1+x^2+y^2} \cdot 2y = \dfrac{y}{1+x^2+y^2}$,

于是 $\dfrac{\partial z}{\partial x}\Big|_{(1,2)} = \dfrac{1}{6}$, $\dfrac{\partial z}{\partial y}\Big|_{(1,2)} = \dfrac{1}{3}$, $dz\Big|_{(1,2)} = \dfrac{1}{6}dx + \dfrac{1}{3}dy$.

5. 解 设 $F(x,y,z) = x^2y - xz^2 + y^2z - 1$,

则 $F'_x = 2xy - z^2, F'_y = 2yz + x^2, F'_z = -2xz + y^2$, 所以 $\dfrac{\partial z}{\partial x} = -\dfrac{F'_x}{F'_z} = \dfrac{2xy - z^2}{2xz - y^2}, \dfrac{\partial z}{\partial y} = -\dfrac{F'_y}{F'_z} = \dfrac{2yz + x^2}{2xz - y^2}$.

6. 解 设 $u = \sin x, v = x^2 - y^2$, 则 $z = f(u,v)$,

由复合函数求导的链式法则,得

$\dfrac{\partial z}{\partial x} = \dfrac{\partial z}{\partial u} \cdot \dfrac{du}{dx} + \dfrac{\partial z}{\partial v} \cdot \dfrac{\partial v}{\partial x} = f'_1\cos x + 2xf'_2$, $\dfrac{\partial z}{\partial y} = \dfrac{\partial z}{\partial v} \cdot \dfrac{\partial v}{\partial y} = -2yf'_2$.

四、计算下列二重积分

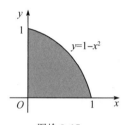

图检 8.17

1. 解 如图检 8.17 所示,D: $\begin{cases} 0 \leqslant x \leqslant 1, \\ 0 \leqslant y \leqslant 1-x^2, \end{cases}$

把二重积分转化为二次积分,得

$\displaystyle\iint_D 3x^2y^2 d\sigma = \int_0^1 dx\int_0^{1-x^2} 3x^2y^2 dy = \int_0^1 (x^2y^3)\Big|_0^{1-x^2} dx$

$= \displaystyle\int_0^1 x^2(1-x^2)^3 dx = \int_0^1 (x^2 - 3x^4 + 3x^6 - x^8)dx$

$= \left[\dfrac{1}{3}x^3 - \dfrac{3}{5}x^5 + \dfrac{3}{7}x^7 - \dfrac{1}{9}x^9\right]_0^1 = \dfrac{16}{315}$.

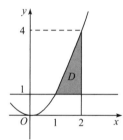

图检 8.18

2. 解 如图检 8.18 所示,D: $\begin{cases} \sqrt{y} \leqslant x \leqslant 2, \\ 1 \leqslant y \leqslant 4, \end{cases}$

$\displaystyle\iint_D \dfrac{x}{y} d\sigma = \int_1^4 dy\int_{\sqrt{y}}^2 \dfrac{x}{y} dx = \int_1^4 \left(\dfrac{2}{y} - \dfrac{1}{2}\right) dy = 4\ln 2 - \dfrac{3}{2}$.

3. 解 如图检 8.19 所示,D: $\begin{cases} y^2 \leqslant x \leqslant y, \\ 0 \leqslant y \leqslant 1, \end{cases}$

把二重积分转化为二次积分,得

$\displaystyle\int_0^1 \dfrac{\sin y}{y}(y - y^2)dy = \int_0^1 (\sin y - y\sin y)dy = 1 - \sin 1$.

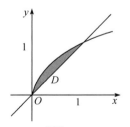

图检 8.19

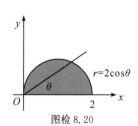

图检 8.20

4. 解 如图检 8.20 所示,D: $\begin{cases} 0 \leqslant \theta \leqslant \dfrac{\pi}{2}, \\ 0 \leqslant r \leqslant 2\cos\theta, \end{cases}$

把二重积分转化为极坐标系下二次积分,得

$\displaystyle\iint_D \sqrt{x^2+y^2}\,dx\,dy = \int_0^{\frac{\pi}{2}} d\theta\int_0^{2\cos\theta} r^2 dr = \dfrac{1}{3}\int_0^{\frac{\pi}{2}} r^3\Big|_0^{2\cos\theta} d\theta = \dfrac{8}{3}\int_0^{\frac{\pi}{2}} \cos^3\theta\, d\theta = \dfrac{16}{9}$.

5. 解 已知两曲面所围立体如图检 8.21 所示,

两曲面交线 $\begin{cases} x^2+y^2=4, \\ z=2 \end{cases}$ 在 xOy 面上投影所围区域如图检 8.22 所示,于是 $D: \begin{cases} 0 \leqslant \theta \leqslant 2\pi, \\ 0 \leqslant r \leqslant 2, \end{cases}$

由二重积分几何意义,所围立体体积如图检 8.21

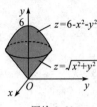

图检 8.21　　　　　　　　图检 8.22

$$V = \iint\limits_{D}(6-x^2-y^2-\sqrt{x^2+y^2})\mathrm{d}x\,\mathrm{d}y$$

$$= \int_0^{2\pi}\mathrm{d}\theta\int_0^2(6-r^2-r)r\,\mathrm{d}r = 2\pi\left(3r^2-\frac{1}{4}r^4-\frac{1}{3}r^3\right)\Big|_0^2 = \frac{32}{3}\pi.$$

第九章检测训练 A

一、选择题

1. B.　解　$\lim\limits_{n\to\infty}S_n = \lim\limits_{n\to\infty}\sum\limits_{k=1}^{n}(\sqrt{k+2}-\sqrt{k+1}) = \lim\limits_{n\to\infty}(\sqrt{n+2}-\sqrt{2}) \to \infty$,原级数发散.

2. B.　解　因为 $\lim\limits_{n\to\infty}\dfrac{1}{\sqrt[n]{3}} = \dfrac{1}{\lim\limits_{n\to\infty}\sqrt[n]{3}} = 1 \neq 0$,所以 $\sum\limits_{n=1}^{\infty}\dfrac{1}{\sqrt[n]{3}}$ 发散.

3. C.　解　若级数 $\sum\limits_{n=1}^{\infty}(a_n+b_n)$ 收敛,不能保证级数 $\sum\limits_{n=1}^{\infty}a_n,\sum\limits_{n=1}^{\infty}b_n$ 收敛. 如 $a_n=\dfrac{1}{n},b_n=-\dfrac{1}{n}$,则 $\sum\limits_{n=1}^{\infty}(a_n+b_n)=0$ 收敛.

4. A.　解　由 $\sum\limits_{n=1}^{\infty}u_n$ 收敛知,$\lim\limits_{n\to\infty}u_n=0$,从而 $\lim\limits_{n\to\infty}\dfrac{1}{u_n}=\infty$,所以级数 $\lim\limits_{n\to\infty}\dfrac{1}{u_n}$ 发散.

5. C.　解　$\sum\limits_{n=1}^{\infty}u_n$ 为交错级数,由于 $\lim\limits_{n\to\infty}\ln\left(1+\dfrac{1}{\sqrt{n}}\right)=0$ 及 $\ln(1+x)$ 的单调性可保证

$u_{n+1}=\ln\left(1+\dfrac{1}{\sqrt{n+1}}\right)<\ln\left(1+\dfrac{1}{\sqrt{n}}\right)=u_n$,根据莱布尼茨判别法知 $\sum\limits_{n=1}^{\infty}u_n$ 收敛.

而 $\lim\limits_{n\to\infty}\dfrac{\left[\ln\left(1+\frac{1}{\sqrt{n}}\right)\right]^2}{\frac{1}{n}}=\lim\limits_{n\to\infty}\dfrac{\left(\frac{1}{\sqrt{n}}\right)^2}{\frac{1}{n}}=1$,故 $\sum\limits_{n=1}^{\infty}(u_n)^2$ 与 $\sum\limits_{n=1}^{\infty}\dfrac{1}{n}$ 同时收敛或发散.

由 $\sum\limits_{n=1}^{\infty}\dfrac{1}{n}$ 发散得 $\sum\limits_{n=1}^{\infty}(u_n)^2$ 发散.

6. D.　解　$\lim\limits_{n\to\infty}\left|\dfrac{u_{n+1}}{u_n}\right|=\lim\limits_{n\to\infty}\left|\dfrac{\left(-\frac{2}{3}\right)^n+1}{2\left(-\frac{2}{3}\right)^n+(-3)}\right|\cdot|x|^2=\dfrac{1}{3}|x|^2<1$,故 $|x|^2<3$ 时级数收敛,从而 $R=\sqrt{3}$.

7. A.　解　$\lim\limits_{n\to\infty}\left|\dfrac{u_{n+1}}{u_n}\right|=\lim\limits_{n\to\infty}(n+1)\cdot|x|^{2n+1}=\begin{cases}0, & |x|<1, \\ \infty, & |x|>1,\end{cases}$ 故级数收敛域为 $(-1,1)$.

8. A.　解　根据麦克劳林级数定义可得,

级数 $\sum\limits_{n=0}^{\infty}\dfrac{f^{(n)}(0)}{n!}x^n=f(0)+f'(0)x+\dfrac{f''(0)}{2!}x^2+\cdots+\dfrac{f^{(n)}(0)}{n!}x^n+\cdots$ 称为 $f(x)$ 的麦克劳林级数

$$\dfrac{1}{1+x}=1-x+x^2+\cdots+(-1)^nx^n+\cdots=\sum\limits_{n=0}^{\infty}(-1)^nx^n, x\in(-1,1)$$

9. B.　解　因为 $|2-1|=1<|-1-1|=2<R$,幂级数绝对收敛.

10. A. 解 $R = \lim\limits_{n \to \infty} \left| \dfrac{a_n \cdot \dfrac{1}{2^n}}{a_{n+1} \cdot \dfrac{1}{2^{n+1}}} \right| = 2\lim\limits_{n \to \infty} \left| \dfrac{a_n}{a_{n+1}} \right| = \dfrac{2}{3}$，所以原幂级数的收敛半径为 $R = \dfrac{2}{3}$.

二、填空题

1. 必要条件. 解 根据级数收敛的必要条件知，若级数 $\sum\limits_{n=1}^{\infty} u_n$ 收敛收敛，则 $\lim\limits_{n \to \infty} u_n = 0$，因此是必要条件.

2. $\dfrac{3}{4}$. 解 由于级数的部分和 $S_n = \dfrac{1}{3} + \dfrac{2}{3^2} + \dfrac{3}{3^3} + \cdots + \dfrac{n-1}{3^{n-1}} + \dfrac{n}{3^n}$，

$\dfrac{1}{3} S_n = \dfrac{1}{3^2} + \dfrac{2}{3^3} + \cdots + \dfrac{n-1}{3^n} + \dfrac{n}{3^{n+1}}$，两式相减得

$\dfrac{2}{3} S_n = \dfrac{1}{3} + \dfrac{1}{3^2} + \dfrac{1}{3^3} + \cdots + \dfrac{1}{3^n} - \dfrac{n}{3^{n+1}} = \dfrac{\dfrac{1}{3}\left(1 - \dfrac{1}{3^n}\right)}{1 - \dfrac{1}{3}} - \dfrac{n}{3^{n+1}} = \dfrac{1 - \dfrac{1}{3^n}}{2} - \dfrac{n}{3^{n+1}}$

所以 $S_n = \dfrac{3}{4} - \dfrac{3}{4 \cdot 3^n} - \dfrac{n}{2 \cdot 3^n}$，由此得 $\lim\limits_{n \to \infty} S_n = \dfrac{3}{4}$，所以 $\sum\limits_{n=1}^{\infty} \dfrac{n}{3^n}$ 收敛，且其和为 $\dfrac{3}{4}$.

3. 收敛. 解 由于 $\sum\limits_{n=1}^{\infty} a_n$ 收敛，故 $\sum\limits_{n=1}^{\infty} a_{n+1}$ 也收敛，根据级数收敛的性质可知，$\sum\limits_{n=1}^{\infty} \dfrac{a_n + a_{n+1}}{2}$ 收敛.

4. 0. 解 因为级数 $\sum\limits_{n=1}^{\infty} \dfrac{(-1)^n}{n}$ 和 $\sum\limits_{n=1}^{\infty} \dfrac{(-1)^n + a}{n}$ 均收敛，故 $\sum\limits_{n=1}^{\infty} \dfrac{(-1)^n + a}{n} - \sum\limits_{n=1}^{\infty} \dfrac{(-1)^n}{n} = \sum\limits_{n=1}^{\infty} \dfrac{a}{n}$ 收敛，由此可知 $a = 0$.

5. $\dfrac{2}{n(n+1)}$，2. 解 由 $u_n = S_n - S_{n-1}$，有 $u_n = \dfrac{2n}{n+1} - \dfrac{2(n-1)}{n} = \dfrac{2}{n(n+1)}$.

由 $\sum\limits_{n=1}^{\infty} u_n = \lim\limits_{n \to \infty} S_n$，可得 $\sum\limits_{n=1}^{\infty} u_n = \lim\limits_{n \to \infty} \dfrac{2n}{n+1} = 2$.

6. $\dfrac{2}{2 - \ln 3}$. 解 此级数为等比级数，公比 $q = \dfrac{\ln 3}{2}$，由等比级数的求和公式得 $S = \dfrac{1}{1 - \dfrac{\ln 3}{2}} = \dfrac{2}{2 - \ln 3}$.

7. 发散. 解 由 $\left| \dfrac{\sin(n\alpha)}{n^2} \right| \leqslant \dfrac{1}{n^2}$，根据正项级数的比较判别法知 $\sum\limits_{n=1}^{\infty} \dfrac{\sin(n\alpha)}{n^2}$ 绝对收敛，而 $\sum\limits_{n=1}^{\infty} \dfrac{1}{\sqrt{n}}$ 发散，由无穷级数的

性质知，级数 $\sum\limits_{n=1}^{\infty} \left[\dfrac{\sin(n\alpha)}{n^2} - \dfrac{1}{\sqrt{n}} \right]$ 发散.

8. 8. 解 根据幂级数逐项可导的性质知 $\sum\limits_{n=1}^{\infty} a_n x^n$ 和 $\sum\limits_{n=1}^{\infty} \dfrac{a_n}{n(n-1)} x^n$ 有相同的收敛半径，而 $\sum\limits_{n=1}^{\infty} a_n x^n$ 的收敛半径为 8，

故 $\sum\limits_{n=1}^{\infty} \dfrac{a_n}{n(n-1)} x^n$ 的收敛半径也为 8.

9. $\sum\limits_{n=0}^{\infty} (-1)^n x^{2n}, x \in (-1, 1)$. 解 根据 $\dfrac{1}{1+x} = \sum\limits_{n=0}^{\infty} (-1)^n x^n, x \in (-1, 1)$，利用间接展开法，得

$f(x) = \dfrac{1}{1+x^2} = \sum\limits_{n=0}^{\infty} (-1)^n x^{2n}, x \in (-1, 1)$.

10. $1 + x^2 + \dfrac{1}{2!} x^4 + \cdots + \dfrac{1}{n!} x^{2n} + \cdots (-\infty < x < +\infty)$. 解 根据 $e^x = 1 + x + \dfrac{x^2}{2!} + \cdots + \dfrac{x^n}{n!} + \cdots (-\infty < x < +\infty)$，

利用间接展开法，得 $e^{x^2} = 1 + x^2 + \dfrac{1}{2!} x^4 + \cdots + \dfrac{1}{n!} x^{2n} + \cdots (-\infty < x < +\infty)$.

三、解答题

1. 解 (1) 因为调和级数 $\sum\limits_{n=1}^{\infty} \dfrac{1}{n}$ 发散，级数 $\sum\limits_{n=1}^{\infty} \dfrac{1}{n^2}$ 收敛，所以根据收敛级数的性质，原级数发散.

(2) 级数 $\sum\limits_{n=1}^{\infty} \dfrac{5}{6^n}$ 为公比为 $q = \dfrac{1}{6}$ 的等比级数，因为 $q = \dfrac{1}{6} < 1$，所以原级数收敛.

(3) 令 $u_n = \left(\dfrac{n+1}{n} \right)^n$，则 $\lim\limits_{n \to \infty} u_n = \lim\limits_{n \to \infty} \left(\dfrac{n+1}{n} \right)^n = e \neq 1$，所以原级数发散.

（4）根据比较判别法，$\lim\limits_{n\to\infty}\dfrac{\dfrac{3}{n(n+1)}}{\dfrac{1}{n^2}}=\lim\limits_{n\to\infty}\dfrac{3n^2}{n(n+1)}=3$，级数 $\sum\limits_{n=1}^{\infty}\dfrac{3}{n(n+1)}$ 收敛，

而等比级数 $\sum\limits_{n=1}^{\infty}\dfrac{1}{2^n}$ 收敛，所以原级数收敛.

（5）令 $u_n=\dfrac{3^n}{n\cdot 2^n}$，则 $\lim\limits_{n\to\infty}\dfrac{\dfrac{3^{n+1}}{(n+1)\cdot 2^{n+1}}}{\dfrac{3^n}{n\cdot 2^n}}=\lim\limits_{n\to\infty}\dfrac{3^{n+1}}{(n+1)\cdot 2^{n+1}}\cdot\dfrac{n\cdot 2^n}{3^n}=\dfrac{3}{2}>1$，根据比值判别法，原级数发散.

（6）令 $u_n=\dfrac{n}{3^n}$，则 $\lim\limits_{n\to\infty}\dfrac{\dfrac{n+1}{3^{n+1}}}{\dfrac{n}{3^n}}=\lim\limits_{n\to\infty}\dfrac{n+1}{3^{n+1}}\cdot\dfrac{3^n}{n}=\dfrac{1}{3}<1$，根据比值判别法，原级数收敛.

2.解　因为 $\lim\limits_{n\to\infty}u_n=\lim\limits_{n\to\infty}\dfrac{1}{\left(1+\dfrac{1}{n}\right)^n}=\dfrac{1}{e}\neq 0$，所以 $\sum\limits_{n=1}^{\infty}\dfrac{1}{\left(1+\dfrac{1}{n}\right)^n}$ 发散.

3.解　因为 $\dfrac{n\sin^2\dfrac{n}{3}\pi}{3^n}\leqslant\dfrac{n}{3^n}=v_n$，而 $\lim\limits_{n\to\infty}\dfrac{v_{n+1}}{v_n}=\lim\limits_{n\to\infty}\dfrac{\dfrac{n+1}{3^{n+1}}}{\dfrac{n}{3^n}}=\dfrac{1}{3}<1$，所以 $\sum\limits_{n=1}^{\infty}v_n$ 收敛，由比较判别法知级数 $\sum\limits_{n=1}^{\infty}\dfrac{n\sin^2\dfrac{n}{3}\pi}{3^n}$

收敛.

4.解　因为 $\lim\limits_{n\to\infty}\dfrac{u_{n+1}}{u_n}=\lim\limits_{n\to\infty}\dfrac{[(n+1)!]^2\cdot 2^{n+1}}{3^{(n+1)^2}}\cdot\dfrac{3^{n^2}}{(n!)^2\cdot 2^n}=\lim\limits_{n\to\infty}\dfrac{(n+1)^2\cdot 2}{3^{2n+1}}=0<1$，

由比值判别法知 $\sum\limits_{n=1}^{\infty}\dfrac{(n!)^2 2^n}{3^{n^2}}$ 收敛.

5.解　（1）因为 $\left|\dfrac{\sin n}{3^n}\right|\leqslant\dfrac{1}{3^n}$，而 $\sum\limits_{n=1}^{\infty}\dfrac{1}{3^n}$ 收敛，由比较判别法知 $\sum\limits_{n=1}^{\infty}\left|\dfrac{\sin n}{3^n}\right|$ 收敛，所以 $\sum\limits_{n=1}^{\infty}\dfrac{\sin n}{3^n}$ 绝对收敛.

（2）因为 $|u_n|=\dfrac{1}{n-\ln n}>\dfrac{1}{n}$，所以 $\sum\limits_{n=1}^{\infty}|u_n|$ 发散.

令 $f(x)=\dfrac{1}{x-\ln x}(x\geqslant 1)$，$x>1$ 时，$f'(x)=\dfrac{-\left(1-\dfrac{1}{x}\right)}{(x-\ln x)^2}<0$，且 $\lim\limits_{x\to+\infty}f(x)=\lim\limits_{x\to+\infty}\dfrac{1}{x-\ln x}=\lim\limits_{x\to+\infty}\dfrac{\dfrac{1}{x}}{1-\dfrac{\ln x}{x}}$，

由于 $\lim\limits_{x\to+\infty}\dfrac{\ln x}{x}=\lim\limits_{x\to+\infty}\dfrac{\dfrac{1}{x}}{1}=0$，所以 $\lim\limits_{x\to+\infty}f(x)=0$，所以 $u_n=\dfrac{1}{n-\ln n}$ 单减且趋于零，

由莱布尼兹判别法知 $\sum\limits_{n=1}^{\infty}(-1)^n\dfrac{1}{n-\ln n}$ 收敛且条件收敛.

6.解　令 $a_n=\dfrac{(-1)^{n-1}}{n^2}$，则收敛半径 $R=\lim\limits_{n\to\infty}\left|\dfrac{(-1)^{n-1}}{n^2}\cdot\dfrac{(n+1)^2}{(-1)^n}\right|=1$，当 $x=1$ 时，级数 $\sum\limits_{n=1}^{\infty}\dfrac{(-1)^{n-1}}{n^2}$ 收敛，

当 $x=-1$ 时，级数 $\sum\limits_{n=1}^{\infty}\dfrac{-1}{n^2}$ 收敛，所以收敛域为 $[-1,1]$.

7.解　令 $x-2=t$，级数变为 $\sum\limits_{n=1}^{\infty}\dfrac{t^n}{n\cdot 5^n}$，$\rho=\lim\limits_{n\to\infty}\left|\dfrac{a_{n+1}}{a_n}\right|=\lim\limits_{n\to\infty}\dfrac{n\cdot 5^n}{(n+1)\cdot 5^{n+1}}=\dfrac{1}{5}$，则 $R=5$.

由 $|x-2|<5$，解得 $-3<x<7$.当 $x=-3$ 时，原级数变为 $\sum\limits_{n=1}^{\infty}\dfrac{(-1)^n}{n}$，收敛；当 $x=7$ 时，原级数变为 $\sum\limits_{n=1}^{\infty}\dfrac{1}{n}$，发散.因此收敛域为 $[-3,7)$.

8.解　$\lim\limits_{n\to\infty}\left|\dfrac{u_{n+1}(x)}{u_n(x)}\right|=\lim\limits_{n\to\infty}\left|\dfrac{x^{2(n+1)}}{2(n+1)}\cdot\dfrac{2n+1}{x^{2n+1}}\right|=|x^2|$，由比值判别法知当 $|x^2|<1$ 即 $|x|<1$ 时收敛，当 $|x|>1$

时级数发散.当 $x=1$ 时，级数 $\sum\limits_{n=1}^{\infty}\dfrac{(-1)^n}{2n}$ 收敛；当 $x=-1$ 时，级数 $\sum\limits_{n=1}^{\infty}\dfrac{(-1)^{n+1}}{2n}$ 收敛，因此收敛域是 $[-1,1]$.

9. 解 由比值判别法, $\lim\limits_{n\to\infty}\left|\dfrac{(-1)^n\dfrac{2n+3}{n+1}x^{2(n+1)}}{(-1)^{n-1}\dfrac{2n+1}{n}x^{2n}}\right|=x^2<1$, 知 $|x|<1$ 原级数绝对收敛.

当 $x=1$ 时, 原级数为 $\sum\limits_{n=1}^{\infty}(-1)^{n-1}\dfrac{2n+1}{n}$, 因为 $\lim\limits_{n\to\infty}(-1)^{n-1}\dfrac{2n+1}{n}$ 不存在, 所以级数发散;

当 $x=-1$ 时, 原级数为 $\sum\limits_{n=1}^{\infty}(-1)^{n-1}\dfrac{2n+1}{n}$, 级数也发散. 故原级数收敛域为 $(-1,1)$

设 $S(x)=\sum\limits_{n=1}^{\infty}(-1)^{n-1}\dfrac{2n+1}{n}x^{2n}$, 则

$S(x)=2\sum\limits_{n=1}^{\infty}(-1)^{n-1}x^{2n}+\sum\limits_{n=1}^{\infty}(-1)^{n-1}\dfrac{x^{2n}}{n}=2x^2\sum\limits_{n=0}^{\infty}(-1)^n x^{2n}+\sum\limits_{n=1}^{\infty}(-1)^{n-1}\dfrac{x^{2n}}{n}=\dfrac{2x^2}{1+x^2}+\ln(1+x^2)$.

10. 解 $f'(x)=\dfrac{1}{1+x}=\sum\limits_{n=0}^{\infty}(-1)^n x^n\,(-1<x<1)$, 从 0 到 x 积分, 得 $\ln(1+x)=\sum\limits_{n=0}^{\infty}(-1)^n\int_0^x x^n\,\mathrm{d}x=\sum\limits_{n=0}^{\infty}\dfrac{(-1)^n}{n+1}x^{n+1}$,

$(-1<x<1)$, 该式右端的幂级数在 $x=1$ 处有定义且连续, 所以展开式对 $x=1$ 也是成立的, 故收敛区间为 $x\in(-1,1]$.

第九章检测训练 B

一、选择题

1. A. 解 因为 $S_n=\sum\limits_{k=1}^{n}(\sqrt{k+2}-2\sqrt{k+1}+\sqrt{k})=\sum\limits_{k=1}^{n}[(\sqrt{k+2}-\sqrt{k+1})-(\sqrt{k+1}-\sqrt{k})]$

$=(\sqrt{n+2}-\sqrt{n+1})-(\sqrt{2}-\sqrt{1})=\dfrac{1}{\sqrt{n+2}+\sqrt{n+1}}+1-\sqrt{2}$,

所以 $\lim\limits_{n\to\infty}S_n=1-\sqrt{2}$.

2. B. 解 根据级数收敛的性质, 有 $\sum\limits_{n=1}^{\infty}|a_n|$ 收敛, 则 $\sum\limits_{n=1}^{\infty}a_n$ 也收敛, 但和可能相同也可能不相同.

3. C. 解 $\lim\limits_{n\to\infty}\dfrac{u_n}{\dfrac{1}{n}}=\lim\limits_{n\to\infty}\dfrac{n(2n+3)}{n(n+3)}=2$, 而 $\sum\limits_{n=1}^{\infty}\dfrac{1}{n}$ 发散, 由比较判别法知原级数发散.

4. D. 解 因为 $\lim\limits_{n\to\infty}\left(\dfrac{1}{\sqrt[3]{n^2}}+1\right)=1\ne 0$, 故 A 发散; 同理, B,C 也发散.

而 $\sum\limits_{n=1}^{+\infty}\left(\dfrac{1}{\sqrt{n^3}}+\dfrac{1}{3^n}\right)=\sum\limits_{n=1}^{+\infty}\dfrac{1}{\sqrt{n^3}}+\sum\limits_{n=1}^{+\infty}\dfrac{1}{3^n}$, 其中 $\sum\limits_{n=1}^{+\infty}\dfrac{1}{\sqrt{n^3}}$, $\sum\limits_{n=1}^{+\infty}\dfrac{1}{3^n}$ 都收敛, 故它们和的级数也收敛.

5. C. 解 根据正项级数的比值判别法, 知对于正项级数 $\sum\limits_{n=1}^{\infty}u_n$, 在 $\lim\limits_{n\to\infty}\dfrac{u_{n+1}}{u_n}<1$ 时收敛, 则知 C 正确.

6. A. 解 因为 $\left|\dfrac{1}{n^2}\sin\dfrac{n\pi}{2}\right|\le\dfrac{1}{n^2}$, 根据正项级数的比较判别法及 $\sum\limits_{n=1}^{\infty}\dfrac{1}{n^2}$ 的收敛性知级数 $\sum\limits_{n=1}^{\infty}\dfrac{1}{n^2}\sin\dfrac{n\pi}{2}$ 绝对收敛.

7. D. 解 $S_n=\dfrac{1}{2}\left(\dfrac{1}{1}-\dfrac{1}{3}\right)+\dfrac{1}{2}\left(\dfrac{1}{3}-\dfrac{1}{5}\right)+\cdots+\dfrac{1}{2}\left(\dfrac{1}{2n-1}-\dfrac{1}{2n+1}\right)$

$=\dfrac{1}{2}\left(\dfrac{1}{1}-\dfrac{1}{3}+\dfrac{1}{3}-\dfrac{1}{5}+\dfrac{1}{5}-\cdots-\dfrac{1}{2n+1}\right)=\dfrac{1}{2}\left(1-\dfrac{1}{2n+1}\right)$.

所以 $S=\lim\limits_{n\to\infty}S_n=\lim\limits_{n\to\infty}\dfrac{1}{2}\left(1-\dfrac{1}{2n+1}\right)=\dfrac{1}{2}$, 从而原级数收敛, 其和为 $\dfrac{1}{2}$.

8. C. 解 若一个级数的绝对值级数发散, 但此级数本身收敛, 则为条件收敛.

因为根据 p 级数的敛散性绝对值级数 $\sum\limits_{n=1}^{\infty}\dfrac{1}{\sqrt{n}}$ 发散, 根据莱布尼茨准则

$\dfrac{1}{\sqrt{n}}>\dfrac{1}{\sqrt{n+1}}$, $\lim\limits_{n\to\infty}u_n=\lim\limits_{n\to\infty}(-1)^n\dfrac{1}{\sqrt{n}}=0$, 则级数 $\sum\limits_{n=1}^{\infty}\dfrac{(-1)^n}{\sqrt{n}}$ 收敛, 因此该级为条件收敛.

9. A. 解　因为 $\lim\limits_{n\to\infty}\dfrac{1-\cos\dfrac{\alpha}{n}}{\dfrac{1}{2}\left(\dfrac{\alpha}{n}\right)^2}=1$，而 $\sum\limits_{n=1}^{\infty}\dfrac{\alpha^2}{2n^2}$ 收敛，所以 $\sum\limits_{n=1}^{\infty}(-1)^n\left(1-\cos\dfrac{\alpha}{n}\right)$ 绝对收敛.

10. C. 解　因为 $a^n=\dfrac{2n+1}{n!}$，$a^{n+1}=\dfrac{2n+3}{(n+1)!}$，

则收敛半径 $R=\lim\limits_{n\to\infty}\left|\dfrac{a_n}{a_{n+1}}\right|=\lim\limits_{n\to\infty}\left|\dfrac{2n+1}{n!}\cdot\dfrac{(n+1)!}{2n+3}\right|=\infty$，所以收敛区间为 $(-\infty,+\infty)$.

二、填空题

1. a. 解　由级数 $\sum\limits_{n=1}^{\infty}(u_n-a)$ 收敛，以及级数收敛的必要条件知：$\lim\limits_{n\to\infty}(u_n-a)=0$，从而 $\lim\limits_{n\to\infty}u_n=a$.

2. 发散. 解　设 $u_n=\dfrac{n-2}{2n^2+1}>0(n>2)$，$v_n=\dfrac{1}{n}$，则 $\lim\limits_{n\to\infty}\dfrac{u_n}{v_n}=\lim\limits_{n\to\infty}\dfrac{\dfrac{n-2}{2n^2+1}}{\dfrac{1}{n}}=\lim\limits_{n\to\infty}\dfrac{n(n-2)}{2n^2+1}=\dfrac{1}{2}>0$，

而级数 $\sum\limits_{n=1}^{\infty}\dfrac{1}{n}$ 是发散的，根据比较判别法的极限形式，知级数 $\sum\limits_{n=1}^{\infty}\dfrac{n-2}{2n^2+1}$ 是发散的.

3. ∞. 解　根据级数收敛的必要条件知，当 $\sum\limits_{n=1}^{\infty}\left(1-\dfrac{u_n}{1+u_n}\right)$ 收敛，则 $\lim\limits_{n\to\infty}\left(1-\dfrac{u_n}{1+u_n}\right)=0$，则有 $\lim\limits_{n\to\infty}u_n=\infty$.

4. 发散. 解　$u_n=n\sin\dfrac{\pi}{n}$，则 $\lim\limits_{n\to\infty}u_n=\lim\limits_{n\to\infty}n\sin\dfrac{\pi}{n}=\lim\limits_{n\to\infty}\dfrac{\sin\dfrac{\pi}{n}}{\dfrac{\pi}{n}}=\pi\neq0$，故级数是发散的.

5. 绝对收敛. 解　因为 $|u_n|=\left|(-1)^n\dfrac{3^n}{n!}\right|=\dfrac{3^n}{n!}$，且 $\lim\limits_{n\to\infty}\dfrac{|u_{n+1}|}{|u_n|}=\lim\limits_{n\to\infty}\dfrac{3^{n+1}}{(n+1)!}\cdot\dfrac{n!}{3^n}=\lim\limits_{n\to\infty}\dfrac{3}{n+1}=0<1$，

故该级数收敛，且为绝对收敛.

6. $0<x<\dfrac{1}{e}$. 解　将正项级数 $\sum\limits_{n=1}^{\infty}n^{\ln x}$ 变形为 p 级数形式得 $\sum\limits_{n=1}^{\infty}n^{\ln x}=\sum\limits_{n=1}^{\infty}\dfrac{1}{n^{-\ln x}}$，由 p 级数的收敛特性知，$-\ln x>$

1，即 $\ln x<-1$，则定义域为 $0<x<\dfrac{1}{e}$.

7. $(-3,1)$. 解　$\lim\limits_{n\to\infty}\left|\dfrac{na_n}{(n+1)a_{n+1}}\right|=\lim\limits_{n\to\infty}\left|\dfrac{a_n}{a_{n+1}}\right|=2$，故当 $|x+1|<2$ 时级数收敛，即 $-3<x<1$.

8. 5. 解　$\rho=\lim\limits_{n\to\infty}\left|\dfrac{a_{n+1}}{a_n}\right|=\lim\limits_{n\to\infty}\left|\dfrac{a_{n+1}}{a_n}\right|=\lim\limits_{n\to\infty}\left|\dfrac{\dfrac{a_{n+1}^2}{b_{n+1}^2}}{\dfrac{a_n^2}{b_n^2}}\right|=\lim\limits_{n\to\infty}\left|\dfrac{a_{n+1}^2}{a_n^2}\cdot\dfrac{b_n^2}{b_{n+1}^2}\right|=\left(\dfrac{3}{\sqrt{5}}\right)^2\cdot\left(\dfrac{1}{3}\right)^2=\dfrac{1}{5}$

则幂级数 $\sum\limits_{n=1}^{\infty}\dfrac{a_n^2}{b_n^2}x^n$ 的收敛半径 $R=\dfrac{1}{\rho}=5$.

9. $\dfrac{1}{2}$，$\left(-\dfrac{1}{2},\dfrac{1}{2}\right]$. 解　因为 $\rho=\lim\limits_{n\to\infty}\left|\dfrac{a_{n+1}}{a_n}\right|=\lim\limits_{n\to\infty}\dfrac{\dfrac{2^{n+1}}{n+1}}{\dfrac{2^n}{n}}=2$，所以幂级数的收敛半径为 $R=\dfrac{1}{\rho}=\dfrac{1}{2}$，在 $x=\dfrac{1}{2}$ 时

级数收敛，$x=-\dfrac{1}{2}$ 时级数发散，因此收敛域为 $\left(-\dfrac{1}{2},\dfrac{1}{2}\right]$.

10. $1-\dfrac{x^2}{2!}+\dfrac{x^4}{4!}-\cdots+(-1)^n\dfrac{x^{2n}}{(2n)!}+\cdots(-\infty<x<\infty)$. 解　因为 $\cos x=(\sin x)'$，

而 $\sin x=x-\dfrac{x^3}{3!}+\dfrac{x^5}{5!}-\cdots+(-1)^n\dfrac{x^{2n+1}}{(2n+1)!}+\cdots(-\infty<x<\infty)$，

对上式两边逐项求导，得 $\cos x=1-\dfrac{x^2}{2!}+\dfrac{x^4}{4!}-\cdots+(-1)^n\dfrac{x^{2n}}{(2n)!}+\cdots(-\infty<x<\infty)$.

三、计算题

1. 解　因为 $\sum\limits_{n=1}^{\infty}\dfrac{2^n+(-3)^n}{5^n}=\sum\limits_{n=1}^{\infty}\left(\dfrac{2}{5}\right)^n+\sum\limits_{n=1}^{\infty}\left(\dfrac{-3}{5}\right)^n$，而 $\sum\limits_{n=1}^{\infty}\left(\dfrac{2}{5}\right)^n$，$\sum\limits_{n=1}^{\infty}\left(\dfrac{-3}{5}\right)^n$ 为等比级数，且公比 $|q_1|=\dfrac{2}{5}<1$，

$|q_2|=\dfrac{3}{5}<1$，两个级数均收敛，所以 $\sum\limits_{n=1}^{\infty}\dfrac{2^n+(-3)^n}{5^n}$ 收敛，其和 $S=\dfrac{\frac{2}{5}}{1-\frac{2}{5}}+\dfrac{-\frac{3}{5}}{1-\left(-\frac{3}{5}\right)}=\dfrac{7}{24}$.

2. 解　考虑级数 $\sum\limits_{n=1}^{\infty}\left|(-1)^n\dfrac{n!}{n^n}\right|=\sum\limits_{n=1}^{\infty}\dfrac{n!}{n^n}$，根据比值判别法

$\lim\limits_{n\to\infty}\dfrac{(n+1)!}{(n+1)^{n+1}}\dfrac{n^n}{n!}=\lim\limits_{n\to\infty}\dfrac{n^n}{(n+1)^n}=\lim\limits_{n\to\infty}\left(\dfrac{n}{n+1}\right)^n=\dfrac{1}{e}<1$，级数 $\sum\limits_{n=1}^{\infty}\dfrac{n!}{n^n}$ 收敛，所以原级数绝对收敛.

3. 解　因为 $0\le\cos^2\dfrac{n\pi}{2}\le1$，所以 $0\le\dfrac{n}{3^n}\cos^2\dfrac{n\pi}{2}\le\dfrac{n}{3^n}$，

又因为 $\lim\limits_{n\to\infty}\dfrac{\frac{n+1}{3^{n+1}}}{\frac{n}{3^n}}=\lim\limits_{n\to\infty}\dfrac{n+1}{3n}=\dfrac{1}{3}<1$，所以级数收敛.

4. 解　令 $a_n=\dfrac{1}{3^{n-1}n}$，则 $\rho=\lim\limits_{n\to\infty}\left|\dfrac{\frac{1}{3^n(n+1)}}{\frac{1}{3^{n-1}n}}\right|=\lim\limits_{n\to\infty}\dfrac{3^{n-1}n}{3^n(n+1)}=\dfrac{1}{3}$，所以收敛半径为 3.

当 $x=3$ 时，级数 $\sum\limits_{n=1}^{\infty}\dfrac{1}{n}$ 发散；当 $x=-3$ 时，级数 $\sum\limits_{n=1}^{\infty}\dfrac{(-1)^{n-1}}{n}$ 收敛，所以收敛域为 $[-3,3)$.

5. 解　令 $x-1=t$，级数变为 $\sum\limits_{n=1}^{\infty}\dfrac{t^n}{n3^n}$，$\rho=\lim\limits_{n\to\infty}\dfrac{a_{n+1}}{a_n}=\lim\limits_{n\to\infty}\dfrac{n3^n}{(n+1)3^{n+1}}=\dfrac{1}{3}$，即 $R=3$.

由 $|x-1|<3$，解得 $-2<x<4$. 当 $x=-2$ 时，级数 $\sum\limits_{n=1}^{\infty}\dfrac{(-1)^n}{n}$ 收敛，当 $x=4$ 时，级数 $\sum\limits_{n=1}^{\infty}\dfrac{1}{n}$ 发散. 因此收敛域为 $[-2,4)$.

6. 解　令 $u_n=\dfrac{1}{2^n}(x+1)^{2n}$，则 $\lim\limits_{n\to\infty}\left|\dfrac{\frac{1}{2^{n+1}}(x+1)^{2n+2}}{\frac{1}{2^n}(x+1)^{2n}}\right|=\dfrac{(x+1)^2}{2}<1$，从而 $-\sqrt{2}<x+1<\sqrt{2}$，

即 $-\sqrt{2}-1<x<\sqrt{2}-1$，所以收敛区间为 $(-\sqrt{2}-1,\sqrt{2}-1)$.

7. 解　令 $a_n=n+1$，则幂级数的收敛半径为 $\lim\limits_{n\to\infty}\dfrac{a_n}{a_{n+1}}=\lim\limits_{n\to\infty}\dfrac{n+1}{n+2}=1$，当 $x=1$ 时，级数 $\sum\limits_{n=0}^{\infty}(n+1)$ 发散；当 $x=-1$

时，级数 $\sum\limits_{n=0}^{\infty}(-1)^n(n+1)$ 发散，所以收敛域为 $(-1,1)$.

设 $S(x)=\sum\limits_{n=0}^{\infty}(n+1)x^n$，则 $\int_0^x S(x)\mathrm{d}x=\sum\limits_{n=0}^{\infty}\int_0^x(n+1)x^n\mathrm{d}x=\sum\limits_{n=0}^{\infty}x^{n+1}=\dfrac{x}{1-x}$，两边求导得

$S(x)=\left(\dfrac{x}{1-x}\right)'=\dfrac{1}{(1-x)^2}$，$x\in(-1,1)$.

8. 解　$f(x)=\dfrac{1}{3-x}=\dfrac{1}{2-(x-1)}=\dfrac{1}{2}\cdot\dfrac{1}{1-\frac{x-1}{2}}$，利用 $\dfrac{1}{1-x}$ 的展开式得

$f(x)=\dfrac{1}{2}\sum\limits_{n=0}^{\infty}\dfrac{(x-1)^n}{2^n}$，$x\in(-1,3)$.

9. 解　解决这类问题的一般方法是先将函数化成最简分式的和或差，再利用已知的基本公式展开.

因为 $\dfrac{1}{1-x}=\dfrac{-1}{3+(x-4)}=-\dfrac{1}{3}\cdot\dfrac{1}{1+\frac{x-4}{3}}=-\dfrac{1}{3}\sum\limits_{n=0}^{\infty}(-1)^n\left(\dfrac{x-4}{3}\right)^n$，$|x-4|<3$，

$\dfrac{1}{2-x}=\dfrac{-1}{2+(x-4)}=-\dfrac{1}{2}\cdot\dfrac{1}{1+\frac{x-4}{2}}=-\dfrac{1}{2}\sum\limits_{n=0}^{\infty}(-1)^n\left(\dfrac{x-4}{2}\right)^n$，$|x-4|<2$，

所以 $f(x)=\dfrac{1}{x^2-3x+2}=\dfrac{1}{1-x}-\dfrac{1}{2-x}=-\dfrac{1}{3}\displaystyle\sum_{n=0}^{\infty}(-1)^n\left(\dfrac{x-4}{3}\right)^n+\dfrac{1}{2}\sum_{n=0}^{\infty}(-1)^n\left(\dfrac{x-4}{2}\right)^n$

$$=\sum_{n=0}^{\infty}(-1)^n\left(\dfrac{1}{2^{n+1}}-\dfrac{1}{3^{n+1}}\right)(x-4)^n,(2<x<6)$$

四、证明题

证明　考察级数 $\displaystyle\sum_{n=1}^{\infty}\left|\dfrac{a_n}{n}\right|$，因为 $\left|\dfrac{a_n}{n}\right|\leqslant\dfrac{1}{2}\left(a_n^2+\dfrac{1}{n^2}\right)$，而级数 $\displaystyle\sum_{n=1}^{\infty}a_n^2$ 收敛，级数 $\displaystyle\sum_{n=1}^{\infty}\dfrac{1}{n^2}$ 收敛. 所以 $\displaystyle\sum_{n=1}^{\infty}\left(a_n^2+\dfrac{1}{n^2}\right)$ 收敛，根据比较判别法，级数 $\displaystyle\sum_{n=1}^{\infty}\left|\dfrac{a_n}{n}\right|$ 收敛，从而 $\displaystyle\sum_{n=1}^{\infty}\dfrac{a_n}{n}$ 绝对收敛.

山东省 2024 年普通高等教育专科升本科招生考试
高等数学 Ⅰ 参考答案及详解

一、单项选择题(本大题共 5 小题，每小题 3 分，共 15 分)

1. B　解　利用函数奇偶性的定义或者结合函数图像可知，$\tan x$ 和 x^3 是奇函数，3^x 是非奇非偶函数，只有 $\cos x$ 是偶函数，故选 B.

2. C　解　因为 $\lim\limits_{x\to1^-}f(x)=\lim\limits_{x\to1^-}(4x+5)=9$，$\lim\limits_{x\to1^+}f(x)=\lim\limits_{x\to1^+}(2-x^2)=1$，所以 $\lim\limits_{x\to1^-}f(x)\neq\lim\limits_{x\to1^+}f(x)$，故点 $x=1$ 是函数 $f(x)$ 的跳跃间断点，故选 C.

3. D　解　函数 $y=x^2(2\ln x-5)$ 的定义域为 $(0,+\infty)$，$y'=2x(2\ln x-5)+2x$，$y''=4\ln x-4$，令 $y''=0$，得 $x=\mathrm{e}$，当 $0<x<\mathrm{e}$ 时，$y''<0$；当 $x>\mathrm{e}$ 时，$y''>0$，所以函数的拐点为 $(\mathrm{e},-3\mathrm{e}^2)$，故选 D.

4. A　解　因为 $\dfrac{\partial z}{\partial x}=\dfrac{2xy}{1+(x^2y)^2}$，$\dfrac{\partial z}{\partial y}=\dfrac{x^2}{1+(x^2y)^2}$，所以 $\left.\dfrac{\partial z}{\partial x}\right|_{(1,1)}=1$，$\left.\dfrac{\partial z}{\partial y}\right|_{(1,1)}=\dfrac{1}{2}$，即 $\mathrm{d}z=\mathrm{d}x+\dfrac{1}{2}\mathrm{d}y$，故选 A.

5. C　解　选项 A，$\displaystyle\sum_{n=1}^{\infty}|u_n|=\sum_{n=1}^{\infty}\left|(-1)^n\dfrac{n}{2n+3}\right|=\sum_{n=1}^{\infty}\dfrac{n}{2n+3}$，因为 $\lim\limits_{n\to\infty}\dfrac{n}{2n+3}=\dfrac{1}{2}\neq0$，所以 $\displaystyle\sum_{n=1}^{\infty}|u_n|$ 发散，$\displaystyle\sum_{n=1}^{\infty}u_n$ 不是绝对收敛.

选项 B，$\displaystyle\sum_{n=1}^{\infty}|u_n|=\sum_{n=1}^{\infty}\left|(-1)^n\dfrac{n}{n^2+1}\right|=\sum_{n=1}^{\infty}\dfrac{n}{n^2+1}$，因为 $\lim\limits_{n\to\infty}\dfrac{\frac{n}{n^2+1}}{\frac{1}{n}}=\lim\limits_{n\to\infty}\dfrac{n^2}{n^2+1}=1$，且 $\displaystyle\sum_{n=1}^{\infty}\dfrac{1}{n}$ 发散，由比较判别法的极限形式可得 $\displaystyle\sum_{n=1}^{\infty}|u_n|$ 发散，所以 $\displaystyle\sum_{n=1}^{\infty}u_n$ 不是绝对收敛.

选项 C，$\displaystyle\sum_{n=1}^{\infty}|u_n|=\sum_{n=1}^{\infty}\left|(-1)^n\dfrac{2^n+1}{n^n}\right|=\sum_{n=1}^{\infty}\dfrac{2^n+1}{n^n}$，因为 $\lim\limits_{n\to\infty}\dfrac{\frac{2^{n+1}+1}{(n+1)^{n+1}}}{\frac{2^n+1}{n^n}}=2\lim\limits_{n\to\infty}\left[\left(\dfrac{n}{n+1}\right)^n\cdot\dfrac{1}{n+1}\right]=0<1$，由比值判别法得 $\displaystyle\sum_{n=1}^{\infty}|u_n|$ 收敛，故 $\displaystyle\sum_{n=1}^{\infty}(-1)^n\dfrac{2^n+1}{n^n}$ 为绝对收敛；

选项 D，$\displaystyle\sum_{n=1}^{\infty}|u_n|=\sum_{n=1}^{\infty}\left|(-1)^n\dfrac{n}{1+\ln^3n}\right|=\sum_{n=1}^{\infty}\dfrac{n}{1+\ln^3n}$，且 $\lim\limits_{n\to\infty}\dfrac{n}{1+\ln^3n}=\infty$，所以 $\displaystyle\sum_{n=1}^{\infty}|u_n|$ 发散，因此 $\displaystyle\sum_{n=1}^{\infty}u_n$ 不是绝对收敛.

故选 C.

二、填空题(本大题共 5 小题，每小题 3 分，共 15 分)

6. $\mathrm{e}^{\frac{1}{2}}$　解　方法一：$\lim\limits_{x\to0}\left(1+\sin\dfrac{x}{2}\right)^{\frac{1}{x}}=\lim\limits_{x\to0}\left(1+\sin\dfrac{x}{2}\right)^{\frac{1}{\sin\frac{x}{2}}\cdot\frac{\sin\frac{x}{2}}{\frac{x}{2}}\cdot\frac{1}{2}}=\left[\lim\limits_{x\to0}\left(1+\sin\dfrac{x}{2}\right)^{\frac{1}{\sin\frac{x}{2}}}\right]^{\frac{1}{2}\lim\limits_{x\to0}\frac{\sin\frac{x}{2}}{\frac{x}{2}}}=\mathrm{e}^{\frac{1}{2}}$；

方法二：$\lim\limits_{x\to0}\left(1+\sin\dfrac{x}{2}\right)^{\frac{1}{x}}=\lim\limits_{x\to0}\mathrm{e}^{\frac{\ln\left(1+\sin\frac{x}{2}\right)}{x}}=\mathrm{e}^{\lim\limits_{x\to0}\frac{\ln\left(1+\sin\frac{x}{2}\right)}{x}}=\mathrm{e}^{\lim\limits_{x\to0}\frac{\sin\frac{x}{2}}{x}}=\mathrm{e}^{\lim\limits_{x\to0}\frac{\frac{x}{2}}{x}}=\mathrm{e}^{\frac{1}{2}}$.

7. $\dfrac{2}{3}$　解　$\cos\theta=\dfrac{\boldsymbol{a}\cdot\boldsymbol{b}}{|\boldsymbol{a}|\cdot|\boldsymbol{b}|}=\dfrac{3\times2+0+4\times1}{\sqrt{3^2+4^2}\cdot\sqrt{2^2+2^2+1}}=\dfrac{2}{3}.$

8. $y=(C_1+C_2x)\mathrm{e}^{\frac{1}{4}x}$　解　$16y''-8y'+y=0$ 的特征方程为 $16r^2-8r+1=0$,即 $(4r-1)^2=0$,特征根为 $r_1=r_2=\dfrac{1}{4}$,

　　所以原方程得通解为 $y=(C_1+C_2x)\mathrm{e}^{\frac{1}{4}x}.$

9. 3　解　$R=\lim\limits_{n\to\infty}\left|\dfrac{a_n}{a_{n+1}}\right|=\lim\limits_{n\to\infty}\left|\dfrac{\frac{1}{(2n+1)3^n}}{\frac{1}{(2n+3)3^{n+1}}}\right|=3\lim\limits_{n\to\infty}\dfrac{2n+3}{2n+1}=3.$

10. -2　解　令 $u=x-t$,则 $t=x-u,\mathrm{d}t=-\mathrm{d}u.$ 当 $t=0$ 时,$u=x$;当 $t=1$ 时,$u=x-1$;

　　即 $\displaystyle\int_0^1 tf(x-t)\mathrm{d}t=\int_{x-1}^x(x-u)f(u)\mathrm{d}u=x\int_{x-1}^x f(u)\mathrm{d}u-\int_{x-1}^x uf(u)\mathrm{d}u=2x+1,$

　　方程 $\displaystyle x\int_{x-1}^x f(u)\mathrm{d}u-\int_{x-1}^x uf(u)\mathrm{d}u=2x+1$ 两边同时对 x 求导得:$\displaystyle\int_{x-1}^x f(u)\mathrm{d}u-f(x-1)=2,$

　　令 $x=1$,得 $\displaystyle\int_0^1 f(u)\mathrm{d}u-f(0)=2,$则 $\displaystyle\int_0^1 f(u)\mathrm{d}u=2+f(0)=2+f(1)$

　　$\displaystyle\int_0^1 xf'(x)\mathrm{d}x=\int_0^1 x\mathrm{d}f(x)=xf(x)\big|_0^1-\int_0^1 f(x)\mathrm{d}x=f(1)-\int_0^1 f(x)\mathrm{d}x=f(1)-[2+f(1)]=-2.$

三、计算题(本大题共7小题,每小题7分,共49分)

11. 解　$\lim\limits_{x\to3}\left(\dfrac{x}{x-3}-\dfrac{9}{x^2-3x}\right)=\lim\limits_{x\to3}\dfrac{x^2-9}{x^2-3x}=\lim\limits_{x\to3}\dfrac{(x+3)(x-3)}{x(x-3)}=\lim\limits_{x\to3}\dfrac{x+3}{x}=2$

12. 解　$\lim\limits_{x\to1}\dfrac{\mathrm{e}^{x-1}+x-2}{1-x-\ln x}=\lim\limits_{x\to1}\dfrac{\mathrm{e}^{x-1}+1}{-1-\frac{1}{x}}=-1.$

13. 解　方程两边同时对 x 求导得:$\mathrm{e}^{x-y}(1-y')+2x-y'=0$,则 $y'(1)=\dfrac{2x+\mathrm{e}^{x-y}}{1+\mathrm{e}^{x-y}}\bigg|_{(1,1)}=\dfrac{3}{2},$

　　所以切线方程为 $y-1=\dfrac{3}{2}(x-1)$,即 $y=\dfrac{3}{2}x-\dfrac{1}{2}.$

14. 解　$\displaystyle\int\dfrac{x^2+5x+2}{x^2+4}\mathrm{d}x=\int\dfrac{(x^2+4)+5x-2}{x^2+4}\mathrm{d}x=\int\left(1+\dfrac{5x}{x^2+4}-\dfrac{2}{x^2+4}\right)\mathrm{d}x.$

　　$\displaystyle=x+\int\dfrac{5x}{x^2+4}\mathrm{d}x-2\int\dfrac{1}{x^2+4}\mathrm{d}x=x+\dfrac{5}{2}\int\dfrac{1}{x^2+4}\mathrm{d}(x^2+4)-\arctan\dfrac{x}{2}$

　　$\displaystyle=x+\dfrac{5}{2}\ln(x^2+4)-\arctan\dfrac{x}{2}+C.$

15. 解　$\displaystyle\int_0^1 x\mathrm{e}^{\sqrt{1-x^2}}\mathrm{d}x=-\dfrac{1}{2}\int_0^1\mathrm{e}^{\sqrt{1-x^2}}\mathrm{d}(1-x^2).$

　　令 $t=\sqrt{1-x^2}$,则 $t^2=1-x^2$,当 $x=0$ 时,$t=1$;当 $x=1$ 时,$t=0$

　　所以,原式 $=-\dfrac{1}{2}\displaystyle\int_1^0\mathrm{e}^t\mathrm{d}t^2=\int_0^1 t\cdot\mathrm{e}^t\mathrm{d}t=\int_0^1 t\mathrm{d}\mathrm{e}^t=t\cdot\mathrm{e}^t\big|_0^1-\mathrm{e}^t\big|_0^1=1.$

16. 解　由直线方程得,$\boldsymbol{n}_1=(1,-1,1),\boldsymbol{n}_2=(1,-3,2)$,

　　则平面 Π 的法向量 $\boldsymbol{n}=\boldsymbol{n}_1\times\boldsymbol{n}_2=\begin{vmatrix}\boldsymbol{i}&\boldsymbol{j}&\boldsymbol{k}\\1&-1&1\\1&-3&2\end{vmatrix}=\boldsymbol{i}-\boldsymbol{j}-2\boldsymbol{k}$,所以平面 Π 的方程为:$x-y-2z+3=0$,原点到平

　　面 Π 的距离 $d=\dfrac{3}{\sqrt{1^2+(-1)^2+(-2)^2}}=\dfrac{\sqrt{6}}{2}.$

17. 解　对方程分离变量得:$\dfrac{1}{1+y^2}\mathrm{d}y=\dfrac{\ln x}{x}\mathrm{d}x$,两边同取不定积分:$\displaystyle\int\dfrac{1}{1+y^2}\mathrm{d}y=\int\dfrac{\ln x}{x}\mathrm{d}x$,

　　解得:$\arctan y=\dfrac{1}{2}\ln^2 x+C$,即通解为 $y=\tan\left(\dfrac{1}{2}\ln^2 x+C\right).$

18. 分析:本题的积分区域和圆有关,可以选用极坐标求解.

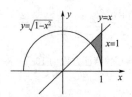

解　积分区域 D：$\begin{cases} 1 \leqslant r \leqslant \dfrac{1}{\cos\theta} \\ 0 \leqslant \theta \leqslant \dfrac{\pi}{4} \end{cases}$．

$$\iint\limits_{D} (x^2+y^2)^{-\frac{5}{2}}\,\mathrm{d}x\,\mathrm{d}y = \int_0^{\frac{\pi}{4}}\mathrm{d}\theta \int_1^{\frac{1}{\cos\theta}} (r^2)^{-\frac{5}{2}} \cdot r\,\mathrm{d}r = -\frac{1}{3}\int_0^{\frac{\pi}{4}} (\cos^3\theta - 1)\,\mathrm{d}\theta$$

$$= -\frac{1}{3}\left(\int_0^{\frac{\pi}{4}} \cos^2\theta \cdot \cos\theta\,\mathrm{d}\theta - \theta \Big|_0^{\frac{\pi}{4}} \right) = -\frac{1}{3}\int_0^{\frac{\pi}{4}} (1-\sin^2\theta)\,\mathrm{d}\sin\theta + \frac{\pi}{12}$$

$$= -\frac{1}{3}\left(\sin\theta - \frac{1}{3}\sin^3\theta \right)\Big|_0^{\frac{\pi}{4}} + \frac{\pi}{12} = \frac{\pi}{12} - \frac{5\sqrt{2}}{36}.$$

四、应用题（本大题共 2 小题，每小题 7 分，共 14 分）

19. 解　联立 $\begin{cases} y = 3x, \\ y = -x^2+4, \end{cases}$ 得交点 $(-4,-12)$；

联立 $\begin{cases} y = x^2-2x, \\ y = -x^2+4, \end{cases}$ 得交点 $(2,0)$，围成图形如图所示.

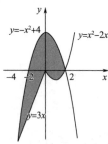

$$S = \int_{-4}^{0} (-x^2+4-3x)\,\mathrm{d}x + \int_0^2 (-x^2+4-x^2+2x)\,\mathrm{d}x = \frac{76}{3}.$$

20. 解　令 $\begin{cases} f_x = 2x-4y = 0, \\ f_y = -4x+4y+6y^2 = 0 \end{cases}$，得驻点 $(0,0)$ 和 $\left(\dfrac{4}{3},\dfrac{2}{3}\right)$．

$f''_{xx} = 2$，$f''_{xy} = -4$，$f''_{yy} = 4+12y$，

在驻点 $(0,0)$ 处，$A = 2$，$B = -4$，$C = 4$，$\Delta = AC-B^2 = -8 < 0$，故函数 $f(x,y)$ 在 $(0,0)$ 处无极值；

在驻点 $\left(\dfrac{4}{3},\dfrac{2}{3}\right)$ 处，$A = 2$，$B = -4$，$C = 12$，$\Delta = AC-B^2 = 8 > 0$，且 $A > 0$，故函数 $f(x,y)$ 在 $\left(\dfrac{4}{3},\dfrac{2}{3}\right)$ 处有

极小值 $f\left(\dfrac{4}{3},\dfrac{2}{3}\right) = -\dfrac{8}{27}$．

五、证明题（本大题共 1 小题，共 7 分）

21. 证明：在 $(0,1)$ 内存在两个不同的点 ξ,η，使得 $|f'(\xi)| + |f'(\eta)| \geqslant 4M$；

证明：由已知不妨设 $f(x_0) = M$，$x_0 \in (0,1)$，由拉格朗日中值定理得：

至少存在一点 $\xi \in (0,x_0)$，使得 $f'(\xi) = \dfrac{f(x_0)-f(0)}{x_0-0} = \dfrac{M}{x_0}$；

至少存在一点 $\eta \in (x_0,1)$，使得 $f'(\eta) = \dfrac{f(1)-f(x_0)}{1-x_0} = -\dfrac{M}{1-x_0}$，

即 $|f'(\xi)| + |f'(\eta)| = \left|\dfrac{M}{x_0}\right| + \left|-\dfrac{M}{1-x_0}\right| = \dfrac{M}{x_0} + \dfrac{M}{1-x_0} = M\left(\dfrac{1}{x_0} + \dfrac{1}{1-x_0}\right)$

$$= \frac{M}{x_0(1-x_0)} = \frac{M}{-\left(x_0-\dfrac{1}{2}\right)^2 + \dfrac{1}{4}} \geqslant 4M,$$

故在$(0,1)$内存在两个不同的点ξ，η，使得$|f'(\xi)|+|f'(\eta)|\geqslant 4M$成立.

【注】要证明$|f'(\xi)|+|f'(\eta)|=M\left(\dfrac{1}{x_0}+\dfrac{1}{1-x_0}\right)\leqslant 4M$成立，也先构造函数$g(x_0)=\dfrac{1}{x_0}+\dfrac{1}{1-x_0}$，利用导数，求出$g(x_0)$最小值为4，从而证明$|f'(\xi)|+|f'(\eta)|\leqslant 4M$. 对于不能用配方法求最值的函数，利用导数求最值是通用方法，具体过程如下：

令$g(x_0)=\dfrac{1}{x_0}+\dfrac{1}{1-x_0}=\dfrac{1}{x_0(1-x_0)}$，且$g'(x_0)=\dfrac{-1+2x_0}{x_0^2(1-x_0)^2}$，令$g'(x_0)=0$，得$x_0=\dfrac{1}{2}$.

当$0<x_0<\dfrac{1}{2}$时，$g'(x_0)<0$，函数$g(x_0)$在$\left(0,\dfrac{1}{2}\right)$上单调递减；

当$\dfrac{1}{2}<x_0<1$时，$g'(x_0)>0$，函数$g(x_0)$在$\left(\dfrac{1}{2},1\right)$上单调递增；

即函数$g(x_0)$在$(0,1)$上最小值为$g\left(\dfrac{1}{2}\right)=4$，因此$|f'(\xi)|+|f'(\eta)|=M\left(\dfrac{1}{x_0}+\dfrac{1}{1-x_0}\right)\geqslant 4M$，

故在$(0,1)$内存在两个不同的点ξ，η，使得$|f'(\xi)|+|f'(\eta)|\geqslant 4M$成立.

ISBN 978-7-209-13289-3

9 787209 132893 >

定价：69.00元